多学科交叉融合设计

——面向生物工程及生物制药工厂设计

（下册）

主 编⊙李 浪

副主编⊙吕扬勇 李潮舟 林 晖

清华大学出版社
北京

内 容 简 介

本教材系统地介绍了生物工程及生物制药项目开发和工厂设计过程与步骤，以培养学生的"工程应用能力"为目标，从基础知识到实际开发应用，由浅入深，通俗易懂，案例丰富，图文并茂，条理清晰，内容完整，可选择性较强，便于学生研究性地、挑战性地学，从而创新性地做，使学生由简到繁，达到将工程推理、解决问题、工程语言交流能力和专业知识进行有机融合的目的。本书（上册）包含的主要内容有工厂的基本建设程序、厂址选择和总平面设计、生产流程设计，物料和能量衡算，公用工程量的计算，设备计算与选型；本书（下册）包含的主要内容有多种车间布置设计，管道设计以及供电、制冷、土建、自动控制等非工艺设计，环境保护设计，项目施工配合、安装和试车，清洁生产审核与制药工程验证等设计内容。

本书（上下册）内容涵盖生物工程、生物制药的众多方面，既有工程专业基础又有深度，工程实例多，并且大多数为首次公开，许多实例值得借鉴。本教材主要面向普通高等本科及研究生，也可作为相关工厂设计人员的参考用书。

图书在版编目（CIP）数据

多学科交叉融合设计：面向生物工程及生物制药工厂设计. 下册 / 李浪主编. —北京：清华大学出版社，2021.12

ISBN 978-7-302-59688-2

Ⅰ. ①多… Ⅱ. ①李… Ⅲ. ①生物工程 ②生物制品－药物 Ⅳ. ①Q81 ②TQ464

中国版本图书馆 CIP 数据核字（2021）第 263032 号

责任编辑：邓 艳
封面设计：刘 超
版式设计：文森时代
责任校对：马军令
责任印制：曹婉颖

出版发行：清华大学出版社
       网　　　址：http://www.tup.com.cn，http://www.wqbook.com
       地　　　址：北京清华大学学研大厦 A 座　　　　　　邮　　编：100084
       社　总　机：010-62770175　　　　　　　　　　　邮　　购：010-62786544
       投稿与读者服务：010-62776969，c-service@tup.tsinghua.edu.cn
       质量反馈：010-62772015，zhiliang@tup.tsinghua.edu.cn
印 装 者：三河市君旺印务有限公司
经　　销：全国新华书店
开　　本：185mm×260mm　　　印　　张：32.25　　　字　　数：759 千字
版　　次：2022 年 1 月第 1 版　　　　　　　　　　印　　次：2022 年 1 月第 1 次印刷
定　　价：99.90 元

产品编号：091480-01

编　委　会

前　言

生物工程及生物制药工厂设计是一门以生物工程设备、化工原理、发酵工程、生物反应工程、药剂学、药品生产质量管理规范（GMP）和建筑工程学的相关理论与技术交叉融合形成的应用型工程学科。

20世纪90年代以来，生物技术的快速进步促进了我国生物制品、生物材料、生物制药等产业的迅猛发展，高校生物工程专业、生物制药专业不断增多，但相应的生物工程及生物制药工厂设计教材较少、内容陈旧且课程重理轻工。在"新工科"背景下，产业发展对应用型、创新型人才提出了更高的要求，因此为满足时代需求，高校有必要重新构建理论和实践教学体系，加大学生的实践训练力度，提高学生的实践动手能力、创新能力和职业能力。

基于此，作为从事30多年生物工程工厂的设计者和教学工作者，有责任和义务将自己以及同行的研究成果、论述、论著以及工程实践体会等进行总结，编辑成书，作为高等院校生物工程、制药工程、生物制药、食品生物工程、药物制剂等相关专业的教材，也可供生物、制药与食品化工行业从事研究、设计、生产的工程技术人员参考。

本教材系统地介绍生物工程项目的开发程序、生产流程设计、物料和能量衡算、设备计算与选型、车间布置、管道设计等工艺设计内容以及公用工程量的计算、供电、制冷、土建、自动控制、环境保护设计、项目施工配合、安装和试车、清洁生产审核与制药工程验证等非工艺设计等方面的内容。在内容设置上，在物性数据查找、模拟计算、设备计算，特别是发酵罐放大优化等方面使用了多种软件，既在横向上满足了食品领域的生物工程、生物制药工程、生物基材料工程的设计知识要求，又在纵向上可以适应上游原料制备及发酵、下游提取制备、药物制剂工艺设计的知识需要。教材内容同时融入了编者在实际生产实践过程中使用的大量的设计实例，内容完整，可选择性较强，学生能够研究性地、挑战性地学，从而创新性地做，使学生由简到繁，将工程推理、解决问题、工程语言交流能力和专业知识进行有机融合。

生物工厂设计是一门实践性非常强的学科，既要了解生物工程、生物技术、生物制药，又要了解土木工程、自动控制及电气安装、通风空调、工程项目管理。因此根据内容需要，笔者在书中有针对性地引入了常用自动控制仪表、新型工艺设备、阀门、管件等图例，并采用了最新设计标准及规范（包括《中国药典》2020版），引入了Aspen Plus、Auto Plant 3D绘制工艺流程图、三维车间装配图、三维管道布置的内容，使其更实际、更全面地反映现代设计管理的运作程序、方法和手段，力求实用性、参考性及指导性。

本书在编写和出版过程中，得到了河南工业大学生物工程学院领导和老师们的支持与帮助，同时还得到了中国生物发酵产业协会理事长石惟忱、中国生物发酵产业协会标准部主任李建军、河南省轻工业设计院杜平定副院长、江南大学原副校长金征宇的大力支持；

还要特别感谢郑州良源分析仪器有限公司董事长周平女士提供了大量的工程图纸使用权。在此，对所有关心支持本书编写和出版工作的同志们表示衷心感谢！

　　本书由河南工业大学、深圳大学、河南农业大学、华南理工大学、江西师范大学、河南省医药设计院有限公司、郑州安图生物工程股份有限公司等单位的专家共同编写。李浪主编，具体参编人员及分工为：李浪编写绪论、第三章、第六章（不含第五节），吕扬勇编写第一章、第四章，李潮舟编写第五章、第九章，林晖编写第七章、第八章，郑穗平编写第二章，周春峰编写第十章第一至第四节、第十一章第二节，杨慧林编写第十章第五节，张中洲编写第六章第五节，黄亮和张兰编写第十一章第一节，全书由李浪主编统稿。

　　由于编者水平有限，加之时间仓促，书中不妥和不尽如人意之处恐难避免，热切希望专家和广大读者不吝赐教，多多批评指正，主编电子信箱地址：lilang6105@126.com。

编者

目　　录

第六章　主要车间的设计

在初步设计和施工图设计阶段中，都需要绘制设备布置图，但两者的设计深度和表达要求有所不同。初步设计阶段的设备布置图主要反映车间布置的总体情况，供有关部门讨论审查用，并作为进一步设计的依据。与施工图设计阶段的设备布置图相比，初步设计阶段的设备布置图的设备外形表达较简单，设备的安装方位明确，设备管口等一律不予画出。例如，在初步设计精馏车间设备布置图中，蒸馏塔、冷凝器等设备的管口方位、安装方位等均未表示，因此，不能用作施工安装指导。它一般是以平面图和立面图表达设备的大致布置情况，说明设备布置对厂房建筑的要求。图面上的表达方式也可以在一定程度上从简。例如，厂房建筑一般只表示对基本结构的要求，设备安装孔洞、操作平台等有待进一步设计，因此可以不画，或者简单地表示。

施工设计设备布置图是设备安装就位的依据，要求准确表达全部设备、构筑物的平面和空间定位尺寸。它与初步设计设备布置图的主要区别是，清楚表达设备的安装方位和管口方位，图纸内容更详细、完善、准确，能完全用于指导车间设备的施工安装。因此，需要采用一组平、立面剖视图来表达施工图设计时所确定的设备，构筑物的施工安装位置。对所有设备和构筑物，要清楚准确地绘制出其外形及特征。有些设备的主要管口需要画出，再配合必要的管口方位图，从而能够完全确定设备的安装方位。厂房建筑则进一步画出了与设备安装定位有关的孔、洞、操作平台等建筑物、构筑物以及厂房建筑的基本结构，此外平面图上需绘制安装方位标。

下面将分别介绍车间厂房的设计基础知识以及生物工程及生物制药工程中各种类型车间的工艺设计布置。

第一节　车间厂房设计

一、工程设计图纸的种类及规定

1. 种类

工程设计图纸的种类很多，包括工艺设计图纸、建筑设计图纸、供电与自动控制设计图纸等几大类。①工艺设计图纸包括工艺流程图、厂区总平面图、车间设备布置图、车间管道布置图、非标设备设计图、每层楼的洞眼图、风网示意图等。②建筑设计图纸包括建筑施工图、结构施工图、设备施工图，其中包含给排水系统图、采暖通风系统图等。③供电与自动控制图纸包括供电系统图、车间设备配电安装图、车间照明电安装图、车间自动控制系统安装图等。有些工程设计图纸不易归类，例如，厂区平面规划方案图、给排水系统图、采暖通风系统图、车间空气净化系统安装图等，这些图纸既可以由工艺设计人员完成，又可以由工艺设计人员提出初步设计条件，由建筑设计的相关专业人员完成。它们隶属于多种行业，各自都有行业规定或规范，下面就建筑设计规范最基本内容做一介绍，有关采暖通风、给排水、供电与自动控制设计的规定或规范将在第八章中讲解，下面只对工艺设计图中车间建筑的画法及规定加以讲解。

2. 工艺设计图的画法规定

1）比例与图幅

绘图比例通常采用 1∶50 或 1∶100，特殊情况下，例如，设备或仓库太大时，可考虑采用 1∶200 或 1∶500。首页图可采用 1∶400、1∶500 的比例。必要时，可以在一张图纸上的各视图采用不同的比例，此时可将主要采用的比例注明在标题栏内，个别视图的不同比例则在视图名称的下方或右方予以注明。

图幅一般采用 A0、A1、A2、A3、A4 五种幅面，图幅长宽及边框尺寸（单位：mm）如表 6-1 所示。每一张图纸由图面、标题栏、会签栏组成，在图纸中的具体位置如图 6-1 所示。标题栏的作用是让设计者和看图人员熟悉图纸种类和特性，了解工程名称、项目种类等。在 CAD 工程制图中所用到的有装订边或无装订边的图纸幅面形式见图 6-1，有装订边的图纸幅面会签栏位于装订边上方，无装订边的图纸幅面会签栏包含于标题栏。会签栏为各项设计负责人签字用的表格，它是标明责任分工和具有法律效力的签字。

表 6-1　图纸幅面的基本尺寸（GB/T 14689）

幅面代号	A0	A1	A2	A3	A4
$B×L$	841×1189	594×841	420×594	297×420	210×297
E	20			10	
C	10			5	
A	25				

注：在 CAD 绘图中对图纸有加长加宽的要求时，应按基本幅面的短边（B）成整数倍增加。

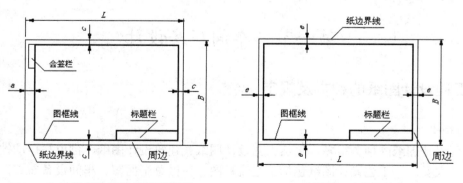

（a）带有装订边的图纸幅面　　　　　　（b）不带装订边的图纸幅面

图 6-1　CAD 工程制图中所用到的图纸幅面形式

图纸长、宽之间的内在规律是对折、宽变长、长减半变宽。如需将一个车间绘制在几张图纸上，各张图纸的幅面规格应尽量相同。图幅需要加长时，加长应为边长的 1/8 及其倍数，4 号图纸竖向绘图。

2）标题栏

CAD 工程图中的标题栏根据图纸种类不同执行不同标准。机械零件和设备制造图纸应遵守 GB/T 10609.1 中的有关规定，其标题栏一般由更改区、签字区、其他区、名称及代号区组成，如图 6-2 所示。工艺设计图纸与机械设计图纸不同，其标题栏一般由设计单位项目分工区、签字区、项目建设单位、项目名称、设计阶段、设计图名、图号等组成，其通用标题栏格式如图 6-3 所示。标题栏每栏的内容包括设计单位全称：某某设计院；工程名称：某某生物工程有限公司；项目名称：年产 30 万吨燃料乙醇工程；图名：发酵车间平面图；设计号：设计部门对该工程的编号；图别：工艺、建筑、电气等；图号：本张图纸在本套图纸中的顺序，如 No.1、No.2、No.3 等。

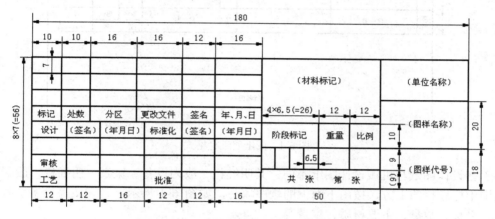

图 6-2　机械零件或设备制造图标题栏格式

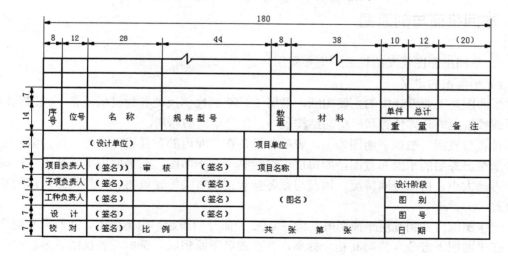

图 6-3　工艺设计图纸标题栏格式

不同尺寸的 CAD 工程图纸均应配置相同尺寸标题栏，即 180×56，并配置在图框的右下角。

3）明细栏

CAD 工程图中的明细栏根据图纸种类不同应执行不同标准。机械设备制造图纸应遵守 GB/T 10609.2 中的有关规定，CAD 工程图中的装配图一般配置明细栏。①明细栏一般配置在装配图中标题栏的上方，按由下而上的顺序填写，如图 6-4 所示。②装配图中不能在标题栏的上方配置明细栏时，可作为装配图的续页按 A4 幅面单独绘出，其顺序应是由上而下延伸。

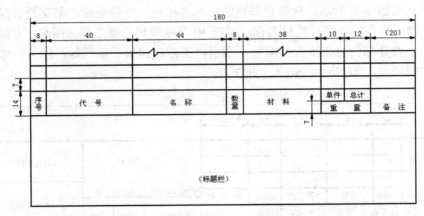

图 6-4　图纸明细栏格式

工艺设计图纸与机械设计图纸不同，其明细栏一般为设备一览表，明细栏一般配置在工艺图中标题栏的上方，按由下而上的顺序填写，如图 6-4 所示。列表填写设备位号（代号）、名称、数量、主要材质、重量等。

二、车间平面与剖面图

1．车间平面图（又称设备平面布置图）

1）平面图的定义

平面图是工业设计中的主要图纸，采用 1∶50 的比例反映各种机械设备、预留孔洞在地板或楼板上的具体位置和厂房的结构尺寸、生产车间的布局。

设备布置图一般以平面图为主，表明各设备在平面内的布置状况。当厂房为多层时，应分别绘出各层的平面布置图，即每层厂房绘制一个平面图。在平面图上，要表示厂房方位、占地大小、内部分隔情况，以及与设备安装定位有关的建筑物、构筑物结构形状和相对位置。

一张图纸内绘制几层平面图时，应以 0.00 平面开始画起，由下而上、从左至右顺序排列。在平面图下方分别注明其相应标高，并在图名下画粗线。例如，各视图下方注明平面图名称为"±0.00 平面""5.10 平面""10.20 平面"等。

2）形成

假想一切割平面从门和窗户的上沿水平方向切开，移动上面部分再向下看，这样可以看清室内的布置、门窗位置及墙壁厚度等。

3）画法

平面图画法如图 6-5 所示，其步骤如下。

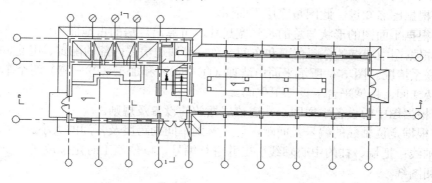

图 6-5　平面图画法

（1）画基准线，即厂房的纵向中心、开间轴线、墙身轴线。

（2）画出墙身轮廓，门窗、楼梯、柱等位置及结构形式，如图 6-5 所示。

（3）画出机械设备、洞眼等在平面上的俯视图，皮带轮的轴线及机座中心线（利用设备厂家中的小样图）。

（4）画出各种设备洞眼的定位尺寸线、外墙轴线尺寸线、开间尺寸线。

（5）画好草图，检查无误后，擦去多余线条，按要求加深。

（6）标注尺寸、门窗编号，书写图名和文字说明，如图 6-6 所示。

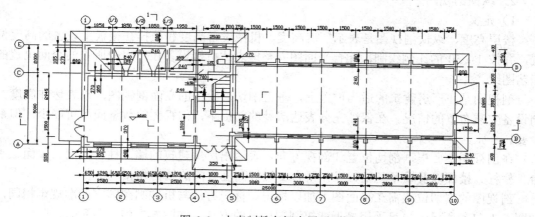

图 6-6　小麦制粉车间底层平面图

4）注意问题

（1）布置图面时周围应留有充分的尺寸线和写字的余地。

（2）三道尺寸线之间的距离约为 7 mm，第三道距图形最外边距离约为 20 mm。

（3）两端尺寸界线要接近所指图形，其余可用短线，尺寸界线应伸出 5 mm，为了整齐，先画一条止位置线，最后去除。

（4）窗台线用两根细实线表示。

（5）图形名称一般写在标题栏内或写于所属图下方，比例则写在图名后或图名下方。

5）读图

如图 6-6 所示，了解图中信息。

（1）根据图名知道，此图是底层平面图。

（2）根据平面图的形状与总的长、宽尺寸，可算出厂房的占地面积。

（3）根据图中墙壁的分隔情况和车间名称，可知道房屋内部的配置、用途、数量及其相互间的联系情况。图 6-6 所示平面由清理（①—④）和加工（⑤—⑩）两个车间组成，中间夹一楼梯间，楼梯平台下设一卫生间。

（4）根据图中的设备小样图，知道该层摆放的设备及规则。

（5）根据定位轴线的编号及间距，可了解到车间的跨度及开间的大小。

定位轴线：把墙、柱的中心轴线引出并进行编号，以便施工时定位放线，安装设备的定位和查阅图纸。

国标规定如下。

①定位轴线用细点画线表示，轴线编号的圆圈用细实线，直径为 10 mm。

②圆圈内写上编号，水平方向写上 1、2、3、4……自左向右；垂直方向的编号为大写 A、B、C、D……自下而上，不许用 I、Q、Z，避免与 1、0、2 混淆。

③编号一般注在图面的下面、左侧。

④不规则的定位轴线称为附加轴线，用 ⊘ 编号表示。分母表示前一轴线的编号，分子表示附加轴线的编号。如果在两个轴线之间有几个附加轴线时，顺次编写。

⑤附加轴线编号的表达形式主要存在于润麦仓和净麦仓的平面图纸上。

2．纵横剖视图

1）定义

楼层高度、纵横剖视图是表示厂房高度、机械设备高度和吊挂在楼板上设备的高度位置，并按 1∶50 的比例绘制，配合平面图完整地表达机械设备在厂房中所占的空间位置的工艺图纸。

剖视图是在厂房建筑的适当位置上，垂直剖切后绘出的立面剖视图，以表达在高度方向设备安装布置的情况。在保证充分表达清楚的前提下，剖视图的数量应尽可能少，但最少要有一张。

在剖视图中要根据剖切位置和剖视方向，表达出厂房建筑的墙、柱、地面、屋面、平台、栏杆、楼梯以及设备基础、操作平台支架等高度方向的结构和相对位置。

剖视图的剖切位置需在平面图上加以标记。标记方法与机械制图国家标准规定相同，如图 6-7（1）所示，也可采用接近建筑制图标准的方法，如图 6-7（2）所示。

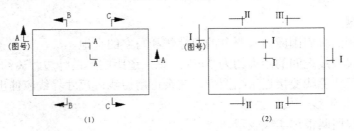

(1)   (2)

图 6-7 剖视图剖切位置的标记方法

在剖视图的下方应注明相应的剖视名称，如"A-A（剖视）""B-B（剖视）"或"I-I（剖视）""Ⅱ-Ⅱ（剖视）"等，在剖视名称下加画一条粗线。剖视的名称在同一套图内不得重复。剖切位置需要转折时，一般以一次为限。

剖视图与平面图可以画在同一张图纸上，按剖视顺序，从左至右、由下而上进行排列。当剖视图与平面图分别画在不同图纸上时，需在平面图上剖切符号下方用括号注明该剖视图所在图纸的图号，如图6-7所示。

2）要求

（1）一座工厂的纵剖面图一般需要1～2张，双跨2张，横剖面图需要6～8张。

（2）尺寸：在纵、横剖面图上要求标注厂房的高度尺寸和机械设备的高度尺寸，标注厂房高度及各楼层用"m"，标注机械设备的高度用"mm"。

（3）比例：绘制纵、横剖面图采用的比例是1∶50。

（4）图纸要清晰、完整。

3）绘制步骤

剖面图的画法步骤如图6-8所示。

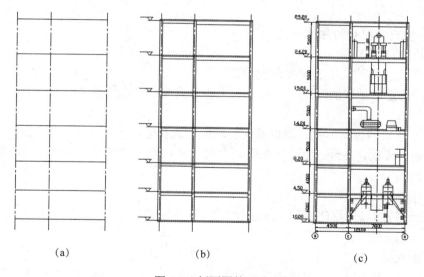

图6-8　剖面图的画法步骤

（1）画出厂房的墙身轴线、地面线、楼面线。

（2）画出墙身轮廓、门窗、柱、梁等有关厂房的结构型式。

（3）画出机械设备和相应辅助设施的主视图（左视图、右视图）、传动轮的中心线或设备竖直中心线。

（4）标注设备在高度方向上的定位尺寸及厂房标高尺寸。

（5）填写标题栏及其他文字。

4）注意问题

（1）纵剖图中梁为截面，横剖面中梁为实体。

（2）房顶要画完整，上人的屋顶和不上人的屋顶要能区分。

（3）只需标注厂房每层的高度尺寸，用"m"表示且累加。其他建筑结构不需标注尺寸。

（4）机械设备只需标注高度定位尺寸，用"m"表示。只需在纵剖图或者横剖图上标注一次即可。

（5）写清图名，例如，横剖图②—③，I—I纵剖图。

三、尺寸的种类、注法要求

1. 尺寸的种类

工程图纸中的尺寸一般分为以下4类。①建筑物的尺寸标注。例如，厂房的外墙轴线尺寸、开间尺寸和楼层标高。②机械设备的定位尺寸。设备布置图是供设备布置定位用的，所以图面上与设备布置定位有关的建筑物、构筑物、设备与设备之间，设备与建、构筑物之间，都必须具有充分的定位尺寸，即具有水平面内的纵横双向尺寸和高度尺寸。③楼板上预留孔洞的尺寸和其定位尺寸。这是根据车间设备布置图和设备的安装图确定的楼板上预留孔洞的尺寸，为了土建施工绘出的。④固定设备的底脚螺栓规格及其定位尺寸。

2. 尺寸的注法

厂房建、构筑物尺寸的注法

1）尺寸的内容

（1）厂房建筑物的长度、宽度总尺寸。

（2）柱、墙定位轴线的间距尺寸必须和土建专业图纸完全一致，以免给施工安装造成困难。

（3）为设备安装预留的孔、洞以及沟、坑等定位尺寸。

（4）地面、楼板、平台、屋面的主要高度尺寸及其他与设备安装定位有关的建筑结构构件的高度尺寸。

2）尺寸的注法

尺寸的标注按照《房屋建筑制图统一标准》GB/T50001—2017规定的方法，以便与建筑图纸保持一致。

（1）平面尺寸。

①厂房建筑的平面尺寸应以建筑定位轴线为基准，单位用mm，图中不必注明。

②因总体尺寸数值较大，精度要求并不很高，因此，尺寸允许注成封闭链状，如图6-9和图6-10所示。

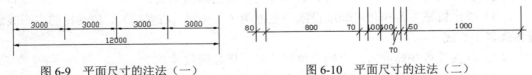

图6-9 平面尺寸的注法（一）　　　　图6-10 平面尺寸的注法（二）

③尺寸界线一般是建筑定位轴线和设备中心线的延长部分，如图6-9所示。

④建筑尺寸线的起止点可不用箭头而采用45°的细斜短线表示，此时最外侧的尺寸线需延长至尺寸界线外一段距离，如图6-10所示。

⑤尺寸数字应尽量标注在尺寸线上方的中间,当尺寸界线距离较小,可按图6-10中"70"的形式进行标注。

（2）标高：高度尺寸以标高形式标注,方法如下。

①一般以主厂房室内地面为基准,作为零点进行标注,单位用 m,数值一般取小数点后两位,单位在图中不必注明。

②标高符号一般采用图6-11（1）所示的形式,符号以细实线绘制。如标注部位狭窄,则可采用图 6-11（2）所示的形式,高度 h 根据实际要求决定,水平线长度 L 应以注写数字所占长度为准。有时也可采用图 6-11（3）所示的形式。

③零点标高标成"±0.00",高于零点的标高,其数字前一般不加注"＋"号；低于零的标高,其数字前必须加注"－"号,如图6-12所示。

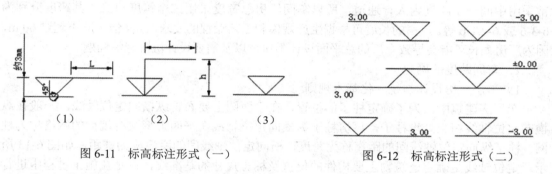

图 6-11　标高标注形式（一）　　　　　图 6-12　标高标注形式（二）

④平面图上出现不同于图形下方所注标高的平面时,例如,地沟、塌坑、操作台等,应在相应部位上分别注明其标高。

3）建筑定位轴线的标注

设备布置图中的建筑定位轴线,应与建筑图中的定位轴线编号相应一致。标注方法是在图形与尺寸线之外的明显位置,于各轴线的端部画出直径为8～10 mm 的细线圆,使成水平或垂直方向排列。在水平方向则以自左至右顺序注以 1、2、3……等相应编号,在垂直方向则以自下而上顺序注以 A、B、C……等相应编号（I、O、Z 3 个字母不用,字母不够用时,可增加 A_A、A_B……,B_A、B_B……等）。两轴线间需附加轴线时,编号可用分数表示。分母表示前一轴线的编号,分子表示附加轴线,用阿拉伯数字顺序编写。例如,"1/3"表示 3 号轴线以后附加的第一根轴线,"1/B"表示 B 号轴线以后附加的第一根轴线。

四、厂房设计

根据生产规模和生产特点,厂区面积、厂区地形和地质等条件考虑厂房的整体布置。厂房组成形式有集中式和单体式。"集中式"是指组成车间的生产部分、辅助生产部分和生活-行政部分集中安排在一栋厂房中；"单体式"是指组成车间的一部分或几部分相互分离并分散布置在几栋厂房中。如果生产规模较小,车间中各工段联系紧密,生产特点（主要指防火、防爆等级和生产毒害程度等）无显著差异,厂区面积小,地势平坦,在符合建筑设计防火规范和工业企业设计卫生标准的前提下,可采取集中式。如果生产规模较大,车间各工段生产特点差异显著,厂区地形平坦面积较大,可采用单体式。

1．厂房的开间和长度的确定

发酵工厂的生产车间大多采用多层厂房，而一些动力车间的厂房如空压站、冷冻站、锅炉房则可以采用单层厂房。生产车间的厂房通常为长方形，其优点是便于总图布置、节省占地面积，且厂房内的自然采光和通风条件也较好。也有个别工厂因地制宜，选用"L"形、"T"形的厂房。

厂房的平面布置和建筑设计有着十分密切的联系。在设计过程中，工艺设计和土建设计往往是交叉进行的。目前国内新建的发酵厂生产车间大多采用框架结构的多层厂房，其柱的间距常为 4 m、5 m、6 m、7.5 m 等，最大不超过 12 m，否则会给土建结构设计带来困难。厂房的跨度一般为 4.5 m 或 6 m。常用的厂房总跨度（即宽度）为 9 m（4.5 m+4.5 m）、12 m（6 m+6 m）。厂房宽度不宜超过 24 m，否则会对自然采光及通风带来不利。有的发酵车间常采用中间一个跨度为人行通道，所以车间厂房总宽度采用三个跨度组成，其跨度分别为 6-3-6 或 6-2.1-6 等。厂房的长度可根据生产规模和工艺流程的要求而定，但一般不超过 60 m，因为厂房太长可能会导致全厂的总平面设计不协调以及需要设计沉降缝等问题。

2．车间跨度的确定

1）单层厂房设计与统一化基本规则

在厂房建筑中，为了确定柱子的位置，在平面图上要布置纵横向定位轴线。一般在纵横向定位轴线相交处设柱子，厂房柱子纵横向定位轴线在平面上形成有规律的网格称为柱网。柱子纵向定位轴线间的距离称为跨度，横向定位轴线间的距离称为柱距，如图 6-13 所示。定位轴线是确定建筑物主要构件的位置及标志尺寸的基准线，也是在施工过程中进行施工放线和设备定位的主要依据。为了便于查阅图纸和施工，定位轴线均应标注上轴线编号。一般横向定位轴线常用①、②、③等表示，且自左向右编写。纵向定位轴线常用 A、B、C……（除 I、O、Z 外英文字母顺序）表示，且自下向上编写（如图 6-6 所示）。

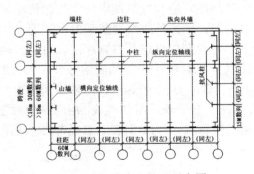

图 6-13　跨度和柱距示意图

确定柱网尺寸，不仅要满足生产工艺、设备布置等方面的要求，还要考虑模数制的要求。根据国家标准《厂房建筑模数协调标准》（GB/T50006—2010），有关单层厂房统一化基本规定如下。

（1）跨度。

单层厂房的跨度在 18 m 以下时，应采用扩大模数 30 M 数列，即 9 m、12 m、15 m、18 m；在 18 m 以上时，应采用扩大模数 60 M 数列，即 24 m、30 m、36 m 等（如图 6-13 所示）。当工艺布置有特殊要求时，可采用 21 m、27 m 和 33 m 的跨度。

（2）柱距。

单层厂房的柱距应采用扩大模数 60 M 数列。根据我国情况，采用钢筋混凝土或钢结构时，常采用 6 m 柱距，有时也采用 12 m 柱距。

单层厂房山墙处的抗风柱柱距宜采用扩大模数 15 M 数列，即 4.5 m、6 m、7.5 m。

（3）高度。

有吊车和无吊车的厂房，地面至柱顶、至牛腿面的高度一般取 300 mm 的倍数，至吊车轨顶的高度一般取 600 mm 的倍数。

2）多层厂房设计与统一化基本规则

多层厂房由于能节约用地，若厂房结构能满足生产工艺的要求，应尽量选用多层厂房。

（1）多层厂房的平面布置形式。

根据生物制品生产的特点，多层厂房平面布置的形式一般有以下几种：长方形、L 形、T 形、U 形、E 形和 O 形等。其中以长方形最常被采用，长方形厂房平面形式规整、合理、简单，其具体形式又有以下 4 种。

①统间式。这种布置方式适用于生产工序所占面积较大，相互间联系紧密，不宜以隔墙分开的生产车间。各工序通常按生产工艺流程布置在大统间里，如有少数特殊工序需要单独布置时，可将它们集中布置在专一的区域内（如图 6-14 所示）。

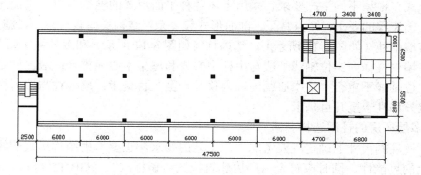

图 6-14　统间式的平面布置

②内廊式。这种布置方式适用于生产工序所占面积不大，生产上既需要相互紧密联系，但又不希望相互干扰的车间或工序。各工序可按生产工艺流程，布置在中间内廊走道两侧房间。对一些有特殊要求的生产工序，如保温、除湿、防尘等应分别集中布置，以减少能量损耗（如图 6-15 所示）。

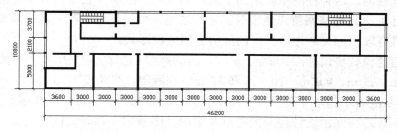

图 6-15　内廊式的平面布置

③大宽度式。这种布置方式适用于对温度、湿度等技术要求特别高的生产厂，以及为适应生产工艺有较大通用性和灵活性而需要采用大面积、大空间的生产车间（如图6-16所示）。

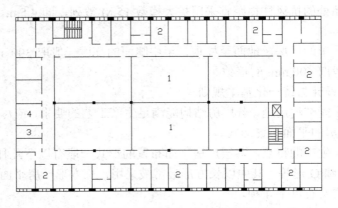

1—生产用房；2、3、4—办公服务性用房

图6-16　大宽度式的平面布置

④混合式。根据不同生产要求，采用上述各种平面形式的混合布置。其优点是能满足不同生产工艺流程的要求；缺点是平、剖面形式较复杂，结构类型较难统一，施工较麻烦。

柱子有墙中柱（如图6-16所示）、墙内柱（如图6-14所示）和墙外柱（如图6-19a所示）3种。墙中柱横向定位轴线一般与中柱中心线和屋架中心线重合；墙内柱是墙中心线与柱横向定位轴线不重合，柱中心线向墙内移几十至几百毫米；墙外柱与墙内柱相反，柱中心线向墙外移几十至几百毫米。

（2）多层厂房的柱网选择。

多层厂房柱网尺寸的确定既要考虑生产工艺的要求，也要考虑结构形式的经济合理性以及施工上的可能性，同时应符合《厂房建筑模数协调标准》（GB/T50006—2010）关于建筑参数一统化的要求。多层厂房的柱网一般可概括为以下几种类型。

①内廊式柱网。这种柱网在平面布置上多采用对称式，中间为走道，如图6-17a所示。这种柱网特点是用走道、隔墙将交通与生产区隔离开，做到互不干扰。

内廊式厂房的跨度可采用扩大模数6 M数列，宜采用6.0 m、6.6 m和7.2 m；走廊的跨度应采用扩大模数3 M数列，宜采用（b=）2.4 m、2.7 m和3 m（如图6-17a所示）。

②等跨式柱网。这种柱网主要适用于要求大统间的厂房，它可由数个连续跨组成（如图6-17b所示）。这种柱网特点是没有固定的通道，可以根据生产工艺的需要进行布置。因这种柱网具有较大的灵活性，工厂的厂房多用这种形式。

《厂房建筑模数协调标准》规定，多层厂房的跨度（进深）应采用扩大模数15 M数列，宜采用6.0 m、7.5 m、9.0 m、10.5 m和12 m。在我国，当跨度为6 m时，一般不超过6跨；7.5 m和9 m时不超过4跨。人工照明且具有天窗的厂房则可不受此限制。

③对称不等跨柱网。这种柱网的特点及适用范围基本和等跨式柱网类似，它们都可以为生产提供宽敞的大空间。之所以出现不等的跨度，往往是为了适应工艺布置的需要而确

定的。此种柱网构件类型则比等跨式柱网多（如图 6-17c 所示）。

④大跨度式柱网。这种柱网由于取消了中间柱子，为生产工艺的变革提供了更大的适应性。因为扩大了跨度，楼层常采用桁架结构（如图 6-17d 所示）。

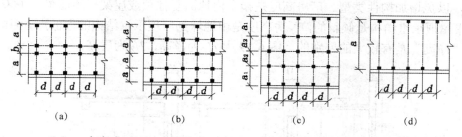

（a）—内廊式；（b）—等跨式；（c）—对称不等跨式；（d）—大跨度式

图 6-17　柱网布置的类型

（3）多层厂房的定位轴线。

定位轴线是确定建筑物主要构件的位置及其标志尺寸的基线，它应符合模数制的规定，并与统一化的建筑参数一致，以便采用定型化构件。

墙、柱与横向定位轴线的联系：柱的中心线应与横向定位轴线相重合（如图 6-18 所示），顶层中柱的中心线应与纵向定位轴线相重合。边柱与纵向定位轴线之间设置浮动值，而不做硬性规定。但是考虑到影响边柱定位的因素比较复杂，如多层厂房的层数、层高、楼面荷载、起重吊车设置的情况、自然条件以及城市规划部门对厂房立面的要求等，对边柱与纵向定位轴线的联系都会产生影响，所以难以做统一的规定。

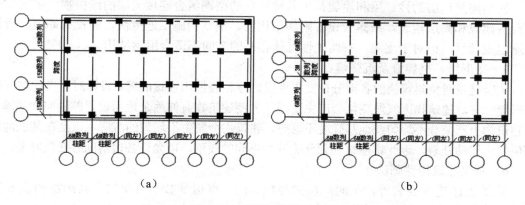

图 6-18　跨度与柱距示意图

3．层高、层数的确定

1）单层厂房的层高

单层厂房的层高一般以车间内最高设备来定。为了节省建筑费用，也可采用两种或 3 种层高混搭，设备的操作平台以钢结构平台为主。

2）多层厂房的层高

影响多层厂房层高的因素有生产工艺、采光、通风、建筑造价及统一化要求等，设计时应综合考虑。《厂房建筑模数协调标准》（GB/T50006—2010）规定多层厂房的层高应为扩大模数 3 M 数列，如图 6-18 所示。一般采用 3.9 m、4.2 m、4.5 m、 4.8 m 等，在 4.8 m 以上宜采用 5.4 m、6.0 m、6.6 m 和 7.2 m 等 6 M 数列。但在一幢厂房中，楼层高度不宜超过两种，以免增加构件类型。厂房高度是指室内地面至柱顶或屋架（屋面梁）下表面的距离。如果屋顶承重结构是倾斜的，厂房高度是由地坪到屋顶承重结构的最低点。因此，"层高"与"净高"是有较大的差别的，图 6-19 中 H_1 为净高，H_2 为层高。

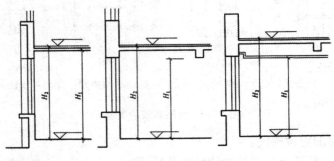

图 6-19　房间的高度

4. 厂房建筑结构的选择

厂房建筑结构从主材质来看分为砖混结构、钢筋混凝土结构和钢结构 3 种。砖混结构一般用于小房间建筑物，如空压站、变电站、水泵房、小仓库、门卫室单层或 3 层以下的小建筑物。钢筋混凝土结构为全部承重构件都由钢筋混凝土制成的构件，以预制或现浇的形式，构成较大、多层的建筑物。

钢结构是厂房的柱、梁和屋架都由各种形状的型钢组合连接而成的结构物，主要用于大跨度建筑和高层建筑，或露天设备附属结构物。钢结构施工速度快，建设周期短，适合快速建成项目，但对于潮湿、有腐蚀性气体存在的车间不适合用钢结构。

5. 变形缝、抗震缝及沉降缝

抗震缝是避免建筑物的各部分在发生地震时互相碰撞而设置的缝。设计时可考虑与其他变形缝合并。建筑物因气温变化会产生变形，为使建筑物有伸缩余地而设置的缝叫伸缩缝。当建筑物上部荷载不均匀或地基强度不够时，建筑物会发生不均匀的沉降，以至在某些薄弱部位发生错动开裂，因此将建筑物划分成几个不同的段落，以允许各段落间存在沉降差。

6. 常见建筑构件画法

除了上述建筑要素外，车间厂房的楼梯、门、窗也是必不可少的。其画法如表 6-2、表 6-3 以及图 6-19 所示。

表 6-2　楼梯、平台及洞孔的画法

名　　称	图　　例	名　　称	图　　例
底层楼梯		单跑楼梯	

续表

名　称	图　例	名　称	图　例
中间层楼梯		双跑楼梯	
顶层楼梯		三跑楼梯	
双分平行楼梯		转角楼梯	
交叉楼梯		钢梯	
孔洞		坑槽	
通风道		烟道	
网纹板		篦子板	
客梯		货梯	

表 6-3　常用门、窗的画法

名　称	图　例	名　称	图　例
空门洞		单扇门	
双扇门		对开折门	
单扇内外开双层门		双扇双面弹簧门	
双扇内外开双层门		单扇双面弹簧门	
墙洞外单扇推拉门		墙洞外单扇推拉门	
墙中单扇推拉门		墙中双扇推拉门	
固定窗		上悬窗	
中悬窗		下悬窗	
百叶窗		单层推拉窗	

　　门作为人流、货流和机械设备的出入口，其尺寸不宜过大，亦不能过小。除了上述表格中的类型之外，门按开关方式可分为平开门、推拉门、弹簧门、折叠门、升降门和卷帘门等。门按用途可分为普通门、车间大门、防火门及疏散用门等。

　　单扇平开门和双扇平开门分内开和外开两种，在门开启时要占有一定的面积。一般在走廊两旁的最好用内开门，但为了便于人流疏散，最好用外开门。

单扇推拉门和双扇推拉门的特点是占地面积小，缺点是关闭不严密，可用于各种仓库和个别生产车间设备进出的大门。

弹簧门就是在开启后靠弹簧的弹力能将门自动关闭，主要用在需要自动关门的房间。

折叠门的优点与推拉门一样，但开关不方便，易损坏。

升降门和卷帘门不占使用面积，只需在门洞上部留有足够的上升高度。开启方式可分为电动和手动，它们制作复杂、造价较高。

如图 6-20 所示为几种常见大门的开启方式。

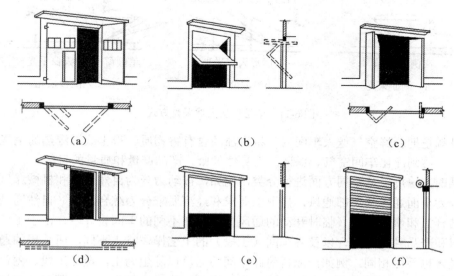

(a)—平开门；(b)—上翻门；(c)—折叠门；(d)—推拉门；(e)—升降门；(f)—卷帘门

图 6-20　几种常见大门的开启方式

7. 厂房建筑的采光与通风

白天室内利用天然光线照明的方式叫天然采光。天然光分为直射光和扩散光。根据室内工作对采光的要求来确定窗的大小、形式和位置，保证室内光线的强度、均匀度，避免眩光，以满足正常生产的需要。采光设计首先应采用天然光来满足室内的照度要求。在建筑设计中，为了能保证获得均匀合理的照度，有几何标准和采光系数标准两种采光标准。对于生物制品工厂来说，几何标准用得较多，即根据厂房的用途来决定窗面积和地板面积的比例，一般在 0.125～0.177 之间（约为 1/6～1/8）。

单层厂房天然采光方式有侧面采光、顶部采光、混合采光 3 种。如图 6-21 所示为几种常见单层厂房天然采光方式。侧面采光分为单侧采光和双侧采光，适当提高侧窗上沿的高度，离窗较远处的光线会有所改善。顶部采光通常用于侧墙上不能开窗的厂房和连续多跨厂房的中部采光，顶部采光光线均匀，采光效率高，但构造复杂，造价较高。采光天窗有矩形天窗、锯齿形天窗、横向天窗、平天窗、井式天窗等。相邻两天窗中线间的距离不宜大于工作面至天窗下沿高度的两倍，通常工作面取地面以上 1.0～1.2 m 高。混合采光用于当侧面采光有效深度不够或光线不足时，或在侧窗不宜开得过大的厂房。

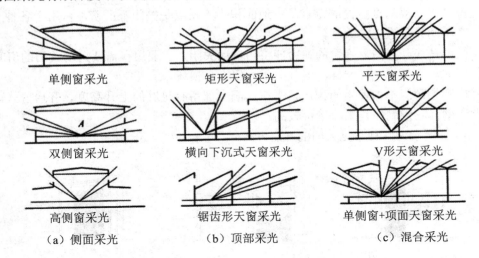

单侧窗采光	矩形天窗采光	平天窗采光
双侧窗采光	横向下沉式天窗采光	V形天窗采光
高侧窗采光	锯齿形天窗采光	单侧窗+顶面天窗采光
（a）侧面采光	（b）顶部采光	（c）混合采光

图 6-21　单层厂房天然采光方式

通风就是把新鲜空气送入车间内，将污浊的含有害物质、粉尘或过湿热的空气从车间内排出，以达到净化车间空气、保证工人身体健康、产品产量和质量的目的。

通风的方法可以从不同方面进行分类，例如，按动力分为自然通风和机械通风，按作用范围分为全面通风和局部通风，按卫生要求和经济要求分为综合通风（自然通风和机械通风相结合）和事故通风（临时开动的通风）等。在不同的车间设计中，由于工厂规模不同，原料和产品种类不同，以及各车间（工段）的工艺操作特点不同，所采用的通风方法和通风量等也不尽相同。例如，原料粉碎车间的通风以除尘为主，蒸煮工段、糖化工段、蒸发工段的通风以降温排湿为主，蒸馏车间的通风以降温排气为主，啤酒包装车间的通风以排湿散热为主，白酒蒸馏工段以排湿降温为主，制麦车间发芽工段需有调温调湿的空调装置等等。

8. 车间布置设计原则

一个优良的车间布置设计应该做到经济合理、节约投资、操作维修方便安全、设备排列简洁、紧凑、整齐、美观。

生物制品种类多，其生产工艺差别也大，但必须满足以下要求。

第一，必须满足工艺要求，即车间内的设备布置尽量与工艺流程一致，并尽可能利用工艺过程使物料自动流送，避免中间物料和产品有交叉往返的现象。在操作中相互有联系的设备应布置得彼此靠近，并保持必要的间距（如表 6-4 所示）。

第二，必须符合生产操作的要求。如图 6-22 所示的工人操作设备时所需要的最小间距的范例是根据建工部建筑科学研究院对人体尺度的研究，按照化工车间工人操作的具体情况确定的。

第三，车间布置应符合设备安装、检修的要求。因为设备在安装时如何运入车间，并安装于指定的位置，在设计时需要加以考虑。一般厂房内的大门宽度要比需要通过的设备宽 0.2 m 左右。当设备运入厂房后，很少需要再整体搬出时，则可以在外墙预留孔道，待设备运入后再砌封。对于多层厂房，应在二层及以上层设置设备吊装孔，并在其四周设置可拆卸的栏杆，方便设备吊运，同时楼面上留有设备运送通道。对需穿越楼板安装的设备（如种子罐、发酵罐、反应器、塔设备等），可直接通过楼板上预留的安装孔来安装。对体积庞大而又不需经常更换的设备，可在厂房外墙先设置一个安装洞，待设备进入厂房后再封砌。厂房要有一定的供设备检修及拆卸用的面积和空间，设备的起吊运输高度应大于在运输线上的最高设备高度。经常维修的设备如二相或三相卧式螺旋离心机，在其上方应设电动葫芦或行车，最大限度地满足工艺生产包括设备维修的要求。

第四，车间布置应符合厂房建筑的要求。对于大型的蒸馏塔和浓缩蒸发器，一般应露天布置，以节省建筑物的面积和体积；对于易产生较大振动的设备，如直径大于 1500 的卧式刮刀离心机及粉碎机，应布置在一层地面平台上，减少对建筑物的振动，节约建设投资。设备穿孔必须避开主梁，大型发酵罐组中层楼层板可以不要，以减少建筑载荷，有效地节约车间建筑面积（包括空间）和土地。

第五，车间布置应符合安全、卫生和防腐蚀的要求。高大设备应避免靠窗布置，以免影响采光。对于高温及有害气体的厂房，应适当加大建筑层高，并采用机械通风散热换气。对防爆车间，要避免车间内有死角，对可能产生爆炸的部位设置泄压孔，泄压孔可设于屋顶或各层的侧面。防爆厂房与其他厂房连接时，必须用防爆墙（防火墙）隔开。对于存在有机溶剂的车间，要设置防止静电着火的导电板接地。对于接触腐蚀性介质的设备，除设备本身的基础防护外，对于设备附近的墙、柱等建筑物也必须采取防护措施并检查车间中所采取的劳动保护、防腐、防火、防毒、防爆及安全卫生等措施是否符合要求。

第六，车间布置应符合生产发展的要求。要考虑车间的发展和厂房的扩建，以及考虑其他专业对本车间布置的要求。例如，本车间与其他车间在总平面图上的位置合理，力求使它们之间输送管线最短，联系最方便，为车间的技术经济指标、先进合理以及节能等要求创造有利条件。

第七，对生物制品是食品和药品的车间还必须符合 GMP 的要求。

表 6-4　设备的安全距离

序　号	项　　目	净安全距离/m
1	泵与泵的间距	≥0.7
2	泵离墙的距离	至少 1.2
3	泵列与泵列间的距离（双排泵间）	≥2.0
4	计量罐与计量罐间的距离	0.4~0.6
5	贮槽与贮槽的距离（指车间中的一般小容器）	0.4~0.6
6	换热器与换热器间的距离	至少 1.0
7	塔与塔的间距	1.0~2.0
8	离心机周围通道	≥1.5
9	过滤机周围通道	1.0~1.8
10	反应罐盖上传动装置离天花板的距离（如搅拌轴拆装有困难时，距离还须加大）	≥0.8
11	反应罐底部与人行通道的距离	≥1.8~2.0

续表

序　号	项　　目	净安全距离/m
12	反应罐卸料口至离心机的距离	≥1.0~1.5
13	起吊物品与设备最高点的距离	≥0.4
14	往复运动机械的运动部件离墙的距离	≥1.5
15	回转机械离墙的距离	≥0.8~1.0
16	回转机械相互间的距离	≥0.8~1.2
17	通廊、操作台通行部分的最小净空高度	≥2.0~2.5
18	不常通行的地方，净高不小于	1.9
19	操作台梯子的斜度	45°~60°
20	控制室、开关室与炉子间的距离	15
21	产生可燃性气体的设备和炉子的间距	≥8.0
22	工艺设备和道路间的距离	≥1.0

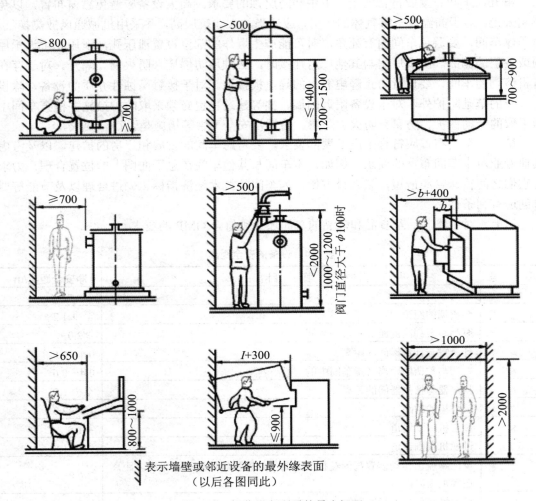

╱╱ 表示墙壁或邻近设备的最外缘表面
（以后各图同此）

图 6-22　操作设备所需的最小间距

厂房建筑的平立面的初步设计都是先由工艺设计人员根据生产工艺流程及生产设备进行工艺平立面设计，这只是建筑的初步设计。厂房建筑的施工图设计是由建筑设计人员在生产工艺平立面图的基础上，与工艺设计人员配合协商，进行厂房的建筑平立面设计及结构设计等。

第二节　发酵原料处理车间设计

淀粉是众多发酵产品的基础原料，从原料来源可分为玉米淀粉、小麦淀粉、大米淀粉、高粱淀粉、马铃薯淀粉、红薯淀粉、木薯淀粉、豆类淀粉等，其生产工艺流程可参考《淀粉科学与技术》（本书作者李浪主编）一书。下面就发酵工厂中常见的玉米淀粉、小麦淀粉的车间设计进行介绍。

首先，车间设备布置图的绘制步骤如下。

（1）考虑设备布置图的视图配置。

（2）选定绘图比例。施工图设计阶段的设备布置图采用的比例一般都大于初步设计阶段的设备布置图。

（3）确定图纸幅面。

（4）绘制平面图。在设备布置图中，平面图是主要的，因此，首先要绘制平面图。从底层平面起逐个绘制，由于设备定位的参照系主要取自建筑物，所以，首先画建筑物。①画建筑定位轴线。②画与设备安装布置有关的厂房建筑基本结构。③按照定位尺寸，画设备中心线。④画设备、支架、基础、操作平台等的轮廓形状。⑤标注尺寸。⑥标注定位轴线编号及设备位号、名称。⑦图上如果分区，还需要画分区界限线并作标注。

（5）剖视图绘制步骤与平面图大致相同，逐个画出各剖视图。

（6）绘制方位标。

（7）编制设备一览表，标注有关说明，填写标题栏。

（8）检查、审核、完成图样。

下面就生物工厂主要车间的设计与设备布置图的绘制进行详细介绍。

一、玉米淀粉车间设计

第三章介绍了玉米淀粉的生产工艺流程，第四章重点介绍了大部分设备的选型。下面以年产 30 万吨和年产 5 万吨的玉米淀粉车间设备布置为例进行介绍。

车间设备布置是根据工厂所占厂区的具体实际情况来确定的。在玉米淀粉的主车间里，生产线上的各种设备布置是按照工艺顺序的要求安排的，车间内的设备布置可以分为工段布置、前后布置、上下布置和室外布置，全面考虑上水、下水、蒸汽、电气的安排和布置。设备布置首先要满足工艺流程和工艺条件的要求，同类型的设备或操作性质相似的有关设备布置在一个范围内，便于统一管理，集中操作。操作中有联系的设备或工艺要求靠近的设备集中布置，做到经济合理、节约投资、操作维修方便安全、设备排列简洁、紧凑、整齐、美观。此外还需考虑设备及附属设备所占有的位置、设备与设备之间或设备与建筑物间的安全距离。

对于年产5万吨小型淀粉车间只适合与小型生物发酵车间配套建设，车间通常采用单层厂房、局部二层或二层平台，如图6-23和图6-24所示。通常各层设备布置在厂房的一侧，另一侧留得很宽，用来工作、人员行走和设备搬运。脱胚磨、胚芽旋流器、针磨、压力曲筛、胚芽挤干机、玉米皮渣挤干机、碟片分离机等布置在二层或二层平台，平台下放置小型接料罐。玉米料仓、胚芽洗涤筛分别布置在脱胚磨、胚芽挤干机上方。在中间地面布置十二级淀粉旋流洗涤器、气浮槽，在车间东北角布置刮刀离心机和气流干燥机的换热器及进料机构；在车间东南角屋顶布置气流干燥机的旋风集料斗，二层平台布置风机和成品筛，平台下地面布置计量打包机，平台下将计量打包机用隔墙与湿加工区分开，以确保产品质量。气浮槽的玉米蛋白（黄浆）泵至副产品车间用板框过滤机过滤，经蛋白粉干燥机干燥获得成品。这种布置型式相比采用2～3层楼布置有较多的水平输送，能耗稍高一些；但厂房楼层不高，管网联系较好，在多个角度都能看到设备的运行情况，对各种设备的操作也方便。

6个玉米浸泡罐布置在车间西部，与破碎脱胚磨、胚芽旋流器、针磨等用墙隔开，有利于不同环境设备布置与操作。脱胚磨、胚芽旋流器、针磨及压力曲筛布置在局部二层平台上，其下一层是物料槽及输送泵。4台碟片分离机布置在中东部局部平台二层，其下布置皮渣管束干燥机和胚芽管束干燥机。刮刀离心机布置在一层东部，刮刀离心机西边布置两个精淀粉乳罐。大部分精制淀粉乳输送至另一车间深加工，多余的精制淀粉乳由一台卧式刮刀离心机脱水后进入气流干燥机干燥后得到成品干淀粉。深加工停用淀粉乳时，将其加工成变性淀粉，因此在计量打包机间隔墙西边布置6个反应釜，用于生产变性淀粉。为了干湿分离，采用花纹钢板做隔墙将淀粉和变性淀粉气流干燥机及二层平台下的计量打包机间隔工。

5万吨/年玉米淀粉生产车间只适合小型玉米深加工企业，对于中大型玉米深加工企业一般要有年产30万吨淀粉的加工能力。

车间设备要排列整齐，安排布置不要过于紧密或过于松散，设备布置过于紧密不利于操作和检修，同时生产环境中的噪声、温度都较高。设备布置过于松散不利于管理，管道过长，厂房利用率低。每一台或一套设备都要留有操作人员足够的操作面积和空间。立式设备的人孔对着空场地或布置在检修通道同一方向。特别是需要洗涤、更换易损件和维修的设备，例如，脱胚磨、针磨、碟片分离机、十二级淀粉旋流洗涤器、刮刀离心机、真空转鼓过滤机等动力设备的布置距离一定在四周留够维修空间。

国内外现代化的年产30万吨淀粉的玉米淀粉车间，通常采用2～3层楼。生产线通常中间是人行和设备通道，设备布置在中间通道的两侧，人行和设备通道一般是顺着厂房的长度方向设置。设备的安装应符合要求，包括设备间距、工艺流程的合理性等。安全通道宽度要大于1.6 m，主通道宽度应大于3 m，人行通道宽度要大于1.0 m。消防设计要合理，并保证符合消防安全要求。车间内要有区域划分，例如，浸泡罐区、磨筛分区、分离洗涤区、干燥区等要分清，便于清洁、空气换气、噪音控制，也有利于配电、照明等动力柜符合安全要求。

各层楼面设备的配置一般是：一楼配置接料罐、输送泵和管束干燥机、卧式刮刀离心机、气流干燥机组的空气加热设备；二楼配置脱胚磨、针磨、压力曲筛、碟片离心机、胚芽挤干机、玉米皮渣挤干机、玉米蛋白（黄浆）真空转鼓过滤机。重量较大且需要安装在二楼的设备，例如，脱胚磨、针磨、分离机、十二级淀粉旋流洗涤器、刮刀离心机、真空转鼓过滤机、通风机等，需要在其安装位置的楼板层下面加次梁以加强结构强度。振动载荷较大的卧式刮刀离心机如果布置在二层，最好采用独立基础，以减小多台刮刀离心机动载荷的横向传递。重量较大的副产品干燥机等设备要安装在地面，各种过程罐尽可能布置在一楼的地面，以减少厂房载荷。在保证工艺流程的原则下，将较高的设备集中布置，可简化厂房的立体布置，避免因设备高低悬殊而造成建筑体积的浪费；设备穿孔应避开主梁。操作平台应统一考虑，保证整体一致和不重复。有原料进入或成品输出口的设备（或系统）要布置在厂房通道或离车间物料门近的地方（如各种干燥机、淀粉气流干燥系统），方便运输和保持卫生。很多大型设备如脱胚磨、针磨、碟片分离机、十二级淀粉旋流洗涤器、刮刀离心机等的清洗件、易损件和维修件都很大，在清洗、更换和维修时需要使用手拉葫芦，故在安装时需要在设备的上面、楼顶的下面设置固定的手拉葫芦导轨。

车间内的设备是按照玉米上料浸渍，玉米浆蒸发浓缩，玉米破碎、胚芽分离，胚芽洗涤、脱水干燥，玉米油生产，纤维洗涤筛分、脱水干燥和饲料包装，蛋白质分离、脱水干燥和蛋白粉包装，淀粉洗涤精制，脱水干燥和淀粉包装的工序（工段）顺序安排的，即前后布置。

各工序的设备还按照工序的顺序分层布置，即上下布置。湿磨工段的湿玉米储斗布置在一道磨的上方，二道磨前重力曲筛布置在二道磨的上方，精磨前压力曲筛布置在针磨的上方，纤维洗涤压力曲筛布置在纤维洗涤槽的上方，各种储罐布置在相关设备的下方。

一条生产线的厂房层数应该是不同的，浸渍工序通常是两层，湿磨、筛分工序通常是两层或三层，干燥工序可以是一层或两层。车间的层数与生产规模有直接的关系，大规模的生产线，厂房的层数可以是二层或三层。小规模生产线的湿磨、筛分工序是两层，淀粉和副产品脱水干燥工序是一层。规模在 6 万吨/年以下的生产线，浸渍、湿磨、筛分工序是两层，其他是一层。规模在 12 万吨/年以下的生产线，浸渍、湿磨、筛分、淀粉干燥车间（工段）是两层，玉米浆蒸发浓缩和淀粉干燥工段是一层，湿磨可以是三层。规模在 15 万吨/年以上的生产线，浸渍、淀粉和副产品干燥工段是两层，湿磨、曲筛筛分是三层，玉米浆蒸发浓缩工段是一层。

2004 年新乡华星制药厂淀粉车间由 5 万吨扩建为 15 万吨，原来 5 万吨采用 12 个 100 m³ 浸泡罐，扩建为 15 万吨时，增加了 6 个 300 m³ 浸泡罐，浸泡工段平面图如图 6-25 所示。

三楼或二楼平台配置玉米料仓、胚芽洗涤筛、气浮槽如图 6-26（a）和 6-26（b）所示。由于生产能力、产品等级要求和工艺流程繁简的不同，玉米制粉车间楼层和各层楼面设备的配置也有差异。对于只生产淀粉乳供其他车间使用时，则不需用卧式刮刀离心机、气流干燥机组，则厂房长度可短一些。但该项目受场地的限制反而比较长，如图 6-26（a）、图 6-26（b）、图 6-26（c）所示。

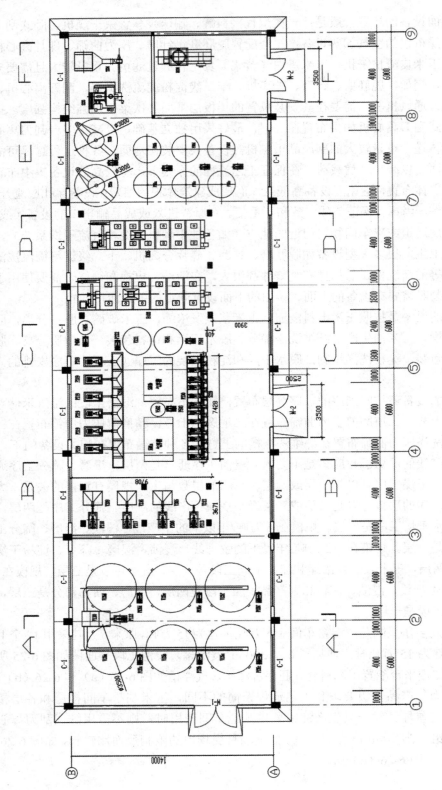

图6-23　年产5万吨小型淀粉车间一层平面设备布置图

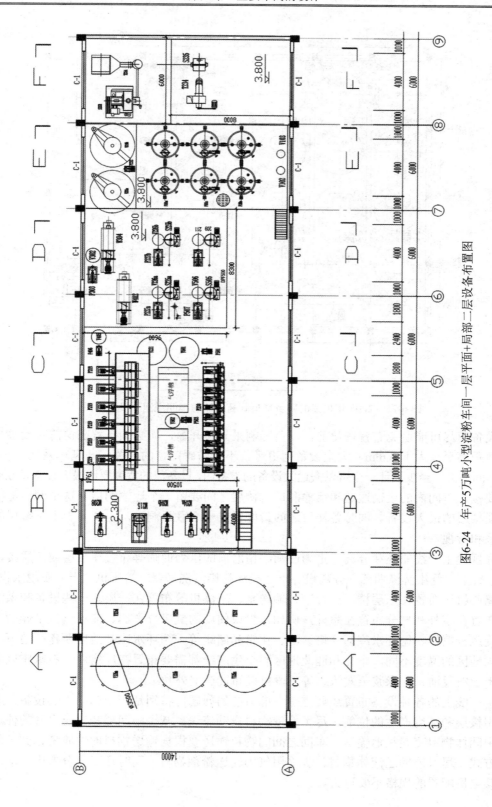

图6-24　年产5万吨小型淀粉车间一层平面+局部二层设备布置图

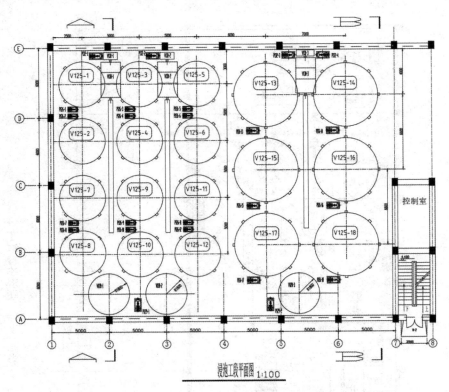

图 6-25　2004 年扩建的新乡华星制药厂淀粉车间浸泡工段平面图

　　设备应尽可能避免布置在窗前，以免影响采光和开窗，如必须布置在窗前时设备与墙间的净距离至少大于 0.6 m，大型设备则更远，不能妨碍门窗的开关、通风和采光。

　　车间的大门至少设计一个可以搬运大设备的设备门，设备门的宽度要比最大设备宽 0.8 m，并且要接近车间内的运输通道和运输洞口。楼层之间要留一个运输洞口，这个洞口可以吊运上面楼层的最大设备。同时各楼层之间最好设计一个联系洞口，主要用于上下楼层的工作联系和看视。

　　大规模生产线的胚芽分离、重力曲筛、精磨前的压力曲筛等布置在二层或三层楼，脱胚磨、针磨、纤维洗涤曲筛、分离机、十二级淀粉旋流洗涤器、挤压机、蛋白质脱水设备、刮刀离心机等布置在二层楼，过程罐、输送泵、干燥机等布置在一层。一些设备和系统还可以布置在室外和部分布置在室外，例如，管束使用的旋风分离器、淀粉气流干燥的干燥管和旋风分离器、循环水冷却（塔）池、化学品储罐等。循环水冷却池需要建在地下。我国不同地区的温度不同，东北和西北地区整个生产线都需要布置在厂房内，石家庄以南地区玉米上料浸渍、玉米浆蒸发浓缩等工段可以布置在室外。

　　生产线上的各种设备布置还要重点考虑节能的问题，特别是一个车间内的设备，要充分利用楼层和高度产生的位能，尽可能使物料自动流送，减少中间罐和输送设备的使用，避免中间体物料交叉往返输送。车间之间的物料输送要根据输送物料的性质考虑到节能的输送方式，尽可能输送液体物料，少采用气力输送粉剂物料。同时还要充分考虑到动力设备及其电机配置的规格不要过大。

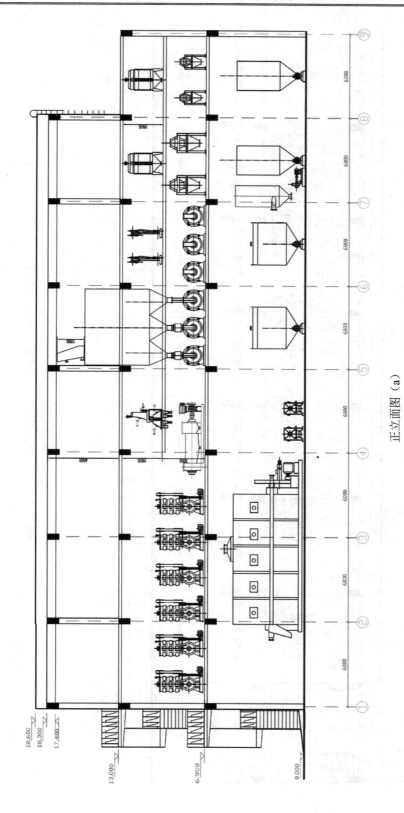

正立面图（a）

图6-26（a）　年产15万吨淀粉车间立面西半段设备布置图

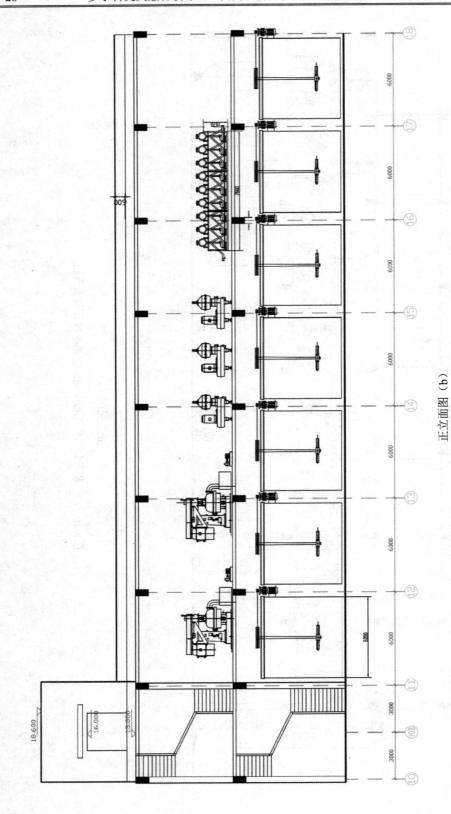

正立面图（b）

图6-26（b） 年产15万吨粉淀车间立面中段设备布置图

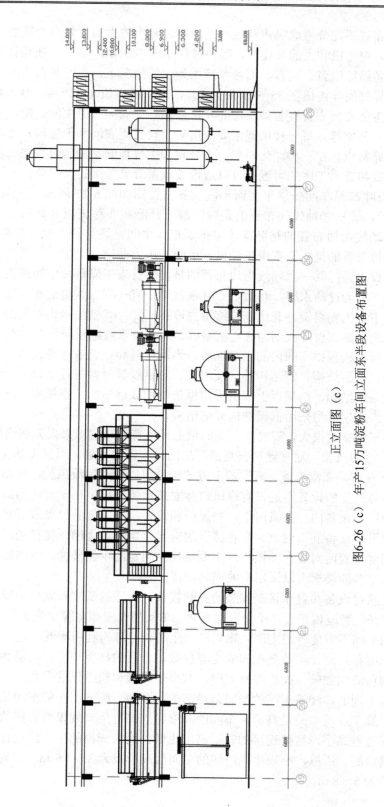

正立面图（c）

图6-26（c）　年产15万吨淀粉车间正立面东半段设备布置图

　　车间设备布置要充分考虑噪声和废气的影响。噪声较大的设备有脱胚磨、针磨、大型风机、离心机、空压机和大的泵类等，噪声值在 70~105 dB（A）。在设计科学的车间，产生噪声的设备做好吸音、隔音、消音和减振处理的情况下，车间和厂界的昼夜间噪声值不会很高。厂界昼间噪声值在 35~45 dB（A），夜间噪声值在 35~48 dB（A）。

　　车间内除主要安装布置设备外，还要安排楼梯、更衣间、卫生间、配电室、化验室、中央控制室、办公室等。每一楼层或主要楼层需要设置更衣间和卫生间，更衣间需要设置多个。配电室通常设置在一楼，化验室、办公室和中央控制室通常设置在二楼。中央控制室要设置在磨筛和分离工序的附近，可以透过玻璃窗看见车间的大部分。

　　年产 30 万吨淀粉车间一层平面西半段设备布置图如图 6-27 所示，东半段设备布置图如图 6-28 所示。②—③轴线间布置的是脱胚磨、针磨和胚芽旋流分离器（二层）下的物料罐；④—⑤轴线南边布置的是胚芽管束干燥机，中间是胚芽挤干机（二层）挤出水罐；⑤—⑨轴线南边布置的是皮渣管束干燥机，中间是压力曲筛（二层），其下方为纤维洗涤槽，北边是过程水罐；⑨—⑩轴线南边布置的是蛋白管束干燥机，中间是蛋白板框压滤机（二层），其下方为过滤水罐，北边是 CIP 清洗罐；⑪—⑫轴线南边布置的是碟片分离机（二层），其下方为物料罐，北边是浓缩蛋白液罐；⑬—⑮轴线南边布置的是淀粉干燥的两台换热器，北边是六台卧式刮刀离心机基础、两个脱水液罐及两台湿淀粉输送机。

　　车间的建设结构根据车间内的生产性质、当地材料和建设条件等具体情况确定，可以采用砖混结构、框架结构、钢结构等，使用砖、彩钢板等材料进行建设。一般一层厂房采用砖混结构或轻钢结构，两层以上厂房采用框架结构或钢结构。小规模厂房采用砖混结构或轻钢结构，大规模厂房采用框架结构或钢结构。

　　大规模的车间宽度很大，需要在车间的顶上设计有通风窗用来采光和通风，一般 18~24 m 宽设置一排通风窗，通常通风窗是沿厂房的长度方向设置，通风窗的宽度一般为 2~4 m，高 2.6 m 左右。在浸泡罐、蒸发器上方的楼顶可以安装轴流风机。在车间外墙上设置排风窗，在热源产生的设备附近设有排风口并安装轴流风机。在一楼适当的位置设计多个人流门、物流门、设备门；人流门小，物流门和设备门大，门的设置最好是对流的，设备门要在设备通道和设备洞口附近。在各楼层的恰当位置设计楼梯，楼梯的设置是对置的，比较大的车间要设置两对以上的楼梯。主要楼梯采用宽的水泥楼梯，浸泡罐、使用次数很少和一些设备平台的楼梯可以采用窄的钢制楼梯。

　　车间的形状对设备布置和管道安装的影响较大，合适的长度和宽度可以使设备的布置合理，流向顺畅，管道相距近，操作管理方便。车间的长度和宽度比为 1∶（1.2~2）较为合适；细长的车间不方便管理生产，物料输送距离长，车间利用率低，建设费用高。

　　车间的高度和层高、层数是车间的主要参数，合适的高度和层高、层数可以使设备的布置合理，物料流向顺畅，操作维修方便，减少过程罐和输送泵的台数。一条生产线的车间高度应该是不同的，浸渍工序的车间是最高的，湿磨、筛分工序的车间是低的，淀粉和副产品脱水干燥工序的车间是高的。车间的高度和层高与生产规模有直接的关系。由于小规模的生产线过程罐小，需要连接的管道高度也低；而大规模的生产线过程罐大，需要连接的管道高度也高。所以，小规模生产线的车间层高一般为 3~4.5 m，大规模生产线的厂房的层高一般为 5~8 m。

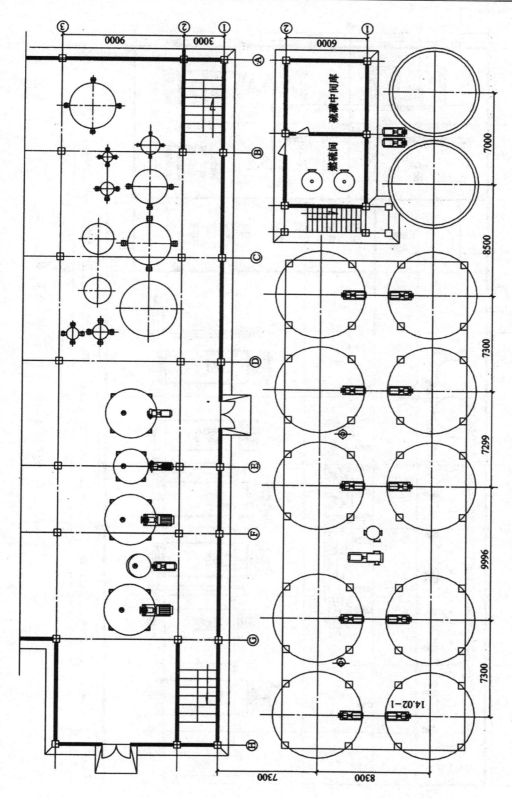

图6-27　年产30万吨淀粉车间一层平面西半段设备布置图

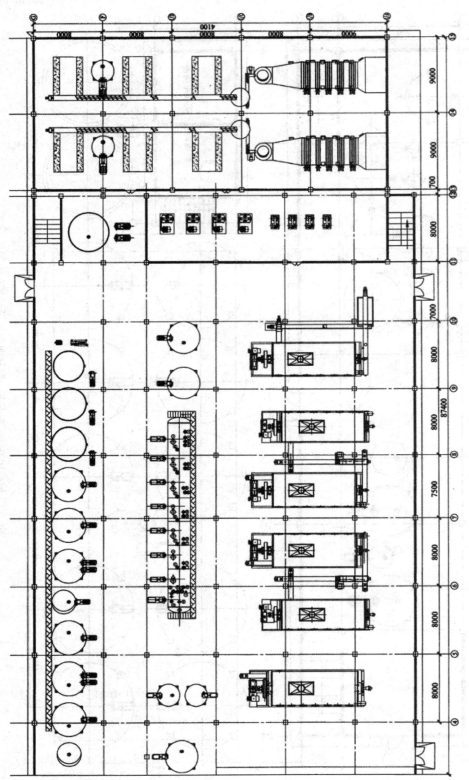

图6-28　年产30万吨淀粉车间一层平面东半段设备布置图

二、小麦淀粉车间设计

小麦淀粉加工是将小麦磨成小麦粉，再将小麦粉深加工得到小麦淀粉和谷朊粉的行业，在我国小麦淀粉加工进行工业化生产的时间至今不足 30 年。接下来，首先来介绍小麦制粉车间的设计。

1. 小麦制粉车间的设计

在设计时首先应根据原料情况和产品要求，设计出能达到规定技术经济指标的工艺流程图，并按设计要求选定合适的工艺设备；然后，根据所用的设备和工艺流程，设计出合理的布置图。关于工艺流程的设计，请参考《粮食工程设计手册》（刘四磴主编）、《粮食加工与综合利用工艺学》（郭桢祥主编）等书，这里着重研究工艺设备的布置。

当前小麦制粉车间正向大型化迈进，所需原料小麦仓库有 3 种形式，即独立圆形立筒库、长方形房式仓、与制粉车间合建的方形立筒库。房式仓占地面积大，输送距离远，输送成本高，将逐渐被淘汰，而立筒库是发展趋势。下面首先介绍 2 万吨原粮立筒库的工艺流程和设备布置实例。立筒库旁建有工作塔，其任务是将由接收装置输送来的粮食，经过称重、初步清理等工序后分配进各个筒仓。根据需要还可以将筒仓中的粮食输送到加工厂去，或进行倒仓作业。工作塔内部根据工艺流程要求，布置有输送、称重、清理和除尘设备。如图 6-29 所示，粮食在工作塔内经二次提升，工艺过程包括接收进仓、清理和称重以及倒仓作业。采用的主要设备有 100 t/h 斗式提升机 4 台、带宽 650 mm 的胶带输送机 5 台、SMS40 埋刮板输送机 2 台、100 t/h 振动筛 2 台、1000 kg 自动秤 2 台。仓顶输送设备有固定式胶带输送机和埋刮板输送机两种。两者比较，以采用埋刮板输送机为宜，其优点在于卸料时无须卸料小车，机壳是全封闭的，可避免卸料时灰尘飞扬。仓底输送设备大都采用固定式胶带输送机，其优点为省动力，工作可靠，造价低于埋刮板输送机。从工作塔输出原料小麦一般是从称重设备下用皮带机输送。

工作塔的平面形状呈矩形，平面尺寸按工艺设备布置要求而定，也与筒仓群的宽度有关。一般跨度（平面尺寸的宽度）可采用 6 m、6.6 m 和 7.2 m，柱间距可采用 2.4 m、2.7 m 和 3 m。工作塔的高度应为 300 mm 的倍数。

合建的方形立筒库根据小麦制粉车间大小而定，方形立筒库旁布置清理间、制粉间。清理间和制粉间主要工艺设备布置要求如下。①下料井接收各种车运来的原料小麦。②提升机将下料井接收的原料小麦提升至初清筛进料口，初清筛可以选择振动筛、高速筛、平面回转筛。经初清筛除去大杂后由溜管流入比重去石机除石，去石后的小麦基本上为净麦，只有少数麦粒的腹沟有泥土。③经打（擦）麦机的打板、齿板、筛板撞击即可除掉 98% 的泥土。④经磁选、着水机着水后进入润麦仓。⑤润好的麦粒可进入磨粉机研磨，再经高方筛筛分出小麦粉，多道研磨筛分可以得到不同灰分和蛋白含量的面粉。⑥不同灰分和蛋白含量的面粉有不同的用途，灰分含量低的面粉主要用于食品加工，灰分含量高的面粉主要用于小麦淀粉加工或饲料使用。⑦也可将不同灰分和蛋白含量的面粉配粉得到饺子、面包、馒头等各种专用粉。

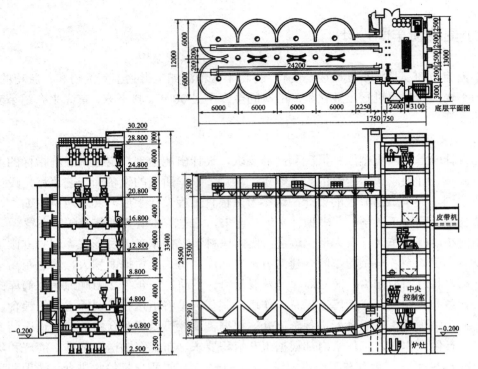

图 6-29　2 万吨原粮立筒库工艺设备布置实例

1）清理与制粉间工艺设备布置的原则

（1）各种清理与制粉设备必须按工艺流程布置在相应的楼层上；在多层车间内，设备布置时应尽量考虑减少物料提升次数。

（2）上道工序设备的物料注入下道设备时，要尽量多用溜管，不用或少用水平输送设备。

（3）相同的机器设备应尽量配置在同一楼层上，以便操作和管理。

（4）主要设备及设备的操作面应布置在靠近窗户的一边，以便有良好的采光条件。

（5）机器设备应布置整齐，并保证有足够的安全走道和操作距离，具体要求如表 6-5 所示。

表 6-5　走道和设备间距的关系

名　　称	最小净尺寸/mm
纵向总走道	1250～1500
纵向一般走道	1000
纵向横走道（离端墙处）	1500
各排磨粉机之间的走道	1000
磨粉机与磨粉机之间的距离	350～500
平筛与平筛之间的距离	1000
清粉机与清粉机之间的距离	800～1100
其他单个机器之间的横向走道	800

续表

名 称	最小净尺寸/mm
升运机到墙边的间距	150
成组磨粉机之间的走道	1000
其他靠墙无操作面的机器离墙的距离	350

（6）清理与制粉车间的楼层高度一般应由设备大小和维护方便等因素来确定。

2）制粉设备的布置要求

国内外现代化制粉厂的制粉间普遍采用气力输送系统。各层楼面设备的配置一般是：一楼配置磨粉机的传动设备和接料器，二楼配置磨粉机，三楼配置刷（打）麸机和清粉机，四楼配置平筛，五楼配置卸料器、高压通风机和布筒滤尘器。当然，由于生产能力的不同、产品等级要求的不同和工艺流程繁简的不同，制粉间楼层和各层楼面设备的配置也有差异。

对于小型粉厂，制粉间通常采用 3～4 层楼。3 层建筑只适用于农村粉厂，当采用 4 层建筑时，可将磨粉机配置在二楼，平筛配置在三楼，卸料器和集尘设备配置在四楼。上述两种方案，由于平筛直接布置在磨粉机层上方，若采用高方筛，则平筛出口物料进入磨粉机时会遇到困难，故一般只宜用挑担式平筛。采用磨膛吸粉磨粉机的设备配置方案时，将磨粉机配置在一楼，二楼配置管网和刷麸机。根据设计经验，这种类型的粉厂虽然厂房楼层不高，但管网联系较好，对磨粉机的操作也更加方便。

我国大中型粉厂采用最多的是 5～6 层建筑，如图 6-30～图 6-38 所示。由于三楼配置管网分配层和刷（打）麸机，故管道布置比较整齐。这种单跨建筑既适用于配置单排磨粉机，也适用于配置双排磨粉机。当配置成双排磨粉机时，输料管可靠两边窗户布置。如果生产优质面粉，使用较多的清粉机和刷（打）麸机时，可采用六层建筑。此时，三楼可配置刷（打）麸机，四楼配置清粉机，五楼配置高方平筛。

如图 6-30 所示是拥有 32 台磨粉机的大型粉厂的设备布置图。它是采用双跨的六层建筑，磨粉机配置在二楼，分 4 排布置。假如当地的地价昂贵，主厂房有条件采用 7～8 层建筑，可将成品库配置在一楼或一、二楼。

3）制粉车间主要设备的组合与排列

（1）磨粉机。

磨粉机的组合与排列是由传动形式和数量决定的。当前，我国粉厂大多数采用单独传动，对不同数量的磨粉机（MY·8 型为例）采用如下排列方式。

①6 台磨粉机以下采用单排，单跨厂房宽度为 7～7.5 m；②8～20 台磨粉机采用双排，单跨厂房宽度为 7.5 m；③20～40 台磨粉机采用 4 排，双跨厂房宽度为 14～15 m。

每排磨粉机可以 3～4 台组成一组，两组之间留出一定宽度的走道，同组件中各磨粉机之间一般应留出 350 mm 的间距，以便检修时拆卸传动轮用。在布置磨粉机时，考虑到它的机重，还应尽量使之骑在横梁上。

如选用全气压 FMFQ10×2 型磨粉机。由于其总长度为 1830 mm，若用 2400 mm 开间的车间，则每一开间可布置一台磨粉机。

（2）平筛。

在粉厂设计中，平筛的组合与排列应与磨粉机相对应。当磨粉机为单排时，平筛也采用单排；磨粉机为双排时，平筛可采用 1～2 排；磨粉机为 4 排时，平筛可采用 2～4 排。就磨制标准粉而言，平筛用的排数与磨粉机相同。

平筛排列的方向大多采用纵向排列，即平筛长度方向同车间的纵轴线平行。这对挑担式平筛而言，可以使面粉出口安置在同一直线上，以便于面粉进入下方的螺旋输送机（即配粉绞龙）。如图 6-34 所示是纵向排列的双排高方筛布置图。有时为了缩短设备布置长度，也可将平筛横向排列，这对高方筛拆装筛格特别有利，但不适用于挑担式平筛。

在进行平筛布置时，还应注意相邻两台平筛的间距不应小于 1000 mm，纵向走道不应小于 1500 mm，以保证正常操作、检修和更换筛绢时拆装方便。

（3）清粉机。

清粉机的使用，目前在我国有两种情况：一种是小型粉厂，粉路较短，只对部分粗粒进行清粉工作，所用设备仅 1～2 台，在这种情况下，清粉机可布置在磨粉机上一层楼面；另一种是大中型粉厂，采用较长的中路出粉粉路，所用的清粉机较多，此时，设备可布置在三楼或四楼。根据经验，当采用双排磨粉机时，可配置一排清粉机；当采用 4 排磨粉机时，可配置两排清粉机。

清粉机布置时，为方便出口物料的去向，都采用横向排列，使其长度方向与车间纵向轴线相垂直，并以进口端面向主要纵向走道。为便于抽出筛面，在出口端至少留 1000 mm 以上的操作间距。清粉机的横向间距可取 880～1100 mm。

考虑到机器的振动负载，清粉机应安装在次梁上。为了缩短通风管道长度，清粉机用的布筒滤尘器可以设置在同一楼层上。

（4）刷（打）麸机和振动圆筛。

刷（打）麸机一般按工艺流程可布置在管网联系比较方便的位置上，其排列无特殊要求。刷麸机之间的距离通常留 800～1000 mm。当采用直立电机传动时，电机可布置在 45° 分角线上，这样不会影响走道宽度。

为了减小机器占地面积，布置打麸机时，可将两台机器背对背靠拢。但在安装时必须注意在两背间垫以木板或橡胶板。

振动圆筛应布置在牢固的楼板上，必要时在 4 个底角使用双层 U 形橡胶垫。为了保证拆装筛筒，在机器出口端至少应留 1200 mm 的操作空间，机器两侧应留 500 mm 以上的间距。为便于更换轴承，在机器进口端应留 600 mm 以上的空间。对流动性差的筛下物，溜管倾角应不小于 60°～70°。

（5）松粉机。

在等级粉厂中通常将撞击松粉机布置在前路心磨系统，而在后路心磨系统则布置圆筒松粉机，通常布置在磨粉机至平筛之间的管道上，其布置形式如图 6-34 所示。

如图 6-30 至图 6-38 为日处理 600 吨小麦的面粉车间设备平面及立面布置图。

4）今后制粉车间主要设备的组合与排列发展趋势

节能环保是小麦制粉未来工业生产线必须要面对的机遇和挑战。BUHLER 的 Mill E3 和 OMAS 公司磨粉机变频伺服电机方案均在优化生产线。BUHLER 和 OMAS 两家公司都提到了将磨粉机放置在一楼，降低风运提料高度，减少土建投资，这或许是未来面粉厂发展的新趋势。返璞归真、天然无添加、轻度加工是未来面粉厂总的发展趋势。

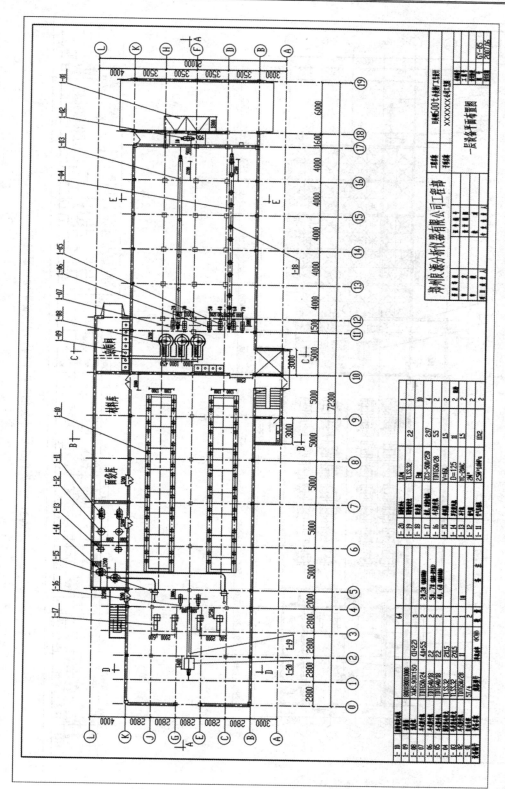

图6-30　日处理600吨小麦的面粉车间一层设备平面布置图

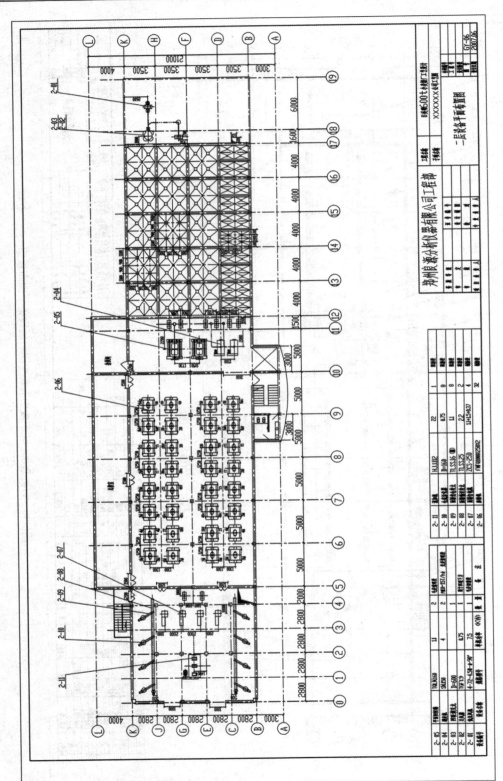

图6-31　日处理600吨小麦的面粉车间二层设备平面布置图

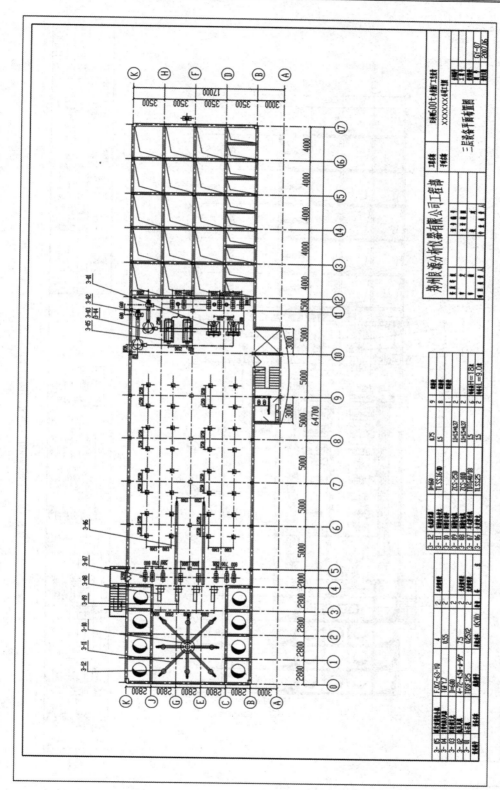

图6-32 日处理600吨小麦的面粉车间三层设备平面布置图

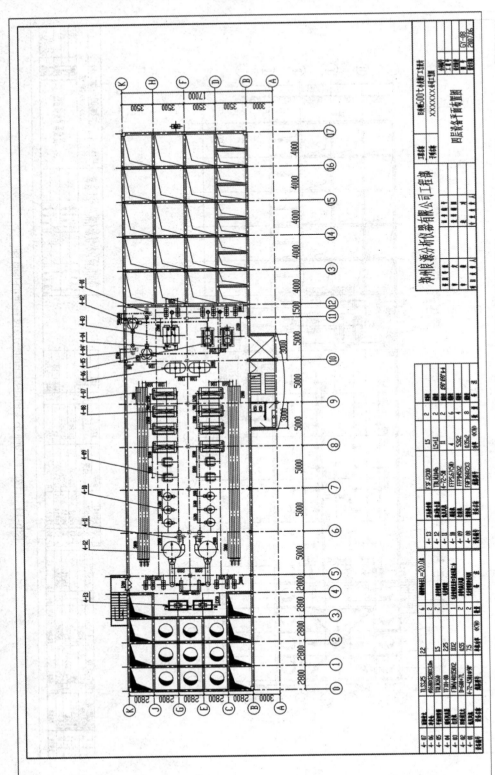

图6-33 日处理600吨小麦的面粉车间四层设备平面布置图

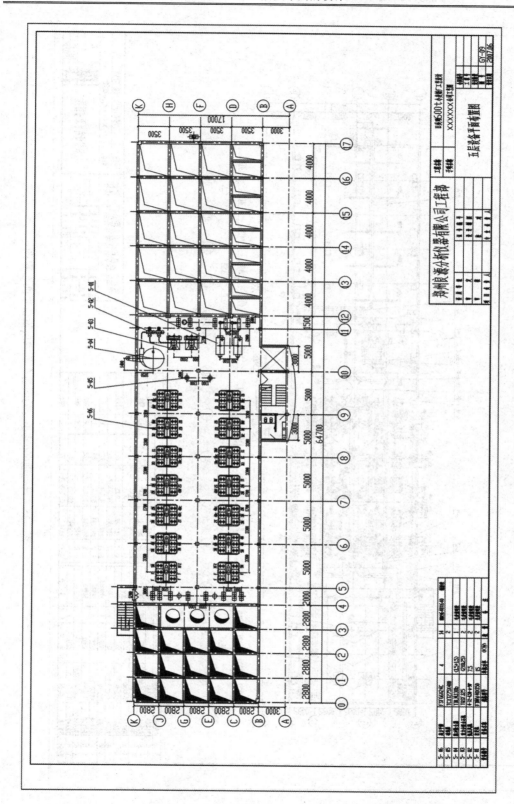

图6-34　日处理600吨小麦的面粉车间五层设备平面布置图

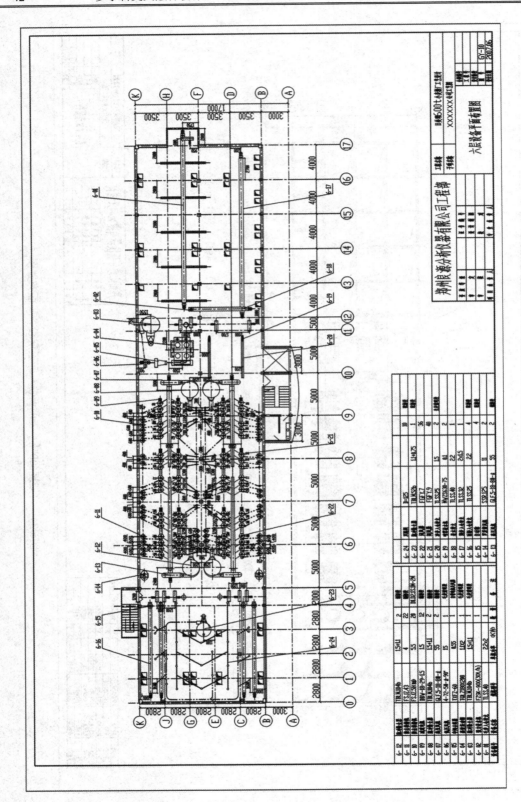

图6-35　日处理600吨小麦的面粉车间六层设备平面布置图

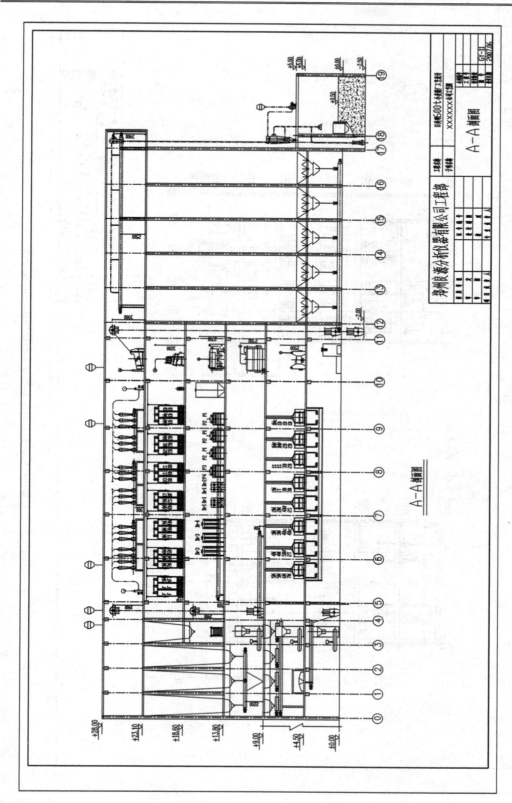

图6-36　日处理600吨小麦的面粉车间设备布置A-A剖面图

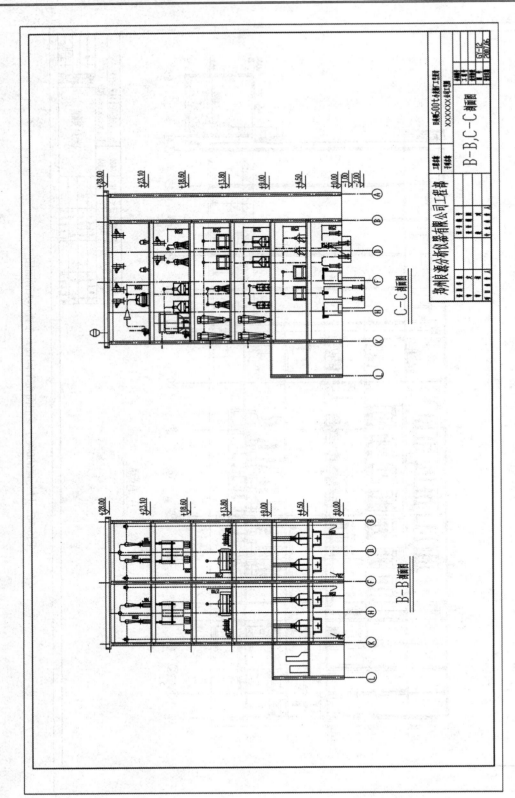

图6-37 日处理600吨小麦的面粉车间设备布置B-B、C-C剖面图

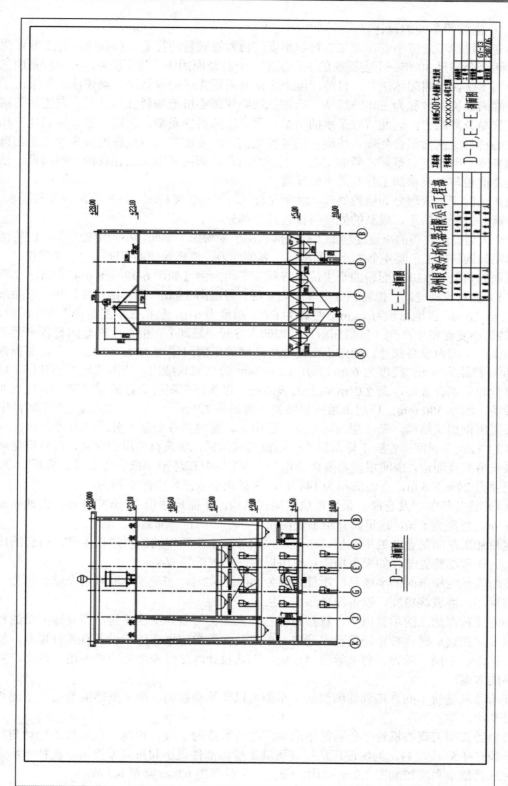

图6-38　日处理600吨小麦的面粉车间设备布置D-D、E-E剖面图

2. 小麦淀粉车间的设计

小麦淀粉加工是将小麦粉深加工得到小麦淀粉和谷朊粉的行业，在我国进行工业化生产的时间至今不足 30 年。小麦淀粉的生产工艺，一种是面团法（马丁法），另一种是面糊法（拉西奥法，也叫瑞休法），目前国际上大部分采用先进的瑞休法。瑞休法由于采用了三相卧螺离心机又被称为三相卧螺法。通过三相卧螺离心机把物料分为三相，在工艺前端就将戊聚糖分离除去，因此节省了水的用量，保证了成品的质量。淀粉洗涤采用高速三相卧螺离心机与旋流器组合处理，使淀粉的纯度更高。小麦淀粉与谷朊粉的分离加工工艺自问世以来就不断改进、革新，新的工艺方法不断涌现，解决了旧工艺存在的一些问题，推动了小麦淀粉与谷朊粉加工行业的不断发展。

瑞休法的工艺流程分为面粉处理、水面混合、均质与分离精制、谷朊凝聚分离与脱水、纤维分离、谷朊粉烘干、成品的处理与打包几个部分。

一个大型而又完美的小麦淀粉加工企业应该由小麦粉加工车间、小麦淀粉车间、淀粉深加工车间和饲料加工车间 4 个主要车间组成。其他动力、机修等辅助车间在此不予讨论。

下面以日处理 350 吨面粉的小麦淀粉谷朊粉车间为例（如图 6-39～图 6-43 所示）。

（1）面粉预处理间：面粉预处理车间为 4 层，每层高 3.9 m，用单跑楼梯连接，平面尺寸为 12 m×6 m，占地面积为 72 m²。柱距为 6 m，跨度为 6 m，包括在小麦淀粉生产车间内。

（2）小麦淀粉生产间（包括面粉预处理间、谷朊干燥间）：根据生产车间设备平面布置图和生产车间内设备尺寸，确定小麦淀粉生产间的平面尺寸为 48 m×30 m，占地面积为 1440 m²。柱距为 6 m，跨度为 6 m，采用 6 m×6 m 的柱网式结构。使用双扇单面开门，后墙为可拆卸的铝合金墙，高 2.0 m 以上为玻璃窗，以保证车间有良好的采光度。其他三面墙为砖墙，墙厚 300 mm。厂房采用三层结构，每层高 3.9 m，一层、二层为生产车间，中间楼层采用钢架式结构，第三层为活动室、配电房、配电员办公室、分汽包室等。

（3）谷朊干燥间：谷朊干燥车间为一层框架式结构，建筑材料用铝合金，高度根据环形干燥设备高度而定，中间根据需要建操作台，该车间要在环形干燥设备安装完成后建设。平面尺寸为 24 m×6 m，占地面积为 144 m²，包括在小麦淀粉生产车间内。

（4）谷朊包装间及仓库：采用单层框架式结构，平面尺寸为 24 m×24 m，占地面积为 576 m²，柱距为 6 m。这里只介绍小麦淀粉生产车间的设备布置。

淀粉加工车间是企业的中心生产车间，采用散装小麦粉库的原料进行生产，得到的成品有谷朊粉和淀粉乳浆，如果市场需要也可以生产小麦淀粉成品。

淀粉乳是淀粉车间的半成品，质量分数为 40%～42%，在淀粉车间设两个储存量为 8 小时的罐体，盛放淀粉乳，以备淀粉深加工用。

小麦淀粉深加工的项目很多，直接用淀粉乳来加工的多为变性淀粉，而变性淀粉的种类也很多，在建厂时要按市场情况来选定。一般变性淀粉的主要生产设备有各种罐器、反应釜、洗涤、干燥、粉碎、包装等器材设施。工艺设计时尽可能考虑一机多用，可生产数种产品的方案。

淀粉乳从淀粉车间直接到淀粉深加工车间可以节约淀粉的一次干燥热能费用及干淀粉的包装费用。

检修卧式刮刀离心机转鼓所需的电动葫芦起吊重量为 3 吨，市场上该吨数的电动葫芦高度一般在 1.5 m 左右，为保证厂房层高可满足检修部件最小起吊高度要求，在技术协议谈判时应将最小高度控制在 1.9 m 以内，使得厂房层高由 6.9 m 降至 6.5 m。

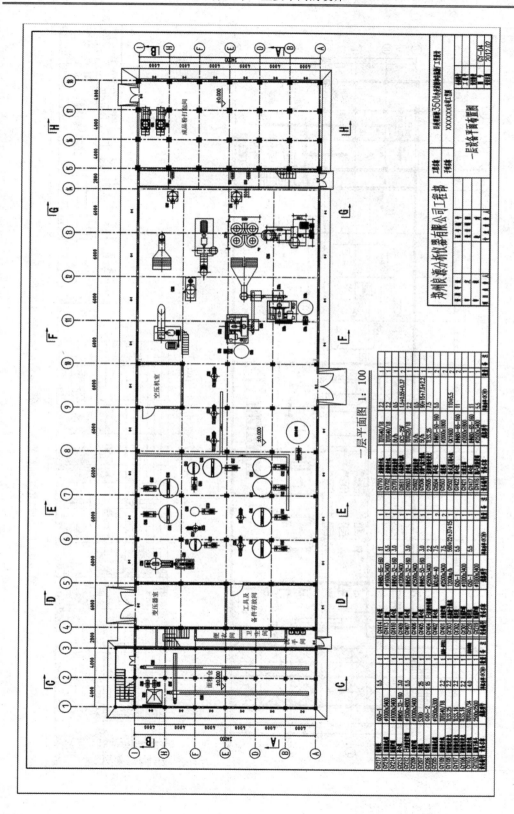

图6-39　日处理350t面粉的小麦淀粉的小麦淀粉的小麦淀粉谷阮粉车间一层设备平面布置图

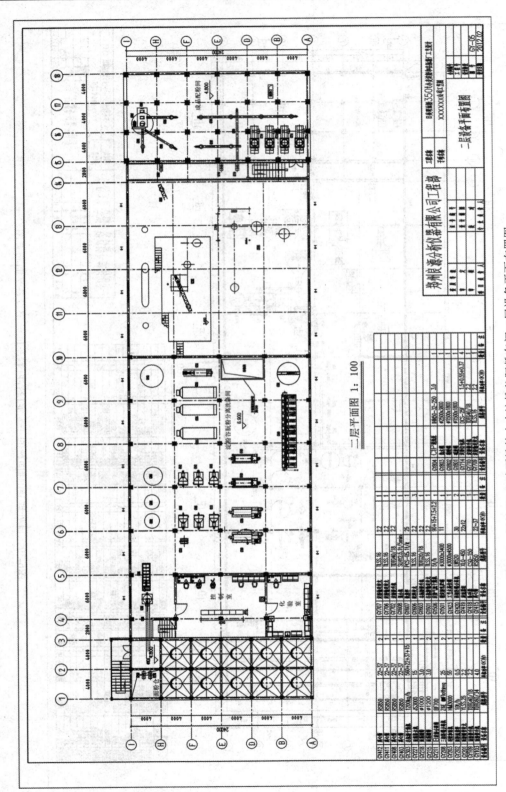

图6-40　日处理350吨面粉的小麦淀粉谷朊粉车间二层设备平面布置图

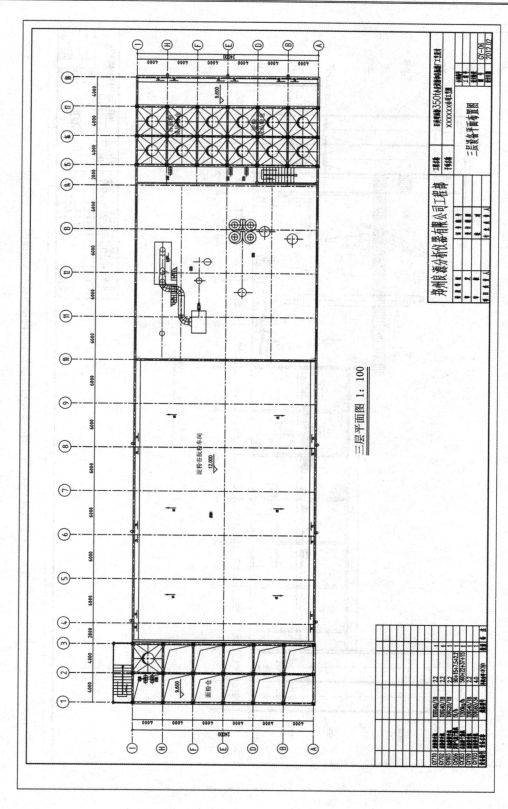

图6-41　日处理350吨面粉的小麦淀粉谷朊粉车间三层设备平面布置图

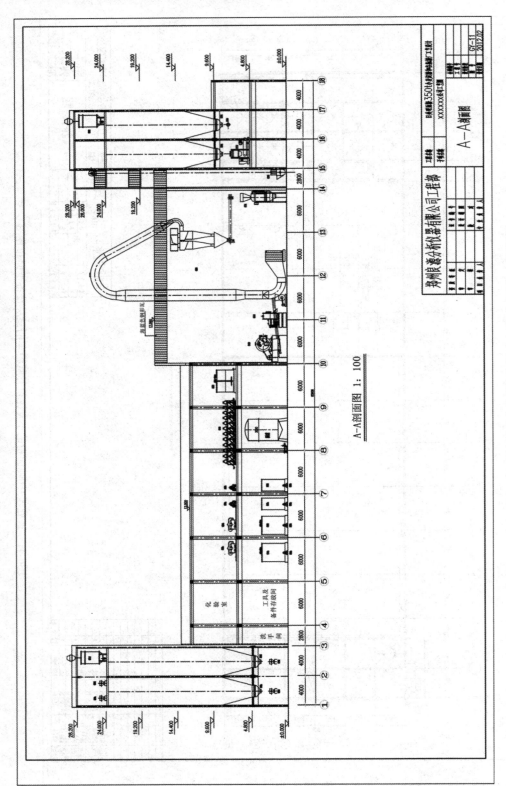

图6-42　日处理350吨面粉的小麦淀粉谷朊粉车间设备布置A-A剖面图

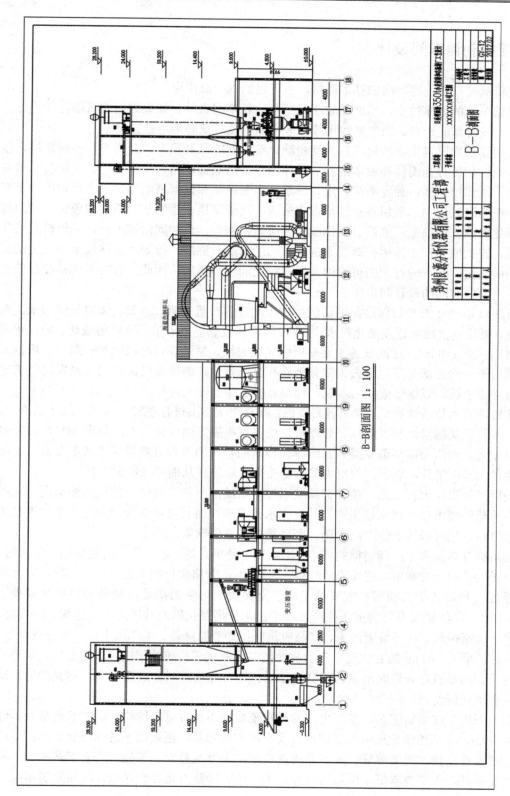

图6-43　日处理350吨面粉的小麦淀粉谷朊粉车间设备布置B-B剖面图

三、淀粉制糖车间设计

淀粉糖是众多发酵产品的基本原料，也可以制成产品出售。

制糖车间的工序较少，当产量较小时可与淀粉车间合并，如果采用购买的淀粉进行生产时可与发酵车间合并。当产量较大或有多个糖产品时就必须单独建设。

利用淀粉为原料生产的糖统称为淀粉糖。淀粉糖的品种很多，分类方法多种多样，根据成品的性状可分为固体和液体两种。固体糖包括结晶葡萄糖、麦芽糊精、全糖粉、结晶果糖等；液体糖包括：葡麦糖浆、麦芽糖浆、果葡糖浆和低聚糖浆等。以上品种国内都有生产，在生产过程中，采用各种过滤方式去渣，离子交换树脂脱灰，活性炭脱色，精滤等措施净化糖液。但很多厂家没有重视成品的质量，例如，包装间门窗大开，满地散放成品和污渍，害虫横飞，工作服长时间不洗，有的甚至露天灌装，等等。这些现象不仅无法保证产品的质量，且有碍行业的可持续发展和行业的整体形象，因此，有必要规范淀粉糖类产品生产和包装间的设计和操作。

下面以年产 2 万吨口服结晶葡萄糖生产车间设备布置为例。本设计中以优级玉米淀粉为原料，采用两次喷射连续液化技术，MVR 闪蒸回收热能用于第一次喷射液化，糖化罐采用不锈钢材质 110 m³。过滤设备主要有板框式过滤机、纳滤膜过滤机两种。其中，板框式过滤机用于一次过滤工序，除去大部分杂质和沉降蛋白；纳滤膜过滤机用于蒸发浓缩工序进料前除去杂质，以保证成品的质量，确保后续工序的顺利进行。

淀粉糖浆为热敏性物料，受热容易着色，在真空状态下进行蒸发可以降低液体的沸点，因此，本设计从物料性质、能耗、处理量、处理效率等方面综合考虑，采用 MVR 蒸发器（即机械式蒸汽压缩循环蒸发器）系统替代传统的负压四效和五效降膜管式蒸发器，以电力消耗替代蒸汽消耗，以蒸汽与电力的价格差来计算能耗从而降低能源消耗。

采用膜分离技术新工艺，使葡萄糖浆通过一次结晶生产出高纯度的医用葡萄糖，这种高纯度葡萄糖浆不仅可以直接生产高纯度无水葡萄糖，而且可以直接作为生产维生素 C 的山梨醇原料，也可以用于生产高含量、高质量的高果葡糖浆。

采用膜分离技术生产葡萄糖的特点：①实现了分子过滤，把小分子的葡萄糖分子滤过，把大分子的多糖全部截留，使葡萄糖纯度达 99.99%；②简化传统工艺的多道工序，完全取消了活性炭和助滤剂的使用；③降低了离子交换树脂再生的次数，酸碱的使用量减少了 40%～50%，把污染废弃物消灭在生产过程中；④分离纯化糖液效果好、滤速快、纯度高；⑤生产上闭路循环、对环境无污染、产品质量好；⑥节能降耗、生产成本低、经济效益好。

另外，采用 110 m³ 的立式连续气动脉冲结晶机取代了传统的间歇卧式结晶机，只需采用一台卧式结晶机在开机时制晶种，立式结晶机即可连续进料和连续出料，结晶均匀、动力小、自动化程度高。

由于采用了这项新工艺，某厂生产的无水葡萄糖还具有以下优势：①产品质量好，纯度高达 99.99%；②EU 值远远低于国内外现有标准的限量，远远低于各国药典标准；③收率高、过滤速度快、澄明度好；④产品质量稳定，无批次差别。该技术与老工艺相比，实现了节能降耗、生产成本低、经济效益好。生产工艺中基本无三废排放，淀粉水解率高，产品质量稳定，综合成本低，工艺技术达到国内先进水平。

综上所述并对环境、厂房等各方面考虑，本设计的设备一览表如表6-6所示。

表6-6　年产20000吨口服结晶葡萄糖设备一览表

序号	设备名称	型号规格	数量	主材质	单机功率	总功率	备注
1	淀粉乳计量罐	φ2000 mm×3200 mm	2	304	2.2 kW		非标
2	输送泵	CHZ50-160, Q=15 m³/h H=20 m	1	304	11 kW		
3	调配罐	φ3000 mm×4200 mm	2	304	2.2 kW		非标
4	上料螺杆泵	NM076BYOIL04B, Q=15 m³/h H=40 m	2	304	11 kW		
5	喷射器	HYZ-4	1				
6	承压罐	φ1100 mm×5000 mm	1	304			非标
7	喷射后中转泵	NM076BYOIL04B, Q=15 m³/h H=40 m	1	304	11 kW		
8	喷射器	HYZ-4	1				
9	闪冷罐	φ1200 mm×3500 mm	1	304			非标
10	汽液分离器	φ600 mm×3000 mm	1	304			非标
11	层流罐	φ1100 mm×4500 mm	5	304			非标
12	螺杆泵	NM076BYOIL04B, Q=15 m³/h H=40 m	2	304	11 kW		
13	闪冷罐	φ1200 mm×3500 mm	1	304			非标
14	调节罐	φ1300 mm×3000 mm	1	304			非标
15	离心泵	CHZ60-160, Q=15 m³/h H=30 m	1	304	11 kW		
16	板式换热器	100 m²/台	2	304			
17	糖化罐	φ5000 mm×6000 mm	7	304	7.5 kW		非标
18	离心泵	CHZ100-200, Q=25 m³/h H=40 m	1	304	37 kW		
19	灭酶喷射器	HYW-4	1	304			
20	高温灭酶罐	φ1600 mm×4500 mm	1	304			非标
21	滤前暂存罐	φ5000 mm×5000 mm	1	304	5.5 kW		非标
22	离心泵	CHZ80-200, Q=35 m³/h H=30 m	1	304	18.5 kW		
23	压滤机	75 m²/台机械自动保压	4	聚丙烯	3.0 kW		
24	过滤液罐	φ2300 mm×3600 mm	2	304	4.0 kW		非标
25	离心泵	CHZ80-200, Q=75 m³/h H=40 m	2	304	18.5 kW		
26	压滤机	75 m²/台机械自动保压	3	聚丙烯	3.0 kW		
27	二次过滤液罐	φ2300 mm×4000 mm	2	304	4.0 kW		非标

续表

序号	设备名称	型号规格	数量	主材质	单机功率	总功率	备注
28	离心泵	CHZ8O-200，Q=35 m³/h H=40 m	1	304	18.5 kW		
29	膜前罐	φ3000 mm×4200 mm	1	304			
30	高压输送泵	CHZ8O-250，Q=15 m³/h H=50 m	1	304	5.5 kW		
31	纳滤膜过滤机		1	304			
32	交前罐	φ3000 mm×4200 mm	2	304	4.0 kW		非标
33	输送离心泵	CHZ8O-200，Q=35 m³/h H=40 m	1	304	18.5 kW		
34	离交阳柱	φ1400 mm×5000 mm	6	A3 衬胶			
35	离交中转罐	φ1400 mm×5000 mm	2	304			非标
36	离交中转泵	CHZ50-160，Q=20 m³/h H=40 m	1	304	7.5 kW		
37	离交阴柱	φ1600 mm×5000 mm	6	A3 衬胶			
38	离交小阳柱	φ1200 mm×4000 mm	2	A3 衬胶			
39	交后罐	φ3000 mm～4200 mm	2	304	3.0 kW		非标
40	离心泵	CHZ80-200，Q=35 m³/h H=40 m	1	304	18.5 kW		
41	精密过滤机	6 m²/台	2	304			
42	板式换热器	80 m²/台	2	304			非标
43	废热闪蒸罐	φ1400 mm×4000 mm	1	A3			
44	喷射式热泵		1	合金			
45	I 效换热器	3 效降膜（8 t/h）	1	304			
46	I 效气液分离器	3 效降膜（8 t/h）	1	304			
47	I 效循环泵	Q=30 m³/h H=30 m	1	304	7.5 kW		
48	II 效换热器	3 效降膜（8 t/h）	1	304			
49	II 效气液分离器	3 效降膜（8 t/h）	1	304			
50	II 效循环泵	Q=30 m³/h H=30 m	1	304	7.5 kW		
51	III 效换热器	3 效降膜（8 t/h）	1	304			
52	III 效气液分离器	3 效降膜（8 t/h）	1	304			
53	III 效循环泵	Q=30 m³/h H=30 m	1	304	7.5 kW		
54	表面冷凝器 I		1	304			
55	表面冷凝器 II		1	304			
56	真空泵	330 m³/h H=22 m	1	A3	37 kW		
57	冷凝水箱	φ1400 mm×2000 mm	1	A3			非标
58	回锅炉热水泵	IS200-150-315B 160 m³/h H=22 m	1	A3	37 kW		

续表

序号	设 备 名 称	型 号 规 格	数量	主 材 质	单机功率	总 功 率	备注
59	浓糖液泵	CHZ50-160, Q=35 m³/h　H=30 m	1	304	7.5 kW		
60	浓糖液罐	φ2000 mm×2000 mm	1	304			非标
61	稀糖液罐	φ2000 mm×2000 mm	1	304			非标
62	稀糖液进料泵	CHZ50-160, Q=35 m³/h　H=30 m	1	304	7.5 kW		
63	洗水泵	CHZ50-200, Q=45 m³/h　H=30 m	1	304	11 kW		
64	洗涤水罐	φ3000 mm×3000 mm	1	304	3.0 kW		非标
65	凝结水箱	φ4000 mm×4000 mm	1	304			非标
66	凝结水泵	IS200-150-315B, Q=130 m³/h　H=22 m	1	A3	15 kW		
67	汽液分离器	φ1200 mm×1600 mm	1	304			非标
68	凉水塔	500 m²/台	1	玻璃钢	15 kW		
69	冷却水供水泵	CHZ50-160, Q=35 m³/h　H=30 m	1	A3	7.5 kW		
70	板式换热器	80 m²/台	3	304			
71	卧式结晶机	36 m³	1	304	4.0 kW		
72	晶液罐	φ1500 mm×1800 mm	1	304	2.2 kW		
73	送晶螺杆泵	NM076BYOIL04B, Q=15 m³/h　H=40 m	1	304	11 kW		
74	立式结晶机	110 m³	2	304	18.5 kW		
75	回晶泵	NM076BYOIL04B, Q=45 m³/h　H=40 m	2	304	11 kW		
76	送晶泵	NM076BYOIL04B, Q=45 m³/h　H=40 m	2	304	11 kW		
77	上悬式离心机	φ1600 mm	2	304			
78	绞龙	φ400 mm×15000 mm	1	304	5.5 kW		非标
79	气流烘干系统	3T/h	1	304	55 kW		
80	成品振动筛	φ1600 mm×3 mm	1	304	3.0 kW		
81	计量打包机		1	304			
82	喷码机	SF-2000, 550 mm×370 mm×260 mm	1		0.1 kW		
83	离心泵	CHZ50-200, Q=45 m³/h　H=30 m	1	304	11 kW		
84	母液暂存罐	φ3000 mm×4500 mm	1	304			非标

续表

序号	设备名称	型号规格	数量	主材质	单机功率	总功率	备注
85	母液计量泵	CHZ50-200，Q=45 m³/h　H=30 m	1	304	11 kW		
86	CIP 酸罐	φ1600 mm×2000 mm	1	304			非标
87	CIP 碱罐	φ1600 mm×2000 mm	1	304	1.5 kW		非标
88	CIP 热水罐	φ1600 mm×2000 mm	1	304			非标
89	CIP 回水罐	φ1600 mm×2000 mm	1	304			非标
90	水泵	CHZ50-200，Q=10 m³/h　H=30 m	1	A3	5.5 kW		
91	酸泵	FSB65-30L，Q=10 m³/h　H=30 m	1	氟合金			
92	碱泵	FSB65-30L，Q=10 m³/h　H=30 m	1	氟合金			
93	无油空压机	3L-20/3.0，20 m³/min　30 m	1		75 kW		
94	除水罐	φ1600 mm×2000 mm	1	304			
95	空气过滤器	Q=25 m³/min	2	304			
	浓酸罐	φ3600 mm×5000 mm 卧式	1	玻璃钢			
	浓碱罐	φ3600 mm×5000 mm 卧式	1	玻璃钢			

根据生产工艺将车间功能区分为调浆区、喷射液化区、糖化罐区、板框过滤区、CIP 清洗罐区、蒸发浓缩区、结晶干燥区。另外，包材库、更衣室、缓冲间、化验室、空调间、空压机房等辅料间也属于本车间的设计范畴。

由于是钢筋混凝土旧厂房，但该厂房坚固耐用，经装修后较干净，便于设备布置和安装，同时有利于清洗维修。在设备布置时将淀粉调配罐设于车间西端，与原料入口和调浆区相通，调浆区有调浆罐、pH 值调节罐，与喷射液化区通过墙壁隔开。喷射液化区布置的设备有液化喷射器、维持罐、闪蒸罐、罗茨式热气压缩机。罗茨式热气压缩机的热力蒸汽再压缩是采用机械热泵将二次蒸汽加压后，使其温度高于闪蒸罐蒸汽温度而得以再次被利用，这样做既节约了能源，又减少了废气排放，同时还回收了热气中夹带的糖液。糖化罐区布置有板式换热器、酶制剂计量泵、糖化罐、糖液输送泵等。板框过滤区有板框过滤机、滤液贮罐、输送泵。蒸发浓缩区布置有带 MVR 的三效降膜管式蒸发器，热力蒸汽再压缩采用蒸汽喷射泵将生蒸汽与二次蒸汽混合加压后，使其温度高于加热室蒸汽温度进行再次利用，其所节约的能源相当于增加了一效蒸发器。

CIP 清洗罐区位于整个车间的中部，便于各区设备（罐体、管道、泵等）及整个生产线在无须人工拆开或打开的前提下，在闭合的回路中进行循环清洗、消毒，以保证严格的卫生要求。CIP 清洗系统由酸、碱、热水、纯水罐、浓酸罐、浓碱罐及换热器组成。可根据清洗对象设定自动配置酸碱浓度，可选择不同的清洗流程、不同的清洗温度、清洗时间。CIP 清洗系统具有工作效率高、清洗效果可靠、损耗少等特点，操作过程均在密闭的管路内进行，卫生要求高，操作方便，降低了工人的劳动强度。

车间东端布置安装气流干燥机和立式连续气动脉冲结晶机，立式连续气动脉冲结晶机旁边布置上悬式离心机，其出料由绞龙输送到气流干燥机进料斗。成品振动筛下是 20 kg 袋装计量打包机。制晶种的卧式结晶机布置在立式连续气动脉冲结晶机旁边。这个区域为 GMP 的 D 级洁净生产区，包装间应全密闭，与外界空气不宜直接交换，外界空气应通过净化、调节后，进入包装间。人流通道宜设缓冲间，包装物进口和成品出口宜设风幕机或传递窗。包装间的进风和回风应尽可能使空气形成层流，避免紊流，防止死角。包装间保持 10 Pa 正压，内墙面应用易清洁材料，窗户玻璃为双层，墙角应圆弧过渡，高度以 2.6～3.4 m 为宜，空气温湿度设置需要考虑人体的舒适性。

包材库位于包装间东侧，运来的包材在接收间脱外包后由传递窗进入包材暂存间，再通过缓冲间送入包材库，确保清洁包材进入包装间。

在满足工艺的前提下，包装间内应尽量减少设备和管道。必须的工艺管道尽可能放在技术夹层或技术竖井中，尽量少设或不设地漏，所用地漏应为带水封的 DL-B 型。

噪音大的空压机、除水罐、过滤器布置在东侧空压机房，与 CIP 清洗罐区通过墙壁隔开。空调机房置于车间东头北侧，与包装间距离较近，这样安排有利于风道布置。控制室和配电室布置在车间西头东侧，另一侧为化验室。更衣室、缓冲间、洗衣干燥间与化验室相邻，器具洗涤间、器具存放间与更衣室相邻。工作人员从车间北侧西门进入，经换鞋、脱衣、洗手、更衣后到缓冲间手消毒后进入车间。厂房入口应有防鼠板、风幕及鞋底清洁设备，房门保持常闭。窗户应配置纱窗防虫。排风口需要配丝网防鼠，下水道要求相同。地面使用非吸收性、不透水、易清洗材料铺设且有适当排水斜度。

对于车间的人流通道和物流通道的设计，遵循尽量使两者避开的原则。物流通道需要按照工艺的要求，优先进行设计，在被墙壁隔开的各区之间通过 1500 mm×1500 mm 的物料窗口实现物料传输，车间的出入口为 4000 mm×3000 mm 的卷闸门，出入口通向各分车间的连接通道为 1500 mm×2500 mm 的双开门；人流通道在物流通道设计完成后，按照原则及科学的布局方案进行设计，在被墙壁隔开的各区之间通过 1000 mm×2000 mm 的单扇门实现人员通行。

本项目设计的优点是车间各生产功能区分区合理，管道走向简单，管材消耗少，设备操作方便。将设备高度较小的设备布置在Ⓐ-Ⓑ开间和Ⓓ-Ⓔ开间，设备高度较大的调浆罐、层流罐、糖化罐、气流干燥机等布置在Ⓑ-Ⓒ-Ⓓ开间，充分利用厂房空间；高度较大的立式结晶罐是可以露天布置的设备，为了减少与结晶离心分离机的距离，避免堵塞，同时也使母液泵所需的扬程降低，节约能耗，将其布置在离心分离机旁边的Ⓓ-Ⓔ开间（如图 6-44～图 6-45 所示）。立式结晶罐缺点是维护和维修不方便，D15～D17 柱与结晶罐基础荷载较大，故土建混凝土梁与柱必须满足承重要求。

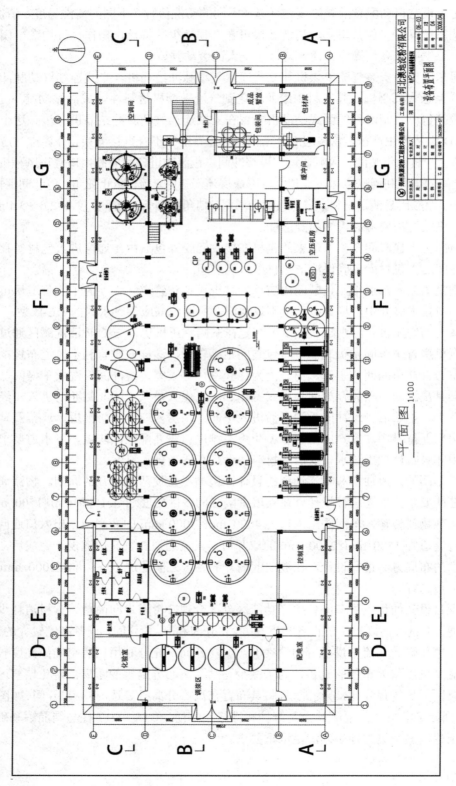

图 6-44　年产 20000 t 口服结晶葡萄糖设备平面布置图

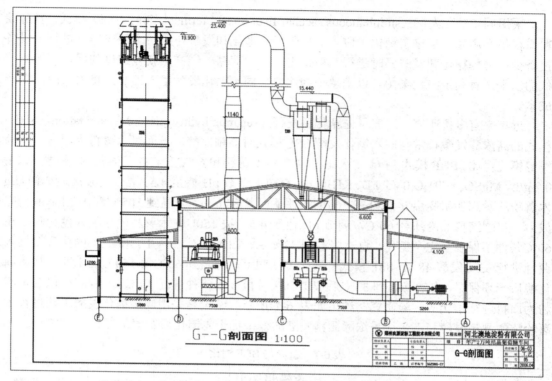

图 6-45　年产 20000 吨口服结晶葡萄糖设备立面布置图之一

第三节　发酵车间设计

　　发酵产品众多，从发酵类型上可分为厌氧发酵和好氧发酵，从发酵基质上可分为液态发酵和固态发酵，从使用菌种上可分为单一菌种发酵和双菌种发酵以及多菌种发酵，从产品的应用上可分为一般工业品、食品、药品。下面以实例分别说明各类发酵车间的布置设计，厌氧发酵以酒精发酵为例，兼性厌氧以乳酸发酵为例，这些都是单一菌种的液态发酵；双菌种发酵以维生素 C 为例，发酵生产原料药以紫杉醇、纳豆激酶为例，固态发酵以纳豆激酶发酵（单一菌种发酵）、单宁酶（双菌种发酵）为例。

一、酒精发酵车间设计

　　在酒精发酵的众多新技术中，高浓醪发酵技术是极有潜力得到应用的一项技术。一方面因为酒精发酵最大的消耗在于生物质原料，而对能源的消耗（如煤、电）只位居次位；另一方面由于近年来新开发出的高性能的液化酶、糖化酶等酶类而使原料的预处理比以前更加简单。浓醪发酵中，随着发酵醪液浓度的提高，高浓度的糖会对酵母细胞产生渗透压抑制，发酵后期高浓度的酒精也会对细胞产生毒性，这些不利因素影响着发酵过程，导致发酵效率偏低。

采用同步糖化发酵（simultaneous saccharification and fermentation，SSF）模式，发酵淀粉原料生产酒精，省略了糖化工段，能耗降低；糖化和发酵在同一个反应器中进行，设备投资少；另外糖化和发酵同时进行，糖化生产的葡萄糖一经产生就被酵母利用，可保持较低的水平，有利于防止染菌。以木薯干为原料，同步糖化发酵生产乙醇，将大大降低生产成本。

近年来有多位研究者研究了先糖化后发酵（separate hydrolysis and fermentation，SHF）模式的高浓醪发酵技术与同步糖化发酵 SSF 模式对酒精发酵。下面以木薯粉为原料对两种发酵模式对比。SHF 模式：按料、水比 1∶2.3 将木薯粉和 60℃ 左右的营养盐水（添加 $CaCl_2$ 0.2 g/L、$MgSO_4 \cdot 7H_2O$ 0.45 g/L、KH_2PO_4 1.5 g/L，调节 pH 值至 4.5）混合调浆后，按 10 U/g 木薯粉的量添加耐高温 α-淀粉酶，60℃ 条件下保温 30 min，升温到 105℃ 液化 2 h。液化完成后，将醪液自然冷却至 60℃，调节 pH 值至 4.5，按 150U/g 木薯粉的量加入糖化酶，在 60℃ 条件下保温至完全糖化。自然降温到 33℃ 后，加入尿素 2.5 g/L。按 10% 的接种量接入菌种进行 33℃ 发酵 48 h。SSF 模式：液化方法同上。降温到 60℃ 按 150 U/g 木薯粉加入糖化酶后无须保温，自然降温到 33℃ 后按 10% 接种量接入菌种进行 33℃ 发酵 48 h。以玉米淀粉为原料进行了相应实验研究，结果如表 6-7 所示。结论是采用同步糖化发酵工艺进行木薯粉浓醪酒精发酵和玉米淀粉浓醪酒精发酵的效果优于先糖化后发酵工艺。

表 6-7　SSF 与 SHF 对比

原 料 种 类	发 酵 方 法	初糖浓度	发酵 48 h 时酒精浓度	发 酵 效 率	总残糖/%	残 还 原 糖
玉米淀粉	SHF 模式	17.71%	12.0%		0.64	
	SSF 模式	8.51%	15.1%		0.41	
木薯粉（淀粉含量 72%）	SHF 模式	27.48%	10.7%	60.1%	5.74	5.32 g/100 ml
	SSF 模式	13.82%	15.9%	90.3%	1.58	1.56 g/100 ml

在实际生产中，为了避免 SHF 模式下高浓度糖对酵母细胞产生渗透压抑制，一般采用中浓度糖起始发酵，发酵中期流加高浓度糖促进发酵，最终有较高的酒精浓度。但 SHF 模式糖化能耗比 SSF 模式高，在中小型发酵罐中 SHF 模式不需搅拌（如图 6-48 和图 6-49 所示），SSF 模式需间歇搅拌，因为初始发酵的 10 h 有淀粉粒，易沉淀。对于大型发酵罐 SHF 模式和 SSF 模式两种都需搅拌，所以垂直向下 5.71° 侧搅拌发酵罐（如图 6-46 所示）。根据罐直径大小可以有 3～5 个侧搅拌，且安装位置距罐底成螺旋上升。罐内物流既有侧搅拌的混合也有罐外循环泵经螺旋板式换热器的环流。

酒精生产成本居高不下的原因通常涉及以下两方面：一是发酵率低，成熟醪含酒率低，残糖高或产杂酸，造成原料损耗大；二是蒸馏工序能源浪费严重，大量废水废液的热能没有得到回收利用，以至蒸汽、水和电的耗用量高。下面以小麦 B 淀粉浆年产 1.2 万吨旧企业生产现状为例，通过产能核算找出生产瓶颈所在，综合分析车间能量利用状况，考虑到旧生产车间平面布置及框架承重限制，新增设备的空间有限，改造方案以少投资、多产出为原则，充分挖掘原有设备的生产潜力，依靠新技术、新工艺，采取一切行之有效的措施，合理综合利用酒精生产过程中可利用的废热资源，减少能源浪费，提高装置的能量利用效率及经济效益，实现扩大产能、节能降耗的目标。技术改造重点涉及能量利用和回收两个环节的用能改进，主要内容包括：发酵工艺优化，稳定成熟醪的产量与质量；采用高效蒸馏塔板，提高汽液传质效率以及粗酒精的处理能力，消除生产瓶颈，降低蒸汽消耗；回收酒精发酵副产物二氧化碳，增加瓶装液体二氧化碳产量，为企业谋求最大利润空间；采用气相过塔工艺，节省醛塔蒸汽耗用量和粗馏塔冷凝用水；回流比优化，通过核算与试验，确定最佳回流比，降低操作费用；设备保温改进，减少过程能量损失；综合利用生产过程中的废热资源，节约蒸汽耗用量；车间内用水实现一水三用，减少一次水的使用；分析车间耗酸问题，降低价格较高的磷酸的使用量。本次酒精生产过程技术改造总投资 120 万元，实施后酒精日产量由原来的 40 吨/天提高到 60 吨/天，产能增加 50%，每吨酒精的蒸汽消耗由原来的 4.5 吨降到 3.06 吨，每年为企业实现节能经济效益 311 万元，投资回收期小于半年。

　　酒精发酵罐多以露天布置，以小麦 B 淀粉浆为原料的小型酒精车间多采用间歇液化糖化和 200 m³ 的发酵罐。200 m³ 的发酵罐多以间隔 500 mm 成排布置，罐顶以平台联接，有利于布管和维修（如图 6-47 和图 6-48 所示）。蒸馏区为 2 层框架，粗塔（T-0301）、精塔（T-0302）、高压塔（T-0303）等设备布置采用露天加框架一体化，可以防止危害气体积聚并节约投资。各种冷却器和预热器放置于 2 层混凝土楼面上，各中间罐、泵置于 1 层；塔上的钢平台与框架连通，方便整体操作。塔的布置一字排开，塔区一侧为配管区，另一侧为检修维护区，检修维护区靠近道路一侧能够满足塔的吊装、塔板及填料的装卸。精塔再沸器（E-0302）为立式再沸器，安装高度不宜过低，因为此塔为抽提蒸馏塔。比较理想的安装高度为抽出口距离再沸器中心线的垂直距离为 2～3.5 m 为宜，如图 6-49 所示。为减少管道阻力，E-0302 返回管道应尽量短，管道专业根据实际设计情况将 E-0302 放置于 T-0302 周边 EL+0.000 平面上。精塔冷凝器和醪液酒气预热器布置于 EL4.500 平面，再生蒸汽发生器（E-0305）布置于 EL6.500 平面。

图 6-46　大型侧搅拌发酵罐的工艺布置

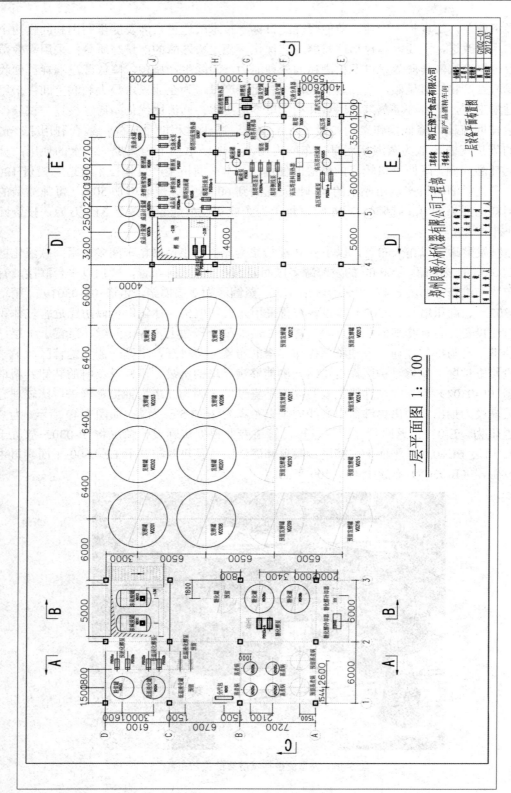

图 6-47　小麦 B 淀粉浆酒精车间一层设备布置图

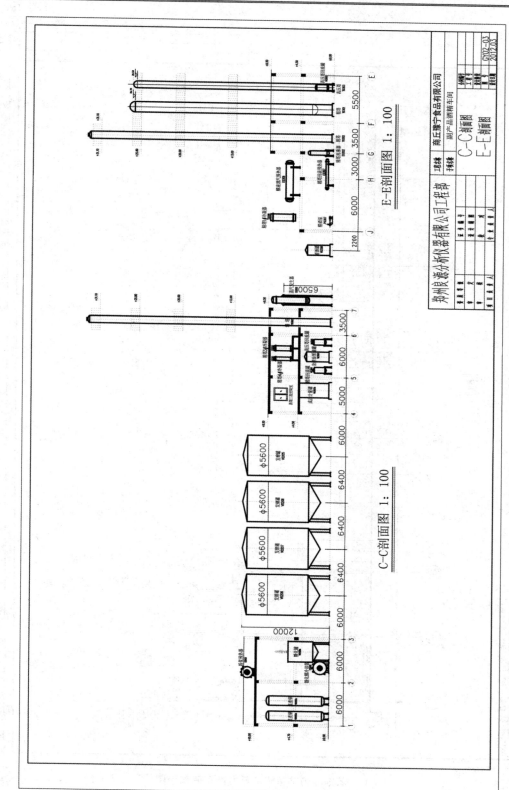

图 6-48　小麦 B 淀粉浆精酒车间剖面图

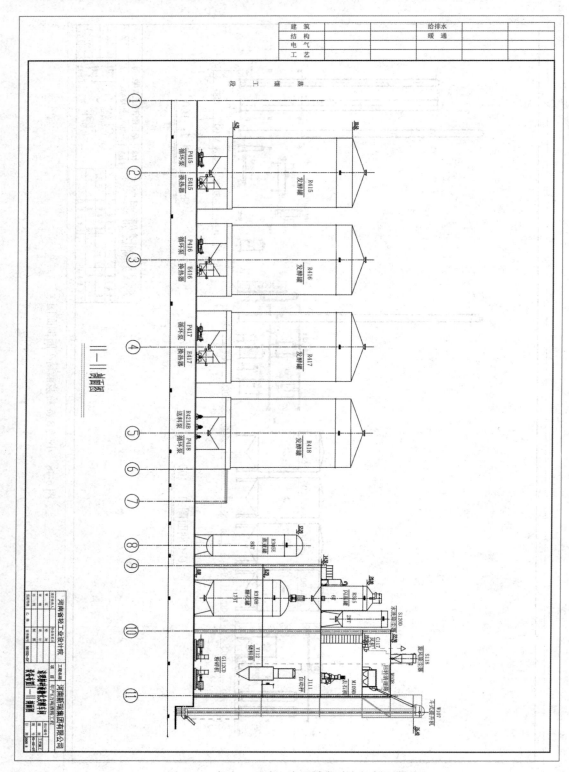

图 6-49　年产 6 万吨玉米酒精发酵车间剖面图

通常塔设备体系还包括回流罐、冷凝器、再沸器、塔底抽出泵等，在布置时要考虑这些相关设备之间的联系，按照工艺流程需求布置在靠近的区域，形成较为独立的系统，便于操作管理。同时根据装置布置将塔的四周大致划分为检修侧和管道侧，检修侧面对道路，管道侧面对管廊。

粗塔（T-0301）、精塔（T-0302）、高压塔（T-0303）的上部设置供操作检修用的设备平台（EL13.000、EL20.000、EL25.800），精塔的一侧留有波纹填料装卸场地。

结构平台的层高首先应根据工艺要求，结合设备、专业的土建资料进行规划，应使平台标高满足后续管道安装、仪表的观测、阀门的操作、大装卸孔的内件安装及设备本体等需求，并且应尽量将各个邻近的平台层高保持一致，便于与楼梯间的连接，形成联合平台保障通行。

下面以玉米原料，对中型酒精车间的布置进行说明（如图 6-49 所示）。

玉米原料中型酒精车间多采用 500 m³ 以上的酒精发酵罐，蒸馏工艺采用节能、节水的两塔差压蒸馏工艺。发酵成熟醪由泵经预热器进入粗馏塔，在负压条件下，酒糟水溶液由粗馏塔底排出，泵送至换热器冷却后进入蛋白饲料车间。预热液进入粗塔再沸器，经精塔塔顶酒气加热，同时再沸器中的酒气得到冷凝，未冷凝酒气再经 2#醪液预热器，回流精塔。粗塔塔顶排出的酒精气体进入 1#醪液预热器、冷凝器，由冷凝器排出的废气经洗气塔洗涤后，淡酒进入淡酒贮罐，废气通过真空泵排入大气，整个系统处于负压状态。精馏塔采用生蒸汽加热，塔内保持一定压力。塔顶酒气部分经醪塔再沸器，2#醪液预热器回流到精塔，酒气直接进入冷凝器冷凝。加热蒸汽经精塔再沸器冷凝后回锅炉房，杂醇油由精塔中下部液相取出，经杂醇油分离器、冷却器，由泵送入贮罐。

500 m³ 以上的多个酒精发酵罐多以间隔 2～3 m 成排布置，上罐顶梯子支撑于罐壁，呈旋转上升。罐顶边缘设有护栏（如图 6-49 和图 6-50 所示）。罐内物流既有侧搅拌的混合又有罐外循环泵经螺旋板式换热器的环流。蒸馏区采用三塔蒸馏，粗塔为板塔，尺寸为内径 Ø3000 mm×高 25000 mm，单塔操作重约 80.0 吨；精馏塔的尺寸为内径 Ø2800 mm×高 36500 mm，单塔操作重约 85.0 吨；水洗塔的尺寸为内径 Ø2000 mm×高 26500 mm，单塔操作重约 35.0 吨；三塔布置采用露天一字排开，使用脱离于主框架的混凝土墩来进行支撑，设备支撑标高为 EL0.000 m，主框架 3 层，分别为 EL0.000 平面、EL4.000 平面、EL7.200 平面，泵类设备集中布置于 EL0.000 平面，按照工艺流程布置，泵电机朝向管廊，同时考虑到泵的维护和检修，可将所有泵的出口布置在同一直线上，并要考虑泵的间距、检修空间和配管空间。杂酒暂贮罐、粗酒暂贮罐、汽凝水闪蒸罐布置于 EL4.000，多个冷凝器、洗涤塔和醪液预热器布置于 EL7.200 平面。换热器的布置要注意两点：①换热器的高度一方面要满足换热器下管口管道的配管空间，另一方面要考虑换热器上部管口连接的管道的配管空间；②要考虑换热与塔连接的管道总阻力降应能满足阻力降的要求，除了考虑配管的影响，换热器的高度也是关键因素，如果高度过低则不能满足阻力降。绕管式换热器主要为立式设备，且布置在框架内，同时要考虑设备的整体吊装。框架平台不宜太小，以便于检修和拆卸。板式换热器体积较小，相关管道也较小，布置时主要考虑管道支撑，可靠近框架或管廊布置。

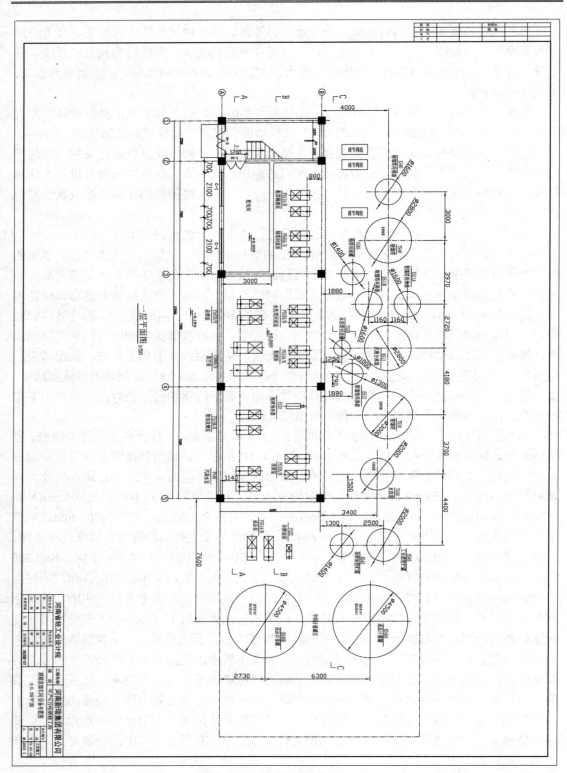

图 6-50　年产 6 万吨玉米酒精蒸馏车间一层设备布置图

　　塔与再沸器平面布置设计时应着重考虑以下因素：①再沸器与塔体之间的距离应满足工艺及管道布置要求；②应考虑再沸器的吊装及检修的方便性。当再沸器的管道能够满足热膨胀允许的条件时，应将再沸器尽量靠近塔体布置，以使管道最短，达到减少管道阻力的目的。在该装置中，再沸器均采用热虹吸再沸器，依靠塔釜内的液体静压头和再沸器内两相流的密度差产生推动力形成热虹吸式运动。粗、精馏塔与再沸器的局部平面布置如图6-51所示。再沸器利用框架布置既能节约占地面积，又整齐美观，在布置再沸器时，可以调整支耳的高度，使3台再沸器支耳整齐美观地布置于EL7.000和EL5.000平面的框架上。

　　塔上设置4层供操作检修用的设备平台，一层钢平台与主框架3层连通，方便整体操作。塔区一侧为配管区，管道多，需要操作检修的管道件和仪表件多；另一侧为检修维护区，检修维护区靠近道路侧能够满足塔的吊装、塔板及填料的装卸。

　　塔的管口方位布置设计要点如下。

　　设计塔类设备的管口方位时要完全了解塔的类型、工作原理及内部结构，设计时需要注意塔的内件结构与管口的相对方位关系，还要明确塔类设备管口方位规划的先后顺序：首先是先规划靠近塔顶的管口，并依次往下；其次是大口径管口优先与小口径管口规划，优先把大口径管道布置得合理安全、经济美观，再考虑小口径管道；最后是需应力计算的管口要优先与非应力计算管口，因为温度高的管线由于受热膨胀宜变形，所以应优先考虑管口方位并进行配管及应力计算，其次再考虑无须应力计算的管口。除此之外，人孔在塔类设备管口方位规划中需更加优先考虑，即人孔一定要在检修侧内，并且应设置在能够方便进出的位置。

　　成品酒精罐区内储罐应成组布置，并留有一定的防火距离。防火距离的确定，主要考虑物料的火灾危险性、储罐形式、储罐容量和火灾情况下消防灭火的操作要求，以GB50957—2013《生物液体燃料工厂设计规范》和GB50016—2014《建筑设计防火规范》为准则。特别要注意以下两点。

　　（1）立式储罐至防火堤内堤脚线的距离不应小于罐壁高度的一半。

　　此规定是考虑储罐罐壁某处破裂或穿孔，罐内液体达到最大喷射水平距离时，罐内液体不会喷散至防火堤外，因此不仅适用于可燃液体，也适用于盐酸、硫酸、氢氧化钠等无火灾危险性但有腐蚀性的液体。

　　（2）防火堤内的有效容积不应小于罐组内 1 个最大储罐的容积。

　　此规定是考虑罐区内最大储罐泄漏时，罐内液体不会溢流至防火堤外。对于根据防火距离求得的罐区尺寸，应校核对其防火堤的有效容积是否能够满足要求；若不能满足，则需要调整罐区面积或防火堤高度。

　　对于大型发酵罐、蒸馏塔一般采取露天布置，既可节约建筑面积，减少工程量，降低生产成本，又增加了厂房改建、扩建的灵活性。厂房可分为单层厂房、多层厂房和层次混合的厂房，主要是根据生产工艺特点、采光、通风条件等来确定的。单层厂房应高于 5.1 m，多层厂房一般根据工艺、设备安装要求确定层高，一般为 300 的倍数，多采用 5.1 m、6 m。厂房平面布置型式一般有 L 型、长方形、T 型、U 型、E 型等数种。其中长方形最常用，有利于设备排列，缩短管线。

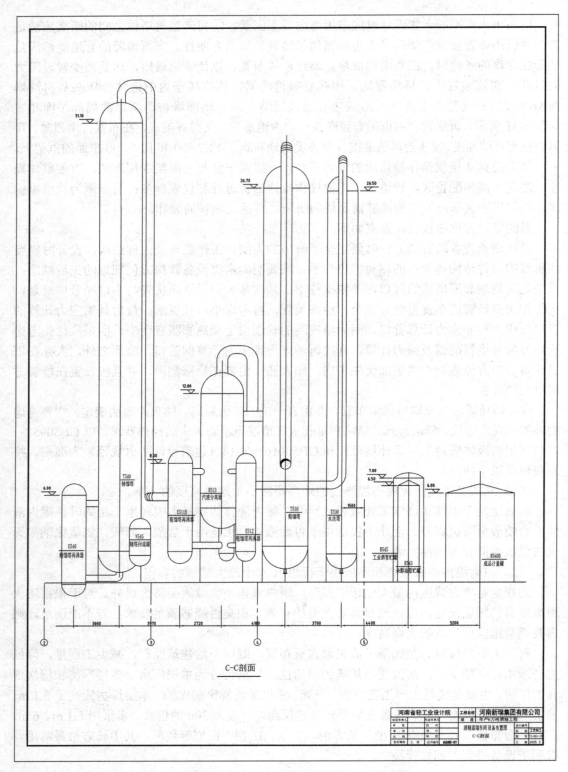

图 6-51　年产 6 万吨玉米酒精蒸馏车间剖面图

二、乳酸发酵车间设计

　　世界领先的乳酸生产企业包括美国 ADM(Archer Daniels Midland)公司和嘉吉(Cargill)公司、荷兰普拉克(Purac)、比利时格拉特(GALACTIC)公司、日本(Musashinn Chemical Laboratory，Ltd)株式会社武藏野化学研究所、河南金丹乳酸有限公司、江西武藏野化学(中国)有限公司、安徽丰原生物化学股份有限公司，后三者占据了国内乳酸市场的 90%，其中河南金丹乳酸有限公司具有年产 8 万吨乳酸及系列产品的生产能力，生产规模居世界第 2 位、亚洲第 1 位，其中 DL-乳酸产量居世界首位，是国内最大的乳酸生产和出口创汇基地，然而 D-乳酸生产厂家仅有 2～3 家，且规模较小。

　　第三章介绍了乳酸发酵生产工艺流程，第四章介绍了其大部分设备的选型。下面就年产 8 万吨乳酸种子发酵车间和 5 万吨乳酸车间设备布置进行介绍。

　　发酵车间按工艺过程分为 3 个工序，即种子制备、配料消毒以及发酵，故车间由种子制备区、配料区、发酵区、辅助区及人净更衣区组成。

　　车间的区域布置按工艺流程及工序划分要求合理布置，充分考虑发酵车间的自然通风和自然采光措施。遵循操作方便、生产安全、维修便利、布局美观的原则。

　　本车间为戊类厂房，其中更衣室、变电间等局部为丙类，卫生等级属 3 级、4 级。本车间为总长 65.54 m、宽 18.24 m 的长方形厂房(如图 6-52 所示)，③—⑩轴线为钢结构厂房，⑩、⑪之间设沉降缝，⑪—⑬轴线为钢筋混凝土结构厂房；厂房两端均设楼梯。轴线③—③/⑩—⑩区域为发酵罐区，设置为局部四层，大发酵罐布置在 B 轴线、D 轴线之间，为二层结构，一层层高 10.4 m，二层层高 15.3 m；放置 12 台 80 m³ 发酵罐，A 轴线、B 轴线的局部四层，一层层高 4.0 m，二层层高 7.9 m，三层层高 15.3 m；一级种子罐罐脚放置于三层局部楼面(EL7.9 m)上，二级种子罐罐脚放置于二层局部楼面(EL4.0 m)上，一级、二级种子罐和发酵罐罐顶处于同一个平面，成为发酵设备操作层。无菌空气过滤器分别放置在各发酵设备旁，消泡剂灭菌罐、营养盐灭菌罐放置于发酵罐南边种子罐西边。二级种子罐罐的底层作为辅助物料存放、配料间，以及配电变压器室。此区域的西边楼梯设置为吊装区，其楼面设置有护栏的吊装孔。轴线⑩—⑩/⑬—⑬区域为局部四层，一层层高 3.6 m，二层层高 7.0 m，三层层高 10.4 m，四层层高 15.3 m。一层布置门厅、DCS 系统控制中心、卫生间、更衣间，二层布置中心化验室，三层布置办公室、资料室等，四层布置种子保藏间、无菌接种室、摇瓶培养间及发酵控制中心机柜室、维修工具间。

　　由于发酵车间与提取车间联系紧密，实际生产中按照一个车间进行设计，以便于统一管理，如图 6-53 所示。为方便联系和管理，并节约用地，将发酵车间布置在提取车间西侧，门厅及更衣系统集中设置在两车间中部，并共用车间维修、楼梯及卫生间等设施。该区域为四层，一层布置门厅及发酵与提取两车间的更衣系统，车间维修、卫生间等；二层为发酵车间种子制备区；三层布置生测、化验室两车间共用；四层布置两车间的办公室、资料室及中试菌种站。

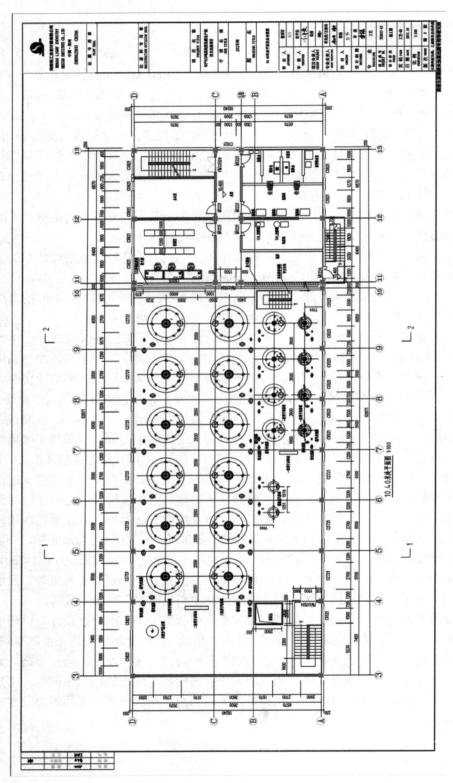

图6-52　年产8万吨乳酸种子发酵车间10.40 m设备平面布置图

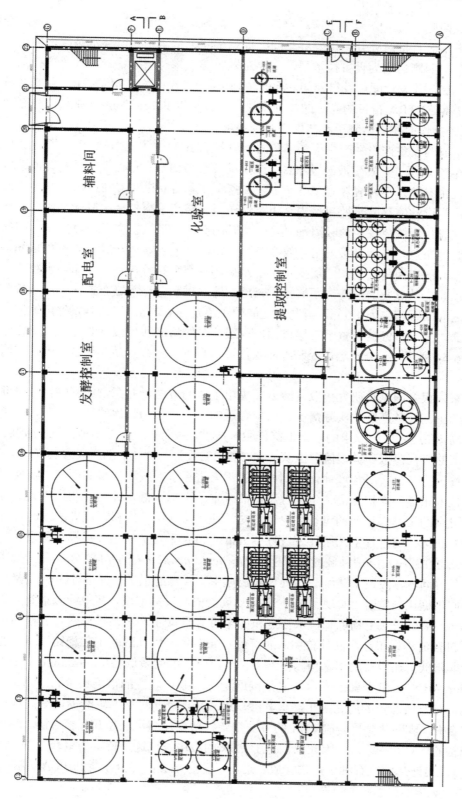

图6-53 年产5万吨乳酸车间一层平面设备布置图

本车间西侧一层可分为 3 个区：物料存放、配料区，发酵大罐及空气处理区，全厂淋浴区。该淋浴区直接对外开门供发酵车间、提炼车间、空压站、循环水站等部门生产人员使用。本车间西侧二层为设备技术层，主要布置发酵大罐及一级、二级种子罐；三层为发酵设备操作层，并设置配电及自控间。乳酸精制车间 DCS 系统以 MANTRA 控制系统为核心，采用了 MANTRA 自带的先进的控制模块．并且辅以 Forca Control 制作监控画面，使得 DCS 系统操作简便，达到了工艺生产监控要求。

提取工段的设备按照生产流程顺序和同类设备适当集中的方式，集中布置在 A～D 轴线（如图 6-53 所示），发酵液经过布置在二层的两台转筒真空过滤器过滤后，滤液收集于暂储罐中，由泵输送至陶瓷膜过滤器，4 台陶瓷膜过滤器双排布置在中部，与多个发酵罐距离最近；膜过滤液存贮于原料罐中，由泵输送至旋转离子交换柱中脱除杂质。离子交换液由脱色柱脱色，脱色柱中的吸附剂经过一段时间会失去活性，需要及时更换。因此，脱色柱紧临通道布置。浓缩设备采用三效蒸发器浓缩，由于三效蒸发器高度为 9.05 m，故将其布置在车间的东南角，局部三层变一层；水循环真空泵布置在三层，循环水冷却塔布置在三层楼顶。三效蒸发器的清洗用酸罐、碱罐、清水罐和循环水罐布置在一层三效蒸发器南边，罐之间的距离定为 1.0 m，罐与墙之间的距离定为 0.9 m。三效蒸发器浓缩液进二级分子蒸馏器，分子蒸馏器布置于三层楼面，一级、二级清液和重液罐布置于正下方一层地面（如图 6-54 所示）。分子蒸馏控制不同条件可以得到工业级成品和聚合级乳酸或医药级成品。

近年来，很多国家在研究提取乳酸方面提出了新的方法，并在设计乳酸提取车间工厂时根据生产工艺及其产能的实际情况，选用合适的生产设备和最优的生产工艺，对工厂进行合理布局，在达到生产要求的基础上降低生产成本，从而实现效益的最大化。通过 Aspen Plus 平台上的流程模拟和过程模型推演，对过程工艺设计与优化、创新概念的提出与验证、技术可行性评价与分析等与产业化密切相关的因素进行了系统和详尽的研究，实现了干法生物炼制技术水准的大幅提高，生物炼制产品成本的大幅降低，并为产业化放大和设计提供了必不可少的工具和重要的可行性论证方法。使用玉米秸秆原料，以乳酸发酵进行了实验研究，并在优化的过程工艺条件下进行了 Aspen Plus 平台上的工业规模过程设计和技术经济评价。通过解决发酵菌种乳酸片球菌 *Pediococcus acidilactici* TY112 絮凝和常规生物脱毒时间较长等问题，经过干式稀酸预处理和快速生物脱毒的玉米秸秆进行 30%（W/W）高固含量的同步糖化与发酵，实现了 104.5 g/L L-乳酸的高发酵浓度，其中纤维素到乳酸的得率为 71.5%。根据干法生物炼制技术特点和优化的 L-乳酸生产工艺条件进行严格的工业规模 Aspen Plus 流程模拟。与其他使用木质纤维素原料生产以乳酸的工艺相比，本工艺的废水产生量非常低。在没有利用木糖的发酵条件下，以乳酸的最低售价（minimum lactic acid selling price, MLSP）低至￥0.559/kg，非常接近淀粉来源 L-乳酸的市场售价。

乳酸最有发展前景的用途是生产聚乳酸（PLA），因此将来的乳酸提取车间很可能与聚合车间合并。乳酸化学聚合制 PLA 的方法主要包括直接缩聚法和开环聚合法。两种方法都有其独特的优点和局限性，因此应该基于 PLA 的应用领域选择特定的聚合方法。低分子量 PLA 可以迅速降解，有利于药物释放，适用于医学领域；高分子量的 PLA 则在纤维、纺织、塑料和包装行业具有重要的商业价值。目前开环聚合法要经过丙交酯纯化的步骤，生产流程长，成本较高。直接缩聚法优点在于单体转化率较高，工艺简单，不需要经过中间体的纯化，因而成本较低；主要问题是产物的分子量及其分布难以控制，不易得到高分子量的聚合物。

直接缩聚法又分为共沸缩聚法和熔融-固相缩聚法。共沸缩聚法使用高沸点有机溶剂从而增加了设备和工艺的复杂性，提高了生产成本，易对环境造成污染，而且从溶剂中提纯聚合物非常困难，产品通常会含有残留的溶剂，难以应用于医学领域。熔融-固相缩聚法是指熔融缩聚形成的低聚物经过造粒和结晶干燥后，在温度介于其玻璃化转变温度和熔点之间的条件下，进一步聚合形成较高分子量 PLA 的过程。干燥颗粒之间的热传递和热分布是高效和均匀的，有利于高分子量 PLA 的合成。此外，固相缩聚温度比熔融缩聚低，能够减少热氧化、消旋等副反应的发生，熔融-固相缩聚法制得的聚合物通常具有更好的性能和纯度。

聚合车间采用熔融聚合一步法和催化聚合两步法的两条生产线。熔融聚合是在高温、高真空度下的聚合反应，对聚合反应釜工艺要求较高，且难以生成高分子量的聚合物；三台聚合釜布置在二层，中心线对齐成排布置，两台 20 m³ 刮膜式蒸发器给聚合釜供料，因此，刮膜式蒸发器放在三层；聚合釜出料进入一层的双螺杆挤压机，双螺杆挤压机出料进入气流输送机，从气流输送机的旋风收集器出料获得熔融聚合的 PLA 产品。聚合釜的高真空由两级串联真空泵提供，双螺杆挤出熔融缩聚物的扩链反应控制技术十分关键，将现有30 h 以上的 PLA 聚合时间，缩短到 12 h。催化聚合两步法是第一步催化聚合得低分子量丙交酯，第二步催化低分子量丙交酯开环聚合得高分子量 PLA 产品。两步催化聚合反应温度较一步熔融聚合低，但催化剂选择与催化工艺的优化至关重要，可以提高聚合速率和 PLA 的平均分子量；此条生产线有两级共 6 台 20 m³ 聚合釜，分两排三台中心线对齐成排布置，布置在混凝土框架上，设备支撑标高为 EL 4.76 m，聚合釜釜底带搅拌器，搅拌器电机功率为 415 kW。聚合釜的搅拌器聚合过程中脱水均一性技术的创造性设计，提高聚合过程中脱水速率达到 99.5%；催化聚合釜出料进入挤压造粒机共混聚合。针对 PLLA（聚 L-乳酸）的强度高而韧性差，PDLLA（聚 D,L-乳酸）的强度低、韧性好的问题，进行 PLLA 与 PDLLA 的共聚合与共混工艺得到强度和韧性都好的 PLA 产品。催化聚合还可以用提取车间刮膜式蒸发器浓缩至 45%~60% 的乳酸为原料，减少了蒸汽消耗量，从而降低聚乳酸的成本。

Bapat、Susmit S 等模拟了以粗乳酸为原料生产聚合物级乳酸（99 wt.%）的可持续生产工艺过程。模拟是用 Aspen Plus 8.2 版软件，采用 NRTL 热力学模型和非理想的行为所涉及的物种将这一过程分 3 个阶段进行。第一阶段，乳酸钙与硫酸反应制得粗乳酸。第二阶段为反应精馏乳酸酯化反应。为此，采用 Rad Frac 柱，方便甲醇和水中乳酸甲酯的分离。第二步得到纯乳酸甲酯，然后在第三步水解，以纯乳酸为催化剂，得到所需产品。使用纯乳酸作为催化剂有助于达到所需的纯度，因为它减少了污染。利用 Aspen Plus 的灵敏度分析对工艺进行优化。Fomin V. A 等研究了聚乳酸的合成规律，确定了聚乳酸的分子量与生产方法和催化剂性质的关系。

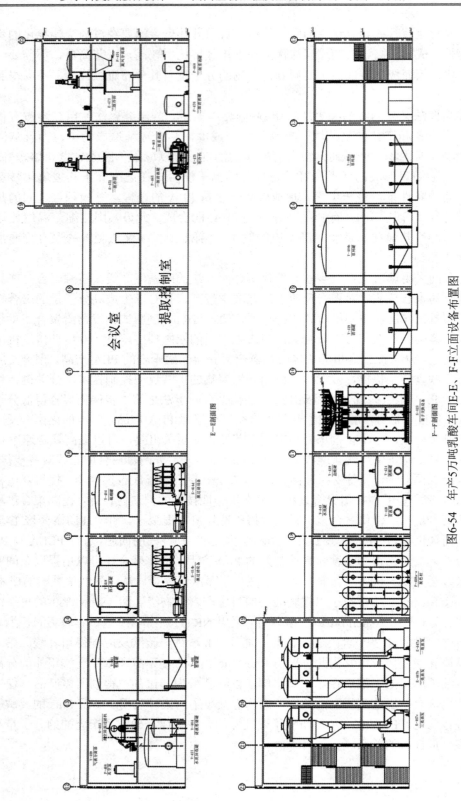

图6-54 年产5万吨乳酸车间E-E、F-F立面设备布置图

三、紫杉醇发酵车间设计

紫杉醇（Paclitaxel，商品名为 Taxol）是在 20 世纪 60 年代早期从太平洋紫杉中分离出来的一种二萜类生物碱，经研究发现其具有广泛的抗癌活性。从 1992 年上市至今紫杉醇已成为临床上普遍采用的抗癌药物之一，用于治疗卵巢癌、乳腺癌、非小细胞肺癌、食道癌等。紫杉醇的生产技术已经经过了几个阶段：第 1 代生产技术是从红豆杉树皮中提取纯化；第 2 代生产技术是从欧洲观赏紫衫的枝叶中提取中间体 10-脱乙酰浆果赤霉碱（10-DAB）经半合成而得；第 3 代生产技术是红豆杉细胞培养，在少数发达国家小批量生产；第 4 代生产技术为真菌发酵生产紫杉醇。

第 1 代和第 2 代生产技术受生长缓慢的红豆杉树资源（树皮中含 0.069%～0.080%，欧洲红豆杉叶中含 0.1%10-DAB）的影响产量一直较小，其次是收率低，污染大。目前，全球细胞培养法生产紫杉醇规模最大的公司为美国 Python Biotech，该公司细胞培养法规模保持在 3 万升级别，细胞培养法生产的紫杉醇已达到每升培养液可提取出 378～390 mg 成品的极高水平。加上意大利 INDENA 公司利用细胞培养法生产的紫杉醇原料药，据美国 TRASPARENT 咨询公司估计，目前全球细胞培养法生产的紫杉醇原料药总量已超过 200 kg，这一数量几乎与 20 世纪 90 年代初全球红豆杉树提取的紫杉醇原料药数量相当。遗憾的是，迄今为止，我国细胞培养法生产紫杉醇原料药始终停留在实验室阶段，难以投入商业化生产。

据国外医药媒体报道，2000 年时全球紫杉醇原料药总产量不过 370 kg，但到 2004 年已提高至 500 kg，2013 年猛增至 1310 kg，2016 年达到了 1600 kg。2000 年以前平均价格高达 300 万美元/kg，2011 年则降至 22～45 万美元/kg。到 2020 年末全球紫杉醇原料药总产量将突破 2000 kg 大关。随着必须使用紫杉醇治疗的乳腺癌、肺癌和卵巢癌等疾病的全球发病率快速上升，WHO 预测每年新增 10%的新发病率，今后 5～10 年里紫杉醇仍将是国际医药市场最受欢迎的产品之一。

自 1993 年第一株产紫杉醇真菌被发现并被报道后，微生物发酵法生产紫杉醇逐渐被认为是一种环境友好、成本低廉的解决紫杉醇生产原料来源危机的方法。

随后，各国学者都围绕产紫杉醇的内生真菌来开展分离工作。Strobel 等从西藏红豆杉（*T. wallachiaua*）中分离得到一株产紫杉醇的内生真菌，即小孢拟盘多毛孢（*Pestalotiopsis microspora*），这种内生真菌的发酵液产紫杉醇的含量可达到 50 μg/L。之后又分离获得尼泊尔盘端鹿角菌 *Seimatoautlerium uepaleuse*，其真菌发酵液产紫杉醇的含量为 62～80 μg/L。

近几年来，红豆杉产紫杉醇的研究进展很快，国内外利用内生真菌产紫杉醇的研究报道逐渐增多。至 2019 年，被分离鉴定的紫杉醇内生菌已超过 200 株，其中，八成以上为真菌（大都属于子囊菌和半知菌），其余为细菌和放线菌。目前，筛选高产紫杉醇内生真菌 LB-10，为绿僵菌 *Metarhizium auisopliae*，其紫杉醇含量为 846.1 μg/L。对产紫杉醇的内生真菌 XC1-07 通过优化培养基的碳源、氮等组分以及 pH 值，使紫杉醇的产量为 1124.34 μg/L。最适碳源、氮源分别是麦芽糖和 NH_4NO_3。在含 10 g/L NH_4NO_3、90 g/L 麦芽糖、1.0 g/L $MgSO_4$、pH 值为 6 的优化培养基中 30℃（50 mL/250 mL 三角瓶摇床转速 140 r/min）培养 13 天，紫杉醇的产量为 1124.34 μg/L。以从红豆杉树皮中分离得到的高产紫杉醇菌 013 为出发菌株，采用紫外线诱变、亚硝基胍诱变交替进行的方法，同时复合含 1%乙酰胺的理性化筛选模型，获得一株遗传性状稳定的链格孢单孢变种 ST026，摇瓶发酵产量可稳定达到

227000 μg/L，比出发菌株产量提高 81.6%，已进入中试和产业化研究，为目前国内报道的植物内生真菌发酵生产紫杉醇最高的产量。日本 Mitsui 化学公司利用二步培养结合高密度培养法，使红豆杉细胞在 200 L 的生物反应器中紫杉醇产量保持在 140～295 mg/L。

微生物发酵生产紫杉醇的研究尽管取得了很大的进展，但大多仍停留在实验室研究阶段，至今市场上的紫杉醇仍几乎全部来自红豆杉树。其重要原因就是分离到的紫杉醇的内生真菌发酵液中紫杉醇的产量仍然很低，均为毫克级水平，难以实现工业化生产，要进行工业生产，经过计算必须获得 100 毫克级水平的紫杉醇产率才能获得利润。随着紫杉醇生产菌生物合成途径中酶（蛋白）组学的研究，将能够全面地对产生紫杉醇的微生物进行遗传改造，构建优质高产的工程菌并优化其发酵条件，是提高紫杉醇产量最有效，也是必然的途径。实现紫杉醇的微生物发酵生产，从而解决紫杉醇的药源问题，改善市场上紫杉醇价格昂贵、供不应求的现状，保护濒临灭绝的珍稀红豆杉树种。这一时刻即将到来，紫杉醇原料药供不应求将成为历史。

从发酵液提取产物紫杉醇的方法，已经报道过不少。发酵菌种不同（有胞内产紫杉醇菌，也有分泌胞外菌），紫杉醇的提取方法不同。通过研究确定了脱色及 10-DAB 疑似分子 X 回收的最优条件：活性炭用量为 1%（质量体积比），温度为 60℃，时间为 30 min，pH 值为 8.0。在此条件下，农杆菌介导突变株 B19 发酵液脱色率为（62.8±0.7）%，X 的回收率为（87.2±5.3）%。建立了紫杉烷发酵后的关键除色素步骤，可为类似工作提供借鉴。将发酵产物过滤除菌丝体，滤液加入 Na_2CO_3，且边加边振荡，以消除脂肪酸的污染，用两倍体积的二氯甲烷进行提取，收集有机相，35℃下减压浓缩，所得固体用甲醇溶解。另一种办法则是将菌丝体搅拌均匀后，直接用甲醇进行提取，离心并收集上清液，旋转蒸发去有机溶剂，加入等体积蒸馏水和次甲基氯化物溶解固体并进行提取，待有机相挥发后再用甲醇溶解过柱纯化。Dai 等将发酵产物进行离心并收集上清液，菌丝体搅拌 15～20 min 以释放目标产物、离心，合并两组上清液，50℃浓缩至原体积的 1/3，用氯仿提取，提取物加 Na_2SO_4 在 35℃下浓缩，所得固体再用甲醇溶解，重结晶，所得产品纯度在 96% 左右，市场价格低（5 万美元/kg）。对高产菌链格孢单孢变种 ST026 发酵液提取紫杉醇进行工艺探索，将发酵液收集菌体→加甲醇超声波细胞破碎→高速离心机分离细胞碎片→氯仿萃取→氧化铝柱层析→收集有效段洗脱液；除去菌体的发酵液经过滤后上硅胶柱层析→收集有效段洗脱液。合并硅胶和氧化铝柱层析有效段洗脱液→浓缩→结晶→紫杉醇粗品（>85%）→1∶2 的二氯甲烷∶丙酮溶解→滴加正己烷或正庚烷使紫杉醇结晶析出→过滤→干燥→紫杉醇纯品（>99%）。产品纯度和收率大大提高。

在实验室基础上将 5 m^3 中试罐发酵液经陶瓷膜过滤器过滤收集菌体，加甲醇超声波细胞破碎，以基伊埃韦斯伐里亚高速碟片离心机分离细胞碎片，上清液按 1∶3 加入氯仿，三级逆流萃取。分离的有机相上氧化铝柱正相层析，经氧化铝层析后，紫杉醇平均回收率为98.58%，纯度提高到 29.85%，除去菌体的发酵液经硅胶柱分离后的紫杉醇的回收率在98.52%，纯度达到 24.31%。合并层析液经浓缩结晶得紫杉醇粗品，以 1∶2 的二氯甲烷∶丙酮溶解，流加正己烷使紫杉醇重结晶析出，重结晶分离干燥得紫杉醇含量 99.8% 的纯品。从紫杉醇粗品得到紫杉醇纯品的收率为 92%。经本工艺分离纯化后的紫杉醇总回收率约为84%。99.8% 的紫杉醇产品采取 1 kg 的包装。

中试项目对多个关键步骤进行了研究，例如，考察洗脱液组成、洗脱液强度、洗脱速率、高径比等因素，同时在重结晶关键步骤上取得技术创新性成果。该项目已经进行产业化生产，每年可以生产 300～500 kg 符合 USP 标准的产品。该项目从 2019 年开始新药研发注册的工作，现在已经按 CDE 的要求完成全部的注册资料。计划在近期向 CDE 提交申请注册，预计在 2021 年拿到 CFDA 颁发的原料药生产批件和 GMP 证书。

现根据中试研究扩初设计车间如图 6-55 所示。1 台 250L 种子发酵罐、两台 5 m³ 中试发酵罐、增加 4 台 80 m³ 发酵罐，呈井字排列布置。将中试发酵罐和生产发酵罐穿二层楼板，采用支耳架在二层楼板上。两台旋转过滤器及高速碟片离心机并列布置在二层，两台甲醇超声波细胞破碎槽、3 台离心萃取机、8 个氧化铝层析柱和硅胶柱（500 mm×1500 mm），1 套二效蒸发浓缩器布置在二层，两台粗结晶器和重结晶器穿二层楼板采用支耳架在二层楼板上，1 台溶晶罐、1 台过滤离心机、1 台真空干燥机、1 台包装机及 12 个贮罐均布置在一层，重结晶的下卸料离心机布置在一楼专用钢平台上。

甲醇超声波细胞破碎及后续的二氯甲烷、丙酮萃取和浓缩都属于防爆车间，除了必要的静电防护外，应着重注意防火要求。在罐体布置方面，原料回收间罐体与墙体之间的距离定为 1 m，罐体与罐体之间定为 2 m，溶剂回收罐体与墙体之间的距离定为 1 m，罐体与罐体之间距离定为 1 m。

在进行布置时，根据其功能将在⑦轴线处设置防火墙，将非防爆区和防爆区分开，这样有利于生产管理。同时防爆区采取相应措施防止静电的积累。厂房垂直布置要充分利用空间，充分利用厂房的层高来布置设备，尽量利用位差输送物料，达到节能的目的。干燥产品包装区操作人员经独立的更衣间、淋浴进出，排风经高效过滤器过滤后排放，防止对生产环境造成污染。除①、②轴南边有 3.6 m 夹层外，①—⑦轴一层层高 10.4 m。由于氯仿回收选用双效升膜式蒸发器，其高度为 3.05 m，故提取间的二层高度定为 3.5 m。⑦—⑬轴为轻载荷小型设备及精密仪器室，故将层高 10.4 m 分为两层，即⑦—⑬轴为三层结构。

将含量高于 98% 的层析液体经浓缩结晶罐浓缩至紫杉醇结晶，经下卸料离心机分离得紫杉醇粗品，紫杉醇粗品在溶晶罐用 1∶2 的二氯甲烷、丙酮溶解过滤除杂后被输送至重结晶罐，流加正己烷重结晶，经下卸料离心机分离，将紫杉醇晶体放入真空干燥箱，用干燥剂在 55℃下干燥 12 h 得到紫杉醇成品，结晶母液重结晶后去蒸馏回收溶剂。采用蒸馏塔、萃取精馏塔、萃取剂再生塔的三塔蒸馏流程。待回收溶剂在蒸馏塔控制 40℃蒸出的是二氯甲烷（沸点 39.75℃），经蒸馏塔顶冷却器流入二氯甲烷罐。蒸馏塔釜底液泵入萃取精馏塔，由于余下的丙酮、正己烷及水在 49.8℃共沸，采用普通精馏无法进行分离。在这种情况下可以采用催化精馏、变压精馏、共沸精馏等特殊精馏法萃取进行分离。相对于传统的共沸精馏而言，由于萃取精馏所采用的萃取剂沸点较高，不易挥发，溶剂从塔釜排放，其优点是能耗低，污染少，而且采用连续萃取精馏流程可将萃取剂循环利用。因而在萃取精馏塔流加萃取剂环己醇，经 Aspen Plus 软件优化，萃取精馏塔理论板数为 33，原料和萃取剂进料位置分别为第 29 块和第 3 块理论板，回流比为 0.3，溶剂比为 3，此时丙酮的分离效果达 99.98%，萃取剂再生塔顶正己烷的纯度达到 99.89%。萃取剂再生塔理论板数 25 块，原料进料位置第 10 块，回流比为 1.3，全塔操作压力为 101.3 kPa，最终萃取剂再生塔塔顶正己烷的纯度达到 99.12%。萃取剂环己醇和水从萃取剂再生塔底冷却器排出，经油水分离除水后，萃取剂环己醇循环使用。

蒸馏塔、萃取精馏塔、萃取剂再生塔在①轴、②轴间一层一字排开布置，为了空间利用及维护方便，将甲醇回收塔一并布置于此。各塔顶冷却器布置在二层楼顶②轴梁上，各塔釜底冷却器布置在②轴、③轴间一层和二层的夹层上。其车间的一层、二层设备布置如图 6-55、图 6-56 所示。

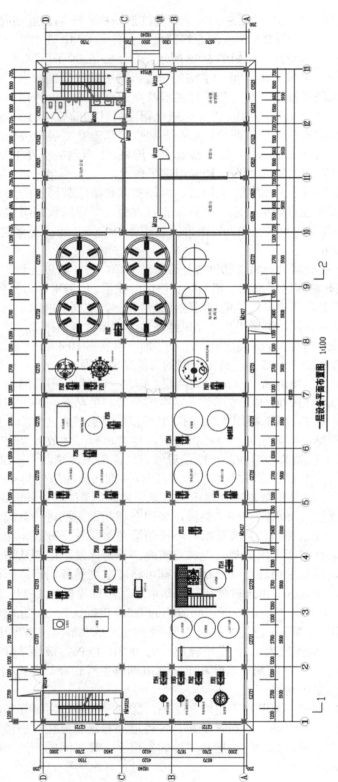

图6-55　年产500 kg紫杉醇车间二层平面设备布置图

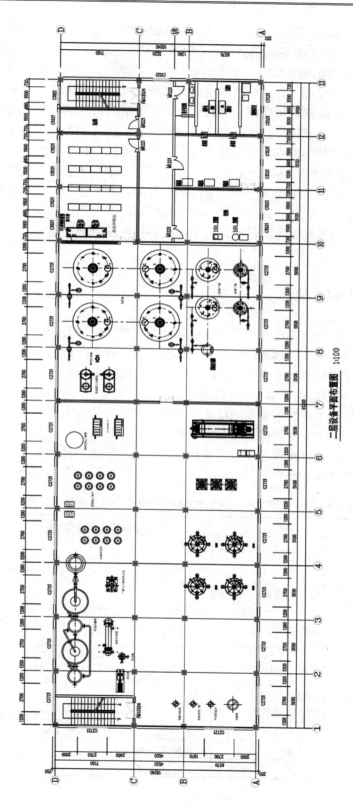

二层设备平面布置图 1:100

图6-56　年产500 kg紫杉醇车间二层平面设备布置图

多西他赛（Docetaxel，Taxotere）为紫杉醇类抗肿瘤药，即 N-去苯甲酰基-N-叔丁氧羰基-10-去乙酰紫杉醇，是法国 Sanofi-Aventis 公司开发的半合成紫杉醇衍生物，1996 年经 FDA 批准用于临床，对晚期乳腺癌、非小细胞肺癌、卵巢癌、前列腺癌、胰腺癌、肝癌、头颈部癌、胃癌等均有疗效。具有广谱的抗白血病和抗实体肿瘤活性。上市以来，它凭借着疗效好、毒性低、临床联合用药广泛等特点占据抗肿瘤药市场越来越大的份额。其抗癌活性远高于紫杉醇，具有很好的市场应用前景。2010 年，FDA 批准卡巴他赛（Cabazitaxel，Jevtana）用于治疗晚期前列腺癌。卡巴他赛属于紫杉烷家族，与紫杉醇和多烯紫杉醇抗肿瘤机理相同，与多西他赛相比有如下优势：一方面，卡巴他赛与 P-gp 糖蛋白的亲和力降低，减少了药物的外排，增加了细胞内药物浓度；另一方面，卡巴他赛可以穿过血脑屏障，而其他化疗药物不具备这一优势。因此，与多烯紫杉醇相比，卡巴他赛具有更好的药代动力学活性。而且无论是对多烯紫杉醇敏感还是耐药的肿瘤细胞，卡巴他赛均有很好的抑制活性的效果。

四、双菌种发酵车间设计

随着合成生物学和代谢工程在构建和优化模式微生物领域取得的巨大进展以及人工合成网络规模和复杂程度的不断增加，使得利用单菌兼容多种功能成为难题。例如，利用葡萄糖从头合成紫杉醇需要 35～51 步。通过基因编辑获得的 E.coli 工程菌珠最高只能合成 1.02 g/L 紫杉二烯（紫杉醇的前体），无法满足工业生产的需求。双菌种发酵为这类复杂代谢路径物质的合成提供了新的借鉴和方法。通过理性设计与构建人工多细胞培养体系，将代谢路径分配组装到多个独立细胞，可减轻单菌的代谢负担。并且，通过设计与优化单个底盘细胞的代谢能力，可以实现各模块的最佳组合，近十年双菌种发酵生产高附加值化合物的最新研究成果如表 6-8 所示。

表 6-8　近十年双菌种发酵生产高附加值化合物的最新研究成果

双菌种混合体系	产　　　物	相对单菌体系提升效果	发　表　年　份
E. coli & Saccharomyces cerevisiae	紫杉醇		2010
Penicillium pinophilum & Trichoderma harzianum	施托美霉素		2011
Streptomyces clavuligerus & Staphylococcus aureus	全霉素	不能由单一菌培养获得	2012
Alternaria tenuissima & Nigrospora sphaerica	异戊二烯醇		2013
Trichophyton rubrum & Bionectria ochroleuca	4-羟基亚砜-2、2-三甲基硫丙氨酸 P	不能由单一菌培养获得	2014
E. coli & E. coli	乙酸苏氨酯	产量提高 3.3 倍，生产强度提高 34 倍	2015
E. coli & E. coli	类黄酮	产量提高 970 倍	2016
E. coli & E. coli	咖啡醇	产量提高 12 倍	2017

续表

双菌种混合体系	产　物	相对单菌体系提升效果	发 表 年 份
E. coli & E. coli	红景天苷	产量提高 20 多倍	2018
E. coli & E. coli & E. coli	迷迭香酸	产量提高 38 倍	2019

双菌种发酵最典型的是维生素 C 工业化生产，在第 3 章中介绍了维生素 C 发酵生产工艺流程，在第四章中介绍了设备的选型。下面就年产 3 万吨维生素 C 发酵工厂车间设备布置进行介绍。

经物料衡算和能量衡算及设备选型，汇总成的设备一览表如表 6-9 所示。

表 6-9　发酵及维 C 精制车间设备一览表

序号	设 备 名 称	规格型号及参数	数量	生 产 厂 家
1	配料罐	20 m³	2	非标
2	一级种子罐	500L	14	非标
3	二级种子罐	10 m³	14	非标
4	主发酵罐	300 m³，ϕ4150 mm×20770 mm	8	非标
5	碟片分离机	DH315 型，处理能力 12 m³/h 1365 mm×990 mm×1550 mm	6	江苏巨能机械有限公司
6	板框压滤机	1250 型，过滤面积 250 m² 滤饼：14.03 m³/h	6	河北通用压滤机有限公司
7	陶瓷膜过滤机	膜面流速 4.5 m/s，膜管面积 0.484 m² 支撑体材质为 α-Al₂O₃，浓缩倍数 6.6	2	江苏久吾高科技股份有限公司
8	双极膜电渗析器	每单元膜面积 0.32 m²，10 单元/台 处理能力 72 m³/d	24	浙江赛特膜技术有限公司
9	古龙酸储罐	304 不锈钢，ϕ4396 mm×8791 mm	2	非标
10	酯化反应器	10 m³ 管式甲酯化反应器，DN1000×7000	42	非标
11	脱水器	脱水 22.78 t/d，DN2500×2000	7	非标
12	输送泵	Q=20 m³，H=60 m，防爆电机	7	非标
13	古龙酸甲酯储罐	304 不锈钢，ϕ4396 mm×8791 mm	2	非标
15	电解液储罐	304 不锈钢，ϕ4396 mm×8791 mm	2	非标
16	薄膜蒸发器	GXZ 系列，甲醇蒸发量 46.3 t/h		无锡市锦丰化工设备有限公司
17	吸收塔	LY-Ⅱ-2200，吸收甲醇废气 46.3 t/h	1	太仓保诺化工设备有限公司
18	甲醇储罐	304 不锈钢，ϕ4396 mm×8791 mm	2	非标
20	维 C 钠储罐	304 不锈钢，ϕ4396 mm×8791 mm	2	非标
21	维 C 酸储罐	304 不锈钢，ϕ4396 mm×8791 mm	2	非标
22	脱色罐	304 不锈钢，250 m³，ϕ5336 mm×10672 mm	2	非标
23	MVR 蒸发系统	进料流量 320 kg/h，进料温度 40℃ 蒸发量 29 kg/h，功率 0.107 kW/kg	1	河北乐衡化工设备制造有限公司

序号	设 备 名 称	规格型号及参数	数量	生 产 厂 家
24	SX 三足式下卸料离心机	型号：SX1250，转鼓转速 900 r/min 外形 2250 mm×1980 mm×1500 mm	4	张家港市锐腾机械制造有限公司
25	溶解罐	SY3000 型 SUS304 不锈钢，换热面积 10.4 m²，内胆工作压力 0.2MPa，夹套工作压力 0.3 MPa，电机功率 3.0 kW	2	杭州恩创机械有限公司
26	真空浓缩结晶锅	结晶 103.6 t/d，蒸发液 136.21 t/d 转速 6-15 r/min，电机功率 10 kW 材质 1Cr18Ni9Ti	2	无锡瑞司恩机械有限公司
27	气流干燥机	QG-50 型，功率为 7.5 kw，脱水量为 50 kg/h，外形尺寸：9 m，干燥介质：空气，空气过滤面积 4 m²，加热面积 30 m²	1	常州市范群干燥设备有限公司

1. 发酵车间设备布置

大型发酵工厂中，主工艺装置的核心设备通常都是大型发酵罐，尤其是以立式发酵罐最为常见。大型发酵罐是一个发酵装置的心脏，只有当一个健康的心脏能正常的运转时，发酵工厂才能按照设计指标长期安全稳定运行。在设计阶段，对于一个成熟的工艺方案来说，大型发酵罐的布置和管道设计显得尤为重要，决定了项目的成败。一方面大型发酵罐施工和采购的费用都很高，制造周期长，如果设计不合理，施工整改难度会很大，且用时长，将对项目建造带来非常不利的影响；另一方面，大型发酵罐在运行当中的操作、检维修频率通常都比较高，设计的不合理通常对后期运行维护影响较大，相应还会带来安全隐患，甚至缩短工厂寿命。

一般大型发酵罐宜露天布置，由于维生素 C 发酵对无菌要求很严格，故发酵罐布置在室内。考虑到将来可能扩产，故将发酵与提取分为两个生产厂房设计。发酵厂房占地为 68.9 m×13.5 m，采用 5.5 m+2.5 m+5.5 m 三跨，发酵罐为 5.5 m 开间，种子罐为 3.5 m 开间；发酵罐处为两层，其余为四层。一级种子罐布置在四层，二级种子罐布置在三层、四层，种子罐和发酵罐操作均在四层。罐与罐之间的距离不小于 750 mm。

楼层的长度超过 60 m，厂房要建有沉降缝，其位置一般在设备较多处设置。在厂房的第一层要设有散水坡，室内高于外界地面的高度一般不小于 150 mm。控制室的位置安排的原则是能看到 80%的设备。例如，第一步和第二步发酵车间的控制室、值班室和储备室设在三楼。厂房的长度若超过 30 m，则不能少于 2 个进出口。一般情况下，大门的宽度比最大设备宽 0.5 m。

发酵车间主要由配料罐、一级种子罐、二级种子罐、发酵罐、无菌空气过滤器等组成，最大特点是种子液依靠无菌空气自一级压入二级，最后压入发酵罐接种。一般将发酵罐布置在地面一层，而二级种子罐设在三层，罐顶高出四层楼面 1.2～1.3 m，与发酵罐顶平齐，有利于操作控制。一级种子罐由于罐小，直接集中布置在四层，为了给一级种子罐接种，无菌室、摇瓶种子培养室和发酵控制室都布置在四层，无菌空气过滤器则分散布置在各发酵罐四层旁边。压缩机通常布置在专用的压缩机房中，以利于维修和巡回检查，并有效控制噪音对其他房间的影响。在进行布置时，根据其功能进行合理分区，有利于生产管理。

一层西头为压缩空气及空气过滤除菌设备布置区。车间内的办公室、更衣室、分析化验室、卫生间布置在一层。该厂房⑤轴线西边为小菌培养间，为避免交叉污染，⑤轴线处设置隔离墙，将两个菌发酵完全分开。厂房垂直布置要充分利用空间，并充分利用层高来布置设备，尽量利用位差输送物料，达到节能的目的。

为了方便楼层人员上下及部分物品搬动宜考虑设置客货两用电梯，同时也方便在操作检修时部分小型部件进行运送。

应用 AutoCAD Plant 3D 进行车间三维模拟辅助设计的设备布置和安装步骤详见本章第六节。由绘图结果可以看出，通过三维模拟对设备的安装和布置进行预先模拟优化，自动控制，及时发现布置问题，重新完善设计，避免不必要的过程及资源的耗用，不必要的杆件支撑、不必要与不合理的结构，使其在总体布局上更加紧凑合理。在三维车间设备布置初期可以将车间墙、柱和梁隐蔽，并可以在二维线框与真实之间切换，这样有利于看清设备的布置情况；并可以在二维线框与真实之间切换，有利于看清设备的布置情况，如图 6-57、图 6-58 所示。

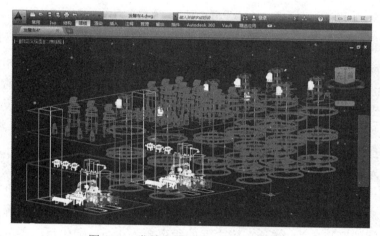

图 6-57　发酵车间三维布置二维线框图

图 6-58　发酵车间三维布置真实图

待三维设备布置完成后即可生成正交平立面图，如图 6-59 所示即为生成的发酵车间俯视图。

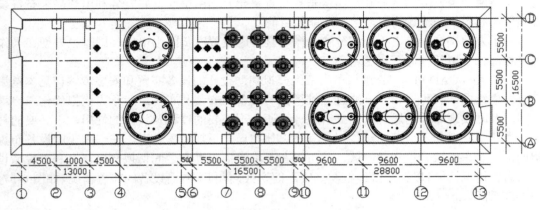

图 6-59　发酵车间三维布置平面图

2. 提取车间布置

由于发酵液数量大，先经碟片分离机分得含细胞的重相液和清液，重相液经板框压滤机进一步回收清液，加快发酵液的预处理，并减少板框压滤机台数。合并清液经陶瓷膜过滤机后进入双极膜电渗析器，发酵得到的古龙酸钠转变为古龙酸。在酯化反应器中与甲醇酯化得到的古龙酸甲酯，再经另一台双极膜电渗析器转变为抗坏血酸（Vc）溶液，经浓缩、结晶、干燥得到成品。

提取厂房为 68.9 m×16.5 m。该车间布置中，采用二层布置，碟片分离机布置在二层平台，其下面一层布置重相液罐和清液罐，旁边布置输送泵；板框压滤机布置在一层，陶瓷膜过滤机和双极膜电渗析器布置在一层，古龙酸储罐、碱液罐、电解液罐置于地面层，与墙体之间的距离定为 0.5 m，罐之间的距离定为 1 m。酯化反应器为管式，内径为 ϕ1000 mm×高 7000 mm，反应器独立布置在钢框架内侧，支撑标高 EL 4.5 m。反应器周围留有足够空间，以便内件的安装和管道件的吊装及检维修。脱水器布置在一层，MVR 蒸发系统的主罐采用支耳架在二层楼板上，强制循环泵放在二层，下部罐锥体穿二层楼板，利用螺杆泵将晶体打到布置在二层的 SX 三足式下卸料离心机脱去母液。离心机下卸晶体靠重力落入一层的溶解罐，由泵输送至一层地面的真空浓缩结晶锅，再由螺杆泵将晶体输送至二层的 SX 三足式下卸料离心机脱去母液。离心机下卸晶体靠重力落入一层的气流干燥机的进料斗中，经干燥得到 Vc 成品。所有物料采用封闭管道输送，避免交叉往返现象，既满足 GMP 对车间设备布置的要求又满足车间生产工艺的要求。

首先，多台酯化反应器应中心线对齐设置联合设备平台或框架楼面平台，并成组布置，应尽可能避免诸如反应器的就地液位计和液位控制器、压力表、温度计、人孔、手孔、视镜和接管口等穿越楼板；其次，楼面标高的设置应优先满足大口径管道、有工艺要求的管道配管，以便于人孔、手孔的操作；再次，平台设置应满足催化剂装填、温度计安装及检修等需要；最后，所有设备管口均要有平台，如图 6-60、图 6-61 所示。

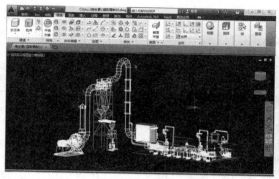

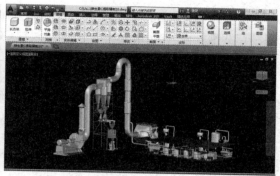

图 6-60　提取精制车间三维布置二维线框图　　　图 6-61　提取精制车间三维布置真实图

五、固态发酵车间设计

现代固态发酵首要条件是纯种发酵，关键是纯种大规模节约化发酵，因此针对传统固态发酵存在的问题，现代固态发酵在实现限定微生物的纯种大规模发酵，充分发挥固态发酵的优势等方面进行了大量的研究，使得固态发酵更加适应现代发酵工业生产需要。下面以单一菌种固态发酵车间和多菌种纯净固态发酵车间的设计为例说明。

1. 单一菌种固态发酵车间的设计

生物制药产业与传统的生物产业相比，生物制药产业在高技术、高质量、高投入、长周期、高风险、高收益方面表现得更为突出。不但强调某种微生物以"纯种状态"培养，还特别强调培养基的成分不能随意更改，一个菌种在同样的发酵培养基中，因为缺少或增加了某个成分，发酵的成品就完全不同。例如，金色链霉菌在含氯的培养基中可形成金霉素，而在没有氯化物或在培养基中加入抑制生成氯化的物质，则产生四环素。除培养基外，还必须注重发酵条件的一致性。最后，生物制药最为关键的是如何能够从发酵基质中提取这些产品。下面以治疗和预防心脑血管栓塞性疾病的药物纳豆激酶（Nattokinase，NK）为例，以"全自动固态发酵罐"专利设备说明本车间设计及其应用。

目前，利用枯草芽孢杆菌发酵产纳豆激酶的培养基种类很多，大都成本比较高。因纳豆芽孢杆菌是嗜氧菌，通风量要求高，而且发酵后会产生大量黏性物质，除了纳豆激酶和维生素 K 外，还有多肽和多糖等物质，组成多肽的氨基酸主要是 γ-多聚谷氨酸，组成多糖的主要是果糖，前者的黏性比后者强，但后者起稳定黏性的作用。这种黏性物质使纳豆在拨动时相互之间产生长长的细丝，故粘性物质的粘度是评价纳豆好坏的一个重要指标。例如，专利 CN102220258 采用传统的培养箱浅盘发酵，只是通风较好的表面层发酵较好，获得的纳豆激酶酶活最高达到 5670FU/g 干基，活菌数最高可以达到 7×10^9 cfu/g。但此方法与生产设备均不易规模化，且生产成本高。本发明采用透气性物料的载体发酵法，例如，以稻壳为载体可以提高发酵基质的透气性，提高基质豆粕的利用率。下面是具体操作步骤。

第一将豆粕与稻壳按 1：0.15 比例混合在发酵罐进料绞龙，在绞龙中由原接种喷头喷入无机盐水溶液（豆粕以 1：1.2 加水比）后进入发酵罐。将发酵罐分为灭菌层、冷却层、接种发酵层、发酵层。向灭菌层夹层及隔板下 U 形蒸汽管通入高温高压的水蒸汽，控制搅拌速度并使物料在 110℃保持 20 min 后进入冷却层，待基质冷却至 38～40℃后接产纳豆激酶枯草芽孢杆菌（*Bacillius subtilis*，保藏号 CGMCC No.4731）。接种方式为将种子罐发酵好的种子液通过气湿耦合无菌空气发生罐的无菌水管口加入，以 10%的种子液作为接种量，种子液呈雾状通过空气分布管接种到灭菌冷却培养基中，这样接种得更加均匀。在发酵层通过恒温、恒湿、通风、自动出料等功能，精确地控制发酵过程中的温度保持在 35～40℃、湿度保持在 65～85% RHw 及供氧保持在 1000～2600 m³/h 等条件固体培养基 4 罐，结果最佳料层厚度为 200 cm、温度为 37℃、湿度为 75%RH、转速 6 rpm、通风量 1600 m³/h，在经过优化的生产条件下，发酵 24 h 后，产品中纳豆激酶酶活最高达到 6750 FU/g 干基。

将发酵基质以 1：3 的比例在浸提罐加入 4℃的生理盐水浸提 4 h 后，从浸提罐筛网底排出浸提液，在筛网上为发酵载体稻壳，可回收用于下一批混料发酵。浸提液经两相卧式螺旋离心机 4500 rpm 离心 20 min 得上清液和固形物，固形物干燥得蛋白饲料，上清液经 300000Da 超滤膜选择膜浓缩得纳豆激酶液。将膜浓缩液经 75%的硫酸铵沉淀去除维生素 K2 和杂蛋白液，沉淀用纯水溶解经 2000Da 超滤膜除盐精制后喷雾干燥得高纯纳豆激酶粉药物制剂。同时将超滤膜上液 PEG2000-磷酸钾双水相萃取得到副产物 γ-多聚谷氨酸（γ-PGA），其最佳提取条件为 PEG2000 质量分数 22%、磷酸钾盐质量分数 14%，磷酸盐缓冲液 pH 值为 7.5、添加 1.2%（w/w）的 NaCl，室温条件下自然分相时间小于 5 min，此条件下系统的分配系数为 0.10，下相收率为 96.02%。

以上所述仅为纳豆激酶的优选实施例而已，并不只用于纳豆激酶，对于本领域的技术人员来说，本技术还可用于由红曲霉菌产生的洛伐他汀（Lovastatin），它是 1987 年美国默克公司上市的第一个他汀类降血脂药，发明可以有各种更改和变化，还可用于木聚糖酶、β-葡聚糖酶、血栓溶解酶、白藜芦醇、γ-聚谷氨酸、生物农药苏云金杆菌粉剂的生产。

在设备布置时，发酵车间的主发酵罐在厂房地面一层设备布置得最多，而发酵罐顶层是设备布置最复杂的一层，在计算厂房四层高度时需重点考虑以下方面。①主发酵罐的主轴抽出维修高度，或在屋顶相应位置预留维修孔。②二级种子罐的高度和安装方式，如果二级种子罐小于 20 m³，则可采用罐耳支撑于四层楼层次梁上；如果二级种子罐大于 20 m³，则可采用罐腿支撑于三层楼层次梁上。③三层的层高不得低于 2.8 m，否则后期管道布置困难。

筒仓露天布置，紧邻车间西头，有利于原料由仓底螺旋输送机出料，经绞龙输送至车间内。由于一级种子罐和二级种子罐较小，一级种子罐布置在二层，二级种子罐直接布置在一层。配料罐、输送泵布置在一级种子罐下方，培养基辅料贮存室布置在隔壁。无油离心式空压机、压缩空气贮罐、空气冷却器、气液分离器、预过滤器、总过滤器布置于一层最西头，有隔墙隔开，以减小空压机杂音影响。4 台 200 吨固态发酵罐一字排列。由于不同产品发酵料的提取工艺不同，发酵料可以干燥后用有机溶剂浸出，也可以直接水溶浸提。如图 6-62 所示是固态发酵干燥工艺设备布置。发酵料经振动流化床干燥器后进入气流干燥机组，为了节约能源，振动流化床干燥器的热源是气流干燥机组的尾气。

计算机控制技术在这个过程中提取的参数有很多种，生化反应过程中的化学参数包括 pH 值、发酵罐压力和尾气浓度，这些参数对发酵工艺至关重要，对新陈代谢起着决定性的作用，因此在控制过程中必须对这几个参数认真记录，从而为以后工序的进行提供便利。pH 值控制是掌握细菌生长环境的重要参数，在发酵过程中如果这个参数控制不合理会影响细菌的新陈代谢，如果 pH 值偏低则必须通过加碳酸氢钠来提高 pH 值；如果 pH 值偏高则应该在发酵前添加适量的糖来进行调整。发酵罐压力是影响发酵操作压力变化的重要影响因素，因为发酵罐内的压力变化会引起氧在发酵液中分压的改变，控制发酵罐压力主要是控制无菌空气的压力变化和排除气体量的变化。除此之外，氧是微生物在生长过程中的重要原料，如果发生供氧不足的情况新陈代谢的速度就会变慢。

生物参数主要包括生物体呼吸代谢参数、生物体浓度、代谢产物的浓度、生物的生长速度、形成速度等，这些参数是观察生物体生长过程及生长质量的重要指标，因此在控制过程中也必须认真提取。

2. 多菌种固态发酵车间的设计

多菌种混合固态发酵由来已久，例如，白酒制曲过程就是以霉菌为主，兼有酵母菌和细菌共生的群体完成多种物质的催化反应。混菌固态发酵过程中微生物种类众多，且多数未知，人们通常通过认知菌群的特性，实现培养条件和代谢过程的调控，产生并积累多种代谢产物，这些代谢产物可作为发酵产品的风味物质，这是纯种发酵所不具备的。相反，要得到高浓度的某种物质也是困难的，随着生物科技的发展，多菌种纯净发酵应运而生。例如，单宁酶既可以液态发酵生产，也可以固态发酵生产。Lekha 发现固态发酵比液态深层发酵和液态表层发酵生产单宁酶活力分别高 2.5 倍和 4.8 倍。Cruz-Herandez 等研究发现在不同温度下黑曲霉 GH1 的固态发酵培养比液态深层发酵培养产单宁酶活力提高 4 倍以上。Renovato 等利用固态发酵和液态发酵黑曲霉产单宁酶，发现单宁酶的分子结构、催化水解单宁的活性、酶学稳定性及酶活力等方面差异较大，且酶活力固态发酵产酶高于液态发酵 5.5 倍；同时不同培养环境中产单宁酶在最适温度、pH 值、相对分子质量及糖基含量等方面均存在不同。Mnjit 等首次以玫瑰果叶为固态基质培养从制革厂污水中分离出单宁酶产生菌-烟曲霉 MA，单宁酶酶活最高可达 174.32 U/g。

单宁酶可以应用于食品加工、皮革制造、精细化工等行业，具有广阔的应用前景。美国食品与药物管理局（FDA）已确定单宁酶为安全产品，国外近期的研究主要集中在固体发酵法，很多资料显示固体发酵主要产胞外单宁酶，不需进行细胞破壁，容易提取，且酶活力较高。采用黑曲霉和米曲霉双菌种固态发酵生产单宁酶，使其酶活最高可达 786.5U/g。主要采用了以下措施：①以麸皮、豆粕、玉米粉和粉碎后的玉米秸秆为基础培养基，添加柿子树叶粉和石榴皮粉为诱导产酶剂；②优化黑曲霉和米曲霉接种比例；③优化培养基配比和发酵条件。

在提取工艺上采用了 pH 值为 5.0 的柠檬酸-柠檬酸钠缓冲液、30℃逆流萃取、超声波辅助提取、超滤膜过滤浓缩、硫酸铵两步沉淀和蒸馏水纳滤膜透析纯化，最后冷冻干燥得产品。

根据研究成果设计年产 300 吨单宁酶固态发酵车间设备布置 A-A 剖面图如图 6-63 所示。该车间采用 L 型结构厂房，立筒仓露天布置，车间内最大的设备是 4 台 200 m³ 固态发酵罐，以间隔 3 m 成排布置，固态发酵罐尺寸为内径 Ø6000 mm×高 12000 mm，单台操作重约 180.0 吨；采用双菌种的混合菌种接种机将灭菌冷却固态物料接种后输入固态发酵罐连续发酵。二级种子罐采用罐耳支撑于二层楼次梁上，一级种子罐采用罐腿支撑于二层楼面上，培养基调配罐布置于一层地面上，空压机、压缩空气贮罐、空气冷却器、气液分离器、预过滤器、总过滤器也布置于一层地面上，化验室布置于三层，摇瓶培养室布置于紧邻一级种子罐的二层，菌种保藏室布置于紧邻化验室的三层。

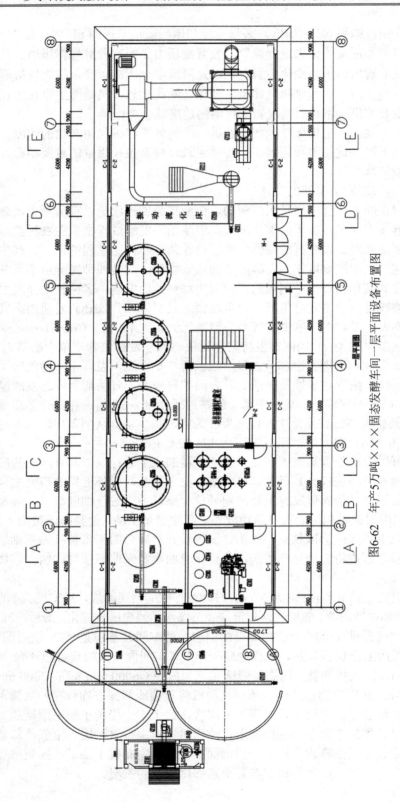

图6-62 年产5万吨×××固态发酵车间一层平面设备布置图

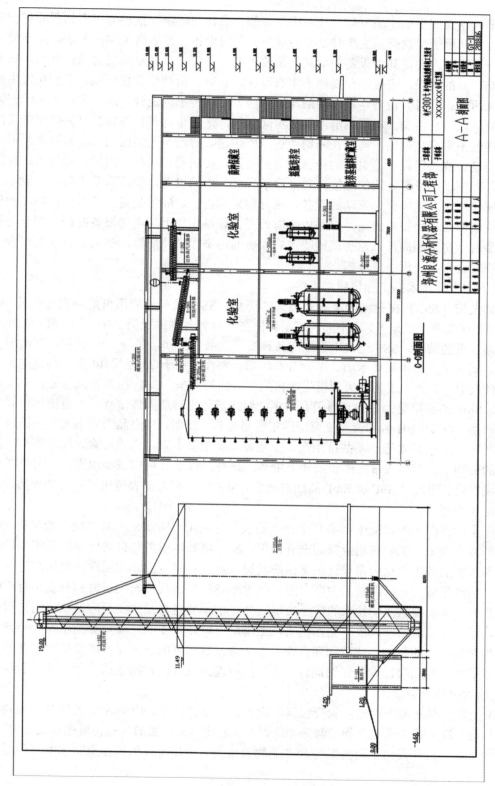

图6-63　年产300吨单宁酶固态发酵车间设备布置A-A剖面图

该车间不仅用于单宁酶发酵，还可用于漆酶、血栓溶解酶、紫杉醇等生物药品进行发酵生产。车间用于生物药品生产时，要特别注意车间设备布置达到 GMP 要求，工艺设备达标是一个重要方面，其中设备的安装是重要内容。首先，设备布局要合理；其次，安装不得影响产品的质量。安装间距要便于生产操作、拆装、清洁和维修保养，并避免发生差错和交叉污染。同时，设备穿越不同洁净室（区）时除考虑固定外，还应采用可靠的密封隔断装置，以防止污染。不同的洁净等级房间之间，采用传送带传递物料时为防止交叉污染，传送带不宜穿越隔墙，而应在隔墙两边分段传送。对送至无菌区的传动装置必须分段传送。应设计或选用轻便、灵巧的传送工具，例如，传送带、小车、流槽、软接管、封闭料斗等，以便辅助设备之间的连接。对洁净室（区）内的设备，除特殊要求外，一般不宜设地脚螺栓。对产生噪声、振动的设备，应分别采用消声、隔振装置，改善操作环境。设备保温层表面必须平整、光洁，宜采用金属外壳。设备布局上要考虑设备的控制部分与安置的设备有一定的距离，以避免机械噪声对人员的污染损伤。所以，控制部分（工作台）的设计应符合人类工程学原理。

3. 固态发酵技术的工业化应用推广

固体发酵（SSF）在亚洲国家有着悠久的历史。SSF 最早的应用可追溯到公元前 300 年，当时在温暖潮湿的地方，将不同的真菌种植在熟食的谷物或豆类上，以生产曲（或麴）。作为一项古老的技术，SSF 已被用于生产各种发酵食品，例如，酱油、姜/味噌、发酵黑豆和米酒、威士忌、黑福尼奥米酒、李酒等谷物酒。然而，由于 20 世纪 40 年代发展起来的深层液体发酵（SmF）工艺在大规模生产抗生素方面的竞争，SSF 在西方国家还没有很好的建立。SmF 的应用更为普遍，原因有很多：泵送液体比移动固体便宜，大量液体比固体更容易消毒，温度、pH 值和营养物可用性更容易控制。然而，当产品为固态或仅在固态条件下生产时，SSF 是首选。某些抗生素、生物碱、类胡萝卜素、真菌毒素、喹诺酮类、酶和复杂的植物生长因子通常在固态条件下生产。此外，SSF 还可以减少用水，从而降低成本和环境影响。通过对 SSF 和 SmF 的比较研究，SSF 在产酶方面表现出了独特的优势，具有更高的体积产率。

近年来，SSF 因其比 SmF 具有更多优点而被广泛应用。尽管 SSF 具有巨大的优势，但其真正的潜力尚未在工业规模上得到充分发挥，缺乏以数学模型和自动化控制系统为后盾的合理和可扩展的生物反应器设计，无法成功解决热量和质量的非均质性，也无法进行无菌操作，仍然是造成这种现象的主要原因。因此，SSF 生物反应器的研究和开发仍有广阔的发展空间，从而促进生物技术的广泛应用。SSF 的最新进展是生物反应器在生物过程中的应用，特别是酶的生产。根据操作模式，生物反应器分为 4 类，重点介绍了设计特点、操作条件对生产率的影响、应用和局限性。近年来发展起来的部分建模研究特定问题的方式，可以解决一些局限性，更详细地讨论了一些有趣的设计，包括在试验和工业层面提出和/或采用的少数近期设计。

SSF 应用的最重要方面是生物反应器的设计、操作和放大。由于 SSF 反应器中底物和生物的性质，反应器中的混合物通常是非均相的，这使得反应器的传热传质过程比 SmF 反应器更为复杂。已开发出不同类型的 SSF 生物反应器，采用不同的操作策略来解决可能阻碍 SSF 规模扩大的问题。因此，了解这些 SSF 生物反应器的特性及其在工业应用中的工作原理非常重要。SSF 生物反应器可分为 4 种类型：无混合和强制曝气的反应器（例如，塔盘式生物反应器）、无混合但强制曝气的反应器（例如，填料床生物反应器）、有混合但无强制曝气的反应器（例如，转鼓式和搅拌鼓式生物反应器）、带有混合和强制通风的反应器（例如，流化床、摇床和搅拌曝气生物反应器）。从反应器设计、传热传质、操作策略等方面对 SSF 生物反应器进行了综述。

本书作者发明专利"全自动控制多功能固态发酵罐"（CN201710054886.1）研究了搅拌通气式生物反应器对 SSF 过程中水分、氧气（O_2）、传质和传热的影响。使用 CFD 软件模拟优化固态发酵罐结构，在新设计的全自动控制多功能固态发酵罐系统中，通过建立菌体生长与 CER、OUR、RQ（呼吸熵）之间的直接关系，解决了发酵基质内部湿空气循环对传热和传质的影响。连续在线测量温度、氧气和二氧化碳，以及间隔测定酶活性、水分含量和生物量，考察无菌空气流量对酶的产生量的影响。利用所提出的策略，可以将发酵基质床层生长保持在最佳水平，从而提高了固态发酵罐的生产力。

通过研究培养基浓度对墨西哥红豆杉黑曲霉倍生长及紫杉醇产量的影响发现在不同浓度的基础培养基 M1D 中生长，产量分别为 2 倍（2×）、4 倍（4×）、6 倍（6×）和 8 倍（8×）。竞争抑制酶免疫法测定紫杉醇的效价随 LF 和 SSF 培养基浓度的增加而增加，但在 SSF 培养基中各培养基浓度的效价均较高。在 8×培养基中，紫杉醇在 SSF 和 LF 培养基中的含量分别为 221 ng/L 和 142 ng/L。各培养基中 SSF 的生物量、生长量和糖分利用率均高于 LF。分别用 Logistic 模型和 Pirt 模型模拟生长和糖消耗，得到结论：SSF 在紫杉醇、生长和糖利用方面均优于 LF，具有明显的优势。这是关于 SSF 生产紫杉醇的首次报告，也是第一份评估培养基对 LF 和 SSF 生产紫杉醇影响的报告。

通过基于无量纲设计因素探讨的固态发酵转鼓生物反应器设计，发现无量纲设计因子（DDF）是发热量高峰时的发热量与散热率的比值。它可用于预测给定操作变量在基质床层内达到的最高温度，或是考虑到发酵过程中所能耐受的最高温度，它可以用于探索各种操作变量的组合。采用 DDF 研究 3 种放大策略对底物床所需空气流量和最高温度的影响，并在几何相似的基础上增加了生物反应器的尺寸。第一种策略是通过保持转鼓生物反应器结构类型不变，使基质表面空气流量恒定。第二种策略是保持生物反应器单位容积风量的比例不变。第三种策略是随着规模的增加来调整空气流量，使发酵过程中底物床达到的最高温度保持不变。目前，SSF 生物反应器的传热和传质的大规模操作的优化研究还较少，仍有大量优化工作要做，从而推动工业化进程。

第四节　生物制药车间设计

生物制药以其高药理活性、较小的毒副作用以及高营养价值逐渐占据当今活跃和发展迅速的领域。传统的化学制药的黄金时代已经接近尾声，化学药品的数量也在不断地下降。随着基因组学和蛋白质组学的研究越来越深入，生物制药有更多的机会获得更高突破性的进展。

　　生物医药产业是《"十三五"国家战略性新兴产业发展规划》中五大"十万亿元级"的支柱产业之一，2016 年国务院办公厅印发《关于促进医药产业健康发展的指导意见》（国办发〔2016〕11 号）推动生物医药行业健康发展。在国家利好政策推动下，我国在该产业已初显发展优势，具备技术赶超的基础。

　　目前，生物医药企业、科研院所急需新药创制、产品研发、经营管理的高端人才。为此，在人才培养的课程体系上，按照调整的培养目标，打破原有的教学模式，逐年增加交叉课程的学时比例，实现理、医、药、工等多个学科之间的相互渗透，从而实现知识整合和内在融通。

　　生物药物是利用生物体、生物组织、细胞或其成分等材料，综合应用生物学、医学、物理化学和工程学以及药学的原理与方法研制而成的一大类用于预防、诊断、治疗和康复保健的医用制品。广义的生物药物包括：①天然生物药物，例如，生化药物、微生物药物和海洋药物；②基因重组多肽和蛋白质药物（包括基因工程药物和蛋白质工程药物）；③基因药物，即以遗传物质 DNA、RNA 及核苷酸衍生物为基础研制而成的基因治疗剂；④合成与部分合成的生物药物。

　　生物制药就是把生物工程技术运用到药物制造领域，以微生物、寄生虫、动物毒素、生物组织为起始材料，采用生物学工艺及分离纯化技术制造出新的生物药品。以微生物为基础的发酵原料药物的生产工艺方法已在上一节中介绍。这一节主要介绍基因工程药物以及从原料生物药到成品药品的生产工艺方法。

　　生产基因工程药物的基本方法是：将目的基因用 DNA 重组的方法连接至载体，然后将载体导入靶细胞（微生物、哺乳动物细胞或人体组织靶细胞），使目的基因在靶细胞中得到表达，最后将表达的目的蛋白质提纯并做成制剂，从而成为蛋白类药物或疫苗。目前已大批量生产的基因工程药物有：①蛋白质及多肽产品：胰岛素、干扰素、白细胞介素、溶血栓剂、凝血因子、人造血液代用品等；②疫苗产品：预防乙肝、狂犬病、百日咳、霍乱、伤寒、疟疾等疾病的各类疫苗；③基因诊断与基因治疗试剂。因此，基因工程药物车间具有如下特点。

　　（1）基因工程药物车间以现代生物技术为基础，融合现代工程技术，配合现行 GMP 管理技术，体现了高科技特色。

　　（2）基因工程车间以生物活性物质为原料，因此必须严格执行确保生物制品安全生产的各项规定。

　　（3）基因工程车间应严格区分有毒与无毒区域，根据生物安全要求设置生物安全隔离设施。

　　（4）出毒区的废弃物及生产废水须经过灭活和去毒处理。

　　（5）关键生产设备，例如，生物反应器、分离纯化装置等主要依赖进口。

　　（6）车间空气净化系统必须满足各类生物制品生产的特殊要求。

　　有效的车间布置将会使车间内的人、设备和物料在空间上实现最合理的组合，以降低劳动成本，减少事故发生，同时增加地面可用空间，提高材料利用率，改善工作条件，促进生产发展。布置不合理的车间，基建时工程造价高，施工安装不便，车间建成后又会带来生产和管理问题，造成人流和物流紊乱、设备维护和检修不便等问题，同时也会埋下较大的安全隐患。设计依据包括中华人民共和国卫生部《药品生产质量管理规范》（简称 GMP，2011 年 3 月实施）、国家市场监督管理总局《医药工业洁净厂房设计标准》GB50457—2019、中华人民共和国国家标准《洁净厂房设计规范》GB50073—2013、《建筑设计防火规范》GB50016—2014、《工业企业采暖通风和空气调节设计规范》《建筑给水排水设计规范》《工业企业噪声卫生标准》《工业"三废"排放标准》等。在上述的指导下进行以下工作。①确定车间防火等级。②确定车间的洁净等级。③生产在不同标高的楼层上进行，高度方面利于通风与室内空气净化。④节约投资。⑤减少污染。⑥高度重视可能带来的生物危害情况，如表 6-10 所示。

表 6-10　2010 年版 GMP 规定的洁净区空气洁净度级别对悬浮粒子及微生物监测标准

| 洁净度级别 | 悬浮粒子最大允许数/m³ | | | | 微生物监测动态标准最大允许数 | | | |
| | 静态 | | 动态 | | 浮游菌（cfu/m³） | 沉降菌（cfu/4 h） | 表面微生物 | |
	≥0.5 μm	≥5.0 μm	≥0.5 μm	≥5.0 μm			接触（cfu/碟）	五指手套（cfu/手套）
A 级	3520	20	3520	20	<1	<1	<1	<1
B 级	35200	29	35200	29	10	5	5	5
C 级	352000	2900	352000	2900	100	50	25	—
D 级	3520000	29000	不做规定	不做规定	200	100	50	—

注：测量方法见 GMP2010 版，表中各数均为平均值。

据中国药科大学康恺、梁毅报道，洁净室内微粒来源于表 6-11 中的 5 个方面，表中显示操作人员是药品生产过程中最大的污染源也是最主要的传播媒介，人员直接或间接地接触药品都会对药品的质量产生严重影响。其次是生产过程中产生的粉尘以及设备转运中产生的微粒（设备故障、故障的处理方法未编入设备 SOP 中、设备清洁不够好、物料防污染措施不到位以及厂房设置有问题等）。

表 6-11　洁净室内微粒来源分析表

发 生 源	从空气中渗入	从原料中带入	从设备转运中产生	从生产过程中产生	由人员因素造成
占百分比/%	7	8	25	25	35

为降低污染和交叉污染的风险，厂房、生产设施和设备应当根据所生产药品的特性、工艺流程及相应的洁净度级别要求合理设计、布局和使用，并符合下列要求。①应当综合考虑药品的特性、工艺和预定用途等因素，确定厂房、生产设施和设备多产品共用的可行性，并有相应评估报告。②生产特殊性质的药品（例如，高致敏性药品青霉素类或生物制品卡介苗或其他用活性微生物制备而成的药品），必须采用专用和独立的厂房、生产设施和设备。青霉素类药品产尘量大的操作区域应当保持相对负压，排至室外的废气应当经过净化处理并符合要求，排风口应当远离其他空气净化系统的进风口。③生产 β-内酰胺结构类药品、性激素类避孕药品必须使用专用设施（例如，独立的空气净化系统）和设备，并与其他药品生产区严格分开。④生产某些激素类、细胞毒性类、高活性化学药品应当使用专用设施（例如，独立的空气净化系统和设备）；特殊情况下（例如，采取特别防护措施并经过必要的验证），上述药品制剂则可通过阶段性生产方式共用同一生产设施和

设备。⑤用于上述第②～④项的空气净化系统，其排风应当经过净化处理。⑥药品生产厂房不得用于生产对药品质量有不利影响的非药用产品。

药品的剂型可分为固体、半固态、液体、气体制剂4类。其中，固体制剂具有物理及化学稳定性高、生产成本低、服用及携带方便等优点，是药剂中应用范围最广泛、品种最多的剂型，其产量约占药物制剂产量的一半以上。就药品生产各工序而言，做了如下规定。

无菌制剂最终灭菌产品。

C级背景下的局部A级：高污染风险（a）的产品灌装（或灌封）。

C级：产品灌装（或灌封），高污染风险（b）产品的配制和过滤；滴眼剂、眼膏剂、软膏剂、乳剂和混悬剂的配制、灌装（或灌封）　直接接触药品的包装材料和器具最终清洗后的处理。

D级：轧盖，灌装前物料的准备，产品配制和过滤（指浓配或采用密闭系统的稀配）　直接接触药品的包装材料和器具的最终清洗。

无菌制剂非最终灭菌产品。

B级背景下的局部A级：产品灌装（或灌封）、分装、压塞、轧盖，灌装前无法除菌过滤的药液或产品的配制，冻干过程中产品处于未完全密封状态下的转运，直接接触药品的包装材料、器具灭菌后的装配、存放以及处于未完全密封状态下的转运，无菌原料药的粉碎、过筛、混合、分装。

B级：处于未完全密封状态下的产品置于完全密封容器内的转运，直接接触药品的包装材料、器具灭菌后处于密闭容器内的转运和存放。

C级：灌装前可除菌过滤的药液或产品的配制，产品的过滤。

D级：直接接触药品的包装材料、器具的最终清洗、装配或包装、灭菌。

非无菌产品。

D级：口服液体和固体制剂、腔道用药（含直肠用药）、表皮外用药品等非无菌制剂生产的暴露工序区域及其直接接触药品的包装材料最终处理的暴露工序区域，应参照"无菌药品"附录中D级洁净区的要求设置，企业可根据产品的标准和特性对该区域采取适当的微生物监控措施。

原料药。

A级（B级背景）：无菌原料药的粉碎、过筛、混合、分装。

D级：非无菌原料药精制、干燥、粉碎、包装等生产操作的暴露环境应按照"无菌药品"附录中D级标准设置。

GMP对各种洁净区温度、湿度、压差、换气次数等都做了详细规定。洁净室的温度和相对湿度应该与药品生产要求相适应，应保证药品的生产环境和操作人员的舒适感。当药品生产无特殊要求时，洁净室的温度范围可控制在18～26℃，相对湿度控制在45%～65%之间，照度宜为300ULX。

洁净区与非洁净区之间、不同级别洁净区之间的压差应不低于10 Pa。必要时，相同洁净度级别的不同功能区域（操作间）之间也应当保持适当的压差梯度。考虑到压差计本身的计量误差，因此，新版GMP要求不低于10 Pa的压差控制，实际上按照不低于12.5 Pa控制；而不低于5 Pa的压差控制，实际则按照不低于7.5 Pa控制。

一、重组蛋白及多肽基因工程药物车间设计

自 1982 年世界上第一个重组蛋白药物（recombinant protein drug）——重组人胰岛素上市以来，重组蛋白药物现已发展成为现代生物制药领域最重要的品类之一。与传统的小分子化学药物相比，重组蛋白药物具有特异性强、毒性低、副作用小、生物功能明确等优势，在某些疾病（例如，糖尿病、血友病、蛋白酶缺少导致的罕见病等）的治疗中具有不可替代的作用。现已规模化生产的品种有胰岛素、干扰素、白细胞介素、溶血栓剂、凝血因子、甘精胰岛素等。近年来新品种发展较快，美国 FDA 在过去几年间批准了 10 余种抗菌肽药物。近年来，随着全球癌症患病比例的逐年增加，癌症已经成为全球死亡的主要原因和重大的公共卫生问题。抗癌肽能破坏肿瘤细胞膜结构或抑制癌细胞增殖和迁移以及肿瘤血管的形成，几乎不表现溶血性且对正常的人体细胞基本无损伤等优点，已经成为抗肿瘤新药研究的一大热点。2017 年涉及的免疫刺激剂有 5 个，人免疫球蛋白用药金额 14.1 亿元、胸腺肽 α1 12.5 亿元、胸腺五肽 10.6 亿元、康艾 8.9 亿元、重组人粒细胞集落刺激因子 8.3 亿元，增长率分别为 8.5%、−0.8%、−27%、−9.3%和−0.5%。

重组蛋白药物的发展趋势有以下几个特点。

第一，哺乳动物细胞作为表达体系的比例增加。原因在于，原核表达系统（例如，大肠杆菌 *E. coli*）适合分子量较小、不需要翻译后修饰的非糖基化蛋白（例如，胰岛素、生长激素、干扰素和白细胞介素等）；而哺乳动物细胞表达系统可进行复杂的翻译后修饰（例如，蛋白质折叠、糖基化和二硫键的形成），表达的蛋白质与天然蛋白质更为接近，且能通过控制翻译后修饰实现预期功效。

第二，长效化重组蛋白的进展较大。利用化学修饰、基因工程技术等对蛋白质药物进行改造或修饰，解决大分子蛋白质药物在血液中半衰期短、给药途径单一、免疫原性和毒副反应等问题，增强药物活性、提高药效等，是近年来生物技术药物发展的趋势。长效蛋白质生物制剂技术的研究一直是大分子蛋白质药物的研究热点，国际上许多大公司纷纷开展研究，抢占核心技术的制高点。

第三，不同适应证的重组蛋白药物研发状态。从已开发的重组蛋白药物的适应证来看，针对糖尿病、感染性疾病、癌症等诸多重大疾病的重组蛋白药物均已进入各大医药企业的研发视野。从重组蛋白药物的企业分布来看，在癌症领域（抗肿瘤多肽或称为抗癌多肽），以安进公司开发的产品相对较多。在乙型肝炎病毒感染治疗领域，以特拉制药工业有限公司开发的产品相对较多。在类风湿性关节炎治疗领域，以辉瑞公司开发的产品相对较多。

第四，中国重组蛋白药物发展态势分析。由于重组蛋白药物的巨大开发价值和潜力，越来越多的科研院所和公司开始在该领域投入人力和物力。然而，目前国内的"重磅"重组蛋白药物由跨国企业开发的较多，国内医药企业的研发整体上仍处于起步阶段。从企业和研发机构来看，国内重组蛋白药物的研发主要来自中国医药集团、厦门特宝生物工程股份有限公司、中国人民解放军军事医学科学院等上市企业或大型研究机构（如表 6-12 所示），其中中国医药集团占据主导地位，目前该公司拥有多个上市产品和临床研发阶段的产品，主要是来自于集团的六大生物制品研究所（分布位于北京、长春、成都、兰州、上海、武

汉）和北京天坛生物药品股份有限公司，其作为生物制品研发与生产基地，向市场提供疫苗，血液制品和抗血清、基因工程药物、细胞工程药物、免疫调节剂和微生态制剂等预防、治疗用品。

表 6-12　2015 年国内医药企业或机构重组蛋白药物研发进展

企业或机构名称	临床	临床Ⅰ期	临床Ⅱ期	临床Ⅲ期	预注册	已注册	上市	合计
中国医药集团		1				1	11	13
厦门特宝生物工程股份有限公司	5	1	2	1			2	11
中国人民解放军军事医学科学院	2	2			3		4	11
安徽安科生物工程股份有限公司	1	1	1	1			5	9
北京双鹭药业股份有限公司	2		1				4	7
长春高新技术产业（集团）股份有限公司					1	1	5	7
上海复旦张江生物医药股份有限公司	2	2					1	7
长春长生基因药业股份有限公司							6	6
三生制药公司		1					4	5
齐鲁制药有限公司		1		1	1		2	5
上海中信国健药业有限公司			2	1			2	5
北京四环生物制药有限公司							4	4

注：此表不统计跨国企业在国内进行临床研究和上市的药物情况，仅统计部分本土企业。

1. 重组蛋白及多肽药物生产流程

首先是将目的基因用 DNA 重组的方法连接至载体上，然后将载体导入靶细胞（微生物、哺乳动物细胞或人体组织靶细胞），使目的基因在靶细胞中得到表达，最后将表达的目的蛋白质及多肽提纯并做成制剂，从而成为重组蛋白及多肽药物。

其流程为：基因重组宿主细胞→发酵→提纯→修饰→纯化→重组蛋白（或多肽）药物。

下面以重组大肠杆菌为例，其小试重组蛋白药物生产流程如图 6-64 所示。

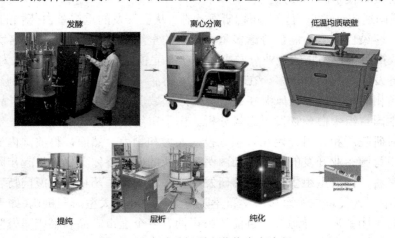

图 6-64　小试重组蛋白药物生产流程

1）发酵

一般是目标蛋白基因重组到质粒上转入大肠杆菌宿主细胞，经 IPDG 诱导发酵胞内产目标蛋白。

2）重组蛋白质及多肽药物的提取

大肠杆菌发酵液经离心收集菌体后，将菌体用 10 倍量的低温纯水洗一次，然后将洗过的菌体悬浮于一定量低温纯水中，使其达到 3.6% 的浓度（w/v，以菌体重量计）。菌体悬浮液在 8×10^4 kPa 压力下 3 次通过高压匀浆机，制得菌体匀浆。将匀浆再次离心，收集上清，供后续纯化步骤使用。

3）重组蛋白质及多肽药物的纯化过程

本方案设计了离子交换层析联合疏水层析进行纯化的工艺。与传统的使用几步离子交换层析联合进行纯化的工艺相比，省略了超滤除盐的步骤，减少了纯化过程中物料的消耗，降低了生产成本；同时因工艺的简化，缩短了批次生产时间，更有利于对该重组蛋白质药物进行大规模生产。

（1）小规模分离。

①粗分离。

选用阳离子交换介质 CM Sepharose Fast Flow 进行粗分离，使用 AKTA prime 系统，在 XK 16/20 柱上进行。柱床高度为 10 cm，共装有 20 mL CMSepharose Fast Flow 层析介质。

②中度纯化。

使用装量为 1 mL 的疏水层析预装柱进行介质筛选实验，最终选用了 Phenyl Sepharose 6 Fast Flow（High sub.）作为层析介质。洗脱条件的选择及介质载量的测定是在 XK16/20 柱上进行的。柱床高度为 15 cm，共装有 30 mL Phenyl Sepharose 6 Fast Flow 层析介质。

③精细纯化。

在进行疏水层析后，又进行了一次阳离子交换层析，使用 AKTA prime 系统，在 XK 16/20 柱上进行小规模纯化，柱内装有 20 mL SP Sepharose High Performance 层析介质。

（2）大规模纯化。

经过小规模纯化实验后，进行大规模纯化生产。系统采用 Biopress，粗分离选用 BPG 200/500 层析柱，柱床高 10 cm 内装介质 3140 mL。中度分离选用 BPG 100/500 层析柱，柱床高 15 cm，内装 1178 mL 介质。精细纯化选用 BPG 100/500 层析柱，柱床高 10 cm，内装 785 mL 介质。

4）修饰

重组蛋白药物在体内存留时间的长短极大地影响到药物的使用剂量和治疗效果，因此防止多肽在体内迅速降解、延长半衰期成为蛋白质工程药物改造的重要课题之一。经过许多学者多年来的不懈研究，多种长效多肽药物已经上市。多肽药物常用的长效改造方法有化学修饰、基因融合、点突变以及药物制剂释放系统的改造。基因融合和点突变都是对基因重组时采用的技术，只有化学修饰是对发酵提取产物进行的技术。

化学修饰是重组蛋白及多肽药物长效化的技术之一，目前重组蛋白药物的化学修饰包括聚乙二醇（polyethyleneglycol，PEG）修饰、多聚唾液酸（Polysialition，PSA）修饰、脂肪酸修饰。多肽药物的化学修饰包括乙酰化修饰、磷酸化修饰、环化修饰、脂肪酸修饰。

经 PEG 共价修饰后，蛋白质药物的多方面性能得到了提高，主要体现在以下几个方面。①蛋白质经 PEG 修饰后，表观分子半径增大，表现为肾清除速率下降，且 PEG 在蛋白质表面起到屏蔽和位阻效应，使得修饰后的蛋白质酶解速率明显降低，稳定性提高，从而延长体内半衰期。例如，PEG 修饰的干扰素（IFNα）与未修饰的 IFNα 相比，半衰期延长 10～20 倍；超氧化物歧化酶 PEG 修饰前半衰期为 5 min，PEG 修饰后半衰期延长至 4.2 h。②PEG 在蛋白质表面的屏蔽和位阻效应还能掩盖蛋白质表面的抗原位点，降低蛋白质的免疫原性。③PEG 为两亲性分子，还能改善蛋白质溶解性等理化性质。

多聚唾液酸是一种比 PEG 更具潜力的蛋白药物修饰材料，它是天然的多聚物，除了具有更好的生物相容性、可降解性和高度亲水性，还具有抗人体免疫系统识别的功能。PSA 在抗免疫识别能力和生物可降解性上具有明显优势，降解产物是无毒性的多聚乙酰神经氨糖酸（Colominic acid，CA）。目前已有多聚唾液酸化修饰的天冬酰胺酶、胰岛素和干扰素等多种蛋白类药物处于临床试验阶段。

脂肪酸链与蛋白质发生酰基化修饰反应，通过在蛋白质表面暴露羧基残基可增加蛋白质与血清白蛋白的亲和力，从而增加它在血液中的循环时间，最终也可以延长蛋白质药物的半衰期。

5）纯化

目前，对于基因工程技术生产的重组蛋白的纯化方法有很多，按照大类可分为沉淀技术、层析技术、双液相萃取技术等。不管是哪一种方法，其分离纯化的原理都是利用其物理和化学性质的差异，物理性质包括分子的大小、形状、溶解度，化学性质包括等电点、疏水性以及与其他分子的亲和性等性质。根据目标蛋白的物理或化学性质的不同，可以有针对性地采取不同的分离纯化方法（如表 6-13 所示）。

表 6-13　依据蛋白特性采用的分离纯化方法

蛋白质特性	电　　荷	分 子 大 小	疏 水 性	亲 和 性	溶 解 度	等 电 点
分离纯化方法	离子交换层析	凝胶过滤层析、超滤离心	疏水层析、反相色谱	亲和层析、金属螯合亲和层析	盐沉淀、有机物沉淀、双液相萃取	等电点沉淀

当前对重组蛋白药物的纯化常采用固定化金属离子亲和色谱（IMAC）技术，即通过 IMAC 材料上的金属离子与组氨酸标签之间的螯合作用实现带组氨酸标签的重组蛋白的纯化，但是由于 IMAC 材料上金属离子暴露在材料表面，任何能与金属离子产生螯合作用的蛋白质均被捕获在 IMAC 上。例如，表面富含组氨酸、半胱氨酸、赖氨酸的蛋白质以及含有金属离子的蛋白质。这些蛋白质的吸附会导致重组蛋白质纯度大幅降低。为了解决这一问题，李森武等制备了两类新材料，用于提高重组蛋白质纯度。①通过分子印迹技术，以组氨酸标签为模板，在 IMAC 材料表面形成组氨酸标签的分子印迹层，使得不含组氨酸标签的蛋白质无法靠近 IMAC 材料，从而提高重组蛋白纯度。②通过活性可控自由基聚合，在 IMAC 基质材料表面包被一层尺寸可控的聚合物涂层。在聚合物网络的筛分作用下，进而实现带组氨酸标签的重组蛋白的纯化。

目前，生物工程中重组蛋白药物纯化正向系统化、计算机化和标准化发展，许多软件系统适于蛋白纯化。例如，瑞典 pharniacia Bioprocess、Biopilot 及 AKTA explorer 等设备及UNICORN 软件。相信经过人们努力，完全可制造出最终符合安全性稳定性的均一药品，中国生物技术水平必将随着纯化水平的进步而提高。

经过 20 多年的发展，我国重组蛋白药物取得了巨大的成就，但在质量标准方面与世界发达国家相比，还存在一定差距。例如，大多数重组蛋白药物在原液的纯度和杂质控制方面还缺少相关蛋白的检测。在分析技术方面，差距并不明显，如何通过分析技术的进步促进质量标准的提高，是值得思考的问题。集合药品监管部门及生产企业的力量，共同对重组细胞因子药物的制品相关蛋白进行分析检测，讨论制订相应的含量标准，时机成熟即可纳入新版《中国药典》，并逐步提高我国重组蛋白药物的质量标准，使之与发达国家接轨，助力我国从制药大国向制药强国的转变。

6）制剂

重组蛋白药物纯化生产工艺复杂，它决定了产品稳定性和质量。因此，参考人用药品注册技术要求、国际协调会（ICH）的指导原则 Q6B 及 2015 年版《中国药典》三部对重组蛋白药物的部分相关质量进行严格的检测，只有检测合格的重组蛋白药物纯化液才能进入制剂生产。

重组蛋白药物的制剂是包含预期制品及辅料的一种药品类型，其中辅料是指有意加入且在使用时无药理作用的成分。重组蛋白药物常用的辅料包括甘露醇、海藻糖、白蛋白等。制剂经分装（或冻干），以适宜方式封闭于最终容器中，再经目检、贴签、包装后即为成品。由于有些辅料会对特定检测方法产生干扰，导致相关检测项目不能在成品中测定，故必须在原液中进行检定。

2. 重组蛋白及多肽药物车间布置

以某生物公司拟采用模块化的布局理念，在一个复合的制剂车间中整合西林瓶注射液/冻干粉针和预充注射器注射液两条无菌生产线，为 10 个左右的重组蛋白质药物提供规范、高效、低成本的制剂生产车间为例。同时这些产品还要销往中国以外的亚洲、美洲、欧洲和非洲等地区，面临多个国家和地区的法规监管要求，因此需要依据最新的 GMP 发展趋势，按无菌风险和对产品质量影响程度，重点构思和梳理工艺布局，找到优化的方案，并对关键风险环节进行针对性处理。

重组蛋白药物的生产工艺通常包括哺乳动物细胞（例如，中国仓鼠卵巢细胞 CHO）培养、超滤/深层过滤、亲和色谱、酸处理、精制色谱（反相、离子交换、脱盐等）、微滤、制剂等步骤。重组蛋白药物的生产过程在一定洁净度的生产厂房中进行，不同的工艺步骤一般布局在不同的房间内。例如，发酵室、过滤室、纯化室等，此外还设有清洗室、灭菌室、储存间、更衣室等辅助房间。

厂房各个房间内所有的回风管道汇总后通向净化空调主机的回风口；在净化空调主机的新风阀、送风口以及排风管道端口附近设有风量传感器，可以测量通风量。生产管理人员或自动化控制设备可根据测量的通风量的大小结合生产需求，人工或自动调节新风阀的新风量和排风管道的排风量，保证厂房维持洁净度和安全生产的需求。

重组蛋白药物生产厂房的温度一般设置为 18～26℃，湿度一般设置为 45%～65%。在正常生产期，当外界温度与厂房设置的温度的温差超过 5℃时，将新风阀的进风量调节为净化空调系统送风量的 5%，排风管道的排风量根据风量传感器实际测得的送风量和新风量的数值进行调节。当外界温度与厂房设置的温度接近时，可以适当增加新风量的比例。

当厂房进行整体消毒时，消毒完毕后将新风阀的进风量和排风管道的排风量均调节为净化空调系统送风量的 100%；当厂房内洁净度和空气质量达到生产标准后，再根据外界温度将新风阀的进风量调节为净化空调系统送风量的 5%或其他比例，排风管道的排风量也进行相应调节。

通过法规评价和产品分析，找到影响车间布局的关键因素为产品特性和工艺流程。而对于紧凑型多生产线的布局，不同重组蛋白药物纯化设备性能检测，以及灌装冻干轧盖区域的选择和布局是欧盟和中国 GMP 法规关注的焦点之一。通过对 3 种典型布局的物料流程和人员流程以及无菌风险控制进行分析，选择比较严格的车间布局。对于影响无菌车间布局的灌装冻干轧盖工艺设计，采用 B 级背景的层流保护的方案，设计正压保护的捕尘系统，最大程度减少空间需求和投资和运行管理成本。

研究结论：多品种重组蛋白质药物制剂生产车间两条无菌生产线的设计、安装和验证符合"质量源于设计"和"质量风险管理"等最新的 GMP 理念，投产后产能可以达到 3000 多万支的目标。

如图 6-65 所示为年产 3.8 吨长效胰岛素车间设备布置图，车间是 O 型三层楼房，其中右侧为发酵工段，中间区域为提取工段，左侧区域为精制工段及灌装工段。

图 6-65　年产 3.8 吨长效胰岛素车间设备布置图

发酵工段：①种子液的制备：将保存的毕赤酵母甘油菌种接种于含 100 mL YPD 培养基中，30℃，250 rpm 摇瓶培养 20 h，作为种子液。5L 种子液接入含 95L 的一级种子罐中培养 20 h。50L 种子液接入含 950L 的二级种子罐中培养 20 h。②分批培养发酵：1000 L 种子液接入含 19 000 L 的种子罐中，其实培养条件为 30℃，pH 值为 5.0，转速 300 rpm，通气量为 0.5 m³/h。随着培养的进行，相应增大转速和通气量，控制溶氧 20%～30%，培养 20 h。③分批甘油补料培养：分批培养结束后，流加含 PTM1 溶液的甘油 5～6 h，调整转速和通气量控制溶氧 20%～30%。④甲醇诱导培养：分批甘油补料培养后，调整温度为 25℃，pH 值为 3.25，流加甲醇进行诱导至发酵结束，调整转速和通气量控制溶氧 20%～30%。

提取工段：①发酵液采用活性炭固定床吸附方式，脱色率较高。然后采用阳离子柱层析，不带电荷的色素直接透过，目标蛋白和带电荷的色素一起被吸附，再改变条件洗脱出高纯度的目标蛋白，同时还能浓缩产品。②采用超滤技术将含目标蛋白的溶液经过超滤膜组件进行脱盐，同时进一步除去残余色素。最后目标蛋白的回收率可以达到 85% 以上，纯度达到 95% 以上，可达到完全脱色和维持较高的回收率以及纯度的双重目的。它具有工艺设备简单、活性蛋白纯度和回收率高、交换容量大、速度快、成本低等优点，能够满足大规模生产的需要。

精制及灌装工段：毕赤酵母生产胰岛素最关键的步骤之一就是酶切转肽，该步骤目前最大的问题在于转化效率低、副产物多、产量收率低、成本高。本设计采用两步转肽法代替一步转肽，第一步在水相中用胰蛋白酶酶切胰岛素前体得到 desB30，结束后蒸发除乙腈，再在指定 pH 值下进行酸沉，沉淀悬液进行离心；第二步在有机相中对 desB30 进行偶联反应完成转肽，得到胰岛素酯。经过这两步反应，胰岛素前体的转肽效率大幅提高，所需时间大幅缩短，并且成本低，副产物减少，收率提高，非常适用于规模化、工业化生产。再经三氟乙酸脱脂，生成重组人胰岛素，最后用反相色谱纯化收集最大峰，蒸发出去有机物后，灌装、冻干得成品胰岛素粉末针剂。

本设计采用 U 型厂房，U 型两端设楼梯间，柱网选择 5 m×6 m，三层布置，层高为 5.1 m，如图 6-66 所示。

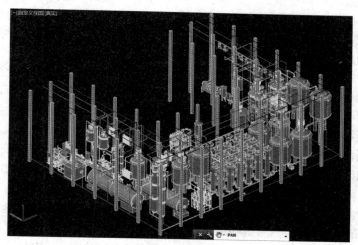

图 6-66　年产 3.8 吨长效胰岛素车间设备及部分管道布置图

二、疫苗生产车间设计

近年来，随着疫苗行业的不断发展，人们对疫苗品质和产量要求的不断提高，传统的疫苗生产方式已经无法适应社会的需求，因此疫苗规模化生产技术应运而生，我国各种疫苗也正在逐步步入规模化生产阶段。生物疫苗可分为细菌类疫苗和病毒类疫苗。细菌类疫苗以培养、发酵工艺为主，病毒类疫苗以细胞培养、病毒扩增工艺为主，这两类疫苗的工艺生产具有相似性。但每一种疫苗的生产工艺又有特殊性，例如，病毒类疫苗有灭活疫苗、重组蛋白疫苗、腺病毒载体疫苗、减毒流感病毒载体活疫苗、核酸疫苗等 5 类。

从 2003 年的 SARS 冠状病毒（SARS-CoV），到 2018 年的埃博拉病毒（Ebola virus），使得多国科学家开始研发疫苗，因此其生产工艺也得到了提高。自 2019 年 12 月武汉暴发新型冠状病毒（2019-nCoV）以来，我国多个研究团队开发了针对 2019-nCoV 的疫苗。在技术路径上，可以有一系列不同的方法。例如，最经典的疫苗——减毒活疫苗：最早的减毒活疫苗是法国微生物学家路易斯•巴斯德发明的狂犬疫苗，其制备方法沿用至今。减毒活疫苗使用毒力降低的毒株制备，抗原性高。其在体内能够增殖，长时间和机体细胞发生作用，诱导较强的免疫力，激发起机体良好的免疫反应，保护效果好。但是减毒毒株的筛选比较困难、耗时，并且减毒毒株在体内有回复毒力的风险。最粗暴的疫苗——灭活疫苗：用甲醛处理等合适的手段对病毒进行灭活就能得到灭活疫苗，又称为死疫苗，制备方法简单、快速，且因毒力的丧失所以安全性很高。但是，死疫苗失去了治病、扩增的能力，进入人体以后不能生长繁殖，对人体刺激时间短，产生的免疫力不高，想要得到高且持久的免疫力，必须多次重复接种。灭活疫苗在我国也有着较好的研究基础，甲肝灭活疫苗、流感灭活（裂解）疫苗、手足口病灭活疫苗、脊髓灰质炎灭活疫苗等均已获得广泛应用。最新型方法——mRNA 疫苗：英国牛津团队采用了基因工程方法，通过将病毒序列转化为信使 RNA 的 mRNA（信使核糖核酸）疫苗有望把临床试验缩减到 3 个月，而传统的疫苗开发路径往往需要 1 年的时间；由中国疾控中心、上海同济大学医学院和上海生物技术公司共同研发的新型冠状病毒疫苗，也是基于 mRNA 平台开发的，这种疫苗不含有病毒的任何蛋白成分，安全性很高。但是，mRNA 并不稳定，在递送至细胞的过程中很容易降解，递送方法有待优化；mRNA 本身也具有免疫原性，能够引起机体的免疫应答（是机体针对 mRNA 这个物质的免疫应答，而不是所希望的机体针对病毒的免疫应答）。

在抗击新型冠状病毒肺炎的过程中，疫苗的研制时间和研发进程备受公众关心。中国疫苗行业协会近日发布消息称，已有 17 家会员单位正在开展新型冠状病毒疫苗的研制工作。另外，美国、英国等国外医疗团队也启动了疫苗研发工作，全球顶尖生物制药机构纷纷将新型冠状病毒疫苗作为攻坚对象。

在我国，疫苗从研究到生产要经历多重严格的临床试验和审批，仅研发就需要经历 5 个环节，包括临床前研究、申请并注册临床试验、I 期临床、II 期临床、III 期临床。在临床试验通过后，还需要建立符合要求的 GMP 车间，在拿到生产批件后方可生产。在疫苗正式上市后，还需要扩大人群进行 IV 期的临床观察和研究，对疫苗的安全性、有效性进行持久的评价。临床前研究和临床试验所用疫苗一般来自研发实验室或中试车间，病毒疫苗研发实验室必须达到三级生物安全防护实验室（简称 P3 实验室）。它是达到生物安全目标的重要物质保障之一，是当代生物安全理论和多学科高科技技术相结合的产物，在推动生物技术的发展和控制未知生物风险方面起着重要作用。

1. 疫苗中试车间工艺设计

国内疫苗中试涉及的疫苗从工程设计上通常包括病毒性疫苗、细菌性疫苗、基因工程疫苗等。病毒性疫苗代表有麻风腮系列疫苗、水痘疫苗、狂犬疫苗、轮状病毒疫苗、流感疫苗、脊髓灰质炎疫苗等；细菌性疫苗代表有百白破系列疫苗、肺炎、卡介苗、多糖疫苗、各种结合疫苗等；基因工程疫苗代表有乙肝疫苗、丙肝疫苗、戊肝疫苗、重组幽门螺杆菌疫苗、乙肝（HBV）治疗疫苗、宫颈癌疫苗、疟疾疫苗等；核酸疫苗代表有乳腺癌疫苗、黑色素瘤疫苗、白血病疫苗等。

　　根据美国国立卫生研究院（NIH）与《微生物学和生物医学实验室的生物安全》（BMBL）定级及我国《人间传染的病原微生物名录》进行分类，上述的疫苗大部分为生物安全二级的，因此其中试车间有毒（菌）功能间设计为生物安全二级，虽然目前规范，例如，《实验室生物安全手册》（WHO，第三版）对于生物安全二级无论从空调的排风过滤、空气循环、压差等均无特殊要求，但是考虑到中试产品不确定性以及中试多产品共厂房等特点，其相应的配套设施需要提高标准进行设计。

　　以病毒性灭活疫苗为例，中试研究是指研究者在完成了病毒死疫苗、亚单位疫苗小量工艺研究的基础上，以 15 L 或 3 L 转瓶、生物反应器为细胞培养容器对小型实验规模进行 50～100 倍的中试放大。主要工序由细胞复苏、孵室、细胞操作室、毒种复苏室、病毒罐培养、病毒灭活前纯化、病毒灭活后及精纯等组成。

　　病毒性灭活疫苗可以分为无毒的细胞复苏区、有毒的疫苗培养和收获区域、有毒的纯化区域、无毒的灭活后纯化区域和无毒的分装、冻干和包装区域。病毒性活苗、细菌性疫苗和基因工程疫苗有相应的流程划分，只是有毒（菌）区域在流程中处于不同阶段而已，处理其操作的单元均可归纳为有毒（菌）操作区、无毒操作区和配套的无毒清洗区等。不同的操作区域设置相应的净化级别功能间。

　　设计遵从如下原则：①有毒无毒严格分区；②仅通过气闸进入有毒区；③有毒区和无毒区之间人员的进出须更衣；④有毒间的送风和排风通过高效空气过滤器；⑤与大气压相比，有毒间禁止超压（有毒间的压差应≤大气压）；⑥各种废弃物的灭活处理（包括废水）。

　　1）工艺平面概念布置

　　由于企业对于疫苗中试车间具有多品种的要求以及中试产品的不确定性，因此进行具体工艺布置设计时，应采用国际上常用的"模块化"设计模式，即按照工艺流程的特点分成若干生产制作区域。对于疫苗中试车间设计，可以布置为如图 6-67 所示的模式，依次并列布置若干的无毒（菌）生产区、有毒（菌）生产区等，各区可以共用清洗辅助区、配液区等。这种设置的各个功能单元都是独立的，人流、物流控制以及独立的空调分区设置将便于灵活运行使用。其内部设备基本都是一次性或可移动的，固定的设备如发酵罐均可以进行 CIP/SIP 操作等，如果更换中试研究的产品则可将不适合的设备推出，这种柔性化的设置，极大便利了疫苗产品的中试使用。

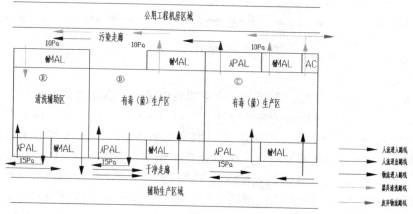

图 6-67　中试车间布置区划、人流、物流及压差示意图

2）人流、物流的设置

进行人流、物流设计时，有毒区域设计采用"单向流"的模式，有毒区域的人、物先进入洁净走廊，然后再进入生产区。退出时，人通过更衣后从污染走廊退出，物品经过高压灭菌后退出至污染走廊。无毒区域的人、物先进入洁净走廊，然后进入生产区，退出时人从洁净走廊退出，物品从污染走廊退出。这样的人流、物流流向在工程设计上实现较为简洁，尤其是多个产品模块进行组合建设时至关重要，可以有效防止各模块之间的交叉污染，如图 6-68 所示。

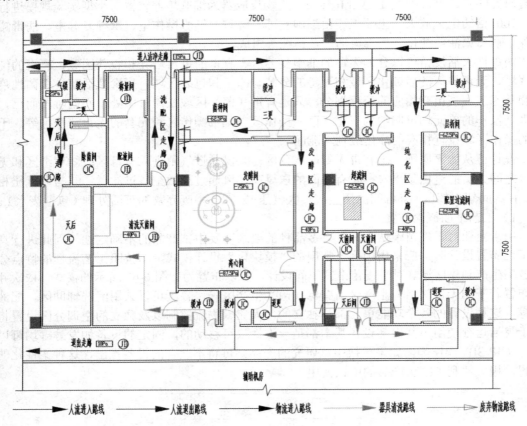

图 6-68　疫苗中试车间布局

3）生物安全的设置

有毒（菌）废气排放处理：有毒区域的空调系统排风均需要加装高效过滤器以防止有毒空气外泄，通常采用袋进袋出的高效过滤器，符合生物安全的要求，保证多产品时不同产品生产的安全。同时为了保证疫苗中试的生物安全和洁净要求，有毒（菌）区域独立设置空调系统，并将有毒（菌）的生产区域设置为绝对负压（＜-15 Pa）的洁净房间，如图 6-80 所示，其进出的人物通道均有相应的气锁设置，当然其采用的墙板材料必须具有很好的密封性能，这样既能防止有毒区域的空气外泄至其他区域（包括顶棚上），又能保证其生产的净化环境要求。

有毒（菌）固废、废液处理：有毒（菌）区域产生的固体废弃物和少量液体废弃物，可以通过用高压蒸汽灭菌器灭活的方式进行无害化处理。大量的废液则需要先收集到大罐中，然后进行蒸汽灭活处理。上述方法均符合生物安全控制要求，同时也符合国家环保要求。

2. 疫苗生产车间工艺设计

目前在进行疫苗新产品生产车间设计时，主要根据疫苗新产品工艺特点及中试结果进行生产车间布局及操作间功能设计，对于其车间设计是否精益，是否最大限度提高资源利用率，并没有有效的事前评估方法，主要是凭经验或靠投产后的生产成本核算进行评估。以制药行业基础法律法规为依据，以精益生产理论为指导方法，提高疫苗新产品项目在进行产业化生产的概念设计过程中生产流程的设计质量。通过对疫苗新产品生产流程各环节进行分析，采用决策树法对新产品产能进行设计规划，以精益生产理论中"U 型生产单元"布局理念设计生产车间平面布局及产品生产流程，以失效模式与影响分析方法（failure model and effectiveness analysis，FMEA）进行生产车间操作间功能设计，有效提高资源利用率、避免生产过程中的各种浪费，降低生产运营成本，最终达到新产品研究开发与后期产业化阶段精益生产无缝对接的目的，进一步推动精益生产在生物制药行业的实际应用。

目前全世界疫苗品种已超过 200 种，从大的种类上可分为细菌类疫苗和病毒类疫苗；其中，细菌类疫苗简称菌苗。

1）合理进行工艺布置

（1）菌苗生产车间布置特点。

根据菌苗生产工艺过程的不同阶段特性，考虑各阶段生产工序的特点，菌苗生产车间一般分成 3 个区域，第一个是发酵区、第二个是纯化区、第三个是洗刷灭菌区。这 3 个部分既各自独立，又紧密相连，各个部分都有独立的人流、物流通道，常温存放、洁具间等公用设施。若洗刷灭菌区设计成为多个车间服务的洗刷灭菌中心，其位置最好布置在相对居中处，以方便为各车间服务。

发酵区主要设置菌种操作间、菌种培养间、发酵罐培养间等生产房间，还包括过程检测、CIP、消毒前清洗、人员净化用房、物料通道房间、洁具间等辅助房间。由于该区域在生产过程中存在未灭活的病菌，因此，在此区域内的所有物品，包括工作服、生产用工器具等，必须经过严格的消毒与灭菌，将生产用病菌杀死后才能离开此区域。

纯化区主要设置离心间、超离间、透析间、超声间、超滤间、除菌间等生产房间，过程检测、常温存放间、冷库、人员净化用房、物料通道房间、洁具间等辅助房间。该区域主要完成菌苗原液的精制、纯化工作，若菌苗原液在该区域处理时带有毒性，那么还要细分纯化区为有毒纯化区和无毒纯化区，以保证工艺布置符合 GMP 要求。对于多糖类菌苗，许多品种在纯化过程中要使用有机溶媒，因此，在设计时要考虑防爆问题，将防爆区布置在生产厂房顶层或靠外墙布置，以满足相关规范的要求。

洗刷灭菌区由粗洗（接收）间、清洗间、灭菌间、净物间等房间组成。洗刷灭菌区是为发酵区和纯化区服务的公共区域，一般布置在上两个区域的中心，对外设置独立的人流、物流出入口。该区可以方便地接收所需清洗的无菌器具，同时，清洗灭菌后的器具也很容易再返回这两个区域。设置公共洗刷区不仅节省了洗刷区的面积，而且有利于生产管理，是一种常用的设计方法，特别是当生产车间比较多时，其优势更明显。

（2）疫苗生产车间布置特点。

疫苗生产车间按照疫苗生产的特点一般分成 4 个区域，第一个是细胞培养无毒区、第二个是毒种制作有毒区、第三个是配液无毒区、第四个是集中清洗灭菌无毒区。这 4 个部分既各自独立，又紧密相连，各个部分都有独立的人流、物流通道、洁具间等公用设施。

细胞培养无毒区主要设置细胞操作间、细胞区灭菌后间、无菌存放间、过程检测等生产房间，人员净化用房、物料通道房间、洁具间等辅助房间。该区主要完成疫苗生产所需细胞的培养和制作工作。

毒种制作有毒区主要设置毒种存放间、病毒操作间、33～34℃培养间、配制间、无菌存放间、过程检测间、灭活间、灭后间、2～8℃等生产房间，人员净化用房、物料外清房间、洁具间等辅助房间。该区是疫苗生产的关键区域，主要完成毒种制作、接种病毒、病毒培养、洗脱、收获病毒、冻融、合并过滤等主要工作制得疫苗原液，是疫苗生产的核心区域。

配液无毒区主要设置称量间、配液间、大罐间等生产房间，人员净化用房、物料外清房间、洁具间等辅助房间。该区主要完成疫苗生产所需各种溶液的配制工作。

清洗灭菌无毒区主要由粗洗（接收）间、清洗间、灭菌间、灭后间、洁净物品包装间、洗衣间等房间组成。该区是为细胞培养无毒区和毒种制作有毒区服务的公共区域，一般布置在上两个区域的中心，对外设置独立的人流、物流出入口。该区可以方便地接收所需清洗的无菌器具，同时，清洗灭菌后的器具也容易再返回这两个区域。设置公共洗刷区不仅节省了洗刷区的面积，而且有利于生产管理。

2）科学进行洁净分区

（1）菌苗生产车间。

在菌苗的发酵区，由于在生产过程中存在未灭活的病菌，按照 GMP 的规定，该区域应设置独立的空调系统，并保持相对负压，而且其空气应通过除菌过滤器过滤后才可排放。

为了方便生产安排，纯化区和洗刷区各设计一套独立空调系统。因此，菌苗生产车间通常设计 3 套空调系统。在各个独立系统中，根据菌苗生产过程的不同工艺要求分别设置 D级、C级、B级背景下的 A级区域，具体如下。

①D级区域：又分为有病菌 D级区域和普通 D级区域两种。有病菌 D级区域包括发酵区的发酵罐培养间、沉淀间等生产房间，过程检测、CIP、人员净化用房、物料通道房间、洁具间等辅助房间。普通 D级区域包括纯化区的离心间、超离间、透析间、超声间等生产房间，过程检测、常温存放间、冷库、人员净化用房、物料通道房间、洁具间等辅助房间，洗刷区的粗洗（接收）间、洗刷间、灭菌间、净物间等。

②C级区域：包括发酵区的菌种操作间、菌种培养间、缓冲间、三更、气闸间和纯化区的超滤间、除菌间。

③B级背景下的 A级区域：包括纯化区的超滤间、除菌间局部。

（2）疫苗生产车间。

在疫苗的毒种制作有毒区，由于在生产过程中存在活的病毒，按照 GMP 的规定，该区域应设置独立空调系统，并保持相对负压，而且其空气应通过除菌过滤器过滤后才可排放。

为了方便生产安排，细胞培养无毒区、配液无毒区和清洗灭菌无毒区各设计一套独立空调系统。因此，疫苗生产车间通常设计 4 套空调系统。在各个独立系统中，根据疫苗生产过程的不同工艺要求分别设置 D 级、C 级、B 级背景下的 A 级区域，具体如下。

① D 级区域：包括配液区的称量间、配液间、大罐间等生产房间，清洗灭菌区的粗洗（接收）间、清洗间、灭菌间、灭后间、洁净物品包装间、洗衣间等房间，还包括两个区域的人员净化用房、物料通道房间、洁具间等辅助房间。

② C 级区域：又分为有毒 C 级区域和普通 C 级区域两种。有毒 C 级区域包括毒种制作区的毒种存放间、病毒操作间、33℃～34℃培养间、配制间、无菌存放间、过程检测间、灭菌前间、灭菌后间等生产房间，人员净化用房、物料外清房间、洁具间等辅助房间。普通 C 级区域包括细胞操作间、无菌存放间、过程检测、细胞区灭菌后间等生产房间，人员净化用房、物料外清房间、洁具间等辅助房间。

③ B 级背景下的 A 级区域：包括毒种制作区的病毒操作间局部、细胞操作间局部。

（3）规范人流、物流、污物流设计。

为了满足 GMP 要求，必须合理设计菌苗生产车间的人流、物流、污物流，防止交叉污染和相互干扰。

① 人流设计。

生产人员由车间人流入口进入车间，分别经过换鞋、更衣、洗手后进入一般生产区。进入洁净生产区的生产人员，需经过两次更衣，以满足 GMP 要求。对于有病菌（病毒）区域，在更衣工序宜设计回更间，生产人员出洁净区时，可以将受到污染的工作服脱在回更间，统一收集，灭菌（毒）后再送洗衣间清洗，这样可以最大限度地减少对其他区域的污染。

② 物流设计。

生产所需要的各种原辅材料由车间物流入口进入车间，再通过物料通道运至各生产岗位。进入洁净生产区的物料还需经外清、缓冲进入该区域。

菌苗生产：首先在发酵区内按照生产工艺流程完成各个生产工序，得到发酵中间品。然后，将其经物流通道传入纯化区，在纯化区内按照生产工艺流程完成各个纯化生产工序后即得到原液，并将原液存入原液冷库。经检验合格后送分包装车间生产菌苗成品。

疫苗生产：首先在细胞培养区内按照生产工艺流程完成各个生产工序，获得细胞。然后将其经缓冲间传入毒种制作区，在该区内按照生产工艺流程完成接种病毒、病毒培养、洗脱、收获、冻融、合并等生产工序后即可得到原液，并将原液存入原液冷库。经检验合格后送分包装车间生产疫苗成品。

（4）实例。

下面以疫苗生产车间设计实例说明具体布置情况。本设计的生物制品（灭活疫苗）生产车间采用两层框架结构，尺寸为 56 m×39 m，一层高 5.00 m，二层高 4.20 m。一层为灭活疫苗制剂生产车间（如图 6-69 所示），二层为疫苗生研发中试车间。前面已对研发中试车间的局部布置进行了探讨，本部分主要讨论一层生产车间布局。一层车间内西端头设置空调机房、纯化水间和配电间，东端头安排门厅、传达室、更衣间和制冷间。一层车间最大的特点是有活菌培养到死菌（无菌）操作两个不同的区域。

①人流设计。

车间人流主入口按照总图规划的要求位于厂房东端头的门厅。进入车间生产区的人流入口有两套。活菌操作区的人净入口位于车间的西南角，人员经换鞋、一更、洗手消毒进入 D 级区，二更后进入 C 级生产区。死菌操作区的人净入口位于间的东北角，人员经换鞋、一更、洗手消毒、二更、缓冲进入 C 级区域，通过 C 级走廊经气锁缓冲间更衣后进入 B 级无菌生产区。

②物流设计。

物流按生产工艺需要结合总图规划的要求设置三个出入口，即厂房东面偏北的原料瓶入口、西南面的原料入口和东南面的包装材料及成品库的出入口。

原辅料经外清间进入 D 级区进行培养基的配制、分装、灭菌，传入 C 级区进行接种、培养、菌体收集再经高压灭活后由灭菌柜进入 B 级无菌区。由活菌操作区到死菌操作区的物流传递均用双扉灭菌进行传递，并采用单向联锁的方式以防止误开而产生污染。

西林瓶从车间北面的外清间经脱外包进入瓶洗、烘、灌封全自动联动系统，该系统由立式超声波清洗机、隧道式灭菌干燥机、西林瓶灌装加塞机组成。瓶子经过超声波粗洗、水气交替冲洗、干热灭菌、降温等过程后，由西林瓶灌装加塞机进行无菌分装、加塞。配制好的灭活菌液灌封操作在 B+A 级层流保护下运行。其中，胶塞从车间北面的外清间经脱外包进入洗胶塞、湿热灭菌、降温等过程后被送入西林瓶灌装加塞机加塞料斗；铝盖从车间东面的外清间经脱外包进入精洗区（D 级），再经带层流的传递窗传入 C 级区进行精洗、终洗、干热灭菌，并由灭菌柜进入 B 级无菌区，送入轧盖机加盖料斗。灌装半加塞的西林瓶送入真空冻干机中冻干，之后送入轧盖机轧盖、灯检、贴标及外包工序进入 2～8℃冷库待检。

③关键区域的设计。

在车间布置时，将最高洁净级别的房间（B 级）布置在车间内部再布置 C 级和 D 级区或无净化级别的房间布置在最外层，以便各级净化区域形成梯级保护。

配液（苗）是整个车间的关键工序，环境要求高，设计为全室 B 级，且需保持相对封闭的环境，该环境中分别含有一个供操作人员进出的门和一个开向洁净容器存放间（B 级）的传递窗，配液间与其他操作间（高压灭活间、保护液配制间）的联系通过灭菌传递窗进行，以减少外界对配液的影响，保证净化质量。配液间与灌装间相邻，缩短管道传送路径，避免污染（如图 6-69 所示）。配液间设备清洗水经灭活后排放，排风经高效过滤器过滤后排放，防止对环境造成污染。

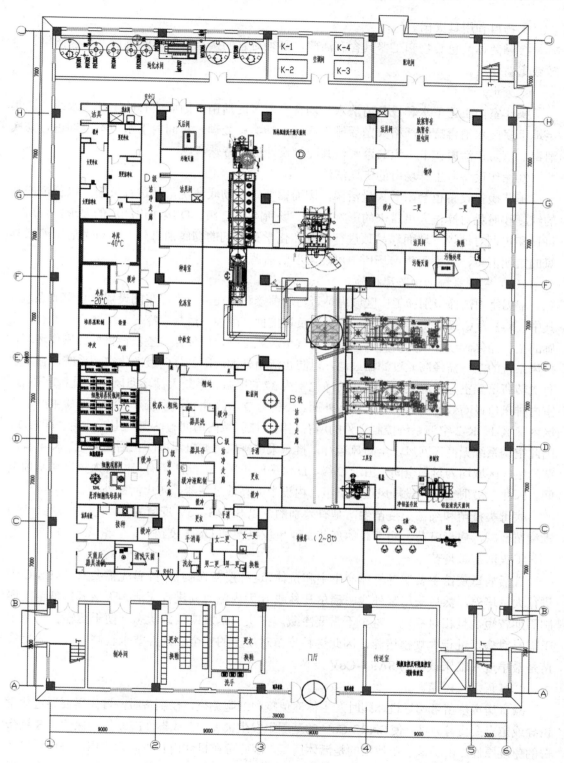

图 6-69　菌苗生产车间设备布置图（一层）

④物料和用具灭菌。

接触菌体的包装物和工器具含有活菌，必须对它们实施灭菌或消毒后，才能倾倒、排放或重新使用。

⑤废水。

操作室内工艺下水和设备清洗水，均含有较多的活菌，因而所有的工艺废水统一汇集至地下室废水消毒罐经严格灭菌后排入厂污水站集中处理。车间内下水道不定期进行彻底消毒，以防止活菌在下水道的繁殖，其配管设计也需特殊考虑。

⑥操作设备和生产场所的定期清洗。

工艺操作设备也会附着大量活菌，因而需要定期彻底清洗，并进行灭菌，以保证产品的纯度和避免对操作人员带来的影响。生产场所除按 C 级、D 级净化厂房的要求，每班、每日和定期对地坪、墙面和吊顶进行扫除和化学灭菌剂的彻底消毒外，还可考虑甲醛或臭氧的定期消毒，以去除生产场所中可能附着的活菌。

（5）空调系统活菌隔离措施。

根据室内洁净级别和工作区域内是否与活菌接触，在疫苗生产车间设置 4 套空调系统，其中，K-1 为 C 级净化空调系统，它主要负责接种、菌种、洁具、冷却、缓冲、三更衣、走廊的空调净化。该区域为活菌区，系统空气全新风运行，以使操作室获得良好的操作环境，排风系统的空气需经高效过滤器过滤，以防止活菌外逸。K-2 为 C 级净化空调系统，它主要负责转瓶培养室、恒温走廊、清洗的净化室内 37℃恒温。系统大循环回风，少量新风补给，室内排风口设高效过滤器，防止活菌外逸。K-3 为 D 级净化空调系统，它满足原粉生产洁净区内除 K-1、K-2 空调系统控制之外的所有房间。该区域内房间有活菌产生或活菌房间相连，因此空调系统无循环回风，全新风运行，排风采用排风过滤机组以防止活菌外逸。K-4 有活菌的生产区域均为封闭空间，由于 C 级、D 级房间正压，因此活菌有可能进入该区域吊顶空间。因此，吊顶空间内设排风过滤机组，内设中、高效过滤器，防止活菌外逸。

病毒类疫苗和细菌类疫苗生产是有差别的，以 SARS-CoV 疫苗为例，主要包括灭活病毒疫苗、减毒病毒疫苗、病毒载体疫苗、亚单位疫苗和 DNA 疫苗等。

①灭活病毒疫苗。

灭活病毒疫苗主要诱导机体产生中和抗体，这种疫苗在制备时，首先需要对 SARS-CoV 进行大量培养，然后采用紫外线、福尔马林或 β-丙内酯对其进行灭活。灭活病毒疫苗的研制周期较短，且相对稳定，甚至不需要冷藏，在疾病暴发或紧急状态下便于运输。但是由于需要对病毒进行大规模培养，因此这种疫苗对生产的安全性条件要求较高。灭活病毒疫苗是最早进入临床试验的 SARS-CoV 疫苗。

②减毒病毒疫苗。

减毒病毒疫苗可诱导机体同时发生体液免疫和细胞免疫，在制备时，首先需要通过化学诱导或定点突变等方法，使 SARS-CoV 的基因组发生突变，造成毒性减弱但仍保留其 S 糖蛋白的免疫原性。由于该疫苗使用的是活体病毒，因此可在机体内长时间起作用，进而诱导较强的免疫反应。但是这种疫苗的保存和运输条件要求较高。除此之外，由于减毒病毒疫苗保留了一定的毒性，因此对一些个体，例如，免疫缺陷者而言，有可能会诱发严重疾病。

③病毒载体疫苗。

病毒载体疫苗是指以另一病毒（简称宿主病毒）作为载体，将 SARS-CoV 的 S 糖蛋白基因与 N 核蛋白基因重组到宿主病毒基因组中，使其可以表达 S 糖蛋白和 N 核蛋白，进而制成疫苗。此类疫苗可有效诱导机体产生高效价的中和抗体。但是由于此类疫苗是以病毒为载体，因此机体易对宿主病毒产生免疫反应。

④亚单位疫苗。

亚单位疫苗指通过提取 SARS-CoV 的 S 糖蛋白片段（包含 14～762 位的氨基酸）与 N 核蛋白制成的疫苗。此类疫苗可以避免产生许多无关抗原诱发的抗体，进而减少疫苗的副反应和疫苗引起的相关疾病。但是其免疫原性较低，通常需要佐剂合用才能产生良好的免疫效果。

⑤DNA 疫苗。

DNA 疫苗是指将 SARS-CoV 的 S 糖蛋白与 N 核蛋白基因克隆至质粒载体，并直接诱导机体产生特异性免疫的一种疫苗。该类疫苗制备简单、安全性好，可同时诱导体液免疫和细胞免疫，并可在体内持续表达。但是有研究发现，含有 N 核蛋白基因的 DNA 疫苗有可能会引起迟发型的超敏反应，从而危害机体健康。

又例如流感疫苗根据感染性与毒性的有无，可将全球已上市的流感疫苗分为灭活流感疫苗（inactivated influenza vaccine，IIV）和减毒流感疫苗（live attenuated influenza vaccine，LAIV）。按照疫苗所含成分，流感疫苗又可分为三价与四价。三价疫苗 1978 年开始投入使用，目前的三价流感疫苗组分中含有 H1N1 亚型、H3 N2 亚型和 B 型流感病毒株的 Victoria 系。2012 年 12 月，葛兰素史克公司研发出四价流感疫苗，该疫苗在原来三价的基础上又增加了 1 个 B 型流感病毒株（Yamagata 系）。根据生产工艺，流感疫苗又可分为基于鸡胚、基于细胞培养和重组流感疫苗。

我国现已批准上市的流感疫苗包括三价灭活流感疫苗和四价灭活流感疫苗。其中三价灭活流感疫苗包括裂解疫苗和亚单位疫苗，适用于 6 月龄及以上的人群接种；四价灭活流感疫苗为裂解疫苗，适用于 36 月龄及以上的人群接种。根据我国国家药监局网站和疫苗批签发信息，2019—2020 年，有 7 个厂家供应流感疫苗。除此之外，一种鼻喷三价流感减毒疫苗正在上市审批过程中，其适用于 3～17 岁人群。

流感疫苗生产车间设备布置如图 6-70 所示。我国大多数流感疫苗都是以鸡胚接种流感病毒增殖后分离纯化而得，其制备工艺流程为：鸡胚尿囊液灭活→离心及过滤澄清→超滤300000/500000→密度梯度离心→分子筛/超滤脱糖→裂解后 0.45/0.2 μm 过滤→50000/100000超滤除裂解剂→配制除菌单价原液→A1/A3/B（/B）配制半成品→成品。

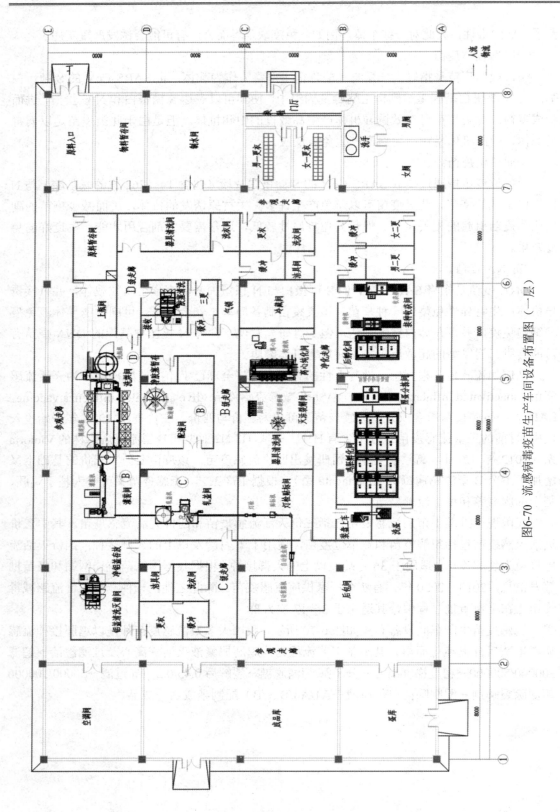

图6-70 流感病毒疫苗生产车间设备布置图（一层）

A．鸡胚接种：取 9～11 日龄鸡胚接种流感病毒，经 48～72 h 病毒增殖后，收集鸡胚尿囊液约 10 ml/胚。国内厂家每批鸡胚量为 8 万～20 万枚，机械化收获尿囊液 800～2000L。

B．离心及过滤澄清：国内外多数厂家去除尿囊液中的有形成分时使用的是连续流高速离心法，该方法操作复杂且损失部分鸡胚尿囊液，物料也不是绝对密闭，从而在一定程度上增加了生物负荷。目前发展趋势是采用过滤替代离心，由于尿囊液成分复杂，通过多步过滤的方法可降低微生物负荷，去除卵黄等杂质，提高超滤效率，且相对澄清的鸡胚尿囊液可使灭活剂更有效。在使用膜过滤法时，需考虑去除杂质降低微生物负荷对病毒收率的影响，因此，切向流微滤法得到了广泛应用，该方法系通过切向流方式提高过滤效率。

C．灭活：目前，灭活剂多为甲醛，存在潜在风险。不同厂家灭活剂加入的时间点有所不同。从灭活工艺可控角度考虑，甲醛加入的时间越晚，灭活的过程越可控。由于甲醛是按照鸡胚尿囊液体积比添加的，尿囊液中杂质越少，病毒纯度就越高，单位甲醛作用病毒的效果也越强。由于以鸡胚为基质的工艺中可能存在单个鸡胚污染，一般在尿囊液收获合并后即加入甲醛进行灭活。但甲醛存在潜在风险，可改用更安全的 β-丙内酯进行灭活，但 β-丙内酯会与卵清蛋白结合，对人体产生毒性，因此只能在合并尿囊液并经初步纯化后再用 β-丙内酯进行灭活，若去除甲醛灭活步骤，以鸡胚为基质工艺的污染将较难控制。

D．超滤：超滤是疫苗纯化的重要方法之一，该步骤可去除大量小分子蛋白，去除率可超过 60%。去除率取决于超滤滤膜的孔径（目前常用的孔径为 300000、500000、750000 和 1000000）及超滤前中间体状况。由于病毒是在鸡胚尿囊腔内生长，不是处于绝对无菌环境中，生产过程中降低微生物负荷是工艺过程的关键点之一。

E．质量控制：鸡胚尿囊液内的杂质蛋白成分复杂且混有卵黄，使纯化具有一定困难。另外，由于鸡胚的质量控制难度较大，含大批量病毒的尿囊液发生偶然细菌感染，造成批间差异较大，纯化工艺有一定的复杂性。生产中必须要求：①要求病毒收获液微生物限度 $<10^5$CFU/ ml，原液除菌过滤前微生物限度 <10CFU/ml；②卵清蛋白标准 ≤500 ng/mL，内毒素含量 <20EU/mL；③裂解剂聚山梨酯 80<80μg/mL，Triton X-100 和 Triton N-101 均 <350μg/mL，裂解剂一般采用 50000～100000 超滤或分子筛过滤层析去除。

由于上述原因，现在可将这类工厂转产猪、鸡用疫苗，例如，高致病性禽流感疫苗。

发达国家已用 MDCK（犬肾细胞）细胞、人胚胎视网膜细胞（PER. C6）、Vero 细胞和人胚胎肾 293 细胞等生产流感疫苗。利用微载体或悬浮细胞培养技术实现了流感病毒在无血清培养基中的生产，且利用亲和色谱法分离出完整病毒，后续工序与鸡胚流感疫苗灭活工艺相同。下面只针对细胞复苏培养及扩增工艺设备的布置介绍如下。

1）转瓶培养工艺的工艺布置

受传统惯例、对 GMP 等法规认识不深、无菌概念不清晰等因素影响，传统的转瓶培养工艺一般在 C 级环境下的局部层流保护下生产。根据法规要求，C 级环境下的局部层流保护环境，不可作为无菌操作环境，在该环境下生产的产品染菌风险较高，影响其质量及收率。

如按照无菌操作要求，将生产车间环境提升至 B 级背景下的 A 级环境，则会大大增加造价以及运行成本。由于转瓶培养工艺的收率相对较低，在增加成本的同时，不能有效提高收率，因此车间整体的布局经济性、可行性较低。

现阶段各企业经过工艺优化升级，逐步淘汰了转瓶培养工艺的大规模生产，仅在病毒培养等局部工艺或小规模生产中采用。传统的转瓶培养工艺均是在 C 级环境下的层流保护下进行，无菌环境的保证性较差，因此需对传统的转瓶培养工艺的工艺布局进行优化升级，如图 6-70 所示。优化升级后的工艺布局将装瓶培养无菌操作设置在 B 级背景下的局部 A 级层流保护中，实现无菌操作，保证了产品质量。培养箱设备放置在低级别的 D 级区，开口设在 B 级区，在方便使用的同时，减少了对 B 级区的影响，便于设备维修、维护。退出部分设置前室，对操作间仅开设一个门，以降低对操作间无菌环境的影响。

2）细胞工厂培养工艺的工艺布局

细胞工厂培养工艺在连接、换液等操作环节不能够实现密闭操作。传统的国内原液生产车间，以二倍体细胞狂犬疫苗为例，其车间工艺布局如图 6-71 所示。将细胞培养、毒种接种以及培养等工艺设置在 C 级环境中，在 C 级背景下的局部层流保护下进行暴露生产操作，仅将最后的纯化操作设置在 B 级环境下。这种操作不能实现无菌，染菌风险较大。由于二倍体狂犬病毒疫苗不可最终除菌过滤，生产过程如果不能实现全程无菌化操作，则产品质量不能得到有效控制。

根据无菌操作要求，原液生产一般在 B 级背景下的 A 级环境下完成。操作完成后，放置于恒温室内恒温培养一段时间后，反复进行换液等操作，若干次后收获原液。恒温培养时，细胞工厂处于密闭状态，因此在 D 级环境下的恒温室培养即可。由于细胞操作在 B 级环境下进行，恒温培养在 D 级环境下进行，因此有两种选择。

（1）将培养设置在 B 级环境下，这样方便操作和使用，物料无须反复进出 B 级区，但能耗较大，在大规模生产中可行性不高。

（2）为了保证无菌环境，充分考虑能耗等因素以及物料如何有效进出 B 级区，该区需要采用 VHP 灭菌、湿热灭菌等有效的灭菌手段以控制无菌环境。根据 VHP 的特性，进出时长在 1 h 以上，不利于细胞、病毒的培养。同时，细胞工厂反复进出 B 级区，在增加工作量的同时，也不利于环境的保持。因此，考虑将操作间与恒温室采用背靠背的模式，利用穿墙连接，实现物料在 B 级操作间内无菌操作的同时，在 D 级环境下培养。优化后的细胞工厂车间局部工艺布局如图 6-71 所示。

3）生物反应器培养工艺的工艺布局

根据反应器的性能及特点，生物反应器可分为两类：一类是非全密闭反应器，即反应器本身培养过程是全密闭化的，但不可实现在线清洗等操作；另一类是全密闭反应器，即反应器可实现全密闭化生产、清洗、操作等。因此，需根据不同的反应器类型，有针对性地进行工艺布局。

非全密闭生物反应器是一种多用于小规模生产下的小容量生物反应器，一般为玻璃等材质。根据无菌要求，其生产操作需要在 B 级背景下的 A 级环境中进行。非全密闭生物反应器局部工艺布局如图 6-72 所示。

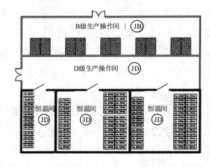

图 6-71　细胞工厂车间局部工艺布局

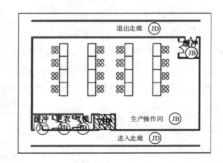

图 6-72　非全密闭生物反应器局部工艺布局

三、单抗生产车间工艺设计

1975 年，国外学者发现将小白鼠骨髓瘤细胞与绵羊红细胞免疫的小白鼠脾细胞相互融合所形成的杂交瘤细胞组织中，产生抗体的同时，又可自行无性繁殖，从此开始了单抗技术的研究。全球首个单抗药物 Orthoclone OKT3（Muromonab-CD3）在 1986 年经 FDA 批准上市用于肾、心、肝等器官移植后的急性排异反应，不过 Orthoclone OKT3 是鼠源单抗，易产生人抗鼠抗体（HAMA）反应，表现平淡。直到 1997 年首个抗肿瘤嵌合单抗利妥昔单抗（美罗华，基因泰克）上市及次年依那西普（辉瑞，恩利）、英夫利西单抗（强生，类克）和曲妥珠单抗（赫赛汀，基因泰克）等重磅单抗药物的上市，全球单抗市场才迎来突飞猛进的增长。2002 年首个全人源单抗阿达木单抗的上市使单抗市场迎来了新的增长高峰。21 世纪的今天，单抗已成功应用于治疗自身免疫性疾病和肿瘤等疾病中，成为继疫苗和重组蛋白后最重要的一类生物制剂。

单抗药物凭借其高靶向性可直达病变细胞，具有减少正常细胞受损和副作用的独特优势，广泛应用于临床。单抗药物在全球生物制药中所占市场份额从 2000 年的 10 %增长至 2017 年的约 50%，是现代生物制药行业中占比最大、增长最快的细分子行业。

单克隆抗体还被称作免疫球蛋白（Ig），按照制备方法分为有杂交瘤制备与基因重组制备两种，得到的单克隆抗体分别为免疫单克隆抗体与重组单克隆抗体。相较于免疫单克隆抗体的制备方法，基因重组的方法需要事先知道抗体的基因序列，而优势是可以对抗体进行抗体的人源化。按照抗体人源化流程，可以将单克隆抗体分为鼠源性抗体、人鼠嵌合抗体、人源改型抗体、全人源化抗体；按用途来分有临床诊断单抗、治疗单抗与预防用单抗；按照抗体亚型分为 IgA、IgD、IgE、IgG 和 IgM 等亚型；按照抗体结构可以将单克隆抗体分为全长单克隆抗体与抗体片段，常见的抗体片段包括 Fab、Scfv、vhh、双特异性抗体等。

基因工程抗体技术主要包括人源化技术、抗体库技术及转基因小鼠技术等，在这些技术的推动下，单抗人源化程度不断提高，并不断向小型化（抗体片段）、功能化（抗体偶连、双抗等）方向拓展，应用领域大幅拓宽。

随着单抗人源化进程的不断深入，以噬菌体抗体库、转基因小鼠为代表的全人源筛选技术成为目前全人源抗体筛选的重要手段，其中转基因小鼠是目前抗体全人源筛选的主流技术，已上市的全人源抗体中约 70%是通过转基因小鼠筛选而得的。

目前上市的单抗类抗肿瘤药物的靶点涵盖了血液分化抗原（CD20、CD30、CD33 和 CD52 等）、细胞生长因子（CEA、EGFR、HER-2 和 MET 等）、肿瘤坏死因子配基（TRAIL-R1、TANKL 等）和血管内皮生长因子（VEGF）等。

全球范围内不断有抗体药物陆续进入临床研究并且上市销售，成为生物技术类药物中最重要的一大品类。

截至 2017 年年底，FDA 合计批准上市销售的单抗药物达 77 个；2017 年销售额合计 1061 亿美元，较 2016 年上升超过 20%。近年来，新获批的单抗药物数量呈现爆发式增长，特别是在 2019 年共有 15 个产品获 FDA 批准上市，达到历史新高。其中仅有 4 个品种在我国进口上市，详情如表 6-14 所示。

表6-14　美国FDA批准上市及中国进口的单抗类抗肿瘤药物

适应癌症种类	靶向单抗名称	商品名	作用靶点	获批状态		上市时间	原研/生产
				FDA	NMPA		
非小细胞肺癌、结直肠癌、乳腺癌、胃和食管癌、子宫内膜癌、子宫肉瘤	Trastuzumab 曲妥珠单抗	赫赛汀	HER2	FDA	NMPA	美国1998 中国2001	Roche 罗氏
非小细胞肺癌、结直肠癌、血管肉瘤、孤立性纤维瘤、血管外皮细胞瘤、卵巢癌、腹膜癌、输卵管癌、宫颈癌、子宫内膜癌、中枢神经系统肿瘤、肾癌	Bevacizumab 贝伐珠单抗	Avastin 安维汀	VEGFR-1,2,3	FDA	NMPA	美国2004 中国2017	Genentech 基因泰克
非小细胞肺癌、结直肠癌、胃和食管癌、肝细胞癌	Ramucirumab 雷莫芦单抗	Cyramza	VEGFR-2	FDA		美国2014 中国药审中	Lilly 礼来
非小细胞肺癌、小细胞肺癌、乳腺癌、膀胱癌	Atezolizumab 阿特珠单抗	Tecentriq	PD-L1	FDA		美国2016	Roche 罗氏
非小细胞肺癌、小细胞肺癌、结直肠癌、肝细胞癌、肾癌、膀胱癌、头颈癌、黑色素瘤、默克尔细胞瘤	Nivolumab 纳武利尤单抗	Opdivo 欧狄沃	PD-1	FDA	NMPA	美国2014 中国2018	百时美施贵宝
非小细胞肺癌、小细胞肺癌、结直肠癌、胃和食管癌、肝细胞癌、腺泡状软组织肉瘤、未分化多形性肉瘤、子宫内膜癌、肾癌、膀胱癌、头颈癌、宫颈癌、黑色素瘤、胸腺瘤瘤/癌、默克尔细胞瘤、泛肿瘤靶向、免疫药物	Pembrolizumab 帕博利珠单抗	Keytruda 可瑞达	PD-1	FDA	NMPA	美国2014 中国2018	MSD Ireland 默沙东
非小细胞肺癌	Necitumumab 耐昔妥珠单抗	Portraza	EGFR	FDA		美国2015	Lilly 礼来
结直肠癌、头颈癌	Cetuximab 西妥昔单抗	Erbitux 爱必妥	EGFR	FDA	NMPA	美国2004 中国2013	Merck 默克
结直肠癌	Panitumumab 帕尼单抗	Vectibix	EGFR	FDA		美国2006	AMGEN 安进
结直肠癌、乳腺癌	Pertuzumab 帕妥珠单抗	Perjeta	HER2	FDA		美国2012	Genentech 基因泰克

通用名	商品名	靶点	机构	地区/年份	公司	适应症
Ipilimumab 伊匹单抗	Yervoy	CTLA-4	FDA	美国 2011	BMS, 百时美施贵宝	结直肠癌、肾癌、黑色素瘤
Ado-trastuzumab Ado-曲妥珠单抗	Kadcyla (T-DM1)	HER2	FDA	美国 2013	Genentech 基因泰克	乳腺癌
Trastuzumab-dkst	Ogivri	HER2	FDA	美国 2017	Mylan	乳腺癌、胃和食管癌
Trastuzumab-pkrb	Herzuma	HER2	FDA	美国 2018	Celltrion	乳腺癌
Trastuzumab-anns	Kanjinti	HER2	FDA	美国 2019	Angen	乳腺癌、胃和食管癌、
Trastuzumab-dttb	Ontruzant	HER2	FDA	美国 2019	Samsung bioepis	乳腺癌、胃和食管癌
Trastuzumab-qyyp	Trazimera	HER2	FDA	美国 2019	Pfizer 辉瑞	乳腺癌、胃和食管癌
Nimotuzumab 尼妥珠单抗	泰欣生	EGFR	NMPA	中国 2008	百泰生物	胰腺腺癌、头颈癌
Rituximab 利妥昔单抗	Rituxan 美罗华	CD20	FDA	美国 1997 中国 2008	Genentech 基因泰克	中枢神经系统肿瘤、淋巴瘤、白血病
Dinutuximab	Unituxin	GD2	FDA	美国 2015	United Therap	中枢神经系统肿瘤
Avelumab	Bavencio	PD-L1	FDA	美国 2017	EMD Serono	肾癌、膀胱癌
Durvalumab	Imfinzi	PD-L1	FDA	美国 2017	Astra Zeneca	膀胱癌
Toripalimab 特瑞普利单抗	拓益	PD-1	NMPA	中国 2018	君实生物	黑色素瘤
Brentuximab	Adcetris	CD30	FDA	美国 2011	Seattle	淋巴瘤
Ibritumomab 替伊莫单抗	Zevalin	CD20	FDA	美国 2002	Spectrum	淋巴瘤

续表

适应癌症种类	靶向单抗名称	商品名	作用靶点	获批状态	上市时间	原研/生产
淋巴瘤	Siltuximab 司妥昔单抗	Sylvant	IL6	FDA	美国 2014	Janssen
淋巴瘤	Tositumomab 托西莫单抗	Bexxar	CD20	FDA	美国 2003	葛兰素史克
淋巴瘤	Sintilimab 信迪利单抗	达伯舒	PD-1	NMPA	中国 2018	信达生物
淋巴瘤、白血病	Obinutuzumab 奥滨尤妥珠单抗	Gazyva	CD20	FDA	美国 2015	Genentech 基因泰克
淋巴瘤	Camrelizumab 卡瑞利珠单抗	艾立妥	PD-1	NMPA	美国 2019	恒瑞医药
白血病	Ofutumumab 奥法木单抗	Arzerra	CD20	FDA	美国 2009	Glaxo
白血病	Inotuzumab 奥英妥珠单抗	Besponsa	CD22	FDA	美国 2017	Wyeth
白血病	Gemtuzumab 吉妥单抗	Mylotarg	CD33	FDA	美国 2017	Wyeth
白血病	Blinatumomab	Blincyto	CD19、CD3D	FDA	美国 2014	Amgen 安进
默克尔细胞癌	Avelumab	Bavencio	PD-L1	FDA	美国 2017	EMD Serono
多发性骨髓瘤	Daratumumab	Darzalex	CD38	FDA	美国 2015	Janssen
多发性骨髓瘤	Elotuzumab	Empliciti	SLAMF7	FDA	美国 2015	百时美施贵宝

2012—2019 年，6 个重磅单抗专利相继到期，为生物类似药打开了机会大门。单抗生物类似药在中国、印度、韩国、俄罗斯等非规范市场较早获批，但直到 2013 年 9 月，欧洲才首次批准了单抗生物类似药（英夫利昔单抗），截至 2018 年 10 月，欧洲共批准了 21 个单抗生物类似药。

国产抗肿瘤单抗新药有成都华神的碘（131I）美妥昔单抗、苏州众合生物医药科技有限公司的特瑞普利单抗注射液、信达生物医药（苏州）科技有限公司的信迪利单抗注射液、恒瑞医药-注射用卡瑞利珠单抗、勃林格殷格翰-替雷利珠单抗注射液、复宏汉霖-利妥昔单抗注射液、齐鲁药业-重组抗 VEGF 人源化单克隆抗体注射液等，如表 6-15 所示。

表 6-15　国产单抗类抗肿瘤药物

靶向单抗名称	商品名	生产企业	类型	作用靶点	获批时间	适应症
人 T 细胞 CD3 鼠单抗	注射用人 T 细胞 CD3 鼠单抗	武汉生物制品研究所	鼠源	CD3	1999	器官移植排异
白细胞介素-8 单抗	恩博克	东莞宏逸士、大连天维	鼠源	IL-8	2005	银屑病
II 型肿瘤坏死因子受体-抗体融合蛋白	益赛普	三生国健	融合蛋白	TNFα	2005	类风湿性关节炎、强直性脊柱炎、银屑病
碘（131I）人鼠嵌合单克隆抗体	唯美生	上海美	嵌合	核蛋白	2006	肝癌
碘（131I）美妥昔单抗	利卡汀	成都华神	鼠源	CD147	2006	原发性肝癌
尼妥珠单抗	泰欣生	百泰生物	人源化	EGFR	2008	鼻咽癌
CD25 人源化单克隆抗体	健尼哌	三生国健	人源化	CD25	2011	移植性排斥
II 型肿瘤坏死因子受体-抗体融合蛋白	强克	上海赛金	融合蛋白	TNFα	2011	强直性脊柱炎
康柏西普	郎沐	康弘药业	融合蛋白	VEGF	2013	湿性年龄相关性眼底黄斑变性
II 型肿瘤坏死因子受体-抗体融合蛋白	安佰诺	海正药业	融合蛋白	TNFα	2015	类风湿性关节炎、强直性脊柱炎、银屑病
特瑞普利单抗		苏州众合生物			2018	
信迪利单抗		苏州信达生物			2018	
卡瑞利珠单抗	PD-1 单抗	恒瑞医药			2019	霍奇金淋巴瘤
替雷利珠单抗		勃林格殷格翰与百济神州			2019	霍奇金淋巴瘤、非小细胞肺癌、肝癌和食管癌

续表

靶向单抗名称	商 品 名	生产企业	类 型	作用靶点	获批时间	适 应 症
利妥昔单抗		复宏汉霖			2019	非霍奇金淋巴瘤、类风湿性关节炎
抗 VEGF 人源化单克隆抗体		齐鲁药业		VEGF	2020	

行业内人士认为，在国内具有发展前景的单抗药物应具有如下一个或几个特征。①重大疾病用药，对应适应证在国内发病率和致死率均较高，市场空间大。②临床疗效显著好于其他治疗药物。③政府指导扶持用药。④全球销售额大的重磅药物。⑤在全球有一定的销售额且销售增速大的新药。⑥已过或将过专利期的药。

根据以上条件，筛选出四大类单抗药物，分别为罗氏三大重磅抗肿瘤药、自身免疫疾病用药、眼底疾病用药、以 PD-1/PD-L1 为靶点新药，并对其国内外市场和国内临床研究进展进行了梳理。此外，抗体药物的发展趋势是抗体偶联药物。抗体偶联药物由抗体、接头以及细胞毒素 3 部分组成。目前抗体药物中以 CD22（代表药物 Besponsa，辉瑞）、CD30（代表药物 Adcetris，西雅图遗传学）、CD33（Mylotarg，辉瑞）、HER2（代表药物罗氏）、Mesothelin、PSMA 与 TROP2 这 7 个靶点目前进度较快或较为热门。

常见的毒素分子包括微管抑制剂（美登素衍生物、多拉司他汀等）、作用于 DNA 的药物（多柔比星、倍癌霉素、卡奇霉素、PBD、吲哚酰胺衍生物）等。毒素分子和抗体通过合适的连接物连接，DAR（药物分子比）以接近 4 为佳。

1）单克隆抗体生产的特点

因采用哺乳动物细胞生产单克隆抗体，不同于传统发酵工艺和早期采用原核或酵母作为表达载体的发酵工艺。单抗药物的生产一般有以下几个特点。

（1）生产周期长。以 1000L 的细胞培养罐为例，从种子的复苏，经过几级的种子扩增，再到生产罐培养，整个发酵过程历时 45～50 天。

（2）多产品。随着单克隆抗体药物研发水平的发展，单抗的表达量获得了很大的提高。因单抗生产投资巨大，随着表达量的增加，多产品共线将成为必然的选择。但因生产周期太长，对于一条多产品的抗体生产线来说，没有良好的设计，一旦更换品种，为防止不同品种的交叉污染将会浪费大量的生产能力。

（3）须有完整的病毒防范措施。因采用了哺乳动物细胞作为表达载体，如何防止种子或者原材料中带入的病毒影响到成品的质量，以免危害病人，就显得尤为重要。

（4）生产过程的温度控制严格。单抗的本质为糖基化蛋白质，部分单抗在室温下不稳定，生产过程中（包括下游和制剂）对温度需要有较高的控制。

由于上游生产区（从种子到收获）有生物活性，而下游生产区（从纯化到原液收获）没有生物活性，因此两区域需分开；不同功能区分设空调系统，避免交叉污染。

根据中国药品 GMP（2010 年修订）附录 3 "生物制品"第十五条"在生产过程中使用

某些特定活生物体的阶段，应当根据产品特性和设备情况，采取相应的预防交叉污染措施等。”，第二十条“使用密闭系统进行生物发酵的可以在同一区域同时生产，如单克隆抗体和重组 DNA 制品。”，第二十四条“用于活生物体培养的设备应当能够防止培养物受到外源污染。”，美国 FDA cGMP 第 45 章中的申明，“对病毒灭活/病毒去除前后的工艺步骤，应完全隔离……对于这些工艺步骤，使用独立的空调处理系统/单向气流和生产区。”，欧盟 GMP 指南第 II 部分欧盟 GMP 基本要求（原料药生产质量管理规范）18 部分用细胞繁殖/培养发酵生产的原料药的特殊指南 18.13“用细胞培养或发酵生产原料药或中间体包括生物工艺过程，如细胞培养等。所用的原料（培养基、缓冲组分）可为微生物污染创造条件。”等规定，单抗生产全过程必须防止外源微生物污染。使用抛弃型设备可以很好地保证这一点，解决设备清洗和灭活的问题，避免污染、交叉污染的发生。这种情况下，两条以上的生物发酵线可在同一培养发酵区域同时进行。

　　一次性生物反应器技术又称一次性技术，是指利用特殊的塑料材料制作的，事先灭菌且仅供一次性使用的生物反应器及其配套组件，包括一次性无菌过滤器、无菌接管、无菌缓冲袋、取样检测系统等，进行生物产品的培养、转移、储存、分离等。该技术的最大特点就是系统所有组件均提前灭菌，使用完毕后即抛弃。抛弃后至仓库暂存，收集运出处理。这样可有效保证生物反应系统不被外来微生物和杂质所污染，避免生产过程中的污染和交叉污染风险，减少了传统不锈钢反应器系统使用后对反应器、管道组件、过滤器、储罐等的大量清洗工作，减少了大量的注射水清洗、纯蒸汽灭菌和清洗效果的验证工作，设备、设施投资减少、生产运行能耗有效降低。同时由于不再需要清洗，一次性技术产生更少的废弃物，大大降低了对环境的影响。因此，近年来一次性生物反应器技术在生物制药的研发、中试及生产过程中得到了广泛的应用。

　　2）单克隆抗体生产工艺布置

　　下面结合上述单抗产品生产特点以及相关法规要求，以某单抗生产车间为例，提出了一种单抗生产的车间布置方案，并对该方案的人流与物流设置、洁净区划分和空调系统划分、压差分布和气流方向等方面进行分析。

　　（1）单克隆抗体生产工艺流程。

　　单克隆抗体的典型生产工艺流程如图 6-73 所示。生产工艺流程大致分为 3 个阶段：①上游工艺（从种子到收获）；②下游工艺（从蛋白捕获到原液收获）；③制剂工艺（以冻干制剂为例，从配液到成品储存）。

　　上游工艺从细胞的复苏开始，接种至摇瓶在恒温条件下进行细胞扩增，经历多级种子培养袋的稳定扩增后，进入动物细胞生物反应器进行大量的细胞培养，细胞在扩增阶段生长并形成产物，目标产物分泌到细胞培养上清液中。以 1000L 细胞培养为例，从工作细胞的复苏开始，经过扩增、培养，至目标产物收获，整个过程须 45～50 天。待细胞培养和产物（单抗的本质是糖基化蛋白质，生产过程中对温度有严格的控制要求）的形成完毕后，整个培养物（细胞和产物的混合物）将经过深层过滤，细胞将截留在深层过滤器中。分离后的产物仍留在澄清后的上清液中，含目标产物的细胞培养上清液暂时贮存于温度可控制的一次性储存容器中。

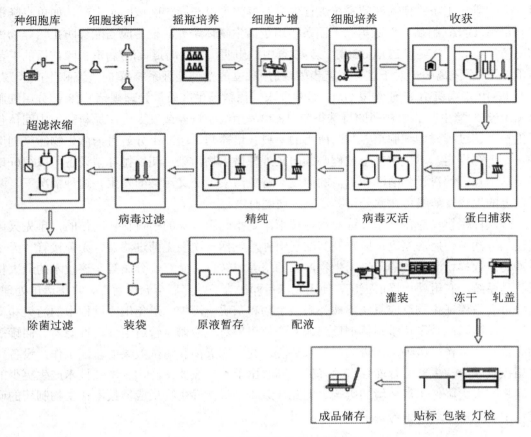

图 6-73　单克隆抗体生产工艺流程

　　上游收获的培养液过滤后，首先进行 Protein A 的高效捕获亲和层析，去除大部分的杂质蛋白；经低 pH 值孵育，以灭活极小概率可能存在的病毒颗粒。过滤后经阴阳离子交换后疏水层析、纳滤，以去除极小概率可能存在的病毒颗粒。该生产过程须有严格的温湿度控制和较为完整的病毒防范措施。

　　粗纯产物溶液经过切线流过滤超浓缩和缓冲液交换后，再按要求加入所需赋型剂和蛋白稳定剂后，将原液进行分散包装（以匹配制剂生产用量）进行贮存。该生产过程须有严格的温湿度控制，病毒及其他活性物质已在中游阶段被完全截留，此阶段认为是相对洁净的阶段。

　　（2）单克隆抗体生产的工艺布置。

　　按工艺生产流程，单克隆抗体生产车间分为原液生产和制剂生产。本例（如图 6-74 所示）中该车间包含两条细胞培养生产线、两条纯化生产线，含细胞活性的上游接种、发酵，与中游纯化及下游除菌分装之间采用物理性隔断，培养基配制靠近使用培养基的发酵间布置，缓冲液配制靠近使用缓冲液的纯化间布置，上游设置清洗、辅助间、废弃物出口，下游也设置有清洗、辅助间、废弃物出口。

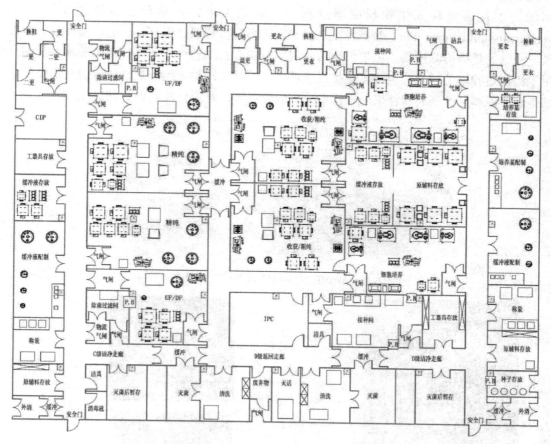

图 6-74　单克隆抗体生产平面布置

厂房及设施设计遵循《药品生产质量管理规范（2010 年修订）》附录 3 "生物制品"。制剂生产按最终产品的不同，可分为冻干制剂、水针和预充式水针剂等，布置可参照无菌制剂车间。本案例仅对原液生产布置进行分析，制剂生产布置放在下一节内容中分析讨论。

本案例包含两条单克隆抗体原液生产线，各自的生产区域相对独立，上下游生产区域也相对独立，下文按上游生产区、下游生产区、辅助生产区分别进行叙述。

①上游生产区。

单克隆抗体细胞株一般冻存在液氮罐内，生产时先进行细胞复苏及种子细胞的培养，该步骤为敞口操作，在超净工作台中完成。随后进行摇瓶培养，当培养液中细胞密度达到目标值后，再转移至生物反应器。种子培养较细胞培养的时间周期较短，背景环境要求更严格，因此独立设置空调分区。

此类细胞培养设备是由美国引进的软袋形式的动物细胞生物反应器，其中用于细胞扩增为波浪式的生物反应器（如图 6-75 所示），用于细胞规模培养为 500～2000L 搅拌式的。如图 6-76 所示是 2000L 培养器的主体，一次性培养袋袋体自带与外界对接的接口（对接口详见如图 6-77 所示）、袋内自带搅拌，置于可开启门的不锈钢容器中。种子培养液采用密闭的一次性容器移入生物反应器进行不断地放大培养，单台设备的温度由 TCU（transmission control unit）精确控制，且每台设备配置称量、温度、压力、酸碱度、溶氧量、空气流量等检测模块。由于细胞培养周期较长，在细胞培养间外另设培养基存放间，用于流加培养基的更换与存放。生物反应器和培养基储罐均采用一次性储液袋密闭操作，细胞培养液和培养基的转移采用一次性无菌软管对接，背景环境设为 C 级。

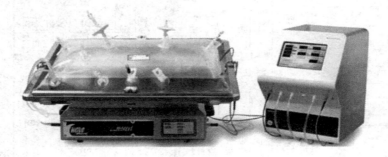

图 6-75　WAVE 20/50EHT 波浪式生物反应器

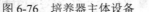

图 6-76　培养器主体设备　　　图 6-77　一次性培养袋上的无菌接口及正常生产时无菌对接处

一次性培养袋与其他一次性用品的对接由无菌焊接机进行无菌对接完成。在用传统设备生产单抗产品时，与物料有接触的设备均需清洗和灭活，设备的清洗和灭活也是单抗生产过程中的瓶颈之一。使用一次性抛弃型设备生产单抗，所有与物料有直接接触的部分均为一次性产品，使用完成后集中通过高温灭活等处理方式处理后，扎袋外运，很好地解决了传统生产设备清洗和灭活的问题。

细胞培养液分离收获后，经亲和层析柱纯化，捕获的大量抗体蛋白分装入一次性储液袋暂存或转运到精纯工序。该区域层析系统为独立的 CIP/SIP，缓冲液储罐采用一次性储液袋容器+无菌连接。

以上生产区域有细胞活性，设置独立的人流通道，与下游及辅助生产人员分开。人流、物流采用单向流，路线顺畅、简洁、不迂回。生产人员经各自的更衣通道进入生产操作岗位，再从返回走道退出，最大程度避免了交叉污染，保障了产品生产的背景环境。

②下游生产区。

精纯工序通过不同的层析系统进一步去除原液中杂质蛋白质、DNA、内毒素等。中间体储罐采用不锈钢容器，具有独立的 CIP/SIP，夹套通 7℃低温水冷却。层析系统为独立的 CIP/SIP，缓冲液储罐采用一次性储液袋容器+无菌连接，该环境的洁净级别为 C 级。

精纯后原液经管道输送至超滤系统，进一步进行缓冲液置换及浓缩，超滤后的产品暂存至移动储罐中，经传递柜移入除菌过滤间，在层流保护下完成原液产品的过滤及封装，该区域背景环境严格控制。超滤系统为独立的 CIP/SIP，中间体储罐采用不锈钢容器，配备独立 CIP /SIP，夹套通 7℃低温水冷却。

以上生产区域人员操作复杂，生产周期较短，批次更换及清场频繁，背景环境较上游生产区更严格。人流、物流采用单向流，以避免产品污染和交叉污染。

③辅助生产区。

培养基和缓冲液的配置分别在独立房间内，配置后的溶液经管道输送至一次性储液袋。配置罐及其分配系统均采用 CIP 和 SIP。分配管路无死角，有一定坡度，便于放净。

工器具经返回走道去至清洗岗位，依设定的程序清洗、烘干，再经双扉灭菌柜灭菌，最终返回净化生产区域。有细胞活性的工器具先灭活，再清洗；有细胞活性的废弃物先灭活，再经单独的通道退出。

上下游生产分别配置 CIP/SIP 系统，装置放置在 CNC 区（受控未分级区）。有细胞活性成分的生产废水也先收集，加热灭活，再排入工艺废水，灭活装置也放置在 CNC 区；加热灭活废水与工艺废水一起被送入车间外的废水处理站。

以上辅助生产区两条生产线共用，合理分配空间面积，以便于人员操作管理。

3）单克隆抗体生产工艺布置的案例分析

下面再列举两个设计中的例子，来介绍两种完全不同的符合 GMP（2010 修订版）及其他设计规范、标准的生产车间布局设计案例。

（1）上游、中游、下游 3 个阶段气锁隔断，单向人流、物流设计。

在单向人流、物流设计中，人员进出车间的通道、洁净物料与不洁净物料转运通道、洁净器具与使用过的不洁净器具流通通道、洁净清洁工具与使用过的不洁净清洁工具流通通道均严格分开，以避免人员、物料、器具、清洁工具等退出时对供应端区域造成污染。人员、物料、器具、清洁工具等流动方向均利用门禁系统控制，当人员、物料、器具、清洁工具等进入退出区域时，门禁系统将不允许这些区域的人或物返回到供应端区域。工作人员只能由退出通道，通过专设的人流退出通道消毒后退出；物只能由退出通道，通过消毒、灭活失活后进入待清理区域。如图 6-78 所示为某公司单抗车间的布局。

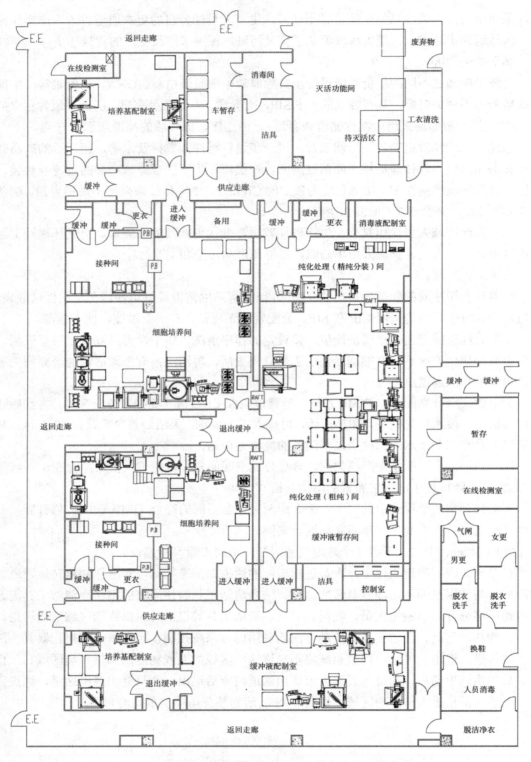

图 6-78　某公司单抗车间的布置图（单向人流、物流）

　　车间为单向人流、物流设计，上游阶段在接种间和细胞培养间完成，中游在纯化处理（粗纯）间完成，下游在纯化处理（精纯分装）间完成，各功能间进入前均设置缓冲间，与供应走廊及其他功能间之间进行良好的气锁隔断，以最大限度地避免上游、中游、下游之间交叉污染。培养基的配制是为工作细胞的扩增、培养提供培养基，故两个培养基配制功能间分别靠近两条生产线的上游区域；缓冲液的配制是为中游和下游的纯化提供缓冲液（大量缓冲液在粗纯阶段使用），故缓冲液配制功能间靠近纯化处理间而设置。上游、中游各功能间均设置有退出缓冲通道，与返回走廊相连，通过门禁系统的控制；进入各退出缓冲的人、物，将不再允许返回功能间或供应走廊内。工作人员通过返回走廊，由右下角的人员退出通道消毒后退出；使用过的一次性抛弃型储物袋等废弃物通过返回走廊，由右上角的灭活功能间灭活后进入废弃物的暂存间；工衣通过返回走廊，由右上角的灭活功能间灭活后送至工衣清洗间清洗；使用非一次性器具为不锈钢转运小车，转运后的小车通过返回走廊，由右上角的消毒间进行表面消毒后，送至车暂存间待用；使用后洁具通过返回走廊，由右上角的消毒间进行消毒后进入洁具间清洗。这样一来，洁净人、物与不洁净人、物之间没有任何的交叉，也就最大限度地避免了洁净人、物与不洁净人、物之间相互影响。当有意外发生时，可从安全门（E.E）通向外部通道。

　　（2）上游、中游、下游3个阶段严格物理隔断设计。

　　按严格的物理隔断设计，上游、中游、下游3个阶段各成一个区域，3套不同的空调系统，各自独立的人流、物流，3个区域之间的联系也仅通过密闭管道连接，3个区域完全独立，互不干扰。如图6-79所示为某公司单抗车间的布局。

　　车间严格按物理隔断设计，上游、中游、下游3个阶段各占一个区域，各区域均配套有各自的人流、物流进出通道，并配套有区域内使用的器具、清洁工具的清洁备用功能，3个区域相互独立，互不影响。上游阶段在接种间和培养间完成，物品均通过传递窗（P.B）传送。培养基主要供培养功能间细胞培养使用，少量培养基供接种间工作细胞扩增使用，故培养基配置间贴临培养功能间设置，在一次性抛弃型配制袋内配制好的培养基可由转运小车直接送至培养功能间，由一次性管道在无菌焊接机的作用下与一次性抛弃型培养袋无菌对接，完成培养基的转移。工作人员通过D级走廊，经退出缓冲区域退出生产区域；使用过的一次性抛弃型储物袋等废弃物通过该区域右下角的灭活间灭活后至废物间暂存；使用的器具（转运小车）、清洁工具不离开本区域而无须其他特殊处理，直接去至相应的功能间清洗即可，不会对其他任何区域造成影响。收获的培养液经除菌过滤器过滤截留后由密闭管道送至中游阶段。中游在粗纯功能间完成，此区域内缓冲液配制间配制的缓冲液仅供粗纯使用，缓冲液配制间邻近粗纯功能间而设。该区域工作人员通过相应的人流通道进出，一次性抛弃型袋等废弃物由专设的废弃物通道转运，使用的器具（转运小车）、清洁工具直接去至相应的功能间清洗，该区域完全独立，不会对其他区域造成影响。粗纯后的料液经纳滤过滤后经密闭管道送至下游阶段。下游在精纯功能间完成，此区域内缓冲液配制间配制的缓冲液仅供精纯使用，所以缓冲液配制间邻近粗纯功能间而设。该区域工作人员通过相应的人流通道进出，一次性抛弃型袋等废弃物由专设的废弃物通道转运，使用的器具（转运小车）、清洁工具直接去至相应的功能间清洗，该区域完全独立，不会对其他区域造成影响。车间布局3个阶段之间完全独立，从而最大限度地避免了3个区域之间的相互影响。

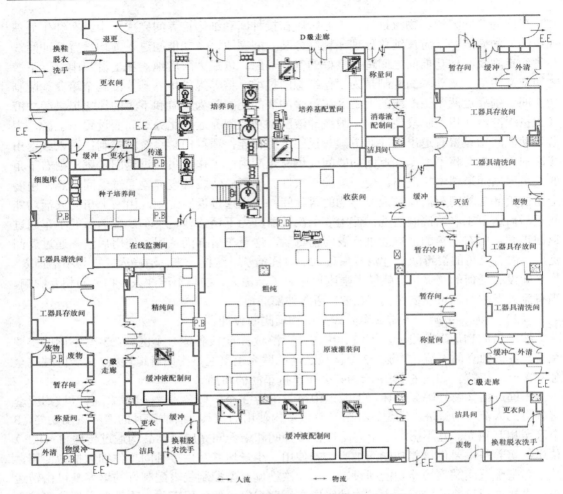

图 6-79　某公司单抗车间的布局（严格物理隔断）

下面再以实例说明单克隆抗体生产布置中人流、物流的安排及洁净分区和空调系统的划分。

4）单克隆抗体生产布置中人流、物流的安排

如图 6-80 所示，上游生产区人员更洁净衣通过气闸进入 D 级走廊，再进入各功能间内，种子培养间的操作人员还要再经过 C 级更衣后才能进入种子培养间；中游生产区人员经过 C 级更衣通过气闸进入 C 级走廊，再进入各功能间；下游区操作人员经过 C 级更衣通过气闸进入原液灌装间。上游、中游、下游物料经过外清气锁进入，废弃物从走廊另一侧的气闸转出。各自的人流、物流避免交叉污染。

如果上游、中游、下游的布置不是物理隔断，而是通过气闸防止交叉污染，则要设置人流、物流退出通道，即清洁走廊和污物走廊。进入时，人员和物料分别从相应气闸间进入洁净走廊，再通过气闸进入各功能间；离开时，人员和废弃物（或使用后器具）从各功能间的另一侧的气闸转出，再通过走廊的相应气闸转出，人通过退更退出。在此单向流的布置示例中，所有气闸洁净级别被定义为和所要进入的洁净区域是一样的，而压力高于进

入的洁净区域，以防止各个区的气流互窜。

5）单抗生产布置中的洁净分区和空调系统划分

生物制品的生产操作洁净级别应当符合 GMP 附录 3 第十四条中规定。上游生产区中接种洁净等级为 C，发酵为 D 级，中游纯化和下游分装为 C 级。局部敞口操作有 A 级层流保护。空调分区可将经由 HVAC 系统造成的产品交叉污染的可能性降至最低，可对有害物质实施隔离。这里分 4 个空调系统：接种、发酵、纯化、分装各一个空调系统。

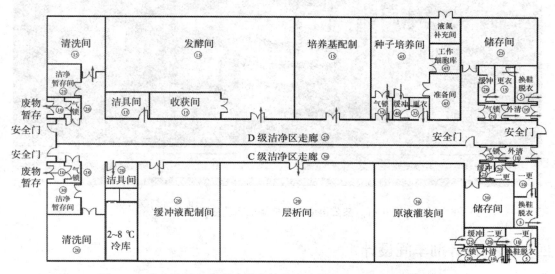

图 6-80　单克隆抗体生产布置中的洁净区划分、压差分布和气流流向

6）单抗生产布置中的压差分布和气流方向

如图 6-80 所示，气锁室一般设置在洁净室的出入口，是用以阻隔外界污染气流和控制压差而设置的缓冲间，这些气锁室通过若干扇门对出入空间进行控制。气锁室按其压力和气流方向可分为梯度式气锁室、正压气锁室、负压气锁室 3 种类型。梯度式气锁室是最常用的形式，用于不同洁净区之间的隔离，但不能阻止高级别含产品空气的扩散。而正压气锁室和负压气锁室则既可用于分隔不同区域之间的气流，又可有效阻止含产品空气从高级别区向低级别区的扩散。种子培养间为 C 级，与 D 级走廊之间采用梯度式气锁室隔离两个区域，保护产品不被污染。D 级走廊和各操作室及普通区之间采用正压气锁室，走廊相对各操作功能间及对外为正压，既可分隔不同区域之间的气流，保证操作室的洁净级别，又可有效阻止操作室内含产品空气的向外扩散。类似的，中游纯化 C 级走廊和各操作室及普通区之间采用正压气锁室。

7）单抗生产布置中的生物灭活

单抗生产布置中还需要考虑生物的灭活，接触生物活性物质（生物安全一级）的一次性袋子，要经灭活后转出。含有生物活性的废水先收集到生物灭活罐中并通入工业蒸汽灭活，再排入污水处理站处理。

本书作者指导学生设计的某公司单克隆抗体生产设备三维布置图如 6-81 所示。为了方便看到所有设备，将车间所有墙体隐蔽，图中只留设备和主物料管道。

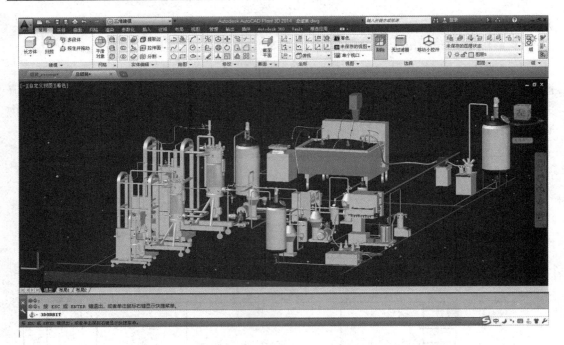

图 6-81　某公司单克隆抗体生产设备三维布置图

四、冻干粉针剂车间设计

冻干粉针剂的基本生产工艺流程为：原料药称量→配液→无菌过滤→灌装→半加塞→冻干→压塞→轧盖→灯检→外包。此外，还包括西林瓶清洗、灭菌与干燥，胶塞清洗、灭菌与干燥以及铝盖的处理等。其加工过程主要为：首先，在 C 级洁净区内对原料药称量配置无菌料液；其次，在无菌环境（如 A 级层流保护）下把无菌料液灌装入灭菌后的西林瓶中，在 A 级层流保护下进行半加塞；最后，半加塞西林瓶药料液经真空冷冻干燥、全压塞、轧盖、灯检、外包等操作过程。显而易见，在整个生产工艺中，无菌操作是影响产品质量的关键要素，其中保证无菌环境的主要影响因素有生产环境、注射用水、设备、操作人员、生产原材料。因此为了保证生产的产品满足国家有关生产管理规范规定以及药品生产质量管理规范的要求，就必须保证生产工艺设备先进，布置科学、合理，工艺控制系统、空气净化系统、注射用水系统等的设计科学、合理、先进及相应配套生产设备的选用完备、科学、合理，此外还要加强对操作人员的培训，提高培训人员的专业技术能力。

冻干粉针剂的生产关键设备和关键区域是灌装机、真空冷冻干燥机及其所处区域。以前多数的真空冷冻干燥机进出料需人工进行或人工辅助进行，增加了半加塞的冻干粉针剂西林瓶药料液被污染的风险。因为 A 级、B 级洁净区室内最大的污染源仍然是人，室内空气中的微生物主要附在微粒上和由人体鼻腔与口腔喷出的飞沫中，因此人是制造发尘量和细菌散发量的主要因素。本设计车间从洗瓶、灭菌、灌装、进出料、冻干到压盖的设备均选择目前最先进自动化的联动生产线，严格控制进入洁净室人员的数量，保证了药品的质量。下面是详细的介绍设计布置及生产过程。

　　本设计方案的优点是采用了双层立体布局，核心生产区设置在净度相对高的二楼，降低了空气污染的风险，同时也提高了空间利用率，减少了对耕地的占用，降低了药物生产的成本。

　　本设计的厂房车间内布局合理，核心生产区处在中央部位，洁净级别呈放射状，且符合风向的要求，高洁净区处在东部，从东至西洁净区的级别依次降低，人员的进出是独立的，这样大大地降低了交叉污染的风险。

　　本设计的厂房格局布图合理，没有出现人流和物流交叉的地方，人流处在一侧，物流处在另一侧，降低了交叉污染的风险。为防止人员进出洁净区时带来污染，本设计还设计了一个特殊的更衣室，相比较于以前的设计，更加有效地控制了人员接近洁净区带来的风险。

　　本设计车间内在适当位置设置了直接通往宽敞通道的全玻璃结构消防安全出口，在高效生产的同时，保障了员工的人身安全；另有参观走廊，可以展示本车间特色。本设计的特色如下。

　　1）称量间的设计

　　原辅料在称量室称量，在称量时产生大量的粉尘，洁净度要求不高，所以称量室的位置要远离核心区，且处在 C 级洁净区；另外为了缩短物料在洁净区内的传送距离，减少对净化区的污染，称量室的位置设计靠近配制间。

　　2）配液间的设计

　　物料混合配制的目的是将分散的产品、辅料、溶剂集中起来，有可能是简单的液体混合，固体活性物质的溶解，也可能是包括更复杂的操作均质化或形成脂质体。由于冻干粉针剂是非最终灭菌的无菌药品，其配料过程在背景环境为 B 级，操作环境为 A 级的条件下进行。配料后进行严格的过滤除菌，每批次清洗后采用蒸汽对管道、过滤器和配料罐等进行灭菌。清洗和灭菌后的废液排入 C 级区或 D 级区地漏。在"质量源于设计"的概念引导下，配液间的设备管道设计尤为重要，如图 6-82 所示是一般配液间的设计，配液间离灌装间要近，这样管道短，用无菌空气压送液体，有利于质量控制。

图 6-82　冻干粉针剂配液间设备布置图

3）灌装间的设计

灌装工序是要求最严格的工序，是所有无菌制剂的核心区，非最终灭菌产品灌装工序应该设置在 A/B 级区下，且其他洁净区的划分应呈放射状。

灌装机内部有限制进出隔离系统（restricted access barrier system，RABS），RABS 限制进出隔离系统与传统的隔离装置不同的是，RABS 装置不是完全密闭的，而是一道由操作间正压作用的空气力学屏障，它对无菌容器起保护作用。灌装的流动方向为垂直单向流，流动速度可以控制，使空气可连续地循环和更新，清除操作间存在的颗粒物，预防来自外部的污染。在避免完全密闭的同时，持续的空气循环延长了无菌条件的时间，中间可在线进行清污作业。无菌区的四周屏障区处在单向流动控制之下，而屏障区在操作间和其他房间之间是辅助保护屏障。无菌生产操作时只能通过关键部位设的手套箱进入。可见，RABS 的特点是单向流、屏障、可干预。它提供的是几乎无菌的环境，例如，设备的最终设置、手工取样等生产过程只能通过手套箱进行介入。由于未与环境完全隔离，也存在受污染的风险。但与隔离器相比，其要求较低，成本低，形式也更多，是目前“先进的无菌隔离装置”。

RABS 可分为开放式（oRABS）和封闭式（cRABS），开放式又分为被动型、主动型等形式（如图 6-83 所示）。

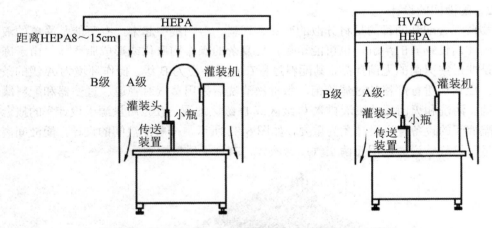

图 6-83　被动型 RABS（左图）和主动型 RABS（右图）

开放式限制进出隔离系统特点为洁净室环境为 B 级，核心生产区域为 A 级，整体为 B+A 级，操作者在 B 级区域，通过手套进行 A 级区域的操作，操作者和 A 级区域是完全分隔的。通常灭菌是和 B 级区域一起进行。其门、手套口和无菌传递设备采用聚碳酸酯或钢化玻璃。

封闭式限制进出隔离系统如图 6-84 所示。其特点为洁净室环境为 B 级，核心生产区域为 A 级，整体为 B+A 级，与工艺操作者完全隔离。操作人员只能通过手套对内部进行干预，通过无菌传递接口传送物品。系统运行时内部维持一定压差，只有在非生产状态才能打开。消毒方式为内部进行整体 VHP 消毒。

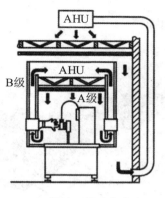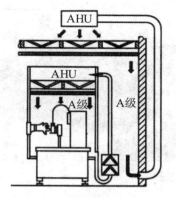

（a）用于一般无菌生产　　　　　（b）用于有毒产品生产

图 6-84　封闭式限制进出隔离系统的示意图

4）冻干机进出料的设计

真空冷冻干燥机自动进出料装置主要有两种形式：一种是固定式自动进出料系统，另外一种是移动式自动进出料系统。固定式限制进出隔离系统如图 6-85 所示，从灌装机出口到冻干机进出口有自动进出料装置和隔离装置，既控制了产品风险，又保护了操作人员。冻干灌装联动线上西林瓶的人工转运一直是导致污染的主要原因。现在一些制剂设备厂家开发出了自动进出料系统转运西林瓶。配备自动进出料的冻干机必须满足以下条件：冻干机必须带有进出料的小门，并实现自动开闭。冻干机板层可以实现等高位置的进出料，即所有板层的进出料全部在统一高度。板层定位精度要求高，可以实现与自动进出料装置的无缝对接。板层两侧带有导向轨道。隔离装置是由有手套孔的有机玻璃或钢化玻璃组成，内设 A 级下正风，装液西林瓶在输送带上出现问题时，可从手套孔撑手干扰。西林瓶进出冻干机由固定式自动进出料系统转运，故称为 CRABS 与带固定式自动进出料的冻干机对接，CRABS 内部为正压设计。

（a）

图 6-85　真空冷冻干燥机及固定式限制进出隔离系统实例

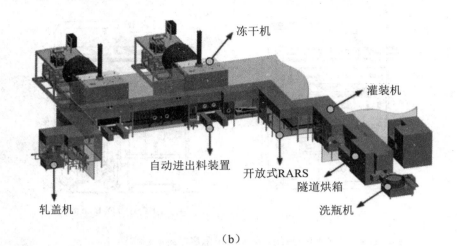

（b）

图 6-85　真空冷冻干燥机及固定式限制进出隔离系统实例（续）

如图 6-86 所示为开放式限制进出隔离系统加移动式自动进出料系统，该系统由 AGV（automated guided vehicle，无人搬运车）对应两台冻干机，在上下游对接的轨道段和 AGV 上装有 ORABS。该系统可以支持多台冻干机的进料和执行多个任务计划。进料系统包含一个与灌装线集成的进料缓冲平台（infeed system，IS），它可以收集、移动小瓶，使小瓶排列成符合冻干箱板层的形状和大小。然后，一个自动转移小车（automated guided vehicles，AGV）将排列好的小瓶转移到冻干机的板层上。冻干工艺完成后，AGV 小车再将排列好的小瓶从冻干机的板层转移到出料平台（out feed system，OS）或出料站，进入轧盖机进行轧盖。

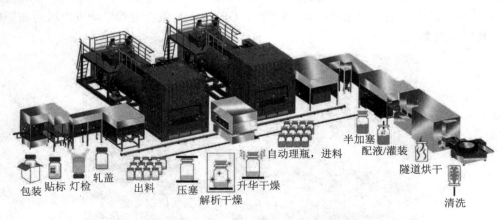

图 6-86　移动式自动进出料系统示意图

这种系统的优势在于：完全能够满足 2010 版 GMP 对无菌药品生产的要求，减少人工污染源，真正做到无菌生产；整个系统完全在 A 级层流的保持下，保证药品质量；真正做到无人操作，降低劳动者工作量，缩短西林瓶进出冻干机的操作时间，从而大大提高企业生产效率，进而提高经济效益。

5）轧盖间的设计

GMP 附录 1 第 35 条规定，轧盖会产生大量的微粒，应设置单独的轧盖区域并设置适当的抽风装置。不单独设置轧盖区域的，应当能够证明轧盖操作对产品质量没有不利影响。并明确规定在 B 级背景的 A 级下进行或在轧盖同时满足以下条件：①压塞后自动检测剔除；②轧盖后有自动检测剔除的轧盖可以设计在 C 级下。本车间将轧盖间设置为 B 级背景下的 A 级，轧盖区的人直接从 B 级区进入，较为方便，也能更好地减少污染，并且轧盖间紧靠灌装冻干室，在 RABS 的保护下进料，能够降低被污染的风险。加塞瓶须经层流保护送至带层流的轧盖机，铝盖需灭菌后通过灭菌柜再送至轧盖间。

6）其他辅助房间的设计

本车间在 C 级洁净级别下的主要工序有贮料、称量、配液、洗瓶、胶塞清洗、铝盖清洗。在 B 级洁净级别下的主要工序有灌封机组、冻干间、轧盖间。在 B 级下的 A 级的主要工序有铝盖清洗后的运输、冻干结束后从 AGV 小车下瓶之后的轧盖间区域和轧盖。灯检、贴签、包装库房区域设为舒适空调区。考虑到大设备的安装、维修和替换，冻干机房宜靠外墙布置有检修门，并宜沿进场路线适当考虑设置吊装点，在冻干机房考虑冻干备件室以及洗瓶机、隧道烘干机房考虑备件室。

在工艺平面的布置中，围绕无菌操作（A 级）区域设置必要的辅助用功能房间。例如，粗洗间、精洗、灭菌间、设备清洗站和清洁设备存放间、称量室、配液室、洗瓶、灭菌间、无菌更衣室等。这些功能房间的布置都是为满足无菌制药工艺生产要求设置的。功能房间设置的原则是无菌作业区域优先设计布置，其余非无菌操作的辅助功能房间的布置则围绕无菌作业区，以符合工艺流程顺序，方便于生产工艺使用，有利于提高无菌保证度的要求布置。

洁净区所用工作服的清洗和处理方式应确保其不携带有污染物，不污染洁净区。工作服的清洗、灭菌应遵循相关规程，并最好在单独设置的洗衣间内进行操作。GMP 附录 1 第29 条规定，无菌生产的 A/B 区域内禁止设置水池和洗涤间。在其他洁净区内，水池或者地漏应当有适当的设计、布局和维护，并安装易于清洁且带有空气阻断功能的装置以防倒灌。一般情况下洗衣放在 C 级区，再单独设计 D 级区。无菌区的工衣可以在 D 级环境下洗好、整理好，放入真空灭菌柜灭菌，灭菌好的工衣在 B 级区取。原则上布置两个洗衣间，D 级区内也应设一个，便于普通区和 D 级区工衣洗涤。

7）人流、物流经洁净区的过程

本设计的人流、物流方向在任何一处都没有交叉，避免了人流、物流交叉污染的风险，完全符合 GMP 的要求，这也是本厂房布局的一个特点。工作人员从 D 级区要进入 B 级区，先通过更衣室换鞋，然后在脱外衣室洗手和脱外衣和内衣，再到穿衣室穿内衣和外衣，最后经过气闸进入 B 级区。进入与退出洁净区人员的更衣进出通道应分开，尽量减少交叉污染（如图 6-87、图 6-88 所示）。

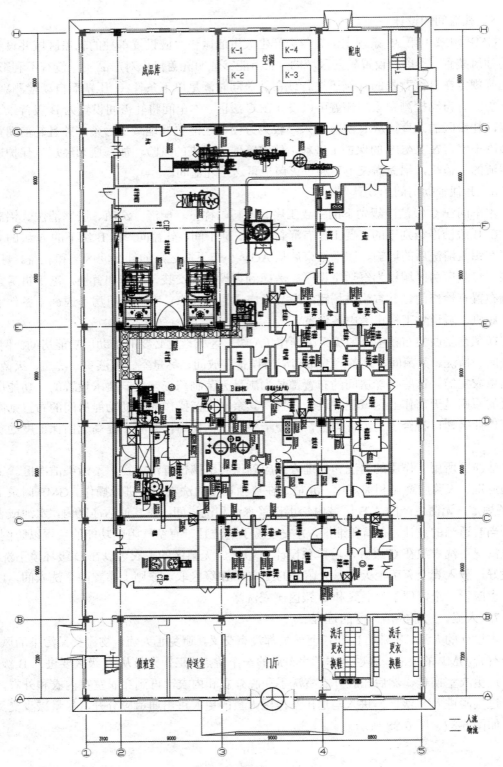

图 6-87　冻干粉针剂厂房的平面图（二层）

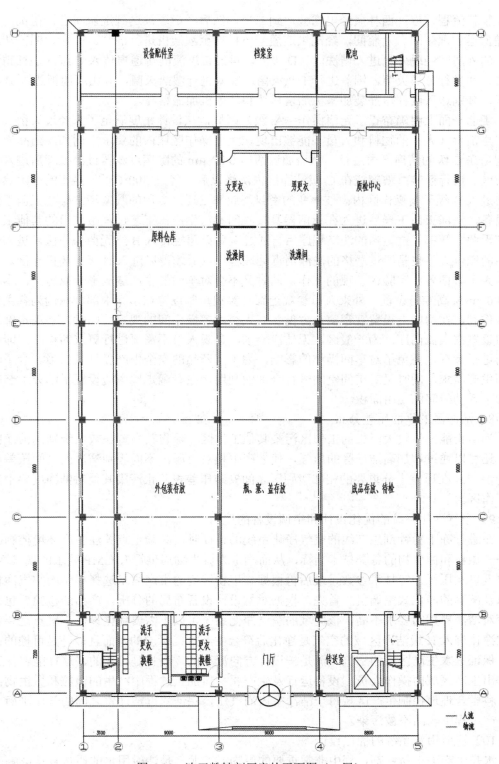

图 6-88　冻干粉针剂厂房的平面图（一层）

物料流程过程：西林瓶经电梯被运到二楼，然后经走道被送到洗瓶间进行粗洗，再经传递窗运到理瓶间、上瓶间，经洗烘连灌一体机送至灌装机进行灌装。胶塞、铝盖从车间西北的外清间经脱外包进入精洗区（D级），再经带层流的传递窗传入C级区进行精洗、终洗，并进行分类灭菌，铝盖进行干热灭菌，胶塞进行湿热灭菌，并由灭菌柜进入B级无菌区，分别送入西林瓶灌装加塞机加塞料斗和轧盖机加盖料斗。

工艺平面上明确布置了无菌操作（A级）区域，从设计角度满足了未经过灭菌（物）或严格消毒（人）的物料和人员不能够出现在无菌操作区域内的要求。例如，药品液体的配制是在C级的洁净区内进行，然后通过两级0.22 μm的除菌过滤器过滤处理后进入无菌操作区，进行灌装；玻璃瓶在C级洁净区内洗涤以后，经过300℃以上温度的去除热原灭菌再进入B级无菌操作区内；玻璃瓶的密封用胶塞是通过专用的胶塞清洗硅化灭菌干燥处理设备，洗涤灭菌干燥后进入在无菌器具接收间参与生产；工艺过程中使用的其他工、器具和无菌衣等都经过适当的洗涤程序后再通过双扉灭菌柜传入B级无菌操作区。进入无菌室内的操作人员也是经过严格的洗涤消毒处理程序以后才得以进入B级无菌操作区。

为了方便各厂家验证参观的工作，同时又不会对车间的生产造成影响或污染，本车间在4.0 m层高专门设置了外来人员参观走廊。参观走廊设置在车间中部，两侧为各主要工序操作间，在房间上设置观察窗，方便参观人员对各操作间的观察。同时，参观走廊通道入口设置在人流门厅，为一般区，无洁净要求，参观人员不需要进行更衣的程序，即可对车间进行参观，避免了对车间操作的影响，为车间药品的安全生产提供了保障。为了满足车间生产需求，同时又对车间空间进行合理的利用，在参观走廊旁边设置了部分工艺间，增加了各功能间的使用面积。

8）洁净区的平面压差分布

为防止能产生较大污染的工作区污染其他工作区，除将其布置在较低级别的洁净区以外，还可以通过增加高洁净区的压强，使之产生相对负压，不同级别洁净区之间压差应不低于10 Pa。在压差十分重要的相邻级别区之间安装压差表防止污染其他对洁净度要求较高的工作区。

9）空气净化系统的优化设计和空调设备的选用

在进行冻干粉针剂生产线的空气净化系统的设计时，必须重点关注生产环境控制的对象——微粒和微生物的各类技术指标，从而确定为微生物提供符合GMP要求的换气次数、温湿度以及压强差等技术参数，最后再根据冻干粉针剂的生产需求选择科学的空气净化系统以及配套的净化式空调机。首先，根据对本设计设备布局的分析，产品的检验、包装、入库对洁净界别的要求不高，该区域的空气净化系统可以不需要优化设计，重点是要保证通过净化进入B级洁净区域的空气是净化后符合生产规范标准的，而且最好是可控的；其次，保证进入生产区域的空气气流是按设计方向流动的，而且是可靠的，这样能够保证及时排出生产区域内操作人员、设备运行及生产原材料加工过程中产生的微粒和微生物；最后，科学合理地控制生产区域每个洁净室内的气压，保证邻近洁净室之间的气压平衡，使得生产过程中药品不被污染。

10）注射用水系统的优化设计

水是生产冻干粉针剂过程中非常重要的原物料，尤其是注射用水的质量直接影响药品的质量。制水设备在国外一直有着非常严格的要求，随着我国经济、科技的不断发展以及相关规范的制定和完善，我国的制水设备和制水技术也有了长足的进步和发展。

由于注射用水相较于纯化水、饮用水的使用功能更加重要，这里主要讨论对注射用水系统的以下 4 个方面进行优化改进。

第一，注射用水贮罐中的液位计以电容式液位传感器代替传统的玻璃管液位计。根据个人长期工作经验和生产技术资料，传统的玻璃管液位计中的水在某种程度上可以考虑为死水，这样玻璃管内容易滋生细菌，同时玻璃管也不容易进行清洁和消毒工作，这样在某种程序上可能会影响注射用水的质量。

第二，在注射用水系统的分配管路中，不锈钢泵使用 316 L 不锈钢卫生泵，而且分配管路采用卫生级 316 L 不锈钢薄壁管。剔除备用泵设计，因为备用泵中的注射用水也可视为死水，这样容易滋生细菌，影响注射用水的质量。

第三，注射用水的管路分配系统主要采用分散的点对点式分配系统，这样会出现比较多的死管和盲管，工作人员时常需要对不需要的管路进行放水处理，从而避免对注射用水的污染，但是任务复杂、工作量较大。

第四，GMP、医药工艺用水系统设计规范对医药用水有明确的要求，包括分配系统设计、供水流速、回水流速、电导率、微生物灭菌要求等。

五、固体制剂车间设计

1）GMP 对于固体制剂工艺的设计要求

近年来，国家不断加强药品质量管理，提升药品质量标准。2012 年 1 月，国家药监局发布了关于加强《药品生产质量管理规范（2010 年修订）》实施工作的通知；2012 年 2 月，国家药监局发布了关于开展药品生产企业实施新修订药品 GMP 情况摸底调查做好分类指导工作的通知。GMP 对企业生产药品全过程所需要的人员、厂房、设备、卫生等均提出了明确的要求，将"安全、有效、质量可控"的原则系统地融入 GMP 中。医药工业洁净厂房有明确规定，固体制剂生产厂房生产区应参照 D 级洁净区的要求设置，温度为 18~26℃，相对湿度为 45%~65%，内设置火灾报警系统及应急照明设施。级别不同的区域之间保持 5~10 Pa 的压差并设测压装置。工艺设计要考虑以下因素：合理的厂房布局、生产工艺和设备的自动化、密闭的生产系统、设备容器的清洗和干燥、正确的气压气流分布等。对于特殊产品，依据 GMP，设计时应满足：生产 β-内酰胺结构类药品、性激素类避孕药品必须使用专用设施（如独立的空气净化系统）和设备，并与其他药品生产区严格分开。

车间平面布置在满足工艺生产、GMP 规范、安全、防火等方面有关标准和规范条件下尽可能做到人流、物流分开，工艺路线通顺、物流路线短捷，不反流。但从目前国内制药装备水平来看，新的固体制剂车间已经慢慢向自动化输送转变，用的最多的是真空输送和 AGV 小车，达到全封闭、全机械化、全管道化输送。大量物料、物流交叉问题得到了解决。但应坚持进入洁净区的操作人员和物料不能合用一个入口，而应分别设置操作人员和物料出入品通道。操作人员和物料进入洁净区应设置各自的净化用室或采取相应的净化措施。

设备布置便于操作，辅助区布置适宜。为避免外来因素对药品产生污染，洁净生产区只设置与生产有关的设备、设施和物料存放间。粉碎机、旋振筛、整粒机、压片机、混合制粒机需要设置除尘装置，热风循环烘箱，高效包衣机的配液需排热排湿，各工具清洗间墙壁、地面、吊顶要求防毒且耐清洗。对于固体制剂车间 GMP 的设计还需要考虑到各个细节方面，不同的企业应根据实际情况来设计从而达到最优化。

2）固体制剂工艺特性

固体制剂是我国药厂生产中最常见的剂型，主要包括硬胶囊、片剂、颗粒、软胶囊等。常见的几种生产工艺为：①湿法制粒：原辅料粉碎过筛、湿法制粒干燥、混合、胶囊填充或压片、分装，最后输送到成品仓库；②干法制粒工序：原辅料粉碎过筛、混合、干法制粒、颗粒袋包、外包装然后到成品仓库；③软胶囊工序：配液、化胶、压丸定型、干燥、洗丸、选丸、内包、外包装、运输到成品仓库。固体制剂车间具有周转的物料量大、中转次数多、工人人数较多、生产工序粉产量较大、多品种生产时容易造成人流、物流交叉污染等特点，因此在车间工艺平面布局的时候要考虑周全，做到人流、物流走向合理、工艺流程顺畅、设备智能化、粉尘控制得当。

3）设备布置及物料运送方式

生物药物有其特殊性，例如，生物活性药物（例如，乳酸菌、酵母、辅酶 Q 等）可以直接用于压片的粉末药物外，通常的药粉都要先制粒，然后胶囊填充或压片。无论哪一类固体制剂，其工艺设备布置有两类，即多道工序设备布置在同一层和多道工序分布于多个楼层。这两类布置各有其优缺点，下面就分类介绍。

当前大多数制药企业生产中多道工序设备布置在同一层，物料运送方式有新型周转料斗移动、提升、翻转和真空抽料上料机两种（如图 6-89 所示）。这种工艺布置的优点是：①无粉尘外扬；②周转料斗（IBC）可直接上料斗式混合机对粉料进行混合；③多品种不会交叉污染。湿法制粒时，使主药与辅料混合均匀，加入黏合剂制成软材状，之后切割成均匀颗粒。制备好的颗粒，利用沸腾干燥机内的负压状态以及重力作用，通过管道连接转运至沸腾干燥机内。随后利用沸腾干燥机对物料进行干燥。干燥好的颗粒，采用提升翻转整粒机制备成均匀颗粒。使物料从整粒开始，经总混、暂存、至颗粒包装或压片的整个工艺过程中，都在同一料斗中，不需要经过频繁转料，从而有效地防止了交叉污染和药物粉尘问题，优化了生产工艺。

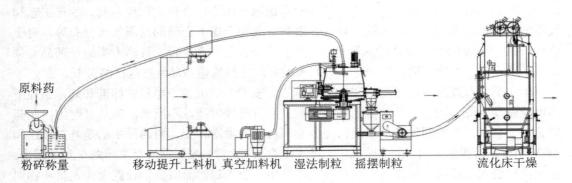

原料药　　→

粉碎称量　　　　　移动提升上料机　真空加料机　湿法制粒　摇摆制粒　　　　　流化床干燥

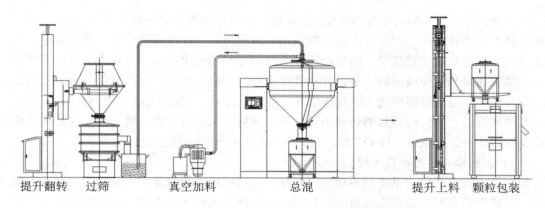

提升翻转　　过筛　　　真空加料　　　　总混　　　　提升上料　颗粒包装

图 6-89　提升翻转加料和真空加料立面示意图

　　需要指出的是，真空抽料上料机一般只用于总混工序之前的上料，因为真空上料方式需要解决以下 3 个问题：一是防止粉粒分层，二是保证料斗中料位落差恒定，三是消除物料的静电。如果是新建厂房，建议可以考虑提升机上料的方式，这样出料口和进料口密闭对接，可以极大地减少粉尘源。提升机上料的吊顶高度一般不小于 4 m。此外，通常的压片/胶囊充填房间隔壁都配有除尘房间，每台压片机都配有单机除尘系统。与制粒工序的机械室相同，除尘间是粉尘相对比较多的区域。将除尘间归入十万级洁净区域，会给空调排风系统带来一定的压力。可以在普通区域建立独立的除尘系统，通过管道将压片机的除尘接口逐一相连，进行统一的除尘操作。

　　料斗提升也不是完美无缺的，其缺点有：①生产中需要很多个周转料斗，占地面积大；②需要设置料斗清洗站；③有一定量的清洗废水排放。长期反复使用的料斗，若仅仅采用人工清洗的方法是无法达到对料斗清洁的高标准要求。可以采用料斗清洗机进行彻底的清洗，这样既可以减轻劳动强度，又能符合验证要求。料斗清洗机由清洗系统、泵站系统、空气处理系统、控制系统等组成。将料斗推入清洗站内后，根据特定的清洗程序对料斗进行清洗。容器的外表面由清洗站内四周的喷头进行加压喷淋清洗，内表面则由可伸缩的旋转喷头进行加压喷淋清洗下料口蝶阀由底部喷头进行加压喷淋清洗。清洗完成后，设备自动进入设定的烘干程序。清洗完毕的料斗可存放于器具贮存间备用。清洗站的布置如图 6-90 所示。

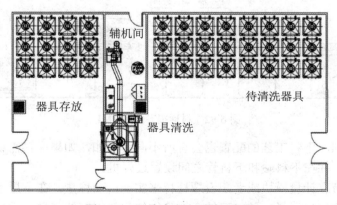

图 6-90　器具清洗站平面示意图

近年来，随着固体制剂设备的发展，依靠物料自身重力进行的垂直输送模式日渐流行。对应于典型的固体制剂生产工艺，垂直物料输送流程中的生产设施可分布于多个楼层。物料先通过货运电梯送上最高层，随生产流程工序尽可能地利用物料自身重力依次往下层输送。一般先在最高层完成配料称量，在接收称量的同一层完成预混合高剪切混合制粒的送料，混合机出料可通过斜槽进入流化床腔体，而流化床从下部或侧面出料后可转入下层完成干整粒和终混工序，终混后的颗粒物料可通过下料站和下料管垂直输送到下层的压片机或胶囊机料斗内。半成品完成 QC 检验后，可下料到位于最下楼层的包装线进料斗内。

（1）配料称量后的垂直下料。

配料系统有自动投料系统和手动投料两种。自动投料系统需要多个投料仓和多台称量系统，只需要输入配方即可完成自动化配料。但这种方式设备投资大，占地面积也大，只适合少数几个品种的大规模生产（如图 6-91a 所示）。手动投料是粉体经由投料站，通过下料管及 PE 软袋投入到平台下方的不锈钢容器中，配料称量后的垂直下料如图 6-91b 所示。

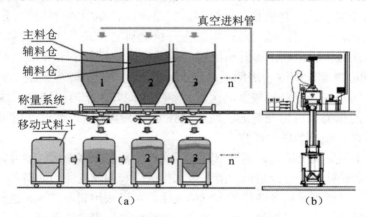

图 6-91　固体物料配方自动投料系统和手动投料立面示意图

物料桶加盖提升翻转后，移动至高位下料解决了手动倒料产生的粉尘飞扬问题，同时也减轻了劳动强度。其工作原理如图 6-92 所示。

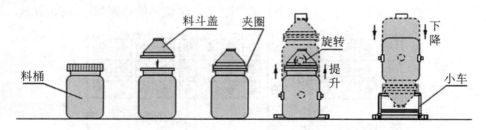

图 6-92　料桶提升翻转加料

由于工艺不同，下料工艺的配置也会有所不同。例如，如果原料需粉碎和过筛，则可在投料前先粉碎，并在下料站和下料管之间设置过筛机。

投料站一般带有计量模块或者配设螺杆秤来实现自动称量。在下层承接的不锈钢容器可容纳一个批次的原料用量，并且可结合地秤进行配料工序的复秤。垂直下料方式的自动称量系统已逐渐在部分制药项目中得到应用。其中的下料管可以采用卫生级不锈钢管，长度建议控制在较短距离，且必须提供该段下料管的可验证的清洗方案和清洁措施。

投料站下层的料斗（IBC）实现可控制的自动移动定位系统，逐一地对准下料孔接受物料，每一次物料下完后，由控制系统发出信号，移至下一位置，直至全部受料完毕。

投料站下的接收料斗受料完毕后，料斗可直接送至混合机中进行干粉混合，均匀后，可从高位进入制造工序的制粒设备中。

（2）湿法制粒机和流化床的垂直进出料。

如图 6-93 所示为德国某著名制药设备公司的垂直制粒流化干燥工艺。

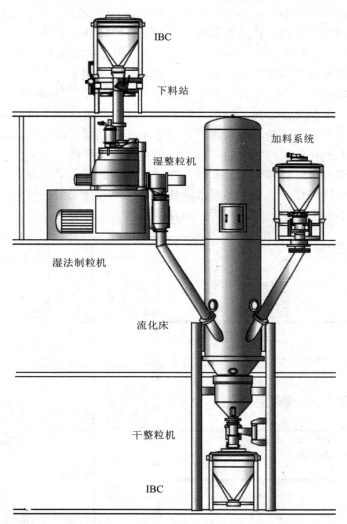

图 6-93　垂直制粒流化干燥工艺

在该工艺中，原料从湿法制粒机的上层垂直下送到湿法制粒机内。制粒完成后经过湿整粒机整粒后从斜管下料进入流化床腔体内部。流化干燥后从底部出料，可连接干整粒机，之后垂直下料进入 IBC 内。

其他出料和传输方式采用真空传输倒料会导致更多的物料残留和损耗，在整粒前需要添加额外的缓冲容器。如果采用流化床台车翻转出料，虽然物料将有部分时段是暴露的，在台车移出流化床时，筒体和台车连接处残留的粉尘会逸出，但是垂直流程能够节省洁净室面积的优势是显著的。由此可见，如图 6-93 所示的工艺已是目前最紧凑、高效和密闭的生产方式。

（3）压片机的垂直进料。

在压片机或胶囊充填机的生产中，一般采用料斗提升将 IBC 料斗提升到压片机上方，或者将料桶提升翻转后提升到压片机上方，对接完成后再进行下料和生产，这种提升 IBC 料斗的下料方式目前仍是最主流的压片机进料方式。终混后的物料在料桶或者 IBC 料斗内，需要运输到压片机所在区域。然而在某些工厂中，料桶或 IBC 料斗在压片机所处楼层的上层，因此也有直接通过不锈钢管道将粉料或颗粒从上层直接输送到下层压片机/胶囊机进料口内的。压片机的垂直进料如图 6-94a 所示。自动化的关键之一是料斗自动对位和自动对接，料斗自动对位和自动对接的示意如图 6-94b、图 6-94c 所示。当料斗进门后放入料车中，经计算机编程，设定到几号位后，即可按启动键启动。此时，料车带着料斗按导轨或导航线平移到位，料车有横向滚轮和纵向滚轮，交替下落和上缩，进行横向和纵向移动。当料车到位后，料车上的托运机构使托盘下移，直至料斗出口压住接口上的硅胶圈，阀口自动打开，物料下滑至下层设备料斗中。此时，在垂直进料的过程中会存在一些潜在的风险。例如，下料管的可拆卸性、下料管的可清洗性、物料是否会架桥、物料是否会黏附、物料是否在下落过程中产生分层、物料是否会相互摩擦产生静电等。

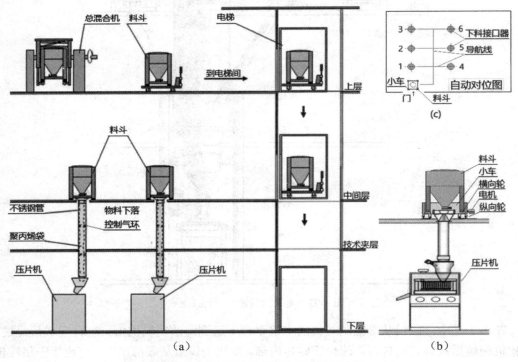

图 6-94 压片机自动化垂直进料示意图

针对上述问题，早已有一些国外厂商提供了不同的解决方案，并已经经过了多年的实践。英国的迈康、意大利的易马和德国的基伊埃 3 家厂商对此的解决方案对比如表 6-16 所示。上述解决方案的共同点在于对缓慢下料的控制，并且采用一次性软袋，软袋在使用完成后在末端热封，然后从上层抽出，避免产生粉尘。

表 6-16 迈康、易马、基伊埃对压片机垂直进料所存问题的解决方案对比

提 供 商	迈康（Matcon）	易马（IMA）	基伊埃（GEA）
名称	Gentle Let-down Chute （GLC）缓速下料管	TWISTER Transferring System 旋转下料系统	Decelerator 降速管
图示			
说明	带有其专利所属的锥底阀，软管外设有夹管阀进行松紧调节控制，可实现缓慢送料。在下料管上按需设有一到多个料位探头来控制锥底阀的启闭，可使管内始终只存留一定的料位高度，进而实现压片机的等高位送料	属于螺旋送料的方式。预先由马达控制了软袋旋转折叠，下料时受物料重力的影响，软袋不断旋转和舒展，并使物料边旋转边下料，以实现缓慢送料	下料减速管同 IBC 下料站衔接。下料管由内袋和外管组成，两者之间可通入压缩空气，通过压缩空气的通入量来控制袋子中段的松弛或鼓胀，从而实现缓慢送料

（4）内充填包装机的垂直进料。

内充填包装机，例如，铝塑包装机、颗粒剂小袋包装机等，生产时一般采用 IBC 料斗提升机将 IBC 料斗提升到包装机上方，或者将料桶提升翻转后提升到包装机上方，连接后再进行下料和生产。另外也有通过真空上料机将待充填的片剂、胶囊或颗粒传输到料斗的做法。在通常的固体制剂厂房中，由于面积的限制，片剂生产往往占据一个楼层，而包装往往位于其下一个楼层。因此，通过垂直管道从上层传输到下层也是另一个可考虑的方案。

如图 6-95 所示为国外某制药工厂的充填机垂直进料方式。在国内，目前这样的层间下料应用实例非常少。片剂之间的挤压和快速坠落可能导致破损率的提高，以及胶囊摩擦产生静电，这些都是药厂不采用跨层传输的原因。不过，运用垂直缓速下料管下料的方式可有效解决上述问题，如图 6-96 所示的泡罩包装机的垂直进料方式。

图 6-95　国外某制药工厂的充填机垂直进料

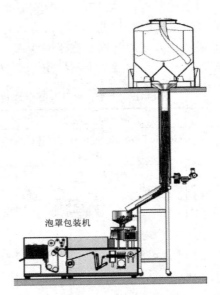

泡罩包装机

图 6-96　泡罩包装机的垂直进料方式

多道工序分布于多个楼层可以采用垂直进料，可较多地采用不锈钢管套 PE 袋或塑料袋（内衬袋）加双开口圆桶（外壳）方式进出料。多道工序设备布置在同一层只有较多地采用 IBC 料桶对物料进行动转。如表 6-17 所示是某公司使用 PE 塑料袋与 IBC 料桶物料运送的能源消耗比较（以容积 270 L 的容器为对照）。

表 6-17　某公司使用 PE 塑料袋与 IBC 料桶物料运送的能源消耗比较

方　　法	塑料袋（内衬袋）加双开口圆桶（外壳）	IBC 料桶
转移桶体积	0.31 m³	0.66 m³
外观及尺寸	圆柱形（0.35 m×0.35 m×3.142×0.8 m）	方体形（0.9 m×0.9 m×0.9 m）
有效使用体积	270 L	270 L
密封	全密封	全密封
载重	300 kg	300 kg
重量	20 kg	80 kg
价格	RMB 5000 以下	RMB 15000
PE 塑料袋	RMB 30 左右一只	不用
清洗	使用抛弃型塑料袋（相同产品的物料可以多次使用），转移桶外表可用湿布或 75% 酒精擦洗	需要专用高压清洗机清洗：需热水、纯化水、人工，平均每 IBC 清洗时间为 0.5 h
能源消耗	无	每次需要蒸汽 10 kg、纯净水 250 kg、热水 300 kg、耗电 2.35 kW·h，设备损耗每次 50 元，质量检验部门需定期检测
人员	无须专人	需要专用人员来运送，高压清洗机需要专用人员来操作，每次清洗需要 0.5 h

续表

方　　法	塑料袋（内衬袋）加双开口圆桶（外壳）	IBC 料桶
储存	转移桶体积小，能叠放，并对储藏间没有特别要求	体积大，叠放危险，需要较大的空间
产品适应性	双开口圆桶不需产品专用，更换 PE 塑料袋可实现多品种使用；PE 塑料袋相同的品种和批号可多次使用	某种产品专用，若多用需做清洁验证

从上表可以看出采用塑料袋（内衬袋）加双开口圆桶（外壳）在环境保护、节约能源方面取得了成效。

（5）跨楼层运输方式。

不管采用水平流程方式，还是垂直流程方式，难免会遇到其他容器或物料需跨楼层运输的问题，即使是垂直流程，层间运输已经是其辅助的运输方式。跨楼层的料斗垂直运输方式至少有 4 种，如图 6-97 所示。

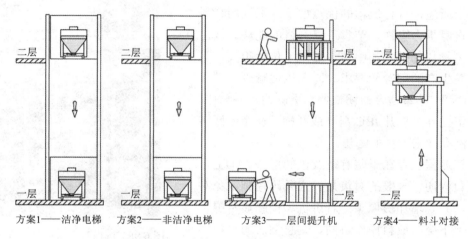

图 6-97　跨楼层的料斗垂直输送方案

对上述 4 种跨楼层的料斗垂直输送方式进行比较和评估，如表 6-18 所示。

表 6-18　4 种跨楼层的料斗垂直输送方式的比较和评估

方　　案	优　　点	缺　　点
洁净电梯	（1）标准电梯设备 （2）可直接用于洁净区	（1）从 GMP 角度看，洁净度较难保证，维持洁净度的风险较高 （2）对电梯材质和表面要求更高 （3）电梯进出口需要设置缓冲间 （4）较高的投资
非洁净电梯	（1）标准电梯设备 （2）投资较低	（1）所运输物料或料斗需进出洁净区和非洁净区，需执行表面清理消毒程序，但仍存在交叉污染风险 （2）需要不同洁净分区的操作工来共同完成

续表

方　案	优　点	缺　点
层间提升机	（1）简单 （2）低成本 （3）可直接设置于洁净区 （4）受 GMP 挑战的风险较小	（1）对防火分区设计有较高要求 （2）需优化考虑洁净送回风设计
料斗对接	（1）可实现高密闭 （2）全自动对接 （3）因其密闭性，可在非洁净区使用	（1）自动对接阀组增加了费用，且需考虑 CIP （2）需要在下层多提供一个 IBC 料斗 （3）费用更高

　　根据表 6-18 的对比，层间提升机是比较常用的选择，作为"洁净电梯"的替代者，层间提升机已经越来越广泛地被应用于洁净区的层间输送。国内某著名厂家的层间提升机产品如图 6-98 所示。

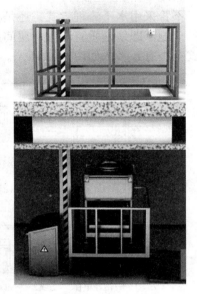

图 6-98　国内某厂商制造的洁净室层间提升机

　　综上所述，垂直流程的优点如下。①利用物料或料斗自身重力输送，节省了提升机的能耗。②由于减少了物料的暂存和中转，缩短了传输距离，更符合精益生产的理念和要求。③间接地减少了转运的交叉污染，非常适合密闭性要求更高的物料输送。④避免了提升机提升 IBC 料斗或料桶后在空中回转就位时潜在撞击人员的隐患。

　　垂直流程也存在一些有待改进的地方。①上下层的人员沟通：一般的对策是加强条码控制以免对接错误，并且增加摄像头、对讲机和控制显示屏，以确保上下层的放料操作协同。②总混后的物料不宜垂直输送：由于每种物料的轻重、特性不同，易破坏混合的均匀度，建议针对下料物料做一些适当的带料测试，以便预先判断或证明下料装置是否适用。③片剂的破损和胶囊摩擦导致的静电：推荐采用缓速下料管，由于下落速度变缓，片剂相互撞击和胶囊相互摩擦的状况将得到改善。④输送管道的拆装和清洗问题：一般的对策是压缩下料管的高度，使不锈钢外管便于人工擦拭，内管则做成一次性软袋，按 QA 控制程序要求定期更换。在物料要求高密闭性的场合下，则可考虑 CIP 在线清洗措施。

　　假设所有生产环节都采用垂直输送的话，厂房高度无疑会大为增加。实际上绝大多数国内药厂的厂房高度都控制在 24 m 或 4 层以内，因此更多情况考虑部分采用垂直流程，或者称其为半垂直流程，使得整个工厂的物流处于既有水平运输，又有垂直运输的立体空间内。在规划和设计阶段，可通过对整个物流输送过程的风险分析和精益性评估，在有限的投资成本范围内，选择在最有价值和效应的环节上采用垂直输送。

另外，从固体制剂工艺的未来发展方向来看，无论是自动化连续生产、密闭性传输和生产要求，还是生产成本控制要求，垂直流程都更为适用，未来其应用无疑会越来越广泛。

垂直流程比水平流程相比有较多优点，非常适合新建药企采用；但在车间设计时垂直流程的设备布置难度比水平流程大，如果布置不好，可能会给生产带来风险；如果布置的好，会大大节省人力和输送动力。

（6）颗粒分装、压片、胶囊填充工序设备布置。

相对于固体制剂生产的制粒工序而言，压片/胶囊充填工序的设备压力较小。对于普通非异型片剂而言，双出料的高速压片机的生产能力可达到 35 万片/小时，且片重精度高、操作简便、保养自动化、全封密、噪音低、对工艺颗粒的适应性强。另外，胶囊充填机的生产能力也在近年来得到了大幅度的提高，可达 15 万～20 万粒/小时。因此，对于一个年产 10 亿片（粒）的固体制剂车间而言，配备两台高速压片机或者 4 台胶囊充填机就可以满足其生产要求。当然，考虑到生产的灵活性，可适当增加压片机或胶囊充填机的数量，以应对不同的产品需要。

目前压片/胶囊充填房间也是产生粉尘较多的地方，其主要原因是加料方式。由于国内压片/胶囊充填以前普遍采用人工加料的方式，若料粉较轻，粉尘飘扬的现象就比较严重。如果是老厂房改造层高受限，建议可以采用增加压片前室，对压差进行控制，以避免房间内的粉尘对洁净走廊造成影响；也可以改进上料方式，采用真空补料的方式。需要指出的是，真空上料方式需要解决以下 3 个问题：一是防止粉粒分层，二是保证料斗中料位落差恒定，三是消除物料的静电。如果是新建厂房，建议可以考虑提升机上料的方式，这样出料口和进料口密闭对接，可以极大地减少粉尘源。提升机上料的吊顶高度一般不小于 4 m。此外，通常的压片/胶囊充填房间隔壁都配有除尘房间，每台压片机都配有单机除尘系统。与制粒工序的机械室相同，除尘间是粉尘相对比较多的区域。将除尘间归入十万级洁净区域，会给空调排风系统带来一定的压力。建议可以在普通区域建立独立的除尘系统，通过管道将压片机的除尘接口逐一相连，进行统一的除尘操作。

（7）内外包装工序设备布置。

固体制剂内包装常见的有塑瓶和泡罩薄膜两种。内外包装连成一体成为完整包装线。

①塑瓶包装线。

以塑瓶包装线为例，其由全自动理瓶机、电子自动数粒机、干燥剂投入机、直线式旋盖机、电磁感应封口机、圆瓶贴标机、装盒机、热收缩薄膜包装机及包装工作台等组成。通常在旋盖后经皮带输送机送出洁净区进入外包装区域进行封口。但是考虑到封口之前可能对产品造成的影响，可将封口机设置在十万级洁净区内，避免引起不必要的污染。这样，塑瓶包装线在洁净区内的长度将达到或超过 15 m，加上外包区域的设备，建议预留 30 m 左右。如果长度不够，可采取转弯布置，以缩短整条生产线的长度。塑瓶包装线转弯布置示例如图 6-99 所示。

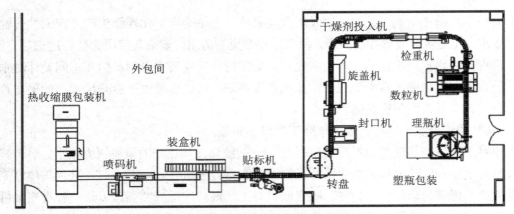

图 6-99　塑瓶包装线转弯布置平面图

由于瓶装药品解封后易受潮，储存期缩短，现在已被密封性好、储存期长、携带和使用方便的泡罩包装所取代。

②泡罩薄膜包装线。

泡罩包装即 PTP（press through packaging），适用于片剂、胶囊、栓剂、丸剂等固体制剂药品的机械化包装，它已成为我国固体制剂包装的主流，其发展势头仍将持续。目前，泡罩包装也有逐步用于安瓿瓶、西林瓶及注射器等包装。

全自动泡罩包装联动机可实现泡罩的成型、药品填充、封合、批号打印、板块冲裁、包装纸盒成型、说明书折叠与插入、泡罩板入盒以及纸盒的封合等，如图 6-100 所示。药品泡罩包装全过程一次完成，既缩短了生产周期，又减少了环境及人为因素对药品可能造成的污染，还减少了对药品生产过程的影响，最大限度地保证了药品及包装的安全性，符合 GMP 要求。

随着药品包装材料的不断更新与包装设备性能的不断完善，药品泡罩包装将在人性化设计、安全性、多功能和环保性等方面有更好的发展。意大利马可西尼集团于 2014 年研制的集成机器人化的泡罩包装生产线最高产量达每分钟 320 个泡罩和 260 多个包装盒。

该生产线拥有的获得专利的三轴机器人带有吸盘拾取头。整条生产线最大的特点是将吸塑成型部分和装箱部分连接在一起，因此使整条生产线变得"小巧"，达到了节省设备所占空间的目的。同时，该生产线在系统控制方面，不再是由几个独立的机组简单地组合在一起，而是可以实现瞬时切换的集成模块，因此能够最大限度地减少尺寸切换操作的时间，极大地提高了生产效率。如图 6-100 所示为泡罩薄膜包装线平立面布置图。

（a）

图 6-100　泡罩薄膜包装线平立面布置图

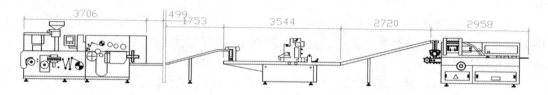

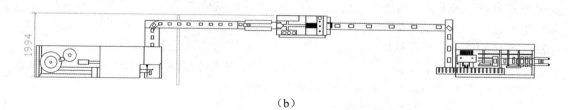

（b）

图 6-100　泡罩薄膜包装线平立面布置图（续）

4）片剂车间设备布置实例

片剂车间常用的布置形式有水平布置和垂直布置。水平布置是将各工序布置在同一平面上，一般为单层大面积厂房。水平布置有两种方式：①工艺过程水平布置，将空调机、除尘器等布置于其上的技术夹层内，也可布置在厂房一角；②将空调机等布置在底层，而将工艺过程布置在二层。垂直布置是将各工序分散布置于各楼层，利用重力进行加料，有两种布置方式：①二层布置：将原辅料处理、称量、压片、糖衣、包装及生活间设于底层，将制粒、干燥、混合、空调机等设于二层；②三层布置：将制粒、干燥、混合设于三层，将压片、糖衣、包装设于二层，将原辅料处理、称量、生活间及公用工程设于底层。

由于固体制剂生产车间中物料密闭转运系统的使用，使片剂生产由传统的水平布置向垂直布置转变，垂直布置可以减少车间占地面积，物料转运可实现重力下料，减少洁净区面积和体积，降低空调系统运行费用。常见的为三层或四层垂直布置。三层布置中，主生产区通常位于二层，三层为物料称量、粉碎、配料等前处理区以及制粒、总混、压片、包衣等岗位下料区，一层为包装区及接料区，内包装物料在二层下料。根据生产中采用的物料密闭转运系统的密闭等级的不同，可将下料区、接料区、中间物料暂存区设置在受控的一般区（CNC）内，最大限度地减少洁净区面积，生产区清场方便，特别适用于多品种、大批量生产。但此方案设备一次投资较大，且需要设置物料电梯在层间转运装有物料的 IBC 基于标识的密码技术周转桶。

隔离操作技术的使用可以大大降低人为干扰造成的产品污染风险，对于高毒性、高活性产品生产采用隔离器（isolator）是最佳的选择。隔离器只有在安装、检修时才能打开，每次打开再封闭后需重新验证合格才能投入使用，生产运行中操作者只能通过手套箱进行必要的操作。隔离器自带空气处理系统、CIP 系统、VHP 灭菌系统。隔离器不仅可以降低产品污染风险，保证产品质量、保护操作者和生产环境，还可以降低隔离器所在的背景环境的洁净度级别，最低可以为 D 级区。使用隔离器的优点是安全、节能；缺点是设备投资大、设备维护成本高。目前国内该设备的应用还较少，欧盟、美国则应用较多。

限制接触屏障系统（RABS）在国内应用较为广泛，其优点是可以减少生产过程中人为因素的干扰，相对于隔离器设备投资较少，有利于保证产品质量；缺点是不能降低生产区域的洁净度级别。

一次性产品的使用可降低产品交叉污染的风险，传统生产中需重复使用的设备、容器及部件需要经过清洗烘干或灭菌后再投入使用，清洗过程不仅需要消耗大量的纯化水、注射用水，而且会由于清洗不彻底而增加产品交叉污染的风险，因此各国 GMP 都对清洗验证提出越来越高的要求。若使用一次性产品，可以极大地减少纯化水、注射用水的使用量，简化生产过程。已有实践数据证明，在中小规模生产中使用一次性产品可以降低生产成本。一次性产品的使用在产品附加值较高的生物制药中应用较为广泛。

单一设计的片剂车间并不多，更多的是设计和建设固体制剂综合车间，片剂车间只是固体制剂综合车间的小部分，具体见后面综合车间设计。

5）多品种固体制剂综合车间设计

国内市场上常见的固体制剂主要是片剂、胶囊剂、颗粒剂等。而片剂、胶囊剂、颗粒剂等剂型的生产工艺有很多共同之处，且洁净度级别要求一致。为了提高设备利用率，减少洁净区面积，国内制药企业经常把这 3 种剂型的药物生产放在同一制剂车间内进行生产。

（1）车间工艺布置原则。

①物流关键设计原则。为了缩短运输路线，可将固体制剂车间与仓库组合成一幢厂房设计，按不同防火要求分区考虑，并应根据全厂区人流、物流的方向，将车间与仓库南北向或东西向布置，车间通过货运走廊与仓库加以联系。物流即固体物料的搬运或输送，就是将各种不同形态的物料（例如，粉末、颗粒、片子或胶囊）从一个生产工序的设备中运送到下一个工序的设备中。物料搬运的方法经历了传统料桶人工搬运到机械搬运的过程。其设计原则为：A 减少物流工艺步骤和缩短物流运输距离。B 进入有空气洁净度要求区域的原辅料、包装材料等应有清洁措施。C 生产过程中产生的废弃物出口不宜与物料进口合用一个气闸或传递窗，宜单独设置专用传递设施。D 分别设置人员和物料进出生产区域的通道，极易造成污染的物料（例如，部分原辅料、生产中废弃物等）必要时设置专用出入口。E 若洁净区设置清洗间，空气洁净度等级应与本区域相同。避免已清洁的设备部件、模具和未清洗设备部件、模具共用同一储存区域。清洗后的设备、物品、工器具等应尽快干燥（烘干或吹干）并在适宜的环境下保存。

周转料桶上面带盖，有效解决了粉尘飞扬的环境问题；料桶下面带有轮子可以推动或用起道车移动，可用于粉末、颗粒、素片、包衣片等的运送，借助于目的地的提升机械将料桶提升到一定高度后，打开底部的放料阀直接对压片机、包衣机、检片机或包装机进行加料，解决了人工搬运中的安全问题。这种料桶也可作为混合设备，是物料搬运和混合工艺的结合，俗称混合 BIN。

BIN 尤其是混合 BIN 的使用和推广是在传统固体制剂工艺路线上的一个进步，其在防止粉尘飞扬、避免交叉污染、提高质量管理水平、降低劳动程度、提高生产效率等方面的优点是显而易见的，但是从 HSE[健康（health）、安全（safe）、环境（environment）缩写]的角度分析，还有改进的余地。例如，可以设计成自动料车，按导轨或色带引入自动对位并自动接口，实现全自动化工艺。

在固体制剂的生产厂房中，以往的生产大多集中在一个大的平层中，原料粉体或者片剂、胶囊在不锈钢料桶中存放和运转，通过料桶提升机提升翻转后再进行物料的转移。如果采用 IBC，则需提升机提升后再作物料转移，人工干预程度比较高。在局部工序中也可采用真空送料方式，以实现在相似高度下的物料转移。

还有一种是前面已经介绍过的跨楼层的料斗垂直输送，适用于产品量大、规模化生产的企业，可进一步实现全自动的全封闭的物料输送，符合 GMP 生产和达到现代化制药生产的要求。需要注意的是：①由于上下层的高层差，物料沿管道下滑时，管道内一定要有阻尼机构，以使物料下滑速度缓慢，但由于管道直径较大，不会产生物料分层的现象；②下层设备料斗需加盖，进料口应有密封措施，以防止粉尘飞出；③加料的控制应上下配合，由下层操作人员控制，并确定 SOP 操作程序；④物料自动加料最后是采用产品的管理，以使计算机识别产品物件料，防止差错。

②人流关键设计原则。A.洁净厂房要配备对人员进入实施控制的系统，例如，门禁系统。B.人员净化区域统筹包括换鞋区、脱外衣间、洗手区、更换洁净服间、气锁间、洁净衣清洗间。C.若设计头孢或青霉素类的车间，建议增加一个淋洗间，对直接接触物料的操作人员在退出洁净区后进行简单的冲淋洗。

③生产工艺布局设计原则。固体制剂车间设计时采用模块化设计理念，按照不同的生产工艺特点将生产车间分成不同的模块，每一个模块负责不同的工序，模块之间相互独立，最终形成一个统一的整体。制粒模块是最关键的部分，建议此区域采用一个整体的空调系统，而压片、包衣、胶囊填充、分装模块采用另一个整体的空调送风系统，各自全排风，在一定程度上节约能耗，而且不同的模块独立运作，可以生产出不同类型的药品，并相互不影响。

而生产设备应按工艺流程合理布局，尽量减少往返、迂回，一般可考虑直线形、U 型或 L 型布置。由于固体制剂车间物料量较大，应围绕中间站按工艺流程顺序布置各生产工序，各工序之间联系方便，快捷，上下工序相邻布置。生产区要有与生产规模相适应的面积和空间安排生产设备和物料，保证生产操作衔接合理，防止原辅料、中间品、半成品、成品混淆和交叉污染，辅助设施应能在满足生产需要的同时，不妨碍生产操作。

根据固体制剂相关工序的特殊要求，应设计原辅料暂存间；单独的称量间，其应有称量用称量罩，以防止粉尘外逸造成交叉污染；或对产尘量大的粉碎、过筛设计前室，其相对洁净走廊为正压，相对工作室为正压；或配备必要的捕尘、除尘装置，以避免对邻室或共用走道产生污染；防爆区或防爆门斗，因包衣液往往采用有机溶媒进行配浆其采用全部排风，防爆区相对洁净区公共走廊负压；洁净走廊应该保证其直接到达每一个生产岗位、中转物或内包材料存放间。

口服固体制剂的生产工艺过程比较复杂，经过多道工序，车间的每一个工序、功能间、辅助间都很重要，车间生产环境以及车间的生产工艺布局情况都会影响产品质量和生产效率。因此，在设计符合 GMP 要求的厂房和设施时，应综合考虑企业自身情况、GMP 以及其他的法律法规要求，这样才能够设计出既符合 GMP 要求、保证药品质量的同时，又满足企业节约资金、谋求发展要求的厂房和设施。

④条形码技术的应用。在药品生产 GMP 管理中重点是确保药品质量和防止差错，目

前在物料流动或转运的过程中，绝大部分企业是以操作 SOP、管理 SMP 和员工的责任心来保证上述两点要求的，但是员工的责任心有强有弱，执行 SOP、SMP 要求的自觉性也有高有低，若能在整个生产过程中（从原、辅、包材进入开始至产品出厂）实行产品条形码管理，非常有利于质量控制，有利于防止非主观因素差错的产生。

由于条形码形式的千变万化，可以将企业诸多产品的材料、物料设置成一一对应的关系。在任何一个生产工序开始前，可设置条形码准入管理，利用信息技术自动识别物料及产品，符合设定的可以进入下道操作工序；否则，系统则拒绝或禁止程序动作，并发出错误因素的提示。同时，由于信息有记忆和输送作用，每一操作程序都会受到有关部门的监督和询查。

条形码技术不但可以实现跟踪产品的从头至尾整个生产过程，而且可以实现诸多自动化控制技术。例如，设备启动的条码认可程序，生产过程质量控制技术，产品返工及销售跟踪管理以及仓库存、取物品自动化技术等。

条形码控制技术可运用于药机设备的诸多方面，这需要药机行业的工程技术人员、信息技术专业人员和制药企业的技术人员共同努力实现。

（2）关于区域划分——多中心与模块化的讨论。

多中心设计的核心思路是将相同或相近的工艺、工序合并，以达到提高产能、节约人力的目的。对于固体制剂车间而言，可以合并片剂、颗粒剂、硬胶囊剂的制粒工序，再分别进行颗粒分装、压片包衣、胶囊充填等工序，形成一头三尾的模式。例如，在一个年产 20 亿片（粒）的车间中，可以考虑在三层设置制粒、总混等工序，颗粒通过垂直输送由三层运输至二层，在二层经过压片、胶囊充填、包衣等工序，再通过垂直输送将半成品由二层运输至一层的内包及外包工序，物料在运输过程中不出洁净区。但是多中心设计的缺点也是显而易见的，其车间物流运输量较大，且在产能不饱和时，会带来空调系统能耗的浪费。

模块化设计的特点是将剂型按模块来设计，模块内包含全部的工序，使模块能独立成一个体系。例如，固体制剂车间中就包括了粉碎称量、制粒总混、压片包衣、胶囊充填、内包装、外包装等各个工序，将中间站设置于模块的中部位置，可以缩短运输路线，提高生产效率。模块化设计的优点是可以使生产具有一定的柔性，而且每个模块的空调系统是相互独立的，既最大程度上节约了空调能耗，也不会影响到其他模块不同产品的生产。

（3）车间平面布置实例。

①普通类综合制剂车间。

普通类综合制剂车间是由两条铝塑泡罩片剂、两条硬胶囊和颗粒剂、1 条瓶装片剂生产线组成为一幢二层楼的综合生产厂房。由于片剂、胶囊、颗粒剂等剂型的生产工艺有很多共同之处，且洁净度级别要求一致，为了提高设备利用率，减少洁净面积，故把这 3 种剂型生产放在同一制剂车间中。

其平面布置时应尽可能按生产工段分块布置，例如，分成制粒工段（混合制粒、干燥、整粒、总混）、胶囊工段（胶囊填充、抛光选囊）、压片工段（压片、包衣）及内包工段。洁净区内需设置与生产规模相适应的原辅料、半成品存放区，例如，颗粒中转站、胶囊间和素片间等。中转站比较适合集中设置，这样可使物料传输距离最短、工艺布局更简洁、不迂回和往返。生产设备布置在厂房的二层（如图 6-101 所示），原料、辅料及成品仓库布置在厂房的一层。

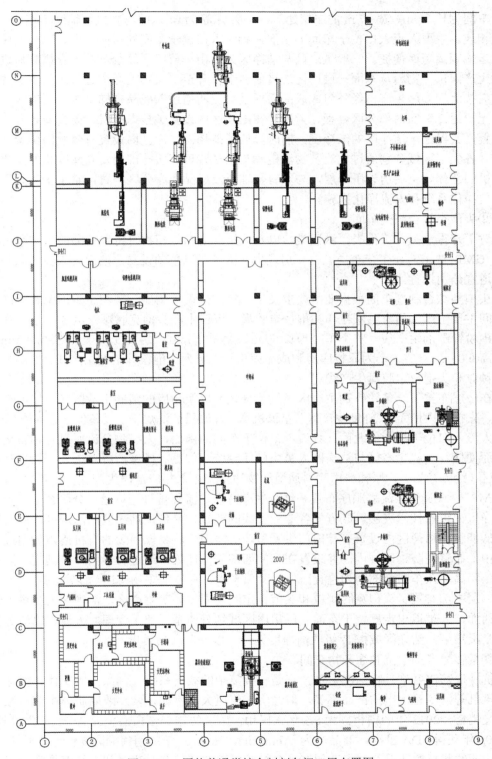

图 6-101 固体普通类综合制剂车间二层布置图

车间为长 83 m、宽 47 m 的二层建筑，每层层高 6 m，东面与质检及辅助工程楼、综合仓库相连。主要人流入口位于车间的南面，物流入口位于车间的东面，人、物分流明显且物料运输距离短而便捷。一般生产区与洁净区人员由一层门厅经统一的更衣措施后进入各自的生产岗位；物料从东面一层库区通过原料电梯升至二层物流通道进入车间中部的生产区域后按流程顺序生产再经外包成成品后通过物流通道进入成品电梯降至一层库区，流程短且无折返；车间内部分区合理、紧凑。在洁净区内设置了技术夹层，既方便各专业管线的布置，又保证了洁净区的洁净度，同时降低了能耗；洁净区内设置有疏散门供紧急疏散之用。各生产区域分别通过人流及物流走廊与生产管理、质检部门及仓库区相通，成为一个有机的整体。空调房设于一层，与原料、辅料及成品仓库分区布置，整个车间采用同一套空气净化系统和人流净化措施。

②头孢类综合制剂车间。

对于青霉素类、头孢类、激素类，以及低摄入量高效药物等特殊药品的生产车间，应根据 GMP 要求，在工艺布局上将厂房或生产区域予以单独设立，洁净区人员进入与退出的通道宜分别设置。

头孢类综合制剂车间根据业主要求及生产特点建设。例如，某药企头孢菌素类固体制剂车间主要生产头孢克肟颗粒和头孢拉定胶囊，可日生产头孢克肟颗粒达 5 亿袋，还有一条头孢粉针制剂生产线。整个车间为长 60 m、宽 30.5 m 的二层建筑，一层层高 4.5 m，二层层高 6.0 m。一层一半为原料库房和成品库房，一半为头孢粉针制剂生产线；二层为头孢克肟颗粒和头孢拉定胶囊生产线。

在一层布置了一条粉针剂生产区（气流分装）以及相应的辅助生活区（门厅、换鞋、更衣、洗衣、卫生间）、辅助生产区（空调机房、过滤器清洗烘干、设备保全、备件存放）。主要人流入口位于车间的北面，物流入口位于车间的南面，人、物分流明显且物料运输距离短而便捷。一般生产区与洁净区人员由门厅经统一的更衣措施后各自进入一般生产区和洁净区（经人净后），原辅料由物料通道经物净措施进入相应洁净生产区。在各生产区内，按 GMP 要求及工艺流程顺序布置并结合生产特点，流程短且无折返，分区合理、紧凑。在洁净区内设置技术夹层，既方便各专业管线的布置，又保证洁净区的洁净度，同时还可以降低能耗。洁净区内设置有疏散门供紧急疏散之用。将易燃易爆的有机溶媒使用岗位相对集中，布置在防爆区域内，并设置在车间西部靠外墙处，通过防爆门斗使其与非防爆区域有效隔离。在车间南部则为包装岗位，紧邻仓库，尽量缩短物料运输距离。

二层中部布置了头孢克肟颗粒和头孢拉定胶囊固体制剂生产区，洁净区人员进入走廊位于西面，人员退出走廊位于东面，厂房内区域划分清楚，便于管理。人流、物流分清，避免交叉污染。洁净区域按 D 级的洁净度设计，以保证产品质量。

③紫杉醇多剂型抗肿瘤药物车间。

抗肿瘤药注射剂是特殊注射剂，它是一类复杂的载药系统。例如，脂质体、微球和注射混悬剂等，尽管上市的产品不多，但经济价值巨大。例如，紫杉醇脂质体由南京绿叶思科开发销售，2013 年的销售额为 8.5 亿人民币；紫杉醇结合蛋白由美国 Abraxis 公司研发，于 2005 年获得 FDA 批准，商品名为 Abraxane，在 2017 年的销售额为 9.9 亿美元。

早期的紫杉醇注射剂和多西他赛（多烯紫杉醇的商品名）注射剂都是混悬乳液型。由于紫杉醇难溶于水，溶剂中采用了聚氧乙烯蓖麻油。聚氧乙烯蓖麻油在体内降解时能释放组织胺，激活补体，带来严重的过敏反应，注射液使用前需要进行脱敏处理。多西他赛于1996 年在美国上市，2002 年国内仿制药成功上市销售。多西他赛细胞内浓度比紫杉醇高 3倍，在细胞内滞留时间长，因此比紫杉醇具有更强的抗肿瘤活性。多西他赛与紫杉醇有相似的毒性反应，但其骨髓抑制毒性更多，且会出现体液储留症状等。脂质体紫杉醇 2003 年经 CFDA 批准在中国上市销售。脂质体药物采用由磷脂、胆固醇等构成的磷脂双分子层结构包裹紫杉醇，提高水溶性而无须添加聚氧乙烯蓖麻油，该剂型解决了紫杉醇的溶解性问题。脂质体紫杉醇较紫杉醇有明显减轻毒副反应的效果，但是仍然没有完全解决过敏问题，临床上依然要进行烦琐的预处理。注射用紫杉醇（白蛋白结合型）2005 年在美国上市，2008年 6 月进口中国。纳米白蛋白紫杉醇是一种新型紫杉醇纳米制剂，是国际公认的紫杉醇最先进的制剂。人血白蛋白既作为紫杉醇药物的载体又起到稳定的作用，水溶性增加。纳米白蛋白紫杉醇不含聚氧乙烯蓖麻油，完全不需要激素预处理。其体内药代动力学特征也与传统紫杉醇不同，耐受剂量大幅提高，治疗效果明显改善。众多国内企业目前致力于该药品仿制药的研发申报。

国内某公司提供的紫杉醇脂质体薄膜分散工艺进行自控设计。整个系统包含：1 个 300 L的制膜液配制罐，在此罐中进行紫杉醇脂质体的配制；1 个 300 L 的洗膜液配制罐，在此罐中进行紫杉醇脂质体洗膜液的配制，因配制过程中会接触乙醇，所以整套设备安置在防爆间中。随后，在制模间中有 1 个 200 L 的制膜液分配储罐、1 个 200 L 的洗膜液分配储罐，还有 30 台旋转蒸发仪及配套的抽真空设备，生产出来的脂质体通过真空输送到均质间。均质间有两个 150 L 的均质罐，并有 20 台均质机对储罐内的脂质体进行均质操作，均质完的药液输送到暂存间。暂存间有 1 个 200 L 的不锈钢储罐，随后通过灌装机和冻干机把脂质体灌装冻干。

此项工程的难点在制膜间，整体设备包含 1 个制膜液储罐、1 个洗膜液储罐、两个定容蠕动泵、30 个旋转蒸发仪和 30 个水浴锅。多室脂质体的生产过程为分配药液至 30 个旋转蒸发瓶，然后下降到水浴锅中加热，对旋转蒸发仪进行抽真空，通过蒸发瓶旋转均匀加热将膜液蒸干成膜，然后注入洗膜液进行脱膜制成多室脂质体。在整个过程中，影响整体药品质量的关键点在于制膜液分配到各个蒸发瓶的平均度，只有每个瓶子一样的药液才能保证 30 个旋转蒸发瓶旋转蒸发时间一致和可控。同样，洗膜液的平均分配也直接影响薄膜洗脱时间的一致性和可控性，只有在每个旋转瓶中重量精确一致，才能有效保证药品生产的标准化和质量稳定性。这种制膜方式完全是实验室制膜方式的简单叠加，不适用于工业生产。

德国的 Aphios 公司采用超临界流体技术设备制备纳米级单分散的紫杉醇脂质体，其主要设备为超临界制粒干燥釜，目前该公司有 20 多个品种上市。该公司之所以在脂质体公司中拥有一席之地，主要是由于它发展了一种独特的脂质体制备工艺"超临界流体技术制备纳米级单分散的脂质体"。该技术和常规的醇注入技术有相似的地方，不同的是溶解磷脂和胆固醇时用的是超临界流体二氧化碳。通过该技术，Aphios 公司已经成功地将紫杉醇（paelitaxel）、喜树碱（eamptotheein）等难溶性药物制成了脂质体制剂，成为全球靶向治疗药物的领头羊。脂质体药物纳米白蛋白紫杉醇制剂也可以采用乙醇注入联合高压均质机制备。其原理是在搅拌条件下，用乙醇等脱水剂除去白蛋白的水化膜，暴露其疏水区域，降低白蛋白溶解度，从而将白蛋白析出为纳米颗粒。为了提高紫杉醇表面白蛋白纳米颗粒包裹稳定性，利用还原性谷胱甘肽（GSH）还原人血清白蛋白（HAS）分子内部二硫键形成游离巯基，之后再利用去溶剂化法制备 HSA 纳米颗粒，利用 HSA 分子间游离巯基发生氧化反应生成二硫键，同时分子内二硫键与游离巯基发生交换反应，两种方式共同形成分子间二硫键，从而稳定 HSA 纳米颗粒。药载比为 9∶1 的紫杉醇白蛋白纳米粒释放最为缓慢。酵母细胞表达的重组人血清白蛋白（rHSA）生物相容性、药代动力学过程都与 HSA 接近，可作为 HSA 的替代品用于白蛋白纳米颗粒的制备，随着制备工艺的不断优化，白蛋白纳米颗粒的规模化生产必将推动其在临床上的应用。

如图 6-102 所示是紫杉醇多剂型抗癌药物车间，可生产脂质体紫杉醇、纳米白蛋白紫杉醇、新型脂质体多西他赛等产品。脂质体紫杉醇和新型脂质体多西他赛剂型属于注射液，而纳米白蛋白紫杉醇属于冻干粉针剂。普通的注射液和冻干粉针剂车间布置在上一节中都有介绍，下面主要介绍药物脂质体的先进生产过程，然后介绍纳米白蛋白紫杉醇的先进生产过程。

采用卵磷脂作为脂质体包材，按照 1∶1 的比例与水形成复合物，50℃热水搅拌溶解后，冷却至 25℃加入 6%的乙醇中超声混合，温度控制在 20～25℃，等待彻底溶解后，按照 1∶6 的比例，加入紫杉醇无水乙醇溶液中，高速搅拌 10 分钟，进入 40 MPa 均质机中均质 30 分钟，控制均质乳液温度为 35℃，即可完成乳液包埋。将上述准备好的乳液打入高压釜，待 CO_2 相变为超临界状态后，超临界状态的 CO_2 从制粒釜底部进入，包埋好紫杉醇的包材乳液由高压釜顶部压入制粒釜，打开超声波棒，并在制粒釜内进行超临界 CO_2 喷雾干燥紫杉醇脂质体制造。

带有干燥溶解物的 CO_2 从制粒釜顶部出口排出或底部排除，经干燥釜出口处的调节阀调节，使压力达到一级分离釜要求的分离压力，并进入一级蒸发器升温至一级分离釜要求的工艺温度，进入一级分离釜内，进行干燥溶解物的分离。一级分离釜分离的产品由分离釜底部的阀门排出，并用容器接收。

仍带有干燥溶解物的 CO_2 从一级分离釜的顶部出口排出，经一级分离釜出口处的调节阀调节，使压力达到二级分离釜要求的分离压力，并进入二级蒸发器升温至二级分离釜要求的工艺温度，进入二级分离釜内，进行萃取溶解物的分离。二级分离釜分离的产品由分离器底部的阀门排出，并用容器接收。脂质体的平均粒径在 25～35 nm 左右，脂质体的包埋率达 99.5%。

二级分离釜内的 CO_2 进入预冷器，经预冷器冷凝并保证 CO_2 变成液态进入 CO_2 中间储罐，再由 CO_2 高压泵加压进入预热器实现系统循环。

新型脂质体多西他赛的生产与上述紫杉醇脂质体制造相似。新型脂质体多西他赛是一种表面含有天然或合成聚合物修饰的类脂衍生物的新型脂质体，其中聚乙二醇（PEG）修饰聚合物的研究较为广泛和深入。聚乙二醇分子与磷脂分子通过共价键结合形成 PEG 衍生化磷脂，能有效保护脂质体，阻止血液中不同组分对脂质体的结合，降低了被网状内皮系统（reticuloendothelial system，RES）对脂质体的识别和摄取，延长在体循环时间，提高半衰期；同时易通过肿瘤新生血管间隙渗漏到肿瘤组织中，提高渗透和滞留效应（enhanced permeability and retention effect，EPR），从而提高药物在肿瘤部位的摄取率。

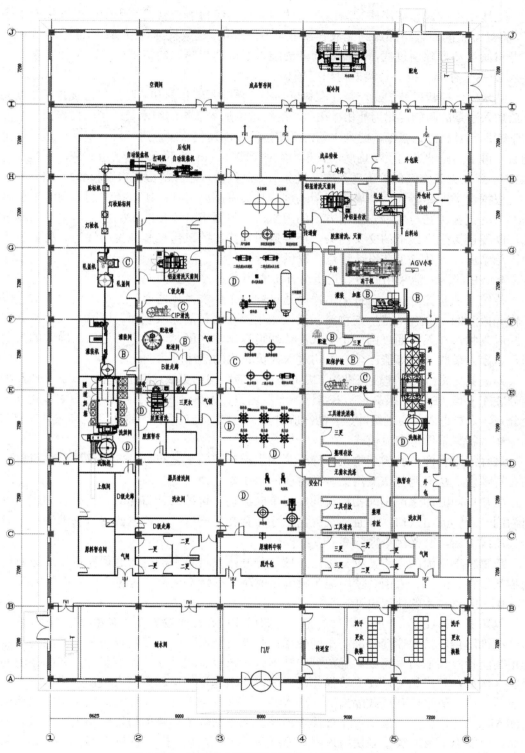

图 6-102　紫杉醇多剂型抗癌药物车间一层布置图

　　上述生产的紫杉醇脂质和新型脂质体多西他赛经检测合格就可用于注射液生产工序中了，将处方量的原辅料加入到配液容器中至处方批量，连续搅拌至澄清；药液经两道 0.2 μm 尼龙材质过滤器除菌过滤，过滤后药液灌装入经清洗除热原的管制瓶中，全加塞并轧盖后转入 2～8℃存放。批检合格即可出厂销售。

　　纳米白蛋白紫杉醇的生产是在配料罐中按比例加入紫杉醇和乙醇后进行搅拌超声溶解，然后加入适量的磷脂，此为油相；在另一配料罐中加入适量的纯水及适量的白蛋白水溶液和冻干赋形剂甘露醇、蔗糖，此为水相；两相溶液在高速匀浆罐上进行混合匀浆，达到一定粒径后，再用高压纳米均质机均质，直至粒径达到 220 nm 以下压入灌装机装瓶、加半塞，由 AGV 小车在无菌空气保护下送入冻干机冻干即制得脱水贮存的白蛋白紫杉醇制剂。

　　根据这类产品特性，都属于无菌制剂，且具有细胞毒性，所以在制剂车间的工艺布置需要考虑无菌工艺与生物安全两方面的因素，一般要求有单独的车间生产，单独的排风系统，既要避免生产线上的交叉污染，还要避免其排出的风污染其他生产线等。根据设计经验，总结出以下几点工艺设计特点，以供参考。

　　● 　B 级区人流采用回更、退更分开更衣模式。

　　传统工艺布置时，人员进出洁净区通过同一个更衣净化通道，生产人员进入洁净区并工作一段时间，会有某些生产物料和活性微生物吸附在洁净服表面。同时，人体也会产生一些脱落物。在人员通过同一个更衣净化通道退出洁净区时，如果与进入洁净区的人员相遇，退出人员脱衣时可能产尘，影响进入人员衣物的洁净度。

　　为避免交叉污染，建议在进行工艺布置时，应采用回更或退更的更衣模式。半成品配制和分装冻干等（B+A）级高风险有毒区域布置退更，人员进入时与退出时的更衣净化通道完全分开，人员进入时通过缓冲、套洁净服进入，退出时通过缓冲、退更（脱套服）退出。

　　● 　物料采用单向流模式。

　　进行细胞毒性抗肿瘤药物无菌冻干制剂生产车间的工艺布置时，建议采用物料单向流的布置理念，从而避免交叉污染，同时保证生物安全。

　　物料单向流即生产车间物料流向实现单向流动。传统工艺布置的物料进入和废弃物运出为同一个物流出入口，并且清洗灭菌工序布置在生产区内，待清洗器具与清洗灭菌后的器具流线交错，交叉污染风险高。

　　按物料单向流的理念，物料进出口应该分开，设置单独的进入通道和退出通道，进入的物料暂存、清洗、灭菌、使用与污物退出的路线尽量不重合，避免交叉污染的风险。

　　● 　隔离技术的使用设计。

　　隔离器（RABS）一般有两种类型：无菌用途类型和生物安全式类型。

　　在细胞毒性抗肿瘤药物冻干车间使用的是兼有无菌用途的和生物安全功能的隔离器，作用是防止隔离器内有毒物料释放到隔离器外。该设备通常在正压下运行，有额外的安全措施（例如，负压锁），在人员操作的部分，需考虑增加该部分的人员保护措施。其中，在灌装工序一般采用开放式隔离器（oRABS），在冻干和轧盖工序一般采用封闭式隔离器（cRABS）。因为，一般情况下产品在液体状态下对环境影响的可能性小于粉末状态下的产品，所以冻干及后续工序使用封闭式隔离器（cRABS）。操作者与 A 级无菌核心工艺相隔离，例如，设立非直接人工干预的屏障，且带有手套箱。无菌生产的时候，操作人员只能通过关键部位设计的手套箱进入，防止人员直接干扰无菌敞口区域所带来污染的风险。

● 洁净空调自控系统的特点。

按生产线不同品种洁净度等级分别设立空调自控系统，空调系统对空气进行三级过滤，过滤产生的 700～800 Pa 的阻力通常采用集中送风的方式进行消除。各生产工作间正负压力控制严格，为防止药物颗粒污染外界环境，人流、物流通道中向外界过渡的缓冲间相对于相邻的房间也必须保持负压。

● 废水和排风的处理。

灌装区和冻干区的（B+A）级区域都是有毒区，在生产过程和清洗过程中必定会产生含有活度的废水。为保障生物安全，防止有毒区的活毒随污水逸出有毒区，设置废液灭活间。将每个有毒区的排水管道分别接入废液灭活间的灭活罐，经灭菌处理后方可同其他废水排入厂区污水处理站进行后续处理。

排风经过高效过滤后排出，避免将生物活性物质散播到空气中去。

第五节　诊断试剂生产车间设计

依照我国 2014 年发布的《体外诊断试剂注册管理办法》，体外诊断试剂是指按医疗器械管理的体外诊断试剂，包括在疾病的预测、预防、诊断、治疗监测、愈后观察和健康状态评价的过程中，用于人体样本体外检测的试剂、试剂盒、校准品、质控品等产品。其可以单独使用，也可以与仪器、器具、设备或者系统组合使用。其中，用于血源筛查的体外诊断试剂和采用放射性核素标记的体外诊断试剂，按照药品管理，不属于《体外诊断试剂注册管理办法》的管理范围。

近年来，体外诊断（in vivo diagnosis，IVD）的发展速度较快。汇总国内外有关中国体外诊断市场信息，去除非工业口径的数据，2018 年中国体外诊断市场规模超过 800 亿人民币（折合超过 110 亿美元），同比增长 15%左右。其中进口产品占比达 55%左右。截止 2018 年年末，我国体外诊断生产及研发企业、上流原材料企业 1450 家左右，经营销售流通企业超过 5 万家（不包括药房和 I 类证的经营企业）。未来 3～5 年体外诊断行业发展最具潜力的产品线依次为分子诊断、免疫、即时检验（point-of-care testing，POCT）。

国际诊断试剂行业领先企业：瑞士罗氏集团、美国强生公司、美国雅培制药有限公司、美国贝克曼库尔特、美国碧迪（Becton Dickinson）、法国生物梅里埃（Bio Merieux）、日本希森美（Sysmex）、美国赛默飞世尔、美国艾利尔（Alere）、美国伯乐（Bio-Rad）。

国内诊断试剂行业领先企业：上海科华生物工程股份有限公司、中生北控生物科技股份有限公司、北京利德曼生化股份有限公司、中山大学达安基因股份有限公司、四川迈克生物科技股份有限公司、北京九强生物技术股份有限公司、复星医药体外诊断事业部、深圳迈瑞生物医疗电子股份有限公司、浙江迪安诊断技术股份有限公司、长春迪瑞医疗科技股份有限公司、深圳市新产业生物医学工程股份有限公司、四川新健康成生物股份有限公司、上海新科生物技术股份有限公司、上海丰汇医学科技股份有限公司、厦门致善生物科技股份有限公司、武汉明德生物科技股份有限公司、北京倍爱康生物技术有限公司、北京万泰生物药业股份有限公司、郑州安图生物股份有限公司等。

一、体外诊断试剂分类

体外诊断试剂在国内现行实行注册管理制度，并根据产品风险程度的高低，体外诊断试剂依次分为第三类产品、第二类产品、第一类产品。

第三类产品指与致病性病原体抗原、抗体以及核酸等检测相关的试剂，与血型、组织配型相关的试剂，与人类基因检测相关的试剂，与遗传性疾病相关的试剂，与麻醉药品、精神药品、医疗用毒性药品检测相关的试剂，与治疗药物作用靶点检测相关的试剂，与肿瘤标志物检测相关的试剂，与变态反应（过敏源）相关的试剂。第二类产品指除已明确为第三类、第一类的产品，其他为第二类产品，主要包括用于蛋白质检测的试剂，用于糖类检测的试剂，用于激素检测的试剂，用于酶类检测的试剂，用于酯类检测的试剂，用于维生素检测的试剂，用于无机离子检测的试剂，用于药物及药物代谢物检测的试剂，用于自身抗体检测的试剂，用于微生物鉴别或药敏试验的试剂，用于其他生理、生化或免疫功能指标检测的试剂。第一类产品指微生物培养基（不用于微生物鉴别和药敏试验）、样本处理用产品，例如，溶血剂、稀释液、染色液等。第一类体外诊断试剂实行备案管理，第二类、第三类体外诊断试剂实行注册管理。

体外诊断试剂品类繁多，涉及众多学科门类，因学科间交叉现象日渐增多、新技术层出不穷，很难以某个原则为标准对其进行简单分类。

从临床专业角度［参考《全国临床检验操作规程》（第四版）］可将其分为临床血液与体液检验试剂、临床化学检验试剂、临床免疫检验试剂、临床微生物与寄生虫检验试剂、临床核酸和基因检验试剂等。

从方法学角度可将其分为化学显色法、免疫比浊法、酶联免疫法、胶体金法、免疫荧光法、化学发光法、分子生物法、微生物培养法等。

目前常见的体外诊断试剂主要有以下几类：生化诊断试剂、胶体金诊断试剂、免疫诊断试剂、分子诊断试剂、微生物诊断试剂等。

二、体外诊断试剂生产工艺

体外诊断试剂的生产具有多样性、复杂性、专业跨度大、发展和更新快的特点，在产品研制和生产过程中，关键步骤的制备方法和原料配比是项目的核心技术。这也成为产品在市场中的核心竞争优势。在研发实验阶段所有的物料均使用公司内部编码规程进行保护和管理，只限于核心研发人员掌握。由于体外诊断试剂医疗器械产品的特性，公司仅对少数关键制备技术环节申请专利。因此，如果公司不采取有效防止核心技术泄密的措施，就将面临被他人模仿的风险之中。

按照质量管理体系要求，公司在生产环节由负责质量管理工作的质控人员在操作流程和产品各个阶段的质量全程严格把控。一旦生产、运输等方面操作不当，可能导致质量事故的发生，影响公司的正常生产。因此应采取如下策略：①提高生产设备的自动化程度，操作文件到位，培训到位；②验证批量生产工艺合理性；③进口物料国产化及关键原料自主研发，质检严格把控原料检验程序，合格方可使用；④在研发生产阶段充分验证，严格质控产品质量，合理提高内控标准。通过这些措施来做好产品开发、生产过程中的质量风险管理。

下面就分类介绍主流诊断试剂的原理与工艺过程。

1）生化诊断试剂

生化诊断试剂（又称临床生化检验试剂盒）是用化学和生物化学反应的原理、用于完成一个特定体外诊断检验而包装在一起的一组组分。试剂盒组分可包括抗体、酶、缓冲液、稀释液、校准物、控制物和（或）其他材料，基于分光光度法用于体外定量测定人体体液中的化学和生物化学组分来获取临床诊断信息。根据反应原理不同可分为化学反应试剂盒、酶法分析试剂盒和免疫化学法试剂盒，后者包括免疫比浊法、胶乳增强免疫比浊法、免疫抑制法和小分子捕获法等。

生化诊断试剂盒通常包含的组分有单试剂 R（或者双试剂 R1、R2）、校准品和或质控品。

生化诊断试剂的生产工艺简要概述为配制（也称配料/配液）、分装、包装。关键质控点为原材料称量、配液、物料平衡。

R/R1、R2 的配制、分装需要在 10 万级洁净间完成，血清（浆）基质校准品及质控品的配制、分装需要在万级洁净间完成，如图 6-103 所示。

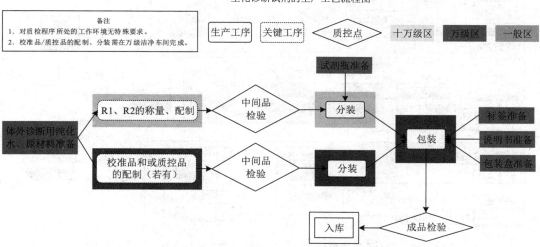

图 6-103　生化诊断试剂生产工艺流程

2）胶体金诊断试剂

胶体金诊断试剂又称金标记免疫分析试剂，是于 1971 年建立、以胶体金作为示踪标志物应用于抗原抗体反应的一种信号显示技术。此技术最初用于免疫电镜检查，由胶体金颗粒标记抗原或抗体，与组织或细胞中相应的抗体或抗原相结合，在电子显微镜的检查中可起特异的示踪作用。近 20 多年来，以硝酸纤维素膜（NC 膜）等为固相载体，利用胶体金标记的抗原或抗体与特异配体在膜上进行特异结合反应的原理，建立了快速的金标记免疫渗滤技术和金标记免疫层析技术，并在传染病、心血管病、风湿病、自身免疫病、早孕、毒品等检测中广泛应用。免疫胶体金技术法最大特点是单份测定、简单快速、特异敏感。例如，层析试纸条技术，不需任何仪器设备和试剂，几分钟就可用肉眼观察到颜色鲜明的实验结果。

胶体金诊断试剂通常包含的组分有检测条/卡、样品稀释液、采样拭子等。

胶体金诊断试剂的生产工艺简要概述为胶体金垫制备、含底板硝酸纤维素膜制备、样品垫制备、吸水纸制备、贴合、裁切、装壳、封装检测卡、组装、入库。

关键质控点包括主要生物原料的质量控制，标记物的制备浓度确定，点膜、封闭和干燥，切膜（需防尘措施）。其中温湿度的控制尤为关键。

胶体金诊断试剂生产工艺如图6-104所示。所有生产工序需要在10万级洁净间完成，且部分工序（NC膜划膜、NC膜干燥、贴合、裁切、装壳、封装检测卡等）需要在10万级洁净车间的干燥区中完成，相对湿度控制在30%以下。

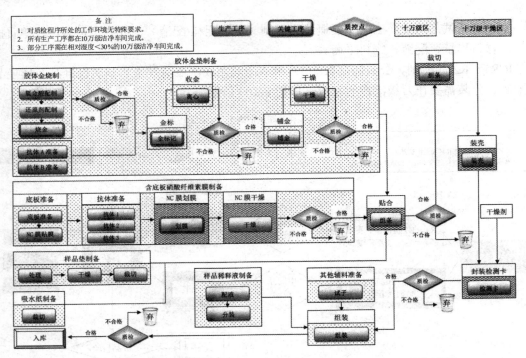

图6-104 甲型乙型流感病毒抗原检测试剂盒（胶体金法）工艺流程图

3）免疫诊断试剂

免疫诊断技术是一类应用免疫学抗原抗体特异性结合的基本原理对各种疾病靶标进行定性或定量测定分析的检测技术。免疫诊断试剂在体外诊断试剂盒中品种繁多，广泛应用于医院、体检中心、血站等，主要用于病原体检测、肿瘤检测、激素检测等。

根据标记物的不同，常用的免疫诊断技术包括荧光免疫分析、放射免疫分析、酶联免疫吸附分析、化学发光免疫分析、时间分辨荧光免疫分析等。前节所述的胶体金诊断试剂也属于免疫诊断试剂的一种。

荧光免疫分析使用普通荧光分子（例如，异硫氰酸荧光素）作为标记物，易受散射光、背景荧光和荧光淬灭等因素干扰，灵敏度较低。放射免疫分析使用放射性同位素（例如，3H 等）作为标记物，其生产、应用须采用放射性防护措施，且由于放射性同位素的自身衰变和比活性不高，试剂稳定性差、批间差异大，难以满足大规模临床应用的需求。酶联免疫吸附分析（ELISA）使用酶作为标记物（如 HRP），具有无放射性危害、高灵敏度、高稳定性、成本低、可大规模操作等优点。化学发光免疫分析分为以酶作为标记物的酶促化学发光法，以吖啶酯、鲁米诺、三联吡啶钌等标记物的直接化学发光法，具有灵敏、快速、稳定、选择性强、重现性好、易于操作、方法灵活多样等优点。时间分辨荧光免疫分析应用镧系稀土离子螯合物（如铕、钐等）作为标记物，具有灵敏度高、精密度好、测量范围宽、可同时检测多个待测物等优点。

酶联免疫试剂盒通常包含的组分有包被板、酶结合物、阴性对照、阳性对照、样品稀释液、洗液、底物、显色剂、终止液等。

酶联免疫试剂盒的生产工艺主要包括包被板的制备，酶结合物的配制和分装，阴性对照、阳性对照的配制和分装，样品稀释液、洗液、底物、显色剂、终止液的配制和分装，试剂盒的组装。其工艺流程如图 6-105 所示。

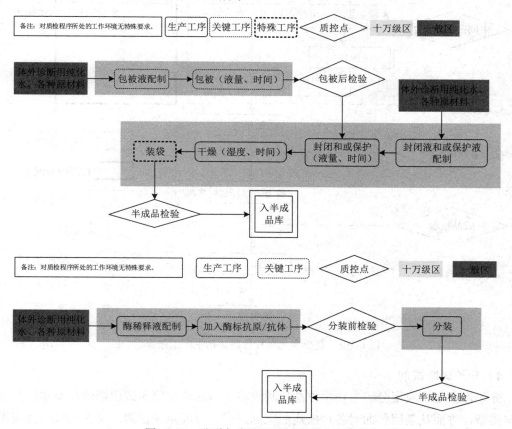

图 6-105　酶联免疫诊断试剂生产工艺流程

　　化学发光试剂盒通常包含的组分有包被板、酶结合物、标准品/校准品和或质控品、洗液、发光底物等。

　　化学发光试剂盒的生产工艺简要概述：包被板的制备，酶结合物的配制和分装，标准品/校准品和质控品的配制和分装，洗液、发光底物的配制和分装，试剂盒的组装。其工艺流程如图 6-106 所示。

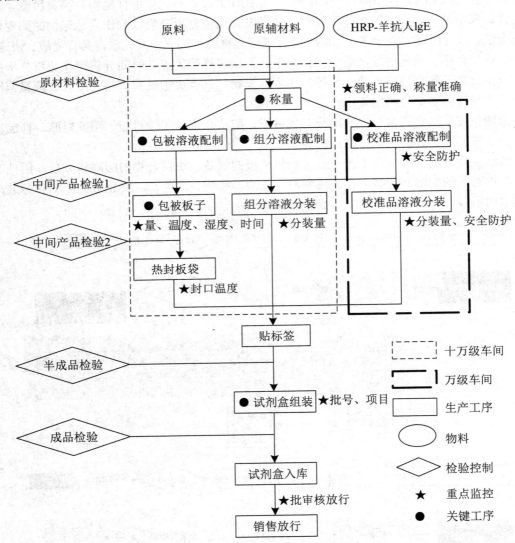

图 6-106　化学发光免疫诊断试剂生产工艺流程

4）分子诊断试剂

　　分子诊断是指应用分子生物学方法检测受检个体的遗传物质或所携带病原体的基因结构与类型，进而从基因层面对各种疾病的靶标进行定性或定量检测。目前已经广泛应用于传染病、血源筛查、肿瘤、个性化用药、遗传病、产前诊断及筛查等领域。根据检测技术的不同，可以分为核酸杂交、核酸扩增、基因芯片、基因测序、核酸质谱等。

核酸杂交根据杂交材料不同可分为 DNA-DNA 杂交、DNA-RNA 杂交和 RNA-RNA 杂交。其中最常用的是 Southern 杂交、Northern 杂交、原位杂交、点杂交等，都是基于核酸分子的碱基互补原理，具有高特异性和灵敏性的优点。核酸扩增可分为常规聚合酶链式反应（PCR）、实时荧光 PCR、数字 PCR、高分辨溶解曲线（HRM）和等温核酸扩增等，是分子诊断产品中应用最广的一类检测技术，具有高特异性、简便、快速、重复性好、易自动化等优点。基因芯片是一种大规模集成的固相杂交系统，具有连续化、微型化、集成化和自动化等优点。基因测序分为 Sanger 测序和下一代测序技术，前者具有测序长度长、准确性高等优点，是基因检测的金标准；后者具有通量大、测序时间短、精确度高和信息量丰富等优点。核酸质谱是一种以核酸为待检物的质谱分析方法，具有高准确度、高灵敏度、高样本通量等优点。

分子诊断原料是制备诊断试剂的物质基础，关键原料（例如，工具酶、引物、探针、生物磁珠和脱氧核糖核苷三磷酸（dNTP）等）质量的好坏是决定分子诊断试剂盒质量的主要因素。

分子诊断中常用的工具酶有 DNA 聚合酶、尿嘧啶-DNA 糖基化酶、逆转录酶、末端修复酶、DNA 连接酶、缺口修复酶等，应具有相应的酶活性，其纯度应符合分子诊断试剂的要求。引物和探针的设计应遵循相关的设计原则，应尽量避免二级结构和发卡结构的形成，设计完成后应对其特异性进行验证。生物磁珠应具有较好的悬浮性、均一性、吸附性和磁响应性。dNTP 包括脱氧腺苷三磷酸（dATP）、脱氧尿苷三磷酸（dUTP）、脱氧鸟苷三磷酸（dGTP）、脱氧胞苷三磷酸（dCTP）和脱氧胸苷三磷酸（dTTP），在制备试剂盒时，需对其纯度、浓度和稳定性进行验证。另外，在试剂盒制备过程中还应对生产工艺及反应体系中的关键技术点进行研究。例如，临床样本用量、试剂用量、反应条件、质控体系设置、（临界）值确定等。

分子诊断试剂盒通常包含的组分有引物、探针、DNA 聚合酶、逆转录酶、dNTP 等。

分子诊断试剂盒的生产工艺简要概述为工作液的配制、中间品检验、分装、包装。

分子诊断试剂盒的生产车间要求：①生产和检验应当在独立的建筑物或空间内，保证空气不直接联通，防止扩增时形成的气溶胶造成交叉污染；②生产和质检的器具不得混用，用后应严格清洗和消毒；③应使用专用的全排风独立系统；④空气流向应当按照试剂储存和准备区、标本制备区、扩增区、扩增产物分析区单项进行。

分子诊断试剂盒的生产工艺流程如图 6-107 所示。

5）微生物诊断试剂

常用到的微生物诊断试剂有微生物培养基、鉴定培养基、药敏试剂盒等。

微生物诊断试剂的生产工艺简要概述为配制（试剂的称量及溶解、调节 pH 值）、灭菌、冷却、灌装（分装）、包装（内包装、外包装），如图 6-108 所示。

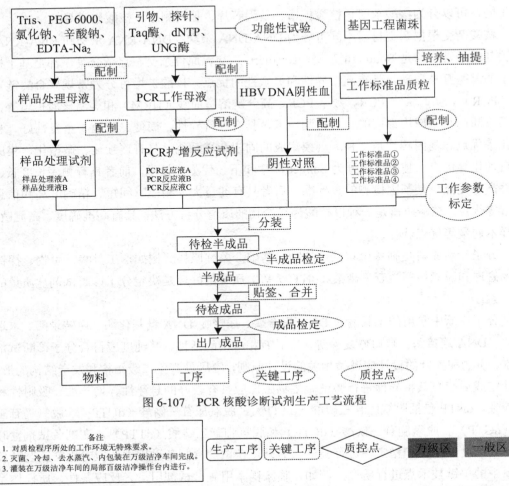

图 6-107　PCR 核酸诊断试剂生产工艺流程

图 6-108　微生物诊断试剂生产工艺流程

　　药敏试剂盒的生产工艺简要概述为药敏板制备、培养基制备、矿物油制备、包装，如图 6-109 所示。

　　药敏试剂盒的生产车间要求：

生 产 工 序	生产车间要求
药敏板制备、培养基制备、矿物油制备	10 万级洁净车间
包装	一般区

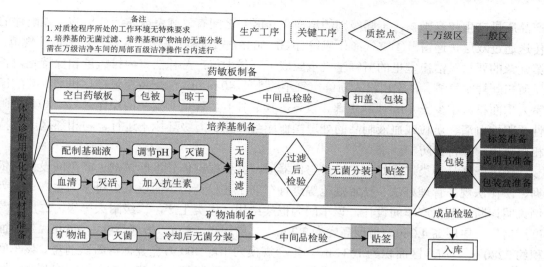

图 6-109　药敏试剂盒生产工艺流程

三、体外诊断试剂生产车间设计

　　体外诊断试剂生产车间设计的主要依据有《体外诊断试剂注册管理办法》、《体外诊断试剂临床试验技术指导原则》、《医疗器械生产质量管理规范》中体外诊断试剂现场检查指导原则、《体外诊断试剂说明书编写指导原则》等一系列新法规的相关要求，以及 YY/T 1244—2014 体外诊断试剂用纯化水，YY 0033—2000 无菌医疗器具生产管理规范，GB/T 21415—2008 体外诊断医疗器械-生物样品中量的测量、校准品和控制物质赋值的计量学溯源性等。

　　体外诊断试剂生产设备的选择非常关键，在选择时必须注意以下几点。第一，选择产品的基本原理、结构组成、制造材料（有源与人体接触部分材料）、生产工艺、性能要求、安全性评价、符合的国家/行业标准、预期用途等基本相同的已获准境内注册的仪器设备。第二，应当配备与所生产产品和规模相匹配的生产设备、工艺装备，且确保有效运行。第三，应当配备与产品检验要求相适应的检验仪器和设备，主要检验仪器和设备应当具有明确的操作规程。第四，与物料或产品直接接触的设备、容器具及管道表面应当光洁、平整、无颗粒物质脱落、无毒、耐腐蚀，不与物料或产品发生化学反应和粘连，易于清洁处理和消毒或灭菌。第五，所有仪器设备易于安装、维修和维护，并应当符合预定用途，便于保存相应的设备操作记录。

　　设备车间布置设计中要注意以下方面的内容。①按生产工艺流程布置，流程尽可能短，减少交叉往复，人流、物流走向合理。要配备人员净化室（换鞋室、存外衣室、盥洗室、穿洁净工作服室及缓冲室）、物料净化室（脱外包间、缓冲室和双层传递窗），除配备产品工序要求的用室外，还应配备洁具室、洗衣间、暂存室等，每间用室相互独立，净化车间的面积应在保证基本要求前提下，与生产规模相适应。②按空气洁净度级别，从高到低，由内向外。③同一洁净内或相邻洁净室（区）间不产生交叉污染。生产过程和原料不会对产品质量产生相互影响；不同级别的洁净室（区）之间有气闸室或防污染措施，零配件的传送通过双层传递窗。④空气净化应符合 GB 50457—2008《医药工业洁净厂房设计规范》第九章的要求。洁净室里的新鲜空气量应取下列最大值：A.补偿室内排风量和保持室内正压所需新鲜空气量。B.室内没人新鲜空气不应小于 40 m³/h。C.配备空调净化机房。⑤洁净室人均面积应不少于 4 m²（除走廊、设备等物品外），保证有安全的操作区域。⑥其中阴性、阳性血清、质粒或血液制品的处理操作应当在至少万级环境下进行，与相邻区或保持相对负压，并符合防护要求。

按生产产品种类选择好生产设备与仪器后，就要根据体外诊断试剂生产车间设计的依据、法律法规、管理办法、技术规范等进行车间工艺设计。下面以某公司第二生产车间为例说明诊断试剂生产车间设计，该车间为框架结构，丙类生产，二级耐火等级。二层大跨度厂房，一层层高 4.0 m，吊顶高度为 3.2 m，二层层高 4.4 m，吊顶高度为 2.6 m，建筑面积约 2280 m²，洁净区面积为 1037 m²。生产规模为年产 400 万盒金标诊断试剂盒。该车间产品较多，例如，甲型流行性感冒病毒检测试剂盒、羧肽酶 B 检测试剂盒、卵泡刺激素测定试剂条、人类免疫缺陷病毒（HIV 1/2）抗体诊断试剂盒、梅毒螺旋体抗体-乙肝表面抗原联合检测试剂盒、氯胺酮检测试剂盒、人心肌钙蛋白 I 诊断试剂盒、人绒毛膜促性腺激素（HCG）检测试纸（商品名：孕早知快检试纸）、抗链球菌溶血素"O"抗体检测试剂盒、心脏型脂肪酸结合蛋白诊断试剂盒、黄体生成素（LH）测定试剂盒、便隐血检测试剂等。通常，按市场需求安排各品种的具体生产。

一层为原材料仓库、菌体培养室、细胞培养室、抗体抗原提取间及人员净化室（换鞋室、存外衣室、盥洗室、穿洁净工作服室及缓冲室）、物料净化室（脱外包间、缓冲室和双层传递窗），还应配备洁具室、洗衣间、暂存室等。

二层为诊断试剂盒生产组装车间。试剂盒的原料中卡壳、外包材重量和体积较大的原料入口位于车间左侧，由货梯上二层，进入卡壳暂存间和外包材暂存间；轻质的原料如 NC 膜、玻璃纤维素膜、吸水纸等，以及人员入口位于车间右侧中部小电梯上二层，物流经气锁后进入生产加工区，人员经洗手、二更后进入生产加工区。物料和废弃物设单独通道进出。该车间平面布局合理，区域划分明确，人流、物流进出口分开，各不相混杂，生产、质检、管理各功能房间齐全，各操作房间面积按其生产规模的日流量适当划分，即不随意放大造成投资和运行费用的无谓增加，这样既可避免造成浪费，又不使其在生产操作中产生拥挤和不便。

如图 6-111 所示，胶体金试剂生产所用的原辅料和其他物品出入口为"脱外包间、缓冲间、备料间"，这 3 个房间设置有物料净化用设施。"缓冲间"与"备料间"之间设置有气锁，两边的传递门有防止同时被开启的措施。在称量间设置有两个大理石台面，分别放置一个千分之一天平和一个万分之一天平。另有一个不锈钢台面，放置若干移液器和量筒（按照产品类型分别做了专用标记），确保能够在称量间可以同时进行生化产品和胶体金产品的称量工作。称量间还布置有冰箱一台（存放 2～8℃保存的试剂）、试剂柜一个（存放常温保存的试剂）。在配制间设置有两个区域，以洁净隔离墙分开，分别用作胶体金液体试剂的配制和生化液体试剂的配制，以上布局既能合理利用空间，又能不混淆、不互相干扰、不引起交叉污染。

中间体贮存间布置冰箱一台和药品阴凉柜一台，放置在冰箱或冷藏冷冻转换柜中的液体试剂，在放入之前，贴好标签，注明试剂名称、批号、配制日期、有效期等信息，防止混淆；放入阴凉柜中的中间品，放入之前也要做好标识标记，防止混淆。

金垫印膜制备间布置有喷金仪、高速冷冻离心机、连续式划膜仪、卷式贴板机，用于胶体金垫制备和 NC 膜划膜。

干燥后室如图 6-110 所示，真空干燥罐和冻干机分别设置在干燥室的不同位置，距离较远，用于不同产品的生产；运行时密闭性好，互不影响；运行中均有专人管理，及时记录设备运行参数，以确保安全生产及产品质量。

组装间布置有试剂盒下壳板上料机、5 台切割整理放条机、输送带、压条机构、检测装置 1、试剂盒上壳板上料机、压盖机、检测装置 2 等。

内包间布置有塑料薄膜连续封口机、自动薄膜封口机等。

外包间布置有喷码机用于包装盒、铝箔袋喷码，条码标签打印机用于标签打印，自动装箱机用于试剂盒包装盒的自动装填封箱。

车间东面布置有外包装暂存间、空调间、配电间、制纯水间等。

整个车间平面布局合理、区域划分明确、设施设备齐全，具有防止交叉污染的有效措施，能够确保产品质量和安全生产，满足多品种产品的同时生产。

生产运行注意事项：①生产设备应当有明显的状态标识，防止非预期使用。②洁净室（区）空气净化系统应当经过确认并保持连续运行，维持相应的洁净度级别，并在一定周期后进行再确认。若停机后再次开启空气净化系统，应当进行必要的测试或验证，以确认仍能达到规定的洁净度级别要求。③应当确定所需要的工艺用水，当生产过程中使用工艺用水时，应当配备相应的制水设备，并有防止污染的措施，用量较大时应当通过管道输送至洁净室（区）的用水点。工艺用水应当满足产品质量的要求，其储罐和输送管道应当满足所生产的产品对于水质的要求，并定期清洗、消毒。④配料罐容器与设备连接的主要固定管道应当标明内存的物料名称、流向，定期清洗和维护，并标明设备运行状态。⑤与物料或产品直接接触的设备、容器具及管道表面应当光洁、平整、无颗粒物质脱落、无毒、耐腐蚀，不与物料或产品发生化学反应和粘连，易于清洁处理和消毒或灭菌。⑥需要冷藏、冷冻的原料、半成品、成品应当配备相应的冷藏、冷冻储存设备，并按规定监测设备运行状况、记录储存温度。⑦配备人员净化室（换鞋室、存外衣室、盥洗室、穿洁净工作服室及缓冲室）、物料净化室（缓冲室或双层传递窗）要经常清洁消毒，要定期检测各工作间的温湿度、压差、尘埃粒子计数等是否符合生产要求。

下面以幽门螺杆菌尿素酶抗体检测试剂盒的生产（胶体金法）为例说明生产过程。

①胶体金颗粒的制备：分别在配料罐中配制 2%氯金酸溶液和 1%柠檬酸三钠溶液，并按比例加入连续制备胶体金的反应装置中制备出亮红色胶体金颗粒溶液，金颗粒大小控制在 50～60 nm。②免疫胶体金复合物的制备：用 0.1 mol/L 的碳酸钾溶液调节胶体金溶液的 pH 值为 5.9～6.2，与待标记蛋白质用量比例混匀搅拌一定时间。③胶体金复合物的纯化：超速离心法纯化免疫胶体金复合物。先以 15000 rpm 离心 30 min（4℃），弃上清，用保存

液悬起较疏松的红色沉积物，即为初步纯化的免疫胶体金复合物。胶体金标记蛋白质的检定：以保存液作对照测 530 nm 处 OD 值，4℃避光保存。④金标垫的制备：纯化的胶体金不同程度稀释后，使用划膜喷金仪均匀喷于同样大小的玻璃纤维素膜制成金标垫。保存液稀释胶体金标记 SPA 复合物原液至工作浓度，抗体浓度分别为检测抗体 2 mg/ml，控制线抗体 2.5 mg/ml，包被量为 10 ul/cm；按比例均匀浸于玻璃纤维素膜，−20℃冻存，冷冻真空干燥后，控制相对湿度在 40% 以下，密封保存。⑤抗原的制备：将一层菌体培养室得到的全菌超声粉碎提取抗原。幽门螺杆菌（*H.pylofi*）采用固体斜培养基微需氧（5%O_2、10%CO_2、85%N_2）37℃培养，72 h 收集菌体。*H.pylofi* 菌体用小体积 PBS 悬浮，冰浴条件下超声粉碎频率 80~90Hz 次数为 350，超声粉碎呈均匀细颗粒状；4℃，15000 rpm 离心 60 min，收集上清；上清测蛋白浓度后分装，于-4℃保存。⑥层析膜制备：*H.pylor* 抗原室温融化后，15000 r/min，离心 10 min，取上清 2 mg/ml 用划膜仪 dispenser 线形包被于贴于 PVC 底板上的硝酸纤维素膜的观察结果的测试反应区，定义为检测带（T），距离检测带 5 mm 远的质控带（C）用 dispenser 线形包被正常兔 IgG（2 rag/m1），37℃干燥 2 h，4℃密封保存。⑦样品垫的处理：选择适当的封闭试剂、表面活性剂和（或）非离子型去污剂单独或以适当比例组合后均匀浸于玻璃纤维素膜，室温干燥备用。⑧试纸条组装：首先是将各室制成的大卡状试剂条按顺序放到组装生产线上的各切割整理放条一体机上，在输送带的一端放上试剂卡下板，输送到第一试剂条位置时放上贴有 PVC 底板的层析膜条，继续前进到第二试剂条位置时放上胶体金结合垫条，前进到第三试剂条位置为备用放试剂条位，前进到第四试剂条位置时放上样品垫条，前进到第五试剂条位置时放上吸水纸条，最后过压条、光电检测装置扫描，发现有缺某种试剂条或放错位的自动剔除，正确的放上上壳，压紧上壳就进入后包装间装盒、装箱了。成品抽样检测：取校准标样或门诊就诊的临床血清加于试纸条样品区，15 min 左右开始观察结果，20 min 观察终止。验证试剂卡检测的准确性。

从图 6-110 可以看出，整条体外诊断试剂盒装配生产线的工艺流程如下。①因为试剂条要放到试剂盒下板的卡槽内，因此需要先通过上料装置，将试剂盒下板一个个摆放到传送带上传送到下一道工序处。②试剂条的原材料是大卡状，需要先将大卡通过切条机切割成试剂条，切条机带有整理装置，可以将切割后的试剂条整齐地摆放到传送带上，以方便后续的放条工序。③放条机器人从摆放试剂条的传送带上抓取试剂条，并通过视觉系统将试剂条准确的放入试剂盒下板上对应的卡槽中，连着 4 道一样的工序，依次放入试剂条 1—5。④当五个试剂条都被放入下板的卡槽中后，为了使试剂条更好地嵌入卡槽内，加入压条工序。⑤试剂条压紧以后，进入检测工序，检验试剂条是否出现缺损、错位、颠倒、磨损等情况的发生，将不合格的产品从生产线上剔除。⑥当试剂条都装好之后，需要加盖上板，上板的传送需要通过另外一套上料装置，上料装置将试剂盒上板有序的排放到传送带上，机器人再将传送带上的上板抓取起来放到另一条传送带上已经放好试剂的下板上。⑦对加盖上板的试剂盒进行再次检验，将上板放置不合格的试剂盒剔除出传送带。⑧最后将放到试剂盒下板上的上板压紧，完成装配任务，并将合格的产品输送出生产线。

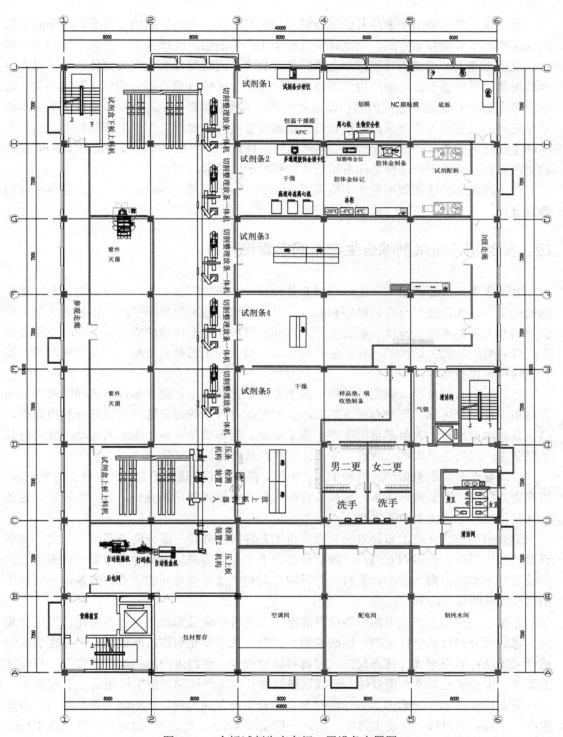

图 6-110　金标试剂生产车间二层设备布置图

因为这个车间是用于多品种胶体金试剂的生产车间，可全年满负荷生产。本车间采用现代化的流水式的作业方式，彻底改变以前手工作坊的生产区域零碎、管理不便的生产模式。现代工业生产更加需要同行业之间的相互交流，同时现代企业需要宣传自身，提高自身的形象，另外便于监督部门的管理和认证。洁净走廊和 D 级走廊分别位于车间两侧，通过洁净走廊和 D 级走廊之间的窗户即可对生产一览无余。而且生产企业一般情况下并不希望非生产的人员进入洁净区，这样合理的走廊设置既方便参观又保证生产的需要。当一个品种生产任务完成，必须进行清场后生产别的品种。设计中在中间区域预留出 100 m² 左右的生产面积，用于不同品种之间占用场地面积的不同需求。

对于跨类别的诊断试剂生产不能采用单一生产线车间模式，应采用多功能综合车间的布置设计。

四、多类别诊断试剂综合生产车间布置设计

对于多类别诊断试剂综合生产车间布置设计，多条生产线在生产线设备与其所放置空间的约束下，如何进行合理的排序和布置，以达到更好地利用车间空间、设备和人员，减少物料和人员的不必要流动，提高工作人员的积极性和工作环境的安全性，同时使得装配生产线具有较高的灵活性的过程。生产线布局主要分为工艺导向布局、产品导向布局、混合布局和定置布局等。

工艺导向布局是指按照生产过程中各个不同工艺（工序）进行布局，把同类或类似的设备集中在一个区域。该种布局方法对产品的变换有较强的适应性，可以充分利用面积，当设备故障或材料、人员不足时生产不至于中断。但半成品在各个工艺间流动频繁，延长了整条生产线的生产周期，造成了生产计划和产品质量管理复杂。

产品导向布局是根据产品的加工工艺流程，将各个工序进行组合，形成独立的生产线。该布局方法可以降低搬运成本，减少流程中库存，但设备利用不充分，适应性较差，设备一旦发生故障，就需要中断生产。

混合布局方法（成组布局方法）就是将工艺导向布局和产品导向布局结合起来。大型设备的布局采用工艺导向布局，一般的设备、手工作业等采用产品导向布局。该布局方法的设备利用率高，搬运量小，兼有工艺导向布局和产品导向布局的优点，但各单元间的平衡需要较高的生产控制。

定置布局是指生产线中的设备位置固定，需要将半成品都运送到设备所在位置进行装配，像前面介绍过的金标试剂、核酸扩增类试剂、化学发光免疫诊断试剂等产品在装配时适合采用这种布局形式。该布局形式因物料移动较少，使得生产线的连续性较强，有较高的柔性。但设备配置具有重复性，造成资源浪费且对生产计划和员工技能的要求都很高。

下面以年产 500 万盒多类别诊断试剂盒综合生产车间为例，该车间为框架结构，丙类生产，二级耐火等级。二层大跨度厂房，一层层高 4.6 m，吊顶高 3.2 m，二层层高 4.4 m，吊顶高 2.7 m，建筑面积为 2288 m²，洁净区面积为 1100 m²。一层主要布置车间所需的人员净化用更衣部分、监控部分以及接待展厅和值班等辅助用房，同时还布置有车间化验部

分，原材料仓库、菌体培养室、细胞培养室、抗体抗原提取间、洁具室、洗衣间、暂存室等。二层为诊断试剂盒生产组装车间。该诊断试剂盒生产组装车间分为综合办公区、成品及原材料库存区、PCR 试剂生产区、阳性分装区、胶体金试剂、药敏试剂、化学免疫试剂生产区。各区域相对位置按其物料性质进行确定，胶体金试剂、药敏试剂、化学免疫试剂生产区相对较安全且生产量较大，其靠近物料入口，位于车间北侧中部；阳性分装区具有一定危险性，远离车间人员入口，位于车间东北角，物料和废弃物设单独通道进出。该车间平面布局合理、区域划分明确、人流与物流进出口分开，各不相混杂，生产、质检、管理各功能房间齐全，各操作房间面积按其生产规模的日流量适当划分，既不随意放大造成投资和运行费用的无谓增加，避免造成浪费，又不使其在生产操作中拥挤和不便。

1. 人流、物流

人流从一层进入换鞋更衣间进行换鞋、一次更衣后，一层工作人员通过走廊从两侧的走廊进到二更区域，或进入一般工作间；二层工作人员通过 1 号和 2 号楼梯或电梯进入二层试剂生产区。二层分别组合为需要进行低湿生产的酶联免疫吸附试验试剂、免疫荧光试剂、免疫发光试剂、聚合酶链反应（PCR）试剂、金标试剂、干化学法试剂、细胞培养基、校准品与质控品、酶类、抗原、抗体和其他活性类组分的配制及分装等产品的配液、包被、分装、点膜、干燥、切割、贴膜以及内包装等，生产区域应当不低于 D 级洁净度级别。在充分考虑不同品种生产区域分开的情况下，将贴标和外包装部分集中在生产区前部分，如图 6-111 所示。物流布局如下：生产车间的北侧为接库区，物料直接从仓库进入两侧的一般空调区域，进行清理后进入生产区，包装后的产品从中心走廊直接进入库房。生产区和库区联接比较紧密。

容器具的清洗和更衣：各生产区域有各自独立的容器的清洗功能房间，各区域的更衣也是独立的，即有 4 套容器的清洗和更衣功能间。

PCR 试剂生产区和胶体金试剂、药敏试剂、化学免疫试剂生产区的更衣程序没有什么特殊要求，按通常洁净区更衣程序（换鞋、脱外衣→洗手→穿工作服→手消毒→洁净生产区）即可。但是阳性分装区人员净化程序在操作工作结束后，离开洁净区时必须经洗浴，以除去可能沾染在身体上的危险性物质，确保环境和人身安全。它的更衣程序是换鞋、脱衣→洗手→穿内衣、工作服→缓冲（手消毒）→进入洁净生产区。在工作结束后退出的程序为洗手→脱工作服→洗浴→穿衣→换鞋→离开工作区。在这里可以巧妙利用更衣橱，解决操作人员个人衣物的存取问题。阴性或阳性血清、质粒或血液制品等的处理操作：生产区域应当不低于 C 级洁净度级别，并应当与相邻区域保持相对负压。

这样既方便操作、保证了安全，又节省了空间。阳性分装区着重注意其安全性，避免其传染危害性。注意该区域的特殊要求是用过的容器具应先消毒灭菌再彻底清洗。此外还要注意废弃物包括破碎的玻璃器皿等，均得通过消毒灭菌后方可带出弃去。所以在设计上应兼顾到这一点，将消费间尽量靠近阳性分装间，两房间距离越短越好，以减少污染面积，将其危害性降到最低。设备的选用：配液罐应采用密闭搅拌的设备，不应敞口操作；分装特殊物品应选用生物净化台，该设备安全性能高，对操作人员较安全，产品质量也能得到保证。

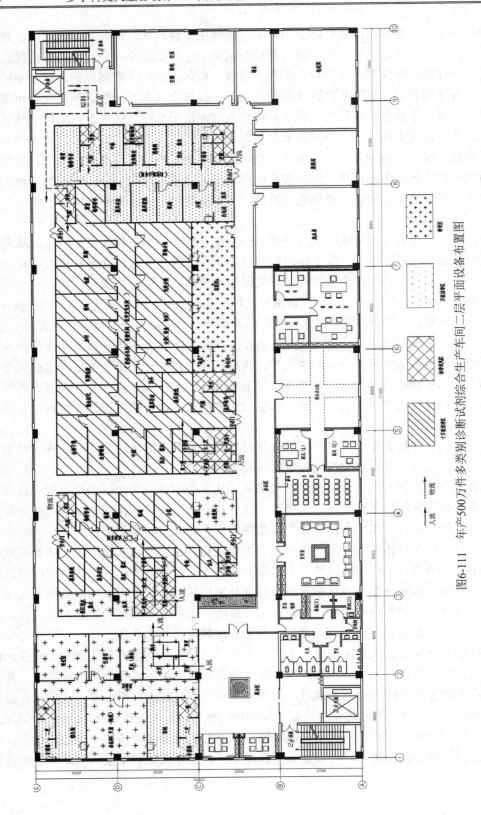

图6-111　年产500万件多类别诊断试剂综合生产车间二层平面设备布置图

　　试剂盒组装区采用全自动化生产线，例如，尿检试纸自动化生产线主要由底卡分页机构、点胶机构、检测卡输送分切机构、检测卡条粘接机器人、包装封装机构等设备及相应视觉系统、控制系统构成，能够实现底卡分页、粘贴位点胶、检测卡片分切成条、检测卡条自动粘贴、干燥剂入袋、包装袋封口打印，封装后的包装收集入筐等工序。该生产线集成了诸多智能制造领域的前沿技术成果，例如，机器视觉、自动化分切、热合包装、高精度伺服系统等。通过高效的机构配合和标准化的流程作业，单条生产线效率可达≥10000袋/小时，单日产量提高近 30 倍。该线配置了中控电子交互屏，无须人员达到一线生产现场，便可得知生产线的实时状态。相关信息的准确性、完整性能随时记录、储存、追溯、获取。

　　质检区布置在车间的西北角，质检人员需通过二次更衣后进入生产区内部。整个布局各功能区分区合理，物料的输送方便，人流、物流的路线短合理，行政办公、质检、仓库、生产区既相互联系又相互独立。

　　2．空调、通风设计

　　根据各生产区域物料性质不同（放射性物质和具有致病危险的活性物质），在设计中本着安全、经济、实用、灵活的原则，优化设计方案，合理配置。采取按不同功能区域分别设置独立的空调系统，采取有效合理的空气过滤方式、气流组织型式、换气次数、相对压力等，有效保证生产工艺对空气洁净度、温湿度的要求，以及环境保护对设计的要求。对于空调系统的划分如果依据更衣平面的功能分隔情况，则需要 3 套独立的 D 级和一套 C 级洁净空调系统，另外需要一套可进行低湿处理的空调系统和一套普通空调系统。

　　阳性组分生产区为 C 级净化间，与一般组分生产区完全独立设置，独立空调系统、独立人流、物流通道，配制、分装相对负压。在阳性分装区采取有效措施防止汽溶胶的产生，阳性组分生产分装间不采用回风，其排风系统设置独立的管道，并且经过活性炭吸附过滤后在高于建筑物 3 m 以上排放，两个活性炭吸附过滤器交替采用臭氧发生器灭菌并结合化学灭菌法处理，确保无污染排放。

　　车间各空调系统的灭菌形式采用臭氧发生器灭菌并结合化学灭菌法。各空调系统还设置了温度、湿度、压差等技术指标自动显示装置，以便更好地进行调控，保证工作环境的安全可靠性。各类别不同时生产，每个类别生产结束以后要严格清场，检查合格才能进行其他类别生产。

　　酶联免疫吸附试验试剂、免疫荧光试剂、免疫发光试剂、聚合酶链反应（PCR）试剂、金标试剂、干化学法试剂、细胞培养基、校准品与质控品、酶类、抗原、抗体和其他活性类组分的配制及分装等产品的配液、包被、分装、点膜、干燥、切割、贴膜以及内包装等工艺环节，至少应在 D 级净化环境中进行操作。无菌物料的分装必须在 A 级净化环境中进行。

　　3．生产管理

　　办公区、质检区、生产区、仓储区，各个区域分开布置，相互独立。其中办公、质检和生产区完全分开。生产和仓储区必须要通过更衣后才能进入。车间设置环形走廊，既可以满足人流和物流的需要，也可以兼做参观走廊。车间可以进行相同品种不同规格产品的同时生产，生产区域内不再以品种进行区分，不同的品种在不同的生产房间同时进行生产。

一种品种生产完成后对生产设备和房间进行清洁，再进行下一品种的生产。本项目功能需求多，要求办公区、质检区、生产区、仓储区等，生产区要求满足 PCR、胶体金、药敏、化学发光试剂生产需求。在场地面积受限制的条件下，将胶体金、药敏、化学发光试剂的生产综合在一个综合车间，以达到节省面积、减少一次性投资的目的；而各组分分装结束以后又可以直接传入总装间，以节省输送距离，使操作更加便利。

五、体外诊断试剂新产品开发设计流程

目前，体外诊断试剂品种和品牌很多，但并不能完全满足医院在检查、诊断方面的需求。特别是国产自主研发试剂和生产产品的质量水平差强人意，试剂质量问题造成检测结果不准确的情况时有发生，给临床诊断带来很多麻烦。体外诊断试剂行业发展的需求、产品的用途以及现状，亟须一套管理战略和合适的方法来规范设计和开发，使得诊断试剂产品的设计、开发、验证既符合法规的要求，又能真正为产品的长期持续稳定提供保证，增加客户满意度，提高整体行业水平。

1. 研究开发成果的评审识别

诊断试剂产品的设计一般是在实验室完成的，设计决定了产品的原料选择、各组分组成、制备的基本步骤、样本检测过程和条件、结果的判断、产品包装外观等内容。这些内容都将成为设计转移的输入，在后期是很难做出改变的。因此，要求在评审设计输出时，需要确保各类设计文档齐全，产品性能测试结果符合要求，并对产品进行风险预估，减少设计转移后量产的问题。

2. 顾客需求分析

体外诊断试剂产品的外部客户是临床检验医师等使用试剂产品对病人样本做出测量值判断的专业人员。但要保证产品的设计转移成功，产品的内部客户成了关键。主要的内部客户包括设计部门、质量部门和制造部门。设计部门作为设计输出部门，最关心其输出的内容能否有效地转化为制造过程，批量生产的产品是否偏离其设计。质量部门代表着产品的监管部门和企业承诺的质量管理体系的要求，是相对独立的内部监管部门，设计转移的整个过程需要满足质量体系的要求。制造部门代表着产品低成本和高质量的需求，按照工艺开发的结果进行生产，能持续的维持产品质量，并能达到高效、便利、稳定和无污染的效果。

识别顾客需求，通常要求企业倾听客户和雇员的声音（VOC），VOC 的收集和整理可以用 KJ 法。首先，收集相关事实和意见；其次，再对收集的内容进行分组；最后，将结构已经清晰化的意见及其解释用文字的形式表达出来，用于后续产品需求的转化。

诊断试剂的顾客需求通常包括检测准确性高、重复性好、有效期长、使用方便、价格便宜等方面。这些指标分别对应着溯源性好、灵敏度高、特异性好、批内（间）差异小、试剂受环境影响小、稳定性好、加样步骤简单、适用于全自动仪器，反应时间短、成本低等技术特性。这些顾客需求与性能指标的对应关系通常用质量功能展开（QFD）工具进行识别和分析。

3．产品制程分析

新产品的设计转移需要从产品技术特性展开到关键的制程特性，也就是关键过程输出变量（KPOV），对应于最重要的结果和客户的需求；再由制程特性展开到关键的制程参数，也就是关键过程输入变量（KPIV），对应于对重要的影响流程结果的变数。

将技术特性转化为制程特性，即关键过程输出变量，依赖于专业知识和经验。例如，技术特性中的精密性转化为制程特性，就要求产品中各组分有其均一性的要求，要求诊断试剂中的反应板板内差异和板间差异在测量不同浓度的样本时，都控制在规定范围内，整个检测结束，第一孔和最后一孔的重复性在规定的范围内，这个范围取决于顾客对产品重复性的需求。通常通过鱼骨图或因果矩阵图来识别关键过程输入变量。

生物制品的批量生产具有放大效应，与实验室的小批量试制有显著区别。对于相同的输入，小批量试制和大批量生产可能会导致不同的输出。所以，需要关注批量放大效应对输入和输出变量的影响，寻找合适的过程参数，以获得与小批量相同的效果。

4．工艺开发

在制程分析的基础上，在进行工艺开发之前，需要利用过程失效模式及后果分析（PFMEA）工具对制程进行风险分析，以最大限度地保证各种潜在的失效模式及其相关的起因／机理已得到充分的考虑和论述，评价潜在失效对顾客产生的后果和影响，采取控制来降低失效产生频度或失效条件探测度的过程变量和能够避免或减少这些潜在失效的发生。

虽然诊断试剂不直接用于人体，不会造成顾客或者最终用户的直接伤害，但是后续的诊断和治疗方案都是基于检测结果的，假阳和漏检都会造成错误的诊断，继而产生错误的治疗或者误诊，这两种情况都会造成严重后果。而作为 PFMEA，除了考虑对最终诊断结果带来的影响，还需要考虑过程影响。例如，操作可能对生产过程（生产线）的破坏作用以及产品的报废情况，这些都有可能对质量或成本带来影响。

通过 PFMEA，找到前 10 位或者前 50 位高值的过程失效模式进行工艺过程的开发，并设置质量控制点和报警点，以降低风险发生的概率。对于体外诊断试剂等生物制品来说，基于 PFMEA 的过程开发尤其重要，批量放大效应使得批量生产产品失效风险远远高于实验室产品。需要 PFMEA 小组成员在了解工艺过程的基础上，采取合理的措施降低频度 O 值和探测度 D 值。

5．工艺过程优化

经过工艺开发后，工艺流程和关键质量特性都已经确定，但还需要对具体的参数进行优化，以达到最佳的制程效果，将生产的偏差控制在最小。试验设计（DOE）是帮助优化多参数的最佳解决方案。哪怕是最简单的工艺过程，都会有多参数影响着产品的结果，也就是这里的自变量不可能是一个。面对多因子多水平的参数优化，因此，需要用试验设计的方法，在减少试验次数的基础上，寻找到最佳因子的组合。试验设计是一种统计学方法，需要借助统计学工具来使设计和分析更有效，通常使用的统计学工具包括 Minitab、JMP、SPSS 等。

体外诊断试剂的过程参数通常包括制备过程时间、温度、湿度的交互作用，可运用响应曲面回归系数及稳定性方差分析，以确定显著影响参数及交互作用，并确定最终制程参数条件。利用统计学方法将参数优化以后，输出工艺开发报告和所有的工作流程，即可进入也必须进入设计转移验证阶段。

6．设计转移验证

转产验证的主要目的是根据研发的输出，在生产环境下逐步放大，大批量制备试剂产品。转产验证的主要活动如下。

（1）转产验证方案的编写。验证方案是对整个验证过程的规范性、指导性文件，规定了整个验证过程的验证目的、时间表、参与人员、所需资源、验证内容、过程控制和产品质量控制策略、可接收标准等。

在验证方案中，还需要对制备过程和最终成品进行质量控制，即需要编制质控方案，有计划地进行质量控制。质量控制方案包括控制指标、测试方法、重要性登记、抽样方案以及接收标准。质控方案的编制要基于工艺开发的结果，针对关键质量特性进行控制。

（2）设计转产验证计划培训。在设计转产期间，应该组织新产品转产相关的生产人员、质检人员对新产品生产的相关知识进行培训，让相关人员熟悉产品转产验证计划和验证实施的具体细节。

（3）设计转产验证批次的生产。严格按照验证方案在生产环境下使用生产设备进行制备。设计转产验证批次的生产按照正常的生产流程实施，根据验证方案生产，并做好生产记录。该阶段产品的生产一般是由核心团队中的研发工程师、工艺工程师和生产部人员共同完成。

（4）设计 QC 检验方法验证。在设计转产验证过程中，需要对生产过程和最终产品进行质量控制。QC 检验需要根据验证方案中的质控方案，由 QC 工程师独立进行检验。检验方法的验证必须在 QC 实验室进行。

（5）设计转产验证总结和输出。设计转产验证结束后，核心团队中的研发工程师、工艺工程师和生产部人员负责起草设计转产报告。为保证工艺能力的延续性，经过验证的设计开发和工艺开发的输出必须进行标准化，编制完成一整套标准化文件。

经过以上的体外诊断试剂设计转移的 6 个阶段，可以充分识别客户需求和分析制程参数，并通过验证来证明产品设计和工艺开发的充分性和有效性。

第六节　车间设备三维布置设计

20 世纪 90 年代初，二维 CAD 制图开始逐步应用于生物工程的设计中，相比以往的手工绘图，二维 CAD 的制图精度与效率已有很大提高，但在绘制较复杂的图形时，虽然可以通过多个平面图来反映，然而这样绘出的图形不够直观，不能立体地观察设计效果。在实际安装中，将二维图纸转换到三维车间实体的过程中，即使是熟练安装人员也难免出错。

三维 CAD 设计技术问世已 20 年，目前，国外的三维工厂设计软件主要有英国 AVEVA 的 PDMS，美国 INTERGRAPH 的 PDS、SmartPlant3D 和 CAD Worx，以及英国的 MPDS4 和美国 Autodesk 的 AutoCAD Plant 3D；国产的有中科辅龙的 PDSOF、长沙优易软件的 Auto PDMS。在这些三维软件中，PDMS 和 Smart Plant 3D 主要用于大型企业，其他则主要用于中小型企业。

　　PDS 与 PDMS 有多年技术积累，其功能强大，数据库完备，目前在三维工厂设计领域应用最为广泛。Auto-Plant 3D 软件近年来在吸收其他软件设计理念的基础上，不断增强软件功能，优化软件结构，加上相对其他软件在操作界面的友好性、软件的易用性方面的优势，该软件的发展十分迅速，目前稳居三维工厂设计软件前 3 名的位置。

　　AutoCAD Plant 3D 采用 MS SQL lite 大型关系数据库，软件包含了 P&ID、Plant 3D、CAD 等部分，自带了完整的以欧洲标准、美洲标准和中国国标开发的三维元件库，涵盖了从钢结构、土建、支架、设备、管道到各种尺寸和压力等级的法兰、垫片、螺栓、螺母、三通、弯头、阀门、过滤器等管件，同时还可以根据项目需要自行添加各式各样的规格表。

　　AutoCAD Plant 3D 可用于工厂设计，工艺设备布置、管道布置等。在 AutoCAD Plant 3D 中，基础数据在三维模型、P&ID 等轴测图形及正交视图之间直接进行交换，确保了信息的一致性和时效性。全面采用三维设计软件进行工程设计，可以大大提升工程设计公司的设计水平和市场竞争力。软件具有的特点有如下几个方面。

　　1）精准显示工厂布置情况，与 Auto CAD 无缝衔接

　　AutoCAD Plant 3D 是 Autodesk 公司基于自家 AutoCAD 平台开发的三维工厂软件，能与 CAD 实现无缝衔接，文件本身就以 dwg 格式进行存储，操作命令和 CAD 全兼容，可随时切换到 CAD 工作空间进行操作，与其他三维软件一样，能精准到 100%，1∶1 比例完美呈现工厂建成后的全貌，既能宏观地显示工厂总体布局，又能微观地展示小到一个阀门、一个管托，能在工厂建成前预先知道工厂情况，及时纠正在设计中的不合理情况。例如，阀门位置、设备布置中的不方便工艺操作和检修情况。

　　2）简化设计，提高工作效率，节约成本

　　AutoCAD Plant 3D 的等级驱动技术和现代化的界面使得建模和管道、设备、结构支架的编辑直接在工作空间中以三维形式进行，其他工厂管件更加简单、易用，与传统的 AutoCAD 二维平面设计相比大幅提高了工作效率，能够精确完成材料统计汇总，减少错误和漏项，节省投资。不同于 CAD，它无须考虑每个楼层、每个设备间的影响，从而减少了烦琐的中间计算、考虑环节，即使需要进行修改，也能在较短的时间内完成。同时在项目设计时，和 Autodesk Navisworks 无缝集成，完成设计检视、渲染和管道碰撞检查等工作。

　　仅仅使用几个简单的命令即可在短时间内实现精确的材料清单和报表生成，有效地避免了传统人工统计导致的 10%错误。同时还能全自动生成符合国际和行业标准的 ISO 单线图、管道平面立面图、施工图等，直接共享给整个项目团队。便携式的 P3D 的 DWG 文件可以被其他专业的工程师直接用 AutoCAD 打开、查阅。这些都极大地提高了设计效率，节约了成本，缩短了设计周期，从而赢得了宝贵的市场先机。

　　3）设备布置

　　在 AutoCAD Plant 3D 中，借助设备元素这一功能，可以轻松创建、修改、管理和使用工程图中的设备。设计人员可以从工具选项板使用一个完备的标准设备库，并可将定制的标准件添加到设备库中。在三维图纸中进行生产线的三维工厂车间设备布置时，可方便将设备图形从设备库中调入布置空间中。

　　4）管道布置

　　从初始规范直至最终设计，AutoCAD Plant 3D 软件能够优化基于等级库的管线创建和

编辑流程。在项目设计中，数据库是首要解决的问题，因为有些管道是从不同的标准中选用的，所以要根据这一特点重新编辑数据库。对此，使用 AutoCAD Plant 3D Spec Editor 能够方便地完成编辑工作。在 AutoCAD Plant 3D 中有不同标准的元件库，设计方可以按照不同的标准从元件库中选取，再提取到等级库中，借助这一特性，可以确定管道路线、编辑管线及其组件，并管理一系列连接。同时，还可以选择以半自动或手动的方式确定管道路线。确定管道路线后，垫片或法兰等附加的元件将会自动添加。

5）结构建造

AutoCAD Plant 3D 的结构元素能够帮助设计人员确定项目模型中的冲突等问题，创建包括 AISC 钢构件和结构装饰件。例如，楼梯和护笼梯等参数化的结构元素还使其能够从外部参考 Autodesk Revit Structure 软件和 AutoCAD Structural Detailing 软件等应用程序创建的结构工程图。

6）生成施工图和 ISO 图（单管图）

对于生物工程来说，自然少不了管线的 ISO 图、正交视图以及其他相关的施工文档，其设计和统计的工作时间之长令人望而生怯。但通过 AutoCAD Plant 3D 便可以轻松地从三维模型生成和共享这类文档，并能够与三维模型直接交换信息，大大提高了项目的工作效率。

7）自动生成材料报表

值得一提的是，AutoCAD Plant 3D 在生成材料报表方面已经方便到可直接导入和导出到 EXCEL 中进行编辑的程度，便于设计人员及时调整数据。虽然在项目的初期无法避免图纸的反复修改，但是基于 AutoCAD Plant 3D 的这一优越性能，确保了统计材料工作的准确性。

8）实时在模型中搜索、查询

二维时代的图纸修改、材料统计乃至查阅数据都是非常费时费力的，而这样的痛苦又要伴随图纸的反复修改而不断经历。所以，AutoCAD Plant 3D 对于复杂和庞大的项目最重要的作用之一就是在三维模型建成之后可根据特定的搜索标准生成材质列表、创建报表，并支持搜索、查询和处理工程图中的数据，帮助设计人员更加轻松地审阅和编辑工程图中的数据，减轻工作强度，节约时间成本。随后可以将信息导出为管件格式 PCB 文件，以便集成到其他应用程序中，例如，用于应力分析与生成线轴的应用程序。

三维 CAD 技术在生物工程及生物制药行业的设计中应用时间不长，究其原因是由于当时与之配套的计算机硬件发展缓慢所致。现在计算机 CPU 的发展已完全满足三维 CAD 所要求的运算能力，显卡的发展也使其图形显示功能比几年前有了很大的提高。专家预测，在今后的 10 年中，计算机性能还会大幅度提高，这使得在未来可以设计出更复杂、更精细的图形文件。计算机硬件的更新发展正是充分发挥三维 CAD 技术的有力工具。下面结合实例来说明生物工程车间的三维设计。

一、工艺设备三维建模

1. 工艺设备三维建模方法

游戏及影视领域流行的 3D 建模软件有 3DMAX、Maya、Softimage XSI、OpenGL、DirectX、Java3D、IDL 等。建模的常见方式有多边形建模——把复杂的模型用一个个小三角面或四边形组接在一起表示（放大后不光滑）；样条曲线建模——用几条样条曲线共同定义一个光滑的曲面，特性是平滑过渡性，不会产生陡边或皱纹，因此非常适合有机物体或角色的建模和动画；细分建模——结合多边形建模与样条曲线建模的优点面开发的建模方式。建模不在于精确性，而在于艺术性。因此，这些方法建的模型不太适合于工厂设计或工业设计领域。

工业设计领域流行的 3D 建模软件也有很多。大概可分为两类，即 CAID 和 CAD。

CAID 类大概包括 alias studio、rhino 等，都是很好的外观设计软件，曲面编辑自由，更有利于设计中的推敲。

CAD 类也有像 Pro/Engineer、UG（Unigraphics NX）、CATIA、Solid work、AutoCAD Plant 3D 等这些实用性很强的工程建模软件，最适合生物工程专业的是 AutoCAD Plant 3D。

三维数字化建模主要有两种技术：一是参数化建模，二是直接建模。但这两种技术在实际应用中各有优缺点。第三种是将这两种建模方法融合在一起形成混合建模技术，能更好地体现设计者的意图，提高设计效率。下面就这两种建模方法进行介绍。

第一种三维实体建模方法：①由二维图形沿着图形平面垂直方向或路径进行拉伸操作。例如，在 XY 平面的长方形沿 Z 轴方向直线拉伸就成了长方体，如果是 XY 平面的长方形沿 Z 轴方向的 S 形波浪线拉伸就成了波浪板。当被拉伸时，开放的曲线创建了曲面，闭合的曲线创建了曲面实体。②将二维图形绕着某平面进行旋转生成。例如，在 XY 平面的长方形沿长方形的一边旋转生成一个实体圆柱，若沿距长方形 R 的直线旋转生成一个半径为 R 的空心圆柱，则称为圆筒。

第二种三维实体建模方法：利用 AutoCAD 软件提供的绘制基本实体的相关函数，直接输入基本实体的控制尺寸，由 AutoCAD 直接生成。

第三种三维实体建模方法：使用并集、交集操作建立复杂三维实体，如图 6-112 所示。

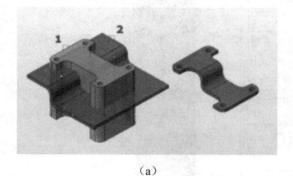 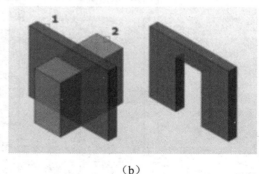

（a）　　　　　　　　　　　　　　（b）

图 6-112　使用并集命令形成实体

根据信息提示，绘制球和圆柱体重叠在一起的图形，如图 6-113（a）所示。使用鼠标左键单击绘图区绘制的图形作为交集的指定对象，如图 6-113（b）所示。选择好后，按 Enter 键完成交集操作，绘图区会删除多余部分只保留两个图形有交叉的部分图形，如图 6-113（c）所示。

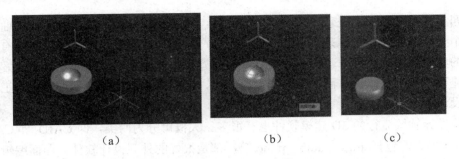

（a）　　　　　　　　　　（b）　　　　　　　　　　（c）

图 6-113　使用交集命令形成实体

工艺设备三维建模就是将设备的各种零件用三维作图画出来，并且有装配条件限制其空间位置。它是对工艺设备的三维实体的显现，不仅描述了实体全部的几何信息，而且定义了所有的点、线、面、体的拓扑信息。同时还能够实现消隐、剖切、有限元分析、数控加工，对实体着色、光照及纹处理、外形计算等各种处理和操作。

下面以酒精发酵淡酒回收装置工艺设备洗涤塔的三维建模制图为例，对 AutoCAD 三维制图原理进行阐述。

1）在 AutoCAD 软件三维制图的工作模式下绘图

工程技术人员参照工艺设备施工平面图及工艺设备厂家提供的设备大样图。对工艺设备进行 1：1 的三维制图，工艺设备的三维制图按照先进行设备主体结构，再进行设备节点绘制的步骤进行，在工艺设备三维图的绘制过程中，应将工艺设备的各个节点部位准确的表示出来。

（1）洗涤塔施工平面图与 AutoCAD 绘制的二维平面效果图的对比如图 6-114 所示。

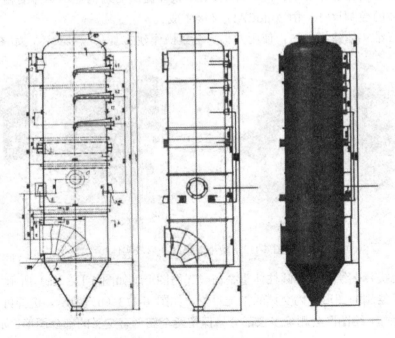

图 6-114　平面效果图的对比

（2）应用 AutoCAD 软件进行洗涤塔绘制。在三维建模绘制前，先对三维坐标系进行
设置，然后在设置好的三维坐标系中分别进行工艺设备
的简体及进出口、人孔、设备支座、吊耳、加强圈等设
备附属结构的绘制。工艺设备主体结构及附属结构绘制
完成后，将所有设备部件组合在同一个三维坐标系内，
利用 AutoCAD 软件并集、差集功能对设备进行组合。

　　由于 AutoCAD 软件制图精度较高，在工艺设备模型
的绘制过程中，应严格按照施工图纸尺寸进行绘制。例
如，板材厚度、设备外径及高度、进出口中心高度、设
备封头弧度等尺寸，这样才能精确、形象、直观地将待
制作工艺设备呈现在作业班组面前，起到指导施工和质
量控制作用。工艺设备的三维效果如图 6-115 所示。

图 6-115　非标设备的三维效果图

（3）对设备各个节点结构视图表达

　　根据设备节点位置结构的三维模型，利用 AutoCAD 软件三维视觉样式功能，可通过三
维模型的各类视图，很方便地将设备的各个节点结构图表达出来。以设备人孔结构三维模
型为例的各类视图表达如图 6-116 所示。

　　利用 AutoCAD 制图软件对待加工非标设备进行 1∶1 绘制后，非标设备上的管口、管
件等异形结构的外形尺寸及模型也随之完成（如图 6-117 所示），将非标设备节点位置及
大样图的三维模型精确、直观地表达给作业人员，并可以在绘制好的管件效果图上标注测
量任意尺寸，对施工班组放样、下料起到很好的参照和指导作用。

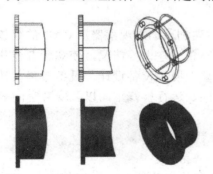

图 6-116　非标设备人孔结构三维模型的各类视图

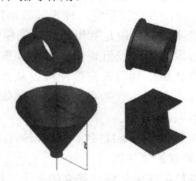

图 6-117　非标设备附属部件三维效果图

2）三维建模方法与质量需要

　　建模的质量需要根据具体应用的条件和要求，从以下 3 个层次来介绍实物模型的建立。

　　（1）一般建模。采用这种建模，可以满足基本的可视化要求。具体的操作方法是基于
现有的实物平面轮廓线，经过相关软件的修改，导入到三维建模软件中，然后直接拉伸至
相应的高度（z 轴），得到实物的基本外表面模型。再通过纹理映射，就可以得到完整的
实物模型。

　　（2）精细建模。采用这种建模，一般对模型的精度要求比较高或者是为了达到真三维
建模。为了达到模型的高精度的要求，在精细建模过程中会用到很多方法。例如，实物的

立体剖分的方法。因此，精细建模时间长、效率低，但是可以获得真三维模型。

（3）混合建模。在进行大范围三维实物重建时，仅仅采用上述两种建模方法满足不了建模的需求；同样，如采用精细建模方法，会导致建模周期的加长，对大量实物重复建模没有必要。所以，可以采用两种建模层次相结合的方法来实现实物的重新建模。大部分实物采用一般建模，少数比较有代表性的实物可以采用精细建模。这样既可以提高建模效率，又能得到较好的效果。

（4）实物纹理的采集与处理。实物纹理是实物建模的重要组成部分，纹理数据主要是通过现场实地摄影相片获取，并且直接关联到三维场景中，所以纹理数据质量的高低决定着能否获得较逼真的表达效果。

复杂结构造型三维模型绘制过程较为复杂，可采用多款三维制图软件来实现三维模型的建模过程。

大型非标设备规格型号及结构各异，每台非标设备需单独进行三维建模，绘图工作量大。可通过不断建立非标设备的标准件三维模型模块库，将一些通用零部件（例如，法兰、弯头、封头、设备支座等）的三维模型一次建模后长期使用，减少每次绘图工作量。

由于设备的形状较为复杂，对建立其三维模型带来了难度。由于在设备布置图中只需画出设备外形，故建模时可只考虑设备外部形状，设备上一些小结构也可进行适当简化，以便于模型的建立和减少图形文件的大小。对于一些难以建成实体模型的结构（例如，方圆接管、仓底等），可建成表面模型。

将这些设备画为空心的薄壳结构，如果需要展示设备内部情况，可以考虑此建议；否则，还是建议直接画为实体。因为当一个图中输入的命令太多，其占用内存也会升高，最终导致绘图及读图缓慢，使设计效率降低。

绘图结束后便是利用绘制好的模型演示，主要利用动态观察器及 CAD 的缩放功能动态、形象地由远及近、由大到小地展示工厂的布置、建设等情况，使观看者能获得工厂的感性认识。利用该模型图可以从正反两面形象地展示设备设计、设备布置设计以及管道设计中需要注意的有关事项。例如，操作空间、运行检修空间以及安装空间等需要注意的事项。

以上介绍的是直接绘制建模法，下面介绍参数化建模。

3）参数化建模

参数化建模是对已建立的一个三维模型进行参数化设置，然后通过改变参数来改变相似几何形状的尺寸的方法。例如，首先建了一个进口直径为 65 mm、出口直径为 50 mm 的离心泵三维模型，如果需要再建一个进口直径为 100 mm、出口直径为 80 mm 的离心泵三维模型，可以采用参数化建模来快速建模。

参数化建模为一种实体建模技术进行尺寸驱动和参考尺寸的定义，建立零件尺寸之间的关联；若变动某个参数，其相关尺寸将同步变动。

参数化建模后，只需要改动相关参数，将自动改变与它相关的尺寸，从而通过调整参数来修改和控制几何形状，能设计形状相似的一系列三维模型，这样就加快了模型的更新速度，减少了出错的可能，降低了劳动强度，提高了设计绘图效率。

AutoCAD Plant 3D 中就有"参数化"功能，其操作方法如下，如图 6-118 所示。

图 6-118　AutoCAD Plant 3D 中参数化功能面板

（1）建立部件模型模板。根据部件的结构特点，采用基于草图的参数化设计方法、基于特征的参数化设计方法或基于装配的参数化设计方法，建立各部件的三维模型。模型校验成功后保存为部件模板文件。

（2）部件模型调用。在一级界面设备列表中选择换热器，进入换热器部件选择界面，在该界面中选择要建立的部件。如果该部件模板已存在，则在参数设定界面中输入部件的基本参数即可生成所需的部件三维模型；若模板不存在，则需要在 Pr/E 中新建该部件模型，模型校验成功后另存为部件模板。

单一的参数化建模或直接建模在实际应用中均存在缺陷，将两种建模方法融合在一起形成混合建模技术，能更好地体现设计者的意图，提高设计效率。

4）基于点云数据的快速建模

点云数据是指扫描物体以点的形式记录，每一个点包含有三维坐标，有些可能含有颜色信息（RGB）或反射强度信息（Intensity）。采用激光扫描系统获取设备三维点云数据，而激光扫描系统是完善三维模型高精度应用的最佳手段之一，利用点云数据软件平台的算法对获得的点云数据进行处理，从而建立与现场一致的设备或车间设备布置三维模型。点云数据的获取，主要有三维激光扫描仪、依靠静态扫描仪、3D 拍摄转台、36 台相机顺序拍摄台、无人机航拍等。中小型设备可用三维激光扫描仪、依靠静态扫描仪、3D 拍摄转台、36 台相机顺序拍摄台等来获取点云数据，已建成车间设备布置较适用于小型无人机航拍获取点云数据的三维建模方式。

三维激光扫描仪可快速获取被测物（设备）的三维数据信息，测量精度达 0.05 mm，可直接建模。小型无人机航拍提高数据的采集效率和数据质量，通常采用不同路径多次采集，可提高建模精度，如果只是用于一般展示，航拍 1～2 次即可，节约数据采集成本。

AutoCAD Plant 3D 中就有点云数据功能，其操作方法如下。①单击"插入"下拉框中的"点云"（如图 6-119 所示），弹出如图 6-120 的界面，如果计算机连接有三维激光扫描仪，单击 OK 键即可应用 ReCap Pro 软件对设备进行扫描采集三维数据了。②然后对采集数据进行文件格式转换，在 CAD 中首先连成线框图，并对线框进行修整，接着在修整图上绘制三维实体，最后对三维实体模型着色渲染，如图 6-119、图 6-120 所示。

图 6-119　AutoCAD Plant 3D 点云数据入口

图 6-120　与三维激光扫描仪的连接

　　在被扫描的产品上快速地贴上定位标记点，如图 6-121 所示；通过非直接接触式三维激光扫描，对被测件进行整体的扫描后，获取工件表面形状三维数据，如图 6-122 所示；然后，将获取的数据进行逆向建模，从而得到更准确的数据，如图 6-123 所示。其扫描过程中，贴标记点用时 3 分钟，三维数据扫描用时 10 分钟，数据拼接、去噪等后处理及建模 1 小时，即得到了该设备的三维模型。

图 6-121　扫描结果　　　　　　　　　　　　　　图 6-122　stl 数据

图 6-123　stp 数据

　　AutoCAD Plant 3D 三维标准模型库及扩充机制对于可以套用模型库的设备，只要模型库模型与点云数据匹配，即可使用模型库模型，大大缩短了建模处理的时间。对于不能套用模型库的设备，则通过专业图纸结合点云数据逆向建模对设备模型快速建模，并存入模型库。随着模型库模型的日渐充实，三维建模成本将越来越低，速度也会越来越快。模型库充实完善后，建模速度将会较传统建模方式提高80%。

2. 设备模型库建设

1）生物工程设备模型库的建设内容

模型库应包含当前生物工程的主要设计专业的各种生产等级、各设备类型、大部分主流设备的三维模型。

（1）模型构成。完整的三维模型由几何要素、约束要素和工程要素构成。①几何要素：三维模型中包含的表达设备几何特性的模型几何和辅助几何等要素。②约束要素：三维模型所包含的表达设备内部或设备之间的约束性要素；例如，尺寸约束、形状约束、位置约束等。③工程要素：三维模型所包含的表达设备工程属性的要求；例如，设备材料名称、材料特性、质量、技术要求等。

（2）建模深度。模型应便于识别和绘图，具有主要设备部件的准确外廓形状，具有专业间接口的精确尺寸布置，满足设备的工艺安装要求，并考虑到三维模型投影为二维工程图时的状态及技术人员的审图习惯。为了提高建模效率，节省存储空间，提高模型的调用速度，可以对不影响自身功能表达的部件进行省略，也允许简化和安装无关的内部结构；例如，搅拌式发酵罐类模型应绘制出主要设备部件，外形尺寸应与实物保持一致，并赋予使用时的模型插图点。一台常规 $200\ m^3$ 搅拌式发酵罐建模深度举例如下。①本体：主要绘制罐体及各种进出口管口、搅拌电机和减速器、底部安装群座等外廓形状。②冷却管结构：主要绘制 3 层或 4 层冷却管外廓形状及接口管方位形状。③进气管和搅拌轴、搅拌桨：主要绘制搅拌轴粗细及联轴器、搅拌桨叶外廓形状及数量、安装位置等。④在线检测传感器接口：按在线检测传感器种类绘制接口管外廓形状；例如，温度、pH 值、溶氧、压力等传感器连接管口等。

（3）模型命名。为了适应三维模型在建模、文件管理、存储、发放、传递和更改等方面要求，模型应采用统一规则进行命名，遵循以下原则。①使模型文件得到唯一的存储编号或标识。②文件名应尽可能精简、易读，便于文件的共享、识别和使用。③文件名应便于追溯和版本的有效控制。④文件命名规则亦可参照行业或企业规范进行统一约定，例如，搅拌式发酵罐—50 m—2.5—K。50 m 为发酵罐体积 $50\ m^3$，2.5 为罐体高径比 1∶2.5，K 为罐体安装方式，代表罐底群座支承；另外，J 代表罐底支腿支承，I 代表罐体支耳支承。

（4）设备分类。模型库需具备分类合理、参数详尽、查询方便的特征。当设备模型库中加入足够多的模型后，应赋予一定的分类规则，对设备模型加以排序，以便于工程师检索使用。

对于生物工程的设备模型，可按表 3-1 设备类型代号（例如，离心分离机为 CS）+设备名称（例如，三足式离心机、碟片分离机、卧式刮刀离心机等）+设备型号（以卧式刮刀离心机型号为例有 DWG800、GKH1250、GK1600 等）+设备制造商（例如，重庆江北、江苏巨能、德国 GEA 等），按此方法对所有设备型号等分类，形成树形结构方便查找。设计单位可根据自己的设计习惯对设备模型分类管理。

将三维设备关联进工艺流程设备符号表（P&ID），填写设备电气参数等信息，建立设备符号库，以供后续设计人员参考。

与课程设计工作密切配合，不断补充模型库内容。应严格把关设备模型的建模质量、入库质量，才能有效提升生物工程的三维设计质量。与工程公司根据实际工程各设备厂家完善基础模型库。

三维设计是目前生物工程数字化设计发展的重点，而设备模型是三维设计的基础。生物工程设备模型库的建立需要日积月累的叠加，非一朝一日可见成果，可能需要各位同学以及设计单位各工程人员的不断努力和付出。随着三维设计平台的逐渐完善，健全的设备模型库必将是生物工程数字化三维设计的坚强支撑。

2）AutoCAD Plant 3D 三维标准模型库的扩充

试用版（2018 版）的 AutoCAD Plant 3D 三维标准模型库中只有很少的三维模型。例如，泵类只有离心泵有 3 个，其余是空格（有 17 个），可以向其中添加。设备的种类也只有干燥机、过滤器、加热器、混合设备、储罐、换热器、洗涤器、通用设备、容器等 20 类。

如果想创建其他种类的设备，可以单击下拉三角形按钮，选中设备种类和具体设备，如图 6-124 所示。

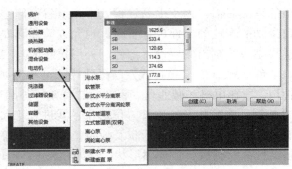

图 6-124　模型库的扩充

（1）单击"创建"按钮以后，画图界面中就出现这台设备，在界面中点一个点或者通过坐标来输入位置，固定基座中点，设备模型的调用即可完成，如图 6-125 所示。

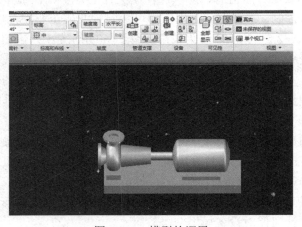

图 6-125　模型的调用

（2）打开软件以后首先设置工作空间。如果想通过模板创建，那就选三维管道；如果想自己把它拼凑起来，便选择三维基础或者三维建模，如图 6-126 所示。

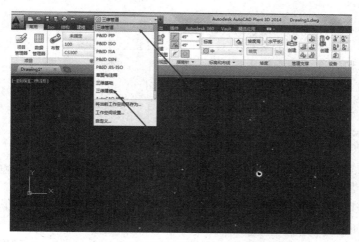

图 6-126　绘图工作空间的切换

二、车间设备三维布置设计

车间设备的合理布置是车间布局的最重要的研究内容，综合考虑其相关因素，进行分析、构思、规划、论证和设计，做出全面的安排，使系统中的人力、物力、财力及物流、信息流得到最合理、最有效、最经济的安排，使车间能够有效的运行，以最少的投入，获得最大的利益，达到预期目的。

因此，对车间工艺及设备进行分析，在明确各设备安装要求和生产工艺要求后，就要考虑采用何种工艺布置组合，更能发挥工艺装备的长处，避开其不足，并确定车间厂房的基本结构，结合物流技术进行分析能耗，再结合其工艺 PID 中自动控制方案有无更合理的方案最终形成几个可行的车间布局方案。所有这些都是进行车间布局系统的基础。关于车间内设备配置原则在前面几节二维设计中已有详述，这里不再重述。三维设计相比二维设计优点如下。

（1）可从任何位置查看设备布置效果。消除隐藏线并进行真实感着色，观察设计的实际效果，通过隐消等操作，从不同位置查看车间内设备的布置情况。这样无论工厂车间投资人有无专业基础，均可通过直观的设计看到不合自己要求的布置，便于设计承接方与工厂车间投资方，及时发现设计存在的分歧；并根据展示效果，提出更多的要求，保证设计更科学，更符合投资者的意愿。

（2）可通过三维模型，自动生成可靠的标准或辅助二维视图，且生成的各视图之间具有关联作用。设计好一个生物工厂立体模型，即可通过剪裁面对设计的立体模型进行剪裁，创建所要表达的视图，并能通过对实体的设置轮廓生成任意视角的平面图。例如，各楼层平面图、立面图、剖面图、轴侧图、风网图、非标件图等。因此，只要熟练掌握三维设计方法，其设计要比二维设计更方便快捷，设计速度也比二维设计快；并且只要对模型中的设备（或管件等）进行更改，在所有的布局视图中都会随之改变，能保证各图纸的准确性。

（3）可创建二维剖面图。通过剖面图可更准确的表达设计及环境。

（4）干涉检验。可方便快捷地判断管道之间是否相交及设备、建筑之间有无相碰，还可利用管道与相交物（例如，厂房、料仓等）的干涉，准确地对相交物进行预留洞孔设计。

（5）提取工艺数据，进行精确设计。可通过对管道中心线的查询直接测出管道准确长度；对料仓的体积查询，准确算出料仓所需的材料量，不必逐步进行材料计算等。

（6）进行工程分析。根据查询的型材、结构件的重心、力矩，来确定其固定、支撑点等。

（7）提取模型创建 DWF 或动画。作为一种宣传手段，直观地向客户展示设计效果与设计水平。

（8）三维数字化的车间设备布置可以对产品的生产过程进行模拟与分析，对布置方案进行快速评价，优化设备的布置过程，及早发现潜在的布置冲突与缺陷，供其修改和优化设计，提高设计质量与水平，加快设计进度。

多个专业可以共享设计，每个设计人员在自己的终端机上操作，避免了因不同专业（比如工艺、管道、暖通、配电、自控等）设计人员的设计占位冲突。

在车间设备布置过程中，为得到一个较理想的布置方案，常需对设备的位置做反复调整。使用二维常规的设计方法时，设备形状是用多个视图表示的，设备的位置则需通过在平面图和剖面图中分别给予确定。由于各视图之间无关联作用，调整设备位置时，就需在平面图和剖面图中分别对设备视图进行调整。此过程较烦琐，且容易出错而造成设计返工。采用三维技术进行设备布置，设备形状用三维模型来表示，各平面图或剖面图可由三维模型经正投影后得到，且生成的各视图之间还具有关联作用，若在某一视图中改变了设备位置，则其他视图将会自动进行更新调整，使设备位置的调整极为方便。如需观察设计的实际效果，还可运用三维技术"走"进车间，从不同位置查看车间内设备的布置情况。本书作者对运用三维技术进行多种生物产品生产车间设备布置的方法进行了探索和研究，并指导了十几届毕业班学生使用 AutoCAD Plant 3D 进行三维模型建立和车间三维设计。下面就操作过程做简单介绍。

为建立生产车间的三维模型，应先建立厂房的实体模型，然后在其中插入已建立好的设备三维模型，并对设备的位置进行调整。

1. 厂房实体模型的建立

建模时对于厂房的一些细节（例如，门、窗等）可做适当简化处理，模型可由支柱、梁、楼面、墙面等主要结构组成。对于新建的生物产品车间，其主车间厂房一般采用多层楼房，为简化厂房实体模型的建立过程，一般以 XYZ 的（0，0，0）原点作为车间厂房底层的一角，可先在 XY 平面画出柱平面尺寸，按开间数和跨度进行矩形阵列得车间柱网，并标注开间号和跨度标号；按多层柱的总高对柱网沿 Z 轴拉伸，在 XZ 平面画出各层楼板的断面，然后沿 Y 轴拉伸得各层楼板。在相应的位置上画出楼梯，再用有关的三维模型命令开出门窗、添加内隔墙和楼梯等细节。这样就建好厂房主结构的实体模型。为了设备布置方便最好先不建门窗和外墙，有利于直观看到设备布置情况，待设备都布置好后再建外墙和门窗等细节。

如果是有现存的车间厂房平面图，可直接插入 XY 平面，拉伸即得厂房实体模型。

AutoCAD Plant 3D 的操作界面非常直观，而且很多操作指令又与 AutoCAD 相同，所以，对于学习过 AutoCAD 操作环境的人员来说，AutoCAD Plant 3D 很容易上手，如图 6-127 所示是简单的三层 5 开间三跨度的厂房实体模型图。

另一种厂房建模方式是直接应用 AutoCAD Plant 3D 中的选项卡进行，如图 6-128 所示。

图 6-127　三层 5 开间三跨度的厂房实体模型图　　　图 6-128　车间柱网的创建

在菜单条上选择"结构"命令，然后在参照选项卡上选择"栅格"命令，单击后，①在"创建轴网"对话框的"轴网名称"框中，输入轴网的名称并设为"车间柱网"。②在"坐标系"对话框下，单击"WCS"按钮、"UCS"按钮或"三点"按钮，以设置用于创建轴网的坐标系。如果选择"三点"命令，请指定轴网三条轴的原点和方向，在这里选择"三点"在屏幕上指定点方式决定原点和方向。③若要指定轴值，请执行下列操作之一：A.在"轴值"框中，输入所需的 X 值，以逗号分隔。使用 @ 符号可以设置相对于前一个值的值，例如，0，10'，@10'，@8'相当于 0，10'，20'，28'，这里设为 0，4500，@1500，@4500。行值（y 值）设为 0，6000，平台值（z 轴）设为：0，5000（高度）。B.单击基于指定点设置轴值。完成后，按 Enter 键。C.单击 预览轴标签。D.单击"创建"按钮。

创建好柱网后，就要添加结构梁：单击"杆件"按钮选择杆件，然后选择起点和终点设置即可。要注意的是，默认状态显示的是线，若需改成结构样式需另行设置，单击线模型下面的"设置"按钮弹出如图 6-129 所示的对话框。

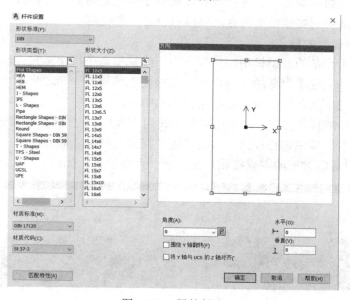

图 6-129　梁的创建

形状类型可以选择各种型钢结构，也可选择长方形混凝土梁结构；形状大小也可选，这里大小是英寸。角度和方向可调，材质标准和代码可选，也可进行特性匹配。

创建楼板和墙：单击"平板"按钮，分别输入长、宽、高的数值，即行成楼板和墙。

在墙上开门：建立一个长 900、宽 450、高 2100 的长方体，单击该长方体和墙，用差集命令相减得到门洞。用相同方法在楼板上开楼梯洞孔，放置楼梯结构件。

如图 6-130 所示选择楼梯，然后选择起点和终点即可。在这里要注意的是默认的楼梯设置单位用的是英寸，显得太小，所以改成实际所需要的尺寸。选择楼梯单击"编辑结构"按钮即可修改。

通过以上几个步骤，并按层高复制楼板、楼梯和墙就建成了四层 4 开间三跨度的厂房实体模型图，如图 6-131 所示。

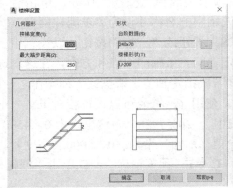
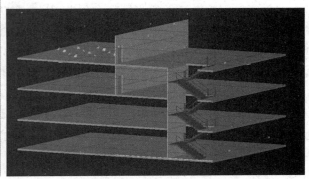

图 6-130　楼梯的创建　　　　图 6-131　四层 4 开间三跨度的厂房实体模型图

对绘制的厂房开间跨度尺寸是否符合布置设备的要求，并且是否符合《GB/T50006—2010，厂房建筑模数协调标准》进行检查，如有不符之处对其进行修改调整。若无问题，可将建立厂房主结构的实体模型保存，供以后设备布置使用。

2. 设备三维模型的插入

生物工程常用设备的三维模型，可预先用三维模型命令按实际尺寸建立好，并保存在一个图形文件中。为便于设备的定位，在各层楼面上都设有一用户坐标系，并与世界坐标系平行，其原点在厂房各层楼面上右后角支柱的中心。

设备三维模型的插入如下：在上菜单条上找到"插入"，然后在参照选项卡上找到"附着"，单击"附着"按钮选择存放文件的位置并找到所要插入的文件。

（1）单击设备标签下的创建按钮，来创建一台新设备，如图 6-132 所示。

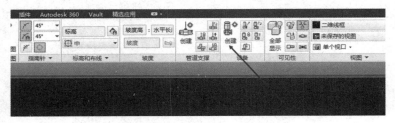

图 6-132　新设备创建路径

（2）弹出的创建设备页面里有设备的模型、位号和各个参数，如图 6-133 所示。

（3）接下来需要输入设备偏转的角度，点选或者输入数据，如图 6-134 所示。

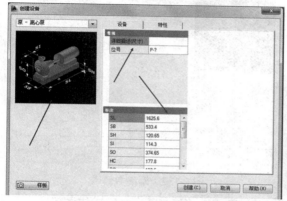

图 6-133 泵的各个参数设置与位号设定

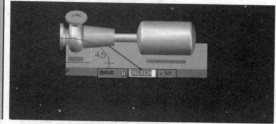

图 6-134 放置角度的设定

现在设备创建完成，如果想修改设备的数据，在设备上单击鼠标右键，然后选择"修改设备"命令，如图 6-135 所示即可。

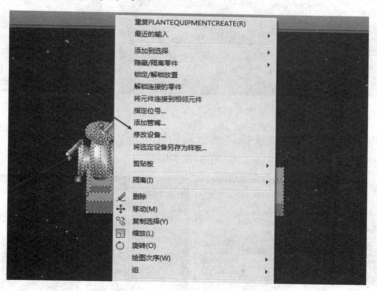

图 6-135 修改设备的数据

如果是要创建一个带两个管口法兰的圆罐，选择"常用工具栏"→"设备"→"创建"命令，选择"储罐"→"立式水箱"命令，如图 6-136 所示。

然后，输入储罐的直径和高度，单击"确定"按钮，如图 6-137 所示（还可以对储罐的封头类型进行编辑）。

指定储罐的旋转角度和位置，如图 6-138 所示。然后按 CtrL 键单击储罐的管嘴会出现类似小铅笔的图案，如图 6-139 所示。此时单击即可修改管嘴的大小和位置以及伸出的长度，这样一个储罐的设备模型就建好了。同时也可以建立卧式储罐，方法和这个一样。

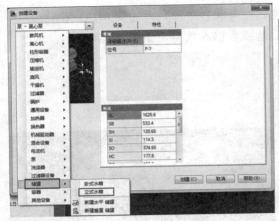

图 6-136　创建立式水罐

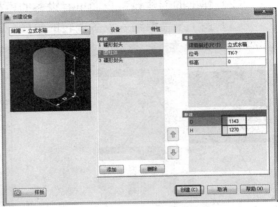

图 6-137　罐参数修改

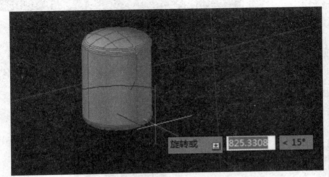

图 6-138　放置角度的设定

图 6-139　插入管嘴

插入管嘴时有几种管嘴方式选择，然后是管径和压力等级的选择，如图 6-140 所示；也可以对管嘴位置、大小进行修改，如图 6-141 所示。

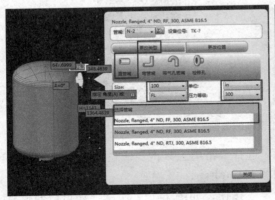

图 6-140　管嘴方式、管径和压力等级选择

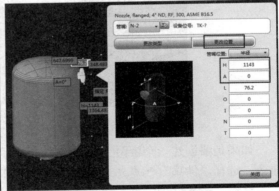

图 6-141　管嘴位置更改

用相同的方式可以绘制建立多种设备的三维模型，由于设备的种类和规格较多，可以创建设备类别，在其下创建具体设备型号及设备三维模型，这样方便管理与调用。图 6-142～图 6-145 是教师指导学生构建的真空转鼓式过滤机和搅拌发酵罐的二维线框、真实模型图。

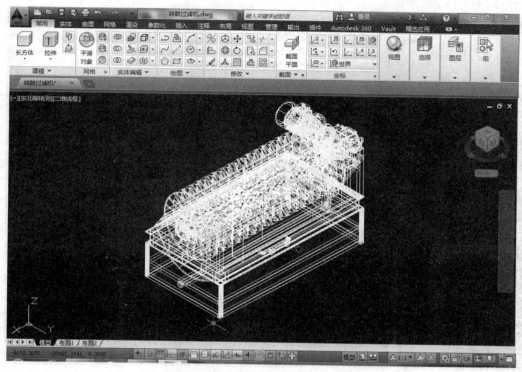

图 6-142 真空转鼓式过滤机二维线框图

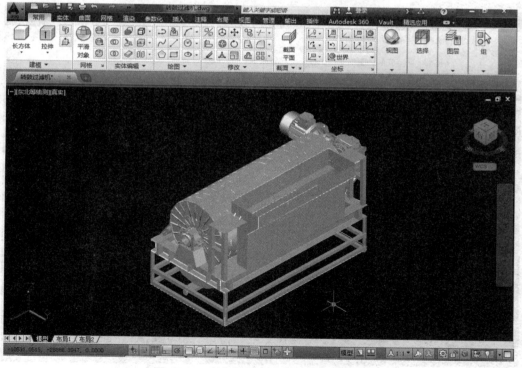

图 6-143 真空转鼓式过滤机真实模型图

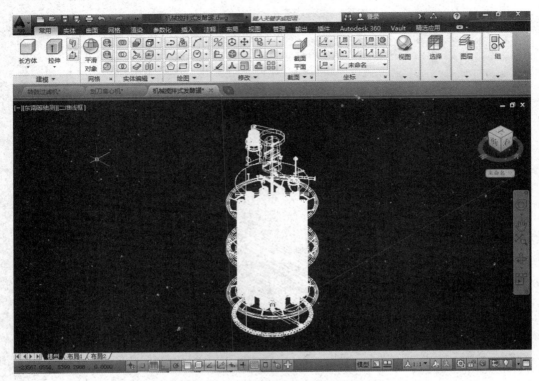

图 6-144　搅拌发酵罐二维线框图

图 6-145　搅拌发酵罐真实模型图

3. 设备位置的调整

设备的三维模型插入后，选择 MOVE、CHANGE 等编辑命令可以方便地在平面图或剖面图中对设备的位置进行调整，如图 6-146、图 6-147 所示。

图 6-146 双菌种发酵车间设备布置图

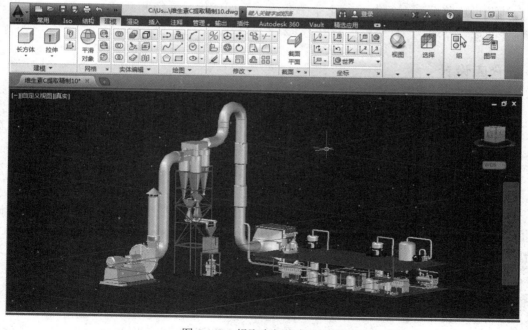

图 6-147 提取车间设备布置图

4．由三维图转成三视图（二维图）

采用三维作图运用 AutoCAD Plant 3D 对车间设备的布置和管道的三维设计。通过这种作图方式，可以很清楚地观察到设备和管道的连接方式，以及管道的走向；并且运用 Navisworks Manage 可以达到视觉上的空间漫游，而且也可以通过 3D 打印的手段，打印出一定比例的实体。但是实体图中难以完整标注出设备的安装尺寸，往往是采用三维图转成三视图（二维图）的方式标注出设备的安装尺寸，如图 6-59 就是图 6-58 发酵车间三维布置真实图生成的正交平面图，即生成的发酵车间俯视图。

第七节　辅助车间的设计

生物工厂的辅助设施是指生产车间以外与生产有密切关系的一些技术和生活设施。对于生物工厂来说，辅助设施在工厂空间和投入的占比相当高。因此，辅助设施的设计是全厂设计的重要组成部分。

辅助设施一般分为生产性辅助设施、动力辅助设施和生活性辅助设施 3 类。生产性辅助设施（车间）与生产车间的关系最为密切，第一为库房，例如，原料的接收、暂储、成品库等。第二为检验系统和新产品开发系统，例如，半成品产品检验、成品检验、生产技术开发及新产品研制等设备和设施。第三为机修车间，机修车间的任务是维修保养生产车间所有设备和制造非标准专业设备。动力辅助设施主要有以下几种，例如，给排水、锅炉、供电、制冷、净化空气、废水处理的设备和设施；生活性辅助设施主要有以下几种，例如，办公室、食堂、厕所、绿地等设施。原料和成品仓库将在本章节介绍，动力辅助设施将分别在第九、第十章中介绍，下面就检验系统和新产品开发系统，以及机修车间进行介绍。

一、仓库设计

仓库设计是一项非常重要的工作，因为仓贮运作的物流成本绝大部分在仓库设计阶段就已决定了仓库设计要考虑的因素较多，要设计出较合理的仓库必须将这些因素归类划分并在此基础上优化决策。因此，仓库设计时应尽可能地考虑各方面的因素，以使设计的仓库在节省资本的同时，尽可能充分发挥其在实际工作中的作用。对于仓库的设计，应遵循以下一些原则。

（1）合理安排，符合产品结构需要，仓库区的面积应与生产规模相匹配。仓库面积的基本需求必须保证两个基本条件：一是物流的顺畅，二是各功能区的基本需求。在布局上，为减少仓库和车间之间的运输距离，方便与生产部门的联系，一般仓库设置将沿物流主通道，紧邻生产车间来布置相应的功能区，同时要考虑管理调度；在流量上，要尽量做到一致，以免"瓶颈"现象发生。具体的布置可以根据企业具体情况决定，标签库等小库房及原料库等大库房布置在管理室的周围，若为多层楼房，常将小库房置于楼上。

（2）中药材的库房与其他库房应严格分开，并分别设置原料库与净料库、毒性药材料库与贵细药材库应分别设置专库或专柜。

　　（3）仓库要保持清洁和干燥。照明、通风等设施以及温度、湿度的控制应符合储存要求。

　　（4）仓库内应设取样室，取样环境的空气洁净度等级应与生产车间要求一致。根据GMP 要求，仓库内一般需设立取样间，在室内局部设置一个与生产等级相适应的净化区域或设置一台可移动式带层流的设备。

　　（5）仓库应包括标签库、使用说明书库（或专柜保管）。

　　（6）对于库区内产品的摆放，应使总搬运量最小。总体需求和布局上一定要结合企业的长远规划，避免因考虑不周造成重复投资、事后修补以及多点操作造成浪费。

　　（7）注意交通运输、地理环境条件以及管线等因素。

　　（8）整个平面布局还应符合建设设计防火规范，尤其是高架库在设计中应留出消防通道、安全门，设置预警系统、消防设施；例如，自动喷淋装置等。

　　1．自动化立体仓库的设计

　　立体仓库（AS/RS）是物流仓储中出现的新概念，诞生不到半个世纪，但已发展到相当高的水平，特别是现代化的物流管理思想与电子信息技术的结合，促使立体仓库逐渐成为企业成功的标志之一。利用立体仓库设备可实现仓库高层合理化、存取自动化、操作简便化。自动化立体仓库的主体由货架、巷道式堆垛起重机、入（出）库工作台和自动运进（出）及操作控制系统组成。货架是钢结构或钢筋混凝土结构的建筑物或结构体，货架内是标准尺寸的货位空间，巷道堆垛起重机穿行于货架之间的巷道中，完成存货、取货的工作。广义而言，自动化仓库是在不直接进行人工处理的情况下自动地存储和取出物料的系统，是物流系统的重要组成部分。医药生产是最早应用自动化立体库的领域之一，1993 年广州羊城制药厂建成了中国最早的医药生产用自动化立体库。此后，吉林敖东、东北制药、扬子江制药等数十个企业成功应用自动化立体库。

　　自动化立体仓库的优越性主要体现在提高空间利用率、形成先进的物流系统，提高仓库管理水平，形成先进生产链，促进生产力进步几个方面。同时其社会效益和经济效益主要来自于如下几个方面。①采用高层货架存储，提高了空间利用率及货物管理质量。由于使用高层货架存储货物，存储区可以大幅度地向高空发展，提高单位面积的利用率，结合计算机管理，还可以容易地实现先入先出，防止货物的自然老化或变质；也便于防止货物的丢失及损坏。②自动存取提高了劳动生产率，降低了劳动强度。同时，能方便地进入企业的物流系统，使企业物流更趋合理化。③科学储备，提高物料调节水平，加快储备资金周转。由于引入了计算机控制，对各种信息进行存储和管理，能减少处理过程中的差错，同时还能有效地利用仓库储存能力，便于清点，合理减少库存量，减少库存费用，降低占用资金。从整体上保障了资金流、物流、信息流与业务流的一致、畅通。

　　2．立体仓库设计时需要考虑的因素

　　立体仓库设计时需要考虑的因素很多也很重要，如果选择不当，往往会走入误区。一般包含以下几方面。

　　（1）企业近期的发展。立体仓库设计一般要考虑企业 3～5 年的发展情况。如果投资巨大的立体仓库不能使用一段时间，甚至刚建成就满足不了需求，那么这座立体仓库是不成功的。但有些不需要建造立体仓库的公司，为了提高自身形象或其他原因，盲目建设立体仓库也是不可取的。

（2）选址。立体仓库设计要考虑城市规划企业布局以及物流整体运作。地址最好靠近港口、货运站等交通枢纽，或靠近生产线、原料产地或主要消费市场，以降低物流费用。同时，要考虑环境保护、城市规划等因素。

（3）库房面积与其他面积的分配。平面面积太小，立体仓库的高度就需要尽可能地高。立体仓库设计时往往会受到面积的限制，造成本身的物流路线迂回。立体仓库面积过小，为满足库容量的需求，只能向空间发展，货架越高，设备采购成本与运行成本就越高。此外，立体仓库内最优的物流路线是直线型。但因受面积的限制，结果往往是 S 形的，甚至是网状的，迂回和交叉较多，增加了许多不必要的投入与麻烦。

（4）机械设备的吞吐能力。立体仓库内的机械设备就像人的心脏，机械设备吞吐能力不满足需要，就像人患了先天性心脏病。在兴建立体仓库时，通常的情况是吞吐能力过小或各环节的设备能力不匹配。理论的吞吐能力与实际存在差距，所以设计时无法全面考虑。一般立体仓库的机械设备有巷道堆垛起重机、连续输送机、高层货架。自动化程度高一点的还有 AGV 车（automated guided vehicles）、无人搬运车、自动导航车或激光导航车。这几种设备要匹配，而且要满足出入库的需要。一座立体仓库到底需要多少台堆垛机、输送机和 AGV 等，可以通过物流仿真系统来实现。

（5）人员与设备的匹配人员素质同样能够影响仓库的吞吐能力。一些由传统仓储或运输企业向现代物流企业过渡的公司，立体仓库建成后往往人力资源跟不上。立体仓库的运作需要一定的人工劳动力和专业人才。一方面，人员的数量要合适，自动化程度再高的立体仓库也需要一部分人工劳动，人员不足会导致立体仓库效率的降低，但人员太多又会浪费人力。另一方面，人员素质要匹配，新建了立体仓库之后招聘与培训专业人才才能满足立体仓库的需求。

（6）库容量（包括缓存区）。库容量是立体仓库最重要的一个参数，由于库存周期受许多预料之外因素的影响，库存量的波峰值有时会大大超出立体仓库的实际容量。除考虑货架区容量外，缓存区面积也不容忽视，缓存区面积严重不足会造成货架区的货物无法运输，库房外的货物积压。

（7）系统数据的传输。立体仓库设计要考虑立体仓库内部以及与上下级管理系统间的信息传递。由于数据的传输路径或数据的冗余等原因，会造成系统数据传输速度慢，有的甚至会出现数据无法传输的现象。规模较大的公司，立体仓库管理系统（ASMCS）往往还有上级管理系统。

（8）整体运作能力。立体仓库的上游、下游以及其内部各子系统的协调，有一个木桶效应，最短的那一块木板决定了木桶的容量。虽然有的立体仓库采用了许多高科技产品，各种设施设备也十分齐全，但各种系统间协调性、兼容性不好，整体的运作会比预期的差很远。

3．立体仓库设计的分类

自动化立体仓库是一个复杂的综合自动化系统，作为一种特定的仓库形式，一般有以下几种分类方式。

　　1）按照建筑物形式分类

　　（1）整体式：是指货架除了存储货物以外，还作为建筑物的支撑结构，构成建筑物的一部分，即库房货架一体化结构，一般整体式高度在 12 m 以上。这种仓库结构重量轻，整体性好，抗震好。

　　（2）分离式：分离式中存货物的货架在建筑物内部独立存在。分离式高度在 12 m 以下，但也有 15～20 m 的。适用于利用原有建筑物作为库房，或在厂房和仓库内单建一个高货架的场所。

　　2）按照货物存取形式分类

　　（1）单元货架式：单元货架式是常见形式。货物先放在托盘或集装箱内，再装入单元货架的货位上。

　　（2）移动货架式：移动货架式由电动货架组成，货架可以在轨道上行走，由控制装置控制货架合拢和分离。作业时货架分开，在巷道中可进行作业；停止作业时可将货架合拢，只留一条作业巷道，提高空间的利用率。

　　（3）拣选货架式：拣选货架式中分拣机构是其核心部分。"人到货前拣选"是拣选人员乘拣选式堆垛机到货格前，从货格中拣选所需数量的货物出库。"货到人处拣选"是将存有所需货物的托盘或货箱由堆垛机运至拣选区，拣选人员按提货单的要求拣出所需货物，再将剩余的货物送回原地。

　　3）按照货架构造形式分类

　　（1）单元货格式仓库：类似单元货架式，巷道占三分之一左右的面积。

　　（2）贯通式：为提高仓库利用率，可以取消位于各排货架之间的巷道，将个体货架合并，使每一层、同一列的货物互相贯通，形成能一次存放多货物单元的通道，而在另一端由出库起重机取货，成为贯通式仓库。根据货物单元在通道内的移动方式，贯通式仓库又可分为重力式货架仓库和穿梭小车式货架仓库。重力式货架仓库每个存货通道只能存放同一种货物，所以它适用于货物品种不太多而数量又相对较大的仓库。穿梭式小车可以由起重机从一个存货通道搬运到另一通道。

　　（3）水平旋转式仓库的货架：这类仓库本身可以在水平面内沿环形路线来回运行。每组货架由若干独立的货柜组成，用一台链式传送机串联。货柜下方有支撑滚轮，上部有导向滚轮。传送机运转时，货柜便相应运动。需要提取某种货物时，只需在操作台上给予出库指令。当货柜转到出货口时，货架停止运转。这种货架对于小件物品的拣选作业十分合适。它简便实用，充分利用空间，适用于作业频率要求不太高的场合。

　　（4）垂直旋转货架式仓库：与水平旋转货架式仓库相似，只是把水平面内的旋转改为垂直面内的旋转，这种货架特别适用于存放长卷状货物。

二、检验与技术中心设计

　　检验及技术开发中心（或研究所、研发中心）是企业的技术中心。生物工厂的实验室从其功能来分一般分为感官性能检验室、理化指标检验室和微生物检验室。它们是工厂的产品检验、新产品开发、工艺研究和技术改造的重要部门。工厂的产品要在市场上经得住考验，必须具有严格的质量和卫生检验。工厂要不断地开发新产品以提高工厂在市场中竞争力，而这些都与工厂是否有完备的检测手段和设施密切相关。此外，大中型企业大多有自己的技术中心（中心实验室）或工程中心。

1）检验室

检验室的职能是对产品、原料及中间产品进行质量检验，有的企业将中间产品的检验放在生产车间。

（1）检验室的任务。

检验室的任务按检验对象可分为对原材料的检验，成品、半产品的检验，包装材料的检验，水质的检验，环境的监测等。就检验的项目可分为感官检验、物理检验、化学检验、微生物检验。

（2）检验室的组成。

检验室通常按检验项目可划分为感官检验室、物理检验室、化学检验室、细菌检验室、附设精密仪器室、准备间和无菌室、微生物培养间、镜检工作室、菌种保藏室等。

（3）检验室的装备。

检验室配备的大型用具主要有双面化验台、单面化验台、支撑台、药品橱、通风橱等。另外化验室还要配备各种玻璃仪器。有条件的检验室根据需要还可以配备气相色谱仪、液相色谱仪、原子吸收光谱仪等高级检测设备。

不同产品（或原料）的检验室所需的仪器和设备不同，如表 6-19 所示是一些常用的仪器及设备。

表 6-19　检验室常用仪器及设备

名　称	主　要　规　格
普通天平	最大称量 1000 g，感量 5 mg
分析天平	最大称量 200 g，感量 1 mg
水分快速测定仪	最大称量 10 g，感量 5 mg
电热鼓风干燥箱	工作室 350 mm×450 mm×450 mm，温度 10～300℃
电热恒温干燥箱	工作室 350 mm×450 mm×450 mm，温度 10～300℃
电热真空干燥箱	工作室 ø350 mm×450 mm，温度 10～200℃
冷冻干燥箱	工作室 700 mm×700 mm×700 mm，温度-40～40℃
电热恒温培养箱	工作室 450 mm×450 mm×450 mm，温度 10～70℃
自动电位滴定仪	测量范围 0～14 pH 值，0～±1400 mV
精密酸度计	测量范围 0～14 pH 值，0～±1400 mV
生物显微镜	总放大 30～1500 倍
光电分光光度计	波长范围 420～700 mm
阿贝折射仪	测量范围 ND：1.3～1.7
手持糖度计	测量范围 1%～50%，50%～80%
旋片式真空泵	极限真空度 0.133 Pa
箱式电炉	功率 4 kw，工作温度 950℃
坩埚电炉	功率 3 kw，工作温度 950℃

续表

名　称	主　要　规　格
电冰箱	温度-10～30℃
电磁加热搅拌器	
测汞仪	
火焰光度计	钠钾 10 mg/kg
电动离心机	1000～4000 r/min
高压蒸汽消毒器	内径 Φ600 mm×900 mm，自动压力控制 320℃
旋光仪	旋光测量范围±180℃
离子交换软水器	树脂容量 31 kg

（4）检验室的建筑要求。

检验室的建筑要求根据食品厂的实际情况而定，可以为单独的部门，也可以归属技术管理部门。

①建筑位置选择。

检验室位置的选择要根据需要和灵活原则以及本厂的具体情况决定。一般情况下，考虑到检验过程中可能存在有毒有害的气体排出，检验室一般选择在下风向，所处楼层要高。考虑到避免受到震动对仪器的影响，一般选择在远离有震动的车间、交通运输主干道。检查半成品的检验室应尽量靠近生产车间。

②建筑结构要求。

准备间、无菌室、精密仪器室、工作间要合理设置，方便使用。通风橱最好在建筑房屋时一起建在适当位置的墙壁上，墙壁要用瓷砖镶好，并装上排气扇。设置水盆的墙壁也要预先装好瓷砖。房屋结构要做到防震、防火、隔热、空气流通、光线充足。

③上水管、下水管铺设。

检验室内上水管、下水管的设置一定要合理、通畅。要适当多安装水龙头，除一般洗涤外，大量的蒸馏、冷凝实验也需要占用专用的水龙头（小口径，便于套皮管）。除墙壁角落应设置适当数量水龙头外，操作台两头和中间也应设置水管。检验室水管应有自己的总水闸，必要时各分水管处还要设分水闸，以便于冬天开关防冻，或平时修理时开关方便，并保证不影响其他部门的工作用水。

下水管应设置在地板下和低层楼的天花板中间，即暗管式布置。下水道口采用活塞式堵头，以便发生水管堵死现象时方便打开疏通管道。下水管的平面段，倾斜角度要大些，以保证无内存积水和不受腐蚀性液体的腐蚀。

④室内光线。

化验室内应光线充足，窗户要大些，最好用双层窗户，以防尘和防冻。光源以日光灯为好，因为此光源便于观察颜色变化。检验室内除装有共用光源外，操作台上方还应安装工作用灯，以利于夜间和特殊情况下操作。

⑤操作台面的保护。

操作台面最好涂以防酸、防碱的油漆，或铺上塑料板或黑色橡胶板。橡胶板相比较更适用一些，既可防腐，又可保证玻璃仪器倒了时也不易破碎。

⑥其他。

天平室的要求：安静、防震、干燥、避光、整齐、清洁。精密仪器室要求与机械传动、跳动、摇动等震动大的仪器分开，要避免各种干扰。药品储藏室最好为不向阳的房间，但室内要干燥、通风。

2）中心实验室（或技术中心）

（1）中心实验室的任务。

中心实验室应该能够对企业生产的技术问题开展相关的研究，为解决生产中存在的问题提供方法和依据，为产品开发设计新配方，制定并改良符合本厂实际情况的生产工艺。

另外可以根据力量开展其他相关研究，例如，原辅材料的综合利用、新型包装材料的研究、"三废"治理工艺的研究、国内外技术发展动态的研究等。

（2）中心实验室的装备。

中心实验室一般由研究工作室、分析室、保温间、微生物检验室、样品间、性能与资料室及中小实验场地等组成。中心实验室原则上应在生产区内，也可单独或毗邻生产车间。总之，实验室要与生产密切联系，水、电、汽供应方便。实验室设备依据企业产品类别及发展需求而定，例如，氨基酸厂一般配备菌种室、接种室、微生物培养室、灭菌室、理化分析室等。为了安全还配备洗眼器、紧急冲淋器、万向排气罩、原子吸收罩、高压蒸汽灭菌器、干热灭菌箱等。此外还有实验室家具：中央台、边台、试剂架、吊柜、实验凳、通风柜、天平台、气瓶柜、危险化学储存柜、试剂柜、器皿柜等。

3）中心实验室或技术中心的平面布置

不同的生物企业的中心实验室或技术中心的要求不同，所以有不同的功能配置，如图 6-148 所示是一家生物科技有限公司的技术中心二层平面布置图。中心的南边东西两侧各有一楼梯，楼梯入室门口设有门禁，非相关人员不可进入，中间走廊将二层分为南北两部分。南部为公司主产品样品室、样品预处理室、理化分析室、气相、液相、原子吸收、紫外等常规仪器分析室，以及辅助的气瓶室、空调配电间、档案室、会议室等；北部为生物检测分析功能区，采用"三区一通道"形式布置。其生物安全实验室流程布置为：人流：换鞋→一更（换衣）→二更（清洁）→缓冲（清洁）→内准备（半污染）→缓冲（污染）→主实验室（污染）；物流：外准备（清洁）→灭菌→内准备（半污染）→主实验室（污染），按"三区一通道"形式布置，优点是可以减少污染源可能扩散的空间，保证安全。但人、物双向进出会造成交叉污染（可以用严格的管理制度和标准化操作规程来避免），因此应根据实验内容、性质等要求，科学合理布置平面（实验内容、性质等不同，对平面布置的要求也将不同）。根据建设单位工艺流程将生物安全实验室划分为污染区、半污染区、清洁区。各区之间设置缓冲间给予隔离（三区四缓冲），防止气溶胶外逸，确保各区安全、可靠运行。

根据《生物安全实验室建筑技术规范》（GB50346—2011）及《实验室生物安全通用要求》（GB19489—2008）规定按实验室所处理对象的生物危害程度和采取的防护措施，要求从低到高分为 4 级。BSL-3 为三级生物安全实验室，ABSL-3 为三级动物生物安全实验室。根据各区洁净度要求设三级空调区，各区域压力梯度如图 6-148 中标注。气流由洁净区流向半污染区，由半污染区流向污染区。同时确保实验室空气只能通过高效过滤后经专用排风管道排出，解决了 P2 或 P3 实验室从事高危险生物实验的人员每天都有可能接触到的试验中产生的危害——气溶胶，即悬浮于介质中的粒径一般为 $0.001\sim100\mu m$ 的固态、液态微小粒子形成的相对稳定的分散体系。它主要通过呼吸道传播，具有最大的危险性。从进入动物 BSL-3 级实验室开始，实验室负压越来越高，对防护的要求也不断提高，连续更衣两次后，实验人员才能进入 BSL-3 级生物安全主实验室核心工作区。因此需要有不同压力梯度要求，保证主实验室的安全。另外该区域还需进行温度、湿度控制，空调系统应采用全新风全排风方式。合理的压力梯度关系到 BSL-3 级生物安全实验室的正常运转和工况稳定，以及实验人员的舒适性。每级级差负压值取 $-10\sim-15$ Pa 为宜，ABSL-3 级生物安全实验室，其相对大气的最小负压不应小于-40 Pa，其中解剖室不应小于-50 Pa，动物饲养间不应小于-60 Pa，设计实验室压力梯度，如图 6-148 所示。

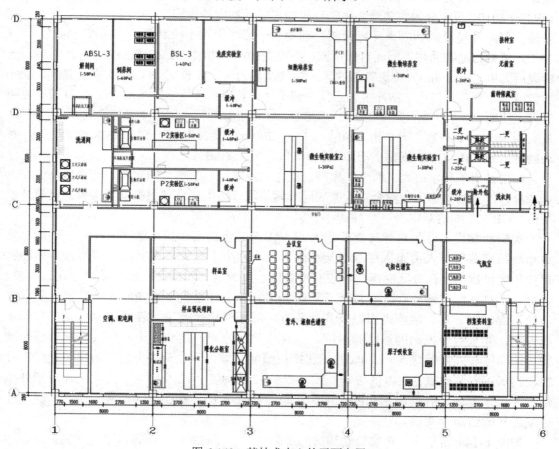

图 6-148　某技术中心的平面布置

物料经过物料闸间脱包进入，需要洗涤消毒器具经过两级传递窗进入实验室，进入核心实验室都经过缓冲间。人员出实验室需要经过洗消和淋浴，物料需要经过双扉灭菌柜高温高压蒸汽灭菌后出实验区。根据以上功能需求配备更衣、淋浴室，清洗灭菌间，物料闸间，洁净物品储存间，走廊，缓冲间；无菌室、接种室内中央都要安装紫外线灯用以灭菌，室内容积宜小，以便于定期化学熏蒸空气灭菌。培养基、操作工具和样品等物流通过传递窗进入无菌室，操作完成后通过另一面的缓冲窗到达培养间进行培养和鉴定，传递窗为互锁结构。废弃物需要经过单独的闸间经双扉灭菌柜高温高压蒸汽灭菌后进入非洁净区。经过洗涤消毒的器具，通过传递窗进入洁净物品储存间。解剖间配备全不锈钢实验台有利于消毒灭菌，解剖的动物组织经过双扉高压灭菌器，按照医疗垃圾标准进行无害化处理。一层有污水处理间，对污水灭菌消毒后排放。

三、实验动物房的设计

我国药品生产行业用于检验药品质量的实验动物为二级，即洁净动物（CL）。动物房根据《实验动物设施建筑技术规范》（GB50447—2008）及《实验动物 环境及设施》（GB 14925—2010）规定分为实验动物生产设施和实验动物实验设施，按环境设施分为普通环境设施、屏障环境设施和隔离环境设施。动物房一般环境因子控制范围：温度一般为 18～29℃，可根据动物品种不同而有所不同；湿度为 40%～70%，GMP 规定为 40%～60%；气流速度为 0.1～0.2 m/s，避免直接吹风，换气次数为 8～15 次/小时，在动物饲养区、动物实验区为全新风；气压，洁净区为正压，感染区为负压；环境洁净级别为 C 或 D 级；照明为人工照明，一般（光）照度为 150～300 lx，依据实验动物不同的生理特性而不同。例如，鼠类为 15～20 lx，猴、犬、猪、兔等为 150～200 lx；噪音为 40～50 dB（无动物时），有动物时为 60 dB，GMP 规定小于 70 dB；臭气、氨为 20μL/L。

如果是用于科学研究、教学、生产、检定以及其他科学实验的动物，动物房除符合上述要求外，实验动物生物安全实验室应同时满足现行国家标准《生物安全实验室建筑技术规范》GB 50346 的规定。

实验动物房设计的总体布置要求人流、物流、动物流分开（单向流程）；动物尸体运输路线宜避免与人员出入路线交叉；出入口不宜少于二处，人员出入口不宜兼做动物尸体和废弃物出口；分区明确，一般有准备区、饲养区、实验区；房间要求净化、灭菌、防虫。动物和废弃物暂存处宜设置于隐蔽处，宜与主体建筑有适当间距；建筑上要求有洁净走廊、饲养室、污染走廊以及其他各室。隔断材料一般采用轻质彩钢板；在空调系统方面，要求有可控制的温度和湿度、气流速度和分布，达到规定的换气量和气压。动物房洁净区与外界保持 5～15 Pa 的正压；在照明方面，无窗动物房使用洁净荧光灯，有窗动物房可安装玻璃窗，以滤去紫外线，要求 12 小时亮，12 小时暗。清洁区要设紫外线灯；在供水方面，有饮用水和纯化水。从平面布置来看，重点是饲养室、通道和清洗准备室之间的洁净度关系。

如图 6-149 所示为一个实验动物房的平面基本布局的实例，该布局中一半为人净、物净及接受动物的区域，在靠近接受室旁边设立检疫室，对外来的动物进行隔离检疫，判定其健康状况，以保证实验动物的安全性和实验数据的准确性；每类动物饲养、实验相对集中，做到实验动物由预养室、饲养室的传递窗传入实验室，避免了实验动物因经过洁净走廊而产生污染；预养室的目的是使动物恢复体力并适应新环境；预养室和饲养室均设有后室，为污染的物品传递到污物走廊起到缓冲作用，保证了饲养室的洁净环境，并使动物不受打扰；鼠类的实验室设有动物观察室，可避免用药后的动物受外界的干扰，确保实验数据的真实性；动物房的后室一侧设有污物走廊，用于收集和输出动物尸体及污物，此走廊通过传递窗与洁净区相同；做过实验后的动物尸体由传递窗经过污物走廊送入存尸间，避免动物尸体反流造成污染，动物尸体经过再收集送出焚烧；动物预养室、饲养室内设置氨浓度检测装置；洁净区净化级别为 C 级，预养室、实验室的净化空气只送不回，采用全新风形式，室内风压由高到低形成梯度，即洁净走廊→饲养室→后室→排出。

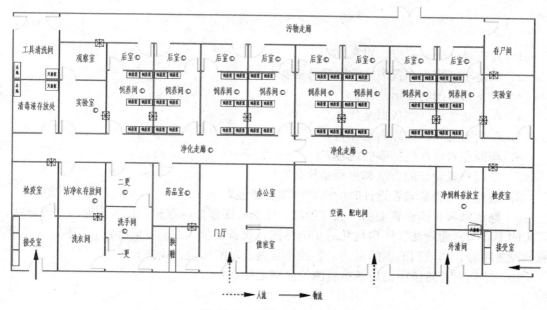

图 6-149　动物房平面布置图

饲养区的平面布置通常可分为两大类：单走廊式和双走廊式。单走廊式：经过检疫的动物，经过清洗、灭菌的器材搬入饲养室，和将动物的排泄物、尸体、使用过的器材搬出饲养室都使用同一条通道。从理论的角度上讲，洁净动物的排泄物也应该是洁净的，使用单走廊是可以的。但是一旦某一饲养室受到污染，则其他饲养室都难幸免。因此，这种模式不适合长期用作实验的动物房。无特殊病原体动物的饲养、生产设施通常采用这种模式。感染实验室由于危险性比较大，应把每个房间作为一个隔离室，一般也采用单走廊模式。双走廊式：进出饲养室的人流、物流分别走洁净通道和污染通道。屏障系统多采用这种模式。亚屏障系统由于不能保证动物排泄物的洁净度，也多采用双走廊模式。敞开系统可根据饲养动物的种类、目的及方法，采用相应的平面布局模式。

单走廊式和双走廊式的共同特点为全部器材、物品经过灭菌处理后，由洁净准备室搬入洁净走廊，人员经过净化程序由洁净走廊进入饲养室。不同之处在于单走廊式的人、物进出饲养室使用同一走廊，而双走廊式的人、物离开饲养室要经过污染走廊。饲养室内部单向通行，保证洁净度按洁净走廊→饲养室→污染走廊的顺序依次降低。

采用双走廊式，饲养人员或实验人员在完成一个饲养室的工作后，进入其他饲养室前，必须再次进行全部的净化处理。这对于专业饲养员来讲负担较重，也给实验人员造成不便。但是饲养设施如果选择为屏障系统，则允许工作人员由洁净走廊往返进入饲养室。这样既可以省去工作人员多次净化的程序，也降低了对建筑、通风的要求。但是这样会增大交叉感染的危险，可辅以适当的压差设计，以减小交叉感染的危险。

思 考 题

1. 什么是开间、跨度、层高？
2. 确定车间平面布置形式的因素有哪些？
3. 设备布置图的作用是什么？
4. 车间布置设计的依据是什么？
5. 车间布置设计的原则是什么？
6. 车间布置设计包括哪些内容？
7. 车间布置设计的方法和步骤是什么？
8. 进行车间设备布置设计时的注意事项有哪些？
9. 熟练掌握车间布置图的画法（图幅、比例、图框、标题栏、设备平面与立面画法、厂房的平面与立面画法、厂房尺寸的正确标注、设备定位尺寸的正确标注、图例、设备名称、设备序号、局部剖面图的画法，各种符号画出时的线型、线宽）。
10. 不同设计阶段中的设备布置图的区别是什么？

第七章　车间管道设计

车间管道设计具有综合性强的特点，在整个车间的工程设计之中占有举足轻重的地位。它是在设备平面布置设计已完成初步设计的基础上进行的，需考虑现有设备所有的管道接口及相关设备的相互干涉后统筹完成。特别是车间的技术改造项目，需在原来管道的基础上再进行安装，有些安装需拆除车间某些管道再安装新的管道，既不能影响原有管道的使用（必要时不能影响正常的生产工作），又要满足管道安装规范，同时需兼顾车间管道的整体外观要求。因此车间管道设计不是被动的设计，需要和设备布置同时进行，并满足相关的要求。

管道布置设计需要全方位考虑，统筹优化，合理布局，要求有一个总体设计思想，同时是否合理优化是管道设计的意义所在。

第一节　管道、阀门和管件的选择

一、管道的选用

1. 管道材料的选用

工业生产中可使用不同的管道，例如，无缝钢管、不锈钢管、焊接钢管（或称高频焊管）、螺旋电焊管、铸铁管、硬聚氯乙烯管、聚丙烯管、衬塑钢管、橡胶软管等。不同生产工段不同物料采用不同材质的管道。在某些情况下，因为产品等级不同，同一工段的同一物料也采用不同材质的管道。例如，生产医药级和食品级对管道材质要求不同。下面就一般的规范进行介绍。

（1）在生物工厂中，蒸汽管道、压缩空气管道及需要蒸汽灭菌的物料管道常用无缝钢管。国外压缩空气管道采用不锈钢管，这样可减少铁锈对高效空气过滤器的影响。

（2）培养基的连消系统、发酵罐 pH 调节用的酸碱管道、有腐蚀性物料的管道、生产高质量的产品时，都需采用不锈钢管。

（3）车间内的自来水管、真空管和一些非腐蚀性物料管道，常采用镀锌焊接管，最大管径为 152.4 mm（6 英寸），一般用螺纹连接，而下水管常采用黑铁管或铸铁管。

（4）需要大口径的管道时，一般采用螺旋电焊接管。对于有腐蚀性的物料可采用衬塑或衬胶管。

（5）在车间内的一些临时管道，一般采用聚氯乙烯管、聚丙烯管、橡胶软管等。

如表 7-1 所示是金属管常用规格、材料及适用温度。

表 7-1　金属管常用规格、材料及适用温度

名　称	标　准　号	常用规格/mm	常　用　材　料	适用温度/℃
液体输送用无缝钢管	GB/T8163—2008	按 GB17395—1998	20 MnD、10 MnD、09 MnD	−20～450 −40～450 −46～200
中、低压锅炉用无缝钢管	GB3087—1999	按 GB17395—1998	20 G、10 G	−20～450
高压锅炉管	GB5310—2008	按 GB17395—1998	20 G	−20～450
高压无缝钢管	GB/T6479—2013		20 MnG	−46～450
石油裂化管	GB9948—2006		10 MoWVNb	−20～400（抗氢）
			15 CrMoG	−20～560
			12 Cr2MoG	−20～580
			1 Cr5Mo	−20～600
			12 CrMoG	−20～540
不锈钢无缝钢管	GB/T14976—2012	按 GB14976—1994	0Cr18Ni9	−196～700
不锈钢焊接钢管（EFW）	HG20537—1992	按 HG20537	00Cr19Ni10 00Cr17Ni14Mo2 0Cr18Ni12Mo2Ti 0Cr18Ni10 Ti	
低压流体输送用焊接钢管（ERW）	GB/T3091—2008（镀锌） GB3092—2001	1/2″、3/4″、1″、1½″、1½″、2″、2½″、3″、4″、5″、6″按标准规定外径及壁厚	Q215A Q215AF，Q235A，Q235A	0～200
螺旋电焊钢管	SY5036—1983	8″～24″	Q235AF，Q235A SS400，St52-3	0～300
低压流体输送用大直径电焊钢管（ERW）	GB/T14980—1994	按 GB17395—1988（ERW）6″～20″	Q215A Q235A	0～300
石油天然气工业输送钢管（大直径埋弧焊直缝焊管）	GB/T9711.1—1999	按 GB9711.1—1998 中的大直径直缝埋弧焊钢管18″～80″（EFW）	L245	−20～450
铜管	GB/T1527—2006 GB1530—1997	5×1、7×1、10×1、15×1、18×1.5、24×1.5、28×1.5、35×1.5、45×1.5、55×1.5、75×2、85×2、104×2、129×2、156×3	T2、T 3、T4、TU1、TU2（紫铜），TP1、TP2	≤250（受压时，≤200）
黄铜管	GB/T1472—2005	5×1、7×1、10×1、15×1、15×1.5、18×1.5、24×2、28×1.5、28×2、35×1.5、45×1.5、45×2、55×2、75×2.5、80×2、96×3、100×3	H62，H68（黄铜），HPb50-1	≤250（受压时，≤200）
铅和铅合金管	GB/T8163—2008	20×2、22×2、31×3、50×5、62×6、94×7、118×9	Pb3，PbSb4，PbSb6	≤200（受压时，≤140）
铝和铝合金管	GB6893—2000 挤压管	Ø25×6～Ø155×40 Ø120×5～Ø200×7.5	1050A、1060、1200、3003、5052、5A03、5083、5086、5454、6A02、6061、6063	−269～200

2．管道直径的设计

由流体的体积流量和介质在管道内的流速，就可得到管道直径如下。

$$d = \sqrt{4V/(\pi W \times 3600)}$$

式中：d——管道的计算直径，m；

　　　V——流体的体积流量，m^3/h；

　　　W——流体的流速，m/s。

如表 7-2 所示为发酵工厂常用的流体流速，供选用时参考。

表 7-2　流体管道内的流速范围

流体类别及情况	流速范围/（m/s）	流体类别及情况	流速范围/（m/s）
自来水主管（0.3 MPa）	1.5～3.0	常压蒸发器出口	25～30
自来水支管（0.3 MPa）	1.0～1.5	发酵液	0.5～1.0
循环水（<0.8 Mpa）	1.5～3.5	连消培养液	0.3～0.6
循环回水	0.5～2.0	1000CP 的高黏度液体	0.1～0.3
冷冻盐水	1.0～2.0	蛇管内冷却水	<1
蒸汽（<1.0 Mpa）	20～30	易燃易爆的液体	<1
压缩空气	10～20	车间通风主管道	4～15
空气压缩机吸入管	5～10	车间通风支管道	2.0～8.0
真空蒸发器出口	50～60	真空管道	<10

　　管道直径的设计关键在于考虑合适的流速，既要考虑到管道内流体的压力降，又要兼顾安装费用。在设计总管道时，应留有一定的余量，以备工艺改变或生产发展能继续使用。

　　计算出的管径往往不是一个整数，需按常规取整。如表 7-3 所示是无缝钢管和不锈钢管的常见规格。

表 7-3　Pg≤1.6Mpa 下的常用无缝钢管和不锈钢管的规格

公称直径 Dg		10	15	20	25	32	40	50	65	80	100	125	150	200	250	300
无缝钢管	外径	14	18	25	32	42	45	57	76	89	108	133	159	219	273	325
	壁厚	2.5	2.5	3	3	3	3.5	3.5	4	4	4	4	4.5	5	6	7
不锈钢管	外径	14	18	25	32	42	45	57	76	89	108	133	159	219	273	325
	壁厚	2	2	2.5	2.5	2.5	3	3	3	3	3	3.5	3.5	4	4.5

3．管壁厚度

　　根据管径和各种公称压力范围，查阅有关手册（例如，化工工艺设计手册等）可得管壁厚度。常用公称压力下管道壁厚选用表如表 7-4～表 7-7 所示。

表 7-4　蒸汽管径流量

流量/(kg/h)	压力/Pa							
	$1.0135×10^5$	$1.084×10^5$	$1.165×10^5$	$1.419×10^5$	$4.56×10^5$	$8.1×10^5$	$11.15×10^5$	$15.2×10^5$
45.4	2½″	2″	2″	1½″	1″	1″	1″	1″
68	3″	2½″	2½″	2″	1¼″	1″	1″	1″
90	3″	3″	2½″	2″	1¼″	1¼″	1″	1″
135	3½″	3″	3″	2½″	1½″	1¼″	1¼″	1¼″
180	4″	3½″	3″	3″	2″	1½″	1¼″	1¼″
225	5″	4″	3½″	3″	2″	1½″	1½″	1¼″
340	5″	5″	4″	3½″	2½″	2″	2″	1½″
454	6″	5″	5″	3½″	2½″	2″	2″	2″
570	6″	6″	5″	4″	3″	2½″	2″	2″
680	8″	6″	5″	5″	3″	2½″	2½″	2″
900	8″	8″	5″	5″	3½″	3″	2½″	2½″
1360	10″	8″	8″	6″	4″	3″	3″	3″
1800	10″	10″	8″	6″	4″	3½″	3½″	3″
2250	12″	10″	8″	8″	5″	4″	3½″	3½″
2750	12″	10″	10″	8″	5″	4″	4″	3½″
3750	—	12″	10″	8″	6″	5″	4″	4″
4540	—	12″	10″	10″	8″	5″	5″	4″

注：1″=25.4 mm

表 7-5　无缝碳钢管壁厚　　　　　　　　　　　　　　单位：mm

材料	pN/MPa	DN																			
		10	15	20	25	32	40	50	65	80	100	125	150	200	250	300	350	400	450	500	600
	≤1.6	2.5	3	3	3	3	3.5	3.5	4	4	4	4	4.5	5	6	7	7	8	8	8	9
	2.5	2.5	3	3	3	3	3.5	3.5	4	4	4	4	4.5	5	6	7	7	8	8	8	9
20	4.0	2.5	3	3	3	3	3.5	3.5	4	4	4.5	5	5.5	7	8	9	10	11	12	13	15
12 CrMo	6.4	3	3	3	3.5	3.5	3.5	4	4.5		5	7	8	9	11	12	14	16	17	19	22
15 CrMo	10.0	3	3.5	3.5	4	4.5	4.5	5	6	7	8	9	10	13	15	18	20	22			
12 Cr1MoV	16.0	4	4.5	5	5	6	6	7	8	9	11	13	15	19	24	26	30	34			
	20.0	4	4.5	5	6	6	7	8	9	11	13	15	18	22	28	32	36				
	4.0T	3.5	4	4	4.5	5	5	5.5													

续表

材料	pN/MPa	10	15	20	25	32	40	50	65	80	100	125	150	200	250	300	350	400	450	500	600
10Cr5Mo	≤1.6	2.5	3	3	3	3	3.5	3.5	4	4.5	4	4	4.5	5.5	7	7	8	8	8	8	9
	2.5	2.5	3	3	3	3	3.5	3.5	4	4.5	4	5	4.5	5.5	7	7	8	9	9	10	12
	4.0	2.5	3	3	3	3.5	3.5	4	4.5	5	5.5	6	8	9	10	11	12	14	15	18	
	6.4	3	3	3	3.5	4	4	4.5	5	7	8	9	11	13	14	16	18	20	22	26	
	10.0	3	3.5	4	4	4.5	5	5.5	7	8	9	10	12	15	18	22	24	26			
	16.0	4	4.5	5	5	6	7	8	9	10	12	15	18	22	28	32	36	40			
	20.0	4	4.5	5	6	7	8	9	11	12	15	18	22	26	34	38					
	4.0T	3.5	4	4	4.5	5	5	5.5													
16Mn 15MnV	≤1.6	2.5	2.5	2.5	3	3	3	3	3.5	3.5	3.5	3.5	4	4.5	5	5.5	6	6	6	6	7
	2.5	2.5	2.5	2.5	3	3	3	3	3.5	3.5	3.5	3.5	4	4.5	5	5.5	6	7	7	8	9
	4.0	2.5	2.5	2.5	3	3	3	3.5	3.5	4	4.5	5	6	7	8	8	9	10	11	12	
	6.4	2.5	3	3	3.5	3.5	3.5	4.5	5	7	8	9	11	12	13	14	16	18			
	10.0	3	3	3.5	3.5	4	4	4.5	5	6	7	8	9	11	13	15	17	19			
	16.0	3.5	3.5	4	4.5	5	5	6	7	8	9	11	13	16	19	22	25	28			
	20.0	3.5	4	4.5	5	5.5	6	7	8	9	11	13	15	19	24	26	30				

表 7-6　无缝不锈钢管壁厚　　　　　　　　　　单位：mm

材料	pN/MPa	10	15	20	25	32	40	50	65	80	100	125	150	200	250	300	350	400
1Cr18Ni9Ti 含Mo不锈钢	≤1.0	2	2	2	2.5	2.5	2.5	2.5	2.5	2.5	3	3	3.5	3.5	3.5	4	4	4.5
	1.6	2	2.5	2.5	2.5	2.5	2.5	3	3	3	3	3	3.5	3.5	4	4.5	5	5
	2.5	2	2.5	2.5	2.5	2.5	2.5	3	3	3.5	3.5	4	4.5	5	6	6	7	
	4.0	2	2.5	2.5	2.5	2.5	3	3.5	4	4.5	5	6	7	8	9	10		
	6.4	2.5	2.5	2.5	3	3	3	3.5	4	4.5	5	6	7	8	10	11	13	14
	4.0T	3	3.5	3.5	4	4	4	4.5										

表 7-7　焊接钢管壁厚　　　　　　　　　　单位：mm

材料	pN/MPa	200	250	300	400	450	500	600	700	800	900	1000	1100	1200	1400	1600
焊接碳钢管 （Q235A20）	0.25	5	5	5	5	5	5	6	6	6	6	6	6	7	7	7
	0.6	5	5	6	6	6	6	7	7	7	7	8	8	8	9	10
	1.0	5	5	6	6	7	7	8	8	9	9	10	11	11	12	
	1.6	6	6	7	8	8	9	10	11	12	13	14	15	16		
	2.5	7	8	9	10	11	12	13	15	16						

续表

材　　料	pN/MPa	DN													
		200	250	300	400	450	500	600	700	800	900	1000	1100	1200	1400	1600
焊接不锈钢管	0.25	3	3	3	3.5	3.5	3.5	4	4	4	4.5	4.5				
	0.6	3	3	3.5	3.5	4	4	4.5	5	5	6	6				
	1.0	3.5	3.5	4	4.5	5	5.5	6	7	7	8					
	1.6	4	4.5	5	6	7	7	8	10	10						
	2.5	5	6	7	8	9	10	12	15	15						

注：1. 表中"4.0T"表示外径加工螺纹的管道，适用于 pN<4.0 的阀件连接。

　　2. DN≥25 的"大腐蚀余量"的碳钢管的壁厚应按表中数值再增加 3 mm。

　　3. 本表数据按承受内压计算。

　　4. 计算中采用以下许用应力值。

　　　　20 CrMo、12 CrMo、15 CrMo、12 Cr1MoV 无缝钢管取 120.0 MPa；

　　　　10 CrMo、Cr5Mo 无缝钢管取 100.0 MPa；

　　　　16 Mn、15 MnV 无缝碳钢管取 150.0 MPa；

　　　　无缝不锈钢管及焊接钢管取 120.0 Mpa。

　　5. 焊接钢管采用螺旋缝电焊钢管时，最小厚度为 6 mm，系列应按产品标准。

　　6. 本表摘自化工工艺配管设计技术中心站编制的设计规定中的《管道等级及材料选用表》。

二、常用阀门的选用

阀门在管道中用来调节流量，切断或切换管道，或对管道起安全、控制作用。阀门的选择是根据工作压力、介质温度、介质性质（含有固体颗粒、黏度大小、腐蚀性）和操作要求（启闭或调节等）进行的，其选型的要点如下。

1. 阀门选型的要点

（1）明确阀门在设备或装置中的用途。

确定阀门的工作条件：适用介质的性质、工作压力、工作温度和操纵控制方式等。

（2）正确选择阀门的类型。

阀门类型的正确选择以设计者对整个生产工艺流程、操作工况的充分掌握为先决条件，在选择阀门类型时，设计人员应首先掌握每种阀门的结构特点和性能。

（3）确定阀门的端部连接。

在螺纹连接、法兰连接、焊接端部连接中，前两种最常用。螺纹连接的阀门主要是公称通径在 50 mm 以下的阀门；如果通径尺寸过大，连接部的安装和密封将十分困难。法兰连接的阀门，其安装和拆卸都比较方便，但是比螺纹连接的阀门笨重，价格更高，故它适用于各种通径和压力的管道连接。焊接连接适用于更苛刻的条件，比法兰连接更为可靠。但是焊接连接的阀门拆卸和重新安装都比较困难，所以它的使用仅限于通常能长期可靠地运行，或使用条件苛刻、温度较高的场合。

（4）阀门材质的选择。

选择阀门的壳体、内件和密封面的材质，除了考虑工作介质的物理性能（温度、压力）和化学性能（腐蚀性）外，还应掌握介质的清洁程度（有无固体颗粒），并且还要参照国家和使用部门的有关规定。正确合理的选择阀门的材质可以获得最经济的使用寿命和最佳的使用性能。阀体材料选用顺序为铸铁—碳钢—不锈钢，密封圈材料选用顺序为橡胶—铜—合金钢—F4。

（5）其他。

除此之外，还应确定流经阀门流体的流量及压力等级等，利用现有的资料（例如，阀门产品目录、阀门产品样本等）选择适当的阀门。

2. 常用阀门及其适用范围

阀门种类多、品种复杂，主要有闸阀、截止阀、节流阀、蝶阀、旋塞阀、球阀、电动阀、隔膜阀、止回阀、安全阀、减压阀、蒸汽疏水阀和紧急切断阀等，其中生物工厂常用的有闸阀、截止阀、球阀、隔膜阀、蝶阀、节流阀、旋塞阀、止回阀。

（1）闸阀。

闸阀是指启闭体（阀板）由阀杆带动，沿阀座密封面做升降运动的阀门，可接通或截断流体的通道。闸阀较截止阀密封性能好，流体阻力小，启闭省力，具有一定的调节性能，是最常用的截断阀门之一。缺点是尺寸大、结构较截止阀复杂，密封面易磨损，不易维修，一般不宜作节流用。按闸阀阀杆上螺纹位置分为明杆式和暗杆式两类。按闸板的结构特点又可分为楔式和平行式两类。

一般情况下，应首选闸阀。闸阀除适用于水、蒸汽、油品、压缩空气等介质外，还适用于含有粒状固体及黏度较大的介质，并适用于放空和低真空系统的阀门。对带有固体颗粒的介质，闸阀阀体上应带有一个或两个吹扫孔。对低温介质，应选用低温专用闸阀。

（2）截止阀。

截止阀是向下闭合式阀门，启闭件（阀瓣）由阀杆带动沿阀座（密封面）轴线做升降运动的阀门。与闸阀相比，其调节性能好，密封性能差，结构简单，制造维修方便，流体阻力较大，价格便宜，是一种常用的截断阀，一般用于中、小口径的管道。

截止阀适用于对流体阻力要求不高的管路上，即对压力损失考虑不多，以及高温、高压介质的管路或装置，适用于 DN<200 mm 的蒸汽等介质管道上；小型阀门可选用截止阀，例如，针形阀、仪表阀、取样阀、压力计阀等；截止阀有流量调节或压力调节，但对调节精度要求不高；通常管路直径比较小时，宜选用截止阀或节流阀；对于剧毒介质，宜选用波纹管密封的截止阀；截止阀不适用于黏度较大和含有颗粒易沉淀的介质，也不宜用作放空阀及低真空系统的阀门。常用于水、蒸汽、压缩空气、真空、油品介质。

（3）球阀。

球阀的启闭件是带圆形通孔的球体，球体随阀杆转动以实现启闭的阀门。球阀的结构简单，开关迅速，操作方便，体积小，重量轻，零部件少，流体阻力小，密封性好，维修方便。

球阀适用于低温、高压、黏度大的介质。大多数球阀可用于带悬浮固体颗粒的介质中，依据密封的材料要求也可用于粉状和颗粒状的介质；全通道球阀不适用于流量调节，但适用于要求快速启闭的场合，便于实现事故紧急切断；通常适用于密封性能要求严格、磨损、缩口通道、启闭动作迅速、高压截止（压差大）、低噪音、有气化现象、操作力矩小、流体阻力小的管路中；球阀适用于轻型结构、低压截止、腐蚀性介质中；球阀还是低温、深冷介质的最理想阀门，低温介质的管路系统和装置上，宜选用加阀盖的低温球阀；选用浮动球球阀时其阀座材料应承接球体和工作介质的载荷，大口径的球阀在操作时需要较大的力，DN≥200 mm 的球阀应选用蜗轮传动形式；固定球球阀适用于较大口径及压力较高的场合；另外，用于输送剧毒物料、可燃介质管道的球阀，应具有防火、防静电结构。

（4）隔膜阀。

隔膜阀的启闭件是一块橡胶隔膜，夹于阀体与阀盖之间。隔膜中间突出部分固定在阀杆上，阀体内衬有橡胶，由于介质不进入阀盖内腔，因此阀杆无须填料箱。隔膜阀结构简单、密封性能好，便于维修，流体阻力小。隔膜阀分为堰式、直通式、直角式和直流式。

隔膜阀适用于工作温度小于 200℃、压力小于 1.0 MPa 的油品、水、酸性介质和含悬浮物的介质，不适用于有机溶剂和强氧化剂介质；发酵液、医药产品等含颗粒性介质宜参照它的流量特性表选用堰式隔膜阀；黏性流体、结晶浆与沉淀性介质宜选用直通式隔膜阀；除特定要求，隔膜阀不宜用于真空管路和真空设备上。隔膜阀常用于移种管道、无菌物料管道及具腐蚀性物料的管道。

（5）蝶阀。

蝶阀是蝶板在阀体内绕固定轴旋转 90° 即可完成启闭作用。蝶阀体积小、重量轻、结构简单，只由少数几个零件组成，只需旋转 90° 即可快速启闭，操作简单。蝶阀处于完全开启位置时，蝶板厚度是介质流经阀体时唯一的阻力，因此通过该阀门所产生的压力降很小，故具有较好的流量控制特性。蝶阀分弹性软密封和金属硬密封两种密封型式。弹性密封阀门，密封圈可以镶嵌在阀体上或附在蝶板周边，密封性能好，既可用于节流，又可用于中等真空管道和腐蚀性介质。采用金属密封的阀门一般较弹性密封的阀门寿命长，但很难做到完全密封，通常用于流量和压降变化大、要求节流性能好的场合。金属密封能适应于较高的工作温度，弹性密封则具受温度限制。

蝶阀适用于口径较大（例如，DN＞600 mm）及结构长度要求短、需要进行流量调节与要求快速启闭的场合，一般用于温度≤80℃、压力≤1.0 MPa 的水、油品和压缩空气等介质。由于蝶阀不易和管壁严密配合，密封性差，只适用于调节流量，不能用于切断管路。因蝶阀相对于闸阀、球阀压力损失比较大，故蝶阀适用于压力损失要求不高的管路系统中。

（6）止回阀。

止回阀是能自动阻止流体倒流的阀门，止回阀的阀瓣在流体压力作用下开启，流体从进口侧流向出口侧。当进口侧压力低于出口侧时，阀瓣在流体压差、本身重力等因素作用下自动关闭，以防止流体倒流。按结构形式分升降式止回阀和旋启式止回阀。升降式较旋启式密封性好，流体阻力大。对于泵吸入管的吸入口处，宜选用底阀，其作用是：开泵前灌注水使泵的入口管充满水；停泵后保持入口管和泵体充满水，以备再次启动。底阀一般只安装在泵进口的垂直管道上，并且介质自下而上流动。

止回阀一般适用于清净介质，不宜用于含有固体颗粒和黏度较大的介质。当 DN≤40 mm 时，宜采用升降止回阀（仅允许安装在水平管道上）；当 DN＝50～400 mm 时，宜采用旋启式升降止回阀（在水平和垂直管道上都可安装，例如，安装在垂直管道上，介质流向要由下而上）；当 DN≥450 mm 时，宜采用缓冲型止回阀；当 DN＝100～400 mm 时也可选用对夹式止回阀；旋启式止回阀能够达到较高的工作压力，PN 可以达到 42 MPa，根据壳体及密封件的材质不同，可适用于任何工作介质和工作温度范围。介质为水、蒸汽、气体、腐蚀性介质、油品、药品等。介质工作温度范围在-196～800℃之间。止回阀常用于发酵罐进气管道上，防止发酵液倒回到空气过滤器。

（7）节流阀。

节流阀除阀瓣以外与截止阀结构基本相同，其阀瓣是节流部件，不同形状具有不同的特性，阀座的通径不宜过大。因其开启高度较小，介质流速增大，从而加速对阀瓣的冲蚀。节流阀外形尺寸小、重量轻、调节性能好，但调节精度不高。

节流阀适用于介质温度较低、压力较高的场合，主要用于需要调节流量和压力的部位，不适用于黏度大和含有固体颗粒的介质，不宜作隔断阀。

（8）旋塞阀。

旋塞阀是以带通孔的塞体作为启闭件，塞体随阀杆转动，以实现启闭的阀门。旋塞阀结构简单、开关迅速、操作方便、流体阻力小，部件少、重量轻。旋塞阀有直通式、三通式和四通式。直通式旋塞阀用于截断介质，三通式和四通式旋塞阀用于改变介质方向或对介质进行分流。

旋塞阀适用于要求快速启闭的场合，一般不适用于蒸汽及温度较高的介质，可用于温度较低、黏度大的介质，也适用于带悬浮颗粒或含有晶体的介质。

生物工厂常用阀门的结构特点和适用场所如表 7-8 所示。

表 7-8　常用阀门及结构

序　号	阀门种类	结　　构	序　号	阀门种类	结　　构
1	球阀		11	气动调节阀	
2	截止阀		12	气动隔膜阀	
3	闸阀		13	电动蝶阀	
4	隔膜阀		14	电磁阀	
5	蝶阀		15	气动角阀	

续表

序　号	阀门种类	结　　构	序　号	阀门种类	结　　构
6	旋塞阀	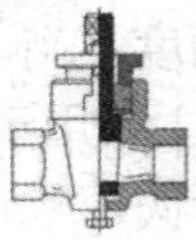	16	电动调节阀	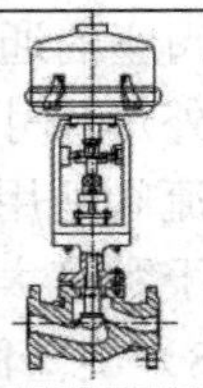
7	针形阀	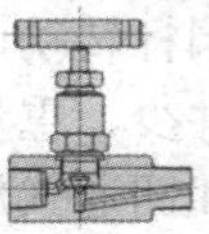	17	气动隔膜底阀	
8	止回阀	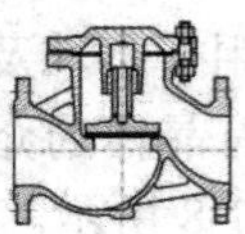	18	三通抗生素截止阀	
9	安全阀	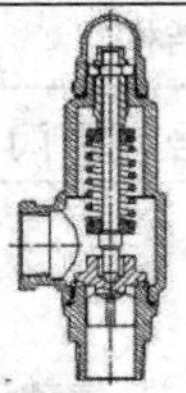	19	卡接无菌取样阀	
10	减压阀	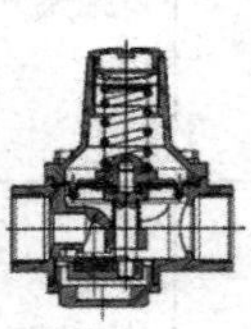	20	三通调节阀	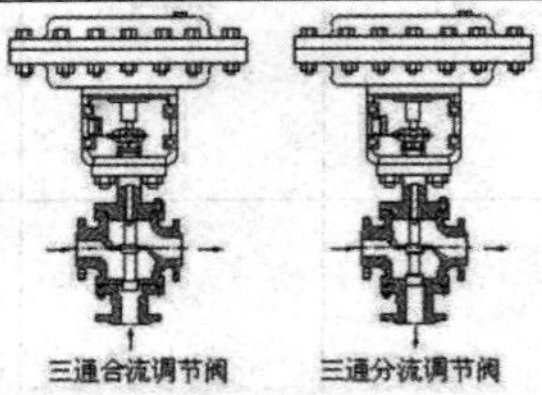 　三通合流调节阀　三通分流调节阀

三、管件

　　管件的作用是连接管道与管道、管道与设备、安装阀门、改变流向等，管件类型主要包括弯头、活接头、三通、四通、异径管、内外接头、螺纹短节、视镜、阻火器、漏斗、过滤器、防雨帽等。下面只对常用的弯头、三通、异径管、法兰等管件的选用做简单介绍。

　　1. 弯头

　　弯头的作用主要用来改变管路的走向，常见的有 90° 弯头、45° 弯头、180° 弯头。弯头的材质与直径应与选用的管材相同。从连接方式来分有焊接弯头、螺纹连接弯头、插接弯头和卡接弯头。

　　2. 三通

　　当一条管道与另一条管道相连通时，或管道需要有旁路分流时，其接头处的管件称为三通。根据接入管的角度不同或口径大小差异，可命名为正接三通、斜接三通，或等径三通、异径三通。如果需要更多接口，可用四通、五通等管件。

3．短接管和异径管

当管道装配中短缺一小段，或因检修需要在管路中设置一小段可拆的管段时，经常采用短接管。它是一段短直管，有的带连接头（例如，法兰、丝扣等）。

将两个不等管径的管口连通起来的管件称为异径管。通常叫大小头。有同心异径管和偏心异径管之分，在泵的进出口常采用偏心异径管。

4．法兰、活络管接头、盲板

为便于安装和检修，管路中采用可拆连接，法兰、活络管接头是常用的连接零件。活络管接头大多用于管径不大（Ø100）的水煤气钢管，而绝大多数钢管管道采用法兰连接。

在有的管路上，为清理和检修需要设置手孔盲板，也有的直接在管端装盲板，或在管道中的某一段中断管道与系统联系。

四、管路的支架

管路支架是用来支撑和固定管路的，主要包括钢结构和钢筋混凝土结构。管架分为室外管架和室内管架。一般室外管较长，而且要穿越马路和厂房等，需架空或敷设地沟，往往把许多管路集中到专门用来支撑管路的管架上，像栈桥一样。而室内的管路一般利用厂房的墙壁、柱子、楼板以及机器设备本身构件来支撑、吊挂和固定管路。

室外管架的结构型式很多，常见的有独立式管架，例如，丁字架、十字架、悬臂式、梁架式、桁架式、悬杆式、悬索式以及拱桥式等，如图7-1所示。

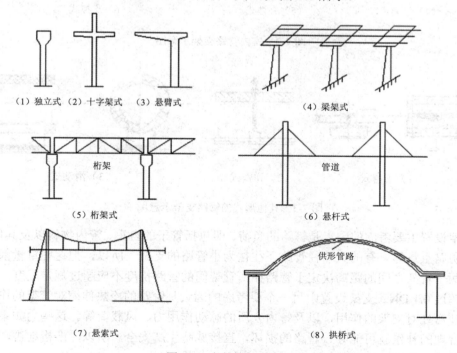

（1）独立式　（2）十字架式　（3）悬臂式　　　　　　（4）梁架式

（5）桁架式　　　　　　　　　　　　（6）悬杆式

（7）悬索式　　　　　　　　　　　　（8）拱桥式

图 7-1　室外管架示意图

　　室内管路支架主要结构有吊架式、悬臂式、三角支撑、夹柱式支架、立柱式支架等（如图 7-2 所示）。此外，对有振动的管道可用弹簧式和夹持式管架，对有热伸长的管路采用滑动（滚动）式支架，如图 7-3 所示。

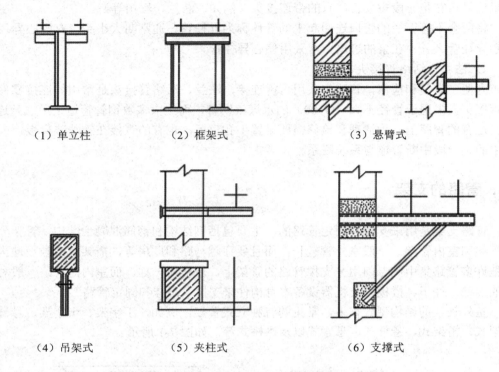

|（1）单立柱|（2）框架式|（3）悬臂式|

|（4）吊架式|（5）夹柱式|（6）支撑式|

图 7-2　室内管路支架示意图

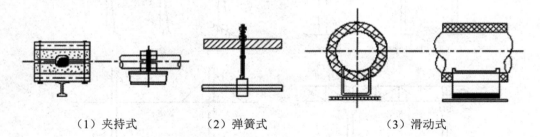

|（1）夹持式|（2）弹簧式|（3）滑动式|

图 7-3　其他形式的管路支架示意图

　　管架设置主要考虑的因素是管路的负荷，即包括管子的自重、管内物料以及其他附件、保温、防腐重量等。有的大口径管路还往往为小管路的支架，所以，把这些重量都应考虑在内。两个管架之间的距离决定于管路在两管架间的管路挠度不应超过规定限度，一般挠度不应超过 0.1 DN。支架设置中另一个要考虑的因素是管路的冷热伸缩对管架的作用力和管路的转弯处对支架的作用，以及管内介质的脉动作用力、风载荷等。这些力如果得不到固定或合理的补偿就可能导致管路的损坏，直接威胁生产安全。所以，严格地讲，管架设置必须经详细的设计计算。

内外管路敷设在支架上，大部分是用管托和管卡来固定（或支撑）的。根据不同需要现已逐渐系列化了。常见的管托有焊接型滑动固定管托、导向管托、高压管托、固定挡板及导向板管托、低温管路使用的滑动固定管托等，如图 7-4 所示。

常用的管卡有夹持式管卡、固定管卡、导向管卡、扁钢管卡等，如图 7-5 所示。

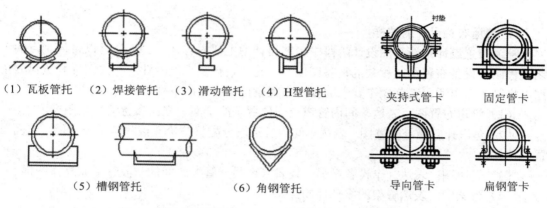

（1）瓦板管托　（2）焊接管托　（3）滑动管托　（4）H型管托

（5）槽钢管托　　　　（6）角钢管托

图 7-4　管托示意图

夹持式管卡　　　固定管卡

导向管卡　　　扁钢管卡

图 7-5　管卡示意图

常用的管吊有焊接型（平管、弯管、主管等）管吊、卡箍型管吊、吊于管子上的管吊以及型钢吊架等。此外，还有用于防震管路的弹簧管吊、管托等各种结构，如图 7-6 所示。

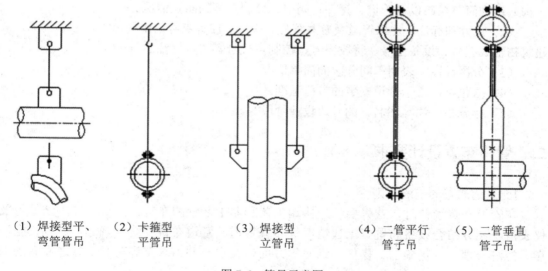

（1）焊接型平、　　（2）卡箍型　　　　（3）焊接型　　　（4）二管平行　　（5）二管垂直
　　弯管管吊　　　　　平管吊　　　　　　立管吊　　　　　　管子吊　　　　　管子吊

图 7-6　管吊示意图

选择好管道材质、直径，以及管件、阀门后，就可以在车间设备布置图上添加管道布置；与车间设备布置图相同，管道布置设计也有二维和三维之分，下面分节详细介绍。

第二节　二维管道布置设计

一、概述

1. 管道布置设计的图样

管道布置设计是施工图设计阶段中工艺设计的主要内容之一。它通常以带控制点的工艺流程图、设备布置图、相关的设备图以及土建、自控、电气专业等有关图样和资料为依据，将管道做出适合工艺操作要求的合理布置设计，绘制出下列图样。

（1）管道布置图。表达车间内管道空间位置等的平面、立面布置情况的图样。

（2）蒸汽伴管系统布置图。表达车间内各蒸汽分配管与冷凝液收集系统平面、立面布置的图样。

（3）管段图。表达一个设备至另一设备（或另一管道）间的一段管道的立体图样。

（4）管架图。表达管架的零部件图样。

（5）管件图。表达管件的零部件图样。

2. 管道布置图的内容

管道布置图是车间安装、施工中的重要依据，是应用较多的一种图样。图样一般有如下内容。

（1）一组视图。按正投影原理，画一组平面、立面剖视图，表达整个车间的设备、建（构）筑物简单轮廓以及管道、管件、阀门、控制点等的布置情况。

（2）尺寸和标注。注出管道及有些管件、阀门、控制点等的平面位置尺寸和标高，对建筑物轴线编号、设备位号、管段序号、控制点代号等进行标注。

（3）分区简图。表明车间分区的简单情况。

（4）方位标。表示管道安装的方位基准。

（5）标题栏。注写图名、图号、设计阶段等。

二、管路布置设计要求

1. 管道布置的一般原则

在管道布置设计时，首先要统一协调工艺和非工艺管的布置；然后，按工艺管道及仪表流程图并结合设备布置、土建情况等布置管道。管道布置要统筹规划，做到安全可靠、经济合理，满足施工、操作、维修等方面的要求，并力求整齐美观。管道布置的一般原则如下。

（1）管道布置不应妨碍设备、机泵及其内部构件的安装、检修和消防车辆的通行。

（2）厂区内的全厂性管道的敷设，应与厂区内的装置、道路、建筑物、构筑物等协调，避免管道包围装置，减少管道与铁路、道路的交叉。对于跨越、穿越厂区内铁路和道路的管道，在其跨越段或穿越段上不得装设阀门、金属波纹管补偿器和法兰、螺纹接头等管道组成件。

（3）输送介质对距离、角度、高差等有特殊要求的管道以及大直径管道的布置，应符合设备布置设计的要求。

（4）管道布置应使管道系统具有必要的柔性，同时考虑其支撑点设置，利用管道的自然形状达到自行补偿。在保证管道柔性及管道对设备、机泵管口作用力和力矩不超出允许值的情况下，应使管道最短，组成件最少。管道布置应做到"步步高"或"步步低"，减少气袋或液袋，不可避免时应根据操作、检修要求设置放空、放净。管道布置应减少"盲肠"；气液两相流的管道由一路分为两路或多路时，管道布置应考虑对称性或满足管道及仪表流程图的要求。

（5）管道除与阀门、仪表、设备等需要用法兰或螺纹连接外，应采用焊接连接。如果可能需要拆卸时应考虑法兰、螺纹或其他可拆卸连接。

（6）有毒介质管道应采用焊接连接，除有特殊需要外不得采用法兰或螺纹连接。有毒介质管道应有明显标志以区别于其他管道，且不应埋地敷设。布置腐蚀性介质、有毒介质和高压管道时，不得在人行通道上方设置阀件、法兰等，以免渗漏伤人，并应避免由于法兰、螺纹和填料密封等泄漏而造成对人身和设备的危害。易泄漏部位应避免位于人行通道或机泵上方，否则应设安全防护。管道不直接位于敞开的人孔或出料口的上方，除非建立了适当的保护措施。

（7）管道应成列或平行敷设，尽量走直线，少拐弯，少交叉。明线敷设管道尽量沿墙或柱安装，应避开门、窗、梁和设备，避免通过电动机、仪表盘、配电盘上方。根据管道直径考虑法兰螺栓的扳手距离以及焊接要求等。

（8）布置固体物料或含固体物料的管道时，应使管道尽可能短，少拐弯和不出现死角；固体物料支管与主管的连接应顺介质流向斜接，夹角不宜大于45º；固体物料管道上弯管的弯曲半径不应小于管道公称直径的 6 倍；含有大量固体物料的浆液管道和高黏度液体管道应有坡度。

（9）为便于安装、检修及操作，一般管道多用明线架空或地上敷设，价格较暗线敷设便宜；确有需要，可埋地或敷设在管沟内。

（10）管道上应适当配置一些活接头或法兰，以便于安装、检修。管道成直角拐弯时，可用一端堵塞的三通代替，以便清理或添设支管。管道宜集中布置，地上的管道应敷设在管架或管墩上。

（11）按所输送物料性质安排管道。管道应集中成排敷设，冷热管要隔开布置。在垂直排列时，热介质管在上，冷介质管在下；无腐蚀性介质管在上，有腐蚀性介质管在下；气体管在上，液体管在下；不经常检修管在上，检修频繁管在下；高温管在上，低温管在下；保温管在上，不保温管在下；金属管在上，非金属管在下。水平排列时，粗管靠墙，细管在外；低温管靠墙，热管在外，不耐热管应与热管避开；无支管的管在内，支管多的管在外；不经常检修的管在内，经常检修的管在外；高压管在内，低压管在外。输送易燃、易爆和剧毒介质的管道，不得敷设在生活间、楼梯间和走廊等处。管道通过防爆区时，墙壁应采取措施封固。蒸汽或气体管道应从主管上部引出支管。

（12）根据物料性质的不同，管道应有一定坡度。其坡度方向一般为顺介质流动方向，蒸汽管相反。一般物料管坡度大小为 0.003～0.005，含固体结晶或黏度较大的物料管道坡度大小为 0.01。

（13）管道通过人行道时，离地面高度不少于 2 m，通过公路时不小 4.5 m，通过工厂主要交通干道时一般应为 5 m。需要热补偿的管道，应从管道的起点至终点对整个管系进行分析，以确定合理的热补偿方案。长距离输送蒸汽的管道，在一定距离处应安装冷凝水排除装置。长距离输送液化气体的管道，在一定距离处应安装垂直向上的膨胀器。输送易燃液体或气体时，应可靠接地，防止产生静电。

（14）管道尽可能沿厂房墙壁安装，管与管间及管与墙间的距离以能容纳活接头或法兰、便于检修为度。一般管路的最突出部分距墙不少于 100 mm；两管道的最突出部分间距离，对中压管道约 40～60 mm，对高压管道约 70～90 mm。由于法兰易泄漏，故除与设备或阀门采用法兰连接外，其他应采用对焊连接。但镀锌钢管不允许用焊接，DN≤50 mm 可用螺纹连接。

（15）管道穿过建筑物的楼板、屋顶或墙面时，应加套管，套管与管道门的空隙应密封。套管的直径应大于管道隔热层的外径，不得影响管道的热位移。管道上的焊缝不应在套管内，并距离套管端部不应小于 150 mm，套管应高出楼板、屋顶面 50 mm。管道穿过屋顶时应设防雨罩。管道不应穿过防火墙或防爆墙。

2．洁净厂房内的管道设计

在洁净厂房内，工艺管道主要包括净化水系统和物料系统等。公用工程主管线包括洁净空调、煤气管道、上水、下水、动力、空气、照明、通信、自控、气体等。一般情况下除煤气管道明装外，洁净室内管道尽量布置在技术夹层、技术夹道、技术走廊或技术竖井中，从而减少污染洁净环境的机会。洁净环境中的管道布置需满足下列要求。

（1）管道布置要求。

①技术夹层系统的空气净化系统管线包括送风、回风管道、排气系统管道、除尘系统管道。这种系统管线的特点是管径大，管道多且广，是洁净厂房技术夹层中起主导作用的管道。其走向直接受空调机房位置、逆回风方式、系统的划分等三个因素的影响，而管道的布置是否理想又直接影响技术夹层。

②暗敷管道技术夹层的几种形式为：A．仅顶部有技术夹层，此形式在单层厂房中较普遍。B．二层洁净车间时，底层为空调机房、动力等辅助用房，则空调机房上部空间可作为上层洁净车间的下夹层，亦可将空调机房直接设于洁净车间上部。C．生产岗位所需的管线管径较大，管线多时可集中设于管道竖井内引下，但多层及高层洁净厂房的管道竖井至少每隔一层要用钢筋混凝土板封闭，以免发生火警时波及各层。技术走廊的使用与管道竖井相同。

③在满足工艺要求的前提下，工艺管道应尽量缩短。管道中不应出现使输送介质滞流和不易清洁的部位。工艺管道的主管系统应设置必要的吹扫口、放净口和取样口。

④洁净区内应少敷设管道。工艺管道的主管宜敷设在技术夹层或技术夹道或技术竖井中。需要经常拆洗、消毒的管道采用可拆式活接头，宜明敷。易燃、易爆、有毒物料管道也宜明敷，当需要穿越技术夹层时，应采取安全密封措施。

⑤与本洁净室无关的管道不宜穿越本洁净室。

⑥医药工业洁净厂房内的管道外表面应采取防结露措施。

⑦空气洁净度 A 级的医药洁净室（区）不应设置地漏。空气洁净度 B 级、C 级的医药洁净室（区）应避免设置地漏。必须设置时，要求地漏材质不易腐蚀，内表面光洁，易于清洗，有密封盖，耐消毒灭菌。

⑧医药工业洁净厂房内应采用不易积存污物、易于清扫的卫生器具、管材、管架及其附件。

⑨对于高致敏性、易感染、高药理活性或高毒性的原料药，其所使用的污水管道、废弃物容器应有适当的防泄漏措施（例如双层管道、双层容器）。

⑩无菌原料药设备所连接的管道不能积存料液，保证灭菌蒸汽的通过。

⑪输送气体或液体废弃物的管路应合理设计和安装，以避免污染（例如，真空泵、旋风分离器、气体洗涤塔、反应罐/容器的公用通风管道），应考虑使用单向阀，排空阀要安装在最低点，除此之外还要考虑到管路的清洗方法。

⑫洁净室及其技术夹层、技术夹道内应设置灭火设施和消防给水系统。

⑬管道布置除应考虑设备操作与检修外，更应充分考虑易于设备的清洗与灭菌。凹槽、缝隙、不光滑平整都是微生物滋生、侵入的潜在危险。因此，在管线设计时，尽量减少管道的连接点，因为每个连接点都存在因泄漏而导致微生物侵入的潜在风险。同样，不光滑平整的焊接也要杜绝。因此，设计时应尽量减少焊接点，最大限度地减少不光滑平整的机会。对于小口径管线，可通过采用弯管的方式来替代弯头的焊接，弯管的弯曲半径至少应为 3 倍 DN，弯管处不得出现弯扁或褶皱现象。

⑭若管线的设计不可避免地存在 U 形的话，应设计高点放空、低点排净。

（2）管道材料、阀门和附件要求。

管道、管件的材料和阀门应根据所输送物料的理化性质和使用工况选用。采用的材料和阀门应保证满足工艺要求，使用可靠，不吸附和污染介质，方便施工和维护。

①引入洁净室的明管材料一般采用不锈钢（如 316 和 316 L）。工艺物料的主管不宜采用软性管道和铸铁、陶瓷、玻璃等脆性材料，如需采用塑性较差的材料时，应有加固和保护措施。

②工艺管道上阀门、管件和材料应与所在管道的材料相适应。

③洁净室内采用的阀门、管件除满足工艺要求外，应采用拆卸、清洗、检修均方便的结构形式，例如，卡箍连接等。阀门选用也应考虑不积液的原则，不宜使用普通截止阀、闸阀，宜使用清洗消毒方便的旋塞阀、球阀、隔膜阀、卫生蝶阀和卫生截止阀等。

三、管路布置图

1. 比例、图幅及分区原则

管道布置图的比例一般采用 1∶50 和 1∶100，如管道复杂也可采用 1∶20 或 1∶25 等。

图幅一般以一号图纸或二号图纸为宜，有时也用 0 号图纸，过大则不便于管理和绘读。

如果车间较小，管道比较简单，可以车间为单位绘制车间管道布置图。如果车间范围较大，为了清楚表达各工段的管道布置情况，需要进行分区绘制管道布置图，它可与设备布置图一样，先回首页图，划分区域，然后分区绘图。但也有按工段（工序）为单位分区绘制的。一般以内墙或建筑定位轴线作为分区界线，不必用粗双点画线绘制和标注界线坐标，而是用细点画线画出分区简图，用细斜线表示该区所在位置，注明各分区图号，画在管道布置图底层平面图的右上方。

2. 视图的配置

管道布置图：根据表达需要，可采用平面图、剖面图、向视图和局部放大图等。

平面图的配置：管道布置图一般以平面图为主，对多层建筑应按楼层标高平面分层绘制，且与设备布置图的平面图一致。各层平面图是假想将上层楼板揭去，将楼板以下的建（构）筑物、设备及管道等全部画出。若平面上还有局部平面或操作台，应单独绘制局部管道平面布置图。如果当某一层的管道上下重叠过多，一张平面图上不易表示清楚时，最好分上下两层分别绘制。

立面剖视图的配置：当管道布置在平面图上不能全面表达管道的走向和分布时，可采用立面剖视图或向视图补充表示。剖视图应尽可能与剖切平面所在的管道布置平面图画在一张图纸上，也可集中在另一张图纸上。

管道布置图的平面、立面（剖、向）视图应与设备布置图一样，在图形下方注明"±0.00平面""A-A剖面"等字样。

3. 视图的表示方法

（1）建（构）筑物。

用细实线画出建（构）筑物的外形，有关内容与设备布置图相同。与管道安装无关的内容可以简化。

（2）设备。

在管道布置图中，由于设备不是表达的主要内容，因此在图上用细实线画出所有设备的简单外形，设备图形可与设备布置图一样，有些可适当简化。但设备上接管管口及方位均需按实际情况全部画出。有预留安装位置的设备，用双画线画出，设备中心线一律画出。

（3）管道。

①管道颜色。发酵工厂生产车间的管道需要输送水、蒸汽、真空、压缩空气、无菌空气和各种流体物料等各种不同的介质，这些管道在材料和设计上也各不相同。画图时为区别管道，防止差错，常用不同颜色的线条代表不同物料管道。为避免管路设计中的错乱和混淆，常用管路颜色如表 7-9 所示。

表 7-9　常用管道的颜色

序　号	介 质 名 称	涂　色	序　号	介 质 名 称	涂　色
1	水	绿色	9	物料	黄色
2	蒸汽	红色	10	酸液	褐色
3	压缩空气	深蓝色	11	碱液	粉红色
4	真空	浅蓝色	12	消沫剂管道	棕色
5	排气	银灰色	13	污水管道	黑色
6	上水管道	绿色	14	氨管道	浅红色
7	回水管道	深绿色	15	有机溶媒管道	奶黄色
8	软水管道	翠绿色	16	无菌空气管道	普蓝色

②管子连接。一般在管道布置图中不表示管道连接形式，如图 7-7（a）所示。如需要表示管道连接形式时，可采用如图 7-7（b）的表示方法，在管子中断处画上断裂符号。

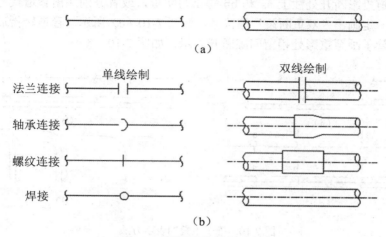

图 7-7　管子的连接表示方法

③管子转折。管子转折的表示方法如图 7-8 所示。向下 90º 转折的管子画法如图 7-8（a）所示，单线绘制管道时，在投影重影处画一细线圆（有些图样则画成带缺口的细线圆），在另一视图上画出转折的小圆角（也有画成直角的）。向上转折 90º 的管子画法如图 7-8（b）所示，也可如图 7-8（c）所示。大于 90º 转折的管子表示方法如图 7-8（d）所示。

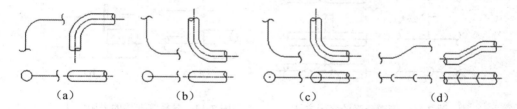

图 7-8　管子转折的表示方法

④管子交叉。当管子交叉、投影相重时，其画法可将下面被遮盖部分的投影断开，如图 7-9（a）所示；也可将上面管道的投影断裂表示，如图 7-9（b）所示。

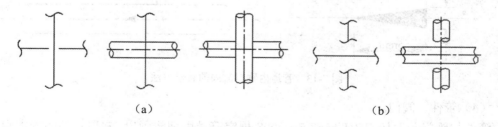

图 7-9　管子交叉的表示方法

⑤管子重叠。管道投影重叠时，将上面（或前面）管道的投影断裂表示。下面（或后

面）管道的投影则画至重影处稍留间隙断开，如图 7-10（a）所示。当多根管道的投影重叠时，可用如图 7-10（b）所示来表示，图中单线绘制的最上一条管道画以"双重断裂"符号。但有时可在管道投影断开处注上 aa 和 bb 等小写字母，或者分别注出管道代号以便辨认。有些图样则不一定画出"双重断裂"等符号，如图 7-10（c）所示。管道转折后投影发生重叠时，则下面管子画至重影处稍留间隙断开表示，如图 7-10（d）。

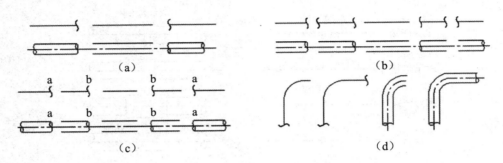

图 7-10　管子重叠的表示方法

⑥管道分叉。管道有三通等引出叉管时，画法如图 7-11 所示。

⑦异径管。同心异径管连接的表示方法如图 7-12（a）所示，偏心异径管连接的表示方法如图 7-12（b）所示。

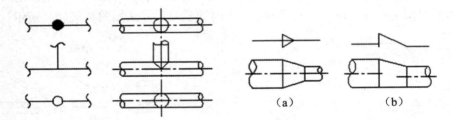

图 7-11　管道分叉的表示方法　　　图 7-12　异径管连接的表示方法

⑧管道内物料流向。管道内物料流向必须在图上标明，表示方法如图 7-13 所示。

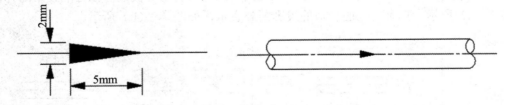

图 7-13　管道内物料流向的表示方法

（4）管件、阀门。

管件与阀门一般按 GB/T 6567.5—2008 规定符号用细线画出。常用管件的规定画法如表 7-10 所示，各种阀门的规定画法如表 7-11 所示。阀门手轮的安装方位一般在有关视图给予表示；当手轮在正上方，其俯视图可以不显示手轮图形。

表 7-10　常用管件的规定画法

管 件 名 称	主　视	俯　视	仰　视	轴 侧 视
90° 弯头	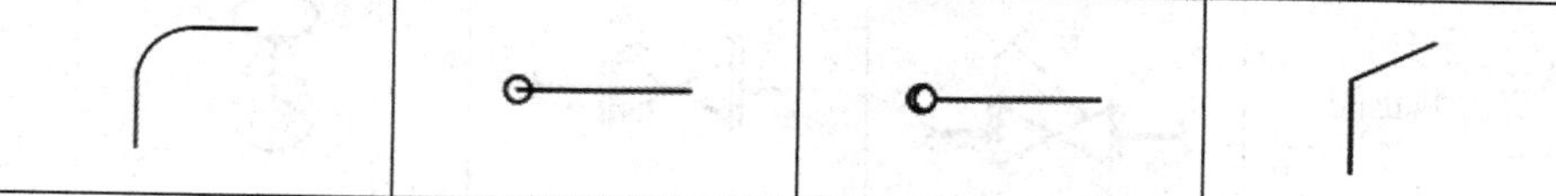			
45° 弯头	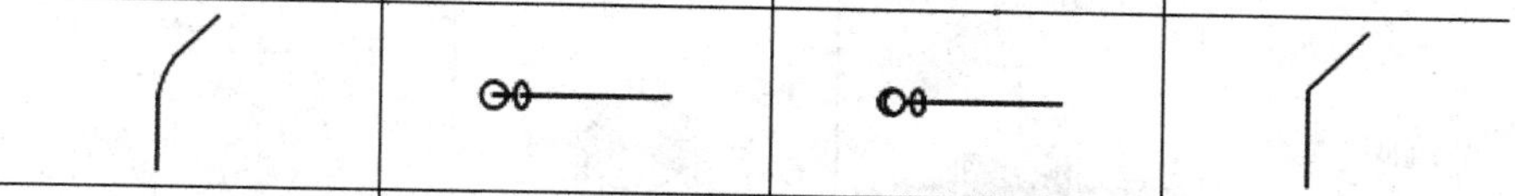			
180° 弯头	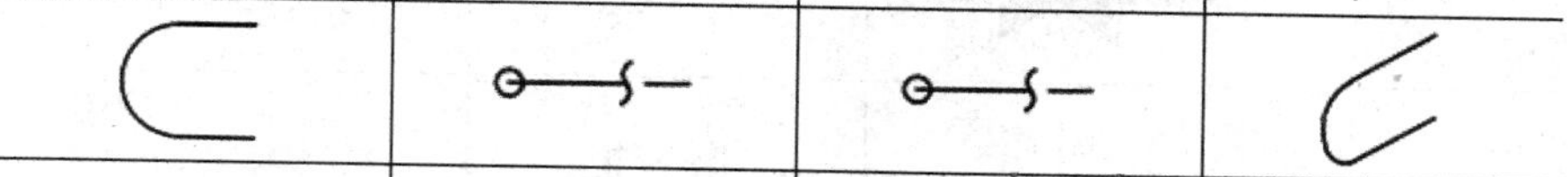			
三通	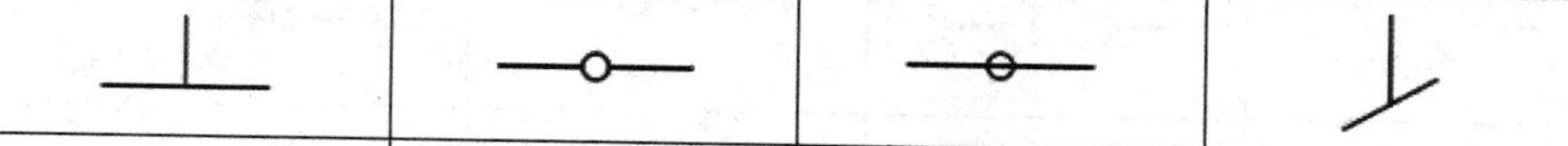			
45° 叙接管	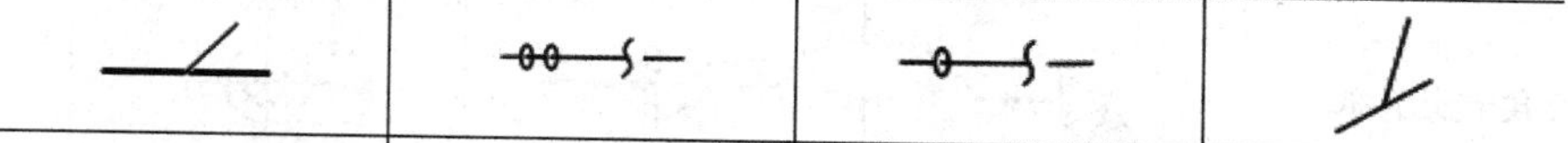			
四通	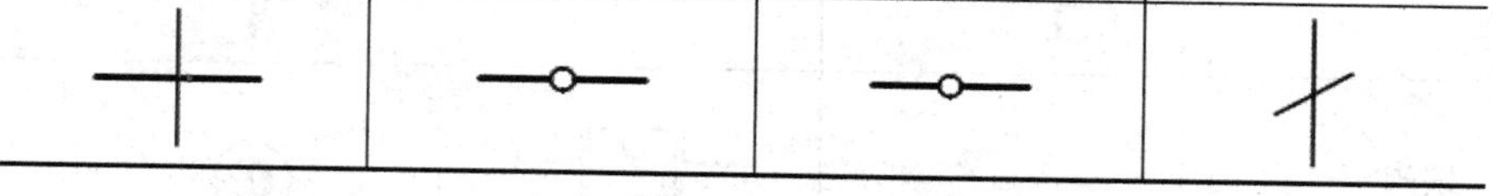			

表 7-11　常用阀门的规定画法

阀 门 名 称	主　视	俯　视	仰　视	轴 测 视
截止阀	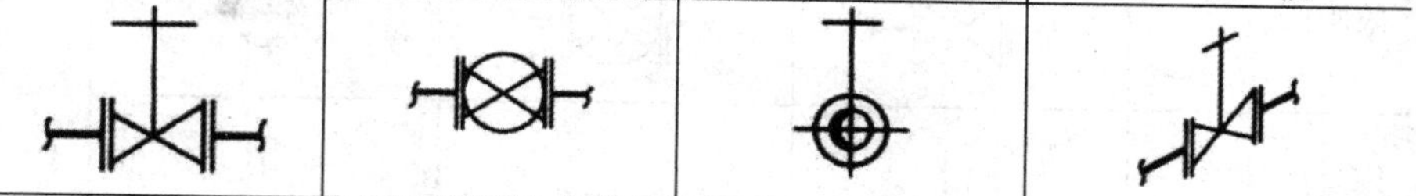			
闸阀	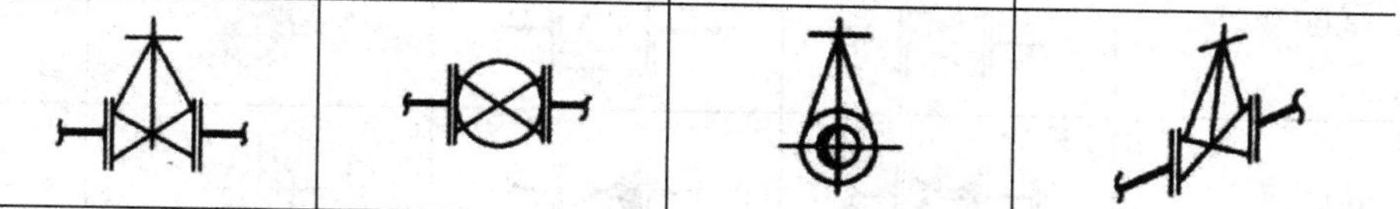			
旋塞阀	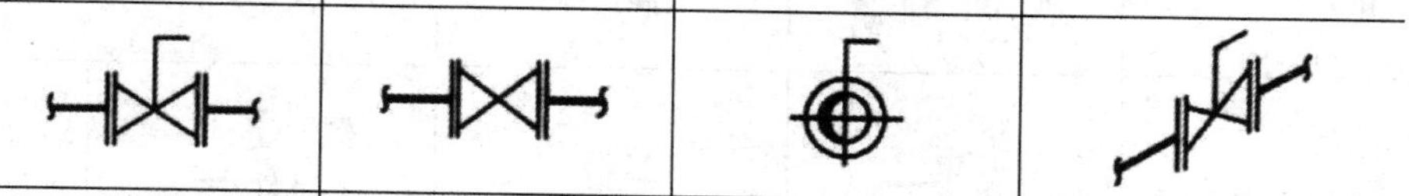			
三通旋塞阀	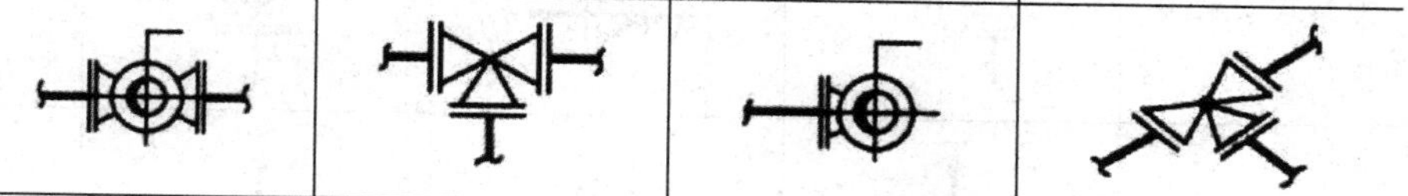			
四通旋塞阀	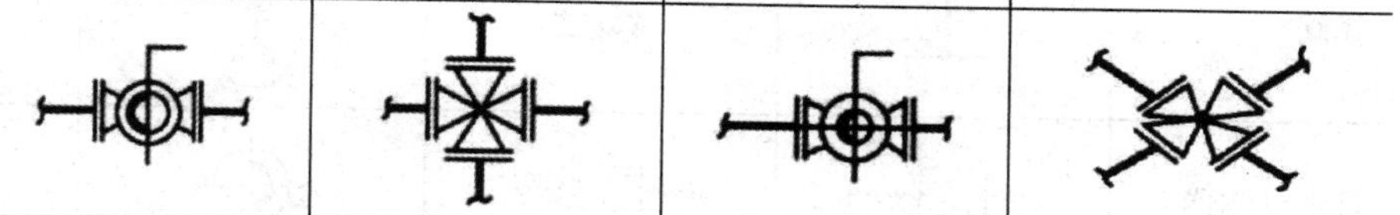			

阀门名称	主　视	俯　视	仰　视	轴测视
直流截止阀				
节流阀				
球阀				
角式截止阀				
蝶阀				
隔膜阀				
减压阀				
止回阀				
弹簧式安全阀				
底阀				
管形过滤器				

续表

阀门名称	主　视	俯　视	仰　视	轴测视
Y形过滤器				
T形过滤器				
疏水器				

　　仪表控制点符号用细线画出，符号与带控制点工艺流程图上相同。每个控制点一般仅在能清楚地表达其安装位置的一个视图上画出。

　　主阀所带旁路阀一般均应画出，如图 7-14 所示。

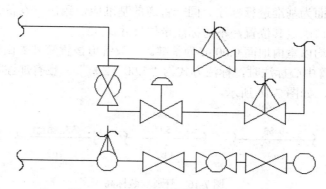

图 7-14　主阀所带旁路阀的表示方法

　　（5）管架。

　　管道是用各种型式的管架安装并固定在建（构）筑物上，管架的位置在管道布置图中应按实际位置表示出来。管架位置一般在平面图上用符号表示。固定与非固定的管架符号如图 7-15 所示。非标准管架应另提供管架图。

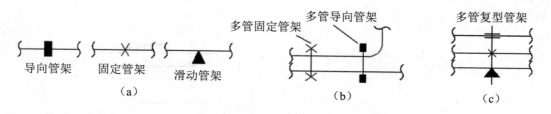

图 7-15　管架的表示方法

　　（6）仪表盘、电气盘。

　　用细实线在管道布置图上画出仪表盘、电气盘的位置及简单外形。

（7）方位标。

在底层平面图图纸的右上角或图形右上方，画出与设备布置图方位基准一致的方位标。

4. 管道布置图的标注

管道布置图的标注内容有管径、物料代号、定位尺寸、安装标高、物料流向、管道坡度及管架代号等。

（1）定位基准。

在管道布置图中，常以建（构）筑物的定位轴线或墙面、地面等作为管道的定位尺寸基准。此外，设备中心线和接管口法兰也常作为管道定位尺寸基准。因此，在管道布置图中，要标注建筑物的定位轴线编号和设备位号，标注方式同设备布置图。

（2）管道。

管道布置图应以平面图为主，标注出所有管道的定位尺寸及安装标高。例如，绘制立面剖视图，则所有安装标高应在立面剖视图上表示。定位尺寸以 mm 为单位，标高以 m 为单位。

根据不同情况，管道定位尺寸以上述定位基准标注，即以设备中心线、设备管口法兰、建筑定位轴线或墙面为基准进行标注。同一管道的基准应一致，与设备管口相连的直线管段位置可用设备管口确定其位置，不需标注定位尺寸。

管道安装标高均以室内地面 0.00 m 为基准。一般管道按管底外表面标注安装高度，例如，"0.60"。按管中心标注时，标注方式为"5.00（Z）"。也有加注标高符号者，例如"▽4.50（Z）"等，如图 7-16 所示。

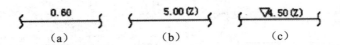

图 7-16　管道安装标高

图上所有管道都应标注并与带控制点工艺流程图保持一致，主要包括 3 项内容：公称直径、物料代号、管段序号。管段编号一般注在管线上方或左方，如图 7-17（a）所示。写不下时，可用引线引至图纸空白处标注，也可几条管线一起引出标注。管道与相应标注都要用数字分别进行编号，如图 7-17（b）所示。指引线如需转折或有分线时，在分线处画一小圆点，以免与尺寸线混淆，如图 7-18 所示。平面图上管道标高可注在管段编号的后面，如图 7-18 所示。

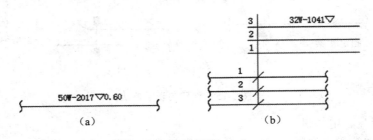

图 7-17　管路标注（一）

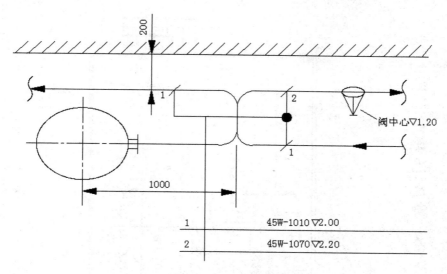

图 7-18 管路标注（二）

管道上的伴管或套管，其直径可以标注在主管直径后面，并加斜线隔开。例如，主管直径为 100 mm，伴管直径为 50 mm，则其标注形式为 Dg100/50。

对安装坡度有严格要求的管道，应在管道上方画出细线箭头，指出坡向，并写上坡度数，如图 7-19 所示。

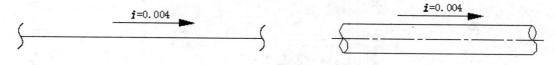

图 7-19 有安装坡度的管路的标注

四、车间管路布置图实例

管道是生物工程车间设计中不可缺少的部分，蒸汽、水、气体以及各种物料都要用管道来输送，此外设备与设备间的连接也要用管道来实现。管道对于工厂的重要性，正如血脉对于人的生命。因此，管道的设计和敷设是工厂经常遇到的一个重要而普遍的问题。

一般管道应沿墙、柱、梁敷设，避开门、窗，管道布置应保证安全生产和满足操作、维修方便及人货道路通畅等要求，操作阀高度以 800～1500 mm 为宜，取样阀的设置高度应在 1000 mm 左右，压力表、温度计设置在 1600 mm 为宜，如图 7-20、图 7-21 所示。为方便手动操作时可以观察到仪表的指示值，避免因操作不当引起的事故，调节阀应与相关的一次仪表和测量元件靠近布置。

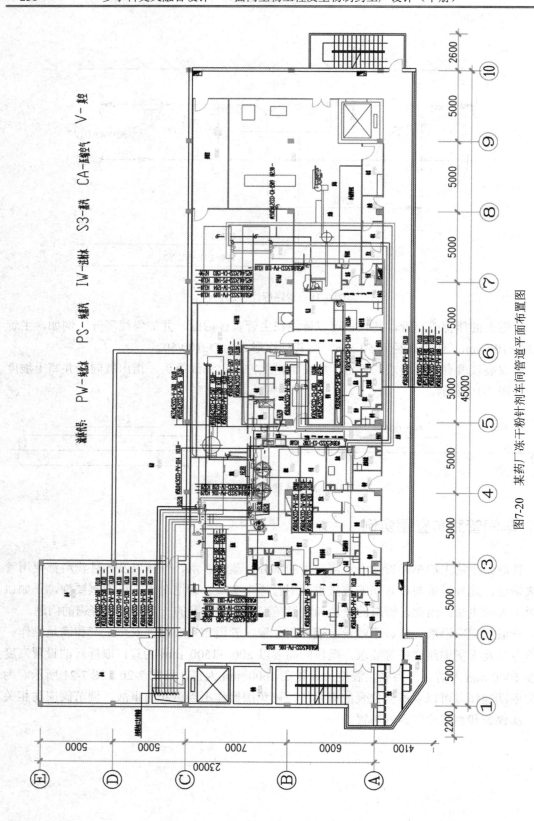

图7-20 某药厂冻干粉针剂车间管道平面布置图

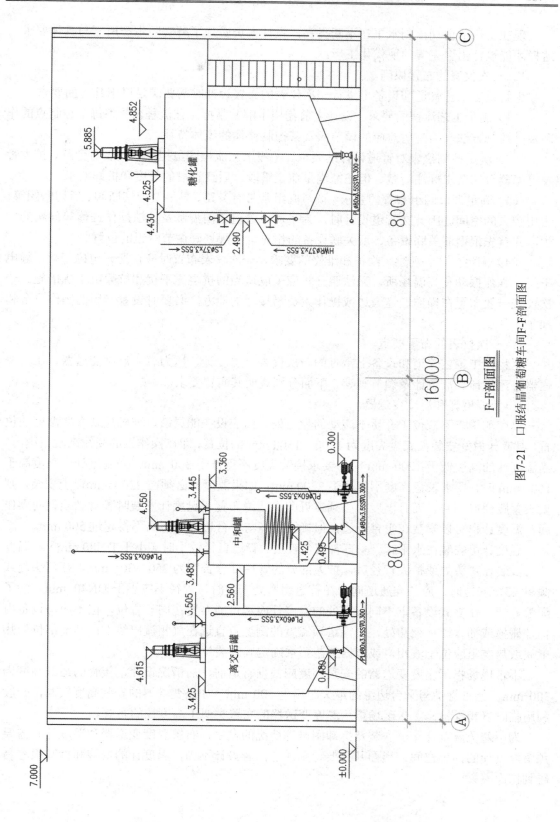

F-F剖面图

图7-21　口服结晶葡萄糖车间F-F剖面图

现在工厂的自动控制水平在不断提高，设计人员必须了解实际生产所需与具体要求，这样才能设计出更完美的现代化工厂。

1. 一次仪表的布置原则

生物化工工艺管道和设备上进行一次仪表的布置设计时需要满足以下几方面要求。

（1）满足工艺流程的要求。设计之前需要了解并掌握工艺流程，熟悉每个控制点的作用及其控制方法，清楚所对应的调节阀及其控制流体的流体特性。

（2）满足控制仪表对管道设计的要求。一般工艺流程图虽把控制仪表对旁路、扩大管及过滤器等的要求标注清楚，但还需满足前直管段、后直管段的长度和拆卸要求。

（3）满足调节阀组布置的要求。调节阀组常带有旁路、导淋及前切断阀、后切断阀等，占用较大的空间。因此在管道设计时，为了避免管道走向混乱及无法操作维修等问题的发生，应首先根据前关联设备、后关联设备的相对位置规划好调节阀组的位置。

（4）满足操作、观察、维护和维修的要求。一次仪表布置时应该避开电磁干扰、静电干扰、强烈振动和高温场所，无法避开时应采取适当的抗电磁干扰和抗静电干扰措施。一次仪表一般布置在操作通道旁边或操作人员易接近的地方，必要时设置专用的操作平台和梯子。

2. 一次仪表的布置要点

生物化工工艺管道和设备上常见的一次仪表有温度计、压力表、温度变送器、压力变送器、流量计、液位计及调节阀等。下面分别说明其布置要求。

（1）温度计和温度变送器。

温度测量点不应位于介质不流动的死角处，而应设在能灵敏、准确反映介质温度的位置。温度计最好安装在表盘高度为 1200～1500 mm 的位置，即在操作工的视线高度范围内。当温度计的高度低于 1200 mm 时，要求接管高度不得低于 300 mm；当温度计的高度高于 1500 mm 时，要求表盘高度不能高于 2200 mm；如果温度计必须在 2200 mm 以上安装，则要设置爬梯或平台，而且温度计必须靠近爬梯边缘布置。温度计安装时表盘必须朝向操作面。温度计也可以安装在平台外边，但接管管嘴与平台边缘的距离不得超过 500 mm。

温度计可安装在水平管、垂直管或弯管上。管道直径较小时（小于 DN80 mm），温度计可安装在弯头处或扩大管径后，扩大部分的管径部分长度为 250～300 mm。在弯头处或倾斜 45° 安装时，应与介质逆向，在管道拐弯处安装时，管径不应小于 DN40 mm。为了配管方便，在立式设备上不同标高处的温度计应尽可能布置在同一方位，但不应与设备内构件碰撞或插入流体死角处，分馏塔顶温度的测温点宜选在气相流出线上；其他部位的热电偶或热电阻应位于液相，或根据工艺要求确定其安装位置。

不带现场指示温度变送器的安装高度应根据管道前、后情况设计，接管的最低高度为 300 mm，接管管嘴与平台边缘的最大距离为 500 mm。如果变送器的安装高度较高，一般利用临时直爬梯检修。带现场指示温度变送器的布置类似于温度计的布置。

为了避免温度计无法安装及拆卸困难等情况的发生，布置温度变送器和温度计时需要预留温度计的抽出空间。楼面开孔要特别注意，若设计不当，温度计的安装和拆卸很容易碰到楼面圈梁。

（2）压力表和压力变送器。

压力表应设在流束稳定的直管段上，不宜设在管道弯曲或流束呈漩涡状处。塔和容器上的压力测量点一般设在气相段。测量高压时，压力表应安装在操作岗位附近，而且压力表高度需在 1800 mm 以上并在压力表正面添加保护罩。当压力取源部件与温度取源部件在同一管段上时，压力取源部件应设在温度取源部件的上游侧。

压力表表盘安装高度为 1200～1500 mm，当布置有困难时，表盘高度也可低于 1200 mm 或高于 1500 mm，但最高不能高于 2200 mm；若表盘高度需要大于 2200 mm，则设爬梯或平台，而且压力表必须布置在爬梯旁边。压力表也可安装在平台外边，但接管管嘴与平台边缘的最大距离为 500 mm。压力表安装时表盘朝向操作面。

压力变送器的布置类似于压力表的布置。布置设计压力表和压力变送器时，表盘上方要预留出至少 100 mm 距离，以方便安装和拆卸。压力表和压力变送器最好安装在直管段处，当然也可安装在水平管和立管上，但此时的压力表表盘必须向上倾斜或垂直向上。

（3）流量计。

为保证测量精度，流量计都要求有一定的直管段。不同的流量计对于介质的流向、安装于水平管还是垂直管及其前直管段、后直管段的要求有所不同。在设计初期要充分注意流量计的选型，保证其前直管段、后直管段和流向的要求，尤其是大直径的管道，更要留足空间。它们的布置可按以下原则进行。

①满足仪表对配管的要求。孔板流量计、涡街流量计、涡轮流量计和气体热质量流量计的前直管段、后直管段要求较长，前直管段至少 10 D，后直管段至少 5 D。其他流量计的直管段要求一般为前直管段至少 5 D、后直管段至少 3 D。

②流量计管线和旁路应尽可能布置在一个立面上，以便节省空间。要特别注意大口径管系主管和旁路的支承。当空间许可时，为方便操作和检修，流量计管线和旁路可以布置在一个平面上。

③要特别注意流量计的流向，而且流量计安装时表盘必须朝着操作区和通道。

④要合理安排流量计和调节阀的位置。若流量计和调节阀属于同一系统，应该将其布置在同一平面，不能分平面布置。

● 孔板流量计。

孔板流量计前后必须有仪表要求的直管段，以保证测量精度。由于易于满足前直管段、后直管段的要求，孔板流量计一般应优先安装在水平管段上；但也可以安装在垂直管段上。当孔板流量计安装在垂直管段时，为防止孔板处积液和存在气泡影响计量精度，气体流向应为自上而下，液体流向应为自下而上。如果能够保证管道中充满液体时，液体流向也可以设计为自上而下。

在管廊上设计孔板流量计时，为了在管架梁旁边的操作台上进行孔板流量计的安装、操作、检修和维护，孔板流量计不应布置在两个管架梁中间，而应布置在有柱子的管架梁附近。

● 转子流量计。

转子流量计必须安装在垂直、无振动管段上，流向自下而上。为保证测量精度，转子流量计前后必须保证仪表要求的直管段。为了便于安装、操作、维护和检修，转子流量计周围要预留一定的空间，以避免设计中容易出现指示盘一侧无安装空间的问题。安装转子流量计时需设置旁路，当转子流量计拆卸清洗和维修时，以转子流量计正常运行前切断阀的开度为依据，控制旁路阀的开度可以粗略控制流量，以保证系统仍能继续正常运行。当流量较小时，为便于控制流量，前切断阀和旁路阀应采用针形阀。操作调节阀与旁路阀时为了能够看到转子流量计的表盘，调节阀和转子流量计应协调布置。

● 其他流量计。

除孔板流量计和转子流量计外，还有弯管流量计、靶式流量计、质量流量计、涡轮流量计、电磁流量计及齿轮流量计等。涡街流量计、电磁流量计、质量流量计应安装在被介质完全充满的管道上，各项要求与孔板流量计相同；靶式流量计和齿轮流量计可安装在水平或垂直管道上；气体热式质量流量计和涡轮流量计宜安装在水平管道上。

（4）液位计。

由于玻璃管液位计易破损，因此液位计一般不会布置在工作区、通道和检修区一侧，而是布置在设备上较安全的一侧。为避免影响操作通行，除玻璃板液位计外，液位计一般布置在平台端头。液位计的上端高度一般在 1600～1800 mm，当高于 2000 mm 时需设置平台或爬梯。插入式液位计的上方需预留出足够的安装和拆卸空间。当介质有毒性、腐蚀性及易燃易爆等特性时，液位计所排出的液体应排入相关系统中进行处理。超声波或微波液位计的波束途径应避开容器进料流束的喷射范围及搅拌器和其他障碍物。

结霜液位计及玻璃管液位计等上接口、下接口为刚性连接的液位计，其测量范围广，常会穿楼面或平台，布置时应该全面考虑。当液位计穿楼面时，需要在楼面上留孔。若液位计的下接口在空中，为方便观察和检查，需设置平台或爬梯。

为方便带现场指示的液位变送器和就地液位计进行对照和校验，液位变送器的指示表盘应和液位计布置在一起。为方便操作，液位调节阀组与一次液位计应尽可能布置在一起，但在实际应用中很难实现。因此，为方便操作调节阀和旁路阀时观察到液位指示，可将液位变送器指示表盘布置在调节阀组旁边。

第三节　三维管道布置设计

管道设计及布置是管道设计中最重要的环节，合理的设计不仅要满足设备对管道的要求，更要方便施工人员快速准确的安装、减少生产事故的发生。传统的二维管道设计要求设计人员在大脑内构建整个厂房内设备和建筑物的三维模型，然后建立管道的三维模型并以二维平面图及轴测图的形式表现出来。在管道设计过程中，设计人员需要详细了解工厂的各个设备的数量及所处位置，但传统工厂设计中厂房与管道设计分属不同部门，管道设计人员需要重复查阅厂房设计二维图纸，完成三维模型重建，严重降低了工作效率并极易出现重建错误。

生物产品生产装置管路复杂，管路压力等级多，无菌空气管、热力管路、夹套管、伴热管、公用工程管路种类也非常多。传统的生物化工生产装置设计方法是采用二维设计软件 AutoCAD 手工绘制设计所需的平面图、立面图、剖面图（如需生成单管图，也得人工逐张绘制），工作量非常大，并且不够精细，效率低，质量难以保证。特别是对比较复杂的生物化工装置来说，用传统的设计方法进行设计，要在较短的设计周期内高质量的完成是非常困难的。

与传统的二维管道设计不同，三维管道设计"所见即所得"的直观表达方式可以让设计人员在计算机屏幕上快速建立所需连接的设备模型并直接使用 3D 草图进行管道布线，在布线过程中设计人员实时观察线路与设备及建筑构件的相对位置并及时发现碰撞问题。设计人员可以按照工厂内设备类型或介质流动方向进行三维管道布置，不仅有效避免因管道数量众多而引起的思维混乱，更能解放设计人员的大脑，为管道优化提供了更多的时间。

为了提高工程设计效率，有效降低设计人员的工作量和工作强度，提高设计质量，可采用计算机三维管道设计系统。目前国内外已经开发了几种三维装置设计软件，例如，PDS、PDMS、PDSOFT、Auto-Plant 3D 等，其中 Auto-Plant 3D 比较适合做中小型工程设计项目的工厂设计。这里简单介绍 Auto-Plant 3D 的软件，对于其他设计软件，读者如果感兴趣可以自行参考相关文献。

一、概述

AutoCAD Plant 3D 是由欧特克公司开发的新兴工厂三维系统设计软件，采用 MSSQL lite 大型关系数据库，软件包含了 P&ID、Plant 3D、CAD 等部分，自带了完整的以欧洲标准、美洲标准和中国国标为内容的三维元件库，涵盖了从钢结构、土建、支架、设备、管道，到各种尺寸和压力等级的法兰、垫片、螺栓、螺母、三通、弯头、阀门、过滤器等管件，同时还可以根据项目需要自行添加各式各样的规格表。AutoCAD Plant 3D 可用于工厂设计、管道布置和工艺布置等。在 AutoCAD Plant 3D（以下简称 P3D）中，基础数据在三维模型、P&ID、等轴测图形及正交视图之间直接进行切换，确保了信息的一致性和时效性。全面采用三维管道设计软件进行设计，可以大大提升工程设计公司的设计水平和市场竞争力。

软件的特点如下。

（1）精准显示工厂布置情况，与 Auto CAD 无缝衔接。

P3D 是欧特克公司基于自家 AutoCAD 平台开发的三维工厂软件，能与 CAD 实现无缝衔接，文件本身就以 dwg 格式进行存储，操作命令和 CAD 全兼容，可随时切换到 CAD 工作空间进行操作，与其他三维软件一样，能精准到 100%，1∶1 比例完美呈现工厂建成后的全貌，既能宏观地显示工厂总体布局，又能微观地展示小到一个阀门、一个管托，能在工厂建成前预先知道工厂情况，及时纠正设计中不合理的地方。例如，阀门位置、设备布置中不利于工艺操作和检修的情况。

（2）简化设计，提高工作效率，节约成本。

P3D 的等级驱动技术和现代化的界面使得建模和管道、设备和结构支架的编辑直接在工作空间中以三维形式进行，更加简单、易用；比传统的 AutoCAD 二维平面设计工作效率提高了成百倍，能精确的完成材料统计汇总，减少错误和漏项，节省投资；无须像 CAD 那样要考虑每个楼层、每个设备间的影响，减少了烦琐的中间计算和考虑环节，即使需要进行修改，也能在较短的时间内完成；同时在项目设计时，可以和 Autodesk Navisworks 无缝集成，完成设计检视，渲染和管道碰撞检查等工作；仅仅使用几个简单的命令即可在短时间内实现精确的材料清单和报表生成，有效地避免了传统人工统计导致的 10% 错误；同时还能全自动生成符合国际和行业标准的 ISO 单线图、管道平面立面图、施工图等，并直接共享给整个项目团队。便携式的 P3D 的 DWG 文件可以被其他专业的工程师直接用 AutoCAD 打开，进行查阅。这些将极大地提高设计效率，节约成本，缩短设计周期，赢得宝贵的市场先机。

二、建立一条管路

首先将工作空间切换进入三维管道的工作空间，如图 7-22 所示。建立管路的方法有两种，一种是直接布管，一种是线转换为管道。

图 7-22　三维管道的工作空间

1．直接布管

（1）单击常用工具栏"布管"按钮，系统采用的都是英制的管径与管件。选择合适的管径和等级库。等级库指的是不同材质、不同标准的管道大小、管件、紧固件、阀门等都不同。所谓等级库其实就是按各种标准建立的一套标准管及管件；例如，欧洲标准体系 DIN（德国标准委员会），美洲标准 ISA，国际标准 ISO，日系标准 JIS，我国标准 GB、HG。P3D 的 P&ID 设计中配备了 PIP、DIN、ISO、ISA、JIS 标准，指定起点就可以布管了，在布管的过程中可以输入管道长度，可以指定管道的尺寸和管道的规格。未指定情况下，系统默认使用上一次采用的等级（如图 7-22 所示，其等级为 CS300）。画管道之前首先要做图层和颜色的设置，默认设置如图 7-23 所示。

选择设备，在管口处出现一个十字图标，单击拉出法兰、管道，也可以在工具选项板中选择法兰、管道。在拉出管道的时候，注意看 CAD 的命令提示栏，如果需要改变管径，则在命令行输入 S，回车后输入更改后的尺寸（公称直径）。其他的参数修改在这里就不再详述。

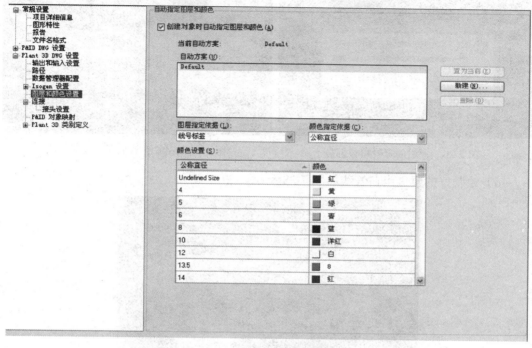

图 7-23　管道图层和颜色的设置

（2）接下来就是绘制管道了，单击"常用"按钮，选择"管道尺寸"命令，然后选择管道压力等级，最后单击"布管"按钮，完成布管，如图 7-24 所示。

（3）在设备上单击鼠标左键选择布管起始点，如图 7-25 所示。

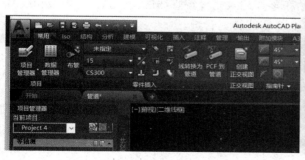

图 7-24　管道绘制步骤

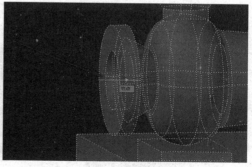

图 7-25　管道起始点

（4）弹出了一个警告，可以忽略，如图 7-26 所示。

（5）接着选一个点，即可绘制出法兰和一段管线了，如果想改变管线的绘制平面，输入 P 命令，如图 7-27 所示。

图 7-26　管道的直径单位问题

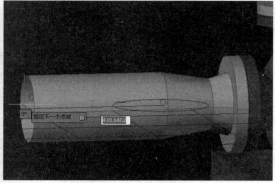

图 7-27　管道绘制平面的改变方法

（6）绘制好的泵进出口管线如图 7-28 所示。

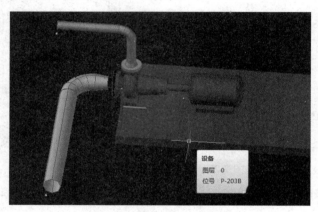

图 7-28　泵进出口管道绘制

2．管线转换成管道

使用 CAD 画线命令画出管道中心线。在零件插入栏设置管线的公称直径、等级和线号等参数，设置好后选择"线转换为管道"命令将线转为管道。

注意：这里的线为管道中心线，需要指定管线号（没有指定管线号的情况下默认在 0 层）。

（1）选择全部管线，在特性的线号标签中指定或修改管线号。如图 7-29 所示。

（2）在画管道之前先指定管线号，如图 7-30 所示。

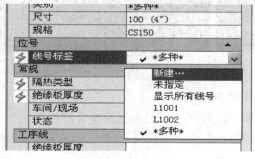

图 7-29　在特性中指定或修改管线号

图 7-30　在画管道之前先指定管线号

要注意的是管道布置是在 XY 平面进行的，如果要布置 Z 方向，只要把 XY 平面转个方向即可；在布管时输入 P，就可以转动 X 平面。

当画完管道后，还可以为管道指定管线号，这个对出图有好处。可以先指定好管线号再插入管线或者布好管线后再修改管线号。

①修改管线号。右击管线，选择特性，找到线号标签，新建即可，如图 7-31 所示。

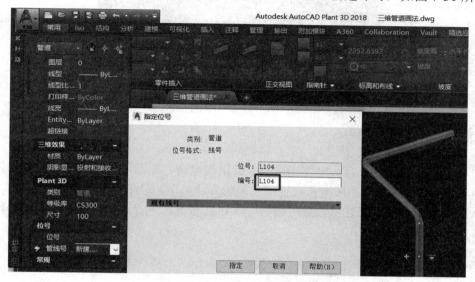

图 7-31　修改管线号

判断有没有管线号，看看图层就知道了；未设置前图层为 0 层，设置完后，图层为所设置的管线号层。

如图 7-32 所示，图层编号为 L104 而不再是 0。

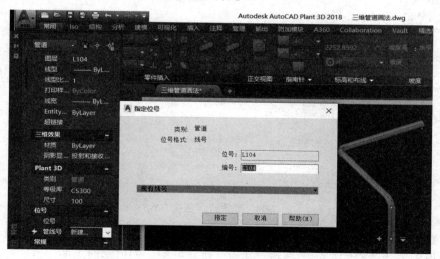

图 7-32　修改管线号后

②采用标高和偏移设置修改管路位置。下面可以直接输入标高进行管路高度的设置，

还可以单击小三角下拉箭头，设置偏移，这对于平行管道很有用，如图 7-33 所示。

图 7-33　采用标高和偏移设置修改管路位置

三、配置管道连接方式

初学者连接管道时，容易出现连接不上或出现水滴。原因可能是管道和设备元件的端码类型不正确。设置管道连接方式或管嘴端码的方法如下。①打开项目设置。②选择"Plant 3D DWG 设置"→"管道连接设置"命令。③对连接方式进行添加、修改、删除等操作，如图 7-34 所示。

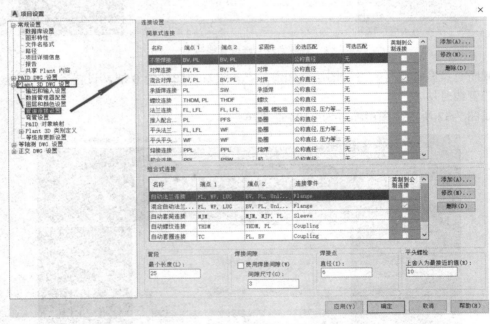

图 7-34　配置管道连接方式

在布置管道时软件会判断所绘制的管道与管道相连、管道与设备相连、管件与管道相连等，能根据连接两端的端码类型和上述设置进行匹配，若连接两端的端点匹配形式在上述设置中存在，就可以进行连接，并且添加相应的紧固件。例如，当为法兰连接时，会添加垫圈及螺丝组（当然这些也是上面对话框中进行设置，可以自行定义），但这部分只是添加占位符在三维模型可能没有体现，但在 BOM 中可以体现。

　　在连接设置里分为简单连接和组合式连接。简单连接用于将管道固定在一起的紧固件（例如，焊接或螺栓组）。软件提供了默认的简单式连接类型（例如，焊接连接、法兰连接和承插连接），用于连接具有匹配公称直径的管道。简单式连接中还会指定用于支撑连接的零件（例如，垫圈）。组合连接允许管道进行连接元件或接头（例如，带颈对焊法兰）。默认的组合式连接类型包括"自动法兰"，这种类型能在管道和管件的直径、压力等级以及密封面相匹配时添加法兰连接元件。只要等级中有法兰，当满足"自动法兰"条件的时候软件会自动添加，类型为上述设置中所设置的，若等级库中有法兰则采用等级库中的法兰进行连接。简单式连接中，无法自定义可用的紧固件列表。另外，不能添加到 Plant 3D 类别定义。

四、在管路上插入管件、阀门

　　一般的管路中总是附带一些管件，例如，法兰、三通、弯头、各种阀门、各种接头、仪表等零件，才能使整个管路正常运行。管件的插入，可使用右边的工具选项板。如果管件在工具选项板上没有，可以从规格查看器中寻找，还可将规格查看器中找到的部件放到工具选项板中以方便使用。下面说明在管路上设置零部件的方法，本例中将一个阀门放到管路上。以阀门为例：条件是阀门中心距离左侧弯头节点距离是 1000。首先在右侧选项板中选择阀门，将鼠标移动到管线上，如图 7-35 左侧所示，阀门基点位于阀门左侧法兰的端面中心，这时切换基点位置，键入 B，直至切换到阀门中心。输入阀门中心至左侧弯头节点的距离 1000，如图 7-35 右所示。（距离值的输入选择可按 TAB 键进行切换）。回车后阀门画好了。管件的插入操作类似。

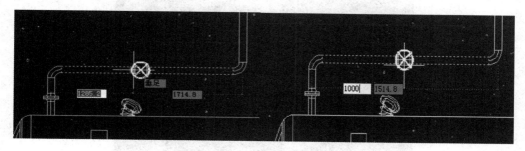

图 7-35　在管路上插入阀门

五、三维图生成二维图

　　创建正交图形，选择"创建正交图"命令，弹出对话框，填写文件名、作者等，单击"确定"按钮，弹出如图 7-36 所示对话框和如图 7-37 所示半透明长方形盒子区域，盒子内为三维模型。通过单击"俯视"下的箭头可选择创建正交视图，也可添加视面折弯和切管符号。在输出大小栏中可改变比例、视口大小（即视口宽度、视口高度）、图纸宽度、图纸高度。输入数值后单击"确定"按钮即可创建正交图。

图 7-36　三维图生成二维正交图时的选项区设定

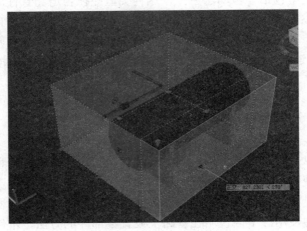

图 7-37　视图空间区域

在不需要精确定位出图边界时，可拉动盒子的边界点拉伸盒子的大小或者移动盒子。

设置完毕后，单击"确定"按钮即可创建正交视图。在布局中选择视图的插入点，双击鼠标滚轮全屏显示，布局的背景颜色为白色，切换到模型空间，如图 7-38 所示。

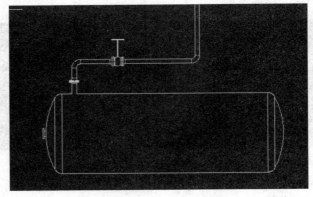

图 7-38　生成的正交图

六、等轴测图

等轴测图常用于管路出图，因此也常被称为管段图。它在 AutoCAD Plant 3D 2011 中能由三维模型自动生成等轴测图，非常实用。这里有两点必须注意。①AutoCAD Plant 3D 2011 中文版不支持中文文件名、中文目录名。②每张轴测图只能有一根管线，所以在这里应该称为单管图更合适。

AutoCAD Plant 3D 包含 3 种常用等轴测类型（检查、应力和最终），可以基于这些等轴测类型创建等轴测图形。

检查等轴测图形确保所有必要的元件已存在于模型中，同时确保模型正确无误地运行 Isogen，从而可以生成最终交付的图形。检查等轴测图形中的详细信息有助于与 AutoCAD P&ID 进行比较。

应力等轴测图形是传递与应力检查相关的几何数据的图形。通常情况下，需要进行应力分析的管线（例如，高温管线、大尺寸管线、关键输送管线以及某些情况下的高压管线）创建这些等轴测图形。也可以创建管道元件文件（PCF）以运行应力分析应用程序或创建不精确的图形。应力工程师将使用该图形分析管线上的应力和载荷。

最终等轴测图形文档主要是从三维管道模型创建的。通常在项目的最后阶段生成。这些图形包含 BOM 表，并且包含在制造和施工所用的发行记录文档中。

对于以上 3 种等轴测图都含有两种生成方式：快速等轴测和加工等轴测。快速等轴测图形是为检查图形中的管线而创建的图形，可以为任何等轴测类型快速创建等轴测图形。

在检查所有管线或部分管线时，只需从列表中或者绘图区域选择这些管线。由于快速等轴测图形不保留为记录图形，因此这种图形在项目管理器的项目文档中不能访问。设计师经常生成快速应力等轴测图形，然后提交给应力工程师。

加工等轴测图形：准备为所有图形中的所有线创建最终可交付图形时，生成加工等轴测图形；可以将任何包含的（检查、应力和最终）或自定义的等轴测图形类型创建为加工等轴测图形；可以覆盖已生成的等轴测文件，也可根据该过程中创建的所有等轴测图形创建 DWF 文件。快速等轴测图相当于草图，而加工等轴是最终的出图。

下面举例说明如何创建等轴测图。已创建好的泵出口管线命名为 L101，泵进口管线命名为 L102，完成后的图形如图 7-39 所示。

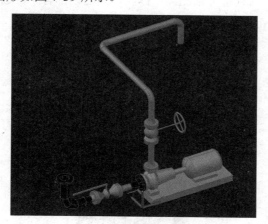

图 7-39　画好的泵进出口管道三维图

先来生成一个快速等轴测图，选择 "Iso" → "快速 Iso" 命令，然后输入 L104，如图 7-40、图 7-41 所示。

图 7-40　快速等轴测图操作步骤　　　　　　图 7-41　快速 Iso 对话框

选择 Check A2 选项，然后单击"创建"按钮即可。右下角会有个提示——等轴测创建完成，如图 7-42 所示。

单击查看详情如图 7-43 所示。

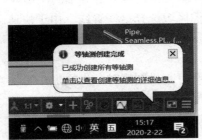

图 7-42　等轴测图已创建完成指示框　　　　图 7-43　快速等轴测图创建结果显示

单击 L104-1.dwg 可以查看等轴测图：标注、标题栏都有了；也可以在项目管理器中找到等轴测图的详细情况，如图 7-44 所示。

图 7-44　查找等轴测图

在 Check L103 处并没有等轴测图，因为刚才建的是快速 Iso，也就是草图，不保存。

建立加工等轴测图的步骤。在源文件位置的 3D 模型处选择"Iso"→"加工 Iso"命令，同时选择 L103 和 L104、Check 类型，完成后得到两张等轴测图。在项目管理器中查看，如图 7-45 所示为已生成两张轴测图 L103 和 L104。L103 如图 7-46 所示。

图 7-45　查找到两张等轴测图

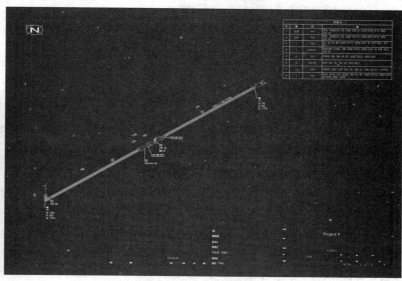

图 7-46　ISO 图（单管图）

局布放大图如图 7-47 所示，标注很详细。

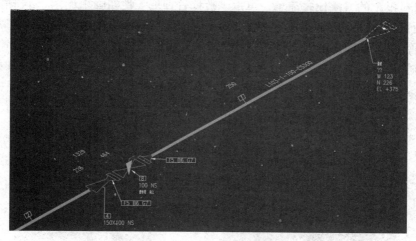

图 7-47　局布放大的 ISO 图

七、管路网络系统设计与管理

在生成等轴测图形时，后台自动创建管道元件文件（PCF）。如果没有生成等轴测图形，则需要在为应力工程师或管道装配工提供 PCF 时输出，线号是输出文件的默认名。

操作步骤如下。

（1）在功能区上，选择"Iso"选项卡，选择"创建 Iso"→"PCF 输出"命令。

（2）在要输出的线号上单击鼠标右键，选择"输出为 PCF"命令。

（3）在"将 PCF 另存为"对话框中，执行以下操作。

（4）保存至存储 PCF 的文件夹中。

（5）在"文件名"框中，输入文件名或接受文件的默认文件名。

（6）单击"保存"按钮，进行保存。

八、导入和导出材料报表

二维时代的图纸修改、材料统计乃至查阅数据都是非常费时费力的，而这样的痛苦又要伴随图纸的反复修改而不断经历。而 AutoCAD Plant 3D 可直接导入和导出到 EXCEL 并进行编辑，便于设计人员及时在模型中搜索、查询、调整数据。在三维模型建成之后可根据特定的搜索标准生成材质列表、创建报表，并支持搜索、查询和编辑处理工程图中的数据，这样可以减轻工作强度，节约时间成本，也可避免个人读写中可能存在的差错。管道数据库具有很好的开放性，绝大部分数据都开放给客户，可根据自身行业需求定制。随后可以将信息导出为管件格式（PCF）文件，以便集成到其他应用程序中。例如，用于应力分析与生成线轴中。通过一个工程项目的设计，建立的管道等级表及·DJB 文件对今后其他相近的设计项目（指所发生的管材、管件、压力等级相类似的项目），可直接引用或部分修改该文件，而不用再重复进行相对烦琐的管道等级表的建立。

导出材料报表的方法比较简单，单击"数据管理器"按钮弹出如图 7-48 所示列表；然后单击"项目报告"右边下拉按钮选择"Plant 3D 项目数据"选项，弹出如图 7-49 所示列表；右击"管道"，在弹出的对话框中选择"输出"命令，单击"确定"按钮即可输出 EXCEL 格式的项目管道材料表（如图 7-50 所示）。同样的操作也可用于输出 EXCEL 格式的项目法兰、弯头、异径管以及紧固件材料表。

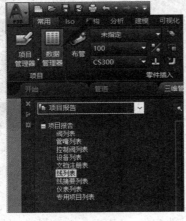

图 7-48　数据管理器中的项目报告

图 7-49　Plant 3D 项目数据

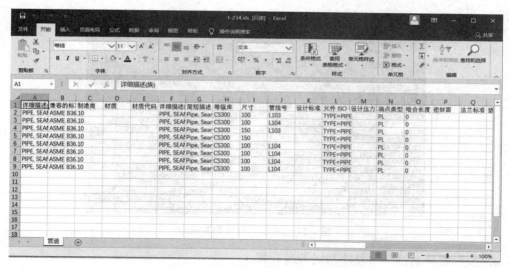

图 7-50　项目管道材料表

九、管道设计实例

下面以空压站离心压缩机组管道布置、发酵罐降温循环水冷却及塔管道布置、酒精蒸馏塔罐区管道布置、制药车间管道布置、消防喷淋管道布置等车间管道设计实例进行说明。

1. 空压站离心压缩机组管道布置

空压站是生物发酵所需无菌空气的来源，要求压缩空气无油、含水分少、无尘，因此空压站由无油离心式空压机、空气冷却器、气液分离器、压缩空气贮罐、预过滤器、总过滤器等组成。

所以要求管道工程师在进行管道布置时，尽量使管道布置有利于管道内无集水、温差引起的应力分析。空压机出口管道的设计压力（A）为 0.6 MPa，温度为 120℃，根据压缩空气的需求量，一般采用 DN200～1000 的不锈钢管连接空压机和压缩空气贮罐，也有的工厂为了节省成本采用碳钢管，但生锈易使过滤器堵塞。由于空压机出口管线管径大、质量重，很难采用自然补偿的方式改善管道的柔性，达到满足管口受力要求的目的，且立管空间位置有限，所以采用加补偿器的方式来吸收膨胀量。根据现场实际情况，无法采用曲管压力平衡膨胀节，考虑在立管上设置一个恒力弹簧、立管的弯头处设可变弹簧来改善柔性，由于空压机在试车时空气流速较大，管道振动较大，可以通过在弯头处加限位来减小位移，也可在管道弯头后直管段处加一横向大拉杆膨胀节来吸收位移。空压机管道布置走向如图 7-51 所示。

在空压站管道布置时还要注意管道布置走向是否可能产生积液。在空气冷却器、气液分离器、压缩空气贮罐均设置排水管线，达到低点排净的作用。压缩空气经总过滤器后应尽量无结露水出现，否则会使分过滤器除菌效率下降。空气分过滤器和发酵罐之间装有单向阀（止逆阀），以免在压缩空气系统突然停气或发酵罐的压力高于过滤器时，将发酵液倒压至过滤器，引起生产事故。

图 7-51　空压站管道布置走向

2. 发酵罐降温循环水及冷却塔管道布置

发酵罐发酵过程中会产生大量的热，如果冷却不良将严重影响发酵效果甚至导致发酵菌死亡。发酵罐内沿高度方向并列设置多组换热盘管，每组换热盘管的入水口低于其出水口；多组换热盘管的出水口均连通至温水环形管，温水储罐的底部放水口通过管道进入换热器的管程入口，管程出口通过管道连通至冷水环形管，冷水环形管的出水口通过管道连通至各组换热盘管的入水口，如图 7-52 所示。为了减少发酵罐上下温差，在每层温水出口管上均装有自动控制阀，通常自动控制阀布置在罐顶楼层，便于检修。

图 7-52　发酵罐降温循环水管布置

大多数发酵最适温度为 32～42℃，冷却循环水送至冷却塔降温后循环使用。冷却塔又叫空冷器，通常由玻璃钢制成。空冷器一般根据当地一年气温的变化设置成三组或两组并联。管道布置时，当空冷器进出口无阀门时，管道必须对称布置，使各片空冷器流量均匀；空冷器的入口集合管应靠近空冷器管嘴连接，因应力或安装需要，出口集合管可不靠近管嘴连接，集合管的截面积应大于分支管截面积之和的 1.5 倍；各根支管应从下部插入入口集合管内，以使集合管底的流体分配均匀；同时在集合管下方设置停工排液管道，并接至空冷器出口管

道上；空冷器入口管道较高，如距离较长，需在中间设置专门管架以支承管道，如图 7-53
所示；考虑方便操作和检修，应尽量节约管道使其布置合理、经济、整齐、美观。

图 7-53　冷却塔管道布置

　　对于发酵最适温度在 25℃以下的发酵系统，例如，D-氨基酸氧化酶的发酵最佳温度为
16～18℃左右，发酵系统冷却循环水不能用冷却塔降温，通常采用制冷式冷水机组降温。
如果系统冷却循环水量不大，制冷式冷水机组占地较低小，可直接布置在发酵车间，这样
连接管道较短，输送过程中能量损失小。

　　3．酒精蒸馏塔罐区管道布置

　　酒精蒸馏塔一般采用三塔流程，塔的布置见第六章，这里主要介绍管道布置。为了使
设计尽可能的合理、美观，减少设计时的修改、返工，首先应统筹塔管线与梯子平台和管
口的关系，从塔顶部到底部自上而下进行管道规划；其次布置管道时，在满足管道柔性的
前提下，每一条管道都应起止点尽可能短，这样做不但节约管道成本还减少了压力损失；
最后根据应力返回的报告选用合适的支吊架设置支撑。

　　（1）塔顶管道布置。塔顶气相管道又称塔顶馏出线，它是塔顶至换热、冷凝和冷却设
备之间的管道，管道内的介质一般为气相，由于通常管径大，塔顶气相管道布置时应尽量
短而直，且应"步步低"，不得出现袋形，并应具有一定的柔性。塔顶管道沿塔壁的垂直
管段上部需设置承受管道重量的固定支架，适当位置需安装导向架，支架在塔壁上生根。
承重架设在靠近管口的位置，塔顶气相管的承重架距上封头焊接线最小距离为 150 mm，其
他支架为可上滑动、下滑动的导向架。自上而下最后一个导向架距水平管段距离宜大于 25
倍管径，当沿塔壁垂直管段热位移量较大时，其水平管段应设弹簧支架；如果热位移量不
大，此处可设导向支架。由于馏出线有测温度和压力的远传仪表分支，考虑放在塔出口的
竖直直管段上，沿塔壁布置，进入水冷器的两个入口，采用对称的方式布置，使流量均匀。

　　（2）回流管和液体进料管管道布置。这两条管线沿塔壁垂直布置较长，应考虑温差产
生的热应力。为防止积液进料管线与塔进口之间的阀门与管口直连，塔的回流管线自回流
泵出口后沿管廊方向横向敷设一段后，调节阀布置在框架平台上，之后沿塔壁敷设至回流

管口；因回流管线温度较低，与塔的相对伸长量较大，从热应力角度考虑，水平管段要长。下部的管道呈 L 型，利用水平管段自然补偿立管产生的热伸长量。对于板式塔，若进料管需多个支管分别送到不同塔板时，应使主管与管口错开一定角度，以降低管口的应力，同时满足管口内抽出内件的需求。

（3）塔底抽出管的设计。温度较高的塔底抽出管和泵相连时，管道应短而少弯，但要有足够的柔性以减少泵口的应力。塔底抽出管的管口法兰要引至裙座外，以防泄漏引发危险。出料阀和切断阀应尽量装在塔附近，并能在地面上操作。在抽出线上按 P&ID 要求设置排污阀。塔到塔底泵的抽出管在水平管段上不得有袋形，避免塔底泵汽蚀现象。

（4）再沸器管道布置及支架设计。再沸器有两种布置方式，一种是再沸器安装在单独的支架或框架上，不受设备质量及安装条件的限制，并且与精馏塔之间的管路具有较好的柔性，但是此时需要的安装空间较大。为了满足管道最短，减少管道压降，立式再沸器与塔的返回管线采用管道直连方式，如图 7-54 所示。因立式再沸器固定在构架平台上，直连管道可以看成是两设备中心的定点配管。热态下，由于塔和再沸器材质和温度不同，会在竖直方向和管线轴向产生较大的热应力，如果不采取有效的消除措施，可能会使连接的设备产生过大的应力或变形，影响设备的正常运行。而另一卧式再沸器为顶部管口，塔与再沸器返回管道中带有弯头，柔性相对于直连管道较好，能够较好地解决热应力问题。

另一种是再沸器生根在塔体上，由于塔与再沸器的材质和温度不同，所以膨胀量亦不同，因而容器管口的竖直方向将产生较大的热胀反力和弯矩，即在管口与容器的连接点将产生很高的应力，此时可采取安装补偿器的方式对管系的膨胀量进行吸收，如图 7-54 所示。

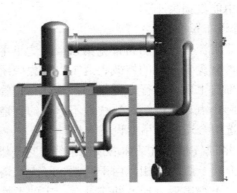

图 7-54　立式再沸器与塔的管道布置

（5）液位计。液位计管口一般接有根部阀，通过根部阀与液位计连接，也可连接液位计连通管，再通过连通管设置不同类型的液位计，如图 7-55 所示。由于液位计连通管及与其连接的液位计均带有根部阀，设计管口方位时要考虑阀门的安装及检修，尽量靠近爬梯及平台，且就地液位计不得穿越平台，为了方便就地液位计的液位读取，在液位计旁边设置了观察爬梯。在进料管口无内挡板保护时，要注意不能把液位计管口布置在进料口对面 60° 范围内。液位计宜设置于塔平台内或局部平台端部，以便于观察和检修。对于板式塔，液位计不得位于上层塔盘的降液区，以防止液位计出现假液位。

图 7-55　塔体液位计布置

（6）管架及结构平台、梯子的设计。管架设置是管道设计的重要工作，需要应力计算的大直径高温管线和应力分析人员配合，确定管道的走向和管架的设置。管架设在塔壳体外壁上，确定管道与塔壁的间距也很重要。如果管道距塔太近，管道、管架、仪表和阀门等就有可能互相发生碰撞；如果太远，不但要选用重型管架，而且设备受力状况也会变差，确定管道距塔壁距离时，首先要考虑管架的形式。

结构平台的层高首先应根据工艺要求，结合设备专业的土建资料进行规划，应使平台标高满足提升管反应器进料喷嘴与后续管道安装、仪表的观测、斜管滑阀的操作、大装卸孔的内件安装及设备本体、气相管道本体的支撑等需求；并且应尽量将各个邻近的平台层高保持一致，便于与楼梯间的连接，形成联合平台保障通行。

梯子和平台的对接是最容易出错的地方，特别是没有基础的梯子易出问题。当塔或罐需要梯子时，工艺专业相关人员把条件提供设备专业。因为有的梯子不需要基础，梯子末端可直接生根于塔或罐体上，此时设备专业一般可直接设计，不需要与结构专业沟通，导致设备运到现场安装在基础上之后，出现梯子跟平台之间存在一段距离，存在安全生产的隐患。

（7）冷凝器、冷却器布管设计。由于不凝气管道布置在冷凝器的上方，考虑到冷凝器的检修，应在距离冷凝器气相出口管口的附近设置可拆卸法兰，以便于维修时进行冷凝器的拆卸和起吊。内回流式塔顶冷凝器无论是支撑在塔顶气相出口，还是支撑在建构筑物上，其管道布置的要点基本是一致的。

冷却水管路一般是指壳管式冷凝器的进水、排水管路。对壳管卧式冷凝器均为端部进水，其管路设计与布置必须下进上出；如果进出水为立管，则出水管应设置向上的 U 形弯头，且使弯头的底面超过冷凝器的顶面。另外，在冷却水管设计时，必须留出管路拆装、检修的足够空间位置，并在进出水管路上装置温度指示，在进水管路装压力装置。

（8）泵进出口布管设计。为防止泵产生汽蚀和泵入口管道不存在气袋，应满足以下要求。①泵对净正吸入压头（NPSH）的要求。②吸入管保持水平或带有一定坡度（向上抽吸时应向泵入口上坡，向下灌注时应向泵入口下坡）。③为防止引起汽蚀，吸入管必须避免有"几"型气袋。当泵入口有变径时，应采用偏心异径管，即当弯头向下时，异径管顶平；弯头向上并无直管段时，异径管底平。如弯头与异径管之间有直管段，应采用顶平，并在低点设置排液口。④尽可能将入口切断阀布置在垂直管道上，应减少管道系统阻力和弯头数量，缩短管道长度。

为防止偏流、旋涡流而使泵性能降低，通常配管要求如下。①单侧吸入口处如果有水平布置的弯头，应在吸入口和弯头之间设置一段至少 3D 的直管段。②双侧吸入口处布置同上，但所设置直管段长度应为 5~7 倍管径。③当双吸入泵的配管为上吸入时，则不必考虑所要求的直管段，垂直管可以通过弯头和异径管与吸入管口直接相连，要求尽量短。④当直管段不能满足要求时，应在短管内安装整流或导流板或改变配管。⑤采用管线从进料口接阀门平拐一个弯后再向下汇合的方法设计管线。

（9）管线上阀门的布置。疏水阀前要设置切断阀和排污阀，排污阀设在凝结水入口管的最低点，除工艺有特殊要求外，一般不设旁路。调节阀的切断阀宜选用闸阀；旁路阀宜选用截止阀，当旁路阀公称直径大于 150 mm 时，可选用闸阀。两个切断阀与调节阀不宜布置成直线。禁止物料（包括气相和液相）倒流的管道上要装止回阀。此外，在塔、罐等设备上一定要装安全阀，如图 7-56 所示。

图 7-56　管道安装即将结束的酒精三塔蒸馏区

（10）厂区内车间外管架布置原则及设计。对于外管架的布置，需要注意以下几方面。①要对车间外管架进行合理的分布设置，在最大程度上避免形成环状分布。②对于宽度的设置一般是由管道的数量、管径大小和仪表电缆来决定的。③柱至双车道路面的边缘应该在 0.5 m 以上，到单车道中心线应该在 3 m 以上。④柱的基础设置需要绕过厂区中的一些埋地管道，例如，厂区的雨水、污水等，尤其是一些埋的非常深的管线。在进行管道的布置时，需和总图、给排水提前进行沟通。⑤在横穿道路时，在装置中的检修道路要在 4.5 m 以上，工厂的道路应该在 5 m 以上，铁路应该在 5.5 m 以上。

管架的形式一般分为两种：单柱独立式和双柱连系梁。以材料区分来讲，可以是混凝土的也可以是钢的；或者柱是混凝土，横梁是钢结构。依据业主的需求，来进行材料的选择。如果考虑到腐蚀，就需要做成混凝土的。

管架的柱距和跨距都是由允许弯曲挠度来决定的，一般在 6～9 m。如果直径大的管道比较多，可在两根支柱之间设置副梁，让管道的跨距大大减小。有些厂区的跨度非常大，可以先在柱之间设置横梁，然后再设置副梁，这样可以大大减少厂区柱的数量。桩基数量的减少可以满足跨度的要求，使整体看起来更加美观。但是目前的横梁都需要用型钢，跨度越大，梁和柱就越大，从经济方面来看，造价较高。

管架上管道的布置要注意以下几方面。①输送液体的大直径管道要布置在管架柱的位置或者是柱的上部，小直径布置在中间位置。②管和廊左侧设备或者是装置连接的管道，都应设置在左边，和右边设备或者装置连接的管道应该在右侧布置，公用的管道布置在中间。③有些大管道在进入管架改变标高时有难度，可以平拐进入，应该布置在管架的周围。④有孔板的管道应该布置在管架上部走台的附近，或者是梁、柱旁边，这样可以方便平台的设置。⑤对坡度有要求的管架管道，可以通过调整管托高度或者是管架上垫型钢来达到要求。⑥在进行管道布置时，要和电气部门进行沟通，提前预留位置。

4. 制药车间管道布置

医药制剂领域相对于原料药领域，所要输送的介质相对比较常见，主要集中在软化水、纯化水、注射用水、纯蒸汽、工艺压缩空气等；但其中有些需要高温循环或低温循环，有些有较高压力，这些都需要特别注意。在 GMP 或 FDA 中对洁净管道系统有明确的规定。①各种管道、照明设施、风口和其他公用设施的设计和安装应避免出现不易清洁的部位，应尽可能在洁净区外部对其进行维护。②水处理设备及其输送系统的设计、安装和维护应确保制药用水达到设定的质量标准。水处理设备的运行不得超出其设计能力。③纯化水、注射用水储罐和输送管道所用材料应无毒、耐腐蚀，储罐的通气口应安装不脱落纤维的疏水性除菌滤器，管道的设计和安装应避免死角、盲管。④净管道、管件、阀门、垫片的材质选择不得对药品有任何危害，不得与药品发生化学反应或吸附药品，或向药品中释放物质而影响产品质量并造成危害。管道材质一般为 316 L，也可用 316、904 L、316 Ti 等；密封件有 EPDM、PTFE、FPM 和硅胶等材质作为选择。选择的原则大多取决于温度、压力、和流体腐蚀度等。例如，EPDM 这种材质就很难长时间耐受 100℃以上的工作环境，因此被更多地用于温度较低的系统；而在高温系统，尤其是蒸汽系统中则更倾向于与选用 PTFE 或硅胶垫片等耐热材质。在实际生产过程中确实存在某些地方在洁净蒸汽管道系统中使用了不耐高温的 EPDM 材质垫片，而造成垫片老化破损从而污染管道的情况。因此在选择应用于高温系统的垫片时，尤其要注意这个问题。如果无选择余地，一定要特别注意使用时间。根据经验，EPDM 垫片用于药厂洁净蒸汽系统一般不超过 1 年。⑤焊接管件采用的标准应统一，例如，ASME BPE 或 DIN，以防止管件内部出现台阶。如果条件允许，尽可能使用自动焊机进行焊接作业，确保焊接的一致性。例如，电极移动速度、焊接电流、脉冲等。一般自动焊口的检查要求为 20%内窥镜检查。某些情况下，自动焊机无法作业时，只能进行手工焊接，之后要进行 100%的内窥镜检查。

在洁净管道系统中，使用最多的是隔膜阀。在隔膜阀的安装过程中同样要考虑到阀门的自排功能，也就是要保证一定阀门安装角度（如图 7-57 所示）。支管盲端或阀门密封点的长度 L≤2 倍的支管直径 D。此外制药用水或者产品的管道接触表面必须采用冷轧、钝化、机械抛光或者电抛光工艺以确保管道内壁的粗糙度小于 1 μm。

图 7-57　制药车间管道及阀门安装

　　为了防止微生物滋生的风险，在制药洁净管道系统设计中，一定要注意在系统放空的状态下，保证系统中水或其他介质可以完全排放出系统。因此，在洁净管道系统中保持一定坡度是必要的工程规范（如图 7-58 所示）。在设计过程中，一定要考虑系统尤其是水平管道的可排尽性。一般情况下，水平管道到设计排水点的坡度至少不小于 0.5%。不同管道走向采用不同的坡度安装方式，目的是为了保证良好的自排净功能。

图 7-58　车间管道坡度

　　（1）离心泵进出口管线设计与 GMP。药品提取车间内所用的泵多为卫生级离心泵，其管线布置大部分根据泵出入口位置进行设计，要求在离心泵的入口前需要一段 3 倍管径以上的直管，以保证流体状态的稳定，不发生偏流和涡流。为满足扬程要求，减少管道阻力损失，通常泵出口管径比泵进口管径小一个等级，如图 7-59 所示。为减少管道阻力损失，在泵进口管线上应设置闸阀作开关用；为调节泵的流量，在其出口管线上应设置截止阀作调节流量用。为满足 GMP 的要求，在泵的最低处设放净管以便排空药液。

　　若是生物活性药品提取，要采用低温液体泵，应采用一开一备，其管道布置时，两台泵的进口集合管应比泵的吸入口低，进泵的管道应呈上升趋势。进液阀的安装应尽量靠近泵。泵的出口管切断阀的位置在任何情况下都应比出口高，以避免气体的聚集，且此阀门尽量靠近泵。

图 7-59　离心泵进口管线的 GMP 要求

（2）放净、放空管线的设计与 GMP。提取车间所用容器类设备主要为提取罐、醇沉罐及各种贮罐。提取液输送过程中所采用的方法主要为泵或真空输送。无论是用泵还是用真空，都将遇到料液排尽和放空（排空）问题，由于提取车间大部分工序是在普通环境下操作，放空管中易吸入尘埃粒子或其他杂物，为满足 GMP 的要求，避免药液受到污染，要求在放空管中接入空气过滤器，以保证空气的洁净。对放净管则只需设置于设备或管线最低处即可，但离地面距离需大于 150 mm，以利于维修。无论是放空管还是放净管，其管径大小均影响物料转移的速度和设备运行的稳定性，二者之间是相互关联的。当设备的容积小于 1.5 m³ 时，放空管选 Dn20 mm 和放净管选 Dn25 mm；当设备的容积在 1.5～10 m³ 时，放空管选 Dn25 mm 和放净管选 Dn40 mm。管线的布局应尽量减少迂回曲折，尽量缩短工艺路线，如图 7-60 所示。

图 7-60　GMP 对车间工艺回流管线设计的要求

（3）工艺回流管线的设计与 GMP。提取车间带回流管的设备主要是提取罐和乙醇回收塔。提取罐的回流管主要是指动态提取时，气、液两相流通过冷凝器、冷却器冷却为液态并回流至提取罐内的一段管道。

由于提取罐内工作温度在 100℃左右，提取罐内充满饱和水蒸汽，当其蒸汽压力大于冷却器冷却后的管内气体压力时，将导致物料回流较慢，甚至蒸汽反窜，从而影响正常生产。为避免此现象发生，应在提取罐前加一段"U"形管，当回流液流经此处形成液封，阻止蒸汽反窜，从而保证动态回流提取的顺利进行。当然，冷凝器、冷却器的安装高度距离提取罐的回流管口应大于 2 m，以确保流体的势能足够弥补流体流动时产生的阻力损失。对于酒精回收塔，为提高精馏塔的效率，必须设置回流管，形成一定的回流比。但塔内充满酒精蒸汽，回流的酒精较难直接返回至塔顶，为此需要提高冷却器（冷凝器）的高度（高出塔顶 3 m 以上），以产生足够的势能，并形成"U"形液封，以阻止酒精蒸汽倒灌，确保回流的顺利进行。

（4）换热器的管道布置。管壳式换热器进出口管路布置需注意冷热物流的流向。一般而言，冷流体应由下而上通过换热器，热流体应由上而下通过换热器。管道距平台或地面的净空不小于 100 mm。配管应不影响管束的抽芯清洗，不妨碍设备检修和设备法兰以及阀门的拆卸或安装。

（5）注射用水对管路布置。注射用水管路分配系统的建造应考虑到水在管路中能连续循环，并能定期清洁和消毒。不断循环的系统易于保持正常的运行状态。

水泵的出水应设计成"紊流式"，以阻止生物膜的形成。分配系统的管路安装应有足够的坡度并设有排放点，以便系统在必要时能够完全排空。水循环的分配排放系统应避免低流速。隔膜阀具有便于去除阀体内溶解杂质和微生物不易繁殖的特点。

对管路分配系统的要求如下。①采用 316 L 不锈钢管材内壁电抛光做钝化处理。②管道采用热溶式氩弧焊焊接，或者采用卫生夹头分段连接。③阀门采用不锈钢聚四乙烯隔膜阀，卫生夹头连接。④管道有一定的倾斜度，便于排除存水。⑤管道采取循环布置，回水流入贮罐，可采用并联或串联的连接方法，以串联连接方法较好。使用点阀门处的"盲管"段长度，对于加热系统不得大于 6 倍管径，冷却系统不得大于 4 倍管径。⑥管路用清洁蒸汽消毒，消毒温度为 121℃。某药厂冻干粉针剂车间注射用水管道实例如图 7-61 所示。

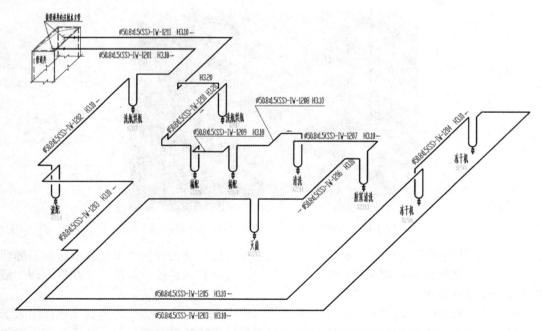

图 7-61　某药厂冻干粉针剂车间注射用水管道平面布置轴侧图

对输送泵的要求如下。①采用 316 L 不锈钢（浸泡部分），电抛光钝化处理。②卫生夹头做连接件。③润滑剂采用纯化水或注射用水本身。④可完全排除积水。

热交换器用于加热或冷却注射用水，或者作为清洁蒸汽冷凝用。对热交换器的要求如下。①采用 316 L 不锈钢制。②按卫生要求设计。③电抛光和钝化处理。④可完全排除积水。

（6）技术夹层内管道布置。对于综合性的药厂车间，技术夹层内有空调末端消音器、送回风管、排风管、自来水管、排水管、生活热水管、空调冷冻水管、空调冷却水管、工艺冷冻水管、工艺冷却水管、工业蒸汽管、纯蒸汽管、蒸汽冷凝水管、消防给水管、压缩空气管、洁净压缩空气管、电气桥架等专业管线，设计院施工图纸通常采用 CAD 绘制，在初步设计之前规划各专业管道的标高，而在施工图完成之后未进行仔细核对，造成在各专业部分施工图纸中管线的位置和高度多处交叉。往往是先安装的管道施工很方便，后安装的管道施工很困难，只能装在不该安装的位置或标高上，严重影响工程质量，导致功能受限和施工进度缓慢。

针对以上问题，必须遵守以下各专业管线原则。

①风管避让水管（指管径相近时），因水管更宜短且直。

②小管道避让大管道，因小管道造价低易安装。

③低压管避让高压管，因高压管造价高且安装要求高。

④压力管道避让重力自流管道，因重力自流管道对坡度有要求，不能随意抬高。

⑤金属管避让非金属管，因金属管较容易弯曲、切割和连接。

⑥冷水管避让热水管，因热水管需要做保温层，造价较高。

根据管道性能和用途的不同，技术夹层吊顶内的管道大致可分为以下几类。

①给水管道：包括自来水、消防给水、工艺用水等。

②排水管道：包括生活污水、生产废水、蒸汽冷凝水、其他排水等。

③热力管道：包括蒸汽、纯蒸汽、热水供应及空调箱中加热所需的蒸汽或热水。

④气体管道：包括压缩空气、二氧化碳、氧气、氮气等气体管道。

⑤空气管道：包括空调系统中的各类风管、设备排气管等。

⑥供配电线路或电缆：包括动力配电、照明配电、弱电系统等，其中弱电部分包括网络、监控、通信、火灾报警及门禁系统等。

综合管线图纸绘制过程及注意点如下。

①首先必须进行大量的准备工作，将所有设备图纸的管道逐一进行详细分析，每种管道宜采用两个图层：一个是管线图层，包括阀门及设备等；另一个是说明图层，用来标注该种管的管径、编号、文字说明等。为了便于区分，每种类型的管线图层和说明图层采用一种颜色，例如，风管、给水管、喷淋管、排水管、动力桥架采用不用的颜色（打印图纸时为了突出显示管道线，可临时修改各说明图层颜色）。另外，由于喷淋管较多，为了图面的清晰，一般在较小的支管处断开，标上断开符号，施工时可参照喷淋平面。

②将经认真处理后得到的空调风水管、电桥架、各种给排水管及喷淋主管汇总于一张图中，将水和电气的管线汇总到空调通风图中。汇总后对重叠的各种管道进行调整、移动，同时确定十几种管道的上下左右的相对位置，且必须注意某些管道的特定要求。例如，电

气管线不能受湿，尽量安装在上层；排污管、排废水管、排雨水管有坡度要求。不能上下移动，所有其他管道必须避之；生活给水管宜在上方（以免受污染）等。

③根据结构的梁位、梁高和建筑层高及安装后的高度要求，在管线密集交叉较多或管线安装高度有困难的地方画安装剖面图，同时调整各管道的位置和安装高度，必要时还需调整一些管道的截面尺寸（例如，风管截面）。为了尽可能减少交叉点，有时须调整管道水平位置；管道上下排列时，要考虑哪些管道应在上，哪些在下；交叉管时，要考虑哪些管道能上绕，哪些能下绕。

④以上所有管道尺寸的修改及位置的调整都必须与相关专业设计人员进行磋商，征得同意后才能进行修改。同时，被修改调整过的管道，其相应专业的施工图也应随之修改。

5. 消防喷淋管道布置

设计消火栓主管沿厂房外墙内侧形成环网，最大管径 DN100，此布置方式可减少与其他管线的碰撞。室内消火栓贴外墙设置，由架空主管环网沿立柱接支管引入室内消火栓箱内。

设计喷淋管道主管位于竖向主梁中间，最大管径 DN150 支管位于主管两侧等距敷设。喷头如是直立型上喷头，应正方形等距布置，喷头间距为 3 m；如果主梁间距为 9 m，喷淋管道布置满足规范，且可以很好利用主梁间距，从而可以达到美观效果，如图 7-62 所示。

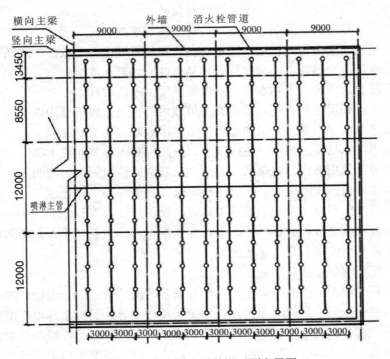

图 7-62　喷淋、消火栓管道平面布置图

喷淋头的布置要点如下。①喷头溅水盘与吊顶、楼板、屋面板的距离，不宜小于 7.5 cm，不宜大于 15 cm，当楼板、屋面板为耐火极限等于或大于 0.50 小时的非燃烧体时，其距离不宜大于 30 cm（吊顶型喷头可不受上述距离的限制）。②布置在有坡的屋面板、吊顶下面的喷头应垂直于斜面，其间距按水平投影计算；当屋面板坡度大于 1∶3，且在距屋脊 75 cm 范

围内无喷头时，应在屋脊处增设一排喷头。③喷头溅水盘布置在梁侧附近时喷头与梁边的距离按不影响喷洒面积的要求确定。④在门窗口处设置喷头时，喷头距洞口上表面的距离不应大于 15 cm；距墙面的距离不宜小于 7.5 cm，不宜大于 15 cm。

　　喷淋管管架的布置要根据管道粗细来定，最好安装于梁上，如图 7-63 所示。管架尽量做得美观一点。

图 7-63　喷淋头、喷淋管及管架安装图

十、碰撞检查及管道工程图

　　工厂内管道数目众多并相互穿插，在设计过程中难免出现错误，使用传统二维制图软件进行管道设计缺乏直观性，设计人员难以察觉管道与管道及管道与建筑物之间的碰撞问题，传统的管道工程图需要设计人员分别绘制管道的平面图和轴测图，工作量巨大并极易出现错误。传统二维管道设计软件难以实现管道零件信息的自动统计和零件的匹配性检查，设计人员需在管道系统设计完成后，手工统计管道系统中零件个数及规格并绘制零件汇总表，不仅延长了管道设计周期更易出现统计错误。在工厂施工过程中，传统工程图的表达形式单一，极易出现施工错误，严重影响工厂的建设周期，为企业和设计院所带来巨大损失。

　　利用 AutoCAD Plant 3D 进行三维管道设计可以直观地观察管道与周围建筑物之间的相对距离，有效地减少管道的碰撞。AutoCAD Plant 3D 的碰撞检查模块可以快速判断整个管道系统是否存在碰撞现象并直观地显示出来，方便设计人员进行修改。经 AutoCAD Plant 3D 软件处理的工程图，可以自动标定管道的尺寸，统计所需的管道零件数量及规格，为工程施工和物料采购提供便利。AutoCAD Plant 3D 软件可以将设计完成的管道三维图转化为可跨平台使用的文件格式和演示动画，施工人员可以方便地观看管道的三维布置，有效地减少因图纸混乱而造成的施工错误。

　　AutoCAD Plant 3D 模型可以和 Autodesk Navisworks 无缝集成，完成设计协调、碰撞检查和施工仿真等工作。

　　Autodesk Navisworks 软件包包含 3 个软件。

　　Autodesk Navisworks Manage 软件是一款用于分析、仿真和项目信息交流的全面审阅解决方案。多领域设计数据可整合至单一集成的项目模型，以供冲突管理和碰撞检测使用。Navisworks Manage 能够帮助设计和施工专家在施工前预测和避免潜在问题。

Autodesk Navisworks Simulate 软件提供了用于分析、仿真和项目信息交流的先进工具。完备的四维仿真、动画和照片级效果图功能使用户能够展示设计意图并仿真施工流程，从而加深设计理解并提高可预测性。实时漫游功能和审阅工具集能够提高项目团队之间的协作效率。

Autodesk NavisWorks Freedom 软件是一款面向 NWD 和三维 DWF 文件的免费的浏览器。Navisworks Freedom 使所有项目相关方都能够查看整体项目视图，从而提高沟通和协作效率。

药厂车间技术夹层内管道较多，为达到较高的设计效率，进行碰撞检查时采用以楼层为单位进行，先进行机电各专业之间的碰撞检查，再进行管道与结构、建筑之间的碰撞检查。检查点包括以下几方面。①各水、暖、电管线位置是否协调。②机房、设备间、井道内设备以及管线的位置是否足够。③各机电管线和设备安装有关的留洞和预埋件位置是否与建筑结构一致。④送风口与回风口或排风口位置距离是否太近。⑤是否存在电气设备未设置线路的情况。⑥管线走向、净空是否可优化等。以×××药厂车间二层上技术夹层内各专业管线碰撞检查为例，共查出 35 处碰撞，物料及电缆管线与结构构件碰撞共 11 处。常见碰撞举例与调整后举例如图 7-64 和图 7-65 所示。

图 7-64　碰撞检查结果出现的典型实例

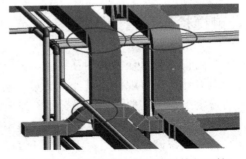

图 7-65　碰撞点调整后的物料管与风管

秉着"电让水、水让风、小管径让大管径、冷水管让热水管、有压管让无压管、重力排水管优先"的总原则，如图 7-66 所示，在保证机电专业的系统要求上，对暖通、给排水、电气等各专业模型进行管线综合设计。针对电缆管线与结构相碰撞的调整，管线与梁、柱相碰撞时，调整前应先检查所碰撞的管线整体走向是否有其他相似的碰撞点。如有，则须考虑进行整体调整；如无，进行局部调整即可。管线与墙和楼板碰撞时，应先确定结构位置是否有预留洞，对于土建预留洞与管道位置不相符的情况，应及时调整土建模型，用模型对预留

图 7-66　技术夹层中的管道避让

洞进行准确定位，直接出具结构预留洞图纸用于指导施工。

此外，AutoCAD Plant 3D 中管道支撑等级表中的支吊架无法根据管道尤其是热力管道，来自动区分支吊架的形式。例如导向、固定、滑动支架等。因此，在对支吊架材料统计时，还需辅助二维管道布置图进行支吊架图布置。

Plant 3D 碰撞检查功能是三维设计最重要的功能之一。实时或定期碰撞检查使得绝大部分设计差错在设计阶段被及时发现，因此可把设计碰撞问题基本消灭在施工之前，大大减少了工地修改返工费用。三维设计系统允许不同专业设计的产品在一个共同的三维空间中进行碰撞检查，使得设计的工厂成为一个真正的"无碰撞"工厂，如图 7-67、图 7-68 所示。这对降低工程施工费用、缩短工期都有重要的意义。

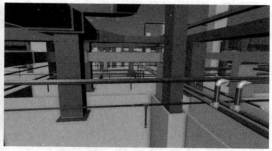

图 7-67　制药车间吊顶层中管道布置　　　　图 7-68　制药车间吊顶层中管道布置（隐去吊顶）

工厂三维管道设计可自动绘制管道零件汇总表，统计管道系统中各个零件的数量和规格并自动进行管道零部件的匹配性检查，显著提升管道设计质量和效率。

工厂三维管道设计可以有效缩短设计和施工周期，降低企业建设成本。直观的三维表现形式便于设计成果的展示，有利于提升设计院所的综合竞争力。

工厂三维管道设计是一场正在到来的管道设计工具革命，利用三维软件进行工厂内管道系统设计不仅能够实现管道的基本设计，更可以进行管道内流体的仿真模拟，通过模拟结果可以更好地优化管道设计。随着三维管道设计软件的发展和应用范围的扩大，设计院所内多个部门将会整合在一起，共同设计、协同工作，有效提升设计效率，缩短工厂的设计周期。

十一、车间设计中的三维仿真或可视化

工厂车间的三维设计不仅仅是绘制图纸，还可以用于设备、管道等采购环节、现场施工以及后续工厂生产一线员工上岗前的教育培训、车间的在线监控以及维护等，贯穿于一个项目的全部生命周期。其中使用最多的是车间设计中的三维仿真或可视化功能，下面简单介绍一下。

1．渲染

基于 AutoCAD Plant 3D 生成的模型可以通过渲染，生成逼真的三维模型效果，还可以制作漫游动画，在与业主沟通、指导施工和项目展示宣传方面具有很大优势。

对于车间内三维模型可以附于材质特征，并配备灯光光源或设置阳光和位置。还可以通过"渲染"面板对三维模型进行仿真：在"渲染"面板上，单击"渲染预设"下拉列表，然后选择要置为当前的渲染预设；单击"渲染"下拉列表，然后选择"视口"命令；单击"渲染到尺寸"按钮，选择查找要上色的对象，即可将渲染保存为图像文件。保存的图像文件可以作为车间内三维设计的效果图，一般一个项目要做2～3张效果图两份，一份可供来访的客户和兄弟单位参观，一份作为以后项目的招投标素材。如果要更进一步制作视频或漫游车间的话，就需要更精细的渲染，要对三维模型做单个面域的渲染。应当注意的是灯光或太阳的位置，日期和时间将影响任何材质的亮度，以及投射到模型上的阴影。如图7-69所示是经面域渲染后的淀粉糖精制车间。

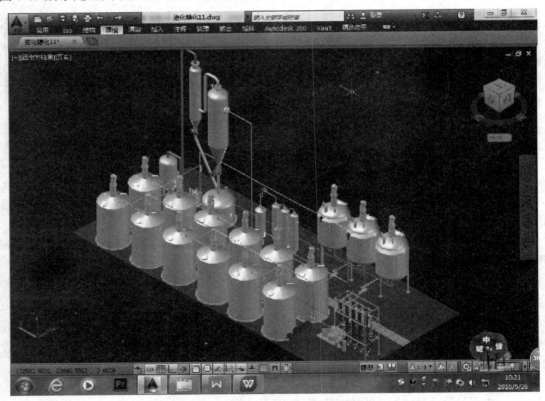

图7-69　经面域渲染后的淀粉糖精制车间

工厂三维设备和管道经过渲染设计后，其呈现出来的视觉效果更逼真，这时将其录制成视频，可以给人以身临其境的感觉。

2. 视频录制

车间设备布置、管道连接完成后，或进一步渲染后，为了更加直观地了解工厂各个车间情况，可在AutoCAD Plant 3D中录制视频。在录制视频前，需要对建好的模型或组装完成的车间进行总体把握，首先将工作空间切换到三维管道，在功能区选择渲染板块下的动画路径，如图7-70所示。

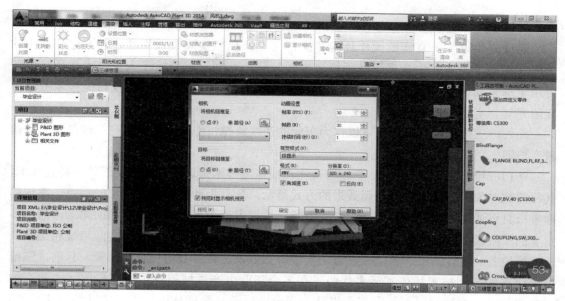

图 7-70　动画录制界面

　　录制动画时，可以选择保持相机不动，相机可通过旋转跟随路径完成动画录制，也可以选择相机沿着动画路径移动。开始录制时，相机链接至点，是保持相机不动；连接至路径时，是相机移动；目标链接至点是相机在运动过程中镜头一直以该点为中心；目标连接至路径时，是相机在录制视频时，镜头沿该路径移动。一般来说，路径可以是圆弧、直线、多段线等。相机路径确定好后，选择动画时间，帧率系统默认是 30，也就是说，一秒由 30幅图片构成，帧率也可自己调整。当选择好后，可以先预览动画，如果有不合适的地方，可以先退出动画路径设置，返回修改后，再进行预览、录制。可以对三维模型制作不同轨迹的 AVI 格式的动画，使客户在直观上对设计成果有所了解，还可以实现任意角度畅游三维模型，给人以身临其境的感受。录制的结果是 AVI 格式的漫游工厂媒体播放文件。

　　本书作者在 2015 年指导了兰小林、王晨阳、贾震、周娟娟 4 名学生参加了第十二届"挑战杯"省赛，在深入研究纤维素酶法分解和高产优质蛋白酵母生产工艺的基础上，以 AutoCAD Plant 3D 为开发平台，结合传统的仿真数学建模，设计并实现了"地下智能化生物工厂的三维虚拟设计"，包括纤维素酶分解工段、发酵工段（一级、二级、三级发酵）、蛋白提取工段、喷雾干燥工段和加工成型工段。

　　另外，建立了基于 Pr 软件平台的发酵罐爆炸式分解结构，将发酵罐各主要部件进行了优化，尤其是对于各种搅拌叶及气体分布器超声波碎泡实现了 Flash 演示，方便了学生的学习和对工艺流程的理解；还对项目进行了集散控制系统 DCS（Distributed Control System）设计，并对集散型控制系统进行了视频录制。

　　所开发的仿真系统兼顾了生产过程动态特性的仿真和对操作界面的仿真这两个方面，取得了接近实际的、较好的仿真效果。系统具有易维护性、高效性、安全性和开放性的特点，达到了实时性、逼真性和可操作性的要求，在实际应用中取得了明显的效果，为现场实习提供了有力的补充。

通过提供近似于真实的操作环境和操作工况，模拟实际装置生产过程不允许产生的故障，克服了工人在生产现场动手机会少的缺陷，有利于培养操作人员技术素质；同时可用于探索新装置开车方案、事故分析、生产优化可行性分析、工艺及自控技术改造方案研究等。

此外，三维车间可视化还可以作为车间的在线监控，作为学生或生产一线员工上岗前教育培训之用。

（1）三维可视化在线监控。三维可视化在线监测技术是近年来快速发展的一种新技术，其将监控对象以三维模型和动画效果的方式展示，具有生动、直观、形象的特点，表现的内容极具可读性。作为一种全新的交互方式，该技术消除了平面交流界面的弊端，通过多角度的三维模型，使操作人员和调度人员将抽象的实时生产数据与现场实际情况相结合，使现场设备的运行情况、各类传感器的安装位置以及测量参数更加直观形象。目前，三维可视化在线监测技术凭借其诸多优势，在多个工业生产领域得到了推广应用。主要有如下功能。①动态数据显示。②超限报警。③异动提示及数据分析。④工艺过程监测功能。⑤报警事件监测。巡检管理子系统的主要功能如下。①巡检人员的实时定位。②巡检信息的即时上传。③巡检感应。④巡检导航。⑤记录查询。⑥路线设置。⑦班组设置。⑧漏检统计。⑨报表生成。⑩数据通信模块。设备管理子系统的主要功能如下。①技术文档建档。②技术文档查询。③技术文档管理。④技术文档浏览。⑤维护保养管理。⑥故障维修管理。⑦备品备件管理。参观访问子系统的主要功能如下。①可视化浏览漫游：实现三维虚拟现实场景的浏览、漫游。②基于内容树的分类浏览。③构件的快速定位。④分类树各节点的显示开关。⑤鼠标悬停自动显示构件工程属性信息。⑥视频监控头的定位。⑦漫游动画。

（2）三维可视化教育培训。三维可视化为主导的教育培训，主旨在于交互和直观。它用三维视图的方式进行生物工程设备操作步骤的一步步解析，结合车间三维模型场景，加入相应的模型动画与文字解说，再进行对交互人员操作步骤的记录比对，即可形成一个针对一种设备操作的教培模块。在教培模块中可以按照顺序，做出设备开关的先后动画，并加以文字说明，每一步一个暂停，让学员自己选择进行下一步或是停在某个步骤详细学习，这样直观的方式可以提高学习效率，并易于理解。以三维可视化的操作方式让学员进行模拟操作交互，并可以指出操作错误或遗漏步骤，让教培不再枯燥乏味。

总之，三维设计的核心思想在于三维模型能够贯穿于一个项目的全部生命周期，包括设计阶段、采购环节、现场施工以及后续工厂维护。利用三维模型，提升了三维模型的利用率，增加了三维模型的附加值，也有利于在工程公司中推广使用三维设计。目前三维模型仅仅在设计阶段采用，在其他环节中三维模型的利用还有待于科研与工程技术人员对其进行推广。

思　考　题

1．工艺管道的设计内容有哪些？

2．管道布置图的内容有哪些？

3．车间管道布置设计的原则有哪些？

4．各种管件在管道图中的表示方法是什么？

5．熟练掌握管道布置图的绘制方法（包括平面图、立面图、轴测图）。

6．钢管分哪几类？各适用于什么地方？

7．管道主要有哪几种连接方法？各适用于什么场合？

8．怎样选择阀门？

9．发酵无菌系统管道怎样布置和安装？

10．管道安装要求有哪些？

11．如何确定管径？

12．管道压力降包括哪些内容？

13．蒸汽管道为什么要进行热补偿？如何进行补偿？

第八章　公用工程设计

　　工厂设计是各专业设计人员通力合作、集体创新的过程。在设计过程中，各专业既分工，又合作，其中生产工艺设计是工厂设计的核心，起主导作用，而公用工程设计（辅助生产工程设计）是保证工厂正常生产不可缺少的重要组成部分，它是根据工艺专业的设计要求进行工作的。它们相辅相成组成工厂的各部分，形成一个有机的整体。为了更好地发挥工艺专业的主导作用，工艺设计人员必须了解和熟悉各辅助专业的工作任务，明确在设计过程中，应向不同的辅助专业提供必要的工艺设计资料，以及提出不同的要求，作为辅助专业设计的依据。同时又要利用辅助专业的设计成果，为工艺设计服务。有矛盾时，协商解决，确定出合理的方案。这对保证设计质量，加快工程进度，并保证工厂投产后的良好运行效果是十分重要的。另外，在一些工厂特别是中小厂的建设和扩建中，由于技术力量的不足，往往也需要工艺技术人员统筹考虑公用工程中的有关问题。因此，本章主要向工艺专业设计人员介绍有关公用工程的设计内容和要求，以了解和熟悉公用工程。公用工程的设计程序和步骤，以及设计阶段的划分都和工艺设计一样，必须在工厂总体设计中开展平行作业，同时完成，这里不再赘述。

第一节　给水、排水设计

一、供水工程

1. 发酵工厂对供水的要求

　　发酵工厂是用水大户，对一个具有 500 m³ 总容积发酵罐的工厂来讲，其每天用水量能达到万吨以上。发酵工厂生产过程中的用水可以分为工艺用水和冷却用水两大类。工艺用水一般指配料水和用来制备软水、无盐水等的一次水，其质量标准要求达到或接近城市自来水标准。工艺用水的消耗量一般为全厂用水量的 5%。目前发酵工厂中 90% 以上的水用于冷却，发酵罐发酵冷却、蒸发浓缩操作、溶媒蒸馏回收、空压机、冷冻机等都需要大量的冷却水，所以发酵工厂的冷却水应该尽量循环使用。对冷却水的质量要求要比工艺水低，冷却水只要不含泥沙等悬浮物，浊度一般不大于 100° 即可。冷却水内不应含有对管道与设备有腐蚀性的物质。当然，根据工艺操作要求，每一个设备都对冷却水有一定的温度要求。

2. 供水的来源

　　（1）城市自来水。在城市中建设的发酵工厂，其供水来源往往是自来水管网。自来水用于工艺用水、洗涤用水是一次性使用，冷却水大都是循环使用，用自来水来进行补充。

（2）从江、河、湖泊取水。建于市郊及小城镇的发酵工厂大都以河流作为水源。这在我国南方地区较为普遍。采用河流等地表水作为水源的工厂，其供水系统一般有两个系统，具体流程如下。

工艺水系统：原水→预处理→沉淀→过滤→消毒→达到饮用水标准

冷却水系统：原水→沉淀→清水

（3）深井水。深井水是从地下 50～150 m 用深井泵取上来的水，属于中层地下水，其终年温度恒定，根据地区不同，一般水温都在 15～20℃范围。例如，上海地区深井水终年温度在 17℃左右，是用于发酵罐冷却很好的冷却水。

深井水是重要的地下水资源，应该节约使用，特别在某些工业发达的地区，为防止因无限抽吸深井水而使水源枯竭、地面下沉，该地区深井水的利用应受到一定限制。在使用深井水时，应考虑一水多用。一次水可用于发酵罐冷却，二次水可用于空气系统、冷冻系统和溶媒回收系统等的冷却、水冲泵补充用水等，三次水可用于冲洗板框、厕所和场地等。

二、排水工程

发酵工厂的排水系统包括以下几个部分。

1. 工业废水

工业废水的排放量在发酵生产中普遍较大。按有害物质的危害程度可分为两类。

第一类是能在环境或动植物体内积蓄，对人体健康产生长远影响的有害物质。第二类是其长远影响小于第一类的有害物质。这两类工业废水的排放标准都应符合国家规定的排放标准。

工业废水的排放量应根据工艺过程计算确定，但一般也可按生产最大小时给水量的 85%～95%估算。

2. 生活污水

生活污水包括洗涤后的生活废水和粪污水等。生活污水量与气候、卫生设施、生活习惯等有关。排水量标准等于相应的用水量标准减去不可回收的水量损失（例如，浇洒地面、冲洗车辆等），一般取生活最大小时给水量的 85%～90%。

3. 雨、雪水

雨、雪水的计算可参照下式。

$$W = \Psi GF$$

式中 G——暴雨强度（可查阅当地有关气象、水文资料），L/（s·ha）。

F——厂区面积，ha。

Ψ——径流系数，取 0.5～0.6。

三、供排水设计条件

1. 设备布置平面图、剖面图

图中应标注工艺与供排水专业的接管点、进出口方位及标高等。

2. 供排水条件表

供排水条件表如表 8-1 所示。

表 8-1　供排水条件表

序　号							
车间编号							
车间名称							
主要设备名称							
水的主要用途							
用水（排水）量/（m³/h）	经常	I期					
		II期					
	最大	I期					
		II期					
水质（污水）技术数据	水温/°C						
	物理化学成分						
需水（排水）量	进水口（出水口）压力/MPa						
	连续或间断						
管水	管材						
	管径						
备注							

四、工业厂房给排水中进行节能设计

水是生命之源，近年来能源危机不断加剧，水资源日益紧张，世界各地越来越重视水资源的保护与利用。对于工业厂房来说，较大的用水量需要其在厂房的给排水设计中做到节水节能，在厂房建筑给排水中进行节能设计是节约水资源的重要所在。据调查显示，一些工业厂房供水系统不是很完善，存在很多弊端，有些供水处在没有人用水时仍然在供水，造成水资源大量浪费。还有一些工厂在使用水资源时不能充分利用，有的水可以二次使用，然而却没有得到利用，这也造成了水的浪费。水是人类生存与发展的基础，水资源的短缺不仅制约社会经济发展，对人类的生存也造成了极大的威胁。因此，在工业建筑给排水设计中做到节水节能可以提高水资源的利用率，减少水资源的浪费，更能提高社会经济发展水平，满足人们日益增长的物质文化需求。

1. 工业厂房给排水的节能设计措施

工业建筑给排水设计中的不足会造成水资源大量浪费，针对这种现象，相关人员必须积极采取措施，使工业厂房给排水系统得到良好改善，提高对水资源的利用率，减少浪费的情况。

（1）在供水系统上使用变频调速水泵。在供水系统中使用变频调速水泵能提高水资源的利用率，减少水资源浪费。随着时代和社会的高速发展，越来越多的新型电子技术诞生，提高了生活质量。变频调速水泵的发明改善了供水系统，为节约资源做出了重要贡献。一些工业厂房中的供水系统不完善，在供水上很容易出问题，具有节能高效作用的变频调速水泵能够在供水不利的情况下，严格控制水量和电量，减少浪费。目前，水泵自动控制技术已经趋向成熟，新型号的感温材料和监测仪表配合水泵已被广泛使用，在供水系统中可以满足设备对不同水温的需求。

（2）自动控制计量。合理计算用水量也是工业厂房节水的重要措施。对于不同的工厂和工厂的不同生产车间来说，它们在用水方面有着不同的要求，采用自动控制计量技术能合理地利用水资源。对于整个工业生产厂房来说，自动控制用水量、自动化代替人工控制可解决因为人员正在工作而没有时间控制水量的问题。有的生产环节对不同时间的用水量有不同的要求，如果单独找一个控制水量的人员，浪费人力和财力，自动控制计量技术可以节省人力、财力和时间，给工厂带来很大的便利。

（3）合理选择给排水系统的组装材料，严格监控供水系统的渗漏问题。工业厂房用水不同于家庭用水，工业厂房用水量大，需要一个完整的、大型的给排水系统。在安装给排水系统时，要根据不同情况选择合适的组装材料。有的给排水系统需要长时间运行，最好选择不锈钢材料，这样不仅可以防止渗漏和因为锈迹堵塞等问题，还可以保证整个给排水系统的完善运行，避免不必要的水资源浪费。同时，在安装时要确保安装质量，保证整个系统无渗漏问题，工业厂房给排水系统因安装不严而产生渗漏会严重浪费水资源，污染环境，也不符合节能减排的政策方针，因此确保工厂的给排水系统的完善对节水节能有着重要作用。

（4）水资源的二次利用。节约用水是解决水资源严重匮乏问题的关键所在。家庭中为了节约用水，将水二次利用，淘米的水用来浇花，洗衣服的水用来刷马桶。在工业厂房中也可以将水二次利用，节约水资源。一些工业生产中产生的废水完全可以被再利用，可以在给排水设计时利用家庭中淘米水浇花的原理，把第一次利用过的水进行简单处理再利用，这样能使水资源得到充分利用，为节约用水做出了重大贡献。

2. 优化设计方案

厂区室外给排水设计主要包括取水工程、输水工程、净水处理工程、厂区给排水管网、水消防系统工程、循环水系统工程、事故排水系统工程、污水处理工程、厂外排水管网等。其中经常接触的内容包括厂区给排水管网、水消防系统工程、循环水系统工程、事故排水系统工程、污水处理工程。

其中最为重要的是管网工程。管网工程属于地下工程，施工后不可见，且处于整个厂区施工建设的前期，一旦由于缺少设计资料导致重新设计，轻则破坏厂区内道路，重则影响整个厂区平面规划，进而影响整个项目的进度和费用。这就要求前期尽量收集设计条件，对外部需要明确所需室外生活水、生产水水源从何而来，其供水水量、压力、管径大小是否满足设计要求、室外排水排至何处、其接管位置管径和管网富余量是否满足设计要求、生产污水排至何处，是排入市政管网统一进入污水处理厂处理，还是需要厂区内新建独立污水处理站等等。同时还要收集各种气象资料和地质资料。与内部的工艺、总图、建筑等各专业沟通，明确循环水水量、循环水解决方案，是由厂区现有循环水站供给还是需要重新设计循环水站。消防水按照《石油化工企业设计防火规范》（GB50160—2008）和《建筑设计防火规范》（GB50016—2006）的有关规定，确定同一时间火灾次数，最大着火点、火灾延续时间进而计算出消防水量。确定消防水方案，厂区是否现有消防水站，其供水流量和压力是否满足本次设计要求，如果没有消防水站则需重新设计消防水站。同时还需要考虑厂区建设远景规划，对各种给排水管线设计留有富余量。

生物产业企业园区多建设在较为偏僻的地区，周围的市政管网建设往往滞后甚至根本没有，这就要求设计人员对水的"来龙去脉"了如指掌，了解当地地形，提前做好竖向设计，对园区内地下管网及各种构筑物的平面布局提出多种方案进行比选，从中选出最优。

3. 管线综合规划

厂区给排水管网系统划分应根据装置（单元）对水质、水压及水温的要求确定。主要包括生活给水管线、生产排水管线、循环水给水管线、循环水排水管线、消防给水管线、生活污水管线、清净雨排水管线、生产污水管线等。其中除了生活污水管线、清净雨排水管线、生产污水管线是重力流管线外，其余均是压力流管线。厂区地下工程除了给排水专业管线外还包括电力电缆、照明、热力等管线，而由于用地紧张，建筑物布置紧凑，平面空间极为有限。平面布置时为避免设计管线抢位，需要严格按规范确定各种管线的水平位置，以便为以后管线改建或扩建或维修留有足够空间。笔者认为除含有高浓度废水的生产污水管外，雨水管、循环给水、循环回水管可沿道路方向在道路一侧的绿化带内纵向敷设，这样可以减少占地，同时利于今后检修、翻修。设计时除了满足室外给水或者排水设计规范外，还需要满足覆土厚度要求、冰冻线要求和流速要求等。

4. 管线高程

管线高程控制应从多方面进行综合考虑，既要保证整个厂区内的雨污水顺利排出，又要避免管线埋设太深造成施工困难和经济上的浪费等问题。厂区内管线众多，在纵断面布置上按照管线综合规划规范一般都本着"有压让无压"的原则。在寒冷地区通常既要满足冰冻要求又要满足荷载要求。笔者在为北方工厂区所做的项目中，通常会首先考虑无压管线的高程设计。在将整个厂区的污、雨水管线高程确定下来后，再依次确定各有压管线的竖向高程排列，同时因管线众多要避免有压管线频繁上行和下弯，管线尽量顺直敷设，以免积气和增大水头损失，这样还能避免造成将来的维修隐患。在进行纵断面绘制时，要将所有碰撞处各管线的标高全部标注清楚，使施工人员一目了然，做到事先控制。

5. 管材选用、接口方式及管网附件

管材的选用是生物化工厂室外管线设计中的重要组成部分。众所周知，生物化工厂因其特殊的工艺流程及生产产品的要求，管材极有可能被酸性介质和碱性介质所腐蚀，这就要求设计所选的管材既能满足输送该种介质的水力要求又能尽量减少被腐蚀的概率，以此提高该管材的使用寿命进而达到降低整个工程造价的目的。

（1）给水管道。工厂输配水管道材料的选用：根据该设计的水压、水量、当地土质情况、厂区内车辆行驶的外部荷载、施工维护和材料供应等综合选定。给水管材多选用钢管、球墨铸铁管、预应力钢筋混凝土管、玻璃钢夹砂管和塑料管。钢管耐高压，耐振动，但耐腐蚀性差，在厂区中多用在消防给水管线中。球墨铸铁管的强度较高，抗腐蚀性能高于钢管，且重量较轻，很少爆管、渗水和漏水。接口采用柔性橡胶圈，具有施工安装较方便、接口水密性好等特点。预应力钢筋混凝土管因其重量大，不易于运输和安装，一般在工厂设计中较少选用。玻璃钢夹砂管和塑料管为近些年较多使用的新型管材，具有耐腐蚀、水力性能好、重量轻等特点。笔者在近几年的设计中多选用孔网钢带聚乙烯复合管，该种管材内外均为聚乙烯材料，中间以带孔洞的薄壁钢管为增强体，具有使用寿命长、不结垢、不渗水、管壁光滑、输水量大等特点，使用后后期评价较好。

（2）排水管道。通常情况下，厂区排水管道多选用钢筋混凝土排水管，但是生物化工厂工业废水多为酸性废水，会对管道产生较大的腐蚀。因此，笔者认为设计者应根据所排污水的腐蚀性采用相应的排水管材。近年来，塑料管材发展特别迅速，UPVC 管材在排水工程中得到了大量的使用，它重量轻，便于施工和搬运；同时内壁光滑，水流条件较好，耐酸碱腐蚀。但是同时要注意到由于塑料管材是柔性管道，设计者需要严格依照"管土共同工作理论"进行承载能力极限状态计算，确保减少漏水，避免污染地下水，同时提高管材的使用寿命。

在给水管线设计中每隔一定距离要有各种阀门和消火栓的设置。在给水管道中主要使用闸阀和蝶阀，蝶阀外形尺寸小、结构简单、开启方便，使用较多。同时还要安装排气阀和泄水阀，排气阀安装在管线的隆起部分，在管线投入使用后用以排除管内空气，平时用以排除水中释放的气体，以免管道积气影响管线正常运行。泄水阀安装在管线的最低点，用以排除管中的沉淀物和检修时放空管内的存水。设计中要避免遗漏这些小阀门。

6. 管道防腐

厂区消防给水管线多为焊接钢管，在生物化工厂区的地下埋设，因其土壤中含有各种酸碱腐蚀物易使钢管生锈、坑蚀、开裂及脆化，所以应根据腐蚀机理，采用不同的方法防止给水管道腐蚀。焊接钢管多采用环氧煤沥青防腐，做法为除锈后，底漆一道，面漆四道，涂层间缠绕玻璃布三层，总厚度为 0.7～0.8 mm。施工时要严格按照此项要求做，才能提高钢管的使用寿命。

7. 附属构筑物

笔者认为生物化工厂区因其所排生产污水多为腐蚀性污水，设计的各种检查井（除雨水井外）均宜采用内外壁涂刷防腐涂料的砖砌或混凝土构建，管道穿过井壁处设置防水套管。这样避免了生产污水对检查井的腐蚀，提高了检查井的使用寿命。

当生产污水能产生引起火灾或爆炸的气体时，要在生产废水管道上设置水封井。例如，贮罐区、原料堆场、生产装置区等废水排出口处及适当距离的干管上。油罐区还要设置水封隔油池，以分离油污，使生产废水管道保持畅通，保证正常的生产。

五、给排水管网设计实例

下面笔者以重庆正川医药包装有限公司新厂区给排水设计为例，简述其新厂区给排水设计的一般做法，供同行参考。

1．工程概况

重庆正川医药包装有限公司新建项目位于重庆两江新区水土高新技术产业园，总占地面积为 75 576.15 m²。新建工程总建筑面积约为 79 396.14 m²，主要建筑物包括联合厂房一（单层、丁类）、联合厂房二（单层、丁类）、联合厂房三（单层、丁类）、研发楼、动力中心、35 kV 变电站、门卫及站房等。项目于 2014 年 10 月开工建设，已于 2016 年 3 月竣工投产。

2．给水系统

室外给水管网为生产、生活与消防给水分流制，生产生活管网呈环状敷设，管径为 DN150 mm，管道覆土深度不小于 0.70 m。

（1）给水水源。从周边市政环状管网接入一根 DN150 mm 的给水管，市政供水压力为 0.35 MPa，能满足本项目生活和生产用水需要。

（2）用水量。车间生活用水：50L/人·班、K=2.5；办公用水：50L/人·班、K=2.5；食堂用水：20L 人·次、K=1.5；绿化、道路浇洒用水：1.5L/m²·次、1 次/天。生产用水量由工艺专业提供资料统计。

（3）设计水量。取全厂给水同时使用系数为 0.85，设计最大小时用水量为：q=44.45 ×0.85≈37.78 m³/h。

（4）水压。最不利供水点在研发大楼的五层，估算所需压力约 0.30MPa。厂区引入管水压约为 0.35MPa，能满足本工程生产生活供水需求。

（5）给水管材。给水管材、管道附件及设备等供水设施的选取和运行不对供水造成二次污染。选择适宜的管道连接、敷设和基础处理方式，并控制管道埋深：室外给水采用钢丝网骨架塑料（聚乙烯）复合管（SRTP），电熔连接。室内给水干管及支管管道采用 PSP 钢塑复合管，采用内胀式管件、扩口式管件、卡压式管件等连接形式；室外管网呈支状形敷设，管径为 150 mm，管道覆土深度为 1 m。

3．消防系统

本工程消防等级按研发大楼为标准设计，设消火栓系统、手提灭火器。消防用水量为：室内消火栓 q=15 L/s，t=2 h；室外消火栓 q=30 L/s，t=2 h，一次灭火用水量 V=324 m³。

（1）消防水源。室内外消防水源贮存在厂区东南角的消防水池内，消防水池有效容积为 V=324 m³，从室外给水管上接入 DN100 mm 进水管一条，作为消防水池补水使用，补水时间不超过 48 小时。消防水池和循环水冷水池共用一个水池，消防水池有效水深为 2.50 m，循环水冷水池有效水深为 1.0 m，当水面标高低于-2.00 m 时，循环水泵停止运行，通过设置液位控制装置和在循环水泵吸水管上开水位孔来确保消防用水不被动用。

（2）消火栓系统。

①室外消火栓系统。室外消火栓系统共设有 12 套地上式消火栓，其间距不超过 120 m，距道路边不大于 2.0 m，距建筑物外墙不小于 5.0 m。室外消防车取水由室外消防泵（一用一备）与消防水池联合供给。

②室内消火栓系统。室内采用临时高压制给水系统，由室内外消火栓合用给水加压泵供给。在综合楼、厂房等主要建筑物内各层均设消火栓进行保护。其布置能保证室内任何一处均有两股水柱同时达到。在屋面标高最高的标准厂房三的楼梯间屋顶设有高位消防水

箱，有效容积为 12 m³，该水箱储存火灾初期室内消火栓用水。

（3）手提式灭火器配置。按《建筑灭火器配置设计规范》（GB50140—2005）规定，办公楼按 A 类火灾严重危险级设手提式灭火器，厂房按 A 类火灾轻危险级设手提式灭火器。

（4）消防管材。室内消火栓给水管采用内外热镀锌钢管、丝扣及沟槽式卡箍连接。室外消火栓给水管采用管内壁喷塑外壁涂石油沥青球墨铸铁给水管，橡胶圈接口。

4．排水系统

本工程采用污水与雨水分流制排水的管道系统。

（1）排水方式。项目设置完善的污水收集和污水排放等设施，本工程采用雨水、污水和生产废水分流制，污水和生产废水经处理达环评要求标准后排入南侧市政道路上的市政污水系统，雨水排入东侧和南侧市政道路上市政雨水系统，市政管网能够满足项目排水要求。

（2）污（废）水排放。生活污水：办公楼污水量按给水量的 100%计，厂房生活污水量按给水量的 90%，约 67.5 m³/d，最大时，污水量为 6.8 m³/h。

生产废水：本工程生产废水量为 35 m³/d。

研发大楼排水和车间排放的生活污水和有害生产废水经集中收集后排入厂区污水处理站（应按照环评的要求选择处理方式）处理达到环评要求后排入市政污水系统。

（3）雨水排放。项目位于重庆市两江新区水土组团，属于北碚区嘉陵江以北的区域，雨水按重庆市渝北区暴雨强度公式计算，即 $q=1178.521（1+0.633 \lg P）/（t+8.534）^{0.551}$（L/s•ha），设计重现期 P=5 a，地面综合径流系数 Ψ=0.85，地面集水时间 t=10 min，场地汇水面积 F=75576.15 m²，雨水量 Q=1977.86 L/s。雨水排放分两个排出口，均就近排至市政雨水管网。

（4）排水管材。室外雨水、生活污水排水管管径 d≤500 时采用双壁波纹管，d＞500 时采用大口径高密度聚乙烯螺旋缠绕管，承插粘接；生产废水管采用增强聚丙烯排水管（FRPP），承插接。

5．循环水系统

当地室外计算干球温度为 35.5℃，计算湿球温度为 26.5℃，大气平均压力为 963.8 hpa。

多年来的设计一直按照《给排水管道施工验收规范》GB50268—2008 的做法进行埋地钢制管道的加强防腐设计。目前可遵循的设计规范有《石油化工给水排水管道设计规范》SH3034—2012 和《石油化工设备和管道涂料防腐蚀技术规范》SH/T3022—2011 等，作为化工设计院的给排水专业，今后应根据项目实际情况，尽量采用行业设计规范。对于地下水位高的特殊地区，应尽量提高防腐等级。

第二节　工厂供配电设计

工厂供配电设计是新建及改扩建企业整体设计中的重要组成部分，必须与工艺、设备、土建、厂区运输及区域总降等部门密切配合，协同进行。工厂供配电设计包括电源网络、企业总降压变电站、厂区高压配电网络及车间供电等部分，其任务是把从电力系统接受的电能合理地分配到企业内部各用电地点。工厂供电的设计是在保证供电可靠性的条件下，以最经济和简单的方式进行电能分配和充分利用，做到保障人身安全、供电可靠、技术先进和经济合理。

一、工厂供电设计依据的主要技术标准

1. 设计原则

按照国家标准 GB50052—2009《供配电系统设计规范》、GB50053—2013《20 kV 及以下变电所设计规范》、GB50054—2011《低压配电设计规范》、GB50055—2011《通用用电设备配电设计规范》、GB50060—2008《3～110 kV 高压配电装置设计规范》等的规定，进行工厂供配电设计必须遵循以下原则。①遵守规程，执行政策。②安全可靠，先进合理。③近期为主，考虑发展。④全局出发，统筹兼顾。

2. 内容及步骤

全厂总降压变电所及配电系统设计是根据用电容量、用电设备特性、供电距离、供电线路的回路数、当地公共电网现状及其发展规划等因素，经技术经济比较确定。为满足厂区各生产车间供电安全可靠、经济合理的问题，其基本内容如下。①负荷分级和供电电压选择。②负荷计算。③变电所的位置选择。④主接线。⑤短路电流计算。⑥改善功率因数装置设计。⑦变电所高、低压设备选择。⑧继电保护及二次接线设计。⑨变电所防雷设计。⑩工作接地与保护接地的设计。

二、按用电负荷级别正确供电

按照《供配电系统设计规范》GB50052—2009 规定，供电等级可以分为 3 级。

（1）一级负荷：如果在用电过程中突然停电将造成人身伤亡危险或重大设备损坏且难以修复，给国民经济带来重大损失者。为保证不停电，应采用两个独立电源。

（2）二级负荷：如在突然停电时将产生大量废品、大量原材料报废，大量减产，或将发生重大设备事故，但如采取适当措施能避免者。对此类负荷，应由不同变压器或两段母线供电，尽可能有两个回路。

（3）三级负荷：所有不属于一级及二级的用电负荷者。

对于好氧发酵来讲，如一旦突然停电，有可能造成发酵及种子全部染菌，产率大大下降，也可能使发酵液倒流入空气过滤器，造成重大生产事故，甚至导致全面停产。所以发酵工厂应属二级负荷，宜采用不同电源的双回路供电。

二级负荷应做到当线路或变压器常见故障时不中断供电，宜由两回线路供电。在负荷较小或供电困难时，也可由一回 6 kV 及以上的专线供电。如果发酵厂有锅炉，锅炉的上水泵停电后会使锅炉缺水而造成事故，所以为一级负荷。

所谓独立电源，应是发电机或电池提供的电源；或者是分别来自不同电网的电源；或者来自同一电网，但电源系统任意一处故障时，另一个电源仍能不中断供电。例如，两个独立的 10 kV 电源，应是从两台不同供电系统或母线段的降压变压器分别引来的电源。应急电源必须与正常电源之间采取防止并列运行的措施。

车间用电通常由工厂变电所或由供电网直接供电。输电网输送的都是高压电，一般为 10 kV、35 kV、60 kV、110 kV、154 kV、220 kV、330 kV，而车间用电一般最高为 6000 V，中小型电机只有 380 V，所以必须变压后才能使用。通常在车间附近或在车间内部设置变电室，将电压降低后再分配给各用电设备使用。

车间供电电压由供电系统与车间需要决定，一般高压为 6000 V 或 3000 V，低压为 380 V。高压为 6000 V 时，150 kW 以上电机选用 6000 V，150 kW 以下电机选用 380 V；高压为 3000 kV 时，100 kW 以上电机选用 3000V，100 kW 以下电机选用 380V。

三、开闭所、变电所、配电室的设置

开闭所、变电所应尽量接近负荷中心，供配电半径以不大于 250 m 为宜，尽量不要超过 300 m。当超过 300 m 时，一定要进行电压损失计算，一般按 5%校验，个别不常开的电动机可按 7%校验。同时还应适当结合未来规划进行校验。

工艺装置的主要用电设备需要连续生产，牵动了全局的重要设备用电，如果距离不是太远，最好从开闭所附属变配电所或独立变配电所直配供电。这样供电更加安全可靠，事故处理能够更加及时，同时软起动器用得少，保护配合容易解决，智能开关也用得少。对于工艺装置区设置的配电室一定要充分利用，例如，一般照明电源、空调电源、检修电源、普通轴流风机、潜水泵等三级负荷都可以二次配电。一方面可以节省电缆和设备，另一方面也使保护易于配合。

开闭所通常附属有变配电所，如果出线回路较多时，应尽量设置电缆夹层，电缆夹层梁底至地净高不宜大于 1.8 m，开闭所出线回路不多时也可用单层+电缆沟结构，沟深不小于 1.2 m。一般变电所不用作电缆夹层，可采用单层结构，电缆较多时，盘前盘后都可留电缆沟，电缆较少时盘后留沟即可。采用下进、下出线的高压柜、低压柜，柜底地沟深度须满足电缆垂直向上转弯半径的需要，电缆沟应采取防水、排水措施。

20 世纪 90 年代国外已经普遍在 10 kV 开关柜和低压柜中使用上进、上出线方式，由于这种方式优点明显，柜下不需设地沟和电缆沟，所以我国许多地区目前也已在推广采用这种方式。为适应上进、上出线方式，使得柜体尺寸能够满足上进、上出线方式的要求，一般采用加深或加宽柜体尺寸的方式，低压柜柜深宜采用 1 m。

四、变压器及低压开关柜

我院设计的工程项目主要是生物发酵企业，大都以二级负荷为主，几乎全是双电源供电，两变压器分裂运行，单母线分段接线，设有母联备自投，有些还有柴油机自启动。故变压器的选择应按事故情况下能带动设备为标准。全部二级负荷考虑容量。在变压器选择上尽量采用干式变压器，既节省了土建投资，又减少了运行维护成本。配电变压器接线组别为 D、Yn11 的，其零线上一般可不装零序电流互感器，因为低压零序电流较大，其高压过电流保护，兼作低压单相接地保护，灵敏度能满足要求。

低压开关柜通常采用固定柜、固定分格柜和抽屉柜 3 种结构形式，目前工厂设计中常用的主要是固定分格柜和抽屉柜，可单独使用或二者配合使用。使用低压开关柜时应适应所在场所的环境条件，根据防护等级考虑降容系数：防护等级为 IP30 及以下时系数取 1，IP40（配电室通常使用的防护等级）时系数取 0.9，IP54（现场装置、检修电源箱等通常使用的防护等级）及以上时系数取 0.8。

变压器低压受电总开关。长延时整定电流宜取 1.05～1.1 倍变压器二次额定电流；短延时整定电流宜取 2～3 倍变压器额定电流，延时 0.4～0.6 s。考虑到与母线引出的馈线开关配合问题，瞬时过电流保护可不装，以避免馈线出故障时无选择性动作，当然这是考虑了与高压保护的配合。母联开关整定值可根据负荷的具体情况取进线开关整定值的 1/2～1，低压短延时时间应快于进线开关，可取 0.3～0.4 s。

五、低压电气设备的选择

1. 双电源切换开关

保安段电源的切换、应急电源的投入通常要用到双电源切换开关。由于双电源分别来自两个不同的供电系统，因此双电源切换开关应当选用四极，相线零线一起投切。

2. 低压隔离电器

按照规范，低压隔离电器应符合以下规定：断开触头之间的隔离距离，应可见或能明显标示"闭合"和"断开"状态；隔离电器应能防止意外闭合并有防止意外断开的锁定措施。隔离电器可采用隔离开关、插头与插座、连接片、不需要拆除导线的特殊端子、熔断器、具有隔离功能的开关和断路器等。针对最后一项具有隔离功能的断路器，其改善了断路器的产品性能，提高了分断能力，但作为隔离电器使用，个人认为应该慎用或尽量不用。工厂配电系统中需要设置低压隔离电器的地方如下。变压器引出至低压进线开关间；由建筑物外引入的低压配电线路进线点处；配电柜中配电或电动机出线回路上，同一配电柜供电的数回配电或电动机回路，可共用一套隔离电器。

3. 断路器

断路器选择要合理，其脱扣电流要小于导体允许电流而大于回路计算电流或设备额定电流。尽可能用断路器过电流保护兼作单相接地保护，若满足不了灵敏度要求可加低压综合保护器。大的配电回路应尽可能用智能开关三段保护，配电回路采用 TN-S 系统，如图 8-1 所示。保护配合问题，通常瞬动电流上级为下级的 1.66～2 倍，短延时电流上级为下级的 1.2～1.25 倍。若为三级配电，则末级瞬动，中间级 0.15 s，电源级 0.3 s。电源级还要装速断，其电流整定为出口短路，不影响选择性。多台电动机出线回路上可用低压隔电器实现自动控制，如图 8-2 所示。

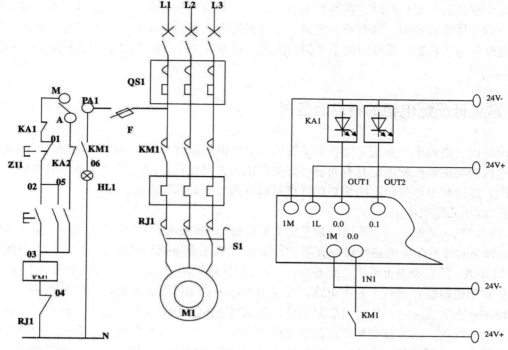

图 8-1　单回路电机手动控制线路图　　　图 8-2　单回路电机自动控制线路图

　　工程设计中常出现导体允许电流大于回路计算电流或设备额定电流而小于断路器脱扣电流的情况，这样设置的断路器脱扣电流值起不到过负荷保护的目的。

　　4．交流接触器

　　交流接触器通断电流频繁，在所有配电元件中损坏概率最大，根据使用经验，其额定电流的选择建议比厂家推荐的加大一级。

　　5．低压过负荷保护

　　配电线路应装设短路保护和过负荷保护。某些设计对消防电力设备不装设过负荷保护是不正确的。按照《低压配电设计规范》GB50054—2011 第 6.3.6 条，过负荷断电将引起严重后果的线路，其过负荷保护不应切断线路，可作用于信号。应在消防电力设备线路中，装设作用于声光报警信号的过负荷保护电器。

　　6．剩余电流保护电器

　　剩余电流保护电器是接地故障保护的措施之一，分为防止电气火灾事故保护和防止人身间接电击保护。下列设备和场所必须装设剩余电流保护电器：I 类移动式电气设备及手持式电动工具，潮湿、强腐蚀性场所的电器设备，施工及临时用电的电气机械和设备，室内插座回路，水中的供电线路和设备，医院中接触人体的医疗电气设备，其他需要安装剩余电流保护电器的场所。

　　7．N 线截面的选择

　　在 TN-S 配电系统中，N 线的允许载流量不应小于线路中最大不平衡电流，且应计入谐波电流的影响。以气体放电灯为主要负荷的回路中，N 线截面不应小于相线截面，当用电设备大部分为单相负荷时，其 N 线截面不宜小于相线截面。在工厂办公楼、实验楼、宿舍楼、综合楼等建筑中，以照明、空调、计算机等为代表的单相负荷较多，且大量采用气体放电灯和电子设备，系统中的不平衡电流大，谐波含量高，N 线截面的选择应等于相线截面。

六、常见低压配电柜的特点及应用

现阶段，国内电力系统中比较常见的低压配电柜产品有 GGD、MNS、GCS 以及 GCK 等，这些种类的低压配电柜具有兼容性好等特点，并且价格合理，在电力系统中得到了广泛应用。低压配电柜按照不同的结构特点可以分为抽出式和固定式。

1. 抽出式配电柜

目前，抽出式配电柜属于比较常见的类型可分为 GCK 型、GCS 型和 MNS 型低压配电柜。以下对 3 种配电柜进行详细介绍。①GCK 型低压配电柜和电机控制装置的主母线可达到 3150 A，垂直母线也可以达到 600 A。该类型配电柜的一个柜子中可以安置 9 个抽屉，且抽出式配电柜能容纳较多的主电路，在使用过程中更加灵活、方便，尤其是在某一个抽屉内部电路出现故障时。从适用范围上看，GCK 型配电柜更适用于发电厂、纺织厂、石油行业、化工行业、冶金行业和高层建筑行业中的配电系统，且在发电厂、石化系统中应用的自动化水平相对较高。因此，应常检查计算机设备的接口处，如果不存在故障抽屉，则系统可正常工作，这在一定程度上降低了系统停电的可能性。②GCS 型低压配电柜的柜体的基础性结构属于组合装配形式，采用螺栓紧固连接，主要结构与 GCK 结构有较多的相似之处，其主母线可达到 4000 A，垂直母线的规格为 1000 A，主要性能比 GCK 型的配电柜强大，非常适合在石油、高层建筑、发电厂、冶金和纺织等行业的配电系统中应用。③MNS 型的低压配电柜是根据 ABB 公司的转让技术所制造的产品，该装置主要利用标准化模件制造。该配电柜可安置约 36 只抽屉，主母线可达到 5000 A，而且垂直母线的标准是 1000 A，其双母线能达到 2000 A，总体性能比 GCS 强大。该配电柜非常适合在交流频率为 50～60 Hz、额定工作电压在 660 V 及以下的电力供电系统中应用，还可用在输电设备、发电设备、电能转换设备和电能消耗设备的控制工作中，以及变电所、高层建筑动力配电中心、控制中心、发电厂和厂矿企业中。在该装置中添加智能仪表后，可形成智能化的配电柜和由上位机组成的专业监控系统。抽出式低压配电柜如图 8-3 所示。

2. 固定式配电柜

低电压配电柜中的固定式配电柜主要包括 GGD 型配电柜、PGL 型配电柜和 XL21 型配电柜，具体可以从以下 3 方面论述。①从某种程度上看，GGD 型固定式配电柜是由 PGL 型低压配电柜改进而来的，属于固定式结构。该类型的配电柜具有相对较高的分断能力，且动热稳定性相对较好，具体的电气方案灵活，组合方便，具有较强的实用性和系列性；配电柜的结构相对新颖，防护等级非常高，可作为低压开关设备的先进产品来应用。从适用范围的角度出发，GGD 型配电柜非常适用于厂矿企业、发电厂等。具体而言，可应用于交流频率为 50 Hz、额定电压为 380 V、额定电流为 3150 A 的电力配电系统。在实际应用期间，可完成照明设备的电能转换、电力配电和电力控制等工作。②PGL 型低压配电柜在以往得到了广泛应用，其可用于变压器的实际容量在 1000 kVA 及以下的配电系统中。经过改进，专业化 PGL3 型配电柜可用于变压器容量为 2000 kVA 及以下、额定电流在 3000 A 以下、分断能力为 50 kA 的电力低压配电系统中。该类型的配电柜非常适合应用在厂矿企业、发电厂和变电站中。③XL21 型低压配电柜主要采用拼装的形式组合而成，属于封闭式。通常情况下，其元件都会安装到专用的金属安装架上，从而方便组装、调节、拆装。这种低压开关配电柜比较适合用于厂矿企业、发电厂等。总而言之，固定式的低压配电柜主要是指元件间是固定安装的，且固定接线属于固定分割式。固定式低压配电柜如图 8-4 所示。

图 8-3 抽出式低压配电柜　　　　　　　　　　图 8-4 固定式低压配电柜

在工厂供配电系统设计中，需要考虑的因素众多，相关设计人员必须立足于标准、规范的基本点，建立正确的设计理念，通过对各种因素进行全面综合的分析考虑，才能对供配电系统进行合理设计，从而保证装置及设备的可靠运行。

七、车间配电系统设计实例

不同于普通化工厂，生物发酵工厂具有特殊性，这是由生物工厂发酵工作特殊性决定的，基于这一点，发酵工厂低压供配电方式也具有特殊性。在发酵工厂这一特定的环境里，电路系统一旦出现漏电、供电不稳等问题，很容易就对发酵微生物造成生命危害，因此发酵工厂电气设计安全要求极为严格。很多发酵工厂为了提高供配电安全，在一些特殊场所采用了 IT 供电系统，即隔离电源，其主要目的在于为这些特殊场所提供安全稳定的供电环境，以保证发酵设备的正常运行，保证发酵安全。

现今社会已经进入了信息化时代，电力系统中的诸多方面已经融入了智能化的元素，这些设备通过先进的传感和测量技术、先进的设备技术和先进的控制方法实现了更加可靠、安全、高效的运行效果。配电柜的设计过程中融入"数字化"的元素也是非常必要的。

1. 配电柜功能设计

（1）系统主控开关和配电柜门之间设有机械联动装置，确保只要在主控开关断后才可打开柜门（可为专用人员设有"后门"），满足相关技术标准要求。

（2）系统设有急停按钮"E-OFF"和主功率恢复按钮"main power on"。不管系统工作在何种状态，按下"E-OFF"键，系统所有功率部分均被断开，系统各部分处于无电状态（包括 UPS 输出）。按下"main power on"键，系统立刻恢复到从前（除 PDU 分路需要人工干预）工作状态。

（3）除 PDU 分路[the Power Distri－bution Uni（tPDU）]在启动时需要人工干预（无停电后重启功能），其他各分路在停电后有延时重启功能，且延时时间可设置 0～30 s。

（4）分路设置有各自的分路开关，实现独立的开关功能；同时也设置独立的状态显示，从而实现分路状态的单独指示。

2．如何有效实现配电柜功能

（1）安全性。

①专用的隔离变压器是 IT 供电系统发挥作用必须的装置，大型发酵工厂供电系统为了确保供电的持续性、安全性，必须使用专用隔离变压器。由于这种专门的供电系统电源端不会设置接地导体，因而即便发生单相接地，由于回路阻抗大，也不会发生回路电流过大的故障，仅仅构成对地电容回路，因而不容易出现危险，无须切断电源，如此供电系统可以不间断地持续供电。但是若系统再次出现接地故障，则必须关闭电源，对发生故障的回路进行全面检查。除此之外，在系统中需要设置绝缘监测设备，一旦系统出现绝缘故障，监测设备可以及时报警，使得线路故障可以被及时发现、排除。基于这种功能特性，IT 供电系统的持续性、稳定性、安全性相较于传统供电系统更为可靠。

②IT 供电系统变压器外壳需要连接局部等电位以及端子板，并保证其二次线圈额定电压 U=120 V。在 IT 供电系统中，提高系统供电安全性、稳定性的核心在于对系统回路对地电容进行降低，对回路绝缘阻抗进行提高。基于这一点，在进行低压配电柜设计时需对系统容量尽可能减少，对分支回路数尽可能缩减，对配电线路长度尽可能缩短，同时设置可靠的线路绝缘防护。

③这种应用在 IT 供电系统的隔离变压器主要使用熔断器作为短路保护装置，而不是使用过负荷保护，由于在上下级馈电回路中设置熔断器，在绝缘监测装置的监测下，不但可以有效了解系统状态，还可以对系统变压器运行状态、过负荷状态等进行监测，一旦有异常状况出现，绝缘监测就会发出警报，减少了由于系统发热过度、漏电等引发的安全事故。

机柜外壳设计达到 IP2X 的要求标准；柜门与主开关具有联锁装置，确保断电后才可开启柜门，符合相关技术标准要求；柜内带电的接头和端子均采用绝缘防护且满足 IP2X 标准；对控制操作部分采用 PELV（安保特低电压）设计；柜内具有良好的等电位接地连接。

（2）功率部分实现。

三相总输入经空开引入，通过三相汇流端子，给 5 个分路供电。总开关和各分路开关下级设接触器和熔断器，实现输出控制和电流三段保护。

①如何选择断路器极限分断能力。分段器的选择中首先应当选择合理的极限分断能力，保证该回路发生短路时其短路电流小于断路器分断能力，与此同时使用级联技术将上级断路器同下级断路器联系起来，能够有效提高断路器的分断能力，选型时可适当结合实际要求参考生产厂商所提供的级联表。②如何选择断路器额定电流。在进行断路器的额定参数选择时，需要将上下级断路器考虑在内。断路器额定电流作为最重要的额定参数，其选择取决于断路器所保护的下级用电设备的额定电流，此时需要保证断路器额定电流大于下级

用电设备额定电流。此外，断路器使用范围环境温度超过 40℃或海拔超过 3 km 则需要进行降容，必须综合考虑设计要求和实际使用要求，最终保证额定参数适宜科学。③如何确定断路器脱扣特性。由于使用环境不同，为了提高断路器的适用性，通常设置有不同的电磁脱扣特性，配电设计中需要依照配电柜的实际要求，选择脱扣特性。一般情况下，断路器设置有 B、C、D 3 种脱扣特性，一般断路器都会选择 C 脱扣特性，也有特殊断路器选择另外两种特性。

3．低压配电柜的一次侧设计

熔断器、接触器和断路器是低压成套装置的主要设备，除了以上 3 种主要设备外，还有一些传感器作为辅助设备。

（1）低压配电柜的设备选择。

目前，低压成套装置多采用分割或抽屉形式的回路单元，断路器多采用框架形式或塑壳形式。配电柜的主要设备依据配电容量或配电柜的用途进行组合，可以实现多种不同功能的低压成套设备。

（2）低压配电柜一次侧的智能化设计。

低压成套设备的数字化设计是要对成套设备的主要电器元件的参数实现数字化的信息采集，这些主要设备包括接触器、熔断器和断路器。其中断路器的主要参数包括电压、电流、电功率、断路器状态等。

为了达到智能化的目的，需要在断路器内加装互感器，用以采集断路器的电流，再通过程序编程实现对断路器其他参数的计算，并需要为断路器加装辅助触点用来实现对断路器位置和状态信息的采集，最终将主要设备的参数通过光纤送入交换机进行通信。低压配电柜中的熔断器需要采集它的状态和流经熔断器的电流，数字化设备通过光纤将数据传送至交换机，智能电子设备通过 GOOSE 协议进行通信。

4．低压配电柜二次侧的数字化

低压成套设备二次设备包括互感器、指针表和继电保护设备，以往的上述设备都存在大体积、低精度测量和复杂的安装与配线、检修烦琐等缺点。

现今智能电网发展迅速，为了配合智能电网的发展速度，数字化的低压成套二次设备均实现了集成化和数字化，实现互感器的 A/D 转换，提高了信息的精确度和检测速度。数字化的低压成套设备通过光纤将采集到的信息通过交换机送给智能测控电子设备，实现了由信息采集到最后测控的完整流程。

低压配电柜的二次侧数字化的实现不但增加了信息采集的数量，还可以使配线的复杂性大大降低。设备只需要通过简单的跳线即可实现对多路数据的信息采集与控制。

5．IEC 光纤交换机

IEC 光纤交换机具有符合配电系统的技术要求，它的特点如下。

（1）适应电网的电磁环境。

（2）设备具有模块化的结构可以任意组合。

（3）具有简洁的连接方式和多种不同的通信类型。

（4）具有通信和保护的可靠性、安全性，可避免数据篡改或伪造。

IEC 光纤交换机最大的特点是可以实现当链接失效时发出报警，并实时检测光纤连接状态和重新选择路由，且可以优化数据配置，实现优先 GOOSE 对等通信。

6. GSM 报警设备

数字化低压成套设备具有实时报警功能，它能够对设备参数、状态进行检测，对故障情况实时报警，其报警信号可通过 GSM 设备、GPRS 设备实时传送出去。数字化的低压成套设备可以实时观测各配电柜的参数，将系统采集到的各数据存储到系统数据库中，并具有数据筛选功能，最终将需要的数据通过 AT 指令发送出去。

7. 低压配电柜数字化的集成

断路器的智能化、熔断器的智能化、接触器的智能化等数字开关设备组成了数字化的低压成套设备。设备中通过数字化的互感器等装置实现了数字信号的采集，将成套设备中的参数通过光纤传输到交换机实现数据通信。在低压成套设备中还装有光纤交换机，可以实现配电柜与配电柜之间的信息交换。智能化的报警系统也融入到了数字化低压配电柜中，可以实时掌握配电柜的现状。

8. 导线的选择

对分路容量进行确定，即对各个分路所需要设置的断路器额定参数进行确定，完成断路器的确定后即确定各个分路所需导线参数。需要注意的是，确定分路导线时必须保证设置在该分路上的分断保护设备额定参数小于导线额定电流，从而确定分路电流分断保护设备可以发挥应有作用。除此之外，还需要结合厂家所提供的选型表确定导线规格。

9. 结语

IT 供电系统在很多特殊领域的实际应用中收到了良好的效果，并且该系统的漏电电流相对较小，可以进行带故障运行，基于这一点，IT 供电系统应用于生物发酵及生物制药等特殊领域，相比较 TN 系统配电方式，抗干扰性更强。TN 系统中发生的接地故障大多数由金属短路造成，因而回路中会产生较大的故障电流，致使断路器发生过流保护动作，切断电流，导致系统供电终止，这极大地影响了供电系统的稳定性，而 IT 供电系统则有效解决了这一问题，因此能够满足在生物制药、大型医院、生物化工等特殊领域的供电需求，发展前景广阔。

数字化配电柜不仅技术先进功能齐全，为电网提供可靠、安全、高效的运行环境，且具有良好的经济性和前瞻性。加大数字化低压成套设备的使用量可以配合智能电网的建设步伐。

八、车间照明系统设计

现代的工厂车间为满足光照强度的要求，普遍安装大功率照明灯具。同时，为节能降耗，生产车间大多通过天窗来利用自然光，实行自然光照明与人工照明相结合的方式，因此仅依靠传统的回路控制照明无法满足高质量照明以及节能环保的要求。

工厂不同区域对照明的需求差异较大，同时为了快速满足市场多样化的需求，车间的生产布局应在特定时间进行调整，这要求照明控制方案有较高的灵活性。车间面积一般较大，现场安装的灯具较多，这对维护人员造成很大的压力，也对照明控制方案提出了更高的要求。

1. 照明器选择

照明器选择是照明设计的基本内容之一。照明器选择不当，会增加电能消耗，使装置费用提高，甚至影响安全生产。照明器包括光源和灯具，两者的选择可以分别考虑，但又必须相互配合。灯具必须与光源的类型、功率完全配套。

（1）光源选择。电光源按其发光原理可分为热辐射光源（例如，白炽灯、卤钨灯等）和气体放电光源（例如，荧光灯、高压汞灯、高压钠灯、金属卤化物灯和氙灯等）两类。

选择光源时，首先应考虑光效高、寿命长，其次考虑显色性、启动性能。白炽灯虽因部分能量耗于发热和不可见的辐射能，但结构简单、易启动、使用方便、显色好，被普遍采用。气体放电光源光效高，寿命长，显色好，日益得到广泛应用；但其需要的投资大，且起燃难，发光不稳定，易产生错觉，在某些生产场所未能应用。高压汞灯等新光源，因单灯功率大，光效高，灯具少，投资省，维修量少，在发酵工厂的原料堆场、煤场、厂区道路使用较多。

当生产工艺对光色有较高要求时，在小面积厂房中可采用荧光灯或白炽灯，在高大厂房可用碘钨灯。当采用非自镇流式高压汞灯与白炽灯作混合照明时，如果白炽灯与高压汞灯两者的容量比为 1∶2 时也有较好的光色。对于一般性生产厂房，白炽灯容量应不小于或接近于高压汞灯容量，此时对操作人员在视觉上无明显的不适感。

当厂房中灯具悬挂高度达 8～10 m 时，单纯采用白炽灯照明，将难以达到规定的最低照度要求，此时应采用高压汞灯（或碘钨灯）与白炽灯混合照明。但混合照明不适用于 6 m 以下的灯具悬挂高度，以免产生照度不匀的眩光。6 m 以下用白炽灯或荧光灯管（日光灯）为宜，高压汞灯宜用于高度 7 m 以上的厂房。

（2）灯具选择。在一般生产厂房，大多数采用配照型灯具及深照型灯具。配照型适用于高度 6 m 以下的厂房，深照型适用于高度 7 m 以上的厂房。高压水银荧光灯泡通常也采用深照型灯具。如用荧光灯管也应加装灯罩，从而使光源的使用更加经济合理，使光线得到合理分布，且可保护灯泡少受损坏和减少灰尘。

配照型及深照型灯常用防水防尘的密闭灯具可以得到较好的照明效果。

发酵工厂常用的主要灯具如下。荧光灯具选用 YG_1 型；白炽灯具在车间内选用工厂灯 GC_1 系列配照型、GC_3 系列广照型、GC_5 系列深照型、GC_9 广照型防水防尘灯、GC_{17} 圆球型；在走廊、门顶、雨棚时则选用吸顶灯 JXD_{3-1} 半扁罩型；对于临时检修、安装、检查等移动照明，选用 GC_{30}-B 胶柄手提灯。

（3）灯具排列。灯具行数不应过多，灯具的间距不宜过小，以免增加投资及线路费用。灯具的间距 L 与灯具的悬挂高度 h 较佳比值（L/h）及适用于单行布置的厂房最大宽度如表 8-2 所示。

表 8-2 L/h 值和单行布置灯具厂房最大宽度

灯 具 型 式	L/h 值（较佳值）		适用单行布置的厂房最大宽度
	多 行 布 置	单 行 布 置	
深照型灯	1.6	1.5	1.0 h

灯具型式	L/h 值（较佳值）		适用单行布置的厂房最大宽度
	多行布置	单行布置	
配照型灯	1.8	1.8	1.2 h
广照型、散照型灯	2.3	1.9	1.3 h

2．照明设计实例

下面以××制药有限公司成品仓库和生产车间照明设计为例。首先对成品仓库照明设计介绍如下。

（1）光源、灯具的选择。

光源的主要性能指标是光效、寿命、显色性，次要性能指标是启动、再启动性能、光特性稳定性、功率因数、所需附件和价格，以下就常用光源作比较（如表 8-3 所示）。

表 8-3　常用光源比较

光 源 名 称	白 炽 灯	荧 光 灯	荧光高压汞灯	金属卤化物灯
光效（lm/w）	7～19	27～75	32～53	55～110
平均寿命（h）	1000	3000～7000	3500～6000	5000～20000
一般显色指数（Ra）	99～100	65～80	30～40	65～85
启动稳定时间（min）	瞬时	（1～4）s	4～8	4～10
再启动稳定时间（min）	瞬时	（1～4）s	5～10	10～15
功率因数	1	0.27～0.6	0.44～0.67	0.5～0.95
频闪效应	不明显	明显	明显	明显
电源电压变化对光通量的影响	大	较大	较大	较大
温度变化对光通量的影响	小	大	较小	较小
耐震性能	较差	较好	好	好
所需附件	无	镇流器　启辉器	镇流器	镇流器　触发器

从上表可见金属卤化物灯光效高，寿命长，显色指数较好，功率因数较高，但频闪效应明显及光特性稳定性受电压变化影响较大。如表 8-4 所示为最常用灯的性能价格比较表。可见，在相同光通量下，金属卤化物灯的使用费用最低。而且，设计使用的中美合资阳光公司 MH400/u 金属卤化物灯寿命达到 20000 h，性价比更优。另外，从运行维护便利上考虑，金属卤化物灯的大功率、高光效、长寿命特点，也是其他光源无法比拟的。如表 8-5 所示，更换一次金属卤化物灯，如改用荧光灯照明，则需更换 14.4×6.67≈96 次，大大增加了维护工作量。

表 8-4　最常用灯的性能价格比较表

灯泡名称	250 W 金属卤化物灯	400 W 荧光高压汞灯	1000 W 普通白炽灯
光通量（lm）	20500	21000	18600
与金属卤化物灯比较		0.98 倍	1.1 倍

续表

灯 泡 名 称	250 W 金属卤化物灯	400 W 荧光高压汞灯	1000 W 普通白炽灯
平均寿命（h）	10000	6000	1000
与金属卤化物灯比较（平均寿命）		1.67 倍	10 倍
灯泡购置费用	127 元/只×1 只 ＝127 元	30 元/只×1.67 只 ＝50.1 元	11 元/只×10 只 ＝110 元
镇流器电容购置费用	170+29＝199 元	70×1＝70 元	
耗电及费用｜灯泡费用	0.25 kW×10000 ＝2500 度	0.4 kW×10000 ＝4000 度	1 kW×10000 ＝10000 度
耗电及费用｜镇流器耗电	0.03 kW×10000 ＝300 度	0.025 kW×10000 ＝250 度	
耗电及费用｜电费（每度 0.50 元）	2800 度×0.50 元/度 ＝1400 元	4250 度×0.50 元/度 ＝2125 元	10000 度×0.50 元/度 ＝5000 元
合 计	1726 元	2245.1 元	5110 元

表 8-5　金属卤化物灯与荧光灯寿命比较

灯 泡 名 称	光通量/lm	与荧光灯比较	平均寿命/h	与荧光灯比较（寿命）
400W 金属卤化物灯（型号：MH400/u）	28800	14.4 倍	20000	6.67 倍
40W 荧光灯	2000		3000	

综上所述，金属卤化物灯为最适合仓库内照明工艺要求的灯光源。本次设计以（MH400/u）400 W 金属卤化物灯作车间照明的主光源。灯具选用带格栅的高效板块灯，板块照明灯具是目前国内同类产品设计最新、效率最高的新型灯具，由于灯具反射器采用目前国际上流行的"板块"结构，所以在提高灯具效率、延长光源寿命、改善眩光灯方面具有极佳的效果。这是由于光源发出的光线,经过反射面后偏离了光源区，避免了多次反射和透射，在条件相同的情况下，板块面灯具的发光面积较大，相对于观察者的立体角较大，从而降低了眩光，缓和了视觉疲劳，加装格栅后，进一步降低了眩光。

灯具安装方式是按照一定的距高比吊顶嵌入式安装，以满足车间里照明的均匀性。

（2）灯具控制采用分区域集中分别控制。

由于仓库紧邻主车间，且长度大，适合生产线上多种产品存放，并且各存放段对照度要求不同，灯具控制系统在车间内设若干个区域。每个区域设一照明配电柜，其特点是所有灯具的镇流器和触发器都安装在照明配电柜中，每个照明开关控制一盏灯。而常规做法为镇流器与灯具在一起，将镇流器放置在吊顶内，一条回路控制若干盏灯具。这样做，在以后的生产中容易出现以下问题。

①因吊顶采用隔热难燃材料，造成镇流器在吊顶散热困难，易烧毁。

②每次更换镇流器都要进入吊顶内，作业难度大且危险。

③一个开关控制若干盏灯不利于节能，易造成长明灯。

而采用集中分别控制方式后有以下优点。

①镇流器、触发器集中安装在有通风孔的落地照明控制柜内，因车间为空调车间，就解决了镇流器的散热问题并能延长镇流器寿命，又利于维修更换。

②每盏灯都有一个开关控制，有利于生产管理者根据生产情况调节车间照明用电，做到节能。

③相邻灯具分相控制，解决了照明中的频闪效应，提高了照明质量。

（3）照明系统供电采用封闭母线与电缆混合配电系统，干线为封闭母线。

因厂房较长，照明区域较多，使用封闭式母线作照明供电干线有以下特点。①属于树干式系统，每隔 0.5 m 设有插接分线盒。因此在馈电过程中，又能满足各照明区的配电要求，接线简单，运行可靠。②供电容量大，整个厂房的照明供电都由一条封闭母线引出。③阻抗低，损耗小，电压波动小，满足了金属卤化物灯对电源电压的要求，并节约了能源。④抗机械损害能力强，防火性能优越。⑤安装方便，适应性强，可不停电安装与拆迁负荷。⑥占用空间少，造型美观大方，适应现代化厂房。⑦承受短路冲击时动稳定性好。⑧为节省材料，依据负荷，沿母线逐段减少截面。⑨为有效节省投资，封闭母线安装至对电源电压要求较高的用电密集区。

综上所述，制药有限公司主车间照明设计是紧紧围绕满足工艺要求，以及经济合理、节约能源、维护便利等基本原则进行设计的。经过近一年半的生产运行，车间电气照明系统现场反映良好，特别是灯具的集中分别控制系统，现场工人反映检修工作量小，易维护，另外节能降耗功效显著。

（4）制药有限公司主车间照明设计。

制药企业洁净厂房内的配电线路应按照不同空气洁净度等级划分的区域设置配电回路。分设在不同空气洁净度等级区域内的设备一般不宜由同一配电回路供电。进入洁净区的每一配电线路均应设置切断装置，并应设在洁净区内便于操作管理的地方。若切断装置设在非洁净区，则其操作应采用遥控方式，遥控装置应设在洁净区内。洁净区内的电气管线宜暗敷，管材应采用非燃烧材料。生物制药车间洁净区照明智能照明系统的工程实施如下。

①控制系统拓扑结构。

该项目智能照明系统设计采用集散式控制方式，即根据现场的灯具布局和安装要求，设计 8 个带配电功能的照明控制柜，各个控制柜通过以太网与中控室 Scada 软件通信。各控制柜控制的灯具既可以相互独立、互不干扰，又可以通过主从通信的方式实现跨控制柜控制。例如，控制柜 A 连接的开关，可以对控制柜 B 连接的灯具进行控制。智能照明控制方案拓扑结构如图 8-5 所示，在照明控制柜中 CPU 是整个系统的核心，现场的多种开关和灯具通过相应的 IO 模块与 CPU 通信。

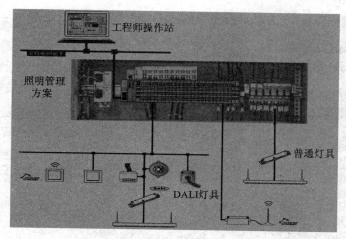

图 8-5　智能照明控制方案拓扑结构

②控制策略实施。

智能照明控制系统的应用范围包括生产区、物流区、办公区、会议室、公共区（厕所、楼梯和过道等），控制策略如表 8-6 所示。

表 8-6　控制策略

控 制 策 略	生 产 区	物 流 区	办 公 区	会 议 室	公 共 区
开关控制	Y		Y	Y	
时间表控制	Y				
日光控制	Y				
恒照度控制			Y	Y	
场景控制				Y	
人体智能感应控制		Y	Y	Y	Y

控制策略各项说明具体如下。

● 开关控制。通过手动开关，例如，普通自复位开关、EnOcean 无线开关等进行手动开闭控制或者手动调光控制。

● 时间表控制。灯具可随设定的时间表实现自动开闭，并支持关灯动作执行之前进行闪烁提醒。

● 日光控制。充分利用自然光，照度传感器指向天窗，相应区域灯具照度根据一个或多个传感器值自动调节。

● 恒照度控制。充分利用自然光，照度传感器正对工位，相应区域灯具照度根据传感器值自动调节。

● 场景控制。适用于会议室等场所，例如，在会议室中灯光可设置会议场景、演讲场景、休息场景、投影场景等多种场景。

● 人体智能感应控制。与传统的"人来灯亮，人走灯灭"不同，该策略通过人体感应开关可以实现"人来灯亮，人走灯分阶段灭"。人体智能感应模式软件配置界面如图 8-6 所示。

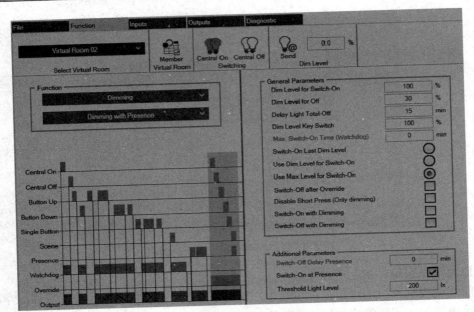

图 8-6　人体智能感应模式软件配置界面

当有人进入感应区，则该区域灯立即点亮至 L_1 亮度（例如，100%）；人离开后灯会保持原亮度 T_1 时间（例如，5 min），然后亮度降低至 L_2（例如，50%）；再过 T_2 时间（例如，10 min），无人进入，则灯关闭。L_1、L_2、T_1、T_2 参数可以在 Web 界面进行配置。

第三节　供热设计——厂内发电和热电联产

一、可持续发展政策对工厂供热系统的改革

1. 国家三部委对锅炉节能环保工作提出新要求

2018 年 12 月 3 日，国家市场监督管理总局、改革委、生态环境部联合印发《关于加强锅炉节能环保工作的通知》要求：全国原则上不再新建每小时 10 蒸吨及以下的燃煤锅炉，重点区域全域和其他地区县级及以上城市建成区原则上不再新建每小时 35 蒸吨以下的燃煤锅炉；重点区域新建燃煤锅炉大气污染物排放浓度满足超低排放要求，保留的锅炉执行大气污染物特别排放限值或更严格的地方排放标准，每小时 65 蒸吨及以上燃煤锅炉全部实施节能和超低排放改造，燃气锅炉基本完成低氮改造，城市建成生物质锅炉实施超低排放改造。各地有关部门要按照国务院相关文件的要求推进落后锅炉淘汰工作。

具体执行方面，锅炉生产、进口、销售企业应当严格执行国家有关法律法规、技术规范及相关标准和要求，提升锅炉产品节能环保水平，地方出台更严格锅炉能效和大气污染物排放要求的，应予以执行；锅炉使用单位要落实主体责任，提升锅炉节能环保水平；各地区有关部门加强锅炉节能环保监督管理。

目前新建生物发酵工厂供热工程有 3 种选择。

一是自备热电站，由自己供电及供蒸汽。凡是建大型发酵工厂而其周围无热电厂的可以选用此方案。但是，应当注意在工厂内部用电与用蒸汽的平衡问题，也还要注意即使自己供电，仍需要注意一旦发电出现故障时必须有外供第二电源作为备用。例如，山东某抗生素厂自供 3.9 MPa 压力的蒸汽，经发电后出来的蒸汽为 0.5 MPa 过热蒸汽（170～190℃）供厂内各车间使用。这有利于综合利用能源。

二是工厂自备锅炉供蒸汽，而用电则由电厂外供。由于目前多数电厂只供电不供蒸汽，因此国内绝大多数中、小型发酵厂采用此方案。

三是电及蒸汽（包括热水）全由热电厂供应。如果附近有热电厂，这是比较理想的方案。但是，热电厂与发酵厂宜保持一定间距，应为 2 km 左右，以利于保持厂内的洁净，但如间距过远，则蒸汽经远距离输送时易损失热能。

锅炉作为热能供应设备，广泛应用于机械、冶金、化工、纺织、食品、生物等各个领域。目前，我国投产使用的工业锅炉约为 62 万台，其中燃煤锅炉占比约为 80%，约占全国煤炭消耗总量的 25%。国内大部分锅炉燃料仍旧以煤炭为主，致使我国烟尘、SO_2 的排放量远高于发达国家。燃煤锅炉的年排放烟尘和 SO_2 分别占全国排放总量的 33%和 27%。故急需寻求适宜方法以促使燃煤工业锅炉的节能减排。下面主要从清洁燃料代替这一方面来阐述，研究此方法的节能减排经济效益。

2．小型锅炉的"煤改气"锅炉简介

燃气锅炉较燃煤锅炉相比，具有以下优势。①燃气锅炉节省用地面积，无须准备煤灰堆放地。②节省用水。③燃气锅炉较燃煤锅炉相比，辅助设备少，所需人员少，可节省人员工资及福利费用。④燃气锅炉燃料输送及其他辅助设备少，功率小，可节约用电。⑤降低员工劳动强度。⑥燃气锅炉用房布置灵活，占地面积小。⑦减少烟尘、SO_2 的排放，改善环境污染。目前，我国燃气锅炉占比约为锅炉总量的 15%，燃气锅炉运行效率远远高于燃煤锅炉，可达 90%以上，且能大幅度降低各类污染物的排放量，使其排放量达到环保要求。

3．锅炉改造分析

（1）改造工程费用预算。

以 10 万 kcal/h（A 工况）、50 万 kcal/h（B 工况）的燃煤锅炉改造为例，改造价格如表 8-7 所示。

表 8-7　燃气锅炉改造费用

序　号	项　目	费用/万元		备　注
		A 工况	B 工况	
1	煤改气设施	1.50	7.50	燃烧器
2	燃气工程配套设施	1.00	3.00	管道费、调压器、阀门、流量计等
3	维修保养费	4.00	10.00	煮炉除垢、烟道清理、常规保养
合计		6.50	20.50	

（2）运行费用对比及经济分析。

①能源参数如表 8-8 所示。

表 8-8　能源参数

项　　目	燃 煤 锅 炉	燃 气 锅 炉
热值（kcal/kg）	5000（原煤）	8600
单价	1000 元/t	2.5 元/Nm³（出厂价，不含运输费用）
效率%	65	90

A 工况下：燃煤锅炉每小时可消耗 30.77 kg 煤炭，燃气锅炉每小时可消耗 12.92 m³ 天然气。若运行时间按 10 h/d、365 d/a 来计算，则燃煤锅炉每年燃料费用总额为 11.23 万元，燃气锅炉每年燃料费用总额为 11.79 万元。

B 工况下：燃煤锅炉每小时可消耗 153.85 kg 煤炭，燃气锅炉每小时可消耗 64.60 m³ 天然气，则燃煤锅炉每年燃料费用总额为 56.16 万元，燃气锅炉每年燃料费用总额为 58.95 万元。

②两种锅炉运行费用的比较如表 8-9 所示。

表 8-9　运行费用的比较

序　号	项　　目	燃煤锅炉/万元		燃气锅炉/万元	
		A 工况	B 工况	A 工况	B 工况
1	燃料费用	11.23	56.16	11.79	58.95
2	耗电费用	0.25	1.25	0.20	1.00
3	灰渣清理费	5.00	25.00	0.00	0.00
4	环保费	3.00	15.00	0.00	0.00
5	人力资源	10.00	15.00	5.00	10.00
6	设备检修费	1.00	5.00	1.00	5.00
合计		30.48	117.41	17.99	74.95

③经济性分析如表 8-10 所示。

表 8-10　经济性分析

序　号	项　　目	燃煤锅炉/万元		燃气锅炉/万元	
		A 工况	B 工况	A 工况	B 工况
1	改造工程费用	—	—	6.5	20.5
2	运行费	30.48	117.41	17.99	74.95
合计		30.48	117.41	24.49	95.45

A 工况下改造回收期约为 4.09 年；B 工况下，由于锅炉的耗气量较大，可能需要为此锅炉设置专用天然气管道进行供气，导致回收期加大。由此可见，燃气锅炉具有一定的经济效益，但由于实际生产运营时会受到改造设备误工以及气源限制等因素的影响而导致推广困难。

● 对于中小型锅炉"煤改气"而言，经济效益较明显；对于大型锅炉而言，改造为燃气锅炉后，将会大大提高其燃料购置费用，但随着政府及居民环保意识的不断增强，燃煤锅炉的改造任务已成为必然。

● 燃气工业锅炉的推广程度主要与气源情况以及运行成本有关，比较适宜应用在气源充足、经济实力较好的地区发展（例如，京津冀、西北、西南、四川、长三角、珠三角等地）。

● 对于一些已接近报废或热效率低的锅炉，应该建议其直接更换为燃气锅炉。

二、中大型锅炉的选择

锅炉的选择应该根据所采用燃烧的煤料来确定，目的是充分发挥锅炉系统的工作效率。在市面上目前主要有两种煤料：烟煤和无烟煤。烟煤发热量大约为 15.38～19.55 kJ/kg。一般在国内较为常用。在选择锅炉时，应该通过测试烟尘浓度和黑度的标准，按照国家规定选择符合要求的产品，以保证环保和通过污染物的排放测试，并提出报告方可运行。锅炉的容量应该根据发酵工厂生产的规模、供热负荷等确定。基本来看，一般发酵工厂的新建锅炉房中锅炉的台数不得少于两台，并且单台的容量不能低于每小时 65 蒸吨。最好采用热电联产，设置 3.5 MPa 的高压锅炉来产生蒸汽先用于发动蒸汽涡轮机，以蒸汽涡轮机为动力带动发电机或空气压缩机。这样既可缓解地区供电不足，同时有利于综合利用能源。从蒸汽涡轮机排出的蒸汽约有 0.5 MPa 压力，可用于发酵罐灭菌、提取车间用汽、蒸汽制冷等。此设计方案在特定条件下有可取之处。

1. 锅炉房容量的确定

（1）选择锅炉房容量的原则。

发酵工厂中连续式生产流程的用汽负荷波动范围较小，例如，酒精工厂采用连续蒸煮和连续蒸馏流程，这些车间或工段的用汽负荷较稳定。对于间歇式生产流程，用汽负荷波动范围较大，许多发酵工厂具有这种特点。例如，啤酒工厂糖化车间的煮沸锅、糊化锅为间歇操作，味精工厂发酵车间糖液灭菌、种子罐、发酵罐无菌操作，小型酒精厂原料间歇蒸煮操作。在选择锅炉容量时，若高峰负荷持续时间很长，可按最高负荷时的用汽量选择；如果高峰负荷持续的时间很短，而按最高负荷的用汽量选择锅炉，则锅炉会有较多时间是在低负荷下运行。这样，不仅热效率低，煤耗增加，而且也增大了锅炉的投资。因此，在这种情况下，可按每天平均负荷的用汽量选择锅炉的容量。

在实际设计和生产中，应从工艺的安排上尽量避免最大负荷和最小负荷相差太大，尽量通过工艺的调节（例如，错开几台用汽设备的用汽时间等），采用平均负荷的用汽量来选择锅炉的容量，这样是比较经济的。但是，一旦选了锅炉，如果生产调度不好会影响生产，故应全面考虑决定。

（2）锅炉房容量的确定。

在上述原则的基础上，当锅炉同时供应生产、生活、采暖通风等用汽时，应根据各部门用汽量绘制全部供汽范围内的热负荷曲线，以求得锅炉房的最大热负荷和平均热负荷。其计算公式如下。

①最大计算热负荷。根据生产、采暖通风、生活需要的热负荷，计算出锅炉的最大热

负荷，作为确定锅炉房规模大小之用，称之为最大计算热负荷。

$$Q = K_0 (K_1Q_1 + K_2Q_2 + K_3Q_3 + K_4Q_4) \qquad (8\text{-}1)$$

式中　Q——最大计算热负荷（t/h）

K_0——管网热损失及锅炉房自用蒸汽系数

K_1——采暖热负荷同时使用系数

K_2——通风热负荷同时使用系数

K_3——生产热负荷同时使用系数

K_4——生活热负荷同时使用系数

Q_1——采暖最大热负荷（t/h）

Q_2——通风最大热负荷（t/h）

Q_3——生产最大热负荷（t/h）

Q_4——生活最大热负荷（t/h）

在计算时，应对全厂热负荷作具体分析，有时将几个车间的最大热负荷出现时间错开。计算热负荷时，应根据全厂的热负荷资料分析研究，切忌盲目层层加码，造成锅炉房容量过大。

锅炉房自用汽（包括汽泵、给水加热、排污、蒸汽吹灰等用汽）一般为全部最大用汽量的 3%～7%（不包括热力除氧）。

厂区热力网的散热及漏损一般为全部最大用汽量的 5%～10%。

②平均计算热负荷。

A．采暖平均热负荷。

$$Q_1^{pi} = \varphi_1 Q_1 \qquad (8\text{-}2)$$

式中　Q_1^{pi}——采暖平均热负荷（t/h）

φ_1——采暖系数，采取 0.5～0.7，或按下列公式计算：

$$\varphi_1 = \frac{t_n - t_{pi}}{t_n - t_w}$$

式中　t_n——采暖室内计算温度（℃）

t_{pi}——采暖期室外平均温度（℃）

t_w——采暖期采暖（或通风）室外计算温度（℃）

B．通风平均热负荷。

$$Q_2^{pi} = \varphi_2 Q_2 \qquad (8\text{-}3)$$

Q_2^{pi}——通风平均热负荷（t/h）

φ_2——通风系数，采取 0.5～0.8，或按下列公式计算：

$$\varphi_2 = \frac{t_n - t_{pi}}{t_n - t_w}$$

t_w 之值应以采暖期室外通风计算温度代入。

C．生产平均热负荷。全厂的生产平均热负荷 Q_3^{pi} 是将各车间平均热负荷相加而得。

D．生活平均热负荷。生活热负荷包括浴室、开水炉、厨房等用热。由有关专业，例如水道、暖通提交的生活热负荷，一般可视为最大小时热负荷，即最大班时集中在 1 h 内的热负荷。全厂生活平均热负荷可近似地按下式计算：

$$Q_4^{pi} = \frac{1}{8} \times Q_4$$

(8-4)

式中 Q_4^{pi}——生活平均热负荷（t/h）

E．锅炉房平均热负荷。

$$Q^{pi} = K_0 (Q_1^{pi} + Q_2^{pi} + Q_3^{pi} + Q_4^{pi})$$

(8-5)

式中 Q^{pi}——锅炉房平均热负荷（t/h）

③年热负荷

A．采暖年热负荷。

$$D_1 = 24 n_1 Q_1^{pi}$$

(8-6)

式中 D_1——采暖年热负荷（t/a）

24——按三班制计算的每昼夜采暖小时数，当一班制或二班制时，则分别以 8、16 代入，但 D_1 内尚需增加一部分空班时的保温用热负荷

n_1——采暖天数

B．通风年热负荷。

$$D_2 = 8 n_2 S Q_2^{pi}$$

(8-7)

式中 D_2——通风年热负荷（t/a）

8——每班工作小时数

n_2——通风天数，一般 $n_2 = n_1$

S——每昼夜工作班次数

C．生产年热负荷。

$$D_3 = 8 n_3 S Q_3^{pi}$$

(8-8)

式中 D_3——生产年热负荷（t/a）

n_3——年工作天数（300～330 天）

D．生活年热负荷。

$$D_4 = 8 n_3 S Q_4^{pi}$$

(8-9)

式中 D_4——生活年热负荷（t/a）

E．锅炉房年热负荷。

$$D_0 = K_0 (D_1 + D_2 + D_3 + D_4)$$

(8-10)

式中 D_0——锅炉房年热负荷（t/a）

2．锅炉工作压力的确定

锅炉蒸汽可分饱和蒸汽和过热蒸汽。饱和蒸汽的压力和温度有对应的关系，而过热蒸汽则在同一压力下，由于过热量的不同，温度也不同。目前，我国绝大多数的发酵工厂均采用饱和蒸汽，故在选择锅炉、确定锅炉容量之后，就要确定蒸汽压力。发酵工厂用汽压力最高的一般是蒸煮工段，而且由于所用原料不同，所需的最高压力也不同。锅炉工作压力的确定，应根据使用部门的最大工作压力和用汽量，管线压力降及受压容器的安全来确

定。目前一般按使用部门的最大工作压力为 0.29～0.49 MPa（3～5 kg/cm²）比较适合。根据这一原则，我国目前发酵工厂一般使用低压锅炉，其蒸汽压力一般不超过 1.27 MPa（13 kg/cm²）。即使确定了锅炉的蒸汽压力，还应根据使用部门的用汽参数，供应经过调整温压的蒸汽。

3. 锅炉类型与台数的选定

发酵工厂的工业锅炉目前都采用水管式锅炉，水管式锅炉热效率高，省燃料。水管锅炉的造型及台数确定，需综合考虑下列各点。

（1）锅炉类型的选择，除满足蒸汽用量和压力要求外，还要考虑工厂所在地供应的燃料种类，即根据工厂所用燃料的特点来选择锅炉的类型。

（2）同一锅炉房中，应尽量选择型号、容量、参数相同的锅炉。

（3）全部锅炉在额定蒸发量下运行时，应能满足全厂实际最大用汽量和热负荷的变化。

（4）新建锅炉房安装的锅炉台数应根据热负荷调度，锅炉的检修和扩建可能而定，采用机械加煤的锅炉，一般不超过 4 台，采用手工加煤的锅炉，一般不超过 3 台。对于连续生产的工厂，一般设置备用锅炉一台。

三、热电联产中发电机的选择

长期以来，我国电源结构以煤为主，燃煤火电比例占到电力总装机容量的 76%左右，污染相当严重。燃气蒸汽联合循环机组具有供电效率高、投资低、建设周期短、启停灵活、运行自动化程度高、污染少等优点，是目前国内外公认的最实用发电技术。

近年来，燃气蒸汽联合循环机组进入了一个快速发展期，许多城市为了打造宜居的城市环境和进行节能减排，采用该类机组进行供热。国外许多大型公司相继推出了自己先进的大功率高效燃机配套的燃气蒸汽联合循环机组。该类机组在我国发电容量中所占的份额呈现出明显的快速增长趋势。下面仅就技术成熟的"F"级燃机的热电联产燃气蒸汽联合循环机组，在选择装机方案时，做一些技术探讨。

1. 燃气蒸汽联合循环机组的一些特点

燃气蒸汽联合循环是经过加压后的天然气进入燃气轮机的燃烧室，与高压空气混合燃烧，产生高温高压气流推动燃气轮机旋转做功；从燃气轮机排出的高温烟气，继续进入余热锅炉，把水加热成高温高压蒸汽，高温高压蒸汽推动蒸汽轮机旋转做功。实现燃气轮机、蒸汽轮机同时推动发电机旋转发电。

（1）燃气蒸汽联合循环机组的适用性。

随着经济的高速发展，电网昼夜负荷峰谷差越来越大，需要大量的调峰电源。燃气蒸汽联合循环机组良好的机动性使其成为最好的调峰机组；在燃煤电厂装机容量限定情况下，燃气蒸汽联合循环电厂有可能承担部分基本负荷或中间负荷。

在一些经济发达地区，还在采用常规燃煤电站进行供热供电。为改善当地环境，也有必要用天然气为燃料的燃气蒸汽联合循环机组替代常规燃煤发电，进行民用供热和工业供热。

（2）当前燃气轮机的技术特点。

目前已大量投入运行的"F"级燃气轮机，单机容量最大已达到 300 MW，联合循环容量在 420 MW 左右，供电效率达到了 58%左右。最新推出的"H"级燃机配套的燃气蒸汽联合循环容量约 500 MW，供电效率超过 60%。

"F"级燃气轮机是 20 世纪 90 年代开发成功并投入商业运行的，代表性的机型有 GE 公司的 PG9531FA、SIEMENS 公司的 V94.3A、ALSTOM 公司的 GT26 以及三菱公司的 M701F 型燃气轮机。这类燃气轮机在世界各地均已有许多台的运行业绩。它们的特点如下。①容量大。②参数高。③热效率高。④电厂比投资低。部分国外技术商的"F"级燃气轮机的主要参数如表 8-11 所示。

表 8-11　部分国外技术商"F"级燃气轮机的主要参数

主　机　厂	支　持　方	燃　机　型　号	ISO 燃机出力(MW)	压　　比	透平级数	燃烧器类型
上气	SIEMENS	SGT5-4000（4）	279.4	17	4	环形燃烧器
		SGT5-4000（2）	271	17	4	环形燃烧器
哈动	GE	PG9351FA	255.6	15.4	3	分管燃烧器
		PG9371FB	289.8	18.2	3	分管燃烧器
东方	MHI	M701F3	270.3	17	4	环形燃烧器
		M701F4	301.56	18	4	环形燃烧器

2．影响燃气蒸汽联合循环机组经济性的主要因素

燃气蒸汽联合循环机组其运行经济性主要取决于天然气价格、年运行小时数、年平均热效率等因素。

（1）天然气价格的影响。

我国煤和天然气的价格由于受资源丰富度的影响，与国际市场相比，气煤差价较大，气价偏高，对发展以其为燃料的燃气蒸汽联合循环发电将产生负面影响。有研究机构对年运行时间在 5000 h，各种工程方案的天然气发电上网电价和气价进行了计算和分析，如图 8-7 所示。

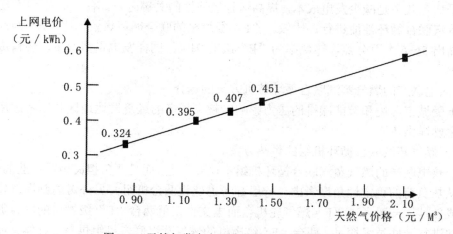

图 8-7　天然气发电上网电价和气价计算和分析

由于燃料成本所占份额较高，电站的运行经济性将很大程度上取决于天然气价格，设法降低天然气价格，对减少燃气蒸汽联合循环发电成本至关重要。

（2）年运行小时数的影响。

有资料曾对固定天然气价格，以天然气发电的年运行小时对上网电价的敏感性进行研究如图 8-8 所示。该图表明：年运行小时增多，上网电价呈下降趋势。其原因是以每千瓦时计算的固定成本和回报是分摊到年运行小时数中去，当年运行小时数增多时，分摊后的发电成本就减少，尽管燃料价格不变，但上网电价下降了。燃气蒸汽联合循环机组如果不带基本负荷和中间负荷，只是作为调峰机组或备用电源，则对年运行时间并无太多的自主选择。

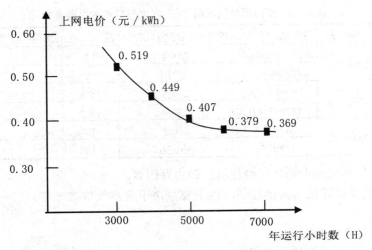

图 8-8　天然气发电的年运行小时对上网电价的敏感性

（3）年平均热效率的影响。

燃气蒸汽联合循环机组的年平均热效率与电厂运行方式和联合循环热效率密切相关，提高年平均热效率是减少发电成本，提高运行经济性的关键之一。有资料对"F"级与"E"级燃气蒸汽联合循环性能进行过比较。"F"级燃机的联合循环热效率比"E"级燃机的联合循环高出 5~6 个百分点，热耗率为"E"级的 91%；同样发电量情况下，燃料成本可以减少 10%。

3. 热电联产的燃气蒸汽联合循环装机方案的选择

由于受城市环境和节能减排的压力影响，越来越多的经济发达地区开始考虑用燃气供热来代替燃煤供热。

（1）燃气蒸汽联合循环机组的供热方案。

由于热电联产的燃气蒸汽联合循环机组不仅要发电，而且要负担民用或工业的热负荷。因此，从热负荷的稳定性角度考虑，一般都考虑建设两台机组。另外考虑到燃气轮机的经济性和成熟性，一般考虑"F"燃气轮机。而本文也仅就两台"F"级燃机的联合循环机组装机方案进行一些技术探讨。两台"F"级燃机的燃气蒸汽联合机组供热，具体有如下几种方案。

①"一拖一"单轴抽凝机方案（燃气轮机、汽轮机、发电机在同一根轴上）。即两台燃机+两台余热锅炉+两台抽凝式汽轮机+两台发电机+两台凝汽器。

②"一拖一"多轴抽凝机方案（燃气轮机、汽轮机发电机组在不同的轴上）。即两台燃机+两台余热锅炉+两台抽凝式汽轮机+4台发电机+两台凝汽器。

③"二托一"多轴抽凝机方案。即两台燃机+两台余热锅炉+1台大功率抽凝式汽轮机+3台发电机+1台凝汽器。

④"二托一"多轴背压机方案。即两台燃机+两台余热锅炉+1台大功率背压机+SSS离合器（同步自换挡离合器）的汽轮机+3台发电机+1台凝汽器。采暖期汽机通过SSS离合器，将低压缸脱开，高中压缸背压运行，中压缸排汽全部用于供热。非采暖期汽轮机纯凝运行。

对相同"F"级燃机的联合循环机组，不同方案的供热能力进行比较，如表8-12所示。从表中可以看出一套"二托一"多轴背压机+离合器的供热量最高，一套"二托一"多轴抽凝机的供热量较高，"一拖一"机组的供热能力较低。

对相同"F"级燃机的两套联合循环，不同供应商的背压机方案进行比较，如表8-13所示。从表中可以看出三菱公司与西门子公司的机组整体热效率最高，GE公司机组整体热效率次之。

表8-12 相同"F"级燃机的联合循环机组不同方案的供热能力

	两套"一拖一"同轴抽凝机	两套"一拖一"多轴抽凝机	一套"二托一"多轴抽凝机	一套"二托一"多轴背压机+离合器
联合循环出力ISO工况	793.44 MW	793.44 MW	786.82 MW	783.87 MW
联合循环出力供热工况	713.8 MW	713.88 MW	699.64 MW	764.69 MW
抽汽供热量	456.2 MW	456.2 MW	494.3 MW	548.9 MW

表8-13 相同"F"级燃机的两套联合循环，不同供应商的背压机方案

参 数	东方电气	东方电气	上海电气	哈动力
燃机型号	M701F3	M701F4	SGT5-4000F	9351FA
技术支持方	三菱	三菱	西门子	GE
供热联合循环出力	727.4 MW	827 MW	733.2 MW	704.7 MW
联合循环出力（烟气热网加热器）	610 MW	661 MW	592.4 MW	562.9 MW
机组总热效率	86.8%	87.6%	87%	85.4%

（2）增大供热能力的具体措施。

在事故或其他一些特殊条件下，为了增大供热能力，通常采用一些具体措施。

①汽轮机增大抽汽量的措施。

②汽轮机冬季背压机+SSS离合器的方案。

③余热锅炉补燃方案（造价较高，一般约增加整套余热锅炉造价的20%左右）。

④余热锅炉减温减压供热方案（供热期内汽轮机全部停运，由余热锅炉减温减压供热。适宜机组故障时，作为供热应急保障措施）。

⑤在余热锅炉的尾部增加烟气热网加热器。

（3）具体供热方案的选择。

某电站项目为解决城市的集中供热，考虑建设规模 2×400 MW 级燃气蒸汽联合循环热电联产供热机组。供热规模为 120 吨的工业蒸汽和 800 万平方米的冬季民用负荷。采用先进的、技术条件成熟的"F"级燃机的联合循环供热机组。

由于当地政府仅考虑项目热源点建设，热网的经营和管理由当地热力公司负担。电站建成后，供热蒸汽直接进入临近的换热站。换热后，供热公司进行供热；另外工业蒸汽负荷则通过独立的管道引入邻近工业园区。因此，装机方案首先应考虑全年工业蒸汽供热的稳定性要求，其次考虑在冬季民用供热时，如何能够保证供热的稳定性，最后考虑机组的最大的供热能力，应尽可能扩大供热面积。

首先对比联合循环装机方案的性能指标和供热能力。按照日本三菱公司 M701F4 型燃机评估的性能数据如表 8-14 所示。

表 8-14　各种装机方案性能比较

参　　数	工　　况	两套"一拖一"同轴抽凝机	两套"一拖一"多轴抽凝机	1 套"二托一"多轴抽凝机
联合循环出力	ISO 工况	916.414 MW	916.414 MW	913.141 MW
联合循环出力	供热工况	887.808 MW	887.808 MW	886.348 MW
汽机抽汽供热量	—	502.3 MW	502.3 MW	530.4 MW
联合循环效率	ISO 工况	57.84%	57.84%	57.63%
联合循环效率	供热工况	79.98%	79.98%	81.51%
热电比	—	56.58%	56.58%	59.84%

通过性能比较，"一拖一"方案比"二拖一"方案的经济性稍差，但考虑到其供热负荷的稳定性，"一拖一"方案应该更合适一些，如图 8-9 所示。

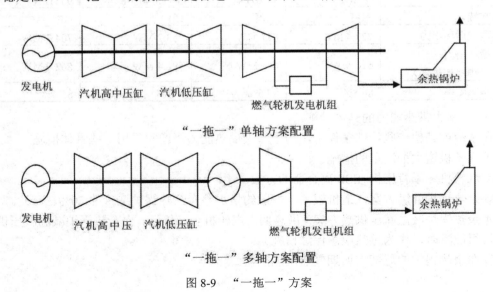

"一拖一"单轴方案配置

"一拖一"多轴方案配置

图 8-9　"一拖一"方案

"一拖一"方案的优点如下。①供热可靠性高。当一台汽轮机故障检修时，对外界的影响，可以通过余热锅炉减温减压或另外一台加大抽气量等措施缓解。②运行灵活，燃气轮机可以单独快速启动，而且变负荷速度快，能更好地满足电网调峰需求，提高机组的年利用小时数和年平均热效率。③机组检修更加方便。当一台机组检修时，另外一台机组可以方便地保证工业负荷稳定运行。

在"一拖一"方案中，包括单轴和多轴两种方式，又由于"一拖一"多轴方案中燃气轮机机组和蒸汽轮机机组可以分别控制，运行控制方式更简洁，而且可以采用不同的控制系统。从供热稳定性和变负荷速度的方面考虑，"一拖一"多轴方案应该最适宜。

4. 总结

热电联产的燃气蒸汽联合循环系统是一个复杂的系统，本节仅对该系统中燃气蒸汽联合循环机组的一些特点、影响燃气蒸汽联合循环机组经济性的主要因素、装机方案的选择做了技术分析，探讨了实际建设热电联产的燃气蒸汽联合循环机组装机方案的选择过程。

（1）通过对燃气蒸汽联合循环机组的适用范围以及当前燃气轮机的最新成熟技术介绍，分析出当前技术成熟、高效率的"F"级燃机的燃气蒸汽联合循环机组是建设发展的主流。

（2）天然气价格对燃气蒸汽联合循环机组的经济运行是至关重要的因素。年运行小时数和年平均热效率对联合循环的经济性也有很大的影响。通过协调上游的天然气价格，增大机组的年运行小时数，提高机组的年平均热效率，对于建设燃气蒸汽联合循环机组来说是唯一出路。

（3）应根据当地经济条件，以及实际热负荷选择合适的机组供热方案。各种方案的出发点都不尽相同。为了供热面积的最大化，"二拖一"方案比较合适。当供热负荷不是很充足时，可以根据实际情况，先考虑建设一台。当然还要考虑电网的需求等。

总之，机组装机方案的选择是一个很复杂的问题，受多种因素的制约。热电联产的燃气蒸汽联合循环机组作为清洁高效利用能源的代表，在未来我国经济发达地区中会越来越受到重视。

四、沼气发电技术

生物发酵工厂大多数有废水处理站，废水处理站厌氧罐产生的沼气可用于锅炉燃料，也可用于发电。

1. 沼气发电技术进展状况

生物质能是来源于太阳能的一种可再生能源，具有资源丰富、含碳量低的特点，加之在其生长过程中吸收大气中的 CO_2，因而用新技术开发利用生物质能不仅有助于减轻温室效应和生态良性循环，而且可替代部分石油、煤炭等化石燃料，成为解决能源与环境问题的重要途径。

沼气燃烧发电是随着沼气综合利用的不断发展而出现的一项沼气利用技术，它将沼气用于发动机上，并装有综合发电装置，以产生电能和热能，是有效利用沼气的一种重要方式。目前用于沼气发电的设备主要有内燃机和汽轮机。

国外用于沼气发电的内燃机主要使用 Otto 发动机和 Diesel 发动机，其单位重量的功率约为 27 kW/t。汽轮机中燃气发动机和蒸汽发动机均有使用，燃气发动机的优点是单位重量的功率大，一般为 70～140 kW/t；蒸汽发动机一般为 10 kW/t。国外沼气发电机组主要用于垃圾填埋场的沼气处理。目前，美国在沼气发电领域有许多成熟的技术和工程，处于世界领先水平。现有 61 个填埋场使用内燃机发电，加上使用汽轮机发电的装机，总容量已达 340 MW。欧洲用于沼气发电的内燃机，较大的单机容量在 0.4～2 MW，填埋沼气的发电效率约为 1.68～2 kW·h/m³。

我国开展沼气发电领域的研究始于八十年代初，1998 年全国沼气发电量为 1055 160 kW·h。在此期间，先后有一些科研机构进行过沼气发动机的改装和提高热效率方面的研究工作。我国的沼气发动机主要为两类，即双燃料式和全烧式。目前，对"沼气一柴油"双燃料发动机的研究开发工作较多。例如，中国农机研究院与四川绵阳新华内燃机厂共同研制开发的 S195-1 型双燃料发动机、上海新中动力机厂研制的 20/27G 双燃料机等。成都科技大学等单位还对双燃料机的调速、供气系统以及提高热效率等方面进行过研究。潍坊柴油机厂研制出功率为 120 kW 的 6160A-3 型全烧式沼气发动机，贵州柴油机厂和四川农业机械研究所共同开发出 60 kW 的 6135AD（Q）型全烧沼气发动机发电机组；此外，还有重庆、上海、南通等一些机构做过这方面的研究、研制工作。可以说，目前我国在沼气发电方面的研究工作主要集中在内燃机系列上。如表 8-15 所示是我国部分 12 kW 以下沼气发电机组的测试性能比较。

表 8-15　12 kW 以下沼气发电机组测试表

研 制 单 位	产 品 型 号	功率/kW	甲烷含量/%	比气耗/(m³/kW·h)	节油率/%	热效率/%
四川省农机所	0.8GFZ	1.357	73	0.868	100	23.45
四川省农机所	195	12.97	89.4	0.37	100	30.7
泰安电机厂	12GFS32	12.85	78.45	0.492	81	31.99
泰安电机厂	10GFsl3	11.18	86.5	0.248	62	37.89
南充农机所	195	13.53	70.9	0.322	81	38.8
武进柴油机厂	195-Z	13.52	71.2	0.40	100	35.39
上海内燃机所	5GFZ	5.62	72.35	0.687	100	26.78
重庆电机厂	1.2 kW	1.52	77.05	0.76	100	29

沼气发电工程本身是提供清洁能源、解决环境问题的工程，它的运行不仅能解决沼气工程中的一些主要环境问题，而且由于其产生大量电能和热能，又为沼气的综合利用找到了广泛的应用前景。

（1）有助于减少温室气体的排放。

通过沼气发电工程可以减少 CH_4 的排放，每减少 1 吨 CH_4 的排放，相当于减少 25 吨 CO_2 的排放，对减缓温室效应有利。

（2）有利于变废为宝，提高沼气工程的综合效益。

我们以沼电在酒厂中的综合效益为例。四川荣县进行了 120 kW 沼气发电的生产和示范，用酒糟废水经厌氧消化产生沼气，发电效率为 1.69 kW·h/m³，当年成本为 0.0465 元/kW·h，沼电能够基本满足该厂的生产用电；山东昌乐酒厂安装两台 120 kW 的沼气发电机组，170 m^3 酒糟日产沼气 4800 m^3，发电 8640 kW·h，全年能源节约开支 29 万元，工程运行一年即收回全部成本。

杭州天子岭填埋场发电工程在运行过程中，在平均电价为 0.438 元/kW·h 的条件下，投资回报率可达 14.8%。

（3）减少对周围环境的污染。

由于综合利用手段单一，很多沼气工程产生的沼气大量排入大气中，不仅严重污染周围的环境，也对工作人员的安全和健康产生了极大的威胁，沼气发电则为沼气找到了一条合理利用的途径。

（4）小沼电为农村地区能源利用开辟新途径。

我国农村偏远地区还有许多地方严重缺电，例如，牧区、海岛、偏僻山区等高压输电较为困难，而这些地区却有着丰富的生物质原料。因地制宜地发展小沼电，犹如建造微型"坑口电站"，可取长补短就地供电。

2．沼气发电的基本原理

沼气可以有效地作为往复式发动机和汽轮机的主要燃料来源，以发动机的动力来驱动发电机发电，将沼气化学能转变为电能，是沼气能量的一种有效利用方式。目前国内外有不少污水处理厂采用这种方式，例如，国内的天津市东郊污水处理厂和纪庄子污水处理厂等。日本 17 座污水处理厂应用沼气发电设备，电的自给率为 15%～30%，横滨市北部污泥处理中心的电自给率可达 64%～73%。1 kg 干污泥可产生 0.35 Nm^3 沼气，可发电 0.7 kW·h。沼气的燃烧能约 30%～37%转化为电能。图 8-10 为日本某污水处理厂沼气发电系统的流程简图。

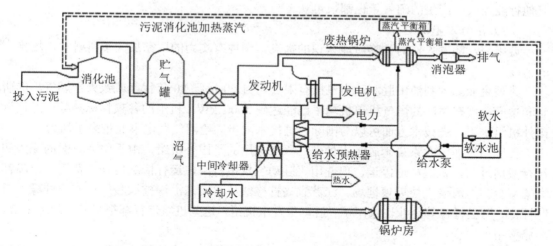

图 8-10 日本某污水处理厂沼气发电机发电系统图

该厂所产沼气一部分用于沼气锅炉，另一部分用于发电机，发动机排出的废气余热由冷却水收回。热水送至废热锅炉或沼气锅炉，产出的蒸汽回用于加热消化池，可满足消化池所需的全部热量。

　　沼气发电系统中发动机的效率取决于发动机的设计和运行方式，沼气能量在这种方式下经历化学能→热能→机械能→电能的转换过程，其能量转换效率受热力学第二定理的限制，热能不能完全转化为机械能，热机的卡诺循环效率不超过 40%，大部分能量随废气排出。因此，将发动机的废气回收是提高沼气能量总利用率的必要途径，余热回收的发电系统总效率可达到 60%～70%。

　　沼气发电解决了沼气烧锅炉的热量供需矛盾，而且沼气发电的经济收益要比直接烧锅炉高得多。

　　3．沼气发电的应用情况

　　（1）概况。

　　目前柠檬酸、酒精、造纸厂等工业生产中治理"三废"所需的费用越来越高，从 2005 年开始的"环保风暴"更是使三废治理工作成为企业生死存亡的大事情。

　　工业生产的"三废"治理主要有三大途径。一是对"三废"采取合理有效的治理方法。二是改进合成工艺，将污染消灭在生产工艺过程中。三是对"三废"合理利用，变废为宝。

　　要从根本上消灭污染，关键是要对产生污染的每一个环节和步骤进行认真分析和研究，把污染消灭在工艺生产过程中，实现清洁生产。另外，要大力开发废物的综合利用技术，增加企业的经济效益，保证企业的竞争优势。

　　这里讨论的"三废"主要指其中的有机废水。工业有机废水来源很多，主要来自柠檬酸、制糖、酒精、造纸、养殖等行业，这些行业目前处理污水的主流方式是采用生化法进行处理，处理过程中产生大量沼气。根据估算，每生产 1 吨柠檬酸可产生大约 225 方沼气，其中甲烷含量可达 60%左右，这种沼气用于发电是一种非常好的燃料，每方沼气可以发 1.7 度电，效益非常可观。生产 1 吨酒精可产生 300 方沼气，甲烷含量可达 70%，热值更高。其他行业类同，产生的沼气量也都很可观。

　　（2）沼气发电机组。

　　近年来，随着人们对生物质能认识的提高，国内有实力的厂家加大了科研和市场推广的力度。

　　典型企业如胜利油田胜利动力机械有限公司自 20 世纪 80 年代起就致力于燃气机的研制和推广，现在生产的燃气机单机功率已经达到 2000 kW，机组的各项指标参数已经接近国外机组水平，在技术方面可以与国际先进技术同步，给沼气发电事业带来了活力。

　　在应用方面，北京高碑店污水处理厂原来选用的是国外机组，由于服务方面的原因和运行费用过高，机组被迫停运，现选用"胜动"发电机组，运行情况良好，费用、故障都大幅减少。上海老港垃圾填埋场、江苏宜兴柠檬酸厂、山东汇源柠檬酸厂、安丘柠檬、日照柠檬、莒县柠檬等企业也选用了"胜动"发电机组，这些机组运行都很平稳，故障率低，维修费用也很少。

　　目前该公司在酒精厂、造纸厂等其他高浓度有机废水较多的行业开展沼气发电项目的速度也很快，在四川、广西、山东等省都有较多项目正在积极运行。

　　（3）沼气发电的效益分析。

　　沼气发电具有无可比拟的社会效益，也有巨大的经济效益，以胜利油田胜利动力机械有限公司燃气发电机组为例进行分析。

沼气的主要成分是甲烷，约占所产生的各种气体的 60%～80%。每立方米纯甲烷的发热量为 34000 kJ，每立方米沼气的发热量约为 20800～23600 kJ。每立方米用"胜动"燃气机可发电力 1.6～2.0 度电。

以 500 kW 发电机组为例（沼气为排放废气，在此不考虑气体成本）。

设施费用包括机房费用（包括机房、控制间、值班房）、基础费用、电缆费用、冷却系统等辅助设施费用，总投资为 130 万元。

机组功率按额定功率 85% 计算，每年可发电：500 kW/台×85%×1 台×24 小时/天×330 天/年=336.6 万 kW·h

运行费用包括人员费用、机油消耗、配件及维修、设备折旧等运行费用。运行费用不超过 0.08 元/kW·h，按 0.08 元/kW·h 计算：336.6×0.08=27 万元

年发电收益（一般采用就地发电就地使用，每度电价格以 0.5 元计算）为 336.6 万元×0.5=168.3 万元

年净收益为 168.3 万元-27 万元=141.3 万元

另外，利用燃气发电机组产生的废气余热还可以制冷、供热。夏季利用烟气热量，冬季主要利用发电机组冷却水热量。夏季的主要工艺流程：通过烟-水热交换器产生高温的水，输送至溴化锂冷水机组中，产生 12℃冷媒水，通过风机盘管空调器给房间制冷；冬季的主要流程：一部分利用发电机组的冷却水送至室内系统，一部分利用烟-水热交换器产生的水进行二级换热，作为热负荷的补充。1 台 500GF1-RZ 机组所产余热可满足 6000 m² 面积的制冷，可满足 15000 m² 面积的采暖。这样，沼气综合利用率可达 80% 左右。

（4）实例。

有条件的企业搞废水处理沼气发电项目可以取得良好的经济效益，以山东潍坊柠檬酸厂情况为例。目前该厂年生产酒精 3 万吨、柠檬酸 5 万吨，处理废水过程中产生大量沼气，原来沼气准备用于烧锅炉，但是利用效率很低，经过考察论证，该公司购买 8 台"胜动"500GF1-1RZ 沼气发电机组，年增效益 800 余万元，随生产需要陆续还要扩大发电规模，企业效益也将进一步得到提升。

（5）总结。

以上综述城市污水处理厂、垃圾填埋场、大型养殖场、柠檬酸厂、酒厂、生化厂、造纸厂等可收集沼气资源均是发电的良好燃料。沼气发电是节约能源、降低企业成本、解决沼气排放对环境污染的一种行之有效的节能方式，利国利民。由于沼气是处理废水的副产品，所以成本较低，投资沼气发电机组效益极为可观。

五、凝结水回收利用

工厂供热系统中的凝结水不仅水质优可作为锅炉给水，而且含有可观的热量，是一种具有回收利用价值的余热资源。在集气处理站厂的系统设计中，采取了降低凝结水回水温度的有效方法来提高凝结水的回收率。

设计初期工艺装置换热器选型仅考虑利用蒸汽的汽化潜热，加热端凝结水出水温度亦是 158℃，饱和的凝结水输送回锅炉房的过程中随压力降低将会汽化，导致管道内存在两相流，引起管道震动，危及管道运行安全。此外，由于凝结水温度过高，且又是饱和的，极易造成锅炉给水泵入口汽蚀，影响到蒸汽锅炉的正常运行。因此在设计过程中，增大了 MDEA 换热器的换热面积，不仅要利用蒸汽的汽化潜热，而且要更充分地利用凝结水的显热，并且通过有效地疏水，使凝结水回水参数达到 0.2 MPa，104℃，在过冷的状态下顺利地输送至锅炉房。

此外，在采暖季利用 0.2 MPa，104℃凝结水与 65℃采暖循环水换热降温至 80℃后接入锅炉给水泵入口主管，不仅有效地利用了凝结水的余热，而且降低了锅炉给水泵入口水温，减轻了锅炉给水泵汽蚀的危险性。

通过以上措施的实施，在该项目的投产过程中，供热系统启动正常，运行稳定。由于有效地采取凝结水回收措施，工厂供热系统形成密闭流程，杜绝了凝结水随意排放、到处漏汽的现象，从而从根本上达到了节水的目的。由此可见，细节决定成败，设计过程中的一小点优化思路实施在项目建设中会产生巨大的经济收益。由此可见，只有坚持优化设计的理念，才能建设出优质节能、投资控制合理的工程项目。

六、烟气余热回收技术的应用

现阶段一般国内锅炉天然气燃烧后，大约 10%的热能是通过排烟排到大气中，排烟温度高达 140～250℃，烟气中有 7%～15%的显热和 11%的潜热未被利用就被直接排放到大气中，这不仅造成大量的能源浪费也加剧了环境的热污染。而采用高效烟气冷凝热回收装置可以满足生活热水或采暖水的需要，也能够将燃气尾气排烟温度冷却至 40～80℃，同时降低 NO_x 的排放量，实现节能与环保双赢。

1. 工厂运行现状

待回收的烟气为热电联产产生的烟气，烟气温度为 400℃，燃料为天然气。回收烟气中的余热，作为冬季空调系统送风热源。冬季空调循环热水的供/回水温度为 60℃/50℃。南昌工厂的冬季热负荷约为 9550 kW（热负荷如表 8-16 所示），烟气余热回收器的额定换热量按 10000 kW 取值计算，假定烟气量足够。

表 8-16　热负荷用量表

建　　　筑	面积/m²	高度/m	热负荷/kW
总部大楼	11000	3.28	800
研发大楼	11000	3.28	800
研发中心	4600	9～13	350
食堂	5000	4.8	300
工厂	60000	9～13	4000
试验车间	43766	9～13	3300

2．技术介绍

本次设计采用模块化非对称流量板式换热装置，换热器水侧为常压结构，水侧循环参照常压热水锅炉水力系统进行设计。设备由多块板片重叠冲压在一起，在真空和高温环境下，板片用铜或镍焊接在一起，具有很高的机械强度、更大的传热面积、更高的效率，也更轻便小巧。非对称型板式换热器主要应用在两种非对称流量介质换热领域，一侧是大流量低压气体，另一侧是小流量高压液体。由于板片的角孔导流区和传热区结构均不对称，可在两流体的流量不等时，使板间流速（或压力降）仍接近或相等。因而，大大提高了小流量侧的给热系数，从而使总传热系数大大提高，强化了传热性能，节省了换热面积。

3．设计方案

烟气余热回收装置采用作为冬季空调送风系统热源的方式进行热量回收。烟气温度控制在100℃以上，以使烟气回收过程中不产生冷凝水，减少对系统及设备腐蚀的可能性。增加旁通烟道，实现烟气排烟温度和出水温度的可调节、可控制的目的。

设备采用不锈钢材质，烟道加装电动调风阀。进出水管采用不锈钢管，水侧加装20目过滤器，以增加设备使用寿命和提高防腐蚀能力。

烟气侧系统分两种情况。

（1）如果热电联产尾气有较高的余压，换热器可置于旁通烟道上，并在主烟道上加设风门，通过调整主烟道风门开度，调整流过换热器的烟气量，以控制换热器的余热回收量来匹配中央空调的用热量。换热器烟侧流速采用较低的数值，以降低换热器的烟侧阻力。为便于换热器的运输，换热器需做成两台，并联使用。排烟压力较小，设备压力损失200 Pa，采用两台设备，工艺流程如图8-11所示，设计参数如表8-17所示。

（2）如果热电联产尾气的余压较低，则热管换热器需置于旁通烟道上，并在换热器后增设一台引风机，通过调整引风机流量，来控制换热器的余热回收量来匹配用热量。由于有引风机，换热器烟侧阻力可高一些，以降低换热器的造价。排烟压力较大，设备压力损失900 Pa，装有引风机，采用一台设备，工艺流程如图8-12所示，设计参数如表8-18所示。

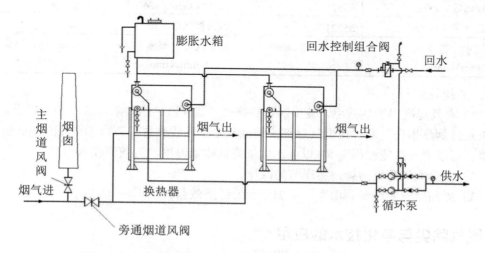

图8-11 热电联产尾气余热回收（余压较高）工艺流程示意图

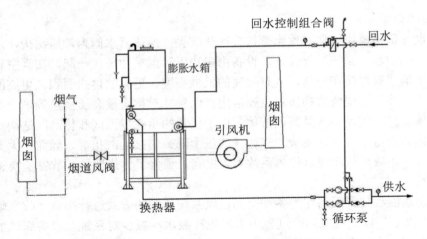

图 8-12 热电联产尾气余热回收（余压较低）工艺流程示意图

| 表 8-17 尾气余压较高时设计参数 | | 表 8-18 尾气余压较低时设计参数 | |
项　　　目	数　　　值	项　　　目	数　　　值
烟气入口温度 / ℃	400	烟气入口温度 / ℃	400
烟气出口温度 / ℃	139.6	烟气出口温度 / ℃	165.2
气侧压损 / Pa	186	气侧压损 / Pa	882
水侧入口温度 / ℃	50	水侧入口温度 / ℃	50
水侧出口温度 / ℃	59.92	水侧出口温度 / ℃	59.5
水侧流量 / t•h⁻¹	432	水侧流量 / t•h⁻¹	864
水侧压损，kPa	<30	水侧压损，kPa	<30
单台热回收量，kW	4776	单台热回收量，kW	9544.8
换热器数量 / 台	2	换热器数量 / 台	1
总回收热量 / kW	9552	总回收热量 / kW	9544.8
所需烟气量 / m³•h⁻¹	85521.7	所需烟气量 / m³•h⁻¹	94768
设备尺寸（整体）/ mm×mm×mm	4000×4500×4000（长×宽×高）	设备尺寸（整体）/ mm×mm×mm	4000×4500×4000（长×宽×高）

4. 节能效果

（1）有效提高锅炉热效率，减少锅炉热损失。烟气锅炉热效率通常在 88% 以上，主要热损失是排烟热损失，通过在烟气尾部安装烟气余热回收装置，若取 80% 烟气进入热能回收装置，可以提高热能利用率 8% 以上，大幅降低排烟温度，有效回收热能。

（2）减少大气环境污染，实现节能减排。

（3）提高企业的能源利用率，增加企业的经济效益。

七、尾气除尘与净化技术的应用

我国于 2015 年 10 月 1 日起执行重新修订后的《锅炉大气污染物排放标准》（GB13271—

2014)标准，对应的标准值：烟尘排放浓度为 50 mg/Nm³，二氧化硫排放浓度为 300 mg/Nm³，氮氧化物排放浓度为 300 mg/Nm³。

1. 锅炉尾气除尘技术

锅炉尾气除尘技术主要有湿法除尘、电除尘和布袋除尘。湿法除尘节省投资，运行简便，但处理效果差，波动大，难以稳定达标。电除尘阻力小，技术成熟，处理效果较好，但投资大，耗电高，场地需用位置大。布袋除尘技术成熟，除尘效果好，场地需用位置居中等，投资较大。所以，大多数电厂采用布袋除尘技术。

在降低电厂锅炉烟气排放颗粒大小的技术中，要想保证锅炉烟气的排放标准在几毫克的数量级，袋式除尘技术是一种非常高效的锅炉烟气处理技术，该技术可以有效地控制锅炉烟气排放量。袋式除尘技术最先发展于 20 世纪初，由于袋式除尘技术除尘的效率高，而且可以保证除尘操作的连续进行，经过袋式除尘装置后，烟气的压力损耗较小，这些优点促使袋式除尘技术得到了较快发展。我国在 20 世纪八九十年代，开始将袋式除尘技术应用到大型的烟气处理中，经过不断地发展，研发出新型的脉冲式袋式除尘装置，使袋式除尘技术又得到了一次飞跃。该类型的袋式除尘技术工作稳定可靠，工作的寿命和效率都得到了明显的提高。脉冲式的清洗方式采用的是流体力学的中文丘里管效应，利用高速气流流向袋式除尘装置的滤袋中，由于流体速度发生的变化，滤袋中的压力也会发生变化，从而导致滤袋振动、收缩等现象，这样滤袋的内部在收缩力的作用下，会形成由滤袋内部向外流动的气流，这样烟尘就会经过滤袋的过滤，从而将固体颗粒过滤掉。这种过滤方式可以实现烟气的连续处理，而且不容易导致过滤材料的堵塞，因此是一种实用高效的电厂锅炉烟气净化技术。

2. 烟气脱硫技术

烟气脱硫技术主要有湿法、干法和干湿结合法 3 种。

（1）湿法脱硫除尘技术。

湿式双旋脱硫除尘法是湿法脱硫除尘技术中较为常用的技术，其机理主要是通过使用除尘液与粉尘和硫化物发生反应，吸收烟气中的粉尘，并将二氧化硫氧化，再将烟气进行排放。湿法脱硫除尘技术通常由加热、引流、脱硫除尘、脱水排放等 4 个环节组成。其主要流程如下：先将烟气加热后进行引流，通过引风机将烟气引到除尘器的上部；再使用旋流板将烟尘分步到除尘器中；除尘器中喷淋的除尘液，将与粉尘和硫化物反应，吸收粉尘、氧化硫化物，从而达到除尘脱硫的目的；最后再对处理过的烟气进行脱水排放。湿法脱硫除尘技术一般可以分为物理吸收与化学吸收两种，物理吸附的速率较低，化学吸附的速率相对更高。化学吸附通过增加吸收过程中的推动力，使被吸收气体的分压降低。

湿法脱硫主要又分为钠碱法脱硫、钙法（石灰石-石膏法）脱硫、氨法脱硫、氧化镁法脱硫、双碱法脱硫等。钠碱法脱硫效果好，但吸收剂成本高；氨法脱硫控制难，容易引起氨逃逸，对中小锅炉不适应；氧化镁法脱硫效果好，但氧化镁来源受限，费用较高；双碱法脱硫系统复杂，稳定性差；钙法脱硫效果好，技术成熟，吸收剂来源广，目前国内应用最为广泛。

（2）干法脱硫除尘技术。

干法脱硫技术是指在较干状态下对烟气进行脱硫除尘的技术。干法脱硫除尘技术和湿法脱硫除尘技术都是利用各自的物化反应来对锅炉烟气进行脱硫除尘处理，降低烟气中硫化物和粉尘的含量。干法脱硫除尘技术源于 20 世纪 80 年代初期，其基本流程如下：烟气先进入除尘系统，再进入吸附塔，在塔内通过吸收剂进行脱硫反应。干法脱硫技术的工艺流程较为简单，无须加热。其主要优点有投资费用低、操作中无污水排放、脱硫产物为干态、设备不易腐蚀结垢等。随着科技的进步，干法脱硫除尘技术也在不断发展。目前，智能化干法脱硫除尘操作技术已在我国得到了初步应用，大幅度提升了供热锅炉的运行效率和脱硫除尘效率。另外，干法脱硫技术还引入了高能电子技术，极大地提高了对烟气的处理效率。但这项技术尚存在很大的弊端，即在实施时会产生大量电磁辐射，影响工作人员的身体健康。

（3）干湿结合脱硫除尘技术。

干湿结合脱硫除尘技术是将干法脱硫除尘技术和湿法脱硫除尘技术进行结合，综合二者优点的治理技术。干湿结合脱硫除尘技术将上述的干法和湿法两种脱硫除尘技术系统结合在一个立式塔内，通过二者的有效配合，大幅度提升锅炉烟气脱硫除尘效率，除去其中的粉尘和硫化物，使锅炉烟气达到排放标准。干湿结合脱硫除尘技术对烟气的处理效果较为显著，但需要大量的资金支持，因此严重制约了这一脱硫除尘技术的大范围推广。考虑其资金需求，干湿结合技术不适用于中小型热电厂，通常用于经济实力基础较为雄厚的企业。

3．烟气脱硝技术

烟气脱硝技术主要有 4 种：一是选择性催化还原反应法（SCR），二是选择性非催化还原法（SNCR），三是最新发展起来的 SNCR/SCR 联合法，四是臭氧氧化法。SCR 脱硝效率高（脱硝效率达 90%），技术成熟，使用广泛，但投资大（是 SNCR 的 3～4 倍）、运行费用较高，新增阻力大。SNCR 系统简单、投资运行费用低、不新增阻力、改造方便，尤其适用于无足够空间的老机组改造，但由于受到氨逃逸的限制，脱硝效率相对较低。臭氧氧化法工艺简单，但技术不太成熟，耗电量大，氧化形成的 NO_2 腐蚀性强，要靠后面的湿法脱硫来吸收，形成的废水很难处理。SNCR/SCR 联合法结合了 SCR 技术高效和 SNCR 技术低成本的特点，其通过布置在锅炉炉墙上的喷射系统先将还原剂喷入炉膛，还原剂在高温下与烟气中 NO_x 发生非催化还原反应，实现初步脱硝。然后未反应完的还原剂进入反应器进一步脱硝。SNCR/SCR 联合法可利用前部逃逸的还原剂作为后部 SCR 的还原剂，从而使脱硝效率逐步升高最终可达 80%以上。

对 1 台 550MW 机组 70%脱硝效率的 SCR、SNCR、SNCR/SCR 联合法 3 种脱硝工艺成本进行分析比较，结论如下。①当对 NO_x 脱除效率要求较高时，采用 SCR 工艺最经济，其可提供一次到位的脱硝方式。②新建机组采用 SCR 工艺脱硝比较合适。③老机组脱硝工艺改造可以采用 SNCR 或 SNCR/SCR 方案。④SNCR/SCR 联合工艺兼有 SNCR 和 SCR 技术的优点，对 NO_x 脱除效率要求不很高时，采用 SNCR/SCR 工艺更合适，项目实施过程中可分阶段增添设备及催化剂。

八、企业采暖工程

冬季我国尤其是北方地区气温较低，而且持续的时间长，对生物发酵企业的生产可能产生影响。工厂必须采取相应的采暖措施才能保证正常的生产。在采暖时工厂的采暖水源多用的是工业余热利用的循环水，这些水的水质较差，含有大量的氯根、酸根等，对供热设备的腐蚀很严重，给生产安全带来隐患。因此，要对工厂厂房的采暖和通风系统进行合理设计，使其在保证安全的前提下为操作人员提供良好的工作环境。

生物发酵企业尤其是大型的企业往往采用工业循环水供暖，这样的设计依据是根据企业的生产特点和节能降耗设计的，一般能符合使用条件。但是由于企业生产过程中工业循环水的水质中一些离子超标，供暖管路中用这种水容易出现管路腐蚀渗漏现象，严重情况下给生物发酵生产带来经济损失。因此，企业要综合考虑多种因素的影响，合理的选用供暖设备，为工厂安全生产奠定基础。

1. 企业常用的供暖形式

大多工业企业在选用供暖设施时都是选用普通钢制散热器，供暖的水源采用多种混合水质。在使用过程中很容易出现渗漏现象，不但给企业的维修工作带来难度，也给生产造成了不小的影响。因此，企业要考虑本厂的水质情况，从而有针对性地选择散热器设备。

生物发酵企业常用的供暖形式有闭式锅炉供暖系统、工业循环水余热供热系统和电厂余热供热系统，这几种系统各有其特点。闭式锅炉供热系统一般常采用自来水、深井水和集中回收蒸汽冷凝液，整个系统为开放式系统，循环水中含氧量高，对普通钢制散热器的损伤较大。工业循环水余热供热系统中的水源一般采用脱盐水，散热器一般不会结垢，供热效率高，同样也是系统含氧量高，当工业水循环后会导致循环水中含酸，对钢制散热器损害较大。电厂余热供热为闭式供热系统，但这种系统不稳定，有时需要与凉水塔并联使用，使系统中含氧量增高，导致钢制散热器发生严重的腐蚀和电化学腐蚀现象，也会影响其使用。因此，企业在选择散热器的材质时要根据本厂的情况慎重选择，以保证企业能正常供暖。

2. 典型散热器的特点

在生产车间使用的散热器主要有 3 种：内腔无砂铸铁散热器、钢制翅片管散热器和铜铝复合柱翼型散热器。内腔无砂铸铁散热器以其内腔光滑无砂而取代了传统的普通铸铁散热器，不仅提高了散热的效率，而且解决了普通铸铁散热器容易出现的堵塞现象，可适合各种供暖系统和各种水质，安全可靠、使用寿命长，在许多企业得到了广泛应用；钢制翅片管散热器使用寿命基本与钢管相同，适用于多种水质，是一种高效、节能产品，是生物发酵企业采暖较为理想的产品；铜铝复合柱翼型散热器适合于各种供暖系统和水质，是一种新型产品，由优质铜管制造，环保节能散热效率好，可是造价高，一般不用于工厂厂房供暖。各生产企业要根据本厂的实际情况，在选取供热设备时选择合适的散热器，在节能的前提下能保证厂房车间的供暖。

第四节　通风空气净化及制冷工程设计

一、生物发酵厂房通风系统设计

1. 生物发酵厂房通风系统设计依据

为了工业企业改善劳动条件，提高劳动生产率，保证产品质量和人身安全，在供暖、通风与空气调节设计中采用先进技术，合理利用和节约能源与资源，保护环境，我国制定了《工业建筑供暖通风与空气调节设计规范》（GB50019—2015）新规范。本规范适用于新建、扩建和改建的工业建筑物及构筑物的供暖、通风与空气调节设计不适用于有特殊用途、特殊净化与特殊防护要求的建筑物、洁净厂房以及临时性建筑物的供暖、通风与空气调节设计。

根据设计规范中规定：事故排风量应根据有害气体或爆炸危险性气体的性质和散发量的多少来计算确定。在生物发酵生产中生产设备产生的余热及异味，或易燃易爆等有害气体在短时间内大量积聚，如果车间通风条件不好就有可能出现事故。因此，要通过正常的通风来保证车间环境的清洁，使生产工艺系统能正常运行。一般情况下，应按正常排风与事故排风总量不小于 8 次/h 换气来进行计算，但对甲类、乙类生产的泵房和压缩机室，应在正常排风量外再附加不小于 8 次/h 的事故排风量，以保证生产安全。生物发酵企业要严格按照要求进行厂房通风系统的设计。

2. 生物发酵厂房对通风系统的要求

在生物发酵生产的过程中，由于生产工艺的原因，在某工序上可能会产生大量的余热，再加上有的生产工艺中还会产生易燃易爆等有害气体，这些都会对化工生产的环境和操作人员产生潜在的威胁。因此，为了保证生产车间的工作环境和操作人员的健康安全，需要对厂房内进行正常通风。在具体的生产过程中也可能是某一工序上会产生有害物质，为了防止有害物质的扩散，还要考虑采用局部通风，防止有害物扩散到其他空间，对操作人员造成危害。

生物发酵企业的原料处理工段在生产的过程中往往会产生很多的粉尘或有害气体，这些物质如果排放到大气中会对周边环境造成危害，给人们的生产生活带来严重的影响。因此，为了保护企业周围的环境应该对排放的有害气体进行净化处理。

总的说来，随着人们生活水平的提高，对厂房的通风设计提出了更高的要求，在节能、环保、安全的前提下进行建设设计，以适应化工企业的可持续发展。

3. 通风系统的应用

车间通风的目的在于排除车间或房间内的余热、余湿、有害气体或蒸汽、粉尘等，使车间内作业地带的空气保持适宜的温度、湿度和卫生要求，以保证劳动者的正常环境卫生条件。

（1）自然通风。

设计中指的是有组织的自然通风，即可以调节和管理的自然通风。自然通风的主要成因就是由室内外温差所形成的热压和室外四周风速差所造成的风压。利用室内外空气温差引起的相对密度差和风压进行自然换气。通过房屋的窗、天窗和通风孔，根据不同的风向、风力，调节窗的启闭方向来达到通风要求。在发酵工厂，一般生产车间和辅助车间均利用有组织的自然通风来改善工作区的劳动条件。只有当自然通风不能满足要求时，才考虑设置其他通风装置。

（2）机械通风。

①局部通风。所谓通风，即在局部区域把不符合卫生标准的污浊空气排至室外，把新鲜空气或经过处理的空气送入室内。前者称为局部排风，后者称为局部送风。局部排风所需的风最小、排风效果好，故应优先考虑。

如车间局部区域内产生有害气体或粉尘时，为防止气体或粉尘的散发，可用局部通风办法（例如，局部吸风罩），在不妨碍操作与检修情况下，最好采用密封式吸（排）风罩。对需要局部采暖（或降温），或必须考虑事故的排风场所，均应采用局部通风方式。

在散发有害物（例如，有害蒸汽、气体、粉尘）的地带，为了防止有害物污染室内空气，首先从工艺设备和生产操作等方面采取综合性措施；然后再根据作业地带的具体情况，考虑是否采用局部排风措施。

在排风系统中，以设置局部排风最为有效、最为经济。局部排风应根据工艺生产设备的具体情况和使用条件，并视所产生有毒物的特性，来确定有组织的自然排风或机械排风。

在有可能突然产生大量有毒气体、易燃或易爆气体的场所，应考虑必要的事故排风。

②全面通风和事故通风。全面通风用于不能采用局部排风或采用局部排风后室内有害物浓度仍超过卫生标准的场合。采用全面通风时，要不断向室内供给新鲜空气，同时从室内排除污染空气，使空气中有害物浓度降低到允许浓度以下。

全面通风所需的风量是根据室内所散发的有害物质量（例如，有毒物质、易燃易爆物质、余热、余湿等）计算而定。

对在生产中发生事故时有可能突然散发大量有毒、有害或易燃易爆气体的车间，应设置事故排风。事故排风所必需的换气量应由事故排风系统和经常使用的排风系统共同保证。

当发生事故时，所排出的有毒、有害物质通常来不及进行净化或其他处理，应将它们排到 10 m 以上的大气中，排气口也应设在相应的高度上。

事故排风需设在可能发散有害物质的地点，排风的开关应同时设在室内和室外便于开启的地点。

生产要求较清洁的房间，当其所处室外环境较差时，送入空气应经预过滤，并应保持室内正压。室内有害气体和粉尘有可能污染相邻房间时，则应保持负压。

A．送风方式。进入的新鲜空气，一般应送至作业地带，或操作人员经常停留的工作地点。当有害气体能用局部排风排除，同时可送排结合时，从操作人员上部地带送风。

B．排风方式。采用全面排风排出有害气体和蒸汽时，应由室内有害气体浓度最大的区域排出，其排风方式应符合下列要求。

放散的气体较空气轻时，宜从上部排出；放散的气体较空气重时，宜从上部、下部同时排出，但气体温度较高或受车间散热影响产生上升气流时，宜从上部排出；当挥发性物质蒸发后，周围空气冷却下沉或经常有挥发性物质洒落地面时，应从上、下部同时排出。

③有毒气体的净化和高空排放。为保护周围大气环境，对浓度较高的有害废气，应先经过净化，然后通过排毒筒排入高空，并利用风力使其分散稀释。对浓度较低的有害废气，可不经净化直接排放，但必须由一定高度的排毒筒排放，以免未经大气稀释沉降到地面危害人体和生物。

4. 空气调节系统的应用

（1）对生产厂房及辅助建筑物，当采暖通风达不到工艺对室内温湿度要求时，应设置空气调节。

（2）空气调节系统分为分散式空调系统（又称局部空调系统工程）、半集中式空调系统和集中式空调系统。对空调房间面积不大或建筑物中仅个别房间有空调要求时，宜采用局部空调，例如，窗式空调、柜式空调；若空调房间较多，且各房要求单独调节的建筑物，宜采用半集中式空调系统，即采用风机盘管加新风系统；若空调房间总面积很大，且不要求单独调节多个房间，宜采用集中式空调系统。

（3）空调房间的气流组织设计应根据室内温湿度参数、允许风速、工艺布置以及设备散热等因素综合考虑，通过计算与现场调试确定。

（4）为保证空调房间内有一定量的新鲜空气以满足人体对氧气的需要，送入房间的空气中需要一定新鲜空气，其量叫新风量。空调系统中新风量占送风量的百分数不应低于10%。实际中生产厂房应按保证每人不小于 $30 \text{ m}^3/\text{h}$ 的新风量确定。

（5）空调房间的换气次数，舒适性空调不小于 5 次/h；对工艺性空调，当室温允许波动分别为±1℃、±0.5℃、±（0.1～0.2）℃时，换气次数分别不小于 5 次/h、8 次/h、12 次/h。

（6）空调生产车间的温湿度要求随工艺要求与成品性质而定，例如，啤酒厂有关车间的温湿度要求如表 8-19 所示。

表 8-19　啤酒厂有关车间的温湿度要求

生产车间/℃	发 酵 间	酵母回收培养	贮 酒 间	酒 花 间	啤酒过滤	装瓶间、贮藏库	浸 麦 间	发 芽 间
室温	6	0	0～2	0	0～2	5	12～15	15～18
相对湿度/%	80～90	60～70	70～80	60～70	80	70～80	80～90	>90

二、通风和空气调节控制设备

1. 通风机选型

通风机选型是一个技术性很强的工作，具体的选型方法也很多。例如，按无因次特性曲线选型、按对数坐标曲线选型、按有因次特性曲线或性能表选型、变型选型、按管网阻力选型等，目前还有通过 Web 网上选型系统和运用专门的选型软件来选型。选型方法纷繁复杂，有的方法的掌握需要一定的专业知识。

　　对于工艺设计人员，熟悉和掌握有因次性能表选型和通风机专门的选型软件两种方法即可，这两种方法简单容易操作。选用通风机时，首先根据所需要通风机的风量、全压这两个基本参数，就可以通过通风机的有因次性能表（各家通风机产品说明书都有相关数据）确定通风机的型号和机号，这时可能不止一个产品满足要求；再结合通风机用途、工艺要求、使用场合等，选择通风机的种类、机型以及结构材质等以符合所需的工作条件，力求使风机的额定流量和额定压力，尽量接近工艺要求的流量和压力，从而使通风机运行时使用工况点接近通风机特性的高效区。具体原则如下。

　　（1）建议应根据房高＞6.0 m 时换气量为 8 次/h，房高<6.0 m 时换气量为 15 次/h。

　　（2）通风机综合分析比较的原则。具有叶轮宽度窄、叶轮直径小、叶轮周速及转速低、叶片数少，全压内效率高、全压效率曲线最高效率 90%的跨度段宽、全压曲线平坦、静压与全压比大、功率曲线平坦、噪声低、结构工艺简单、机体轻、外形紧凑及维护保养容易等特点为最佳。

　　（3）在选择通风机前，应了解通风机的产品质量情况。例如，生产的通风机品种、规格和各种产品的特殊用途，新产品的发展和推广情况等，还应充分考虑环保的要求，以便择优选用通风机。

　　（4）根据通风机输送气体的物理、化学性质的不同，选择不同用途的通风机。例如，输送有爆炸和易燃气体的应选防爆通风机，输送有腐蚀性气体的应选择防腐通风机，在高温场合下工作或输送高温气体的应选择高温通风机等。

　　（5）提高选型设计的准确性。因为工业通风工程主要由通风机、管道及除尘（过滤）净化器部分所组成，通风机的选型对工程设计方案实施的预期效果至关重要，所以要按设计规范进行集中式通风系统管路沿程压力损失的准确计算。经济合理配置管网关键在于确定管网经济流速和系统有效的输气半径，使各分支管对称配置，且使并联分支管段阻力达到平衡，确切落实通风机真实的进气状态准确参数，确保选定产品的全压值接近实际需要，才能达到风机性能平稳高效运行。

　　（6）优选适用、经济、节能风机。在产品性能曲线选用图或数字性能表中，选取高效经济工作区；当流量改变时，效率值不应低于最高效率 90%时的流量和全压值。

　　2. 空调选型

　　为确保空调系统的经济运行，空调自动控制系统已开始广泛地应用于现代工厂建筑中，它能够昼夜不停地对工厂建筑内所有空调设备的运行进行有效地监控，并采集现场数据自动加以处理、制表或报警，实现整个空调系统的最佳开关运行和最佳工作循环运行。

　　大型空调系统的控制主要包括空调设备控制、冷水机组控制、冷却冷冻水系统控制、锅炉控制、水泵控制以及温湿度遥测等。因系统管理设备多、控制点分散、故宜采用集散型控制系统（distributed control system，DCS）。这种系统采用集中管理、分散控制的 3 级控制方式，即中央处理机、智能分站和现场控制器。

（1）系统规模的确定。

进行系统设计时，应编制出整个车间的空调设备监控表，并按建筑物分层分区分类列出作为选择配置智能分站的依据，来确定系统的规模；在选择智能分站时，应留有 10%～20%的备用量。

（2）检测点及控制点的设置。

①检测点的设置。在车间的重要房间、风道及回风口处均应设置温度传感器，在冷冻水、冷却水及锅炉系统的供水和回水管道上装设温度及压力传感器，在冷冻机房中冷冻水供回水总管上安装流量传感器，在空调系统的膨胀水箱内安装液位变送器以监视水位的高低，在风管空气过滤装设压差报警装置。以上各种信号参数均由检测元件送至智能分站，经过加工处理后再送至中央处理机，以便及时有效地监视系统的运行状况。

②控制点的设置。各空调设备的启停都是由中央处理机经过智能分站或直接由智能分站控制来实现的。它包括空调、冷水机组、新风机组、风机盘管、冷却水泵、冷冻水泵、锅炉等。

A．室温控制。在空调器回风口处安装温度控制器控制空调器的冷冻水（或热水）回水管上的电动二通阀来调整水量以达到调节送风温度，在室内安装室温控制器直接控制风机盘管上的电动二通阀以调整室温。

B．新风系统控制。由设置在送风管中的温度控制器控制回水管上的电动二通阀，对水量进行比例调节。

C．冷冻水系统控制。在供回水总管上装设压差控制器，控制盘通管的水量。

D．冷却水系统。在冷却水塔进出水管道上装设温度传感器。

三、洁净车间净化空气系统

药品生产企业洁净车间最重要任务是要控制室内浮游微粒及细菌对生产的污染，使室内的生产环境的空气洁净度符合工艺要求。

1．净化空调系统的分类

净化空调系统一般可分为集中式和分散式两种类型。集中式净化空调系统是净化空调设备（例如，加热器、冷却器、加湿器、粗中效过滤器、风机等），集中设置在空调机房内，用风管将洁净空气送给各个洁净室。分散式净化空调系统是在一般的空调环境或低级别净化环境中，设置净化设备或净化空调设备（例如，净化单元、空气自净器、层流罩、洁净工作台等）。

（1）集中式净化空调系统。

①单风机系统和双风机系统。单风机净化空调系统的基本形式如图 8-13 所示。单风机系统的最大优点是空调机房占用面积小。但相对双风机系统而言，其风机的压头大，噪声、振动大。采用双风机可分担系统的阻力；此外，药厂等生物洁净室需定期进行灭菌消毒，采用双风机系统在新风、排风管路设计合理时，调整相应的阀门，使系统按直流系统运行，便可迅速带走洁净室内残留的刺激性气体，如图 8-14 所示为双风机净化空调系统示意图。

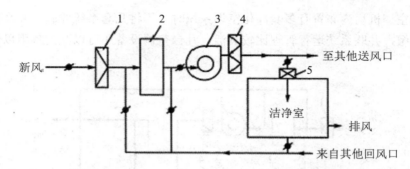

1—粗效过滤器；2—温湿度处理室；3—风机；4—中效过滤器；5—高效过滤器

图 8-13　单风机净化空调系统示意图

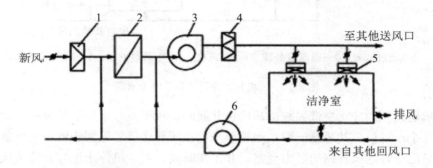

1—粗效过滤器；2—温湿度处理室；3—送风机；4—中效过滤器；5—高效过滤器；6—回风机

图 8-14　双风机净化空调系统示意图

②风机串联系统和风机并联系统。在净化空调系统中，通常空气调节所需风量远远小于净化所需风量，因此洁净室的回风绝大部分只需经过过滤就可再循环使用，而无须回至空调机组进行热处理、湿处理。为了节省投资和运行费，可将空调和净化分开，空调处理风量用小风机，净化处理风量用大风机，然后将两台风机串联起来构成风机串联的送风系统，如图 8-15 所示。

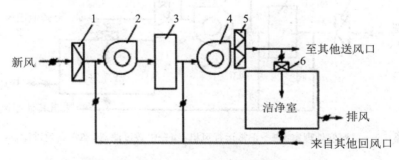

1—粗效过滤器；2—温湿处理风机；3—温湿度处理室；

4—净化循环总风机；5—中效过滤器；6—高效过滤器

图 8-15　风机串联净化空调系统示意图

当一个空调机房内布置有多套净化空调系统时，可将几套系统并联，并联系统可公用一套新风机组，并联系统运行管理比较灵活，几台空调设备还可以互为备用以便检修，如图 8-16 所示。

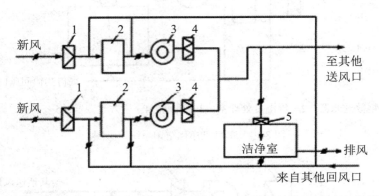

1—粗过滤器；2—温湿度处理室；3—风机；4—中效过滤器；5—高效过滤器

图 8-16　风机并联净化空调系统示意图

设有值班风机的净化空调系统也是风机并联的一种形式，所谓值班风机，就是系统主风机并联一个小风机。其风量一般按维持清净室正压和送风管路漏损所需空气量选取，风压按此风量运行时送风管路的阻力确定。非工作时间，主风机停止运行而值班风机投入运行，使洁净室维持正压状态，室内洁净度不至于发生明显变化。设有值班风机的净化空调系统示意如图 8-17 所示，正常运行时，阀 1、阀 2、阀 3 打开，阀 4 关闭；下班后正常风机停止运行，值班风机运行，阀 4 打开，阀 1、阀 2、阀 3 关闭，如图 8-17 所示。

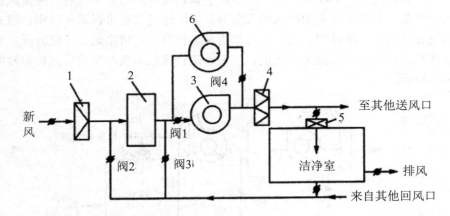

1—粗效过滤器；2—温湿度处理室；3—正常运行风机；4—中效过滤器；5—高效过滤器；6—值班风机

图 8-17　设有值班风机的净化空调系统示意图

（2）分散式净化空调系统

①在集中空调的环境中设置局部净化装置（微环境/隔离装置、空气自净器、层流罩、

洁净工作台、洁净小室等）构成分散式送风的净化空调系统，也可称为半集中式净化空调系统，如图8-18所示。

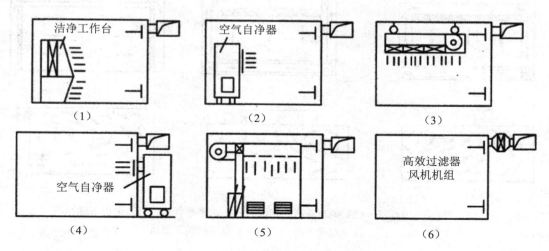

（1）室内设置洁净工作台 （2）室内设置空气自净器 （3）室内设置层流罩或装配式洁净小室
（4）走廊或套间内设置空气自净器 （5）现场加工洁净小室 （6）送风口增设高效过滤器风机机组

图8-18 分散式净化空调系统的基本形式（一）

②在分散式柜式空调送风的环境中设置局部净化装置（高效过滤器送风口、高效过滤器风机机组、洁净小室等）构成分散式送风的净化空调系统，如图8-19所示。

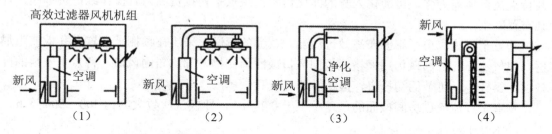

（1）小型空调与高效过滤器风机机组 （2）小型空调与高效过滤器送风口
（3）套间内设置净化空调 （4）小型空调与装配式洁净室

图8-19 分散式净化空调系统的基本形式（二）

2．洁净室内净化方案与气流组织方式

洁净室内净化方案有全室净化和局部净化两种。

（1）全室净化方案及气流组织方式。

全室净化是利用集中净化空调系统，在整个房间内形成具有相同洁净度环境。全室净化是最早发展起来的一种净化处理方式，适于工艺设备高大、数量多，且室内要求相同洁净度的场所，但投资大、运行管理复杂、建设周期长。如图8-20所示为全室净化常用的气流组织形式。

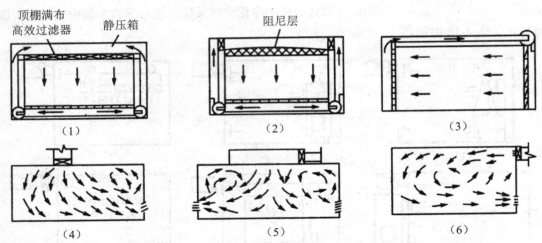

（1）满布垂直平行流　（2）侧布垂直平行流　（3）水平平行流　（4）顶送下侧回风
（5）顶送双侧下回风　（6）上侧送同侧下回风

图 8-20　气流组织形式

①垂直平行流。

这种气流方向是出房间顶棚垂直向下流向地板。为实现这种气流组织方式，可采用顶棚满布高效过滤器（高效过滤器占顶棚的面积≥60%），回风采用栅格地板回风口或四周侧墙下部均匀布置回风口，这样可获得均匀的向下气流，工艺设备可布置在室内的任意处。其特点是自净能力强，可简化人身的净化设备；缺点是初投资高，且操作维护费都高，灯具布置困难。

垂直平行流也可采用侧布高效过滤器。气流的下送，采用在顶棚上布置全孔板或阻尼层，使气流下行，回风仍用栅格地板回风口或四周侧描下部均布回风口。特点是安装的高效过滤器较小，可节约初投资，但运转费用较高。

垂直平行流流过房间截面的风速不小于 0.25 m/s，即换气次数大约为 300～500 次/h。

②水平平行流。

其气流流向为平行于地面。可采用送风墙满布或均布（大于 40%）高效过滤器水平送风，回风墙可满布或均布回风口。房间截面风速≥0.35 m/s，换气次数约为 300～500 次/h。

水平平行流在第一工作区的洁净度可达 3 级，随着与送风墙的距离增加，洁净度下降。水平平行流的造价比顶棚满布高效过滤器的垂直平行流低，但空气流动过程中含尘浓度逐渐增加。该气流组织方式适用于有多种洁净度要求的工艺过程。

③乱流流型。

其适用于洁净度在 30 级以上的各种洁净室。

对于洁净度为 30 级的洁净室，可采用顶棚布高效过滤器或孔板顶送，在相对两侧墙下均布回风口等。

对于洁净度为 300 级或 3000 级以上的洁净室，可采用上侧送风，同侧墙下回风方式；也可采用局部孔板顶送，在单侧墙下布置回风方式；还可采用带扩散板高效过滤器风口顶送，在单侧墙下布置回风等方式。

选择洁净室气流组织方式时，应从工艺要求出发，尽量采用局部净化。当局部净化不能满足要求时，可采用局部净化与全面净化相结合的方式或采用全面净化。

（2）局部净化方案及气流组织方式

局部净化是利用净化空调器或局部净化设备（例如，洁净工作台、棚式垂直层流单元、层流罩等），在一般空调环境中形成局部区域具有一定洁净度级别环境的净化处理方式。局部净化适合于生产批量较小或利用原有厂房进行技术改造的场所。目前，应用最为广泛的是全室净化与局部净化相结合的净化处理方式，它既能保证室内具有一定洁净度，又能在局部区域实现高洁净度环境，从而达到既满足生产对高洁净度环境的要求，又节约能源的双重目的。例如，需要 A 级洁净度的操作工段，当生产批量较小时，只要在洁净度较低的乱流洁净室内，利用洁净工作台或层流罩等局部净化设备，就能实现全室净化与局部净化相结合的净化方式。

以两条层流工艺区和中间乱流操作活动区组成隧道型洁净环境的净化处理方式叫洁净隧道。这是全室净化与局部净化相结合的典型，是目前推广采用的净化方式，也被称为第三代净化方式。

按照组成洁净隧道的设备不同，洁净隧道可分为以下几种形式。

①台式洁净隧道。如图 8-21 所示，台式洁净隧道是将洁净工作台相互连接在一起，并取消中间的侧壁，组成生产需要的隧道型生产线。可根据工艺要求选用垂直层流工作台或水平层流工作台。这种净化方式较全室净化更易保证局部空间的高洁净度，且由于工作台相互连接，可以减少或防止交叉污染。此外，对建筑的要求比较简单，只要求具备乱流洁净室的环境即可。但是由于洁净工作台的尺寸固定，因而操作面缺乏足够的灵活性，工艺设备必须适应工作台的尺寸，调整起来也不太方便。

②棚式洁净隧道。如图 8-22 所示，棚式洁净隧道是将洁净棚，即棚式垂直层流单元，串联在一条生产线上所组成的。根据工艺要求，洁净棚的面积可以变化，空气可以全部为室内循环式，也可连通集中式净化空调系统，吸取部分新风。棚式洁净隧道适合工艺设备较大的场所。当工业管道可以明装时，适于采用如图 8-22（a）所示的形式；当工业管道必须暗装时，适于采用如图 8-22（b）所示的形式。

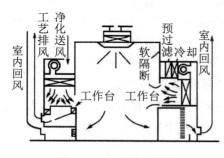

图 8-21 台式洁净隧道

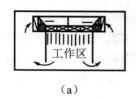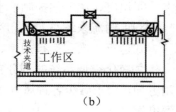

图 8-22 棚式洁净隧道

③罩式洁净隧道。如图 8-23 所示，罩式洁净隧道是将层流罩，即罩式垂直层流单元，串联在一条生产线上所组成的。由于层流罩的进深比洁净棚小，因此只适用于工艺设备较

小的场所。空气循环方式与棚式洁净隧道和台式洁净隧道相同，是目前采用较多的一种洁净隧道。

④集中送风式洁净隧道。如图 8-24 所示，集中送风式洁净隧道由集中式送风系统的满布高效过滤器的静压箱组成。层流工作区的宽度可根据工艺要求确定，不会因局部净化设备的尺寸而受到限制，因此，在设计上比台式、棚式和罩式洁净隧道更为灵活。采用这种洁净隧道，回风可以通过技术夹道，也可以在乱流操作活动区设置地沟。此外，工业管道布置在工作区的沿壁板一侧，排风管接至地沟。

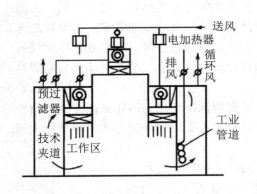

图 8-23　罩式洁净隧道

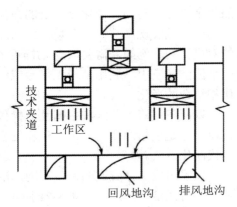

图 8-24　集中送风式洁净隧道

3. 空调净化系统划分与气流隔离

（1）空调净化系统划分。

为保证系统的正常运行，防止室内不同房间之间的交叉污染，洁净室用净化空调系统一般不应按区域或简单地按空气洁净度等级划分。净化空调系统的划分应按其生产产品的工艺要求进行确定。

①层流洁净室的净化空调系统与乱流洁净室的净化空调系统应分开设置。

②具有粗效过滤器、中效过滤器和高效过滤器的高效净化空调系统与只有粗效过滤器和中效过滤器的中效净化空调系统应分开设置。

③产品生产工艺中某一工序或某一房间散发的有毒、有害、易燃易爆物质或气体对其他工序或房间产生有害影响或危害人员健康或产生交叉污染等，应分别设置净化空调系统。

④温度、湿度的控制要求或精度要求差别较大的系统宜分别设置。

⑤单向流系统与非单向流系统要分开设置。

⑥运行班次、运行规律、使用时间不同的净化空调系统要分开设置。

⑦净化空调系统的划分宜照顾送风、回风和排风管路的布置，尽量做到布置合理、使用方便，力求减少各种风管管路交叉重叠；必要时，对系统中个别房间可按要求配置温度、湿度调节装置。

⑧可能通过管道引起交叉污染或混药的房间，例如，青霉素类药物和激素、抗肿瘤药等。对于生产青霉素的厂房，必须注意青霉素对其他药品可能造成的污染。例如，在某些药品中混有微量青霉素，则对青霉素过敏病人非但达不到预期的疗效，甚至还可能危及生

命。为此生产青霉素的区域应设计成一个封闭的区域，并设专用空调系统，该区域的排风均应经中效和高效过滤器处理后才能排放入大气。

（2）气流隔离。

为防止制剂车间内不同洁净等级区域间因空气流动引起的污染或交叉污染，通常采用必要的隔离措施。隔离一般包括 3 种。

①物理隔离。

物理隔离是利用平面规划时设置的抗渗性屏障，对可能引起污染和交叉污染的空气流动进行物理阻隔。

②静态隔离。

静态隔离是利用相邻区域的静压差进行的隔离。在平面规划时，把需正压大或负压大的房间设在尽头或中心。

通过在两个相邻区域间建立压差，可防止污染物由于某种因素的带动而通过区域间的缝隙或开门瞬间进入相邻区域。

洁净室的静压差实质是在该室门窗关闭条件下，定量空气通过门窗等缝隙向外（内）渗透的阻力。缝隙越小，渗过定量空气需要的压差越大。

③动态隔离。

动态隔离是采用流动气流进行隔离的。平面规划时，在有常开洞口的区域需考虑动态隔离，因为对于常开洞口而言，靠压差来抵挡洞口另一侧的污染是不现实的。例如，一个 0.2 m×0.2 m 的洞口，当其两侧房间维持 5 Pa 压差时（如图 8-25 所示），通过该洞口从一边流向另一边的空气量将达到 416 m^3/h，如果维持 10 Pa 的压差，需要补充的风量将更大，对于不是很大的房间，多补充如此大量的新风非常困难。

在进行平面规划时，如果必须在两个相邻区域间开这样的洞口，国际标准 ISO 明确规定利用流动空气抵抗污染，并提出通过孔洞的气流速度应大于 0.2 m/s，如图 8-26 所示。

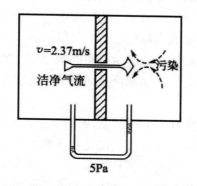
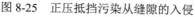
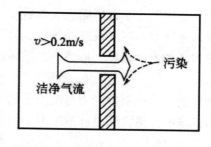

图 8-25　正压抵挡污染从缝隙的入侵　　　　图 8-26　洞口外流速度的作用

四、制冷工程设计

1. 冷却水系统

在发酵工厂中，常用的冷却水一般可分为直接供水系统和循环供水系统两类。

（1）直接供水系统。该系统简单，冷却水经冷却设备后，水温升高，直接排入下水管网。该系统一般在水源丰富充足，而且水质较好的地区采用。

（2）循环供水系统。循环供水系统应予提倡，是目前大多数发酵工厂采用的冷却水系统。冷却水在循环使用过程中，只要补充少量的水即可，当然该系统需要增添凉水塔等设备。在采用循环供水系统时，应该控制循环水在通过被冷却设备时的温度升高值，一般控制在 3～5℃以内，以适应凉水塔能降低冷却水温的能力。

发酵工厂中，在设计循环冷却水系统时，可采用强制通风通过凉水塔来降低冷却水温度。其流程按不同季节有所不同。某厂的循环冷却水流程可供发酵工厂设计时参考。

冬季（11 月下旬～4 月下旬，气温低于 17℃时）采用：水池→泵→发酸罐冷却→凉水塔→水池。

夏季（5 月上旬～11 月中旬，气温高于 17℃时）采用：水池→泵→凉水塔→制冷系统→水池。

发酵罐冷却可采用制冷系统提供的 9～14℃低温循环冷却水。

2. 制冷工程

发酵工厂制冷工程除了供冷库需要外，大部分制冷量是用来制取低温冷却水或冷盐水。一般工厂可具有 3 个系统：2～4℃冷冻水系统用于空调，9～14℃冷冻水在夏天用于发酵罐冷却水，-10～-20℃冷盐水用于发酵液提取和精制。发酵工厂的工艺设计人员除了需正确计算出车间的冷冻负荷外，还应对制冷工程有粗略的了解。

制冷大致可以分为压缩制冷、蒸汽喷射制冷和吸收制冷。

（1）压缩制冷。

压缩制冷的压缩机有活塞式、离心机和螺杆式。其常用制冷剂为氨和氟利昂，但从长远看氟利昂将逐步被淘汰。压缩制冷的制冷原理是在蒸发器内液态的制冷剂吸收载冷体（盐水或水）中的热量而蒸发为气态，而载冷体被冷却为冷盐水（或冷冻水）后被输送到工艺设备中。而气态的制冷剂被压缩机吸入后，被压缩成为高压过热的气体，进入冷凝器内，被外界的冷却水冷却，高压过热的气体放出热量后等压冷凝为液态的制冷剂，然后经节流减压后再送到蒸发器内蒸发，形成一个循环。因此，压缩制冷是通过消耗电能来制得冷盐水或冷冻水。

压缩制冷的冷冻机制冷能力与制冷工况有很大关系。平时从冷冻机铭牌中看到的制冷量通常称为标准制冷量，即是标准工况下的制冷量。其标准工况是指在制冷过程中，制冷剂的蒸发温度为-15℃，冷凝温度为 30℃。对于一台冷冻机单机来讲，当其蒸发温度为一定时，如进入冷凝器的冷却水温越高（即冷凝温度越高），则该机制冷量就越小。而当冷凝温度不变，如要求蒸发温度越低，其制冷量就越小。也就是说，对一台冷冻机来讲，制备冷盐水时的制冷量要比制备冷冻水的制冷量小。冷冻机制冷能力计算可以参阅冷冻机出厂说明书中标明的冷冻曲线或有关制冷手册中的计算公式。

目前国内压缩制冷的冷冻机型号较多，尤其是近年来消化吸收了国外先进的制冷技术，市场上已有一些先进的冷冻机组供应。通常，目前国内很多新建的发酵工厂常采用氨压缩冷冻机来制取冷盐水，而如需用冷冻水系统时就选用冷水机组。这种冷水机组体积小，安装方便，机组安在基础上后，只要接电和接上进出水管后即可开机试车。对于缺水地区，还可选用风冷机组或蒸发冷凝机组。

（2）蒸汽喷射制冷。

其原理是借助于蒸汽喷射真空泵的作用，使该系统内造成负压。在此条件下，一部分水绝热蒸发带走大量的热量，而剩下来的水由于失热而被冷却。采用蒸汽喷射制冷，可用来制取 9℃左右的冷冻水。采用此法制冷，要求蒸汽压力在 0.6 MPa 以上，而且蒸汽耗量大，成本高。唯一可取之处是在发酵工厂，尤其是北方地区工厂，夏天蒸汽用量有富余，可以用蒸汽来制冷，以满足夏季冷冻用量大的需要。

（3）吸收制冷。

采用溴化锂吸收制冷也是利用热能来制冷。其原理是根据溴化锂水溶液在低温下能强烈地吸收水蒸汽，而在高温下又能将吸收的水分释放出来的特性，以及溴化锂水溶液在真实状态下具有较低蒸发温度的特点而达到制冷的效果。通过制冷能获得 10℃左右的水，可供发酵罐及其他有关岗位冷却用。其具体步骤如下。

①溴化锂水溶液经加热后将其汽化。

②溴化锂水蒸汽经冷却后成为溴化锂冷剂水，溴化锂浓度明显增高。

③溴化锂冷剂水经节流降压后喷淋在蒸发器管外表面以吸收管内载冷剂（即冷冻水）的热量而蒸发。

④载冷剂（即冷冻水）由于放热而被冷却到所需温度。

溴化锂吸收式制冷与蒸汽喷射制冷相比，需要的蒸汽压力较低，甚至废蒸汽也可利用。能耗也较低。一般说每制冷 628 万千焦（150 万千卡）约需要消耗蒸汽 2.5 吨，但其制冷机组比较大。对于大型发酵厂来说，夏天需要大量使用 10℃左右的冷冻水供发酵罐降温，而夏天全厂蒸汽用量又比较小，用蒸汽制冷可以平衡全厂蒸汽用量。

在设计冷冻工程时，应特别注意的是，冷冻站的位置应当尽可能靠近其使用岗位，以避免由于输送管道距离太长而浪费能源。此外，要加强冷冻管道及阀门的保温。根据此原则，在大型厂中如果有多个需要供冷的岗位时，则没有必要在全厂建一个集中的中央冷冻站，也可考虑根据需要设几个分散的冷冻站。

第五节　自动控制系统设计

一、自动控制系统概述

当前，在工业过程控制中应用了三大控制系统，分别是 PLC、DCS 和 FCS。

1. 三大控制系统的基本要点

（1）PLC。

PLC（programmable logic controller，可编程控制器）是一种数字运算操作的电子系统，专为工业环境下的应用而设计。它采用一类可编程的存储器，用于其内部存储程序、执行逻辑运算、顺序控制、定时、计数与算术操作等面向用户的指令，并通过数字式或模拟式输入/输出，控制各种类型的机械或生产过程。PLC 最初是为了取代传统的继电器接触器控制系统而开发的，它最适合在以开关量为主的系统中使用。由于计算机技术和通信技术的飞速发展，使得大型 PLC 的功能极大地增强，以至于它后来能完成 DCS 的功能。另外加上它在价格上的优势，所以在许多过程控制系统中 PLC 也得到了广泛的应用。大型 PLC 构成的过程控制系统的要点如下。①从上到下的结构，PLC 既可以作为独立的 DCS，也可以作为 DCS 的子系统。②PID 放在控制站中，可实现连续 PID 控制等各种功能。③可用一台 PC 为主站，多台同类型 PLC 为从站；也可用一台 PLC 为主站，多台同类型 PLC 为从站，构成 PLC 网络。④主要用于工控中的顺序控制，新型 PLC 也兼有闭环控制功能。

（2）DCS。

DCS（distributed control system，集散控制系统）又称计算机分布式控制系统，是 20 世纪 70 年代中期迅速发展起来的。它把控制技术、计算机技术、图像显示技术以及通信技术结合起来，实现对生产过程的监视、控制和管理。它既打破了常规控制仪表功能的局限，又较好地解决了早期计算机系统对于信息、管理和控制作用过于集中所带来的危险性。它主要用于大规模的连续过程控制系统中，例如，石化、电力等。其核心是通信，即数据公路。它的基本要点如下。①从上到下的树状系统，其中通信是关键。②PID 在中断站中，中断站联接计算机与现场仪器仪表和控制装置。③树状拓扑和并行连续的链路结构，有大量电缆从中继站并行到现场仪器仪表。④信号系统包括开关量信号和模拟信号。⑤DCS 是控制（工程师站）、操作（操作员站）、现场仪表（现场测控站）的 3 级结构。

（3）FCS。

现场总线控制系统的核心是总线协议，基础是数字智能现场设备，本质是信息处理现场化。FCS 的要点如下。①FCS 是 3C 技术（communication，computer，control）的融合。它适用于本质（本征）安全、危险区域、易变过程、难于对付的非常环境。②现场设备高度智能化，提供全数字信号；一条总线连接所有的设备。③从控制室到现场设备的双向数字通信总线，是互联的、双向的、串行多节点、开放的数字通信系统取代单向的、单点、并行、封闭的模拟系统。④在总线上 PID 与仪器、仪表、控制装置都是平等的。⑤控制功能彻底分散，用分散的虚拟控制站取代集中的控制站。⑥改变传统的信号标准、通信标准和系统标准入企业管理网（局域网），再可与 Internet 相通。

2．三大控制系统的区别

（1）DCS 与 PLC。

DCS 是一种"分散式控制系统"，而 PLC 只是一种可编程控制器控制"装置"，两者是"系统"与"装置"的区别。系统可以实现任何装置的功能与协调，PLC 装置只实现本单元所具备的功能。DCS 网络是控制系统的中枢神经，DCS 系统通常采用的国际标准协议为 TCP/IP。DCS 系统，例如，HOLLIAS MACS 系统的网络，由上至下分为系统网络和控制网络两个层次，系统网络实现现场控制站与系统操作员站的互连，控制网络实现现场控制站与智能 I/O 单元的通信，信息传输实时、可靠。当模拟量大于 100 个点以上时，一般采用 DCS；模拟量在 100 个点以内时，一般采用 PLC。PLC 因为基本上都为个体工作，其在与别的 PLC 或上位机进行通信时，所采用的网络形式基本都是单网结构，网络协议也经常与国际标准不符。在网络安全上，PLC 没有很好的保护措施。

DCS 在整个设计上留有大量的可扩展性接口，外接系统或扩展系统都十分方便；而 PLC 所搭接的整个系统完成后，想随意地增加或减少操作员站都是很难实现的。

为保证 DCS 控制设备的安全可靠，DCS 采用了双冗余的控制单元，当重要控制单元出现故障时，都会有相关的冗余单元实时无扰地切换为工作单元，保证整个系统的安全可靠。PLC 所搭接的系统基本没有冗余的概念，就更谈不上冗余控制策略。特别是当其某个 PLC 单元发生故障时，不得不将整个系统停下来，才能进行更换维护并需重新编程。因此，DCS 要比 PLC 在安全可靠性上高一个等级。

DCS 与 PLC 硬件可靠性差不多。PLC 的优势在于软件方面，其采用的是顺序扫描机制，在高速的顺序控制中占主导地位。PLC 的循环周期在 10 ms 秒左右，而 DCS 控制站在 500 ms 左右。DCS 实现顺序联锁功能相对于 PLC 来讲是弱势，且逻辑执行速度不如 PLC。相对而言，PLC 构成的系统成本更低。DCS 的现场控制站层通常采用集中式控制，尽管支持远程分布式 I/O，但由于成本原因，很少采用。而 PLC 基于现场总线的远程分布式 I/O 体积小，更灵活易用，能有效地节省接线成本。

（2）FCS 与 DCS。

FCS 兼备了 DCS 与 PLC 的特点，而且跨出了革命性的一步。下面主要比较 DCS 和 FCS 的区别（如表 8-20 所示）。

①FCS 是全开放的系统，其技术标准也是全开放的，FCS 的现场设备具有互操作性，装置互相兼容，因此用户可以选择不同厂商、不同品牌的产品，达到最佳的系统集成；DCS 系统是封闭的，各厂家的产品互不兼容。

②FCS 的信号传输实现了全数字化，其通信可以从最底层的传感器和执行器直到最高层，为企业的制造执行系统（manufacturing execution system，MES）和业务计划系统（enterprise resource planning，ERP）提供强有力的支持，更重要的是它还可以对现场装置进行远程诊断、维护和组态；DCS 的通信功能受到很大限制，虽然它也可以连接到 Internet，但它连不到底层，提供的信息量也是有限的，不能对现场设备进行远程操作。

③FCS 的结构为全分散式，它废弃了 DCS 中的 I/O 单元和控制站，把控制功能下放到现场设备，实现了彻底的分散，系统扩展也变得十分容易；DCS 的分散只是到控制器一级，它强调控制器的功能，数据公路更是其关键。

④FCS 实现了全数字化，控制系统精度高，可以达到 $\pm 0.1\%$；而 DCS 的信号系统是二进制或模拟式的，必须有 A/D、D/A 环节，所以其控制精度为 $\pm 0.5\%$。

⑤FCS 可以将 PID 闭环功能放到现场的变送器或执行器中，加上数字通信，缩短了采样和控制周期，目前可以从 DCS 的每秒 2～5 次，提高到每秒 10～20 次，改善了其调节性能。

表 8-20 FCS 和 DCS 的详细对比

性　　能	FCS	DCS
结构	一对多：一对传输线接多台仪表，双向传输多个信号	一对一：一对传输线接一台仪表，单向传输一个信号
可靠性	可靠性好：数字信号传输抗干扰能力强，精度高	可靠性差：模拟信号传输不仅精度低，而且容易受干扰
失控状态	操作员在控制室既可以了解现场设备过现场仪表的工作情况，也能对设备进行参数调整，还可以预测或寻找故障，使设备始终处于操作员的过程监控与可控状态之中	操作员在控制室既不了解模拟仪表的工作情况，也不能对其进行参数调整，更不能预测故障，导致操作员对仪表处于"失控"状态
控制	控制功能分散在各个智能仪器中	所有的控制功能集中在控制站中
互换性	用户可以自由选择不同制造商提供的性能价格比最优的现场设备和仪表，并将不同品牌的仪表互连，实现"即插即用"	尽管模拟仪表统一了信号标准（4～20 mA DC），可是大部分技术参数仍由制造厂自定，致使不同品牌的仪表互换性差
仪表	智能仪表除了具有模拟仪表的检测、变换、补偿等功能外，还具有数字通信能力，并且具有控制和运算能力	模拟仪表只具有检测、变换、补偿等功能

⑥由于 FCS 省去了大量的硬件设备、电缆和电缆安装辅助设备，节约了大量的安装和调试费用，所以它的造价要远低于 DCS。

3．3 种控制系统的选型

（1）目前国内外主要的 PLC 品牌如下：德国西门子（Siemens）、法国施耐德（Schneider）、日本欧姆龙（OMRON）、日本三菱（MITSUBISHI）、美国罗克韦尔（Rockwell）、日本松下（Panasonic）、瑞士 ABB、美国艾默生（Emerson），国产的有台达、信捷、汇川、合信等。

西门子公司生产的 PLC 已成为世界第一品牌，当今销量最大的是 S7 系列。按照控制规模可分为小型机、中型机、大型机。小型机的控制点一般在 256 点之内，适合于单机控制或小型系统的控制。西门子小型机有 S7-200，其处理速度为 0.8～1.2 ms、存储器为 2 k、数字量为 248 点、模拟量为 35 路。中型机的控制点一般不大于 2048 点，可用于对设备进行直接控制，还可对多个下一级的可编程序控制器进行监控，它适合中型或大型控制系统的控制。西门子中型机有 S7-300，其处理速度为 0.8～1.2 ms、存储器为 2 k、数字量为 1024点、模拟量为 128 路、网络 PROFIBUS、工业以太网、MPI。而大型机的控制点一般大于2048 点，不仅能完成较复杂的算术运算，还能进行复杂的矩阵运算。它不仅可对设备进行直接控制，还可以对多个下一级的可编程序控制器进行监控。西门子大型机有 S7-400，其特点为处理速度为 0.3 ms/1 k 字、存储器为 512 k、I/O 点为 12672 等。

此外，西门子的 PLC 产品按照控制性能还可以分为低档机、中档机、高档机。其中，低档机的典型代表产品有 S7-200，中档机的典型代表产品有 S7-300，高档机的典型代表产品则为 S7-400。

（2）目前国内外主要的 DCS 和 FCS 品牌如下：美国霍尼韦尔（Honeywell）、瑞士 ABB、美国艾默生（Emerson）、德国西门子（Siemens）、日本横河（Yokogawa），国内的浙大中控、北京和利时、南京科远、国电智深、上海新华、新华集团、上海自仪等。各公司产品不能互换，不能相互操作。

二、常用自动检测仪表的选择

自控仪表设计一般是由自控专业设计人员（或部门）完成，但工艺设计人员必须根据生产工艺过程需要计量、检测的参数和自动控制的要求，向自控设计人员提供必要的资料和条件。因此，工艺设计人员对自控仪表设计的有关知识应有所了解。

发酵工厂自控仪表设计的任务是为了实现生产过程的计量、检测和自动控制，以使生产过程稳定，保证产品质量，节约原材料，降低消耗，增加产量并达到改善劳动条件的目的。发酵生产的过程较复杂，要求严格，因此在生产中应尽可能采用有关检测及显示仪表，以指示或记录生产中的有关参数，并通过计算机和执行机构对生产中的有关参数进行自动控制或调节，使生产过程在规定条件或最适条件下进行。在发酵工厂的总体设计中，自控仪表的选型与应用都是十分重要的。

1. 温度测量仪表的选择

根据温度测量要求，分为就地温度测量和远传温度测量。就地温度测量有双金属温度计、压力式温度计、水银玻璃温度计。双金属温度计在 5～300℃测量范围、工作压力小于 0.3 MPa 和精确度±2℃要求时，应优先被选用；对于-80℃以下低温、无法近距离观察、有振动及精确度要求不高的场合可选用压力式温度计；水银玻璃温度计由于所含的汞有害，一般不推荐使用（除作为成套机械，要求测量精度不高的情况下使用外）。

远传温度测量有热电偶、热电阻、热敏电阻 3 种。热电偶适用一般场合，其测量范围为-20～1700℃；热电阻适用于无振动场合，其中铂电阻适合 0～300℃测量范围；热敏电阻适用于要求测量反应速度快的场合，其测量范围为 0～100℃。根据对测量响应速度的要求，可选择热电偶 600 s、100 s、20 s 3 级，热电阻 90～180 s、30～90 s、10～30 s、<10 s 4 级，热敏电阻<ls。根据使用环境条件选择温度计接线盒，条件较好的场所选普通式接线盒；潮湿或露天的场所选防溅式或防水式接线盒；易燃、易爆的场所选隔爆式接线盒；插座式接线盒仅适用于特殊场合。

在连接方式的选择上，一般情况下可选用螺纹连接方式，下列场合应选用法兰连接方式。①在设备、衬里管道和有色金属管道上安装。②结晶、结疤、堵塞和强腐蚀性介质。③易燃、易爆和剧毒介质。

特殊场合下温度计的选择如下。①温度>870℃，氢含量>5%的还原性气体、惰性气体及真空场合，选用钨锌热电偶或吹气热电偶。②设备、管道外壁和转体表面温度，选用表面或铠装热电偶、热电阻。③含坚硬固体颗粒介质，选用耐磨热电偶。④在同一个检测元件保护套管中，要求多点测温时，选用多支热电偶。

检测元件插入长度（尾长）的选择：插入长度的选择应以检测元件插至被测介质温度变化灵敏，且具有代表性的位置为原则。

2．压力测量仪表的选择

压力测量仪表按其工作原理可分为液柱式、弹性式、活塞式（负荷式）及压力传感式四大类。各类仪表分类、性能及用途如表 8-21 所示。

表 8-21　压力测量仪表的分类、性能及用途

类　别	分　类		测量范围/Pa $10^{-5}\ 10^{-4}\ 10^{-3}\ 10^{-2}\ 10^{-1}\ 0\ 1\ 10\ 10^2\ 10^3\ 10^4\ 10^5$	用　途
液柱式	U 型管压力计		————————	低微压测量，高精度者可用作基准器
	单管压力计		————————	
	倾斜微压计		———————	
	补偿微压计		————————	
	自动液柱式微压计		—————————	
弹簧式压力表	弹簧管式压力表	一般压力表	——————————	表压、负压、绝压测量，就地指示、报警、记录或发信，或将被测量远传，并进行集中显示
		精密压力表	——————————	
		特殊压力表	———	
	膜片压力表		—————————	
	膜盒压力表		————————	
	波纹管压力表		—————————	
	板簧压力表		———————	
	压力记录仪		————————	
	电接点压力表		————————	
	远传压力表		—————————	
负荷式压力计	活塞式压力表	单活塞式压力表	———————	精密测量基准器具
		双活塞式压力表	————————	
	浮球式压力计		—————————	
	钟罩式微压计		—————	
压力传感器	电阻式压力传感器	电位器式压力传感器	———————————	将被测压力转换成电信号，以监测、告警、控制及显示
		应变式压力传感器	———————————	
	电感式压力传感器	气隙式压力传感器	————————	
		差动变压器式压力传感器	—————————	
	电容式压力传感器		——————————	
	压阻式压力传感器		——————————	
	压电式压力传感器		—————————	

续表

类　别	分　类		测量范围/Pa 10^{-5} 10^{-4} 10^{-3} 10^{-2} 10^{-1} 0 1 10 10^2 10^3 10^4 10^5	用　途
压力传感器	振频式压力传感器	振弦式压力传感器	——	将被测压力转换成电信号，以监测、告警、控制及显示
		振筒式压力传感器	——	
	霍尔压力传感器		——	
压力开关	位移式压力开关		——	位式控制及发信报警
	力平衡式压力开关		——	

其中常用的液柱式压力计与弹性式压力表的特点比较如下。

（1）液柱式压力计。

优点：①简单可靠；②精度和灵敏度均较高；③可采用不同密度的工作液；④适合低压、低压差测量；⑤价格较低。

缺点：①不便携带；②没有超量程保护；③介质冷凝会带来误差；④被测介质与工作液需适当搭配。

（2）弹性式压力表。

①弹簧管压力表。

优点：A．结构简单，价廉；B．量程范围大；C．精度高；D．产品成熟。

缺点：A．对冲击、振动敏感；B．正行程、反行程有滞回现象。

②膜片压力表

优点：A．超载性能好；B．线性；C．适于测量绝压、差压；D．尺寸小，价格适中；E．可用于黏稠浆液的测量。

缺点：A．抗震、抗冲击性能不好；B．测量压力较低。

③波纹管压力表

优点：A．输出推力大；B．在低压、中压范围内使用好；C．维修困难；D．适于绝压，差压测量；E．价格适中。

缺点：A．需要环境温度补偿；B．不能用于高压测量；C．需要靠弹簧来精细调整特性；D．对金属材料的选择有限制。

在选择压力测量仪表时要考虑量程、精度等级、使用环境及介质性能、仪表外形等对使用的影响。

（1）量程选择。

根据被测压力大小，确定仪表量程。在测量稳定压力时，最大压力值应不超过满量程的 3/4，正常压力应在仪表刻度上限的 2/3～1/2 处。在脉动压力测量时，最大压力值不超过满量程的 2/3。在测量高压力、中压力（大于 4 MPa）时，正常操作压力不应超过仪表刻度上限的 1/2。

（2）精度等级的选择。

根据生产允许的最大测量误差以及经济性，确定仪表的精度。一般工业生产用 1：5 级或 2.5 级已足够，科研或精密测量和校验压力表时，可选用 0.1、0.16、0.25、0.4 4 个等级。

（3）使用环境及介质性能的考虑。

环境条件如高温、腐蚀、潮湿、振动等，介质性能如温度高低、腐蚀性、易燃、易爆、易结晶等，根据这两方面的因素来选定压力表的种类及型号。具体分析如下。

①腐蚀性。稀硝酸、醋酸、氨类及其他一般腐蚀介质用耐酸压力表、氨用压力表、以 1Cr18Ni9Ti 不锈钢为膜片的膜片压力表。

②易结晶、黏性强，用膜片压力表。

③有爆炸危险，需用电接点信号时用防爆型电接点压力表。

④机械振动强的场合，需用船用压力表或耐振动压力表。测脉动压力时需装螺旋性减震器或阻尼装置。

⑤带粉尘气体的测量需装除尘器。

⑥强腐蚀性、含固体颗粒、黏稠液的介质，例如，稀酸盐、盐酸气、重油类及其类似介质可用膜片或隔膜式压力表。隔离膜盒中的膜片材质按介质要求和现有产品材质选择。

⑦在恶劣环境、强大气腐蚀的场所可用隔膜式耐蚀压力表，尽量避免采用充灌隔离液的办法测压力。

⑧以下介质需用专用压力表。氧气用氧气压力表，氢气用氢气压力表，乙炔用乙炔压力表，气氨、液氨用氨用压力表，硫化氢用耐硫压力表。

⑨用于测量温度>60℃以上的蒸汽或介质的压力表需装螺旋形或 U 形弯管。

⑩测量易液化的气体时应装分离器。

（4）仪表外形的选择。

一般就地盘装宜用矩形压力表，与远传压力表和压力变送器配用的显示表宜选轴向带边或径向带边的弹簧管压力表。压力表外壳直径为 $\phi150$（或 $\phi100$）mm。

就地指示压力表一般选用径向不带边的，表壳直径为 $\phi100$（或 $\phi150$）mm。气动管线和辅助装置上可选用 $\phi60$（或 $\phi100$）mm 的弹簧管压力表。

安装在照度较低、位置较高以及示值不易观测的场合，压力表可选用 $\phi200$（或 $\phi250$）mm。

（5）应避免的选型。

尽量避免选用带隔离液的压力测量。

3. 流量测量仪表的选择

流量测量仪表的分类可按不同的原则进行，常有以下几种分类。

（1）按测量对象分类。

按测量对象分类可分为封闭管道流量计和敞开管道流量计两大类，工业过程主要使用封闭管道流量计。

（2）按测量目的分类。

按测量目的分类可分为总量测量和流量测量，即为总量表（累积流量）和流量计（瞬时流量）。

（3）按测量原理分类。

流量测量的原理是各种物理原理，因此按测量原理分可依据物理学科来分类，主要有以下几类。

①力学原理是流量测量原理中应用最多的，常有应用伯努利定理的差压式、浮子式，应用流体阻力原理的靶式，应用动量守恒原理的叶轮式，应用流体振动原理的涡街式、旋进式，应用动压原理的皮托管式、均速管式，应用分割流体体积原理的容积式，应用动量定理的可动管式、冲量式，应用牛顿第二定律的直接质量式等。

②电学原理应用电学原理的电磁式、电容式、电感式和电阻式等。

③声学原理应用声学原理的超声式、声学式（冲击波式）等。

④热学原理应用热学原理的热分布式、热散效应式和冷却效应式等。

⑤光学原理应用光学原理的激光式和光电式等。

⑥原子物理原理应用原子物理原理的核磁共振式和核辐射式等。

（4）按测量体积流量和质量流量分类。

①体积流量计。常用的有以下几类：差压式流量计、电磁流量计、涡轮流量计、涡街流量计、超声流量计、容积式流量计等。这些流量计的输出信号与管道中流体的平均流速或体积流量成一定关系，是反映真实体积流量的流量计。

②质量流量计。质量流量计分为两大类：直接式质量流量计和间接式（或称推导式）质量流量计。A．直接式质量流量计。流量计的输出信号直接反映流体的质量流量。这类流量计种类繁多，目前较为常用的有科里奥利质量流量计、热式质量流量计、双涡轮式质量流量计以及差压式质量流量计等。B．间接式质量流量计。它的检测件的输出信号并不直接反映质量流量，而是通过检测件与密度计组合或者两种检测件的组合而求得质量流量。常用的有动能（ρq_v^2）检测件和密度计（ρ）的组合、体积流量计和密度计的组合、动能检测件和体积流量计的组合等。

（5）流量测量仪表的选型。

如表 8-22 所示列出了最常用的流量测量仪表，并对它们适应流体特性和工艺过程条件及测量性能进行了分类介绍。

在流量测量仪表的选型时，要考虑不同类型的流量仪表性能和特点差异。选型时必须从仪表性能、流体特性、安装条件、环境条件和经济因素等方面进行综合考虑。

仪表性能包括精确度，重复性，线性度，范围度，压力损失，上限、下限流量，信号输出特性，响应时间等。

流体特性包括流体温度、压力、密度、赫度、化学性质、腐蚀、结垢、脏污、磨损、气体压缩系数、等熵指数、比热容、电导率、热导率、多相流、脉动流等。

安装条件包括管道布置方向，流动方向，上下游管道长度，管道口径，维护空间，管道振动，防爆，接地，电、气源，辅助设施（过滤，消气）等。

可参照表 8-22 进行初选，然后再看同类介质特性使用状况优劣进行筛选确定。

表8-22　流量仪表初选表

符号说明：
√ 最适用
△ 通常适用
? 在一定条件下适用
输出特性：
SR—平方根
L—线性

名称	清洁	脏污	含颗粒	腐蚀性	纤维浆	黏性	非牛顿流体	液气混合	液液混合	高温⑦	低温	小流量	大流量	脉动流	一般	小流量	大流量	腐蚀性	高温⑦	蒸汽	精确度	最低雷诺数	范围度	压力损失	输出特性	高精度流量适用性	高量程比适用性	公称通径范围/mm
	液体（流体特性）							液体（工艺过程条件）							气体						测量性能							
差压式 孔板	√	√①	×	△	×	√③	?	△	√	?	√	△	√	?	√	√	√	△	√	√	中	2×10^4	小	中～大	SR	?	×	50～1000
差压式 喷嘴	√	?	△	△	△	△	?	△	√	?	√	×	√④	?	√	△	△	△	√	√	中	1×10^4	小	小～中	SR	?	×	50～500
差压式 文丘里管	√	√	△	△	△	△	?	√	√	?	√	×	√	?	√	△	△	△	√	√	中	7.5×10^4	小	小	SR	?	×	50～1200
差压式 弯管	√	√	√	△	△	△	?	√	√	?	√	×	√	?	√	△	△	△	√	?	低	1×10^4	小	小	SR	×	×	>50
差压式 楔形管	√	√	△	△	△	△	?	√	√	?	?	×	×	×	√	△	△	△	?	×	低	5×10^4	小～中	中	SR	×	×	25～300
差压式 均速管	√	△	×	△	△	×	×	√	×	√	×	×	?	×	√	×	△	△	△	×	低	10^4	小	小	SR	×	×	>25
浮子式 玻璃锥管	√	×	×	△	×	△	×	×	×	×	×	√	×	×	√	√	×	△	×	√	低～中	10^4	中	中	L	?	×	1.5～100
浮子式 金属锥管	√	×	×	△	×	△	×	×	×	×	×	√	×	×	√	√	×	△	×	×	中	10^4	中	中	L	?	⊗	10～150

类型														公称直径范围（mm）
容积式	椭圆齿轮	√	×	×	×	×	×	△	×	?	×	△	×	√	×	中~高	10²	中	大	L	×	√	6~250
	腰轮	√	×	×	△	×	×	×	×	?	×	△	×	√	④	中~高	10²	中	大	L	×	√	15~500
	刮板	√	×	×	×	×	×	×	×	?	×	△	×	√	×	中~高	10³	中	大~很大	L	×	√	15~100
	膜式	√	×	×	×	×	×	×	×	?	×	×	×	√	×	中		大	小	L	×	√	15~100
涡轮式		√	×	√	×	×	√	△	?	×	×	△	④	√	④	中~高	10⁴	小~中	小~中	L	√	√	10~500
电磁式		√	√	√	√	×	√	√	?	×	√	×	√	×	√	中~高	无限制	中~大	无	L	√	√	6~3000
旋涡式	涡街式	√	△	√	×	×	√	√	?	×	√	△	⑥	√	×	中	2×10⁴	小~大	小~中	L	?	×	50~300
	旋进式	√	×	?	×	×	√	?	?	×	?	△	×	√	×	中	1×10⁴	中~大	中	L	?	×	50~150
超声式	传播速度差式	√	×	√	√	?	√	√	?	?	?	×	×	?	√	中	5×10⁴	中~大	无	L	?	?	>100
	多普勒法	√	×	√	√	×	√	△	?	×	√	△	×	√	×	低	5×10⁴	小~中	无	L	?	×	>25
靶式		×	√	√	×	×	√	?	×	×	×	×	×	√	×	低~中	2×10⁴	小	中	SR	?	×	15~200
热式		√	△	√	×	×	√	×	×	×	×	×	×	√	√	中	10²	中	小	L	√	△	4~30
科氏力质量式		√	×	√	?	?	√	?	?	?	⑤	?	⑤	√	×	高	无数据	中~大	中~很大	L	√	×	6~150
插入式（涡轮、电磁、涡街）		②	②	②	②	②	√	×	②	×	×	×	×	√	②	低	无数据	②	小	L	×	×	>100

①圆缺孔板。②取决于测量头类型。③1/4圆孔板，锥形入口孔板。④500 mm管径以下。⑤只适用高压气体。⑥250 mm管径以下。⑦＞200℃。

4．物位测量仪表的选择

物位是液位、料位、界面的总称。液位是指容器内液体表面的位置；料位是指固体块、颗粒、粉料的堆积高度和表面位置；界面是指两种互不相溶的物质的界面位置。

按测量方法对物位仪表可分类如下。

（1）直接式液位测量仪表有玻璃管式液位计和玻璃板式液位计。这两种液位计又分反射式和透射式。

（2）差压式液位测量仪表有压力式液位计、吹气法压力式液位计和差压式液位（或界面）计。

（3）浮力式液位测量仪表有浮筒式液位计、浮球式（包括浮球、浮标式）液位计和磁性翻板式液位计。

（4）电气式液位测量仪表有电接点式液位计、电容式液位计和磁致伸缩式液位计。

（5）超声波式液位测量仪表。

（6）放射性液位计。

（7）雷达液位计。

常用液位测量仪表的特性简述如下。

（1）直接式液位测量仪表用于就地测量液位、现场显示。因液位计与被测介质直接接触，其材质需适应介质要求，并能承受操作状态的压力和温度。

（2）差压式液位测量仪表以压力和差压变送器来测量液位。在石化生产过程中大量应用差压变送器测量液位，对腐蚀、黏稠液体可采用法兰式及带毛细管的差压变送器。为保证测量的正确，介质的密度应相对稳定。

（3）浮力式液位测量仪表浮筒式液位计的测量范围有限，一般为 300～2000 mm，因此适用于液位波动较小、密度稳定、介质洁净的场合。浮标式液位计测量范围较大，也适用于易燃、有毒的介质。

（4）电气式液位测量仪表电接点式液位计结构简单，价格便宜，可适用于高温、高压的场合。电容式液位计适用于有腐蚀、有毒、导电或非导电介质的液位测量，对黏稠、易结垢的介质，可选择带保护极的测量电极。

（5）超声波式液位测量仪表是运用声波反射的一种无接触式液位测量仪表。声波必须在空气中传播，因此不能用于真空设备。

（6）放射性液位计是真正的不接触测量各种容器的液位或料位液位测量仪表，适用于高压、高温、强腐蚀及高黏度介质的场合，但仪表必须由专人管理，保证操作和使用的安全性。

（7）雷达液位计运用高频脉冲电磁波反射原理进行测量，适用于恶劣的操作条件下液位或料位的测量。

物位测量仪表的选型原则如下。

（1）应深入了解工艺条件、被测介质的性质，测控系统的要求，以便对仪表的技术性能做出充分评价。

（2）液位和界面测量应首选用差压式、浮筒式和浮子式仪表。当不能满足要求时，可选用电容式、电接触式（电阻式）、声波式等仪表。料位测量应根据物料的粒度、物料的安息角、物料的导电性能、料仓的结构形式及测量要求进行选择。

（3）仪表的结构形式和材质应根据被测介质的特性来选择，主要考虑的因素为压力、温度、腐蚀性、导电性，是否存在聚合、黏稠、沉淀、结晶、结膜、气化、起泡等现象，密度和密度变化，液体中含悬浮物的多少，液面扰动的程度以及固体物料的粒度。

（4）仪表的显示方式和功能应根据工艺操作及系统组成的要求确定。

（5）仪表量程应根据工艺对象的实际需要显示的范围或实际变化范围确定。

（6）仪表精度应根据工艺要求选择，供容积计量用的物位仪表的精度等级应在 0.5 级以上。

（7）用于有爆炸危险场所的电气式物位仪表应根据防爆等级要求，选择合适的防爆结构形式或其他防护措施。

如表 8-23、表 8-24 所示分别列出了液位、料位、界面测量仪表选型的推荐表和参考表，供物位测量仪表选型时参考。

表 8-23　液位、料位、界面测量仪表选型推荐表

仪表名称	液体		液/液界面		泡沫液体		脏污液体		粉状固体		粒状固体		块状固体		黏湿性固体	
	位式	连续	位式	连续	位式	连续	位式	连续	位式	连续	位式	连续	位式	连续	位式	连续
差压式	好	好	可	可	—	—	可	可	—	—	—	—	—	—	—	—
浮筒式	好	好	可	可	—	—	差	可	—	—	—	—	—	—	—	—
浮子式开关	好	—	可	—	—	—	差	—	—	—	—	—	—	—	—	—
带式浮子式	差	好	—	—	—	—	—	差	—	—	—	—	—	—	—	—
光导式	—	好	—	—	—	—	—	差	—	—	—	—	—	—	—	—
磁性浮子式	好	好	—	—	差	差	差	差	—	—	—	—	—	—	—	—
电容式	好	好	好	好	好	可	好	差	可	可	好	可	可	—	好	可
电阻式（电接触式）	好	—	差	—	好	—	好	—	差	—	差	—	差	—	好	—
静压式	—	好	—	—	—	可	—	可	—	—	—	—	—	—	—	—
声波式	好	好	差	差	—	—	好	好	—	差	好	好	好	好	可	好
微波式	—	好	—	—	—	—	好	好	好	好	好	好	好	好	—	好
辐射式	好	好	—	—	—	—	好	好	好	好	好	好	好	好	好	好
激光式	—	好	—	—	—	—	—	—	—	好	—	好	—	好	—	好
吹气式	好	好	—	—	—	—	差	可	—	—	—	—	—	—	—	—
阻旋式	—	—	—	—	—	—	差	—	可	—	好	—	差	—	可	—
隔膜式	好	好	—	—	—	—	可	可	差	差	差	差	可	—	—	差
重锤式	差	好	—	—	—	—	—	好	好	—	好	—	好	—	—	差

表 8-24　料位测量仪表选型参考表

分类	方式	功能	特　点	注意事项	适用对象
气式	电阻式	位式测量	价廉，无可动部件，易于应付高温、高压，体积小	电导率变化，电极被介质附着	导电性物质、焦炭、煤、金属粉、含水的砂等
	电容式	位式测量 连续测量	无可动部件，耐腐蚀，易于应付高温、高压，体积小	电磁干扰，含水率的变化，电极被介质黏附，多个电容式仪表在同一场所相互干扰	导电性和绝缘性物料、煤、塑料单体、肥料、砂、水泥等
	音叉式	位式测量	不受物性变化的影响，灵敏度高，气密性、耐压性良好，无可动部件，可靠性高	电容振动，音叉被介质附着，荷重	粒度 100 mm 以下的粉粒体
	超声波（声阻断式）	位式测量	不受物性变化的影响，无可动部件，在容器所占的空间小	杂音，乱反射，附着	粒度 5 mm 以下的粉粒体
	超声波（声反射式）	连续测量	非接触测量，无可动部件	二次反射，粉尘、安息角、粒度	微粉以下的粉粒体、煤、塑料粉粒
	微波式	位式测量 连续测量	非接触测量，无可动部件	乱反射，自由空间，水蒸汽	高温、粘附性大、腐蚀性大、毒性大的颗粒状、大块状物料
	核辐射式	位式测量 连续测量	非接触测量，不必插入容器，可靠性高	需有使用许可证，核放射源的寿命	高温、高压、粘附性大、腐蚀性大、毒性大的粉状、颗粒状、大块状物料
	激光式	连续测量	非接触测量，无可动部件	如果光线太暗，信号衰减过大，物料不能完全透明	高温、真空、粉状、颗粒状、块状物料
机械式	阻旋式	位式测量	价廉，受物性变化影响	由于物料流动引起误动作，粉尘侵入，荷重，寿命	物料比密度在 0.2 g/cm³ 以上的小粒度物料
	隔膜式	位式测量	在容器中所占空间小、价廉	粉粒压力、流动压力，附着	小粒度的粉粒体
	重锤探测式	位式测量 连续测量	大量程，精确度高	索带的寿命，重锤的埋设，测定周期	附着性不大的粉粒体、煤、焦炭、塑料、肥料，量程可达 70 m

5．pH 值测量仪表的选择

pH 值测量仪又称为 pH 计，其分类及其区别如下。

（1）根据仪器精度进行分类，可将 pH 计分为 0.2 级、0.1 级、0.02 级、0.01 级和 0.001 级，数字越小，pH 计的精度越高。

（2）根据读数指示进行分类，可将 pH 计分为指针式和数字显示式两种。指针式 pH 计现在已很少使用，现在绝大多数使用的是数字显示式 pH 计。

（3）根据元器件类型进行分类，可将 pH 计分为晶体管式、集成电路式和单片机微型计算机式，现在更多的是应用微型计算机芯片，大大减少了仪器的体积和单机成本。

（4）根据应用场合进行分类，可将 pH 计分为笔式 pH 计、便携式 pH 计、实验室 pH 计和工业在线 pH 计等。

在 pH 计的选择时，首先要看使用场所，再看具体使用要求，不同场所有不同要求。笔式 pH 计、便携式 PH 计、实验室 pH 计的选择主要是根据用户测量所需的精度决定，而后根据用户方便使用程度选择各式形状的 pH 计。笔式 pH 计一般制成单一量程，测量范围狭窄，为专用简便仪器。便携式 pH 计和台式 pH 计测量范围较广；不同点是便携式采用直流供电，可携带到现场和野外。按先进程度分为经济型 pH 计、智能型 pH 计、精密型 pH 计。实验室 pH 计测量范围广、功能多、测量精度高、功能全，包括打印输出、数据处理等。

工业在线 pH 计是用于工业流程的连续测量，特点是要求稳定性好、工作可靠，有一定的测量精度、环境适应能力强、抗干扰能力强，具有模拟量输出、数字通信、上下限报警和控制功能等。为了确保最佳的 pH 值测量效果，根据每种应用选择正确的 pH 值传感器很重要。最重要的标准如下：化学成分、均匀性、温度、过程压力、pH 值范围与容器尺寸（长度与宽度限制）。对于非水、低电导率、富含蛋白质与黏性的测量介质，pH 电极的选择尤为重要，在这些样品中，通用型玻璃电极的性能容易受到影响，导致测量误差。电极的响应时间与精确度取决于诸多因素。与在室温条件下对中性 pH 水溶液进行的测量相比，在极端 pH 值和温度或者低电导率条件下进行的测量的响应时间较长。对 pH 电极是管道安装还是反应池（罐）安装，要做到心中有数，以便选择 pH 电极类型。对表头及 pH 电极的安装距离要了解，因为联接线一般是 5 m（或者 10 m）6 芯屏蔽线特殊接头专用线。

在废水处理行业，首先要清楚所测量的水质，如是一般污水，可选用常规 pH 电极（例如，MIK-ph5019）；如是含有 HF 酸或者氨离子的污水，则选择 MIK-ph5018；如废水中有重金属离子，则选择 MIK-ph5022。

在生物发酵行业，特别是发酵罐用 pH 值电极要经常高温灭菌，不能采用一般常规 pH 电极，常用梅特勒托利多的 inpro4800 系列；还需考虑是否需要温度补偿，如果需要，则选用特殊 6 芯屏蔽线有复合温度测量型；对表头的选择也要考虑是否自动温度补偿，自动温度补偿的 pH 计要比手动温度补偿的 pH 计方便些，但价格也相对更贵。对输出方式要有所了解，例如，4-20 mA 输出或者 RS-485、RS232 通信功能。

在制药或化工行业，有机溶剂存在时，选择德国 E+H 的 CPS71D。美国 HACH 公司的差分电极也可以用，因为其参考电极不是传统的银-氯化银电极，耐有机溶剂能力强。

6. 溶解氧测量仪表的选择

氧气通过周围的空气、空气流动和光合作用溶解于水中。溶解氧仪的作用是测量溶解在水溶液内的氧气的含量。该仪表可用来对氧含量会影响反应速度、流程效率或环境的流程进行监控。例如，水产养殖、生物反应、环境测试（湖、溪、海洋）、废水处理、葡萄酒生产。

好的水质需要适当的溶氧，所有的生命形态都需要氧。天然的溪水净化过程要求有恰当的氧含量供给有氧生命形态。例如，水中的氧含量低于 5.0 mg/L，水生物生存就有困难，浓度越低越困难。如氧含量低于 1～2 mg/L 并持续几小时将导致水生物大批死亡。

溶解氧传感器的类型通常分为 3 类，即电流溶解氧传感器、极谱溶解氧传感器、光学溶解氧传感器。每种类型的溶解氧传感器具有略微不同的工作原理，因此根据将要使用的水测量应用选择。每种溶解氧传感器类型都具有其优点和缺点，如表 8-25、表 8-26 所示是溶解氧传感器优缺点的比较和生物工程中常用溶氧电极性能的对比。

表 8-25　溶解氧传感器优缺点比较

传感器类型	优　　点	缺　　点
光纤 DO	零预热时间，校准稳定性高，每 1～2 年维护一次	功耗更高，响应时间慢
电流 DO	零预热时间，响应时间快，成本效益	每 2～8 周维护一次，硫化氢敏感性
极谱 DO	响应时间快，成本效益	预热 5～15 分钟，每 2～8 周维护一次，硫化氢敏感性

表 8-26　生物工程常用溶氧电极性能对比

型　　号	测量方法	量　　程	精　　度	灵敏度	分辨率	适用场合
InPro 6900	电流		±1%	1 ppb	1 ppb	
InPro 6860 i	光学	8 ppb 至饱和	±1%	8 ppb		耐温 130℃，耐压 4 ba，发酵
InPro 6800	极谱	6 ppb 至饱和	±1%	6 ppb		制药、化工、食品、饮料
Hamilton OXYFERM VP 120	光学	10 ppb 至饱和	±1%		0.1 ppb	可耐蒸汽消毒、高压灭菌和 CIP 清洗
OxyProbe D200		0.00～20.00（mg/L）	±1%	0.1 ppm	0.01 ppm	耐温 130℃，耐压 4 ba，制药
BJC D400		0.00～20.00（mg/L）	±1%	0.1 ppm	0.01 ppm	耐温 130℃，耐压 4 ba，制药
InPro 6050	极谱	30 ppb 至饱和	±1%	30 ppb		污水
DOG-208FA	极谱	0～20（mg/L）	±1%	0.1 ppm	0.01 ppm	纯水
Yosemitech Y503-B	光学	0～20（mg/L）	±1%		0.01 mg/L	130℃，0～4（bar）

目前国产溶解氧传感器品种不多，主要用于纯水、污水处理行业，质量也有待提高。在过去的 30 多年里，一直采用电流法和极谱法测量溶解氧。电流 DO 传感器和极谱 DO 传感器之间的区别在于极谱 DO 传感器需要施加恒定电压，它必须是两极化的。相比之下，由于阳极（银-氯化银）和阴极（黄金 Au 环或铂 Pt 金环）的材料特性，电流 DO 传感器是自极化的。这意味着虽然电流 DO 传感器可以在校准后立即使用，但极谱传感器需要 5～15 分钟的预热时间。ppm 级的可广泛应用于化工化肥、环保、制药、生化、食品和自来水等溶液中溶解氧值的连续监测。ppb 级的专为电厂、锅炉给水和凝结水等测量设计，它确

保了在（超）低浓度的稳定性和准确性，现在的技术在测量性能和使用环境等方面都有了很大的提高。但是，电化学方法的使用膜、电极和电解液会导致很多问题，即使进行定期维护，还是不能得到准确的测量结果。创新的新型荧光技术没有膜和电解液，几乎不用维护，性能优异，使用方便。荧光溶氧传感器盖包含一种发光染料，当暴露在蓝光下时会发出红光。氧气会干扰染料的发光性质，这种效应称为"猝灭"。光电二极管将"淬灭"发光与参考读数进行比较，从而可以计算水中的溶解氧浓度。

用于生物发酵行业的多为进口瑞士梅特勒产品，过去常用电流溶解氧传感器InPro6900，近几年来也有用极谱溶解氧传感器和光学溶解氧传感器的。光学溶解氧测量和电化学溶解氧测量都具有各自的优点和缺点。在测量溶解氧浓度时，这两种技术都具有相似的准确度。适用于各种测量值：现场测试显示，光学和电化学 DO 传感器的结果相似，从 1 mg / L 到 14 mg / L，光学和电流 DO 传感器之间的一个区别是电流 DO 传感器表现出流动依赖性。这意味着需要最小的流入速度（Sensorex 型号为 2 英寸/秒）才能保持测量精度。光学 DO 传感器不需要最小流入速度，一些样品成分可能会影响测量精度。例如，在废水、湖底和湿地中发现的化合物 H_2S，可以渗透电流传感器膜。光学溶解氧传感器将在这些环境中做出更好的选择，因为这些传感器不易受到 H_2S 的干扰。

电流 DO 传感器优于光学 DO 传感器的一个特点是电流 DO 传感器具有更快的响应时间。膜材料电流 DO 传感器的响应速度比光学 DO 传感器快 2～5 倍，在需要进行大量样品测量的应用中，光学 DO 传感器的这种限制更加麻烦；但在连续监测应用光学 DO 传感器时，响应时间则不成为限制因素。

城市污水和工业废水处理厂的溶解氧监测。溶解氧仪主要用于确保水处理过程中有充足的溶解氧，以维持微生物的活性，并可通过控制曝气量优化能源的使用。在兼氧生化过程中，水中的溶解氧一般在 0.2～2.0 mg/L，而在序批式活性污泥法（SBR）好氧生化过程中，水中的溶解氧一般在 2.0～8.0 mg/L。

对溶解氧分析仪来说，只要选型、设置、维护得当，一般均能满足工艺的测量要求。溶解氧分析仪使用不好的主要问题在于使用维护不正确，电极内部泄漏造成温度补偿不正常，电极输入阻抗降低等。

7. 浊度测量仪表的选择

混浊度是水中不同大小、形状、比重的悬浮物、胶体物质和微生物杂质等颗粒对光所产生的效应的表达语。水的混浊度不仅与水中悬浮物质颗粒的含量多少有关，还与它们的大小、形状和折射系数等性质有关。水中的悬浮物质是由泥沙、细微的有机物、黏土和无机物、可溶的有色有机化合物以及微小浮游生物和其他微生物等所组成的。对于自然水体而言，这些悬浮物质为细菌和病毒的吸附提供了温床，所以浑浊度越高则有毒物质就会多，那么降低浑浊度就明显有利于水的消毒。随着人们生活水平的提高，对水质的要求也日益提高；最新国标 GB5749—2006《生活饮用水卫生标准》修改并提高了浑浊度出水标准，规定了管网末梢水的浊度必须小于 1 NTU，有的自来水生产企业要求出厂水小于 0.1 NTU。浊度的测量对保证供水质量提供了有力的数据参考，对提高人民健康水平和生活质量具有重要积极意义。

浊度是一种感官指标，是通过水中物质对光的作用而体现出来的，浊度测量属于定性测量。浊度测量在低浊度区间具有非常好的线性性能，通过使用具有数值追溯性的标准化的方法和样品对浊度值进行比对，混浊度的测量就完全可以变成定量的测量。目前混浊度的准确测量值的获得普遍是采用仪器分析，也就是利用光学透射或者散射原理，将透射光或散射光信号通过光电探测器进行光电转换将光信号变成电信号，进而通过定标计算转换为浊度值。一般根据测量原理的不同，将这些仪器分析方法分为透射法、散射法和透射散射比法。如何在这些测量方法中找到一种适合自身生产实际的方法，则需要对各仪表的性能与适用场合做对比，让用户根据自身生产实际进行仪表选型。如表 8-27 所示是几种浊度仪性能的对比。

表 8-27　　浊度仪性能对比

类　型	型　号	量　程	精　度	测量方法	光　源	干扰因素	适用场合
在线式	美国哈希 1720E	0～100（NTU）	±2%	水下散射法	钨灯	光源抖动和衰减，液体色度影响	低或超低无色浊度水
	苏州奥特福 TM-6S	0～100（NTU）量程自动切换	±2%	水下散射光参考光比值法	860 nm 波长 LED	无或其他	低或超低无色浊度水、饮料等带色液体
	美国哈希 SS7	0～10000（NTU）	±5%	表面散射法	钨灯	光源抖动和衰减，液体色度影响	高浊度水的定性评价
	苏州奥特福 TM-7	0～100（NTU）量程自动切换	±5%	表面散射法	860 nm 波长 LED	无或其他	低浊度、中浊度、高浊度水、饮料等带色液体
台式或便携式	美国哈希 TL2310ISO	0～1000（NTU）	±5%	散射透射比法	860 nm 波长 LED	无或其他	低浊度、中浊度、高浊度水、饮料等带色液体
	日本 OPTEX M500	0～500（NTU）	±5%	透射法	860 nm 波长 LED	无或其他	高浊度水的定性评价
	上海雷磁 WZS-186	0～2000（NTU）	±6%	散射透射比法	860 nm 波长 LED	无或其他	低浊度、中浊度、高浊度水、饮料等带色液体

从表 8-27 可以看到，以 860 nm 波长 LED 为测量光源的测量过程中不会受到水样色度的影响，可以测量饮料、发酵液等带色液体的浊度；采用比值法原理设计的浊度仪测量过程中不会受到光源抖动的影响，仪表可以长期稳定运行。

目前国产浊度仪品种不多，质量也有待提高。在许多工程项目中使用了很多进口仪器，大多数是散射法测量。例如，美国哈希（Hach）公司的 1720D（流通式低浊度仪）、SS6（流通式高浊度仪）、Rotin200（流通式低浊度仪），美国 BTG 公司的 Txpro（插入式高浊度仪）、BTG200BW（流通式低浊度仪），德国 E+H 公司的 CUSI/CM151（插入式高浊度仪）、CUS3/CM151（插入式低浊度仪），美国罗斯蒙特（Rosemount）公司的 2100（流通式低浊度仪）等。透射法浊度仪有日本横河公司的 LS8560（流通式低浊度仪）、LS-EBC

（流通式低浊度仪）、AE-G（实验室高浊度仪），西师公司的 ZBX-4（实验室低浊度至高浊度量程）等。国内上海雷磁 WZS-186 型流通式低浊度仪也是散射法测量。在应用时，应根据测量需要选型，同时要注意安装方式以及量程范围等技术指标。

饮用水处理过程中，浊度仪的仪表选型工作至关重要。需要了解各种测量仪表的测量原理和使用光源，然后从该测量原理出发分析该仪表的优缺点和适用场合，进而合理地选择合适的种类与规格的浊度仪，从而保证浊度测量的准确性和稳定性，对水处理效果做到有力监督，为居民生活用水的健康安全提供保障。

为了快速、准确地检测出水质指标，将光纤、电容液滴分析技术作为检测手段，定量检测溶液浊度。通过光纤、电容液滴传感器获取溶液生成液滴过程中基于液滴体积液的"液滴指纹图"。根据指纹图特征，确定了浊度的测量范围，选取光纤信号最大峰值作为分析对象，建立其与浊度的拟合方程，实现了 0～200 NTU 浊液的快速检测，这种测量方法最大相对误差为 3.9%，具有较高的准确性。

在生物工程中应用浊度计测量液体中细胞浓度，可以选择有直接换算成细胞浓度的型号。麦氏比浊仪以 McF（McFarland）麦氏浊度为单位，采用麦氏比浊法，测量微生物悬浮液中微生物菌体的光密度，并定量表征微生物菌体含量，直接显示麦氏单位浊度值，根据国际通用麦氏单位浊度值与细菌数的关系换算出细菌浓度。该类仪器的测量原理多为测量微生物悬浮液的散射透射比，仪器由光源、样品测量池、光电传感器和显示单元部分组成，广泛应用于微生物检测、医药学和微生物发酵等领域。

浊度是指水体中悬浮颗粒的含量，在水产养殖中，悬浮颗粒由大量的细菌、病原体组成，颗粒物浓度过大，易危害水生动物的生存。传统的浊度检测技术易受环境光、色度、温度等因素的影响，稳定性差、精度低。为此设计了基于 IEEE1451.2 的智能光纤浊度传感器，该传感器由光学检测模块、信号变送模块、智能处理模块组成。光学检测模块采用 880 nm 红外发光二极管作为光源，采用 90°散射光检测法，有效降低了色度对浊度检测的影响。信号变送模块采用正向比例积分电路、I/V 转换、滤波、检波电路对采集到的散射光电流信号进行处理，得到一个线性关系良好的直流浊度电压信号。为了提高传感器的精确度，设计了基于 IEEE1451.2 的智能处理模块，构建了温度补偿算法，采用校正 TEDS 参数完成对浊度的温度补偿，提高了浊度测量的准确度。对传感器性能进行测试，结果表明传感器准确度误差在 ±1.5% 以内，稳定性误差在 ±1.0% 以内，满足水产养殖对光纤浊度传感器的需求，具有较高的可靠性。

8. 黏度测量仪表的选择

黏度是表征液体抑制流动能力的一个重要的物理参数，通常用剪切阻力与速度梯度的比值来表示。在工业生产中，经常需要在线检测和控制液体的黏度，以保证生产工艺和产品质量。液体黏度测量已被广泛应用于石油化工、食品、医药等领域。常见的黏度测量仪器有毛细管式、旋转筒式、振动法和落球式等。而工业生产中更多要求能够连续在线测量的黏度测量方法，以更好地监测黏度变化过程。

在线黏度计的应用已有几十年的历史，许多工业生产过程中都需要进行黏度的连续自动测量与控制。例如，造纸和纺织工业中的黏度在线测量可以改进淀粉的转换过程，提高上胶操作和自动涂料过程的质量和效率；食品、化妆品等行业利用在线黏度测量控制产品的中间过程或者最终产品的黏度，达到控制不同批次产品品质的一致性。

目前，生化工程中需要进行黏度测量的中间品和最终产品，大部分是非牛顿性剪切变稀的流体。但是，生化工程中的流体黏度又往往比常规化工流体要低一两个数量级，有些液体甚至只有几个厘泊，再加上测量时温度的变化及流场的存在，使生化工程中的在线黏度测量要求比常规测量高，对在线黏度计也提出了更高的精度要求。

在目前的在线测量过程实际应用中，经常会发生在线测量结果不理想的情况，最常见的有如下几种。①在线测量数据没有规律，和设想的趋势不一致。②在线结果和试验室测量数据无法直接对比。③流程工艺条件的波动或不一致，测量结果无法判断。

以上这些问题产生的原因，主要在于流体的流变特性、测量方法的原理以及后续数据处理方法等，因此必须对流体的流变特性有清楚的了解。

流体分为牛顿流体和非牛顿流体。牛顿流体是指流体的黏度不随测量时的剪切率条件变化而变化。换句话说，如果是用同样的测量方法和仪器，在不同的转速下测量，黏度是不变的。而非牛顿流体是指流体的黏度随着测量时剪切率条件变化而变化。常见的牛顿流体或接近牛顿流体的物质有水、有机溶剂、汽油、柴油等小分子的流体或溶液。一般这类流体的黏度测量多采用毛细管式。

目前，实际测量的流体大部分都是非牛顿流体，而非牛顿流体又可按照流变特性（按剪切率的变化）的不同分为剪切变稀和剪切变稠（如图 8-27 所示）。

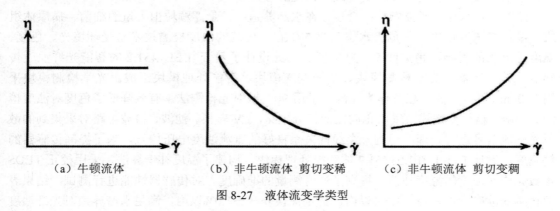

（a）牛顿流体　　　　　　（b）非牛顿流体 剪切变稀　　　　（c）非牛顿流体 剪切变稠

图 8-27　液体流变学类型

（1）在线黏度计实际选型中需要注意的问题。

目前，需要测量的产品大部分是剪切变稀的流体。聚合物、高分子材料等的熔体或溶液都是这种流变特性。因此，常常说"黏度不是一个点，而是一条曲线"。既然是一条曲线，那么到底取哪个点更合适，或者说测量到底是在哪个点上，就需要根据仪器的测量原理和测试条件具体分析。

单从流体的流变特性和黏度测量的目的来看，常用的原则是选用低剪切条件下的测量值，这样可使流体在低剪切下测量，剪切变稀的现象不太明显，使黏度指标的灵敏性得到充分利用，提高监测的灵敏度。

在针对生产过程的在线黏度测量解决方案中，以旋转法和震动法相对较多。这两种测量方法各有各的适用场合，有些可以通用，有些不能通用。考虑哪种方法更适用，不能只看工艺条件中的温度、压力、黏度范围、安装要求等，而应该先从产品的流变学特性来进行考虑选择。

①测量方法的选择。

旋转法的测量剪切率可以精确计算，往往较低，一般都在 200 s⁻¹ 以下，而震动法的测量剪切率没有办法准确计算，大概在 1000～1500 s⁻¹。因此，对于剪切变稀的假塑性非牛顿流体，到底是旋转法更适合，还是震动法更合适，就需要对物料进行流变曲线的测量才能确定。

如图 8-28 所示，这两个同类物料在生产流程温度下时，黏度随着剪切率从小到大而变化，黏度逐渐下降，等到了较大的剪切率条件下，这两者的黏度基本保持一致，如果在高剪切条件下去测量的话，黏度指标就没有指标意义了，所以这类产品一定要选择低剪切的旋转法在线黏度计才能得到理想的测量结果。

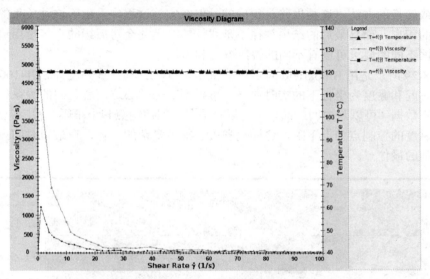

图 8-28　两个非牛顿流体的流变曲线

以下根据一些行业的实际应用情况做了一些归纳，供大家参考。

A. 低黏度流体，一般小于 500 mPa·s：这类流体一般为成品油、小分子的液体溶液，接近于牛顿流体，最佳的在线测量方法是毛细管式，其次可以使用旋转式、活塞式和振动式。

B. 中等黏度流体，一般在几百到 10000 mPa·s：这类样品基本都是剪切变稀的非牛顿流体，剪切变稀的倾向十分明显，最佳的在线测量方法是旋转式，其次是振动式和活塞式。

C. 高黏度流体，一般在 10000 mPa·s 以上：这类样品基本也都是剪切变稀的非牛顿流体，在线测量的结果往往和实验室测量结果差异很大，主要原因是由于实验室和在线测量条件的差异，生产温度往往要高于实验室的测量温度。这种情况下，最佳的在线测量方式是旋转式，其次是振动式。

②安装要求和物料问题。

以上的归纳是从流体的类型角度来考虑的；在实际应用中，还需要根据现场的要求，主要考虑安装的要求；是安装在管道上，还是安装在反应釜或容器上；是敞开体系，还是密闭的高温高压体系等；流体是否具有腐蚀性；流体会不会固化等因素来综合考虑。一般物料不会固化，管路安装的，采用旋转法为第一选择；如果需要直接安装在反应釜、物料会固化但下次生产会融化的情况，往往选用振动法居多。含颗粒或固化物料的不能使用活塞式。

（2）在线黏度计实际使用中需要注意的问题。

①对于在线测量结果和实验室测量结果的对比问题。

黏度的测量方法很多，实验室和在线黏度测量的方法和仪器也很多，这样在进行数据对比时一定要注意测量条件的一致性。这个一致性包括了测量方法和测量条件，测量条件又包括了测量温度、压力、流速、仪器的测量条件（剪切率）等，只有这些条件完全一致，测得的结果才会一致。

但是实际应用中这些条件很难一致，在这种情况下，很多人会考虑是否可以找到一个相互换算或转换的方法，这种思路是正确的；但在实施过程中，由于这种关系的摸索需要一定数据的积累，而且最后的结果往往不是线性的，因此会对后续的直接使用造成一定的影响。根据不同的要求可以有不同的解决方法和做法。

如图 8-29 所示是用 Brookfield 的实验室黏度计 DV-II+ 和在线黏度计 STT-100 对同一样品在同一时间和黏度为坐标下的实时曲线。可以不必去关心这两者之间的关系如何，只要通过实验室数据（可以是中间产品，也可以是成品）的控制点和上下限，相应地通过时间，找到在线黏度的控制点和上下限，这样就省去了很多复杂的计算，在最短时间内获得在线测量和控制的最佳点。

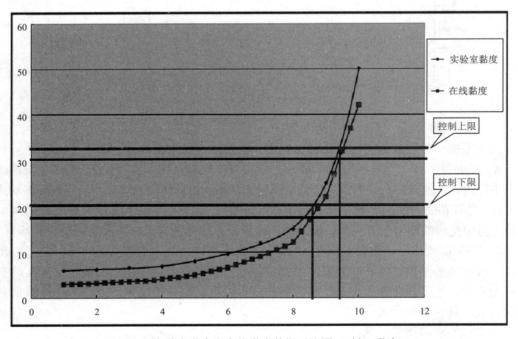

图 8-29　实验室黏度和在线黏度数据对比图（时间-黏度）

如果需要对两者之间的结果做准确的转换，就需要积累一定的数据，经过数学计算得到两者之间的关系，如图 8-30 所示是对一种婴儿沐浴产品的在线数据和实验室测试结果的对比分析计算结果，可以看出两者之间具有很好的相关性。

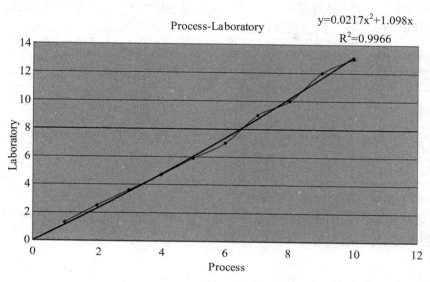

图 8-30　实验室和在线黏度测量数据回归分析图

②温度补偿问题。

由于实验室采样测量的温度和现场温度经常是不同的，而且现场的温度也会有波动，因此很多使用者会关心和需要温度补偿，这种需要也是很实际和必要的。目前市场上的在线黏度计产品都会提供温度补偿功能，但在实际使用中还是会有问题。目前温度补偿的理论依据是通过设置参数对黏度进行不同温度点的计算。这在理论上是对的，一般都是根据 ASTM D341 进行计算；但是没有注意到的是，这需要先行测量流体的黏度-温度曲线，经过计算才能获得真实的参数，而不是根据公式简单的设置几个参数；需要对测量的流体的粘-温特性有所详细了解后才能设置。

（3）测量范围与精度的考虑。

通过在线黏度计的精度要求数值计算——幂律流体流变计算，可以得出以下结果。①针对同样的物料，如果选用不同测量原理的在线黏度计，测量结果往往是不同的。②由于物料的流变特性和测量剪切率的不同，旋转法的测量结果高于振动法的测量结果。③由于物料的流变特性和测量剪切率的不同，对振动法仪器的测量精度要求要高于旋转法至少一个数量级。

根据以上的计算和实际的应用经验，如果在流程温度条件下，所测物料的实验室旋转黏度测量结果在几百厘泊的，选用旋转法；在线黏度计的精度要求在 1.0 cP，选用振动法；在线黏度计的精度要求在 0.1 cP，目前市场上的旋转在线黏度计还不能满足这个精度要求（如表 8-28 所示）。

表 8-28　国内外部分工业在线黏度计性能比较

制造商或品牌	产品型号	测量方法	流体温度	量　程	精　度
法国 Sofraser 公司	MIVI，CIVI	振动法	35～200℃	0～1000000 cP	±0.2%
美国 BROOKFIELD	AST-100	旋转法	-20～200℃	0～125000 cP	±1%
美国 BROOKFIELD	TT-100	旋转法	5～260℃	0～500000 cP	±1%
英国 HYDRAMOTION	XL7-HT	旋转法	-50～400℃	0～1 cP 0～10^9 cP	±1%
日本赛科尼可 SEKONIC	FVM72A	振动法	0～100℃	0.5～20000 cP	±1%
美国 cambridge	VISCOpro 2000	振动法	0～190℃	0.2～20000 cP	±0.8%
美国 Rheonics	DVP-0300	旋转法	-40～150℃	0.2～300 MPa.s	±5%
北京华宇基业科技有限公司	HYJY-ND	振动法	35～120℃	0～10^6 cP	±1%

　　针对一些中黏度、低黏度物料的在线黏度测量，推荐 SRV 系列在线黏度计（如图 8-31 所示），可以获得最低 0.01 cP 精度的黏度读数，结合专门开发的 VM 显示控制器，可以实现粘温补偿以及实验室数据对比转换的要求。

DVM
高温高压在线黏度/密度计

DVP
在线黏度/密度计

SRV
在线黏度计

图 8-31　在线黏度计结构

　　总之，根据不同物料的流变特性和测量的要求，选取相应合适的在线黏度计，在加以后续的黏度-温度补偿计算和实验室数据对比，就可以在生产现场直接进行测量并输出、显示需要的结果，实现物料的在线黏度测量，同时和实验室数据进行直接对比。

　　9．在线成分分析仪

　　自 20 世纪 80 年代末以来，过程分析仪器在智能化、网络化方面有了突飞猛进的发展。由于过程控制 DCS 系统对组分检测的可靠性、准确性、实时性的要求，采用不同检测原理的多种类分析传感器组合的多组分智能分析仪器正迅猛发展，政府对分析仪器的研究投入和其对国民经济的贡献率均有很大提高。

　　在生物工业生产过程中需要有可靠的仪器对各种工艺参数进行连续检测，科学地指导生产，确保生产设备长周期安全稳定运转，在线成分分析仪是其中较为重要的检测仪器。

　　生物发酵技术是现代生物学、化学、工程科学的完美交叉，作为国家战略新兴产业的重要组成部分，生物发酵技术凭借其高产、环保、节能的优点，在食品、工业等领域做出了重要贡献。发酵过程中碳源的主要来源是葡萄糖，其量的过多或过少都会影响产品的质量，因此对葡萄糖浓度的监测在发酵过程中是必不可少的。

而传统的检测方式为离线测量，即将发酵液从发酵罐中取出后进行检测，这样不仅会浪费时间而且由于菌体的不断呼吸会导致测量的葡萄糖浓度不准确，所以葡萄糖的在线测量是十分必要的。

对实验室已开发的针对发酵工业中的Ⅰ代酶注射式葡萄糖在线传感分析仪进行了分析研究，针对其不足对Ⅱ代酶注射式葡萄糖生物传感在线分析系统进行研究，以对Ⅰ代分析仪进行改进。针对酶注射式葡萄糖生物传感器检测结果易受温度影响导致测量不准确的问题，提出一种基于温度的葡萄糖浓度检测方法。设计Ⅱ代酶注射式葡萄糖生物在线分析系统的软硬件系统，实现了分析系统的液体注射功能、三电极数据采集功能、温度测量功能。进行了实际测量和结果数据的分析，分析了该测试系统的优点、缺陷以及下一步的计划方案。

山东省生物传感器重点实验室基于发酵过程自动优化控制的需求，研制了发酵过程生物传感器在线自动取样分析系统，给出了在线分析系统的分析原理及其结构组成，详细介绍了自动取样、样品稀释及生物传感器信号处理的方法。系统可以实现对葡萄糖、乳酸和谷氨酸等重要生化参数的自动取样分析，并把分析结果通过 485 接口或 4～20 mA 模拟接口发送到发酵控制器，为发酵控制提供生化分析数据。用葡萄糖标准样品作为发酵液对实验样机进行了测试，结果表明在线分析系统具有较高的分析精度，可以满足发酵过程分析的需求。

由此发明的发酵罐尾气在线分析仪（CN201710054885.7）是基于多种红外线传感器和新型气敏材料制成的气体传感器构成阵列相结合的发酵过程在线尾气检测系统。其对成分复杂、湿度高的发酵罐尾气能够提供实时检测。根据固态发酵和液体发酵的特点发明了两种能抗干扰的高精度发酵罐尾气在线分析仪，既可检测发酵尾气中 O_2、CO_2 等基础测量值，也可检测挥发性的醛类、酸类、醇类、酯类、胺类、硫醇类、酚类、噻唑、吲哚和呋喃类杂环化合物类等，为发酵代谢调控提供了可靠的依据。

对微生物发酵过程排放的尾气进行实时监测，有效地预测发酵反应进程和转化质量。为了保护密闭厌氧性环境以免影响发酵过程，研制出一种构建尾气在线监测系统的设计方法，并针对多组分气体分析仪受到电磁干扰、传感器老化、环境变化等不利影响而造成气体浓度测量偏差较大的问题提出了 1 个基于最小二乘法回归模型的校正方法，通过利用标准气体罐进行标定实验和校验，建立拟合多项式标定模型和最佳校正公式。针对丙酮-丁醇发酵过程的实验结果表明，应用该方法能够有效地对该发酵过程尾气进行实时监测，并且能减小气体分析仪的测量误差，提高测量精度。

四川大学刘康等人提出将流动注射电化学分析系统（离子选择电极电位检测）应用于离子交换法制备柠檬酸钠生产流程中对离子交换树脂的运行状态和从交换柱流出液中柠檬酸钙含量的自动在线监测。

为弥补经典的五日稀释接种法（BOD_5）耗时较长，不能及时反映水质污染状况的不足，设计了基于微生物传感器的生化需氧量（BOD）在线测量仪器。BOD 生物传感器是溶解氧传感器和微生物膜传感器的结合，利用微生物膜传感器测定 BOD 是一种快速有效测定水中可生化降解有机物的方法。论述了 BOD 生物传感器的工作原理，给出了在线 BOD 测量仪器的整体结构，设计了连续进样系统和信号处理电路，阐述了自动标定、温度控制、数据处理和有机物浓度计算的方法。设计的在线 BOD 测量仪器对标准值的相对误差在 ±5% 以内，与经典的稀释接种法比较有较好的相关性，能够用于废水中可生化降解的有机物的快速测定和评价。

研究者利用生物氧化酶对底物的高度特异性以及各种电子媒介体如功能型金属纳米材料、介孔碳、石墨烯等纳米材料对电子传递的促进作用，从而实现了对多种重要生命活性物质。例如，谷氨酸、葡萄糖、乳酸等的高选择、高灵敏的检出。该在线取样-分析系统解决了生物样品量少、浓度低、容易变质等缺点。微渗析活体取样-电化学生物传感联用技术为快速、准确、科学地研究实验动物各器官尤其是脑部各区域中的生命活性物质的水平及其变化提供了有效的手段，在神经系统分子机制以及相应疾病病理的探索等方面具有很好的科学研究价值，在临床医学、药物筛选等方面也具有广阔的应用前景。

美国热电公司生产在线分析仪的工作原理为利用同位素锎（Cf-252）作为中子源，产生的热中子激活被测物料原子核，不同原子核迅速发射出其特有的 γ-射线，发出 γ-射线经碘化钠探测器检测到后，转化成不同元素特有的光脉冲能谱。光脉冲能谱经计算机放大及数字化处理，并与标准模块测出的数据对比后，就可以在计算机上直接读出被测物料各种元素及氧化物含量的质量百分比。在线分析仪可直接分析 SiO_2、Al_2O_3、Fe_2O_3、CaO、MgO、K_2O、Na_2O、SO_3、Cl、Mn_2O_3、TiO_2 等元素。

随着我国发酵工业对自动、优化控制需求的持续增长，发酵在线分析系统具有较好的应用前景。

三、自动控制系统设计方法

生物工程自动控制可分为开环控制和闭环控制两大类。开环控制的代表是顺序控制，它是通过预先决定了的操作顺序，一步一步自动地进行操作的方法。顺序控制有按时间的顺序控制和按逻辑的顺序控制。传统的顺序控制装置都是时间继电器和中间继电器的组合。随着计算机技术和自动控制技术的发展，新型的可编程序控制器（PLC）已开始大量应用于顺序控制。闭环控制的代表是反馈控制，当期望值与被控制量有偏差时，系统判定其偏差的正负和大小，给出操作量，使被控制量趋向期望值。

1. PLC 控制系统设计

在现代化的工业生产设备中，有大量的数字量及模拟量的控制装置，例如，电机的启停，电磁阀的开闭，产品的计数，温度、压力、流量的设定与控制等，而 PLC 技术是解决上述问题的最有效、最便捷的工具，因此 PLC 在工业控制领域得到了广泛的应用。

1）PLC 控制系统的设计

PLC 控制系统设计包括硬件设计和软件设计。

（1）PLC 控制系统的硬件设计。

硬件设计是 PLC 控制系统的至关重要的一个环节，这关系着 PLC 控制系统运行的可靠性、安全性、稳定性，主要包括输入和输出电路两部分。

①PLC 控制系统的输入电路设计。PLC 供电电源一般为 AC85—240V，适应电源范围较宽，但为了抗干扰，应加装电源净化元件（例如，电源滤波器、1∶1 隔离变压器等）；隔离变压器也可以采用双隔离技术，即变压器的初级、次级线圈屏蔽层与初级电气中性点接大地，次级线圈屏蔽层接 PLC 输入电路的地（GND），以减小高低频脉冲干扰。PLC 输入电路电源一般应采用 DC24V，同时其带负载时要注意容量，并做好防短路措施，这对系统供电安全和 PLC 安全至关重要，因为该电源的过载或短路都将影响 PLC 的运行。一般选用电源的容量为输入电路功率的两倍，PLC 输入电路电源支路加装适宜的熔丝，防止短路。

②PLC 控制系统的输出电路设计。依据生产工艺要求，各种指示灯、变频器/数字直流调速器的启动停止应采用晶体管输出，它适应于高频动作，并且响应时间短。如果 PLC 系统输出频率为每分钟 6 次以下，应首选继电器输出，采用这种方法，输出电路的设计简单，抗干扰和带负载能力强；如果 PLC 输出带电磁线圈等感性负载，负载断电时会对 PLC 的输出造成浪涌电流的冲击。为此，对直流感性负载应在其旁边并接续流二极管，对交流感性负载应并接浪涌吸收电路，可有效保护 PLC。

当 PLC 扫描频率为 10 次/分以下时，既可以采用继电器输出方式，也可以采用 PLC 输出驱动中间继电器或者固态继电器（SSR），再驱动负载。

对于两个重要输出量，不仅在 PLC 内部互锁，建议在 PLC 外部也进行硬件上的互锁，以加强 PLC 系统运行的安全性、可靠性。

③PLC 控制系统的抗干扰设计。随着工业自动化技术的日新月异，晶闸管可控整流和变频调速装置使用日益广泛，这带来了交流电网的污染，也给控制系统带来了许多干扰问题，防干扰是 PLC 控制系统设计时必须考虑的问题。

（2）PLC 控制系统的软件设计。

在进行硬件设计的同时可以着手软件的设计工作。软件设计的主要任务是根据控制要求将工艺流程图转换为梯形图，这是 PLC 应用的最关键问题，程序的编写是软件设计的具体表现。在控制工程的应用中，良好的软件设计思想是关键，优秀的软件设计便于工程技术人员理解掌握、调试系统与日常系统维护。

①PLC 控制系统的程序设计思想。由于生产过程控制要求的复杂程度不同，可将程序按结构形式分为基本程序和模块化程序。

基本程序既可以作为独立程序控制简单的生产工艺过程，也可以作为组合模块结构中的单元程序；依据计算机程序的设计思想，基本程序的结构方式只有 3 种：顺序结构、条件分支结构和循环结构。

把一个总的控制目标程序分成多个具有明确子任务的程序模块，分别编写和调试，最后组合成一个完成总任务的完整程序，这种方法叫作模块化程序设计。建议经常采用这种程序设计思想，因为各模块具有相对独立性，相互连接关系简单，程序易于调试修改。特别是用于复杂控制要求的生产过程。

②PLC 控制系统的程序设计要点。PLC 控制系统 I/O 分配，依据生产流水线从前至后，

I/O 点数由小到大；尽可能把一个系统、设备或部件的 I/O 信号集中编址，以利于维护。定时器、计数器要统一编号，不可重复使用同一编号，以确保 PLC 工作运行的可靠性。

程序中大量使用的内部继电器或者中间标志位（不是 I/O 位），也要统一编号，进行分配在地址分配完成后，应列出 I/O 分配表和内部继电器或者中间标志位分配表。彼此有关的输出器件，例如，电机的正/反转等，其输出地址应连续安排，例如，Q2.0/Q2.1 等。

③PLC 控制系统编程技巧。PLC 程序设计的原则是逻辑关系简单明了，易于编程输入，少占内存，减少扫描时间，这是 PLC 编程必须遵循的原则。

2）PLC 程序设计的几点技巧

PLC 各种触点可以多次重复使用，无需用复杂的程序来减少触点使用次数。

同一个继电器线圈在同一个程序中使用两次称为双线圈输出，双线圈输出容易引起误动作，在程序中尽量要避免线圈重复的使用。如果必须是双线圈输出，可以采用置位和复位操作（以 S7-300 为例，例如，SQ4.0 或者 RQ4.0）。

如果要使 PLC 多个输出为固定值 1（常闭），可以采用字传送指令完成。例如，Q2.0、Q2.3、Q2.5、Q2.7 同时都为 1，可以使用一条指令将十六进制的数据 0A9H 直接传送 QW2 即可。

对于非重要设备，可以通过硬件上多个触点串联后再接入 PLC 输入端，或者通过 PLC 编程来减少 I/O 点数，节约资源。例如，使用一个按钮来控制设备的启动/停止，就可以采用二分频来实现。

模块化编程思想的应用。可以把正反自锁互锁转程序封装成一个模块，正反转点动封装成一个模块，在 PLC 程序中可以重复调用该模块，不但减少编程量，而且减少内存占用量，有利于大型 PLC 程序的编制。

PLC 控制系统的设计是一个步骤有序的系统工程，要想做到熟练自如，需要反复设计和实践。在此是 PLC 控制系统的设计和实践经验的总结，在实际应用中具有良好的效果。

2. DCS 自动控制系统设计

DCS 自动控制系统是通过各个回路和上下级微处理机之间进行信息交换来发挥其监控、管理、直接数字控制、数据获取和人机交互等功能的。它让企业管理层能够更好地对企业实施管理。DCS 控制系统可以根据不同的流程应用对象来进行软硬件组态。DCS 控制系统是将系统控制功能根据性能的不同，分散到计算机上面，并采取容错即冗余方式来进行系统结构的设计。这也就说明，如果在运行过程中某一台计算机出现了故障，也不会使整个系统瘫痪。也正是因为每一台计算机所负责的任务不同，这样可以针对每台计算机来安装特定的结构和软件，让它们的性能能够更加的可靠。DCS 控制系统主要是采用开放式的设计，而且是通过局域网来实现信息的传输。因此当要对 DCS 控制系统功能进行改变和扩充时，可以直接将以前的系统功能从计算机里卸下来，或者是直接将新的系统功能装入计算机中，在这整个过程中，不会对其他计算机产生任何不利影响。DCS 控制系统是通过各工作站进行数据传送，实现信息资源共享，才能够进行协调，更好的发挥系统的整体功能，并对运用过程中所出现的问题进行更好地处理。DCS 控制系统不仅有丰富的控制算法，还可以加入特殊的控制算法。DCS 控制系统是由功能单一的小型或微型计算机为基础而构成的系统软件，因此，在进行维修时，将更加的简便。

1）DCS自动控制系统软件体系的设计

（1）DCS自动控制系统软件体系中实时数据库的设计。

实时数据库是DCS自动控制系统软件体系中所有数据库建立的基础，而实时数据库是在操作站的软硬件环境基础上建立起来的，实时数据库中，所有的数据和事件都必须定时显示。因此在对实时数据库进行设计时，要在充分了解其性质和特点的基础上来进行设计。实时数据库的功能特点如下。①通过I/O设备及I/O驱动软件为现场数据采集提供了接口。②可以通过实时数据库直接对原始数据进行处理。③每一个数据库储存数据的空间是有限的，因此数据库要进行定期的清理，将旧的数据删除，再输入新的数据。④当数据进行更新后，要及时通知客户端。⑤提供可以让各种数据进行优先控制、计算和处理的触发和定时机制。⑥在将数据输入到实时数据库中的时候，要进行备份，以免数据丢失。⑦要实时对数据库里的数据进行检索。⑧能够将报警状况和操作事件的信息进行汇总的功能。⑨将对时间有严格要求的客户进程进行统一的管理和调度。在选择实时数据库的开发工具时，要根据数据库对实时性要求的程度来决定。对于实时数据库的逻辑层和视图层，可以使用VC++、Delphi、VB、JAVA、VFP、C等软件实现。

（2）DCS自动控制系统软件体系中历史数据库的设计。

历史数据库是储存一些会随着时间的进程而变化的信息，是对实时数据库中的数据值、记录时间、报警时间进行存储，形成数据表的一种软件。历史数据库的功能如下。①可以将信息记录保存在稳定性比较好的光碟和硬盘上。②用户通过历史数据库可以将信息转变为各种报表和曲线图，让用户可以一目了然。③历史数据库所能储存的数据总量是由存储介质的空间大小来决定的。④用户在历史数据库中进行数据登录策略会受到时间的限制。⑤在将数据表输入进历史数据库时，要严格标注时间。⑥历史数据库管理对象的特点是持久性、共享性、大量性和可靠性。

在进行DCS自动控制系统软件体系中历史数据库设计时，对于物理层可以用大容量的存储设备，而逻辑层和视图层可以采用SQL、VB或VC++等数据库语言来进行设计。

（3）DCS自动控制系统软件体系中安全信息数据库的设计。

只有先实现了历史数据库的设计，才能够完成安全信息数据库的设计。安全信息数据库主要处理一些系统初始参数、运行参数等相对稳定的数据，管理用户登录、选择、权限等系统操作。安全信息数据库的功能如下。①保证用户权限、密码等信息的安全，并对这些信息进行保密。②安全信息数据库对系统的所有信息数据库进行设计和管理，以保证整个系统软件的正常运行。③在对信息进行储存和检索时是有时间限制的，而且信息记录会随着时间的推移而增加。在进行安全信息数据库的设计时，可以采用SQL等数据库语言。

（4）DCS自动控制系统软件体系中报警数据库的设计。

报警数据库是整个DCS自动控制系统软件体系最重要的功能，因为在系统出现故障的时候，报警数据库就会发出警报，引起操作人员的注意，及时进行维修，以保证整个系统软件能够正常运行。报警数据库的信息主要来源于记录报警类型和文本信息，音频报警的报警条件、支持文件和响应操作等。报警数据库的功能如下。①将报警数据库中的报警设置值与实时数据库中的数据进行比较，判断是否出现故障。②记录用户对于报警信息的反应。③将报警状态机用户的反应输入到历史数据库中。对于报警数据库的设计与实时数据库的设计基本相同，因此现在大多数企业所应用的组态软件都将报警数据库并入实时数据库中。

2）DCS 自动控制系统软件体系中历史数据库的实现

DCS 自动控制系统软件的实现主要是采用集成的方式，而且还要选用一些比较成熟和规范化的软件环境和平台，并开发一些应用软件，尤其是监控软件。

（1）操作系统软件。

可以选用微软公司所研发的 Windows 10、Linux 或 Android 等，工具软件可以选择 Microsoft Excel 2020。

（2）网络通信软件。

不同的控制网络所实现通信软件的方法也不尽相同。在选择通信网络软件后，要选择与之相配套的硬件设施。例如，Control Net 网就需要 RsLogix5000 来进行编程，RSLinx 来提供客户应用场合，RSNetWorx 来进行组态和规划。

（3）DCS 系统组态软件。

DCS 系统组态软件包括画面监控组态、系统配置组态、报表打印组态、过程控制组态和工艺流程监控组态等组态功能。对于这个软件可以选择 Intellution 的 iFIX、RSView32 等。

（4）DCS 系统监控软件。

DCS 系统监控软件是需要自主研发的软件系统，实施数据库是建立整个系统体系的基础和核心，因此所有数据库的数据，包括对被控对象进行控制的数据、被控对象的实时数据，都要从实时控制出发。

进行 DCS 自动控制系统软件体系的设计与实现是现在社会经济发展的必然要求，可以通过对软件体系中的实时数据库、历史数据库、安全信息数据库和报警数据库的设计来使 DCS 自动控制系统软件体系中的操作系统软件、网络通信软件、DCS 系统组态软件和 DCS 系统监控软件能够得以实现，让 DCS 自动控制系统软件可以更好地为企业的发展做出贡献，从而创造更多的社会财富。

3．FCS 控制系统的工程设计

现场总线控制系统的工程设计与 DCS 控制系统一样，先做概念设计，然后详细设计。现场总线变送器具有多通道和多制式的特点，可实现传统系统中多个变送器的功能；现场总线阀门定位器自带软限位参数，可减少系统的离散输入。现场总线变送器自带控制功能模块，统一了总线系统控制点和测量点。模拟和数字信号在现场总线系统中都以数字信号出现。因此，总线系统对模拟和数字以及输入和输出信号不再区别，工程设计初期不再像传统 DCS 那样分别计算检测、报警及控制"点"的数量，而只需根据工艺过程对控制系统的要求计算检测和控制设备的总数，并根据设备的物理和逻辑分布确定现场总线系统的初步拓扑结构、通信端口数、链路设备或接口模板数。并以此为基础生成系统设备物资清单。

1）主站级网络设计

操作员对整个工厂的监视依赖于主站级网络的建立和运行，在控制回路使用位于不同现场级网络的设备时，跨越主站级网络的桥接必须使用。为此，工程设计时操作员站应备份，网络介质应冗余，集线器电源应独立，以确保系统有效性。主站级网络冗余有 3 个层次：介质冗余、整体网络冗余和以太网设备冗余。介质冗余完全工作在物理介质层，与使用协议无关。设备和端口的冗余是在较介质冗余更高的层次上实施的，与使用协议有关。

　　2）现场级网络设计

　　现场网络的拓扑结构主要有总线型和树形两种。区域内设备密度较低且分布范围较广时宜选用总线拓扑结构，如图 8-32（a）所示。当特定范围内现场总线设备密度较高时选用树型拓扑结构，如图 8-32（b）所示。

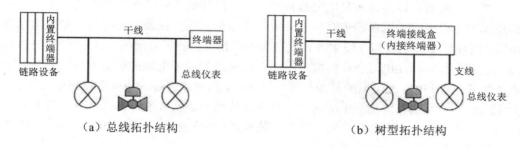

图 8-32　现场网络的拓扑结构

　　根据设备清单确定现场网络数量，并计算网络端口和现场电源数量。依据选定的拓扑结构和电缆类型选择安装附件，原则上一条支线只连接一台设备，尽可能地让同一回路的设备处于同一网段中，避免不同网段间使用桥接功能，从而提高性能。现场级网络的设计应以贯穿故障条件下对系统影响最小为原则。现代工厂是区域和车间的合理划分，区域应有属于主站级网络的独立子网，子网由路由器相连。即使在冗余控制器或链路系统中，中央控制器或链路设备中不应超过 30 个控制回路。每个现场级网络应只包括一个或少数几个控制单元，最多只能有 16 台设备，对应最多 8 个回路。经验的做法是在网络上用 8 台设备组成 4 个控制回路、4 个监视回路，剩余 4 个备用，每个现场级网络上建议只设计一个高有效性的控制回路，而同一网络上的其他设备为低关键性回路或监视回路。网络由网段组成，网段是网络中两个中继器之间或终端器与中继器之间的一段完整的、无连接点的数据传输段。工程设计中，每个网段最多只挂 4 台设备。在本质安全系统中，隔离安全栅中内置有中继器，中继器使网段彼此独立，一个网段上的故障不会影响其他网段。在危险区域内出现短路时仅有一个回路失效。在系统电缆配置中，限制采用多挂接的同轴电缆，从而实现故障条件下的系统影响有限性。

　　3）电缆选型设计及网段长度计算

　　电缆的型号和性能决定总线的长度和总线上可挂接的设备数量。IEC61158 2 推荐的电缆型号及其适用的最大长度如表 8-29 所示。

表 8-29　　IEC61158 2 推荐的典型电缆型号及其适用的最大长度

线　对	屏　蔽	双 绞 线	截面积/ mm²	长度/ m	类　型
单对	有	是	0. 80（AWG18）	1900	A

续表

线　对	屏　蔽	双　绞　线	截面积/ mm²	长度/ m	类　型
多对	有	是	0.32（AWG22）	1 200	B
多对	无	是	0.13（AWG26）	400	C
多对	有	否	1.25（AWG16）	200	D

屏蔽双绞对电缆能有效提高系统抗干扰能力并扩展网络覆盖范围，推荐使用 A 型、B 型电缆。布线时不成双绞的部分不应超过全长的 8%。聚烯烃材料制作的电缆其稳定性优于 PVC 制作的电缆，应优先选用。设备的功耗以及本质安全都会缩短网络电缆的长度，但网络中电缆总长度的决定因素还是电缆的特性。树型拓扑结构网络选用电缆的原则，从分线柜到现场的电缆最好采用多芯多对双绞电缆，而连接到各台仪表的分支电缆则采用单对双绞电缆。网段中干线电缆与支线电缆长度之和不应超过推荐的极限值，且总长度越短越好。总线供电时，设备消耗电流会在电缆上引起电压降，为保证电缆的覆盖范围以及总线上所挂设备数量，设计电压及电缆的截面积应尽可能高，而所选设备的消耗电流应尽可能小（一般为 12 mA）。支线长度小于 1 m 时可视其为接线而忽略其长度，如果长度超过 120 m 时则应将其看作干线的一个部分。对本质安全装置，支线长度不得超过 30 m。网段上支线电缆的长度和所挂设备的数量关系如表 8-30 所示。

表 8-30　支线长度和所挂设备的数量关系

支　线　数　量	支线电缆长度/ m			
	1 台 设 备	2 台 设 备	3 台 设 备	4 台 设 备
25～32	—	—	—	—
19～24	30	—	—	—
15～18	60	30	—	—
13～14	90	60	30	—
1～12	120	90	60	30

支线和干线长度与所使用的电缆类型无关，只与挂接的设备数量有关。单根支线所挂接的设备不应超过 4 台。根据 IEC61158 2 规定，电缆长度可用电阻的欧姆定律求得。

4）本质安全系统的设计

本质安全是指通过限制危险区内总线电缆上的能量来防止由于电气故障引起爆炸的方法。功耗是本质安全网段上可挂接设备数量的主要限制因素，选择的本质安全栅功率应尽量大。安全栅有齐纳安全栅和隔离安全栅两种，隔离栅既可以对现场设备提供较高的工作电压，又可以延长网络电缆，是同等条件下的优选。根据设计安全性原则，危险区的单个网段最多只能接一个安全栅，且不能冗余。本质安全系统有两种供电方案：实体概念和 FISCO 模型。在选用安全栅时，首先应为每个网段建立一个实体参数清单。实体概念是在设计选择安全栅所挂现场总线设备数量和计算总线电缆长度时以电压、电流、功率、电容和电感等实体参数为参考。实体概念安全栅为线性输出特性，设计选型时，安全栅的实体参数应小于所有现场总线设备中的最小实体参数，且能处理安全栅的全部设备，并考虑电缆总的外部电容和电感。

在 FISCO 模型中，只要电缆参数处于给定的限制值内，系统就是本质安全的，不必集中考虑电缆的电容和电感值。FISCO 型安全栅没有规定电容和电感的容许值，它具有梯形图输出特性，可以对总线设备提供较高的功率，比实体安全栅连接设备更多，在条件许可时优先选用 FISCO 型安全栅。

5）总线电源设计

按照 IEC61158 2 要求，电源必须有输出阻抗，传统电源中应加装包含终端器的阻抗模块。为了提高系统有效性，总线电源和阻抗模块应冗余布置，且能无扰切换，实现冗余后的阻抗值应符合系统通信要求，此时内置终端器不能使用，必须使用一个独立外部终端器，如图 8-33 所示。主电源和备份电源以及阻抗模块之间的设计布局应有一定的安全间隔，以免单点电源故障使总线系统瘫痪。总线设备的工作电压大约为 9～32 VDC，功耗一般为 12 mA。选择电源的额定电流应不小于 300 mA。为便于系统的组网和安装，总线电源、阻抗模块、终端器一般集成在链路设备中，并采用多端口结构。

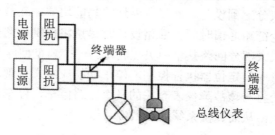

图 8-33　现场仪表冗余电源结构

6）系统组态

系统组态包括网络组态、设备组态和控制策略组态 3 个方面，组态方式有离线和在线两种。

（1）网络组态主要为链路设备和通信端口分配网络和设置通信参数，并且有可备份的链路主站。给网络分配位号并命名，网络位号应与其在网络图中的名称一致。网络地址的分配应由组态工具自动完成。

（2）设备组态主要是选择现场总线级设备和主站级设备，配置所选设备的资源块和转换块，设置资源块和转换块的参数。每个设备必须配置一个资源块、一个或多个转换块以及若干功能块。当设备接入网络时，为保证设备组态与对应设备正确关联，必须为系统中众多设备模块赋予位号，同一模块的位号标识最多由 32 位字符组成，且不能重复。选用的设备最好支持功能块动态实例化，以提高系统互操作性。资源块包含有设备的整体信息，例如，诊断、校准、设备档案等，用于物理传感器和执行器的连接。资源块中仅有内含参数，不能进行链接，只能用于模块的设置、操作和诊断。转换块是物理 I/O 硬件和功能块之间的接口，转换块有 3 种类型：输入、输出和显示。转换块中的所有参数都是内含参数，不能进行链接，只能由用户设置或设备自动配置。设备中的每个通信链接需要一个虚拟通信关系（VCR），与其他设备的通信也需要 VCR，功能块在设备中的分配应使通信链接的数量尽量少，以节省 VCR 资源，从而改善系统性能。总线设备包括检测变送器和执行机构且应具有较多的功能块和 VCR，以及动态实例化特性，以增加策略组态、系统运行及管理的开放性。

（3）控制策略组态是对照工艺流程图中的过程控制和过程监测方案，选择模块、链接模块和设定参数。策略组态首先处理的是控制策略的调节问题，然后才处理控制、状态和 I/O 的各种选项，以实现预期的控制行为，并在不降低有效性的前提下最大限度地提供安全性。在分配功能块时，应使输出块除了反馈外不再有从最终控制单元来的其他链接，从而避免故障条件时控制单元对其他回路产生影响。在一个设备中不要分配太多的功能块，功能过于集中将增加系统的脆弱性，如果设备中的模块分配到多个回路，则回路应冗余以保证足够的可用性。策略组态中应强调状态字节的使用，以提供故障安全动作、积分饱和保护及无扰动切换。功能块的类型有输入类、控制类、计算类和输出类等。链路中既包括参数数值，又包括参数状态。不同设备间功能块的链接称为外部链接，通过网络通信实现；同一设备上功能块的链接称为内部链接，该链接不需通过总线进行通信，且不占用网络带宽。所以，在将功能块分配到设备时，尽可能地将功能块安排在一个设备中，使链路存在于设备内部，从而减少链路通信时间。回路设计时尽量将控制回路分散到与回路有关的现场设备中，避免所有或大部分回路共享中央控制器。一个典型回路最好仅由 1 台变送器和 1 台阀门定位器组成，阀门定位器执行控制。停车功能应组态到现场输出设备中。当设备诊断发现故障后，系统将与该故障仪表有关的几个回路停车，停车只有一个回路被中断，不相关的回路不受影响，从而提供系统的有效性。

7）文档生成

系统文档分为组态工具自动生成文档和工程师设计文档。自动创建的文档主要有网络列表、设备列表、模块列表、参数列表及网络图和 P&ID 图之间的交叉引用参考表等。这些列表是 FAT 和 SAT 的基础核对清单。交叉引用参考表中列出了模块与设备以及设备中的模块与回路的对应关系，为了使网络图中的设备和 P&ID 图中的功能相关联，应在设计中打印交叉引用参考表以供核对。交叉引用参考表可以输出到任何符合 ODBC 标准的数据库中。工程师设计文档有 P&ID 图和网络图等。在总线系统中，设备和控制策略之间的界线不是十分清楚，为使设计过程简单，P&ID 图和网络图之间不要有重叠的信息。

P&ID 图符合 ANSI/ ISA 5.1-1984（R1992）标准，是系统设备关键功能的符号化，不涉及其他细节。P&ID 图中可以表示功能块和功能块的位号及其系统的控制功能，不能将与设备组态相关的转换块和资源块放在 P&ID 图中。P&ID 图既不表示接线问题，也不指出功能块是在哪个设备中执行，而是通过把控制图标放置在执行该控制的设备图标旁，从而说明控制是在哪里完成。

网络图可显示物理接线和表示设备及物理位号，展示了网络的电气总貌，包括安全栅、分线盒和通信接口端口分配，但不包括控制功能的分配。现场总线设备和传统设备的位号应一致，在设备位号中不应包括网络号。

4. 三大控制系统的发展前景

计算机控制系统的发展从诞生到现在也不过几十年的时间，任何一项新技术的使用都有一个相当长的过程，主要是人类对其技术的理解→认知→实践→更新均需要一个相对过程。PLC 是用来取代继电器，执行逻辑、定时、计数等顺序控制功能而建立的柔性程序控制系统。DCS 是用来实现处理模拟量与 PID、逻辑运算等分散控制功能而实现的封闭式控制系统。基于当今数字化、信息化及网络化的具体要求，控制系统的功能不是单一传统的，必须是复杂而多样化，FCS 正是能够发挥计算机的技术特性和优势。FCS 的出现并不标志着 PLC 和 DCS 将被淘汰，也不意味着 PLC 和 DCS 就没有实际应用的舞台，PLC 和 DCS 最终被 FCS 所取代还要历经一个相当漫长的时期，必须充分认识这三大控制系统的发展起源、自身特点，适用范围以及它们的性能优势去做出正确而又理性的选择。

从前面的介绍中可以知道，FCS 在一定程度上既是由 PLC 发展而来，又是由 DCS 发展而来，FCS 不仅仅具备 PLC 的特点，又具备 DCS 的特点，而新型的 DCS 和 PLC 又有互相向对方靠拢的趋势，在一定工业过程控制领域的使用有很大的交叉性。虽然上述三大控制系统存在着千丝万缕的联系，但实际上的确存在有本质上的区别，其区别主要体现在此三大控制系统各自的体系结构、投资、设计、使用等几个方面。

四、设计实例

前面对 PLC、DCS、FCS 三大控制系统做了比较详细的介绍，了解到了这三大控制系统各自的特点及功能，下面就以口服葡萄糖生产工艺自动控制系统的设计为例，说明仪表选型和自动控制阀的选择。

1. 仪表选型

生产过程计量检测和自动化的实现，不仅要有正确的测量和控制方案，而且还需要正确选择和使用自动化仪表，在自控设计中习惯上称之为仪表选型。仪表型式的选择决定于参数在工艺生产和操作上的重要性。仪表是就地安装还是集中安装，主要取决于自动化水平及车间特点。

通过结晶葡萄糖生产工艺流程 PID 图（见上册图 3-49）可知自动控制要求如表 8-31 所示。

表 8-31　结晶葡萄糖生产工艺自动控制要求表

序　号	仪表位号	仪表类型	设备描述	材　质	数　量
1			上料罐搅拌		1
2	LIC0101	智能液位变送器	上料罐的液位控制、报警		1
3		液位控制阀	电动调节蝶阀		1
4	pHE0101	pH 测量电极，变送器	上料罐的 pH 值显示、报警、记录		1
5		加酸控制阀	电动调节球阀		1
6	FIQ0101	一体化电磁流量计	液化酶计量泵		1
7	LIC0102	智能液位变送器	拌料罐的液位控制、报警		1
8	VFD0101	变频器	一喷进料泵		1
9		流量比值控制	一次喷射器		1
10	FIQ0102	流量控制阀	电动单座调节阀		1

续表

序　号	仪表位号	仪表类型	设备描述	材　质	数　量
11	TI0101	铂电阻、温度变送控制器	电动 V 型调节阀		1
12	PI0101	压力变送器	蒸汽管压力指示		1
13	FIQ0103	电动单座调节阀	维持管出料流量控制		1
14	TI0102	铂电阻、温度变送控制器	一次闪蒸罐的温度指示、控制		1
15	LIC0103	智能液位变送器	一次闪蒸罐的液位指示、控制		1
16	VFD0102	变频器	闪蒸出料泵		1
17	TI0103	铂电阻	换热器出料温度指示、控制		1
18		变频器比值控制	糖化酶计量泵		1
19		电动调节蝶阀	温度控制阀		1
20	LIC0104	智能液位变送器	糖化预处理罐的液位指示、控制		1
21	pHE0102	pH 测量电极，变送器	处理罐的 pH 值显示、报警、记录		1
22		加酸控制阀	电动调节球阀		1
23	TI0104-0107	铂电阻	糖化罐的下部温度指示	304	4
24	LIC0105-0108	智能液位变送器	糖化罐的液位指示、报警	316	4
25	TI0108	铂电阻	一次脱色罐温度指示		1
26	LIC0109	智能液位变送器	一次脱色罐的液位指示、控制		1
27	PI0102-0103	压力变送器	一次脱色板框过滤机进料压力		2
28	TI0109	铂电阻	二次脱色罐温度指示		1
29	LIC0110	智能液位变送器	二次脱色罐的液位指示、控制		1
30	PI0104-0105	压力变送器	二次脱色板框过滤机进料压力		2
31	LIC0111	智能液位变送器	废碳罐液位指示报警		1
32	LIC0112	智能液位变送器	脱色糖液滤后罐的液位指示报警		1
33	LIC0113	智能液位变送器	配碳罐液位指示报警		1
34	LIC0114	智能液位变送器	离交前罐的液位指示、报警		1
35	pHE0103-0105	pH 测量电极，变送器	一次离交出料控制 PH 值		3
36	CE0101-0103	电导率测量电极	一次离交出料电导率		3
37	LIC0115	智能液位变送器	离交中罐的液位指示、报警		1
38	pHE0106-0108	pH 测量电极，变送器	二次离交出料控制 PH 值		3
39	CE0104-0106	电导率测量电极	二次离交出料电导率		3

续表

序　号	仪表位号	仪表类型	设备描述	材　质	数　量
40	pHE0109	pH 测量电极，变送器	小阳离交柱出料控制 pH 值		3
41	CE0107	电导率测量电极	小阳离交柱出料电导率		3
42	LIC0116	智能液位变送器	离交后罐的液位指示、报警		1
43	PI0106	压力变送器	精密过滤机进料压力		1
44	TI0110	铂电阻	板式换热器出料管温度指示		1
45	PI0107	压力变送器	一效加热室压力指示		1
46	PI0108	压力变送器	二效加热室压力指示		1
47	PI0109	压力变送器	三效加热室压力指示		1
48	PI0110	绝对压力变送器	一效分离器真空压力指示		1
49	PI0111	绝对压力变送器	二效分离器真空压力指示		1
50	PI0112	绝对压力变送器	三效分离器真空压力指示		1
51	TI0111	铂电阻	一效分离室温度指示控制		1
52	TI0112	铂电阻	二效分离室温度指示		1
53	TI0113	铂电阻	三效分离室温度指示		1
54	LIC0117	智能液位变送器	一效分离器的液位指示、报警		1
55	LIC0118	智能液位变送器	二效分离器的液位指示、报警		1
56	LIC0119	智能液位变送器	三效分离器的液位指示、报警		1
57	PI0113	压力变送器	一效循环泵出料压力		1
58	PI0114	压力变送器	二效循环泵出料压力		1
59	PI0115	压力变送器	三效循环泵出料压力		1
60	PI0116	压力变送器	进料泵出料压力		1
61	FIQ0104	一体化电磁流量计	进料泵出料流量		1
62	PI0117	压力变送器	出料泵出料压力		1
63	PI0118	压力变送器	冷凝水送水泵出料压力		1
64	PI0119	压力变送器	洗水泵出料压力		1
65	PI0120	压力变送器	凝结水送水泵出料压力		1
66	PI0121	绝对压力变送器	真空泵进口真空压力		1
67	PI0122	压力变送器	废热闪蒸罐的压力		1
68	LIC0120	智能液位变送器	废热闪蒸罐的液位指示		1
69	PI0123	压力变送器	喷射式热泵进汽压力		1
70	LIC0121	智能液位变送器	冷凝水箱液位显示，报警		1
71	LIC0122	射频导纳液位计	浓糖罐液位指示		1
72	LIC0123	智能液位变送器	进料罐液位指示		1
73	LIC0124	智能液位变送器	洗水罐液位指示		1
74	LIC0125	智能液位变送器	凝结水罐液位指示		1
75	TI0114	铂电阻	凝结水罐进口温度指示		1

续表

序　号	仪表位号	仪表类型	设备描述	材　质	数　量
76		电动 V 型调节球阀	蒸发闪蒸液位控制阀		1
77		电动单座调节阀	冷却水控制阀		1
78		电动单座调节阀	与 TI0114 串级控制		1
79		电动四通开关球阀	出料四通阀		1
80	VFD0201	变频器	预结晶罐搅拌		1
81	TI0201	铂电阻	预结晶罐温度指示控制		1
82		精小型电动 O 型调节球阀	温度控制阀		1
83	LIC0201	超声波物位计	预结晶罐液位指示控制		1
84		电动单座调节阀	预结晶罐液位控制阀		1
85	LIC0202	智能液位变送器	晶液罐液位指示		1
86	PI0201	压力变送器	立式结晶机进料总管压力		1
87		电动 V 型调节球阀	1#立式结晶机进料流量调节		1
88	LIC0203	插入式法兰液位变送器	1#立式结晶罐的料位		1
89	VFD0202	变频器	1#结晶机晶种回配		1
90	VFD0203	变频器	1#结晶机产品出料		1
91	FR0201	一体化电磁流量计	出料泵流量指示		1
92		电动单座调节阀	出料泵流量控制		1
93	TI0202	铂电阻	1#结晶机上部进水温度		1
94		电动单座调节阀	温度控制阀		1
95	TI0203	铂电阻	1#结晶机中部进水温度		1
96		电动单座调节阀	温度控制阀		1
97	TI0204	铂电阻	1#结晶机下部进水温度		1
98		电动单座调节阀	温度控制阀		1
99	TI0205	铂电阻	1#结晶机上部冷却盘管底部物料温度		1
100	TI0206	铂电阻	1#结晶机中部冷却盘管底部物料温度		1
101	TI0207	铂电阻	1#结晶机下部冷却盘管底部物料温度		1
102		电动 V 型调节球阀	2#立式结晶机进料流量调节		1
103	LIC0204	插入式法兰液位变送器	2#立式结晶罐的料位		1
104	VFD0204	变频器	2#结晶机晶种回配		1
105	VFD0205	变频器	2#结晶机产品出料		1
106	FR0202	一体化电磁流量计	出料泵流量指示		1
107		电动单座调节阀	出料泵流量控制		1
108	TI0208	铂电阻	2#结晶机上部进水温度		1

续表

序　　号	仪表位号	仪表类型	设备描述	材　　质	数　　量
109		电动单座调节阀	温度控制阀		1
110	TI0209	铂电阻	2#结晶机中部进水温度		1
111		电动单座调节阀	温度控制阀		1
112	TI0210	铂电阻	2#结晶机下部进水温度		1
113		电动单座调节阀	温度控制阀		1
114	TI0211	铂电阻	2#结晶机上部冷却盘管底部物料温度		1
115	TI0212	铂电阻	2#结晶机中部冷却盘管底部物料温度		1
116	TI0213	铂电阻	2#结晶机下部冷却盘管底部物料温度		1
117	VFD0206	变频器	1#离心机		1
118	VFD0207	变频器	2#离心机		1
119		电动单座调节阀	1#离心机进料控制		1
120		电动单座调节阀	2#离心机进料控制		1
121		电动单座调节阀	1#离心机进洗水控制		1
122		电动单座调节阀	2#离心机进洗水控制		1
123	LIC0205	智能液位变送器	纯水罐液位指示		1
124	TI0214	铂电阻	纯水罐温度指示		1
125	LIC0206	智能液位变送器	母液储罐液位显示，报警		1
126	LIC0207	智能液位变送器	甜水罐的液位显示、报警		1
127	TI0215	铂电阻	冰水机出水温度指示		1
128	VFD0208	变频器	下料绞龙		1
129			气流干燥系统		
130	VFD0209	变频器	缓冲绞龙		1
131	TI0216	铂电阻	加热片出口热风温度指示		1
132		电动 V 型调节球阀	蒸汽进入加热片流量调节		1
133	PI0202	压力变送器	蒸汽进入加热片总管压力		1
134	FR0202	一体化电磁流量计	蒸汽进入流量指示、累计		1
135	TI0217	铂电阻	热风管中混合物料温度指示、控制		1
136	TI0218	铂电阻	沙克龙尾风温度指示		1
137	LIC0202	电容式物位计	沙克龙物位指示控制		1
138	VFD0210	变频器	沙克龙下绞龙		1
139	LIC0203	电容式物位计	1#包装机上料斗料位指示		1
140	LIC0204	电容式物位计	2#包装机上料斗料位指示		1

从表 8-31 可以看出，自动调节系统主要仪表及设备有铂电阻、智能液位变送器、压

力变送器、一体化电磁流量计、电动调节阀、酸碱计量泵、糖化酶计量泵、pH 测量电极
及变送器、电导率测量电极及电导率仪、变频器、超声波物位计、电容式物位计等。由
于每一种仪表数量都较多，在确定选型中只有很少差别，故每一种仪表只列出 1 个，如
表 8-32 所示。

表 8-32　各种仪表和控制元件材料单举例

描　　述	测 量 范 围	设 备 类 型	信　　号	模拟量输入	模拟量输出
上料罐 pH 值控制	pH=1～7	pH 测量电极，罐壁安装，有护套			
		变送器，pH2100 e	4～20 mA	1	
		控制加酸计量泵及电动单座调节阀			
		最大流量：20L/h			
		出口压力：0.6 MPa			
		介质名称：85%～90%硫酸			
调整罐液位指示、控制	0～60 KPa	单法兰智能液位变送器	4～20 mA	1	
		接液膜片材质：316 L			
		安装法兰：3" 150Ib			
		远传装置：扁平式			
		法兰材质：316 L			
		介质密度：1.05			
		排气/排液阀材质：316 L			
		带数字显示，电缆孔 M20×1.5			
		现场可设定			
		灌充液：硅油			
		介质：淀粉浆			
		量程：4 m			
		压力：常压			
		温度：65℃			
		气动薄膜调节阀	4～20 mA		1
		型号：DN65 PN16			
		流量特性：线性			
		连接形式：法兰			
		断气位置：关闭			
		材质：304			
		介质：淀粉浆			
		蒸汽流量：20 m³/h			
		温度：65℃			
		压力：0.3 MPa			
		压降：0.05 MPa			
		气动连接形式：1/4"			
		密封：PTFE			

描 述	测量范围	设备类型	信 号	模拟量输入	模拟量输出
加液化酶量控制		与闪蒸出料泵变频器频率比例调节	DCS		
		液化酶计量泵			
		最大流量：10 L/h			
		出口压力：1.0 MPa			
		介质名称：液化酶			
		软管连接			
		带流量开关			
板框压机进料液压力指示	0～60 KPa	压力变送器	4～20 mA	1	
		接液膜片材质：316			
		介质：葡萄糖液			
		料液密度：1.05			
		压力：6.5 bar			
		料液黏度：10 cp			
		料液温度：70℃			
		显示方式：现场显示			
		连接形式：1/2"			
离交出料电导率	0～100（us/cm）	电导率测量电极			
		DN65 管道安装、带流通式护套			
		梅特勒，电导率转换器	4～20 mA	1	
蒸发浓缩后板式换热器出料温度指示、控制	0～100℃	铂电阻	PT100	1	
		型号：WZP-231			
		规格：450×300			
		保护管：321 φ12			
		固定螺纹：M27×2			
	0～60 KPa	电动单座调节阀	4～20 mA		1
		DN80×80 PN16 铸钢			
		阀芯材料：1Cr18Ni9Ti			
		工作温度：0～80℃			
		工作压力：0～0.6 MPa			
		介质名称：水			
		法兰连接型式：RF			
		填料：填充聚四氟乙烯			
		正常工作压差：20～50 KPa			
		阀前后最大压差：0.3 MPa			
		流量特性：等百分比			
		配电动执行器：德国 PS/鞍山 3610			

续表

描　　述	测量范围	设备类型	信　号	模拟量输入	模拟量输出
立式结晶机冷却水流量控制	0～25（m³/h）	一体化电磁流量计	4～20 mA	1	
		DN65 PN16			
		工作温度：0～100℃			
		工作压力：0～0.5 MPa			
		电极材料：316L			
		衬里材料：PTFE			
		带数字显示			
		有空管检测			
		连接法兰			
		电动单座调节阀	4～20 mA	1	1
		DN65×65 PN16，ZG1Cr18Ni9Ti			
		阀芯材料：1Cr18Ni9Ti			
		工作温度：0～100℃			
		工作压力：0～0.5 MPa			
		法兰连接型式：RF			
		填料：聚四氟乙烯			
		阀前后最大压差：0.4 MPa			
		正常工作压差：50～100 KPa			
		流量特性：等百分比			
		配电动执行器：德国 PS/鞍山 3610			

2. 确定控制方案

1）淀粉调浆及液化工序自动控制系统的设计

上料罐、调浆罐、pH 值调节罐的液位分别由各自的液位变送器将测得的信号传送至 DCS 控制系统，在工控计算机上显示液位，并通过控制各罐的电动调节阀自动调节液位，在超高液位和超低液位时设置报警，并在工控机上显示报警。

pH 值调节罐的 pH 值和电导率用 pH 计和电导率仪测得信号并分别传送至现场的 pH 值记录仪和电导率记录仪，同时传送至 DCS 控制系统，在工控计算机上显示 pH 值和电导率值，并通过控制酸碱计量泵来调节 pH 值调节罐的 pH 值，通过控制酶计量泵来调节酶的用量。

各罐的温度通过铂电阻分别将电阻信号传送至 DCS 控制系统，并在工控机上显示温度值。上料罐搅拌电机由 DCS 控制。喷射进料流量均由电磁流量计将信号传送至 DCS 并在工控机上显示，流量由电动执行器控制；喷射出料温度由温度变送器测得信号并传送至 DCS，在工控机上显示，蒸汽流量由电动执行器通过 DCS 控制。温度由进料流量和蒸汽流量实现自控。闪蒸出料泵由 DCS 控制。

2）糖化工序自动控制系统的设计

糖化预处理罐的液位由液位变送器将测得信号传送至 DCS，并通过电动执行器控制。各糖化罐的液位由液位变送器测得 4~20 mA 信号，温度由铂电阻测得电阻信号，均传送至相应的 12 通道无纸记录仪并显示各罐的液位和温度，根据各罐液位要求设置液位报警信号，一旦超出所要求的温度和液位，可通过无纸记录仪自动调节各罐的电动进料阀门控制液位，同时发出声光报警。

3）板框脱色工序自动控制系统的设计

各脱色罐的液位及温度分别通过液位变送器和铂电阻将测量的信号传送至相应的无纸记录仪，并显示各自液位和温度，通过设置相应的液位高低限进行声光报警，无纸记录仪将信号传送至电动调节阀以调节进料流量，进料流量由电磁流量计测得信号并将信号传送至无纸记录仪并显示总流量和瞬时流量。

液压自动板框压滤机采用活塞式压力继电器与电接点压力表及行程开关进行配合来实现自动控制。该系统可自动完成从板滤加压到拉开滤板卸渣的整个工作循环。压滤机滤板系统压力通过电接点压力表测得压力值并通过调节电接点压力表的设定值，在压力到达（或开机时低于）下限时，电接点压力表的活动触点（电源公共端）与下限触头接通，继电器动作，接通电机，电机启动；当压力达到上限设定值时，电接点压力表的活动触点与设定指针上的上限触头接通，继电器动作，切断电机电源，电机停转。当压滤机到达一端行程开关位置时，行程开关接通电机正转电源，电机正转；到达另一端行程开关位置时，行程开关接通电机反转电源，电机反转，如此往复，实现自控。

4）离交工序自动控制系统的设计

离交工序前罐液位由液位变送器将信号传递给相应的无纸记录仪并显示液位，离交前罐进料由电动执行器控制，其开度由无纸记录仪显示，温度由铂电阻将信号传送给无纸记录仪并显示温度。当离交前罐液位超过无纸记录仪设定上限时，电动执行器关小；当其液位低于无纸记录仪设定下限（或刚开始进料）时，电动执行器打开，此过程往复，最终达到无纸记录仪设定液位值，实现自控。

5）蒸发工序自动控制系统的设计

蒸发工序自动控制系统的设计比较复杂。一次蒸发、二次蒸发、三次蒸发工序自动控制系统的设计方式基本相同。

蒸发进料流量由电动执行器通过 DCS 控制。蒸发进料流量通过电磁流量计将信号传送给 DCS，并通过现场的触摸屏计算机控制电动执行器，触摸屏计算机和工控机共享，实现两地控制。

各效体温分离室温度由铂电阻将信号传给 DCS，一效分离室温度由 DCS 调节三通电动调节阀（控制蒸汽、进料）实现控制。

闪蒸出料浓度由质量流量传感器将信号传送给 DCS，与调节蒸汽流量的电动调节阀实现串级控制。闪蒸出料液位由液位变送器将闪蒸罐液位信号传送给 DCS，通过工控机自动调节电动调节阀，以实现对闪蒸罐液位的控制，并在工控机上显示液位。废热闪蒸罐液位控制由进入冷凝水箱电动调节阀开度，根据冷凝水箱液位进行调节，实现冷凝水箱液位控制，其控制系统如图 8-34 所示。

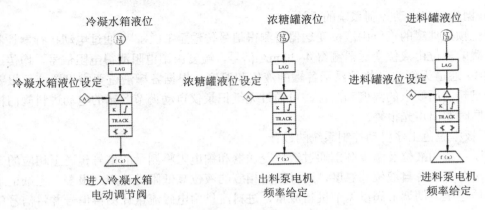

图 8-34　蒸发工段物料液位控制系统图

各分离器真空压力由绝对压力变送器将信号传送至 DCS，并在工控机上显示绝对压力。各效体料液泵、真空泵、冷凝水泵、出料三通电动调节阀均由 DCS 控制。

6）结晶工序自动控制系统的设计

卧式结晶预结晶罐温度自动控制由铂电阻将测得的信号传送给 DCS，通过调节控制蒸汽流量的电动调节阀来实现温度的自动控制；预结晶罐液位自动控制由液位变送器将测得的信号传送给 DCS，通过调节控制进料流量的电动调节阀来实现料位的自动控制；预结晶罐搅拌电机由变频器控制，并将信号传至 DCS，通过工控机实现两地控制。1～2 号立式结晶罐的液位、温度分别通过各自的液位变送器、铂热电阻将信号传至 DCS，通过调节控制进料流量的电动调节阀和控制蒸汽的电动调节阀实现对各罐料位和温度的自动控制，各罐搅拌与预结晶罐的搅拌自控设计类似。

进水流量通过电磁流量计将测得的信号传送至 DCS，并通过工控机实现对进水流量电动调节阀的控制。

7）干燥自动控制系统的设计

洗液中转罐液位、母液中转罐液位、离心机洗水罐液位通过各自的液位变送器将测得的信号传送至数字显示仪，并设置声光报警。母液输出流量用各自的电磁流量计将测得的信号传送至相应的 PLC 智能自整定 PID 调节，显示流量值，并调节母液输出电动阀。

气流干燥机组的进料绞龙进料流量、气流干燥机组加热片出口热风温度、热风管中混合物料温度、一级沙克龙尾风温度、包装温度用各自的铂电阻将测得的信号传送至相应的数字显示仪，并设置声光报警。

热风管中混合物料温度、一级沙克龙尾风温度用铂热电阻将测得的信号传送至相应的智能自整定 PID 调节仪，并将反馈信号接至进料绞龙变频器控制进料流量，以此来调节成品葡萄糖粉的水分和温度。

烘干冷凝水罐的液位用液位变送器将测得的信号传送至智能自整定 PID 调节仪，并将反馈信号接至电动执行器，以此来调节冷凝水罐的液位。

下料绞龙电机、缓冲绞龙电机由各自的变频器控制其启停。

3. DCS 系统的编程组态

1）编程组态软件

DCS 编程组态软件分为监控软件和组态软件，生产中所需的控制程序和监控程序是在上述两种系统软件下经过两次开发编制而成的。

监控软件主要用于操作人员通过操作员站对现场生产设备的运行参数进行监控。监控画面要求直观、清晰，与现场工序吻合，方便操作人员操作等。监控画面的编程需要在组态软件中完成。

组态软件是 DCS 系统的核心部分，所有的数据采集处理、控制命令的发送、调节联锁回路的执行等全部通过组态软件来实现。控制系统不仅要求硬件系统可靠，更主要是控制算法的精确、合理、安全、可靠。

2）组态程序内容

在控制程序的编制中要深入了解工艺过程及工艺设备的各项参数。针对淀粉糖工程的特殊性，组态编程主要分为以下几类。

（1）事故保护。

在工艺系统中设置了大量的压力及轻杂质事故保护传感器，当某一传感器检测值达到或超过设定的限值时，系统要发出响应指令。例如，当工艺级的干管上的压力事故保护传感器发生报警后，DCS 系统就要发出关闭此工艺级的命令，避免事故扩散到其他工艺级，继而引起更大的损失。

（2）参数报警。

由于事故保护会引起相应的保护动作，会造成产品丰度不满足要求，所以在一些关键点还设置了压力报警，当操作人员发现有压力报警时，会及时进行检查并处理问题，避免进一步引起事故保护的发生，造成不必要的损失。

（3）远程操控被控对象。

可以远程控制所有用电设备，例如，电动阀、真空泵等。这样可以方便工艺操作人员随时转换工作设备和备用设备，调换运行工况。

（4）逻辑联锁。

在系统维护、工况转换、工艺事故等特定情况下，保证系统自身或运行人员可以及时快速地对工艺系统进行远程及就地操作，设置必要的逻辑联锁；同时可以防止操作人员的误操作。如关闭某一工艺级的操作就必须将此工艺级的前后工艺级连通，禁止将工艺回路截断；不允许将抽空线路与卸料线路连通等。

3）监控程序内容

监控程序的编制是要实现操作人员对现场设备的运行状态、各种工艺参数的实时值进行直观地观测。监控程序是在工程师站上编制完成并发布到操作员站上的，主要编制内容有工艺流程图画面（包括流程图、参数显示、设备运行状态显示等）、操作画面、历史趋势画面、棒状图画面等。

4）组态实施

本工程所采用的控制系统主要为日本横河公司的 DCS 控制系统，因其是一个较完整的工程项目，所采用的成套设备较少，多为定制设备，为了争取工程最大经济利益，郑州良源分析仪器有限公司工程部为业主量身打造了控制系统。考虑到现场各分装置的布局情况，共设有现场操作台 4 个，这 4 个分控台负责各自区域内的现场参数的监测和生产管理工作，各控制台大多数均是采用的日本横河公司的新一代 DCS 控制系统，这样控制室通过一定的通信网络将部分安装在就地或控制室内成套设备分控站（从站）连接起来，从而在一定程度上做到了集中分散控制，集中的是在中央控制室内可以起到对整个现场生产过程的监测和管理工作；分散的是将部分控制分散到就地安装的成套设备控制系统、就地 RI/O 控制设备、PLC 控制设备，甚至是小型的 DCS 系统上。这样的组合控制系统在很多大型、特大型项目上得到了很好的运用。

从前面所讲述的资料可以得出，尽管 DCS 控制系统是一个最终的趋势，但还有很多路要走。例如，无统一标准的现场总线协议并存于控制领域。另外，虽然就地仪表设备在逐步的智能化，但具有复杂回路控制及先进的控制算法的现场仪表设备还有待提升，所以现今只能存在一个过渡的控制系统来满足一定项目工业过程控制及生产管理的需要，这就是由 FCS、DCS、PLC 三大控制系统共存而相对比较开放的组合控制系统。

下面以年产 30 万吨无水乙醇项目进一步说明 DCS 系统的编程组态。

在以前工程的操作画面的设计中，主要考虑了操作人员获取工艺参数的实时性要求，将仪表检测参数和各种状态指示全部直接表示在流程图画面。这样做的优点是参数显示直观，同时显示内容较全；但缺点是参数显示占据了流程图的大量位置，导致画面不是很简洁明了。尤其当工艺人员对报警参数进行屏蔽操作后，会出现满屏的屏蔽参数指示灯闪烁，使操作人员产生视觉疲劳，反而影响操作人员对某些特定数据的查看。

新改进的流程图画面将参数显示做成弹出式画面，即当操作人员需要看哪个参数时，轻点仪表，这个仪表的参数就会显示出来；屏蔽仪表时，也只是仪表符号的部位有颜色变化，不会造成操作人员视觉疲劳。

如图 8-35～图 8-42 所示是本书作者指导 2008 届阮义清同学设计的年产 30 万吨无水乙醇项目的 DCS 系统的编程组态的人机界面。

该工程项目是以玉米为原料经干法脱胚制粉，获得胚芽和低脂玉米粉；胚芽经烘干、软化、轧胚、浸出得到玉米毛油；玉米毛油再经精炼（水化、碱炼、脱色、脱臭）处理，得到精炼玉米油；低脂玉米粉吸附精馏酒精中的水分而得无水乙醇；吸水后的低脂玉米粉去提取玉米蛋白，提取蛋白后的低脂玉米粉去蒸煮糖化、发酵、精馏。蒸馏糟液与浸出粕混合生产 DDGS 饲料。整个工程分为玉米干法脱胚制粉车间、蒸煮糖化车间、发酵车间、精馏车间、浸出车间、油脂精炼车间、玉米蛋白提取车间、DDGS 饲料车间。

总体方案设计主要由工程师站、集散控制系统（DCS）、计算机软件、智能化检测仪表、执行机构及传感器等组成，实现集中监视分散控制的有线网络计算机监控管理系统。

控制系统采用 STEC2000 控制器，6 套控制器分布在全厂 4 个仪表间，共有 2560 个 I/O 点，384 个联锁控制点，156 个模拟调节回路，采用分散式控制，集中管理方式。TP-JJS 系统可对玉米干法脱胚制粉和输送联锁控制，低脂玉米粉吸附精馏酒精中的水分后与回收温水配比拌料控制，液化、糖化温度控制，液化、糖化酸碱度控制，糖化醪与酒母醪比例控制，发酵过程温度控制，蒸馏进醪量控制，蒸馏过程多变量预测控制，差压蒸馏过程压力控制，蒸馏加热和冷却系统控制，多塔段脱水吸附进程同步控制，三效蒸发进料与液位连续控制，干燥过程温度控制。上位操作员站有 4 个（其中 1 个兼工程师站），用于进行集中监控和管理，并对工艺过程、设备工况和故障报警有完整的记录；报表采用标准数据库格式，记录的数据至少保留 1 年，3 台操作员站互为备用。操作员站有配方调用、储存功能，可调用配方不少于 15 个，每个配方不少于 30 步。乙醇多塔段脱水吸附控制中采用进程同步原理。多塔段脱水吸附可按照不同的配方进行调用，以自动执行相应的工艺过程，且配方调用过程中参数可随时进行修改,并对配方执行过程进行监控。自动记录和显示工艺时间、系统时间的工艺过程曲线记录图具有实际时间和工艺时间两者相互对应坐标。操作员站界面生动、直观,和设备现场分布一致。

系统的过程行为如下。

现场仪表检测到的温度、压力、流量、电流等过程参数的模拟信号通过 AI、RTD 模块进入控制器进行数据采集、运算,并将控制信号通过 AO 将信号传送到现场执行机构(例如,变频器、调节阀等)。同时现场的开关量及数字信号通过开关量输入 DI 模块进入控制器经运算处理后,通过开关量输出 DO 模块发出报警信号或完成机、泵启停和调节阀、变频器等执行机构的控制;同时操作人员通过计算机可直接操作机泵的启停。操作人员通过在操作员终端和工程站设置的总貌画面、报警画面、棒图显示画面、参数调整画面、历史趋势画面十分方便地实现分析、操作和监视酒精生产全过程,从而保证酒精生产过程的安全和可靠运行。

系统的各个模拟采样参数均以数字形式实时地显示出来,并以液位的上下动作、电机设备转动速率变化、管道介质的流动等形象地显示出来。开关量的采样参数以电机的转动或图形符号的颜色变化、闪烁等方式动态显示。对于需要控制的参数,均设置了开窗口功能,利用鼠标器可以方便地打开、关闭子窗口。在子窗口中,可以利用鼠标器或键盘方便地调整控制参数(PID 调节具有自整定功能),手动/自动切换,以及遥控操作。为了方便用户的操作,还设置了一些特殊的功能键,实现了一些电器的点动操作和画面的快速切换。

为了形象地监视、分析和操作整个酒精生产全过程,下面以两个实例说明控制回路的设计。

(1)糖化醪、酒母醪配比控制。

糖化醪、酒母醪比例配置是本工程的工艺流程之一。该控制是一个典型的比例调节控制,即酒母醪流量按糖化醪流量的 1∶10 的比例注入发酵罐,这样酒母醪注入由原来的间歇注入改为连续注入,节约了干酵母,降低了成本。

当进发酵罐的糖化醪的流量不发生变化时,酒母罐出料流量,即进发酵罐的酒母醪的流量控制回路将按与糖化醪流量 1∶10 的比值来完成比例调节;使酒母醪流量控制在恒定的流量下,当糖化醪的流量发生变化时,酒母醪与糖化醪流量的 1∶10 的比值关系将被破坏,这时检测糖化醪流量的电磁流量计将输出信号送至计算机;计算机将通过它的 PID 运算模块进行调节运算,其运算结果送至 AO 板输出,发出调节信号,使调节阀随之动作,将酒母醪流量变化为 1∶10 的糖化醪流量为止,从而达到在新的工况下保持 1∶10 的比值不变。

同时,本系统还增加了酒母罐液位的控制,酒母罐的液位通过单法兰液位变送器检测,其信号送至计算机,计算机通过 PID 运算,输出信号调节调节阀的开度,使酒母罐的液位保持不变,也即出多少醪液进多少醪液,以保证糖化醪转化为酒母醪的时间,这对提高出酒率、节能降耗是十分重要的。

(2)醪塔顶温控制。

由于醪塔是塔顶采出,因此醪塔塔顶温度在蒸馏系统中起着至关重要的作用,如果塔顶温度波动,将对后面蒸馏系统产生很大的波动,直接影响生产和产品质量,而且还会造成醪塔塔釜跑酒或蒸馏不全,造成极大的浪费。

控制方案是用进料来控制醪塔塔顶温度,其控制范围一般为 94~95℃。采用串级调节,塔顶温度为主调节回路，醪液泵出口流量为副调节回路，调节对象是醪液泵变频调速。当醪塔顶温不变时，醪液泵出口流量设定值恒定，计算机通过 PID 模块控制醪液泵变频器的输出，使醪液泵的转速满足出口流量保持不变的设定。当醪塔顶温变化时，被测温度值送至计算机，改变醪液泵出口流量设定值，通过计算机控制系统，对醪液泵进行变频调速从而使进料流量改变，来控制醪塔顶温，塔顶温度升高增加进料量，塔顶温度下降则减少进料量。同时，再通过另一控制回路来严格控制醪塔塔釜温度的恒定。这样，就保证了醪塔塔顶温度恒定，从而使得整个蒸馏系统稳定。

如图 8-35 所示为蒸煮糖化工段的操作画面。蒸煮糖化工段内容器不多，对于需要测量液位的容器，在容器的图像中均有一根液位光柱对容器内液位进行直观地表示，当没触及报警液位时，以黄色光柱显示当前的实际液位，当液位达到报警值时，变为红色光柱表示。这种表示方式非常直观清晰。

如图 8-36 所示为发酵工段的操作画面。发酵工段的设备不多，关键设备就是发酵罐。各液位、温度、流量测点信号直接在测量点处表示，使操作人员在读数的同时，就能明白该测点反应的是哪里的生产状况。

如图 8-37 所示为精馏工段的操作画面。该工序设备数量较多，但该工序整个操作画面仍然排列规整，在画面中，各需要联锁的设备电机处，均有蓝色虚线按联锁顺序逐个连接。表述清晰，使操作人员一目了然。

如图 8-38 所示为玉米蛋白提取工段的操作画面。各种输送带以及电机的状态直接在图中的电机图像旁显示，简单明了。画面上方重点表示了平转式浸出器，画面下方重点表示了玉米蛋白回收喷雾干燥塔、三效升膜蒸发器以及无水乙醇吸附脱水塔的工况。画面中还用虚线表示了各设备的顺序联锁关系。

如图 8-39 所示为胚芽浸出工段的操作画面。浸出工段的设备较多，卧式连续浸出器舱室较多，物料进出较为复杂。但整个操作画面整体看来还是比较清晰明了的。各种液位控制、温度控制以及流量控制都用蓝色虚线把被控参数与控制的阀门连接起来，控制关系清晰、直观。

如图 8-40 所示为胚芽油精炼工段的操作画面。图像化的设备符号使得整个生产过程变得形象生动。阀门、泵电机的状态直接在图中阀门、泵电机符号中以红色、绿色方块表示，非常直观清晰，便于操作人员监控。在设备操作画面中用蓝色文字显示当前工作参数，并把各操作模式按钮放在各设备旁，以方便技术人员操作。按钮上均有文字对按钮功能进行标识，不易出现误操作。

如图 8-41 所示为 DDGS 饲料生产工段的操作画面。DDGS 饲料工段内容器较多，介质的流向也相对复杂。因此，在操作画面中，不同介质的流向用不同颜色、不同粗细的带箭头线条表示，且在线条上方均有文字对介质进行标识。流进、流出 DDGS 饲料生产工段的介质线条末端均有箭头按钮，单击按钮即能跳转至该介质的上一步工序的操作画面，十分方便。

如图 8-42 所示为控制管理信息系统的操作画面。该画面设备数量不多，关键设备就是网络通信设备。画面布局紧凑，把发酵、无水乙醇贮罐、现场控制设备 I/O 端口、现场摄像等设备控制整合到一个画面之中，便于操作人员整体监控。网络通信设备的线路较多，画面对复杂的线路进行了简化，使整个操作画面仍然排列规整，表述清晰，使操作人员一目了然。

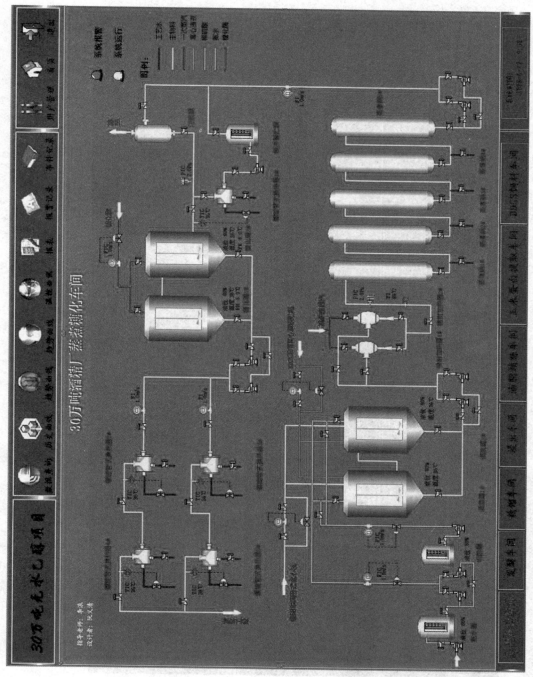

图8-35　蒸煮糖化工段的操作画面

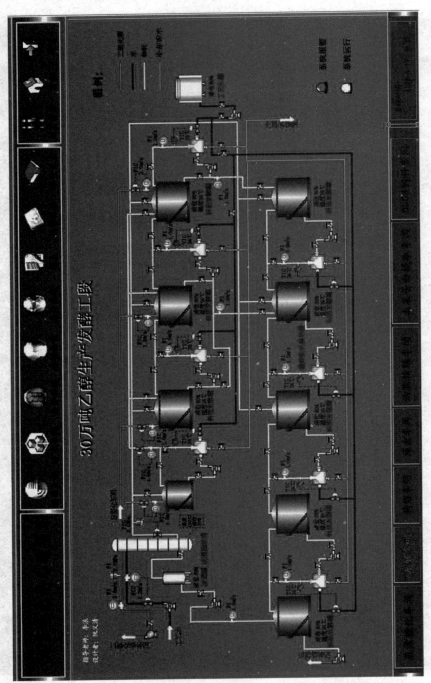

图8-36　发酵工段的操作画面

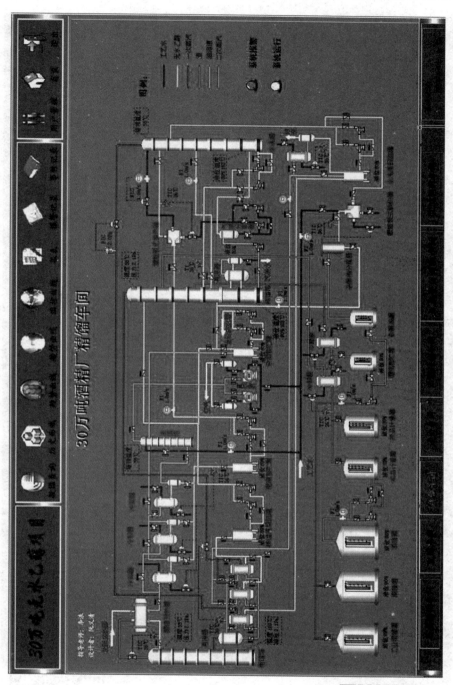

图8-37　精馏工段的操作画面

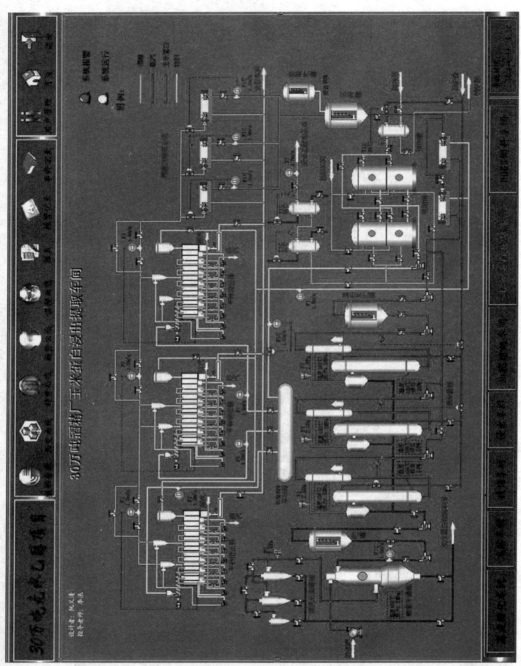

图8-38 玉米蛋白提取工段的操作画面

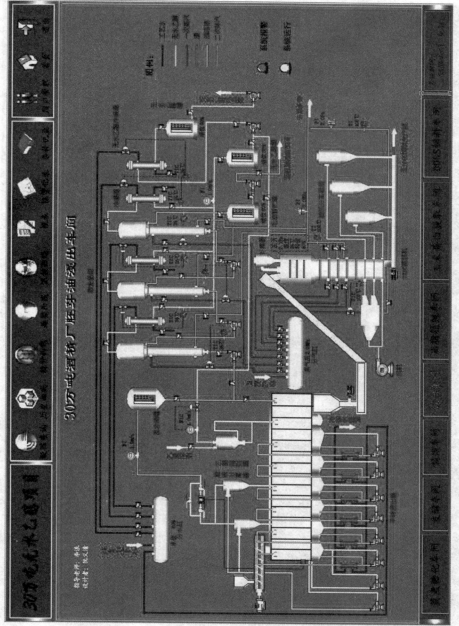

图8-39　胚芽浸出工段的操作画面

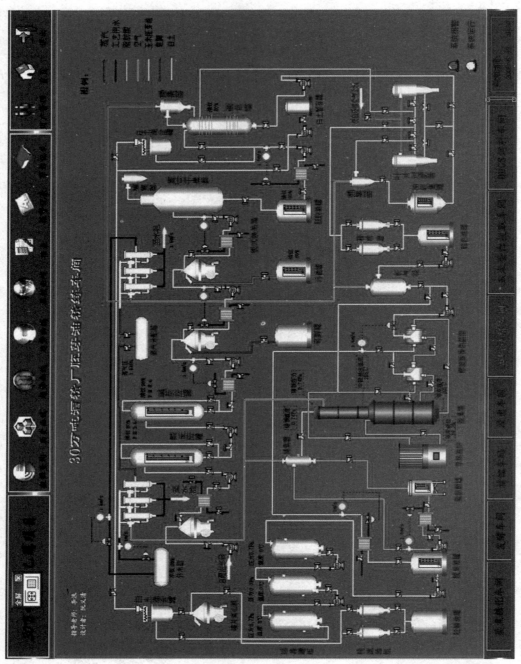

图8-40　胚芽油精炼工段的操作画面

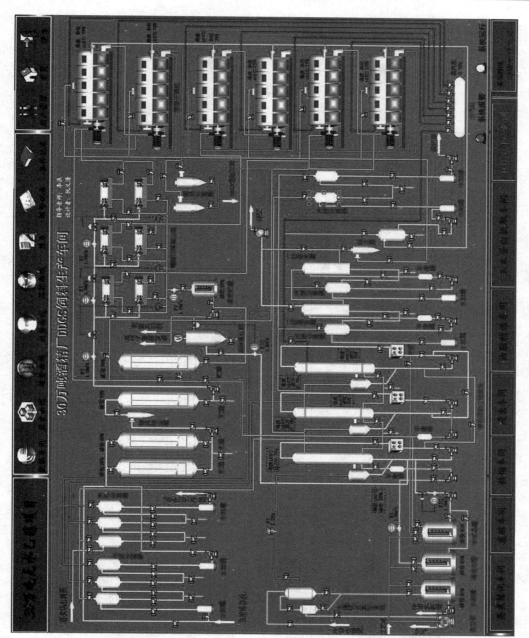

图8-41 DDGS饲料生产工段的操作画面

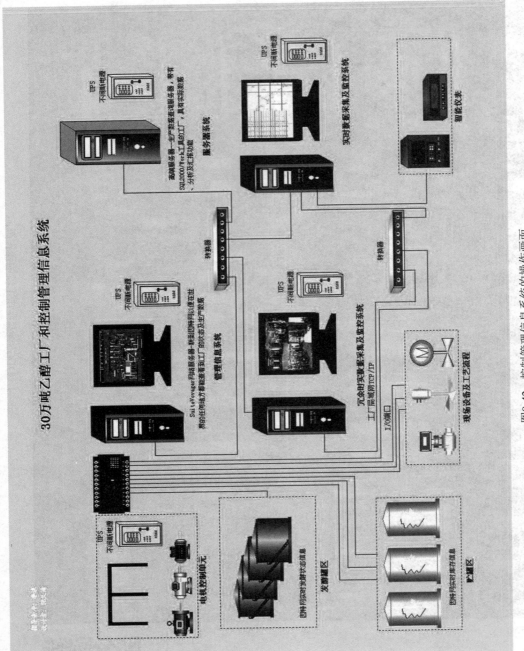

图8-42　控制管理信息系统的操作画面

　　总之，随着新型控制仪表的出现和计算机技术的发展，将为酒精工业自动化的发展创造良好的条件，利用这些仪器仪表和装置可以构成数据巡检与控制系统、DDC 系统、SPC系统和 DCS 系统等；特别是 DCS 系统的发展与应用，在以后的酒精生产中都可以发现，DCS 系统将成为酒精生产过程和管理的主要工具；可以预见，未来的工业生产过程自动化将由计算机控制系统所主宰。

思 考 题

1. 生物工厂为什么要进行暖通设计？
2. 采暖有几种方式？房屋耗热途径有哪些？
3. 如何用建筑物热指标估算热负荷？
4. 采取什么措施可以保证车间通风良好，温湿度不至于过高？
5. 工厂如何计算用水量？
6. 工厂用水有哪几种水源？各有什么优缺点？
7. 给排水系统的设计原则是什么？
8. 如何确定生产用蒸汽量？
9. 化验室的作用有哪些？化验室的土建要求有哪些？
10. 怎样确定仓库容量？
11. 过程测控仪表按照结构可分为哪几类？
12. 压力传感器有哪几类？如何正确选用压力检测仪表？
13. 如何正确选用流量检测仪表？
14. 如何正确选用料位、液位和界面检测仪表？
15. 生物传感器的发展现状有哪些趋势？
16. 什么是 FCS 系统？它与 DCS 的异同点是什么？

第九章 环境保护设计

生物工程工业是指以动植物为主原料，利用生物技术生产产品的工业。这些产品广泛应用于食品、轻工、生物化工、生物制药、生物农药等行业，而生物制药则特指生产的产品为原料药或成品医药。本章节主要讨论这些行业的环境保护问题，即三废（废水、废气、废渣）处理设计。这就需要首先了解这些行业的三废特点，只有这样才能更好地采取行之有效的方法对其进行处理。

食品、轻工、生物化工企业多以粮食和农副产品为主要原料发酵生产，它们主要包括酿造行业、有机酸行业、氨基酸行业、酶制剂行业、微生物多糖行业、微生物油脂行业、抗生素行业、微生物农药行业、微生物农业生长调节剂（例如，赤霉素、井岗霉素等）行业等。这些行业的三废特点如下。①排水点多，高浓度、低浓度废水单独排放，有利于清污分流。②高浓度废水间歇排放，酸碱性和温度变化大，需要较大的收集和调节装置。③废水含氮量高，主要以有机氮和氨态氮的形式存在，发酵废水经生物处理后氨氮指标往往不理想，并在一定程度上影响 COD 的去除。④发酵废气量大，臭气浓度极高。⑤废渣多数可干燥成为饲料。

生物制药工业的三废污染危害主要来自原料药生产。由于生产工序烦琐，生产原料复杂，直接造成产品转化率低而三废产生量大。其中尤以废水对环境的污染最为严重，例如，发酵法生产抗生素的生产废水分为提取废水、洗涤废水、冷却废水和其他废水，其中发酵滤液、提取的萃余液、蒸馏釜残液、吸附废液、转相母废液等废水的有机物浓度很高，COD 可高达 5000～80000 mg/L；废水中 SS 浓度可达 5000～23000 mg/L；废水存在难生物降解和有抑菌作用的抗生素物质，当抗生素浓度大于 100 mg/L 时，会抑制好氧污泥活性。

成品医药制造企业的三废污染危害与原料药生产有所不同。其特点如下。①数量少、成分复杂，综合利用率低。②种类多、变动性大。制剂品种多，原辅料的种类之多是其他工业所少见的。同时出于新技术、新材料的出现，旧的生产路线的工艺改革，又使生产工艺变动较多，致使三废的种类、成分、数量也经常随之发生变化。所以，制药厂往往较难建成一个综合性的回收中心。③间歇排放。制药厂大多采用分批间歇式的生产方式，三废的排放属于间歇式排放。间歇排放是一种短时内高浓度的集中排放，而且污染物的排放量、浓度、瞬时差异都缺乏规律性，它给环境带来的危害要比连续排放严重得多；且间歇排放也给三废处理带来不少困难。例如，生化处理法要求流入废水的水质、水量比较均匀，若变动过大，会抑制微生物的生长而显著降低处理的效果。④化学耗量高、pH 值变化大。制药厂排出的三废以有机污染物为主，污染物结构复杂。其中有些有机质能被微生物降解，而有些有机质则难被微生物降解。所以，有些废水的化学耗氧量（COD）很高，但生化需氧量（BOD）却不高。通常，在废水的生化处理前，应进行生物可降解性试验，以确定废水能否用生物法进行处理。对于那些浓度大而又不易被生物氧化的废水要另行处理（例如，萃取、焚烧等），否则经生物处理后，出水中的化学耗氧量值仍然高于排放标准。此外，有些生物制药厂排出的废水含有有害生物或毒素，必须采用高温焚烧无害化处理，以免影响处理效果或者造成环境污染。

综上所述，生物工程和生物制药工业的三废处理难度大。所以，这些行业在建设过程中，必须贯彻环保措施"三同时"的方针，即环保设施要实行与主体工程同时设计、同时施工、同时投产使用的"三同时"的规定。各设计部门和建设单位要按此规定，在编制项目建议书、可行性研究报告（设计任务书）、初步设计等各阶段中，编制好环境保护篇章，以及在施工图设计中有单独的环保措施设计。

第一节　生产废水处理技术

一、工业废水分类

生物工程与生物制药工业废水的分类方法通常有 3 种。第一种是按工业废水中所含主要污染物的化学性质分类，分为无机废水和有机废水。例如，离子交换柱再生废水和生产用纯水加工过程的废水，以无机污染物为主，就是无机废水；药品、食品或有机酸加工过程的废水，以有机污染物为主，就是有机废水。第二种是按工业企业的产品和加工对象分类。例如，制药废水、柠檬酸废水、味精厂废水、啤酒厂废水等。第三种是按废水中所含污染物的主要成分分类。例如，酸性废水、碱性废水、含汞废水、含氰废水、含有机磷废水和抗生素废水等。

前两种分类法不涉及废水中所含污染物的主要成分，也不能表明废水的危害性。第三种分类法明确地指出废水中主要污染物的成分，能表明废水一定的危害性。

此外也有从废水处理的难易度和废水的危害性出发，将废水中主要污染物归纳为 3 类。第一类为废热，主要来自冷却水，冷却水可以回收利用。第二类为常规污染物，即无明显毒性而又易于生物降解的物质，包括生物可降解的有机物，可作为生物营养素的化合物，以及悬浮固体等。第三类为有毒污染物，即含有毒性而又不易生物降解的物质，包括重金属、有毒化合物和不易被生物降解的有机化合物等。

实际上，一种工业可以排出几种不同性质的废水，而一种废水又会有不同的污染物和不同的污染效应。例如，药厂既排出酸性废水，又排出碱性废水；即便是一套生产装置排出的废水，也可能同时含有几种污染物。例如，维生素 C 工厂的山梨糖氢化、山梨醇发酵、酯化、结晶、干燥等装置的排出的废水中含有镍、酚、油、硫化物等。

二、废水处理原则

工业废水的有效治理应遵循如下原则。

（1）选择适宜的生产工艺最根本的是改革生产工艺，尽可能在生产过程中杜绝有毒有害废水的产生。例如，以无毒用料或产品取代有毒用料或产品。

（2）实行严格的操作和监督，在使用有毒原料以及产生有毒的中间产物和产品的生产过程中，采用合理的工艺流程和设备，消除漏逸，尽量减少流失量。对含有剧毒物质的废水，例如，含有一些重金属、放射性物质、高浓度酚、氰等的废水应与其他废水分流，以便于处理和回收有用物质。

（3）循环使用一些流量大而污染轻的废水，例如，冷却废水不宜排入下水道，以免增加城市下水道和污水处理厂的负荷。这类废水应在厂内经适当处理后循环使用。

（4）排入城市污水系统成分和性质类似于城市污水的有机废水，例如，啤酒废水、制糖废水、食品加工废水等，可以排入城市污水系统。应建造大型污水处理厂，包括因地制宜修建的生物氧化塘、污水库、土地处理系统等简易可行的处理设施。与小型污水处理厂相比，大型污水处理厂既能显著降低基本建设和运行费用，又因水量和水质稳定，易于保持良好的运行状况和处理效果。

（5）生物氧化降解一些可以生物降解的有毒废水，例如，含酚、氰废水，经厂内处理后，可按允许排放标准排入城市下水道，由污水处理厂进一步进行生物氧化降解处理。

（6）单独处理含有难以生物降解的有毒污染物废水，不应排入城市下水道和输往污水处理厂，而应进行单独处理。

三、工业废水处理方法

工业废水的处理是一项较为复杂的系统工程，对不同性质的废水，必须使用不同的处理工艺，就是同类型的废水也会因不同的环境、处理要求、处理水量、经济要求等而采用不同的工艺。但是工业废水的处理方法又有它们的共性，常用的处理方法有以下几种。

（1）清污分流，是指将清水（例如，间接冷却用水、雨水和生活用水等）与废水（例如，制药生产过程中排出的各种废水）分别用不同的管路或渠道输送、排放或贮留，以利于清水的循环套用和废水的处理。由于制药生产中清水的数量远远超过废水的数量，采取清污分流方法，既可以节约大量的清水，又可大幅度地降低废水处理量，减轻废水的输送负荷和治理负担。此外，某些特殊废水应与一般废水分开，以利于特殊废水（例如，含剧毒物质的废水）的单独处理和一般废水的常规处理。

（2）废水处理级数。按照处理废水程度不同，将废水处理划分为一级、二级和三级。

①一级处理：通常是采用物理方法或简单的化学方法除去水中的漂浮物和部分处于悬浮状态的污染物以及调节废水的 pH 值等。通过一级处理可减轻废水的污染程度和后续处理的负荷。一级处理具有投资少、成本低等优点。但经一级处理后仍达不到国家规定排放标准的废水，还需进行二级处理，必要时还需进行三级处理。因此，一级处理常作为废水的预处理。

②二级处理：主要指生物处理法。经过二级处理后，废水中的大部分有机污染物可被除去，BOD_5 可降到 $20\sim30\ mg/L$，水质基本可以达到规定的排放标准。二级处理适用于处理各种含有机污染物的废水。

③三级处理：主要是除去废水在二级处理中未能除去的污染物，包含不能被微生物分解的有机物、可溶性无机物（例如，氮、磷等）以及各种病毒、病菌等。废水经三级处理

后，BOD$_5$将降至 5 mg/L 以下，可达到地面水和工业用水的水质要求。三级处理的方法很多，常用的有过滤、活性炭吸附、臭氧氧化、反渗透以及生物法脱氮除磷等。

（3）废水处理的基本方法。废水处理技术很多，按作用原理通常可分为物理法、化学法、物理化学法和生物法。

①物理法：主要是通过物理或机械作用去除废水中不溶解的悬浮固体及油脂。

A．沉淀法：又称重力分离法，利用废水中悬浮物和水的密度不同这一原理，借助重力的沉降（或上浮）作用，使悬浮物从水中分离出来。沉淀（或上浮）的处理设备有沉砂池、沉淀池、隔油池等。

B．过滤法：利用过滤介质截留废水中的悬浮物。常用的过滤介质有钢条、筛网、砂、布、塑料、微孔管等。过滤设备有格栅、栅网、微滤机、砂滤池、真空过滤机、压滤机（后两种多用于污泥脱水）等。过滤效果与过滤介质孔隙度有关。

C．离心分离法：在高速旋转的离心力作用下，废水中的悬浮物与水实现分离的过程。离心力与悬浮物的质量成正比，与转速（或圆周线速度）的平方成正比。由于转速在一定范围内可以控制，所以分离效果远远优于重力分离法。离心设备有水力旋流器、旋涡沉淀池、离心机等。

D．浮选法：又称气浮法，此法是将空气通入废水中，并以微小气泡形成从水中析出成为载体，废水中相对密度接近于水的微小颗粒状的污染物（例如，乳化油）黏附在气泡上，并随气泡上升至水面，形成浮渣而被去除。根据空气加入的方式不同，浮选设备有加压溶气浮选池、叶轮浮选池、射流浮选池等，这种方法的除油效率可达 80%～90%。这种方法也可用于水溶性易起泡的蛋白质回收，当向料液中通入空气形成无数细小气泡时，蛋白质颗粒黏附于气泡上，随气泡上浮于料液表面而成为泡沫层，然后刮出回收。

E．蒸发结晶法：将废水加热至沸腾、气化，使溶质得到浓缩，再冷却结晶。例如，乳酸生产中的硫酸钙废水处理就是经蒸发、浓缩、冷却后分离出硫酸钙晶体及酸性母液。

F．渗透法：在一定的压力下，废水通过一种特殊的半渗透膜，水分子被压过去，溶质将被膜所截留，废水得到浓缩，被压过膜的水就是处理过的水。膜材料有醋酸纤维素、磺化聚苯醚、聚矾酸胺等有机高分子物质。加入添加剂可做成板式膜、内管式膜、外管式膜以及中空纤维膜等。操作压力一般需要 300～500 kPa，每天通过每平方米的渗透膜的水量从几十升到几百升。渗透法已用于海水淡化、含重金属的废水处理以及废水深度处理等方面，处理效率达 90% 以上。

G．反渗法：利用一种特殊的半渗透膜，在一定的压力下，将水分子压过去，而溶解于水分子中的污染物被膜所截留，污水被浓缩，而被压透过膜的水就是处理过的水。目前该方法已用于海水淡化、含重金属废水处理及污水的深度处理等方面。

②化学法：利用化学反应的原理及方法来分离回收废水中的污染物，或改变污染物的性质，使其由有害变为无害。

A．混凝法：水中呈胶体状态的污染物质通常带有负电荷，胶状物之间互相排斥不能凝聚，多形成稳定的混合液。若在水中投加带有相反电荷的电解质（即混凝剂），可使废水中胶状物呈电中性，失去稳定性，并在分子引力作用下，凝聚成大颗粒下沉而被分离。常用的混凝剂有硫酸铝、明矾、聚合氧化铝、硫酸亚铁、三氯化铁等。上述混凝剂可用于含油废水、有机离子或无机离子有色废水、带电荷胶体废水等处理。通过混凝法可去除废水中细分散固体颗粒、乳状油及胶体物质等。

B. 中和法：往酸性废水中投加碱性物质使废水达到中性。常用的碱性物质有石灰、石灰石、氢氧化钠等。对碱性废水可吹入含 CO_2 的烟道气进行中和，也可用其他的酸性物质进行中和。此方法用于处理酸性废水及碱性废水。

C. 氧化还原法：废水中呈溶解状态的有机或无机污染物，在加入氧化剂或还原剂后，发生氧化或还原反应，使其转化为无害物质。氧化法多用于处理含酚、氰、硫等废水，常用的氧化剂有空气、漂白粉、氯气、臭氧等。还原法多用于处理含铬、含汞废水，常用的还原剂有铁屑、硫酸铁、二氧化硫等。

D. 化学沉淀法：向废水中投入某种化学物质，使它与废水中的溶解性物质发生互换反应，生成难溶于水的沉淀物，以降低废水中溶解物质的方法。这种方法常用于处理含重金属、氰化物等工业生产废水的处理。

③物理化学法：利用萃取、吸附、离子交换、膜分离技术和汽提等操作方法，处理或回收利用工业废水的方法。

A. 萃取（液–液萃取）法：在废水中加入不溶于水的溶剂，并使溶质溶于该溶剂中，然后利用溶剂与水不同的密度差，将溶剂与水分离来净化污水。再利用溶剂与溶质沸点不同，将溶质蒸馏回收，再生后的溶剂可循环使用。例如含酚废水的回收，常用的萃取剂有醋酸丁酯、苯等，酚的回收率达 90% 以上；常用的设备有脉冲筛板塔、离心萃取机等。

B. 吸附法：利用多孔性的固体物质，使废水中的一种或多种物质吸附在固体表面进行去除。常用的吸附剂为活性炭。此法可吸附废水中的酚、汞、铬、氰等有毒物质。此法还有除色、脱臭等功能，吸附法目前多用于废水深度处理。

C. 电解法：在废水中插入通直流电的电极。在阴极板上接受电子，使离子电荷中和，转变为中性原子。同时在水的电解过程中，在阳极上产生氧气，在阴极上产生氢气。上述综合过程使阳极上发生氧化作用，在阴极上发生还原作用。目前用于含铬废水处理等。

D. 汽提法：将废水加热至沸腾时通入蒸汽，使废水中的挥发性溶质随蒸汽逸出，再用某种溶液洗涤蒸汽，回收其中的挥发性溶质；此法常用于含酚类废水的处理，回收挥发性酚。

E. 离子交换法：利用离子交换剂的离子交换作用来置换废水中的离子态物质。随着离子交换树脂的生产和使用技术的发展，近年来在回收和处理工业废水的有毒物质方面，离子交换法由于效果良好、操作方便而得到一定的应用。目前离子交换法广泛用于去除废水中的杂质，例如，去除（回收）废水中的铜、镍、锅、锌、金、银、铂、汞、磷酸、硝酸、氨、有机物和放射性物质等。

F. 电渗析法：废水中的离子在外加直流电作用下，利用阴、阳离子交换膜对水中离子的选择透过性，使一部分溶液中的离子迁移到另一部分溶液中去，以达到浓缩、纯化、合成、分离的目的。阳离子能穿透阳离子交换膜，而被阴离子交换膜所阻；同样，阴离子能穿透阴离乎交换膜，而被阳离子交换膜所阻。废水通过阴阳离子交换膜所组成的电渗析器时，阴阳离子就可得到分离，达到浓缩及处理目的。此法可用于酸性废水回收、含氰废水处理等。

④生物法：利用微生物新陈代谢功能，使废水中呈溶解和胶体状态的有机污染物降解并转化为无害的物质，生物法能够除去废水中的大部分有机污染物，是常用的二级处理法。

上述每种废水处理方法均为一个单元操作。由于生物制药工业废水的特殊性，仅用一种方法常常不能除去废水中的全部污染物。在制药废水处理中，一般需要将几种处理方法组合在一起，形成一个处理污染的流程。流程应遵守先易后难、先简后繁的原则，即最先使用物理法进行预处理，使大块垃圾、漂浮物及悬浮固体等除去；然后再使用化学法和生物法等处理方法。对于特定的制药废水，应根据其废水的水质、水量、回收有用物质的可能性、经济性及排放水体的具体要求等情况，制定适宜的废水处理流程。

（4）生物工程与生物制药工业废水实例。

有关生物工程与生物制药工业废水实例可参见曹健和本书作者主编的《食品发酵工业三废处理与工程实例》一书，书中详细介绍了酒精、白酒、啤酒、果酒、醋酸、乳酸、柠檬酸、葡萄糖酸、谷氨酸、赖氨酸、青霉素、头孢霉素、庆大霉素、红霉素、黄原胶、甘油、微生物油脂等工业生产废水处理的实例。

第二节　生产废气处理技术

食品与生物制药工业产生的废气处理方法包括破坏性方法、非破坏性方法，以及这两种方法的组合。破坏性方法包括燃烧氧化、臭氧氧化、紫外光催化氧化、光-半导体催化氧化、低温等离子体氧化、生物氧化及其集成的技术，主要是由化学或生化反应，用光、热、微生物和催化剂将挥发性有机物（VOCs）转化成 CO_2 和 H_2O 等无毒无机小分子化合物。非破坏性法即回收法，主要是活性炭吸附、酸碱吸收、沸石转轮浓缩技术，通过物理方法，控制温度、压力或用选择性吸附剂等来富集和分离挥发性有机化合物。吸附、吸收法主要适用于低浓度气态污染物的净化，对于小风量，高浓度、高热值的有机废气，通常采用燃烧氧化。

当前转轮浓缩技术逐步应用于发酵制药行业废气治理，转轮浓缩器是去除有机挥发物的核心设备，转轮表面涂覆有吸附 VOCs 的沸石。其原理是利用沸石低温吸附、高温脱附的特性对有机废气进行浓缩。浓缩后的废气最终通过废气焚烧炉、蓄热式氧化焚烧技术（RTO）等处理后排放，由于浓缩后的废气量仅有待处理废气的十分之一以下，从而大大降低了能耗。转轮浓缩是一项应用于低浓度、高风量有机废气净化的处理技术。对低沸点的有机气体难以吸附，对高沸点的有机气体在转轮上难以脱附，在转轮上积累使系统产出率效率下降。

在最近几年中，光-半导体催化氧化和低温等离子体氧化得到了迅速发展。光-半导体催化氧化法是利用一些光敏半导体材料（例如，TiO_2）可在光照下将光能转化成化学能，激发出电子-空穴对粒子，这些粒子和遇到的水及氧气反应后，产生自由基，自由基具有极强氧化能力，有非常强大的废气氧化处理能力。光照既可以是普通光，也可以是紫外光。紫外光催化法是采用高能紫外光照射有机废气，造成废气中的一些污染物裂解，降解成水和二氧化碳等低分子的化合物。此外，高能紫外光还可将废气中的细菌核酸破坏，彻底杀灭废气中的大部分细菌，适用于大风量、低浓度、有机废气，但产生的臭氧容易造成二次污染。

等离子体氧化法是利用气体放电产生具有高度反应活性的粒子与各种有机、无机污染物在极短的时间内发生反应，从而使污染物分子分解成为小分子化合物或氧化成容易处理的化合物而被去除，适用于大风量、低浓度、有机废气。等离子体-紫外光催化联合技术是一种先进的有机废气治理技术。它解决了单一等离子体技术产率低、能量利用率低和应用条件高的缺点，在食品与生物制药工业领域具有广阔的应用前景。

以上的物理、化学等方法与生物法处理 VOCs 相比能耗都高，生物法处理 VOCs 具有运行成本低、无二次污染等优势，适合处理大风量、中低浓度、生物降解性能好的 VOCs。

利用生物法处理气体中的污染物可以追溯到 20 世纪 50 年代中期，最先用于处理空气中低浓度的臭味物质。第一个利用微生物处理废气的专利于 1957 年出现在美国，但到 1970 年后才引起各国重视。到 1980 年，德国、日本、荷兰等国家已有相当数量工业规模的各类生物处理废气装置投入运行，对混合有机废气的去除率一般在 95% 以上。据 1991 年统计，欧洲有 500 多座生物滤池在运行，大部分的处理效率在 90% 以上。到目前为止，德、日、荷等国已成功应用于化工、轻工等行业，投入运行的生物净化装置已逾千套。在美国的芝加哥，BBA 投资 3715 万美元兴建了一座生物废气处理厂，其处理量为 2.2 km³/h，运行费用约为 $6×10^{-5}$ 美元/m³，去除率达 95%～99%；在纽约，City of Poughkeepsie 投资 2818 万美元建立了一座生物废气处理厂，其处理量约为 258 km³/h，平均每立方千米的运行费用约为 0.2 美元，去除率达 98%。

一、废气生物净化技术主要处理原理、工艺及设备

1. 原理和处理工艺

废气生物净化的实质是利用微生物的生物活动，将挥发性的有机气体转化为简单无害的无机物及微生物细胞质的过程，即用微生物将有机成分作为碳源和能源，并将其分解为 CO_2 和 H_2O。生物法处理工艺性能分类如表 9-1 所示。

表 9-1　生物法处理工艺性能分类

微生物利用形式	液相分布	
	连　续　相	非　连　续　相
悬浮生长	生物吸附法	
固着生长	生物滴滤法	生物过滤法

（1）生物过滤法。

生物过滤是一种较新的空气污染控制方法，它利用微生物降解或转化空气中的挥发性有机物质以及硫化氢、氨等恶臭物质。一般废气从反应器的下部进入，通过附着在填料上的微生物，被氧化分解为 CO_2、H_2O、NO_3^- 和 SO_4^{2-}，达到净化的目的，其工艺流程如图 9-1 所示。

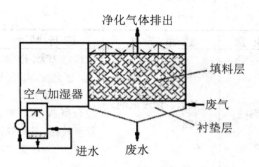

图 9-1　生物过滤法工艺流程

（2）生物吸收法。

该法由两部分工艺组成（如图 9-2 所示），一部分为废气吸收段，另一部分为悬浮再生段，即活性污泥曝气池。由于该工艺的吸收生物氧化在两个单元中进行，易于分别控制；所以可以达到各自的最佳运行状态。

（3）生物滴滤法。

此法集生物吸收和生物氧化于一体，像生物吸收法一样，吸收液在吸收反应中循环，与进入反应器的废气接触，吸收废气中污染物，达到废气净化的目的（如图 9-3 所示）。

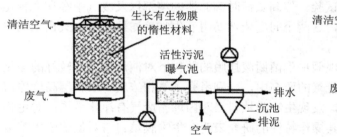

图 9-2　生物吸收法工艺流程

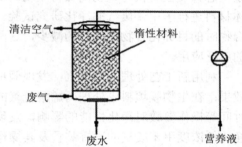

图 9-3　生物滴滤法工艺流程

生物法各项工艺性能比较如表 9-2 所示。

表 9-2　生物法工艺性能比较

工　艺	系　统　类　别	适　用　条　件	运　行　特　性	备　　注
生物吸收法	悬浮生长系统	气量小、浓度高、易溶、生物代谢速率较低的 VOCs	系统压降较大、菌种易随连续相流失	对较难溶解气体可采用鼓泡塔、多孔板式塔等气液接触时间长的吸收设备
生物滴滤法	附着生长系统	气量大、浓度低、有机负荷较高以及降解过程中产酸的 VOCs	处理能力大，工况易调节，不易堵塞，但操作要求较高，不适合处理入口浓度高和气量波动大的 VOCs	菌种易随流动相流失

工　艺	系 统 类 别	适 用 条 件	运 行 特 性	备　注
生物过滤法	附着生长系统	气量大、浓度低的VOCs	处理能力大，操作方便，工艺简单，能耗少，运行费用低，对混合型 VOCs 的去除率较高，具有较强的缓冲能力，无二次污染	菌种繁殖代谢快，不会随流动相流失，从而大大提高去除效率

2. 设备

废气生物净化设备可分两类：生物吸收装置和生物过滤装置。目前反应设备的研究主要集中在滴滤池、填料塔和生物滤池等几个方面。通过对生物滴滤池处理废气中生物量累积和阻塞问题的研究，并利用二氯甲烷作为模拟污染物质，建立了动力学模型；通过利用生物滴滤池去除废气中的苯乙烯取得了较好的效果；在搅拌式滴滤床反应器中通过间歇除去部分污泥来连续处理生物废气；在装有聚丙烯散堆填料的生物滴滤池内进行二氯甲烷废气处理可行性研究，发现空塔气速、进口浓度及酸性环境对二氯甲烷的降解有影响；为探索气态挥发性有机污染物高负荷生物滴滤器处理的可能性，采用筛选出的纤维附着活性载体材料进行了甲苯废气的净化研究试验。但高负荷时滴滤器的堵塞以及废气中存在多种化合物时的目标化合物去除量的减少，这两个问题依然妨碍着生物滴滤器处理废气在工业中的广泛应用。

利用新工艺处理油烟废气，发现假单孢菌菌液挂膜的填料塔对油烟废气有较好的净化效果；在生物膜填料塔处理丙烯腈废气的研究中，分别考察了气相浓度、填料层高度停留时间等操作参数对净化性能的影响，发现生物膜填料塔对丙烯腈废气有净化效果；对生物净化低浓度甲苯废气的适宜装置及其操作特性的研究表明，生物膜填料塔对低浓度甲苯废气的净化性能优于筛板塔及鼓泡塔。

在污水处理厂污水生物降解的过程中会产生大量难闻的废气，因此生物滤池处理废气技术在城市污水处理厂废气的净化中得到了广泛的应用。其中，通过实验研究探讨了生物滤池同时处理废水和废气的可行性。

二、废气生物处理的微生物学研究进展

生物法处理废气的 3 种工艺系统均属开放系统，其微生物种群随环境而改变，在大多数生物反应器中，微生物种类以细菌为主，真菌为次，极少有酵母菌。大部分细菌是杆状菌和内生孢子，此外还有常见假单孢菌生长，放线菌中主要以链霉菌为代表；真菌中有毛霉、根霉、曲霉、青霉、交链孢霉等。

目前废气处理的微生物学研究主要集中在如下几个方面。

1. 优势菌种的筛选与驯化

从不同地点采集的混合样品中分离到 16 株能氧化无机硫化物的菌株，并优化筛选出菌株 Hm-6，其形态、生理生化反应鉴定为假单菌；通过驯化、筛选和富集，从制药厂和农药厂生化曝气池的活性污泥中分离到两株能以二氯甲烷为唯一碳源和能源而生长的菌株，初步鉴定为假单孢杆菌和放线菌科分枝杆菌属；采集农药废水生化池中的活性污泥作为分离筛选甲硫醇降解菌的材料，分别用营养琼脂培养基和真菌培养基进行分离筛选，得到一种异养菌和一种真菌，并且发现当它们与活性污泥以 1:3 比例配成混合菌种时，降解率提高了 20 个百分点；Reij 等人发现黄原菌 Py2 菌株能在纤维内侧形成生物膜回收丙烯，而这种含有微孔膜中空纤维组件的废气生物处理反应器又能够保护菌株。

2. 生物挂膜填料的选择

采用焦炭为填料的生物滤床降解苯乙烯废气，对焦炭进行循环挂膜，发现焦炭对苯乙烯这样的挥发性有机物初期以吸附作用为主，随着生物膜的长成，生物降解作用逐渐占有优势；利用 PVC 弹性填料进行好氧生物膜法气体脱硫的研究表明，微生物挂膜速度快，驯化时间短，抗冲击负荷能力强；通过动态条件挂膜和静态降解曲线比较，对丝网、ACOF、聚乙烯多面小球，炉渣等介质作为气体生物滴滤池的生物载体材料的性能进行了研究，表明 4 种材料都可用作生物载体材料，但丝网和 ACOF 挂膜量大，降解效果好。通过实验分析表明，作为用于净化处理有机废气的生物膜填料塔的填料，应根据如下条件进行选用：①比表面积大，湿填料因子大的多孔材料；②粒径适宜表面性质好、持水性好的惰性材料；③具有足够的机械强度和化学稳定性；④价格低廉，投资较小。

3. 微生物固定化

研究了海藻酸钠包埋固定化微生物颗粒填充床去除气相 H_2S 的过程和利用固定化的活性污泥凝胶填充柱去除废气中的挥发性有机化合物，发现废气处理中反应器的发展决定了不同支撑介质上的固定微生物呼吸活性，而呼吸率又是估计降解能力的一个重要参数；在生物固定化滴滤床反应器中，未固定化生物量的组成限制影响废气中有机化合物的去除。

4. 反应动力学模型研究

随着生物废气处理技术的快速发展，仅仅通过实验研究的方法已不能满足废气处理装置的工程应用以及新工艺、新装置的开发需要。目前，针对生物废气处理过程的数学模型的建立与计算，可以预测在给定条件下生物净化法的处理效果，并为设计和过程优化提供依据，已成为环境生物技术领域的一个重要研究方向。

针对挥发性有机废气的生物法净化过程，进行了吸附-生物膜新型理论的相关动力学模型研究，应用该模型对入口气体甲苯浓度、气体流量及生物膜填料高度等主要因素的影响进行模拟研究，模拟计算值与实验值之间有较好的相关性。选择拉西环为滤塔填料，甲苯为 VOC 代表，运行生物滴滤塔，研究滴滤塔的甲苯降解性能，建立滴滤塔中 VOCs 的降解模型，同时通过研究提出了挥发性有机物生物降解的新机理——吸附传递生物降解机理，建立了模型动力学方程，选择活性炭为滤料，以甲苯为 VOCs 代表，求取模参数，获得了生物降解经验方程，并验证了模型正确性；基于物料平衡和微生物降解水中污染物的动力学模式，以丙酮、甲苯为处理对象，提出了生物滴滤池处理废气的模式；依据对生物膜填料塔净化低浓度甲苯废气过程的生化反应类型、过程控制因素和生物膜作用机理问题的分析研究，建立了"吸附-生物膜"原理及相应的动力学模式。

三、废气生物净化技术研究方向及展望

有机废气生物处理是一项新技术，由于生物反应器涉及气、液、固相传质及生化降解过程，影响因素多而复杂，有关理论研究及实际应用还不够深入广泛，许多问题需进一步探讨和研究。

1. 反应动力学模式研究

通过反应机理研究，提出决定反应速度的内在依据，有效控制调节反应速度，最终提高污染物的净化效率。

2. 填料性质的研究

填料的比表面积、空隙率，除与单位体积填充层生物量有关外，还直接影响着整个填充床的压降及填充床是否易堵塞等问题。更重要的一点是，气态污染物降解要经历一个由气相到液相、固相的传质过程，污染物在两相中分配系数是整个装置可行性的一个决定因素，而填料对分配系数有较大的影响。

3. 动态负荷研究

目前对于非常态负荷流、多组分复杂混合气的研究较少。事实上，动态负荷的研究更接近废气处理的实际情况，非常具有实际意义。

4. 设备研究开发

在吸收国外成果的基础上注重设备的研究开发，包括过程参数自动控制系统、布水、布气系统等，为实现生物处理废气产品成套化、系列化、标准化奠定基础。

5. 高效优势菌种的筛选

在原有菌种的基础上通过选择最佳生长条件，筛选出能高效降解有臭、有毒气体的优势菌种，从而缩短反应启动时间，加快生物反应进程，提高处理效率。

6. 含 NH_3-N 和 NO_x 废气的处理

着重设备的研究开发，包括过程参数自动控制系统、布水、布气系统、填料等，实现生物过滤器产品的成套化、系列化、标准化。

四、某企业发酵废气治理方案

1. 发酵制药企业臭异味组分分析

目前发酵制药企业主要的废气产生源集中在发酵及菌渣干化工序。其中发酵过程废气具有产生量大，气体组分复杂，气体中污染物检出浓度低的特点。根据实地调研及监测检验结果显示，发酵制药企业发酵车间产生的发酵尾气中最主要由二氧化碳和水构成，检测结果显示发酵尾气中的臭气浓度极高，在发酵尾气未经处理前该臭异味有强烈的玉米糊化的味道。根据实地连续检测，发酵尾气中的含有的各种可知异味物质检出 31 种，致臭的特征性物质 9 种。未经处理前发酵废气中的臭气浓度一般在 5000~8000，个别抗生素生产企业产生的发酵异味废气臭气浓度甚至高达 14700，远远超过了《恶臭污染物排放标准》。发酵异味废气经各种处理措施处理后臭气浓度范围为 505~2510，平均浓度约为 1155。

2．处理工艺及效果

发酵车间原设计采用"臭氧+酸碱喷淋"方式对配料、发酵、实消尾气进行治理，由于异味治理效果不佳，改用"臭氧+酸碱喷淋洗涤+双氧水喷淋洗涤"工艺进行处理，在运营过程中再次将处理工艺改为"臭氧+酸碱喷淋洗涤+双氧水喷淋洗涤+湿式电晕净化+光催化氧化"，后期在运行过程发现该方式仍存在异味处理效率较低的问题，企业再次将发酵异味处理工艺改为"臭氧+酸碱喷淋洗涤+二级分子筛过滤"，如图9-4所示。目前该方式异味去除率大于95%。

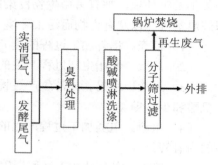

图9-4　发酵废气治理流程

原料发酵到产出成品周期为12天，监测时间为3天，由于发酵异味较为特殊采用三点嗅袋法对臭气浓度进行监测。废气治理设施进出口监测值如表9-3所示。

表9-3　废气治理设施进出口监测值一览表

日期 污染物	进　口			出　口		
	第一天	第二天	第三天	第一天	第二天	第三天
废气量（m³/h）	2.16×10^5	1.86×10^5	1.42×10^5	1.82×10^5	1.61×10^5	1.33×10^5
臭气浓度（无量纲）	173780	154280	143530	2200	2540	1980

根据对照《恶臭污染物排放标准》GB14554-93，在120 m排气筒高度下臭气浓度排放标准为60000，经治理后本项目的排气筒最终排气浓度在2000左右，完全可满足该排放标准限值要求。根据监测结果显示其恶臭污染物综合去除效率可达到98%。

发酵制药生产过程中利用生物作为主要生产媒介，其生产过程要较化学合成法生产原料药具有污染较小、能耗低的特点。而国内发酵制药企业众多，新疆拥有大量的玉米粮食资源可作为优良的发酵原料药生产基地，但是制药的过程极易产生异味物质，为了保护好本地的环境，恶臭污染物的治理更应通过国家的政策引导建立起一整套的治理体系，增加臭异味治理的手段与方法，提升臭异味治理措施应用的可行性；同时企业应积极采用低氮、低溶剂发酵技术，降低发酵过程中有机物挥发的损失。

第三节　生产废渣处理技术

生物工厂发酵前的原料加工大多数为粮食和其他农产品的初级加工与这些产品的食品加工相似或一致。

一、生产性固体废弃物

粮油食品加工业生产性固体废弃物主要包括稻壳、粉尘、油渣、果渣、鱼渣、肉渣、臭蛋和蛋壳、食品加工残渣和粉尘等。这些生产性固体废弃物中常常含有一定量的水分和部分有机质，例如，淀粉、糖类、蛋白质、氨基酸、脂类、果胶、纤维素和半纤维素等。如果不及时处理，被有害微生物侵染发生霉变或腐败现象，将产生大量恶臭气体并释放出甲烷温室气体以及有害物而污染环境。

（1）稻壳。稻谷加工过程的废弃物，主要化学组成成分为纤维素、蜡质。

（2）油渣。油脂生产过程产生的工业废弃物，主要成分为油脂、油料残渣、纤维质。

（3）果渣。水果、果汁生产过程中的废弃物，主要成分为纤维素和半纤维素、果胶、有机酸和少量糖类。

（4）鱼渣。鱼类加工过程产生的固体废弃物，主要组成成分为鱼骨、鱼鳞片、鱼血、鱼的内脏等。

（5）肉渣。肉食品加工过程产生的固体废弃物，主要组成成分为碎骨、腐败脂类和次等变质碎肉、烂肠、肉食品残渣以及变质的动物血液等。

（6）臭蛋和蛋壳。臭蛋主要来自于蛋类贮存和蛋类加工过程。蛋类在自然存放过程，由于气温、环境湿度高，使蛋内的微生物迅速繁殖，外部微生物逐步侵入蛋内，蛋内的蛋白质等营养成分被微生物分解利用，产生硫化氢、氨、吲哚、臭粪素、硫醇等蛋白质分解物，从而形成臭蛋。

蛋壳是蛋食品加工过程产生的固体废弃物。但是，蛋壳中含有大量的钙质，经过清理、清洗、干燥、粉碎等工艺处理后可用作饲料钙强化剂。

（7）蔬菜渣。发酵蔬菜、方便面料包、蔬菜粉、腌制蔬菜等加工过程的残渣，例如，残次白菜、甜菜、卷心菜、萝卜、芹菜、黄瓜、辣椒、青豆以及菜豆等。

（8）面食品加工残渣。面类食品加工过程产生的变质碎面团、变质面食品、发热、霉变结块的面粉等。

（9）粉尘。主要来自于面粉、稻谷、饲料工业等生产与加工过程。其主要组成成分为面粉微粉、饲用原料飘尘以及尘土等。

我国发酵工业（例如，有机酸、氨基酸、酶制剂、调味品、啤酒、白酒、葡萄酒、黄酒等生产企业）每年可产生上百万吨的生产性固体废弃物以及大量废弃物渗滤液。国家对发酵工业生产性固体废弃物的再利用及废弃物对自然环境的污染状况十分重视，为解决这个问题，每年下拨相当数量的资金用于对生产性固体废弃物的转化与治理研究。

生产性固体废弃物概括起来主要有酒糟和麦糟、发酵残渣、酱渣与醋渣、废弃酵母菌细胞、废弃硫酸钙与活性炭等。

（1）酒糟。酒醅通过蒸馏后所丢弃的废糟称为酒糟。其主要组成成分为稻壳、粮食纤维、少量淀粉、糖、蛋白质以及发酵微生物细胞等。

（2）麦糟。酿造啤酒的麦芽粉经过糖化后所过滤出来的滤渣称为麦糟。其主要组成成分为麦芽纤维、大麦蛋白、残糖、少量糊精和淀粉。

（3）废弃酵母细胞。其主要来自于啤酒和酒精生产过程。经过干燥、破碎处理，可用作饲料蛋白的营养强化；经过盐溶、蛋白酶水解等处理，可用于生产食品调料酵母菌。

（4）酱渣。酱油发酵生产废渣。其主要成分为饼粕残渣（例如，豆饼、豆粕、花生饼、菜籽饼、芝麻饼等）、谷物纤维、小麦麸皮、残盐以及废弃微生物细胞等。

（5）醋渣。食用醋发酵生产过程丢弃的发酵废渣。其主要组成成分为粗细谷糠、小米壳、高粱壳、麸皮、谷物蛋白、谷物纤维、残糖等。

（6）其他发酵残渣。其主要指有机酸、氨基酸等发酵工业生产过程中产生的发酵过滤残渣以及后处理工序产生的滤渣。其主要组成成分为残留碳酸钙、蛋白质、谷物纤维、残糖发酵微生物细胞以及复分解工序产生的废弃硫酸钙和活性炭等。

二、废水中回收的固体废弃物

水是一种宝贵而有限的自然资源，随着现代工业的快速发展，生产用水量日益增长。然而通过生产过程使用后的水，仅有一小部分被消耗掉，其余大部分水则通过工业生产过程的使用而完全丧失利用价值。这种已废弃且被排放出来的废水统称为工业生产废水。

粮油食品、肉食品、奶制品、水果与蔬菜罐头、发酵、酿酒、医药等工业每年产生数以百万吨计的生产废水，在这些废水中含有大量且种类繁多的污染物。因其不稳定的化学特性，大多易被微生物分解利用，转化成为稳定的无机物和其他代谢产物，从而造成水体的变色、发臭等严重污染症状。

食品与发酵等工业生产废水中可被回收的固体废弃物可大致分为有机废弃物、悬浮性物质（SS）以及有害微生物细胞三大类。

1. 有机废弃物

有机废弃物泛指耗氧的有机物质，粮油食品、发酵、酿酒、医药等工业废水中含有一定种类和数量的有机物。例如，淀粉生产企业因其生产设备质量、工艺技术要求以及员工操作等方面的原因，每日排放的废水中往往含有少量的淀粉和蛋白质；油脂化工企业排放的废水中含有脂类物质、悬浮性蜡质；肉食品加工企业排放的畜禽粪便、羽毛、血浆、废弃内脏等。

食品与发酵等工业生产废水中可被回收的有机废弃物概括起来主要有以下几种：淀粉、脂类物质、蛋白质及含氮化合物、纤维素和半纤维素、果胶、蜡质等。这些废弃物虽然大多无直接毒性，但是，如果在自然界随意排放，将很快被自然环境中的微生物分解利用，其代谢过程中产生的各类代谢产物，例如，CO_2、CO、NH_4、CH_4、各种有机酸等将会对自然环境造成严重污染。

2. 悬浮性物质（SS）

工业生产废水中的悬浮性物质可能是有机物也可能是无机物。根据悬浮物的物理性状可将其分为可沉淀物、漂浮物、胶体物和可溶解物等。

（1）可沉淀物。

工业生产废水中的可沉淀物主要为砂石、尘土、颖壳、麸皮、絮凝蛋白（变性蛋白）、淀粉粒等。

（2）漂浮物。

工业生产废水中的漂浮物主要指工厂生产过程中产生的粉尘、畜禽羽毛、塑制品、化纤制品、废弃脂类、蜡质类等。

（3）胶体物。

胶体是由许多分子和离子集合而成，故其表面有较大的吸附能力，常常因为吸附大量的离子而带电，因此它们在水中不能靠重力自行沉降而除去，必须通过混凝、澄清和过滤的方法除去。

工业生产废水中的胶体物可分为有机胶体物和无机胶体物两种类型。有机胶体物主要是指动植物残骸分解而生成的腐殖质等；而无机胶体物则主要是铁、铝、硅的化合物和胶体硅。

（4）可溶解物。

工业生产废水中的可溶解物主要有残糖、糊精、可溶性蛋白、各种残留防腐剂、着色剂、强化剂、絮凝剂、残留酸、碱、盐等。

大量悬浮性物质进入水体后，可增加水的浊度、形成水体底部淤积、导致水体感官性状变坏而降低利用价值，其中的有机成分还将消耗水中的溶解氧，因此必须对工业生产废水中的悬浮性物质进行回收与处理，以保证水的清洁和可利用性。

3. 有害微生物细胞

少数工业废水中常常含有发酵微生物灭活细胞、菌丝和菌丝体、有害细菌和其他有害微生物，有时还可能含有一些人体或畜禽病原菌。例如，制革工业废水中就可能含有从动物体带来的炭疽杆菌，酒精和啤酒工业废水中含有酵母菌细胞，柠檬酸工业废水中含有黑曲霉菌丝体，乳酸工业废水中含有乳酸菌细胞等。

三、固体废弃物的综合利用技术

随着对环境保护的日益重视以及正在出现的全球性的资源危机，工业发达国家开始从固体废物中回收资源和能源，并且将再生资源的开发和利用视为"第二矿业"，给予高度重视。我国于 20 世纪 80 年代后期提出了"无害化""减量化""资源化"的控制固体废物污染的技术政策，今后的趋势也是从无害化走向资源化。资源化应遵循的原则如下：①资源化技术是可行的；②资源化的经济效益比较好，有较强的生命力；③废物应尽可能在排放源就近利用，以节省废物在储放、运输等过程的投资；④资源化产品应当符合国家相应产品的质量标准，并具有与之相竞争的能力。

1. 脱水与干燥技术

工业生产固体废弃物的脱水与干燥问题常见于粮油食品、啤酒、果酒、葡萄酒、白酒、味精、醋与酱油、酒精以及制药等生产行业。

1）脱水方法

常用的脱水方法有机械脱水和自然干化脱水两种类型。

（1）机械脱水。以过滤介质两边的压力差为推动力，使水分强制通过过滤介质称为滤液，而固体颗粒被截留成为滤饼，从而达到固液分离的方法称为机械脱水。

常用的机械脱水设备如下：真空抽滤脱水机、板框压滤机、带式压滤机和离心脱水机。

（2）自然干化脱水。常见于发酵工业污水处理厂对污泥的处理。其处理场所称为干化场，周围建有土或板体围堤，中间用土堤或隔板隔成等面积的若干个区段。为便于起运脱水污泥，通常每区段长 6～30 m，宽 3～10 m。渗滤水经排水管汇集排出。干化场运行时，每次可集中放满一块区段的面积，放置污泥的厚度约 30～50 cm。污泥干化周期平均约为 10～15 天，干化后再经干燥、配料、制粒等处理后，可作为农田肥料使用。

2）干燥技术

我国食品与发酵工业每年有数以百万吨的工业废糟渣排出，例如，啤酒糖化废糟、果酒与葡萄酒生产过程产生的废果渣、白酒发酵废渣、味精、醋与酱油发酵废渣、酒精发酵糟渣以及抗生素发酵残渣等。如果不及时做干燥处理，大量废糟渣的霉变将对自然环境造成严重的污染。因此，干燥技术是为了防止工业废糟渣的霉变，达到脱水、易处置、易存放、易于再加工的目的而采取的一种有效的处置措施。

（1）主要干燥设备及干燥方式。

用于工业废糟渣的脱水设备主要有流化床干燥器、旋转筒干燥器、多膛旋盘干燥器以及循环履带干燥器等。干燥器的干燥方式主要表现为对流式干燥、传导式干燥和红外干燥（辐射干燥）。

在我国旋转筒干燥器的应用较为广泛。在对工业废弃物的干燥操作过程中，物料自上而下运行，而高温气流则自下而上逆流流动。随圆筒的旋转，物料受圆筒内壁的螺旋板推动与分散作用，连续不断地从上端向下端传输物料，至物料出口排出。

（2）工艺要点。

①干燥温度、干燥时间、物料的初始含水量、含水类型以及干燥后的物料含水量等工艺技术参数。②干燥器的操作方式、能源消耗、噪声输出、水、空气污染控制以及维护要求等。③对干燥环境的要求。

2．生物转化新技术

在粮油食品与发酵工业生产中，所积累的固体废弃物中含有较多的可再利用成分，尤其是含纤维素的废弃物居多。如果将工业废弃纤维素单独回收，采用生物酶等催化水解工艺处理纤维素，可以从中获得饲用葡萄糖、精制葡萄糖、饲用蛋白和单细胞蛋白、酒精、汽油醇等系列产品。生成的葡萄糖液经过再加工或再利用，可以获得各种不同的工业产品。

1）酶水解反应

酶水解是一种生化反应，通常在常压下进行。产酶微生物的培养仅需少量的原料，培养过程的能耗较低。由于酶对被催化物具有较高的专一性，所得产物的纯度与产率较高。

工业生产中，利用绿色木霉突变株为产酶菌株，用制备的培养液进行发酵，而后在发酵液中提取粗酶液，再与废弃纤维素母液混合，于 pH=4.8、温度为 50℃条件下进行水解反应，其反应式如下。

$$[C_6H_{10}O_5]_n + \xrightarrow{\text{酶催化}} nH_2OnC_6H_{12}O_6 \qquad (9\text{-}1)$$

在催化反应中有两种酶起作用：C_1 酶催化水解无定形纤维素，C_x 酶与 C_1 酶共催化水解不溶性结晶纤维素。大体可用下述过程进行描述。

废弃纤维素 $\xrightarrow{C_x\text{酶}}$ 水合纤维素葡萄糖链 $\xrightarrow{C_x\text{酶}}$ 纤维二糖 $\xrightarrow{\text{水解}}$ 葡萄糖

生产过程中纤维素的水解是比较复杂的，水解过程受诸多因素的影响。例如，产酶工程菌株的优劣、木质素含量、纤维素结晶度、纤维素的聚合度、木质素与纤维素的缔合特性，以及水解反应条件等。

2）酶催化水解工业废弃纤维素的工艺流程如图 9-5 所示。

培养液→发酵液→酶液
↓
含纤维素废弃物→破碎→催化水解→过滤→粗糖液→发酵→酒精、汽油醇、饲用蛋白、有机酸、其他发酵产品
↓
精制→纯葡萄糖

图 9-5　酶催化水解工业废弃纤维素的工艺流程

工业废弃纤维素经酶的催化作用所得葡萄糖转化酒精、汽油醇等的升华过程是简单的，反应也是在较为温和的条件下进行的。目前传统的间歇发酵已被各种连续发酵工艺所取代，因其具有较高的生产率，可为微生物的生命活动保持恒定的环境，所以也能达到较高的转化率。

3）新能源技术

当前国内外在更高水平上转化废弃纤维素的研究与应用主要集中在转型优化新能源技术领域，即将废弃纤维素转化为气体、液体、固化等形式的优质燃料。

（1）气化技术。由干馏气化炉完成对废弃纤维质材料转化为可燃气体的新能源技术称为气化技术。

利用干馏气化炉制得的可燃气与天然气、煤气、液化气相近，使用时只需在气灶上点火即可燃烧。

以工业废弃纤维质材料热解气化制可燃气技术的工艺原理及简要工艺过程如下。

将工业废气纤维质轧成碎料，加入适量水，用螺旋物料输送机送入气化炉。在气化炉内氧气不足的条件下，工业废弃纤维质材料通过干馏、热解、气化，被还原成 C_mH_n、CO、H_2 等可燃性混合气体。所产生的可燃气体经气固旋风分离器去除大块杂质，再经冷却器降低气体的温度，缩小气体的体积。冷却后的可燃气体进入气液分离器除去可燃气体中的水和焦油，再经粗、细两极过滤后即可制得纯净的可燃气。

（2）裂解技术。裂解是在无氧或缺氧的条件下，利用热能切断废弃生物质大分子中的化学键，使其转化为低分子物质的过程。裂解优于水解之处在于生产性固体废弃物都可转化为能源形式。

目前国外对纤维质废弃物裂解工艺已进行了较大规模的研究。德国 Tubingen 大学开发的低温裂解装置的进料流量为 2 t/h，Interchem 建造的蜗旋反应器的进料流量为 1350 kg/h，意大利替代能源研究院开发的部分燃烧裂解装置的进料流量为 500 kg/h。对废弃纤维质材料处置的多种裂解技术已得到广泛应用，例如，真空裂解技术、快速裂解技术、加氢快速裂解技术、低温裂解技术以及部分燃烧裂解技术等。其中常压快速裂解技术仍然是生产液体燃料的最经济方法。

（3）纤维质直接液化技术。工业废弃纤维质的液化主要有两种途径：氢/供氢溶剂/催化剂路线和 CO/H_2O/碱金属催化路线。20 世纪 80 年代初，美国能源部在生物质液化室对纤维质材料进行了直接液化试验。该试验是在 21 MPa 下进行的，停留时间为 20 分钟，以

Na_2CO_3 作为催化剂，以提高料浆液中纤维质的含量为重点进行试验，为此开发出了一种单螺旋挤压加料器。将 40% 的纤维质材料和 60% 的循环油混合进入反应器，与过热蒸汽和 CO_2 混合后进行反应，过热蒸汽可以立即把纤维质加热到反应温度，蒸馏过程物料的进料流率为 5～14 kg/h，停留时间为 1～4 h。蒸馏后所得液体产生的热值为 37 MJ/kg，含氧量为 7%～10%，产油率可达 80%～100%。

（4）废弃纤维质转化燃料乙醇新技术。利用废弃纤维质转化燃料乙醇的关键为纤维质水解效率的高低。在 20 世纪 70 年代为降低酒精生产成本开发了双边发酵新工艺（SSF）。SSF 不仅简化了生产装置，而且因纤维素水解速度远远低于葡萄糖的消耗速度，使环境中葡萄糖和纤维二糖的浓度很低，从而消除了它们作为酶水解产物对酶水解的抑制作用，进而降低酶的用量。目前进行的糖化合共发酵工艺（SSCF）是发酵工业领域中一个新的研究热点。该技术将葡萄糖和木糖的发酵放在一起进行，以基因工程菌 *Z.mobilis*（运动单胞菌）为发酵菌，在间歇发酵中取得成功；最近设计出的非等温 SSF 工艺（NSSF），主体设备由一个水解塔和一个发酵罐组成，废弃纤维质材料的水解和酵母菌的发酵分别在各自的最佳条件下进行，这样可以消除水解产物对酶水解的抑制作用。

目前利用废弃生物质水解和发酵制燃料乙醇的技术已取得长足的进步，其工业生产成本已降低 35%～50%，具备了规模化工业生产的条件，尤其在世界性原油价位不断攀升的今天，发展废弃纤维质制汽油醇的新能源工程，已明显确立其市场的经济地位和环保地位，不久的将来必将成为竞争的主流和工业固体废弃物转化、处置的新途径。

3. 堆肥

有机固体废弃物经过堆肥化所制得的成品称为堆肥（compost）。堆肥是一种具有一定肥效的土壤改良剂和调节剂，呈深褐色，质地疏松，有泥土气味，类似于腐殖质土壤，故又称为"腐质土"。

堆肥化（composting）是在控制条件下利用自然界中的细菌、放线菌和真菌等微生物，有控制地促进可生物降解的有机固体废弃物向稳定的腐殖质转化的生物化学过程。

依据堆肥堆制过程需氧程度的不同，可将其分为好氧堆肥和厌氧堆肥两种类型。

厌氧堆肥工艺是从城市污水处理厂对污泥的厌氧消化处理技术发展而来的，是一种古老的、在氧气不足的条件下利用厌氧和兼性厌氧类微生物进行发酵的过程。目前全世界已有 100 多套厌氧发酵装置，处理能力可达 2500 t/a，每年处理固体废弃物超过 600 万吨。

厌氧堆肥工艺多用于对废弃食物、厨余、污泥、畜禽粪便等高有机质含量的固体废弃物的降解。由于空气与发酵原料相对隔绝，堆制温度低，发酵周期长（3～12 个月），成品堆肥中氮素保留较多。但是有机固体废弃物分解不够充分，异味浓烈，而且占地面积大。

现代化堆肥工艺大多是好氧堆制，堆肥系统温度通常为 55～60℃，最高温度可达 80～90℃，所以好氧性堆肥亦称高温堆肥。其特点是堆制周期短，通常为 20 天。丹麦开发的"达诺"堆肥工艺，用旋转窑发酵筒进行好氧发酵，其发酵周期仅用 3～4 天。

4. 填埋技术

粮油食品与发酵等工业固体废弃物中通常含有部分不可利用的废弃成分和各种可回收或可利用的成分。通过一定的分离手段和技术处理，可以将大部分有用资源回收与利用；

对于不可利用部分，则利用填埋技术等进行处置。因此，对工业废弃物处置是为资源的回收创造条件，对废弃部分进行及时处理，从而达到降低污染、净化环境、提高经济与社会效益的目的。

分离可回收后的固废就作为垃圾丢掉了，一般对环境无特殊危害的与生活垃圾一样去填埋场。根据工程措施是否齐全、环保标准能否满足来判断，填埋处理可分为简易填埋场、受控填埋场和卫生填埋场 3 个等级。

1）简易填埋场（IV 级填埋场）

这是我国传统沿用的填埋方式，其特征如下。①基本没有什么工程措施，或仅有部分工程措施，也谈不上执行什么环保标准。②目前我国约有 50%的城市生活垃圾填埋场属于 IV 级填埋场。③IV 级填埋场为衰减型填埋场，它不可避免地会对周围的环境造成严重污染。

2）受控填埋场（III 级填埋场）

III 级填埋场在我国约占 30%，其特征如下：虽有部分工程措施，但不齐全；或者虽有比较齐全的工程措施，但不能满足环保标准或技术规范。其主要问题集中在场底防渗、渗滤液处理、日常覆盖等不达标。III 级填埋场为半封闭型填埋场，也会对周围的环境造成一定的影响。对现有的 III 级、IV 级填埋场，各地应尽快列入隔离、封场、搬迁或改造计划。

3）卫生填埋场（I 级、II 级填埋场）

这是我国不少城市开始采用的生活垃圾填埋技术，其特征如下。既有比较完善的环保措施，又能满足或大部分满足环保标准，I 级、II 级填埋场为封闭型或生态型填埋场。其中 II 级填埋场（基本无害化）在我国约占 15%，I 级填埋场（无害化）在我国约占 5%，深圳下坪、广州兴丰、上海老港四期生活垃圾卫生填埋场是其代表。

《生活垃圾卫生填埋处理技术规范 GB50869—2013》条文对我国生活垃圾卫生填埋场近年来的发展和技术进步及填埋处理选址、设计、施工和验收的情况进行了大量的调查研究，总结了我国生活垃圾卫生填埋工程的实践经验，同时参考了国外先进技术标准，给出了垃圾填埋工程的相关计算方法及工艺参考设计参数。为便于广大设计、施工、科研、院校等单位有关人员在使用本规范时能正确理解和执行条文规定，本规范对填埋场的地基处理、垃圾坝稳定性、防渗与地下水导排、防洪与雨污分流系统、渗沥液收集与处理、填埋气体导排与利用、填埋作业与管理、封场与堆体稳定性、辅助工程等都做了详细说明。

5. 焚烧技术

焚烧处理的优点如下。能迅速而大幅度地减少容积，体积可以减少 85%～95%，质量减少 70%～80%；可以有效地消除有害病菌和有害物质；所产生的能量可以供热、发电；另外焚烧法占地面积小，选址灵活。焚烧法的不足之处是投资和运行管理费用高，管理操作要求高；所产生的废弃处理不当，容易造成二次污染；对固体废物有一定的热值要求。与焚烧法相比，热解法是更有前途的处理方法，它最显著的优点是基建投资少，而且热解后产生的气体可以作燃料。前面已经介绍，这里不再赘述。

在自供热源有锅炉生产的企业，可将无用固废在自身企业锅炉焚烧处理，这样既处理了固废，又可减少燃料的消耗。要特别注意燃烧后的烟气是否造成二次污染，例如，生物制药废掉的微量药粉塑料包材，就不适合锅炉焚烧处理，会造成二次污染。这种固废用热分解法处理，不会有二次污染问题。

第四节　噪声控制

噪声治理也是发酵工厂劳动保护的内容之一。对有关工业企业的噪声的规定，如表9-4所示。发酵工厂中噪声较大的厂房是空压站、原料粉碎间、发酵岗位等。对治理噪声，首先要设计者选用低噪声的设备，并要加强对设备的维护。对于噪声超标的空压站等厂房，往往设置设备上的隔音罩以及隔音值班室，以减少噪声对工人健康的危害。

表 9-4　新建、改建、扩建企业允许的噪音参考值

每个工作日接触噪声时间/h	允许噪声/dB
8	85
4	88
2	91
1	94

一、噪声的来源和危害

噪声是指一切妨碍人们生活和工作的声音。它的来源很多，但在轻化工生产中，主要有以下几方面。

（1）空气动力性噪声。例如，通风机、压缩机、气体喷射、排气噪声等。

（2）机械性噪声。例如，机械加工、动力机械运转、装卸车、固体输送、压碎、研磨等。

（3）电磁性噪声。这是由于磁场引起铁芯振动而发生的，例如，发电机、变压器等产生的噪声。

当噪声达到 85 dB 时，不但使人烦躁不安，妨碍工作、学习和休息，而且会影响健康，引起疾病。例如，头晕、恶心、失眠、心悸、血管痉挛、血压增高、心律不齐、消化机能减退，等等。在强烈的噪声下，更是妨害听力，干扰语言，分散注意力，影响思维，以致可能导致意外事故的发生。因此，噪声已成为工业城市仅次于大气污染和水质污染的三大公害之一。

二、工业企业厂界噪声标准

各类厂界噪声标准如表9-5所示。

表 9-5　各类厂界噪声标准（等效声级 L_{ep}）　　　单位 dB（A）

类　别	昼　间	夜　间	类　别	昼　间	夜　间
1	50	45	3	65	55
2	60	50	4	70	55

各类标准适用范围的划定如下。

（1）类标准适用于以居住、文教机关为主的区域。

（2）类标准适用于居住、商业、工业混杂区及商业中心区。

（3）类标准适用于工业区。

（4）类标准适用于交通干线道路两侧区域。

夜间频繁突发的噪声（例如，排气噪声），其峰值不准超过标准值 10 dB（A）；夜间偶然突发的噪声（例如，短促鸣笛声），其峰值不准超过标准值 15 dB（A）。

工业噪声适用 2 类、3 类标准。我国工业企业噪声标准如表 9-6 和表 9-7 所示。

表 9-6　新建、扩建、改建企业标准表

每个工作日接触噪声时间/h	允许标准/dB
8	85
4	88
2	91
1	94
	最高不得超过 115

表 9-7　现有企业暂行标准

每个工作日接触噪声时间/h	允许标准/dB
8	90
4	93
2	96
1	99
	最高不得超过 115

噪声与人的感觉密不可分，必须用反映人主观感觉的物理量加以描述。表征噪声的物理量和主观听觉的关系，常用的评价指标有响度、响度级、计权声级、等效连续声级（L_{ep}）、噪声污染级（L_{NP}）、统计声级、昼夜等效声级（L_{dn}）、语言干扰级（SIL）、感觉噪声级（PNI）、交通噪声指数（TN_1）和噪声次数指数（NN_1）等。描述声音的物理量有频率、声压、声强、声功率、声压级、声强级，它们也是描述噪声的物理量。

三、噪声控制措施

控制噪声的措施是多种多样的。它主要是根据噪声源的具体情况，采取相应的技术措施。所谓噪声源的具体情况，包括声源的场所、产生噪声的原因、声音的传播方式以及它为什么会成为噪声等。不同的人在不同的条件下对声音的感受是不一样的。首先应从人的耳朵开始，看从什么地点、哪种机械设备发出何种声音，以什么理由判定它是噪声。根据这些情况再做音质分析和必要的测量。在取得基本数据的基础上采取不同的技术措施。

1. 消除声源

消除和减少声源是控制噪声的根本方法。例如，防止冲击、减少摩擦、保持平衡、去除振动等都是消除或减少声源的办法。此外，避免旋转流体无规律的运动，防止流体形成涡流运动，都是消除和减少流体噪声的好办法。但是在工程应用中，完全实现这些措施是很困难的。例如，要抑制冲床的冲击，阻止风机的空气流动，除非停止机械的运转，否则是不可能的。所以，消除声源的关键是制止不适当的或可能减少的冲击及不必要的振动，设法把必然发出的声音降到最低限度。

但是，对于机械的设计人员和使用者来说，他们没有使机械自身静止不动而进行工作的方法和手段，只能最大限度改善安装、改进保护、不出异音等。因此，使用中必须考虑尽量用噪声小的机械代替噪声大的机械，或者采用其他生产工艺代替噪声大的工艺。

2. 消声措施

在不能根本消灭声源的情况下，应从下面几个方面采取消声措施，避免噪声的危害。

（1）声源密闭。

声源密闭就是用密闭方法切断声源向外传播的措施。这种措施的要点是，对于能够密闭的机械首先进行密闭。例如，用金属箱密闭机械，可使其产生的声音大幅度降低。但是，较薄的金属箱往往不能充分隔音，这是因为声能积蓄，箱内声级上升，薄板不能充分消声的缘故。此时，在机械与箱体之间填充吸音材料。例如，玻璃丝棉、聚苯板等，则会有更好的消声效果。

（2）防振装置。

安装机械设备时，多数情况下需要安装防振装置，以防止机械设备的振动传向地板和墙壁，形成噪声声源。当振动传给房屋时，会出现二次声音，并造成噪声污染。例如，车间、医院、办公室等，常常因为隔壁动力机械、电梯等的振动出现新的噪声源。常用的防振装置有防振垫、防振弹簧、防振圈等，这些防振支撑能简单而有效地防止振动，减少噪声。

（3）消声装置。

风机、水泵、空气压缩机等难以密闭的机械，最常用的消声办法是在设备的入口、出口或管道上安装消声器或类似的消声装置。用消声器除高频噪声一般都会收到良好的效果，而消除低频噪声效果往往不理想。为此，不得不设计和安装体积相当庞大的消声器，这又是不经济的。所以，在防止低频噪声时，宜采用共鸣措施等特殊手段，来达到消除噪声的目的。常用的消声器有阻性消声器、抗性消声器、多孔扩散消声器、室内消声器、隔声壁等。

①阻性消声器。阻性消声器是把吸声材料（例如，玻璃棉、木丝板、泡沫塑料等）固定在气流通过的管道内壁或按一定排列方式装置在管道中，利用吸声材料使噪声能量耗损，达到降低噪声的目的。阻性消声器构造简单，设计、制造容易，对较宽范围的中频率、高频率的噪声有很好的消声效果。

②抗性消声器。抗性消声器是用声波的反射或干涉来达到消声的目的。它又分为膨胀腔式和共鸣式两类。

抗性消声器适用于消除低、中频噪声，且具有耐高温、耐油污、耐潮湿等优点。

③多孔扩散消声器。多孔扩散消声器是让气流通过多孔装置而扩散，从而达到降低噪声目的。这种消声器降低噪声效果显著，一般可使噪声降低 30～50 dB，而且结构简单，重量较轻。但容易积尘，造成小孔堵塞，所以在使用中要定期清洗。多孔扩散消声器多用于消除风动工具、高压设备等排气所产生的噪声，而不在进气管道、排气管道之中使用。

上面的消声措施多数属于机械制造厂家需要考虑的范围。作为使用机械的厂家，为了减少噪声的危害，可以根据厂房或者房屋的具体情况进行种种消声处理，室内消声器是减少噪声的一种好方法。

④室内消声器。对噪声较大的机械厂房，充分利用吸声技术进行消声减噪处理，能够

收到十分明显的效果。例如，在墙壁和顶棚上粘贴木屑板、聚苯板等吸音材料，有可能使壁面的吸声能力增大数倍或十多倍。

如果噪声不是由室内产生的，而是通过墙壁或窗外传来的，这时可以把墙壁和窗外当作声源来考虑。如果准备把噪声降低到什么声级水平，就在壁面采取什么样的措施。例如，当大街上的汽车噪声或天空的飞机噪声传入室内时，就应考虑窗户为声源，密闭窗户并设法增加壁面的吸声能力，以便保持室内的环境条件。

⑤隔声壁。声音会从室内传到室外或从室外传到室内，也会从一个厂房传到另一个厂房。为了减少其传播，应考虑墙壁本身的隔声功能，墙壁本身就是最好的隔声措施之一。

在声音嘈杂的厂房里，例如，生产操作控制室、办公室等，大多可以利用墙壁来隔声，以创造良好的工作环境。声学要求较高的播音室、调度室、化验室更应在防振隔声方面进行严格的处理。其中，墙壁的隔声是声学处理必须考虑的一个方面。对普通住宅来说，墙壁的隔声也起着隔离外部噪声的重要作用。

那么，什么样的墙壁隔声效果最好呢？实践证明，空心墙和泡沫混凝土砖墙都是良好的隔声墙壁。留有足够间隔的间壁墙也有较好的隔声性能。实际上普通板门、双层玻璃窗和空心楼板，其中间都有一定的间隙，它们不仅有保温作用，而且有隔声作用。

隔声墙一般都是用来隔断来自室外的种种声音。例如，防止火车声音的火车站、防止汽车声音的汽车站、防止道路上声音的电话亭、防止厂房内声音的控制室，这些场合的墙壁隔声都是很有效的。这是因为墙壁距离声源或受害者很近的缘故。如果墙壁距离声源或受害者较远，隔声效果则不好，这就是宽阔的工厂界线上设置围墙往往对防止噪声无济于事的原因。在工厂周围植树，能够减少尘土、美化环境，而对防止噪声只起到心理上的作用，而没有明显的实际效果。种植绿篱、灌木、花卉，尤其是这样。

⑥用距离防止噪声。如果有条件的话，把噪声源与受害者分开一定的距离来防止噪声，会收到理想的效果。用距离防止噪声是一个重要的防止噪声的技术措施。飞机场和飞行航线几乎都远离城市街道，就是这种技术应用的一个典型实例。

在工厂企业，把声源和受害者尽可能地分开一些距离也是防止噪声的常用方法。例如，靠近居民区的工厂，在厂区配置时，应把噪声大的车间配置到远离居民区的一侧，把没噪声的或噪声小的车间放到靠近居民一侧。处于居民区的工厂应把声源移到工厂中央，把仓库、办公室、洗澡间等房屋配置在四周。这些都是少花钱、多办事的好措施。

四、噪声的个人防护

当降低噪声在技术上或经济上有困难时，可采用个人防护的办法。最常用的个人防护品有耳塞、耳罩和头盔 3 种。

（1）耳塞。耳塞用塑料、橡胶或浸蜡棉纱制成，有多种规格，个人可根据自己的情况选用，适用于 115 dB 以下的噪声环境。

（2）耳罩。耳罩是仿照耳朵的外形，用塑料及吸声材料做成的，可降低噪声 10～30 dB，适用于造船厂、金属结构厂、发动机试车站等噪声较高的场所。

（3）防噪声头盔。防噪声头盔的外壳是硬塑料，内衬是吸声材料。它除了防止噪声外，还兼有防碰撞、防寒冷等功能，适用于打靶场、坦克舱等噪声环境。

第五节　振动控制

物体沿着弧线或直线在一定的位置（平衡位置）附近做往返重复运动，称为机械运动，简称振动。钟摆的运动、蒸汽机或内燃机中活塞的运动、汽车颠簸等一切发声的运动都是在做振动。

一、振动和噪声的关系

振动和噪声有许多共同点。就其传播方式来说，二者都是波动现象，都是靠空气（或其他介质）来传播的。在传播速度方面也很类似。振动的危害同噪声也大致相同，会使人出现不舒适感、精神烦躁、听力降低等问题，影响人的休息和工作，干扰语言的交流和通信联络等。

振动和噪声性质不同，主要表现如下。

（1）噪声是用人的听觉器官感觉到的东西，不管人体姿势如何，听觉是一样的。振动则不能用人的某个特定的器官来感觉，而且人体姿势（站着、立着、躺着）不同，感觉也不一样。确切地说，每个不同体格的人，以不同的姿势、不同的身体部位（手、脚、体）对振动的感觉有着重要差别。所以，人们对听觉的生理现象、心理现象等知识掌握很多，而对振动的这些知识相对贫乏，有些现象不能圆满解释，有待进一步研究和探索。

（2）噪声的声波是标志声音在介质中压力的变化物理量，没有方向性。而振动波是振动在弹性媒介里传播的量，具有上下、水平（前后、左右）的方向性。如同将石子投入平静的水面，石子处的水产生上下振动，并形成振动波由近及远地传播开来。按传播方式，这种上下振动的波，振动和波传播方向相同称作纵波。水平振动的波，振动和波传播方向垂直称作横波。所以，测量噪声时是测某个声源噪声大小的一个量，而测量振动是测垂直振动和水平振动两个方向上的量。

二、振动的描绘

描绘振动的特性可用如下几个物理量。

（1）振动位移。物体在某点附近做往返运动时，在某一时刻的位置至平衡位置的距离称作振动位移，其方向是从平衡指向物体所在的位置。

（2）振幅。振动物体离开平衡位置的最大距离称作振动的振幅。

（3）振动周期。物体完成一次全振动需要的时间称作振动周期。它是表示振动快慢的一个物理量，用 T 表示。

（4）振动频率。振动物体在 1 s 内完成全振动的次数称作振动频率。振动频率的单位是 Hz。振动频率也是一个表示物体快慢的物理量，用 f 表示。显然，振动的周期 T 与频率 f 互为倒数，即 $T=1/f$ 或 $f=1/T$。

三、振动的测量

振动测量有两项内容：一是物体振动的测量，二是振动环境的测量。

1．振动测量仪器

测量振动的仪器有振动换能器及附设的讯号放大和变换仪器。振动换能器是将振动量转换为光学的、机械的或电学的能并显示振动大小的装置。例如，加速度计、位移拾振器等。

2．物体振动测量

测量物体的振动时，不仅测量振动物体本身，还要测量传导振动物体的振动。在测量振动过程中，加速度计应与被测物体接触良好，防止在水平方向和垂直方向的相对移动，以便保证测量结果准确。同时，应使加速度计的震感方向与振动物体测点的振动方向一致。如果两个方向之间有夹角位 α，测量值的相对误差为 $1-\cos\alpha$。测量质量较小的振动物体时，选用的加速度计的质量要足够小，以免附在振动物体上的加速度计影响振动的状态。此外，还应对测量现场的温度、湿度、声场、电磁场等条件有充分的了解，以保证测量仪器能正常工作。

3．环境振动的测量

造成整个人体暴露在振动环境的振动是环境振动。环境振动的特点是振动强度较物体振动低，加速度的范围为 $0.003\sim3\ m/s^2$，振动频率为 $1\sim80\ Hz$，超低频为 $0.1\sim1\ Hz$。由于振动强度低、加速度小、频率小，所以测量用的仪器要灵敏度高、准确可靠。为了精确测定传到人体的振动，测点应布置在振动物体与人体表面接触的地方，并且测定上下、左右、前后 3 个方向的数值。测量建筑物内的环境振动时应在室内地面中心附近选择测点，测点数量不宜少于 3 个。如该建筑物是楼房，还应在其他楼层布置测点。

4．振动对人的影响

振动对人影响的大小取决于 3 个因素：振动强度、振动频率和暴露时间。但是，即使这些条件完全相同，每个人的感觉是不一样的。有的人能够忍受，有的人不能忍受，有的人能暂时忍受，有的人能长期忍受。虽然很难用准确的标准衡量这种影响，但是人们还是把这种影响划分为 4 个等级，如表 9-8 所示。

表 9-8　振动对人的影响

评 价 等 级	人 体 的 感 觉
有感觉	人体刚能够感受到的信息
不舒适	人感觉到不舒适或做出厌恶反应
疲劳	对人有心理上和生理上的影响
危险	使人的感受器官和神经系统产生永久性病变

四、防振措施

1.阻尼防振

阻尼的原理是借助于物质的摩擦力或黏滞力，阻碍物体做相对运动，并把其能量转变为热能的一种作用。

用于阻尼的材料，称为阻尼材料。这种材料多是内摩擦和内耗损大的物质，例如，沥青、软橡胶及某些高分子涂料等。

阻尼结构有 4 种形式如下。

（1）自由阻尼结构。把阻尼材料牢固地黏附于金属板上，形成阻尼材料层。这样，因阻尼作用将消掉金属板一部分振动能量，从而起到减振效果。

（2）间隔阻尼层结构。在阻尼层和金属板之间增加一个间隔层，这个间隔层一般用刚性蜂窝状结构制成，这样既能保证间隔层与阻尼层共同工作，又能增加阻尼层的形变，提高减振效果。

（3）约束阻尼层结构。在自由阻尼层外侧，再黏附一层极薄的金属箔层，这样能起到约束阻尼层的作用，最大限度地发挥阻尼层的效果。

（4）间隔约束阻尼层结构。在约束阻尼层和金属板之间再加一层间隔层，从而用最少的材料，最轻的结构，发挥最大的阻尼作用。

阻尼措施多用于空气机械管道、机械设备外壳以及车、船、飞机的壳体上。

2.隔振及隔振器

机械设备的振动可以传递给基础，引起基础、地板、墙面的振动。反之，基础的振动也可以传递给设备。为了防止和消除振动的传递，往往在基础和设备之间装上隔振组装置。

常用的隔振器有弹簧隔振器、橡胶隔振器和软木隔振垫等。

（1）弹簧隔振器。弹簧隔振器既能承担数十吨重的大设备，也能承担轻巧灵敏的小仪器，而且静态压缩量大，固有频率低，不因液体侵蚀和温度影响而改变特性。因此应用非常广泛，尤其可用于环境条件不允许采用橡胶的地方。其缺点是容易产生摇摆和传递共振。

（2）橡胶隔振器。橡胶隔振器有天然橡胶制成的，也有合成橡胶制成的。天然橡胶的特点是变化小、拉力大、价格低，但不耐油脂和高温。合成橡胶性能良好，能耐高温（200℃）或低温（-75℃），但价格较贵。两者的共同特点是受压特性好，受拉性能差。

（3）软木隔振垫。用软木制作的隔振垫价格低廉，安装方便，并可用几层重叠起来，获得不同的隔振效果。常用总厚度为 50～150 mm，承受负载为 0.05～0.20 Mpa，且受温度和腐蚀的影响不明显。在常温下寿命可达十几年之久，通常用于振动频率大于 20～30 Hz 的隔振。

3.动力吸振器

利用共振系统能吸收物体的振动能量原理制成的减振装置称作动力吸振器。它是在振动物体上附加一个质量较小的共振系统，振动物体的振动因受附加系统的反作用力而减小。当激发力以单一频率为主或频率很低时，安装动力吸振器特别有效，而不宜采用隔振器。例如，附加在车轮上的动力吸振器能有效地减轻车轮拐弯时产生的振动声就是其应用之一。

五、振动的个人防护

振动对人的危害有局部的和全身的两种，防止振动危害的个人防护也有两种：局部防护和全身防护。

1. 局部防护

局部防护用品有防护手套，它是供手持风动工具的操作人员使用的。戴上这种手套可以减轻风动工具的反冲击力和高频振动对人的影响，使传递到手上的振动减弱。防振手套的防振是由于在手套内侧衬上了一层防振材料；例如，泡沫塑料、微孔橡胶等。

2. 全身防护

全身防护的用品是防振鞋，它可以减轻人在站立状态受到的全身振动。防振鞋内侧衬为微孔橡胶。衬胶的部位主要在脚跟处，因为人的脚跟没有减振功能。防振鞋的形式以能紧系在普通鞋上，且鞋底不太厚、不硬为宜。

思 考 题

1. 什么是生态系统？生态系统的基本功能、组成成分有哪些？
2. 什么叫废水的生化处理？
3. 生物法处理废水有哪些方法？各有什么特点？
4. 厌氧生物处理废水的原理是什么？简述厌氧发酵的生化过程。
5. 什么是生物修复技术的理论基础？它具有哪些特点？
6. 固体废弃物的种类及综合利用技术有哪些？
7. 噪声控制措施有哪些？
8. 防振措施有哪些？

第十章　施工配合、安装和试车

新建工厂能否达到设计规定的产品、质量和产量，以及各项技术经济指标，取决于施工和安装工作的质量。在此过程中，注意同土建的施工配合，仔细进行设备的安装和试车，是保证工程质量的前提。

第一节　施工配合

施工配合是指设备安装同土建相互之间的配合。它是新建工程的一项重要的技术措施。采用钢筋混凝土楼板的厂房，施工配合的重要工作是预埋地脚螺栓和预留楼板洞眼。

一、画定位线

根据施工图，要做好预埋地脚螺栓和预留楼板洞眼。首先是要在施工现场定出地脚螺栓和物料出口、管道、传动带等洞眼的正确位置。如果所定的位置与图上要求的尺寸不符，就会造成返工和影响工程质量。为此，画线定位是一件十分重要而又细致的工作，必须一丝不苟地进行。

1. 画安装基准线

安装基准线一般都以厂房的纵向中心线和开间中心线为准。开间中心线又常以第一根梁的中心线为基准线，对于采用钢筋混凝土楼板的厂房，一般从底层开始画线。

首先在底层画出基准线，如图 10-1 所示。底层基准线为 AB，在 AB 两端点用铅锤分别在二楼模壳板上找到 A_1、B_1 两点后，将此两点用钻钻通，再用铅锤穿过钻通的孔眼在二楼楼面上校正 A_1、B_1 两点，使 $A_1 B_1$ 同 AB 线在同一个铅垂面内，画出 A_1B_1 线，则 $A_1 B_1$ 线即为二楼的纵向安装基准线。横向基准线也可用同样的方法画出。纵向、横向基准线 AB 和 CD、A_1B_1 和 $C_1 D_1$ 必须严格保持垂直。各楼基准线可依次定出。

2. 画设备基准线

在各楼基准线确定后，根据这层楼面所设置的机器设备台数、位置、从基线上平行或垂直引出各台设备的中心线。对同一规格台数较多而又排列成行的设备（例如，发酵罐），可先从基线引出与基线平行的设备中心线，然后在这条中心线上分出各台设备与基线垂直的中心线。在校对设备的中心线后，再从设备中心线分别定出设备洞眼和地脚螺栓中心线。

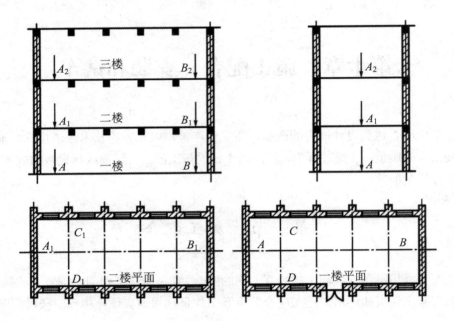

图 10-1　安装基准线画法

二、预埋地脚螺栓

为了保证预埋地脚螺栓符合图纸规定的中心距尺寸，并在浇制混凝土时不致发生移位，应该制作地脚螺栓木模板，如图 10-2 所示。

地脚螺栓木模板用厚度 20～25 mm 的木条制成，宽度按螺栓直径增加 60 mm。为了防止变形，应加对角撑。在其四端应比孔突出 150～200 mm，以便固定在楼板模壳板上或其他需要浇制混凝土板的模壳上。

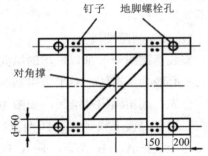

图 10-2　预埋地脚螺栓用的木模板

在木模板上进行螺孔的画线和钻孔工作，最好根据实际设备实样画线。因为从一般手册或说明书上给定的地脚螺孔尺寸，与实物可能有出入。如不按实样进行，可能造成差错。木模板上应画出相应的设备中心线，以便定位时使用。板上螺孔的大小，以刚能穿过螺栓为宜。

预埋地脚螺栓木模板定位时，必须使模板上画的中心线与该设备在楼板上画定的设备中心线相吻合，并用钉固定在浇制楼板的楼壳板上。

预埋地脚螺栓应注意事项如下。

（1）选用地脚螺栓形式应根据设备的不同、轻重、工作时运转的平稳程度和埋设位置的情况而定，如图 10-3 所示。

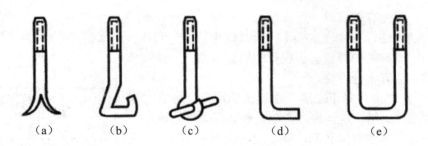

图 10-3　预埋地脚螺栓的种类

对埋设在楼板上的螺栓，如图 10-4（a）所示，其长度应根据设备地脚及楼板结构层的厚度来确定。埋入长度为结构层厚度的 70%左右，粉刷层厚度为 20～25 mm。弯角长度视螺栓直径大小而定，一般为 50～70 mm。螺纹长度按设备需要而定，对载荷较大的设备地脚螺栓，应埋设在梁上，如图 10-4（b）所示。如要安装吊平筛用的槽钢，磨粉机电机平台应用如图 10-4（c）所示。对埋设在二楼预制板缝隙之间，荷载较轻的螺栓，一般是车间屋顶吊挂管用。

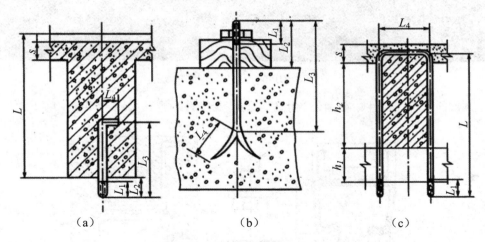

图 10-4　预埋地脚螺栓的形式

（2）螺栓中心距尺寸按规定误差不超过 1 mm。

（3）为了保证预埋螺栓垂直而不倾斜，可用钢丝将螺栓捆在钢筋上。

（4）如果需要在屋面上预埋螺栓时，最好安置在屋面大梁上，因屋面楼面太薄，容易造成屋面漏水。

除了上述预埋地脚螺栓外，还可以用其他预埋形式来固定机器的地脚螺栓。

（1）预留螺栓孔。当浇注混凝土楼板时，将钉在框架上的圆木棒安放在相应的固定地脚螺栓的位置，混凝土干后将木棒冲出，即成预留螺栓孔（为便于取出木棒，棒的端部应制成锥体，棒外面包一层中皮纸。同时，在使用前先在水中浸泡一下，否则在浇注时吸水膨胀，就难以取出了）。

这种预留螺栓孔在安装地脚螺栓时容易定位。机器拆除后，地面上不会留有螺栓头，使行走安全。但装有螺栓时，尾部露头在外面，影响美观。

用相同的方法，在浇注混凝土楼板时，预留一节同楼板厚度相同的钢管。这种预留钢管特别适用于安装防护罩或防护栏杆的地脚预留孔；利用插式连接，装卸十分方便。

（2）二次浇灌。对于安装要求较高的设备，可以采用二次浇灌法。第一次浇灌时，在安置地脚螺栓的地方，留下一定深度的方形孔洞，洞口边长大小为 100～200 mm，预留洞应做成上小下大，如图 10-5 所示。

当设备定位时，调整好高低，拧上地脚螺栓后，进行第二次浇灌，采用这种方法，安装准确度高，但施工较麻烦。

（3）常见组合式预埋构件如图 10-6 所示。

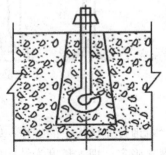

图 10-5　二次浇灌预埋地脚螺栓

图 10-6　常见预埋构件

（4）预埋特殊构件。在国外，现有一种特殊构件预埋在梁内，如图 10-7 所示。

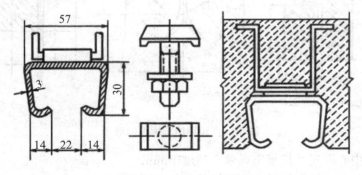

图 10-7　预埋特殊构件

这种特殊构件的下端有一条 22 mm 宽的槽，将专用螺栓放入槽内，转过 90°后，上紧螺母就定位了。由于螺栓在槽内位置可以调整，所以安装灵便、省时。若用于固定安装平筛用的槽钢，则有更大的优越性。

需要指出的是，目前国内外普遍兴起用膨胀螺栓安装机器的新潮。该法安装正确，方便设计，省去了许多设计、施工、安装上的麻烦，受到了用户的普遍欢迎。但对于荷载较重的吊装机器，例如，平筛的吊装螺栓、磨粉机电机平台的吊装螺栓仍需采用预埋地脚螺栓。

三、胀锚地脚螺栓施工技术

胀锚螺栓在箱柜控制、管路支架的固定方面有较为广泛的应用，如图 10-8 所示。在具体操作中，胀锚螺栓需要其中心线的放线操作与施工图上的要求相一致，不可以使用预留孔。而预留孔作业的螺栓则需要注意其垂直精度，避免出现倾斜现象。在具体的地脚螺栓安装环节，施工人员常常会因为忽视螺栓的重要性而造成螺栓处理位置不正的问题，最终影响设备的有效安装。此外，有时由于受力过猛，往往出现螺栓被拔出的现象。针对这类问题需要凿掉螺栓中的混凝土，再焊接两条钢筋才能重新固定。

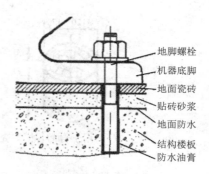

图 10-8　胀锚地脚螺栓示意图

四、预留楼板洞眼

预留楼板洞眼需制作木模壳，用于预留溜管、风管，提升机机筒和机器设备出口洞眼的木模壳，如图 10-9 所示。

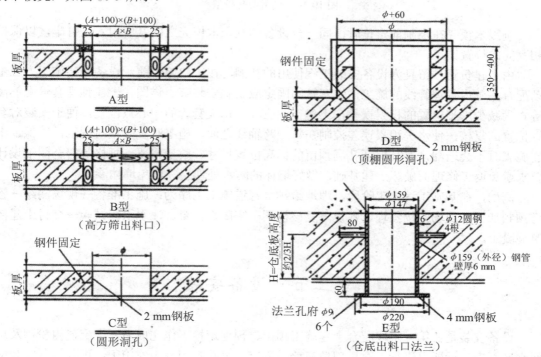

图 10-9　预留洞孔大样图

注：C 型和 D 型洞孔在浇灌楼板时须在钢模筒内加十字木撑，以防模筒变形

对于洞眼较小的木模壳，可以用实心木块制成；洞眼的尺寸应是木模壳的外形尺寸。需要装木法兰的洞眼（例如，提升机机筒，机器设备的出口等），木模壳的高度可与未经粉刷的楼板厚度相同。当装上木法兰后可与粉刷后的楼板面找平（如图 10-10 所示）。

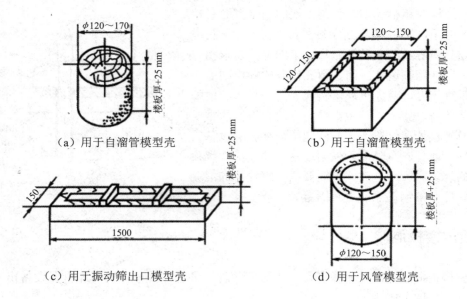

（a）用于自溜管模型壳　　　　　　　　（b）用于自溜管模型壳

（c）用于振动筛出口模型壳　　　　　　（d）用于风管模型壳

图 10-10　预留洞孔模型壳

洞眼木模壳在浇制前定位时，同一台设备的几个木模壳之间，应用木条钉牢，以保持相互间的位置。

由土建负责预留且为设备安装工程使用的孔洞，在土建施工前，设备安装施工方应主动配合基础内预埋管线的施工，钢套管的固定应绘制安装节点详图、土建预埋套管配筋图等。为减少水平位置的积累误差，土建专业应标出每根套管的中心点位置，便于安装对套管位置的复核，使水平积累误差控制在每一跨轴线之间。施工时及时核对图纸，以保证土建施工时不会遗漏，并且保证孔洞预留的标高位置尺寸、数量材质、规格等符合图纸设计要求避免返工修理而破坏土建基础，做好墙体的防水处理层，以免墙体渗漏。

例如，在基础工程施工阶段，埋地给排水管道施工工序为：施工准备→现场测绘→管道预制加工→现场定位预埋、敷设→复核校正→密闭性检查、注水水压试验→交付土建浇筑混凝土。

第二节　设备安装

设备安装是在第一阶段配合土建施工预留、预埋螺栓工作完成后，在土建内粉刷及地面水磨石完工后即可进行。对局部填充墙、隔墙、吊孔封闭等土建施工，可与设备安装交叉进行。

在生物工厂安装现场因人员多、工种多，所以整个安装过程应有序进行。各个工种之间要相互协调，既不能搞一哄而上的"人海战术"，也不能长期拖延。为了保证安装质量，有利于下一阶段试车投产，设备安装工作需要有组织、有计划地进行。

一、编制施工组织计划

1. 合理安排安装工程的全部工作内容及人员配备

根据工程内容，安排各个工种所需工作的计划。安装所需工种有起重工、安装钳工、白铁工、电焊工、电工、木工、油漆工、工艺技术员、建筑工、杂工等。

2. 按设备就位的先后次序编出搬运、起重吊装日程表

根据各层楼面的设备布置和安装要求，次序按照先上后下，先大后小，先里后外，先安装作业机，后安装风管、溜管的要求进行。一般情况下，先安装吊挂在楼板下的设备，后安装下面的设备。例如，安装吊平筛的槽钢梁，地面上应没有任何阻碍的设备，这样便于在地面上画线定位组装，然后起吊安装。对体积较大、重量较重的设备，例如，脉冲除尘器、高方平筛、磨粉机应按先里后外的顺序起吊安装。对每一层楼面的设备，应根据安装难易，分几次起运就位，不能一次全部将设备运至现场，致使场地拥挤阻塞，给安装带来困难。因此，最好将设备名称、数量、就位地点、起运顺序、起运日期等编入工作日程表。

3. 预计安装工程进度时间

目前生物工厂设备安装尚无可供参考的施工工时定额，只能采用估算的方法来预计工程所需时间。对各种设备安装预计所需时间汇总，以图表形式绘出工程施工进度表。

二、安装前的准备工作

1. 准备工作

（1）熟悉图纸。

要求全体参加人员，包括领导、技术人员和工人熟悉工艺设计图纸；弄清各设备的安装位置；进一步检查图纸上各部分的安装尺寸，如有遗漏和差错应及时与设计部门联系；研究保证重点设备安装质量的技术措施。

（2）设备检查。

新设备连同包装箱一起运到现场，拆箱后，检查装箱单，对产品说明书进行逐项检查，确认配件、备用零件，专用工具是否齐全；然后检查设备是否有缺、损零件。

①需及时安装的设备，运到底层检查，清洗和装配。

②若是老车间改造，就有旧设备，需要全面拆洗、整修、重新装配。

（3）清理场地。

将各层楼面进行清扫，清除土建施工中留下的各种杂物。对预留孔木盒上黏附的水泥砂浆应清除干净，磨粉机出料孔的预留木盒应加衬白铁皮内套。检查预埋螺栓和预留洞眼的位置尺寸是否与设计图纸相符。对预埋螺栓露头部位，采取一定的保护措施。拧上螺母，套上镀锌管。

（4）安装工具准备。

除扳手、榔头等常用工具外，还应准备水平尺、钢角尺、手拉葫芦、千斤顶、手提式砂轮机、角向磨光机、液压升降平台、双梯、曲线锯、弯管机、冲击钻、电焊机等。

（5）画线定位。

指无地脚螺栓的设备，例如，磨粉机等。

（6）找平设备地脚基础。

可用水平尺测量，对不平的部位用手提式砂轮、角向磨光机磨平。

（7）在吊物孔上安装卷扬机或电动葫芦。

（8）核对起运设备。

按设备搬运、起重吊装日程表中的起运顺序，在仓库内或存放地点，先将安装的设备核对无误后再运至现场，以避免次序颠倒、前后矛盾影响施工。

2. 安装顺序

（1）先大型设备，后小型设备；先里后外（根据设备进入车间口）。

（2）同一层楼的顺序。离吊物洞最远的部位装起，也可以由大到小，先重后轻，最后是风管、溜管和气力输送管道。

（3）在人员充足的情况下，设备到达各层楼后也可以同时进行。

三、安装方法

1. 设备中心线找正

设备安装过程涉及的安装方式、准确度定位等，都需要做好严格控制。首先，安装前，工作人员需要了解安装施工图上编写的要求，并确定其能与建筑结构中的基准线保持一致。所有设备的安装都需要以画定基准线的方式来确认其安装标高的位置。如果存在不足，则可以以梁、柱等边缘线作为标高线的标准。这是因为如果建筑结构中的距离、位置等参数相差较大，则很容易影响到后续放线安装的准确性。此外，在具体的设备安装环节，需要对不同的设备建立相同的基准线，并保证不同设备的基准线都能做好正确的位置定位。在各项机械设备找正与调平过程中，由于每台设备的操作有所差异，将易阻碍基准线的画定。因此，相关工作人员一定要保持谨慎处理的态度，尤其是在确认安装的水平方向上，要做好测量位置的检验措施，保证设备安装流程有序进行。

2. 设备高度找正

对设备有一定高度要求的，须进行高度找正。方法为垫片法，如图 10-11 所示。

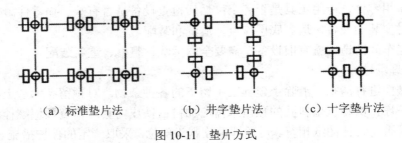

（a）标准垫片法　　　（b）井字垫片法　　　（c）十字垫片法

图 10-11　垫片方式

（1）标准垫片法：将垫片放在地脚螺栓两边，适于底座较长的设备。

（2）井字垫片法：适于底座近似方形的设备。

（3）十字垫片法：适于底座较小的设备。

垫片：硬木片、金属片。要求：平整。

3．设备水平找正

用水平尺在设备前、后、左、右平面上测试，并用薄垫片进行调整。

4．轴的平行和垂直度找正如图 10-12 所示。

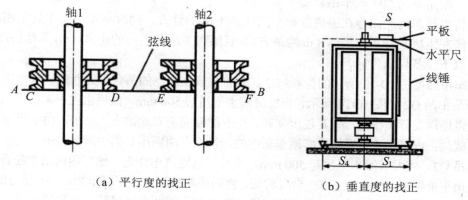

（a）平行度的找正　　　　　（b）垂直度的找正

图 10-12　轴的平行和垂直度找正

两根有传动关系的轴，在安装时必须保持平行或垂直。

（1）平行度的找正。

分别定出传动轮边缘上同一直线上的两点 CD、EF，用弦线校正。当 CDEF 在同一直线上，则两根轴平行。

（2）垂直度的找正。

垂直度的找正，例如，离心机、水泵等。在主轴顶部套上一块平板，用水平尺校平。平板边缘到轴心的距离为 S。从边缘吊铅锤，转动主轴，分别在相隔 90°的方位上量出锤尖到轴心的距离为 $S_1=S_2=S_3=S_4=S$，则说明此轴垂直。

5．传动轴轴承中心线找正

首先在轴承座安放轴承的口内卡一块木块，木块必须同轴承上口相平；然后，在木块平面上画出轴承中心线。

将各轴承座安装到机架上，用一弦线校核各轴承座的中心线在同一水平线上，并使它与画定的传动轴中心线重合就算找正。

四、主要设备的安装方法

目前生物工厂使用的大部分是定型设备，一般是整机装运，自带电机，所以安装方法比较简单。但也有一小部分非标设备，小型非标设备一般是整机装运，大型非标设备一般是现场就地制作。下面列举几个典型的设备加以说明。

1．中小型发酵罐

某公司 6 台 100 m³ 发酵罐安装工程，发酵罐直径为 4 m、总高度为 13.912 m、材质 0Cr18Ni9、双封头、带设备裙座及冷却伴管，设备在公司基地内制作完成后整体运输至安装现场，每台重量为 Q=38.15 t。由于吊装现场情况比较复杂，大型吊装机械的进出场和吊装作业空间有限，要求认真细致地做好施工机具及技术准备工作和其他方面的协调工作，优质高效地完成吊装任务。

吊装工艺设计：采用双吊车抬吊递送直立，再由主吊车吊装就位法，主吊车为 200 t 汽车吊，副吊车为 50 t 汽车吊。

先将主吊车南北向停在距离发酵车间墙体 1 m 的地方，同时将副吊车在其左侧或右侧东西向停在距离发酵车间墙体 8 m 的地方，并且距离主吊车之间的距离 6 m，具体如图 10-13 所示（以下设备标出位号）。

吊车按照如图 10-13 所示的位置站位，先将放置在北侧的两台中的西侧一台由主吊车吊 Q1、副吊车吊 Q2 如图 10-14 所示，将发酵罐水平吊起 500 mm，然后由主吊车缓慢吊起，副吊车缓慢地送发酵罐底部，使其逐步立起，待发酵罐完全立起撤去副吊车，由主吊车将发酵罐吊装就位；再将第二批运输发酵罐车辆中的一辆倒至两辆吊车的中间，再由主吊车吊 Q1、副吊车吊 Q2，将发酵罐水平吊起 500 mm，这时将运输汽车开走，然后由两吊车配合立直，再由主吊车就位。这时北侧还有一台发酵罐，将副吊车移到此发酵罐东侧，按上述方法就位。吊装南部发酵罐时，按上述方法先将第二批运来的剩下的两台罐吊装，再将第一批运来的最后一个发酵罐吊装就位。每台发酵罐就位完毕后由人顺直梯爬上进行卸钩工作。

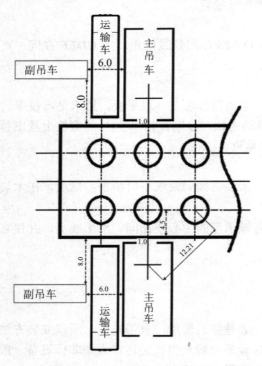

图 10-13　吊车站位示意图

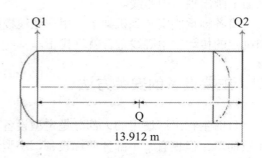

图 10-14　发酵罐吊点示意图

2．大型发酵罐

大型发酵罐体采用实地组装焊接完成，焊接采用的是数控闭环气电立焊及自动埋弧焊和手工电弧交插焊。钢板及坡口采用半自动切割机切割，其他部分可采用手工气割，而栏管采用砂轮切割机进行切割。整个罐体壁板采用滚板机进行卷弯加工。因为罐体尺寸较大，所以在组装过程中应采用吊车吊装，罐体吊装采用千斤顶提升倒装法。壁板的垂直度采用经纬仪进行测量，而基础标高用水准仪测量。基于现场实地组装焊接，现场需搭建一座平台，用于放样、下料及各构件的预制。

（1）罐体材料的验收。

①罐体结构用钢材，除了接管用材为无缝钢管或锻件外，其余均采用不锈钢钢板和碳钢钢板。不锈钢材选用的是 0Cr18Ni9，碳钢选用的是焊接性能良好的 Q235A。所有的板材、型材和附件都符合设计要求，并具有质量说明书，说明书中标明该种材料的所有标准。②焊接材料选用 A102、A302、E4303、E4316 等都有具有合格说明书。③发酵罐的所有钢板，必须逐张进行外观检查，钢板的表面不得有气孔、结疤、拉裂、折叠、夹渣和压入的氧化皮，且不得有分层，表面的质量应符合现行的钢板标准的规定。

（2）罐体焊接组装。

①一般要求。组装发酵罐时，先彻底清理掉坡口与搭接处的水、油泥、铁锈等污物。拆卸组装罐体的卡具时切忌划伤母材，如果伤了母材，应立即补焊，再将焊疤打磨平整。②罐壁组对方法。倒装吊装工具就位后开始组装罐壁，对照组装示意图仔细查看罐壁板和弧形样板之间的缝隙是否过宽或过窄，所有部位全部确认达到组装要求后施焊。按设计要求焊接好顶层壁板后，安装组对边环梁及罐顶平台和盘梯。盘梯可根据每段罐壁的高度分段安装。组装罐壁时，首先按设计要求校验预制的壁板，确认其规格、型号等与设计要求一致后再开始组装。组装完毕需重新校正时，壁身不得有锤痕。具体来讲，组装时应该注意以下细节。a.相邻两壁上口水平的允许偏差须控制在 2 mm 以内，壁板铅锤允许偏差应控制在 3 mm 以内，整个圆周上任意两点水平的允许偏差应该不超过 6 mm。b.组装焊接后，在底圈罐壁高 1 m 的位置，内表面任意点半径允许偏差上下小于或等于 19 mm；其他各圈壁板的铅锤允许偏差应该保持在该圈壁板高度的 0.3%以内。c.根据设计图严格控制壁板对接接头的组装间隙，且内表面齐平。③附件安装。罐体的开孔接管应符合罐体的开孔接管中心位置偏差，不大于 10 mm，按管外伸长度允许的偏差应为 5 mm。开孔补强板的曲率应与罐体的曲率一致。开孔接管法兰的密封面应平整，不得有焊瘤和划痕，法兰的密封面与接管的轴线垂直，倾斜不大于法兰外径的 1%，且不得大于 3 mm，法兰的螺栓孔，应跨中安装。④拱顶组装。顶板的铺设应在网壳组焊完毕，并且验收合格后进行。顶板应按画好的等分线对称组装，顶板搭接宽度允许偏差为 5 mm。

3．卧式刮刀离心机

目前刮刀离心机的型式很多，这里以定型设备 GKH1600 型卧式刮刀离心机为例，简介安装时的注意事项。

（1）设备厂家安装技术资料要求用高质量矩形钢筋混凝土平衡块为 3400×4040×700 安装于离心机本体下，用来平衡离心机工作时所产生的振动；平衡块下放 26 个橡胶减振器用来承受铅垂方向的载荷。

（2）基础放线可分为两部分，其一是平衡块上的中心线及各预留孔线等，其二是地平面上的中心线，预留孔线减振器的最初位置线。减振器的最初位置线是根据设备重心所决定，待设备找平找正后才能确定减振器的最后位置。放线检查基础完全合乎图线要求后，方可进行下一步工作。

（3）将混凝土平衡块移至正确的位置上。因平衡块为3400×4040×700、重43 t的矩形，不好吊装，可在平衡块下面放上滚杆，慢慢移到位置，使之与地平面的中心线对齐如图10-15所示。

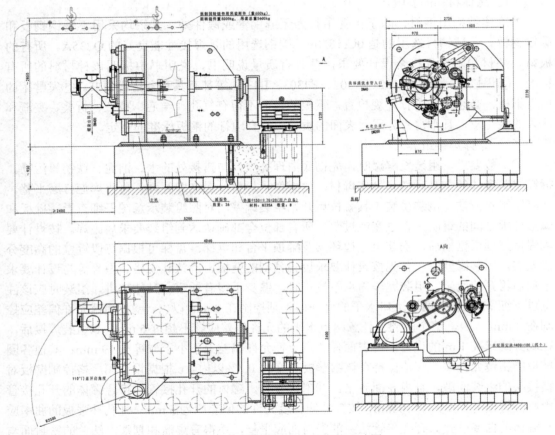

图 10-15　GKH1600 设备的安装尺寸图

（4）在平衡块四角下设4个20 t千斤顶，将平衡块平稳的顶起，起升时必须同步，为了防止千斤顶倾斜滑动，可在4个千斤顶的上部垫上橡胶板。而后把滚杆拿走，把减振器放在标好的初步位置上，落下千斤顶。

（5）离心机本体就位（离心机中心线与平衡块中心线偏50 mm），吊装上位时，先将平衡块的四角，用钢柱垫好使平衡块不产生纵横方向移动，上位后扒好6个地脚螺栓。

（6）电动机安装时，先将8条地脚螺栓与电机安装导轨联接好后放入预留孔中，用水泥沙浆二次灌浆；待二次灌浆凝固好后安装电机，在安电动机时要与皮带和皮带罩一同安装，否则皮带罩很难装上。最后安装润滑油装置、进料阀等附件。

（7）全部主机部件安装完毕后，方可进行离心机找平、找正。离心机的找正先用线坠使得平块的中心线与基础中心线相重合后，再来调整减振器的位置。根据力矩平衡原理，减振器起支点的作用，靠支点的移动来达到设备水平的目的。把水平仪放在离心机本体的轴加工面上，按东西南北坐标。例如，东边低，四角的千斤顶同步顶起，将东侧的减振器移向东面，移动的距离可根据水平仪上水泡偏离的程度，偏离大者移动大，小者移动小。这样不断调整直到离心机水平为止。离心机水平后，便可固定减振器。固定减振器方法是将减振器上下垫板与基础上的预埋钢板焊接，一般是圆周三段焊接法，每段焊 10~15 mm 长即可。

应当特别指出如下几点。①安装时，安装基础上的预埋钢板面必须是清洁和干燥的，如有平面水泥块应去除，平衡块下面的预埋钢板面也必须是清洁和干燥的，如有平面水泥块应去除。②若减振器上下垫板与基础上的预埋钢板或平衡块下面的预埋钢板面接触面不平，应用斜铁垫平。③离心机找平找正时，所有的部件必须全部安装好后，才能移动减振器找平。

4．斗式提升机

（1）按设计图上确定的位置，首先安装机座；然后，逐段向上安装机筒。各段机筒连接时要校正其垂直度，两边机筒保持平行和一致的中心距。

（2）机筒通过楼板时，校正垂直后，应用木楔暂时固定。

（3）安装机头，并使头轮短轴与底轮短轴保持在同一垂直平面内。

（4）机壳安装好后，将装有畚斗的畚斗带装入。畚斗带应在安装畚斗前经过预拉伸，否则，使用较短时间就要紧带维修。一般提升机高度不大时，畚斗带可由头轮两边放下，使一端从机筒中部的检修门引出，再用夹板夹住；另一端放到机座底部，绕过底轮从同一检修门引出。引出两头，使用专门的工具，将畚斗带收紧后进行连接。

5．制冷机安装

动力车间的制冷机组设备名称、型号及数量为：浙江盾安机电科技有限公司离心式冷水机组（SXB2600J10）10 台、大连冷冻机股份有限公司螺杆式乙二醇机组（YCVLGF324TH3）7 台。

（1）离心式制冷机组安装。

首先，制作滑道，在设备本体下面，使用平行的两列 294*200 的 H 型钢，从 1-12 线制作通长滑道，位置固定在设备两头支腿基础上，型钢每间隔 7 m 在两列型钢之间用槽钢或钢管焊接拉撑。其次，使用 130 t 吊车将设备吊到滑道上，利用倒链做牵引，将设备滚动平移到设备基础位置，平移过程做好防滑措施。再次，使用千斤顶 20 t 4 个，将设备水平抬高，撤出设备下面的辅助材料，将设备回落到设备基础上，设备与基础之间用垫铁临时找平；地脚螺栓穿到设备上，土建施工单位进行设备一次灌浆，灌浆完成时预留孔口位置需要进行找平，灌浆过程中必须保证螺栓的垂直度。最后，待螺栓灌浆后强度达到要求后，再将制冷机组整体垂直抬高，高度超出地脚螺栓高度，且具备把减震装置按厂家技术要求布置到位的要求；然后吊落设备，按相应规范找平找正设备，把紧地脚螺栓。

（2）螺杆式乙二醇机组安装。

①制作滑道。在设备本体下面，使用平行的两列 294*200*10*12 的 H 型钢，从 1-12 线制作通长滑道，每间隔 7 m 在型钢之间用槽钢或钢管焊接拉撑。②制冷机组的吊装与组

装。本制冷机为撬块式结构，设备总重 36 t，最大撬块重量 12 t，依据吊车站位，选用 75 t 吊车吊装。吊装蒸发器组件及框架，放置于运输轨道上方。吊装冷凝器组件，放置于蒸发器框架上方，利用连接螺栓紧固。吊装主机组件及框架，放置于运输轨道上方。框架与蒸发器框架按设计要求连接固定。因电机座在出厂时已经喷涂面漆，故需用电动钢丝轮予以彻底清除。吊装高压电机，放置于主机框架上方，利用连接螺栓紧固。利用 2 台 5 t 倒链，牵引主机框架，缓慢平移至基础上方。利用千斤顶抬高设备，使用垫铁临时支撑，将设备平放于基础上方。在每一个地脚螺栓孔两侧，分别设置一组垫铁。③制冷机本体管路连接。安装吸气管组合件。安装油冷回气接管组合件。安装供液管组合件。安装排气管组合件。安装油冷进液接管。安装供液管组。安装回油管。安装平衡接管。④制冷机组的找平与找正。在机组就位时，每一个地脚螺栓位置两侧各放一组垫铁，其余垫铁组的分布，间距在 500～1000 mm 之间。机组找正后进行一次灌浆，一次灌浆养护期满后，再次校验基座水平度，紧固地脚螺栓。利用两套百分表装置，调整电机和主机同轴度，要求同轴度误差小于 0.05/1000。机组找平找正符合要求后，进行二次灌浆。

五、伸出屋面设备的安装

1. 防水层施工前各专业确认

（1）医药净化厂房涉及安装专业多，除常规水、电、通风外，还有工艺管道、设备、空气净化等。在防水层施工前，安装用各类管道预留洞须经各专业确认到位后方可进行防水施工。不能在防水层施工完成后再开孔、封堵，这样极易发生屋面渗水现象。

（2）净化车间屋面上放置许多风机、冷却塔等专业设备，防水层施工前屋面设备基础应确认并在结构板上施工完毕，不能后补基础或将基础做在屋面保护层或保温层上，以免破坏保温层及防水层。冷热水管、风管等应根据设计要求保温到位，不能遗留，防止出现冷凝水滴落在夹层，引起净化车间漏水。预留的孔洞必须设置套管。

（3）出屋面楼板的管道再连接也应做好自身管道泛水及封堵工作，避免出现倒泛水。

2. 做好出屋面管道的封堵工作

目前施工采用砌筑及镀锌铁皮抱箍两种封堵方式，均达到了良好的密闭性和防水效果，如图 10-16、图 10-17 所示。

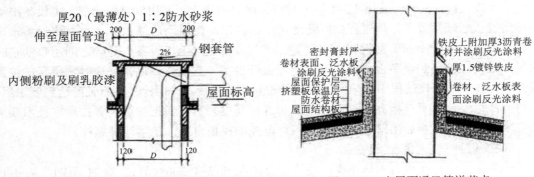

图 10-16　伸至屋面管道收头节点　　　　图 10-17　出屋面通风管道节点

六、洁净厂房（车间）设备安装的特殊性

洁净厂房（车间）给设备安装带来许多困难，要求设备安装采取新的措施加以适应。

（1）从建筑造价和通风空调运转费用考虑，生产厂房的楼层往往定得较低，这就减少了同层设备的位差利用，增加了同层间物料的运送。

（2）由于技术夹层的设置，各生产楼层之间不能安装穿楼板设备。

（3）生产楼层在连通流程的过程中，往往因洁净等级不同而需增加隔断，包括上楼层、下楼层间和同一楼层平面位置间。

（4）厂房内使用大量轻质结构材料，因此可用于设备安装的支承点减少，增加了支架和操作平台。

（5）由于楼层无穿孔，隔间小，曲径迂回多，尤其在无窗厂房里，起吊、拆装设备困难，灵活性差。

由于这些因素的存在，在设备安装设计时，要求比一般厂房更慎重地对待，在设计过程中有下列几点体会。

（1）设计时要仔细考虑设备起吊、进场的运输路线，使所有门、窗、留孔都能容纳进场设备通过。因此，在设计之前必需落实设备和外形尺寸等资料。

（2）设计时要比普通的厂房更重视设备拆装和维修，必要时应把间隔墙设计成可拆卸的轻质墙。

（3）对传动机械，应根据其特性增加隔展、消音装置，以改善操作环境。

（4）由于高位设备不允许穿楼板支承，因此在同层做设备提高的支承设计时，应尽量利用梁柱上预埋件来固定，使之尽量做到既轻巧又安全且不影响人流和物流。

（5）要系列地设计轻便灵巧的传运工具，例如，小车、流槽、软接管、封闭料斗等，辅以正规设备之间的连接。

（6）上下层、同一层的不同洁净度要求的洁净室间，对设备的连接要做好隔断装置，尽量不使影响较高一级的洁净度（如图 10-18、图 10-19 所示）。

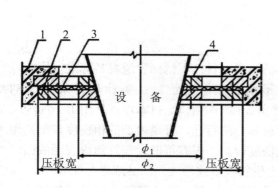

1—砼楼板　2—压板　3—胶板　4—螺栓

图 10-18　上下层的隔断装置（一）

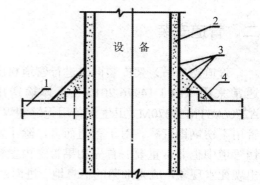

1—砼楼板　2—保温层　3—保温层外壳　4—填充物

图 10-19　上下层的隔断装置（二）

（7）保温外壳层要求光洁，最好采用金属外壳。

（8）小型基础最好做水磨石的光洁基础块，能随地放置，不影响楼面的光洁。

总之，新型的车间除对工艺操作的连续自动化有较高要求外，还要求设备安装设计也要进行相应的改进。

第三节　管道安装

管道安装工程是安装工程中重要组成部分，通常在设备安装完毕后进行。实际安装特别要注意管内物料易沉淀管道的坡度、管道支架间距、可维修接口及设备接口方式。

室内管道敷设工艺流程如下：管道支、吊架的制作、安装→管道除锈、刷油→管道运输、排管→管道组对、焊接→管道吊装→管道固定口焊接→管道试压、冲洗→焊口补油、刷色环→整理资料、交工。

一、架空管道支（吊）架的安装

管道支（吊）架的制作按照室内管道支架图集制作。管道支（吊）架、支座及零件的焊接应遵守结构件焊接工艺，焊缝高度不应小于焊件最小厚度，并不得有漏焊、夹渣或焊缝裂纹等现象。管道支架安装前在车间内所有管道支架安装的柱子上用水准仪测量并标出相对于车间地坪标高的+1 m线，然后根据设计标高用卷尺在柱子上量出管道支架的标高位置。

水管安装要严格执行国家规范，冷冻水主干管及冷却水管吊架要采用弹簧减振吊架，而且吊架不能固定在楼板上，应尽量固定在梁上，或在梁与梁之间架设槽钢横梁固定。水管穿过楼板或过墙必须采用套管，且套管与水管之间要用阻燃材料密封。

空气净化风系统安装中，较大风管中间加支架固定；风管吊架尽可能采用橡胶减振垫，确保风管不产生振动噪声。

二、管道安装

管道支（吊）架安装同时进行管道材质的核对，目前不锈钢管道材料标准，国内项目通常采用 GB/T 14976-2012《流体输送用不锈钢无缝钢管》；美标项目采用 ASTM A270/ASTM A270M《卫生设备用无缝和焊接奥氏体不锈钢》，日本项目采用 JIS 63459《配管用不锈钢钢管》。对于管道而言，除了管材本身的特性，管道内部的粗糙度在制药用不锈管道中也非常重要。首先如果管道内壁粗糙度较高，很有可能会在管道内表面的凸凹处出现死水现象，成为细菌的栖息地，进而产生生物膜以致污染到产品或者分配系统。其次，不光滑的不锈钢管道内壁也很有可能导致管道内壁的腐蚀。因为管道内壁凸凹处静止的水中很有可能会有一定浓度的氯离子存在，它们可能和不锈钢的铬元素发生反应而大大加速不锈钢的腐蚀，降低此处的不锈钢腐蚀电位。需要确定相应的工艺以保证管道内壁的粗糙度。制药用水或者产品的管道接触表面必须采用冷轧、钝化、机械抛光或者电抛光工艺以确保管道内壁的粗糙度小于 1 μm。

（1）管道安装的坡度、坡向必须符合设计要求。

（2）管道与设备连接时，安装前须将管道内部清理干净。管道安装完毕后，不得承受设计外的附加荷载。

（3）管子对口时应在距接口中心 200 mm 处测量平直度，当公称直径小于 100 mm 时，允许偏差为 1 mm；当公称直径大于或等于 100 mm 时，允许偏差 2 mm，但全长允许偏差均为 10 mm。

（4）管道连接时，不能使用强力对口、加热管子、加偏垫或金属垫等方法来消除接口端面的空隙、偏差、错口或不同心等缺陷。

（5）管道焊缝位置应符合下列规定。①直管段上两环缝距离 D≥150 mm 时，不应小于 150 mm；当 D≤150 mm 时，不应小于管子外径。②环焊缝距支（吊）架净距离不应小于 50 mm，需热处理的焊缝距支（吊）架不得小于焊缝宽度的 5 倍，且不得小于 100 mm。③不宜在管道焊缝及其边缘上开孔。

（6）管道安装允许偏差值要符合以下规定（如表 10-1 所示）。

表 10-1 管道安装允许偏差值表

项目及内容			允许偏差/mm
坐标	架空及地沟	室外	25
		室内	15
	地埋		60
	架空及地沟	室外	±20
		室内	±15
	地埋		±25
水平管道平直度	DN≤100		0.2L%，最大 50
	DN>100		0.3L%，最大 80
立管铅垂度			0.5L%，最大 30
成排管道间距			15
交叉管外壁或隔热层间距			20

三、管道连接工艺

管道接口是目前在管道安装过程中比较重要的环节，接口的连接方式比较多，焊接是常用的一种连接方式，除此之外还有一些如螺纹连接、卡套式、扩口式、插入焊接等方法。管道接头要求比较严格，尤其是后几种方式，在管头加工方面有专门的要求，有特殊的生产标准。因此该种情况下，需要现场施工人员按照接口分类标准将管子安装妥善，另外在现场要注意杜绝私自组装连接，未依据相关的规格和接头分类进行安装等现象的发生。尤其是卡套式接头、扩口式接头以及插入焊接接头这 3 种，国家都有明确的产品标准以及相关的加工要求。下面以生物工程及生物制药工程中卫生级不锈钢管道的焊接为主进行介绍。

1. 焊缝质量与检测

在制药工程工艺管道及洁净公用工程管道施工中，需采用内窥镜进行抽查，以保证焊接质量的可靠性；如果是压力管道，还需根据规范进行无损检测。对于合金材料或 316 L 以上的材料，需要进行材质光谱分析，以确保材料的正确性，进而保证施工的质量。

对于管道管件壁厚的测量，要注意采用的测厚仪与被测的厚度相适应，对于表面粗糙度的检测，要区分管道管件与容器或板材而选用合适的粗糙度仪。

查尔斯·坎贝尔博士在近期举行的 ASME BPE 标准会议上指出生物制药装置的管道安装焊接 99%采用的是自动焊接。这是 BPE 标准要求，若采用手工焊，必须经过业主的许可，还要使用管道内窥镜检验制作的管道内部，如图 10-20 所示。

图 10-20　焊缝内窥镜图

在制药工艺工程洁净管道焊接施工中，常遵循 ASME BP 的要求，焊缝的颜色满足 2 级及以上为合格，当焊缝的颜色不能满足要求时，采用如图 10-21 所示的因果分析法对控制焊缝质量加以分析。

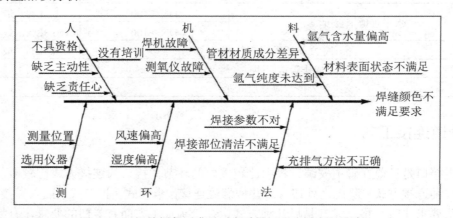

图 10-21　焊缝颜色不满足要求质量问题分析（因果法）

焊接质量是不可以被检验纳入系统中的，它仅仅和焊接设备，焊接流程（SOPs），材料和表面抛光、气体质量、切削、清洗、装配及操作者工作许可差不多。质量管理第三方能确保焊接设备能正常运行，安装负责人能按照他自己的标准操作流程（SOPs）进行操作，还有一些质量标准如 BPE-2002 提高业主、安装承包商及检验负责人关于完成体系预期质量水平的认识，而采用自动焊接则极大地提高了重复焊缝的质量，形成清洁度更高的管道体系。这些都是生产优异生物制药产品所必不可少的。

在整个洁净管道系统中一般都要进行在线清洗、蒸汽消毒；但是，将所有的管道件都拆卸下来进行清洗工作是不大现实的，这也是由洁净管道自身的特点决定的。例如，一个洁净系统的管道长度少则百米，多则上千米，造成了清洗工作量太大，一般来说洁净管道都会被安装在一些技术夹层中，与其他的工艺管线相互交叉纵横，因此难以拆卸下来进行清洗；再例如，拆卸下来的管道完成清洗工作后进行洁净管道重新安装的过程中难免会产生灰尘等新的污染物，这就会造成洁净管道受到污染，有可能导致管件受到损伤。在快接连接时，一般会用到密封圈这种物件，这种物件往往会被处理过程中的高温作用造成快速老化、产生颗粒等问题进而影响管道的质量造成泄漏，遇到这种问题可以增加密封圈来解决，但是一旦增加密封圈的使用数量，就会使内壁上的细缝增加，这样就会使杂质滞留甚至会造成细菌污染。因此大多数药厂的洁净管道系统都会采用惰性气体保护焊为主，并且只是在常使用点需要安装阀门的连接处才采用快装卡箍连接。

2．计算机模拟管线安装

例如，一条固体制剂生产线项目有 20 间 100 至 1 万级不等的洁净室。水槽的数量和位置及使用点必须事先详细说明，并安排好高效空气过滤器、HVAC，温度控制器及管道的编排。为避免管道和风管的死角或无序的排列，还须指明相应的预留空间。计算机模拟不但可以作为向导，为书写工作具体计划提供足够的细节，同时还能将设计变更降到最低。若一个特殊的工艺面板的计算机图纸能显示出管道上阀的准确位置，便可以帮助安装经理提供非常有用的指导，如图 10-22 所示。在一个简单的项目中，使用计算机模拟，不但可以节省近 10% 的项目成本，而且还能帮助业主得其所需。

图 10-22　现场安装情况图

自动焊接被广泛地使用在生物制药工程中管道的焊接。在工作的最后，要将所有的轴测图输入计算机，自动焊接被广泛地使用在设备滑道的制造上，利用"plant North"，将所有分开的轴测图，编制结合在单独的文档中，并将该文档存储在 CD 中永久保存。

使用 3D 建模的方式完成系统的区分，而且还能快速地进行技术交底，把有关设备的位置和内部构造以及具体走向等方面都进行了明确，并且还对操作人员进行需求方面的分析，从而对安装成本进行了合理的控制。在实际进行管道安装时，出现意外情况比较常见。例如，路线布局不够清晰、施工顺序不明确等，应对这些情况就需要操作人员对模式实施进行有效的分析，通过这种形式选用合适的施工技术，BIM 技术可以提升指挥人员的判读准确性，从而实现进度的有效控制。

3. 管道工厂化预制

管道工厂化预制是施工企业在项目所在地或异地建起工厂或预制场地、按照工业产品制造作业方式，配备管道预制所需的全部机械装备，在工厂或预制场地内完成大部分管道的切割、组对、焊接、防腐、检验等工作，预制好的管段送往现场各个单元或装置区进行现场安装、组焊，在现场只要进行少部分管道连接二次预制或固定口焊接即可。

目前，国内施工单位主要推行以下 3 种管道预制工厂化的模式。①"工厂型"管道预制模式。②"现场型"管道预制模式。③"移动型"管道预制模式。

（1）管道工厂化预制技术的特点及优越性。

①管道工厂化预制技术的基本特点。

管道工厂化预制技术的基本特点是将管道施工全部工作分为预制和组装两大部分，并在不同的场地完成。

②管道工厂化预制的优越性。

A. 作业条件好，不受自然条件的约束。

B. 不受工艺设备、附件等到货滞后的影响。

工业项目中，在施工总承包模式下，工艺设备及主要附件，例如，阀门等一般由业主采购供应，受各个环节因素影响，往往会出现不同程度的滞后，而管道工厂化预制能有效解决这一问题。

C. 不受土建和设备安装条件的限制。

工业管道安装和土建施工、工艺设备安装关系紧密，而施工现场客观因素较多，工业管道如现场制作、安装，必然与土建、设备安装施工交叉并互相影响，甚至根本就不具备管道作业条件。管道工厂化预制实现了异地预制，待现场条件具备时，再将预制好的管段及组合件运至现场进行安装。

D. 有利于减低劳动强度，提高生产效率，有效缩短施工周期。

预制场地机械设备齐全、作业场地宽敞，无高空作业，易形成流水施工，并能实现提前预制。

E. 有利于工程质量及安全。

管道工厂化预制均在地面作业，大管径管道焊接均采用转动口焊接，且质量检测及控制更易于实现，施工质量和安全更容易保证。

F. 有利于平衡施工资源、降低施工成本。

运用管道工厂化预制技术有利于施工集中管理，合理配置、有效平衡施工场地、劳动力及施工机械各种资源，提高资源利用率，有效地降低施工成本。

G. 提升技术水平及管理水平。

运用管道工厂化预制技术，借助先进的计算机辅助管理，有利于新技术、新工艺、新机具、新材料的推广应用，提升技术水平，推动企业技术进步。

运用管道工厂化预制技术，就要求采用预制场、现场管理与工期、质量、技术、安全、成本、信息管理等多方位、多空间、纵时点的综合管理技术，有利于提高施工管理水平。

（2）管道工厂化预制技术的适用范围。

管道工厂化预制技术适用于管径 DN100～600 的碳钢、不锈钢、合金钢等不同材质的管道预制及焊接，预制后的长度控制在 15 m 以内，吊装回转半径小于 7 m。管径 DN15～100 的管道由于管径较小，现场走向布置存在一定程度的不确定性，一般不需要在预制厂预制；而大于 DN600 的管道在预制厂预制，又会增加运输成本及吊装成本。

现场吊装的条件也是必须考虑的因素，如果不考虑现场的吊装条件，把管道预制的过长或过于复杂等，就会给吊装带来许多麻烦，甚至需要重新切断，吊装后二次组装。

必须充分利用现代化绘图软件深化设计，提前模拟出施工环境，为施工有条不紊地进行提供保障。

管道工厂化预制技术条件下的管道安装工艺流程为施工准备→深化设计→管道运输→支架预制→设置吊点→管道吊装。

4．管道系统的试压与冲洗

（1）水压试验。

在洁净管道安装结束后，还应该对管路进行试压，为了充分保证管道安全，一般的试验压力是取管道工作压力的一点五倍，并且不得低于 0.3 MPa，试压的过程一般包括以下几点。①检查管路。这一步骤也就是把管道中的所有阀门打开，将一些无用的系统关闭的过程。②系统充水。打开系统最顶点的放空阀，在充水结束后关闭放空阀。③缓慢升压。先用工作压力对系统进行泄漏检查，如果有泄漏处，立即泄压处理。然后继续升压到试验压力的百分之九十再检查管路，如果没有泄漏问题继续升压至试验压力，保持此时的压力一段时间；如果系统中的压力不超过 50 KPa，那么就说明合格。④将管道中的压力降低至工作压力继续保持半个小时并且压力不下降即为合格。⑤将系统中的水排除，泄压。检查压力试验记录是否完整。水压试验的介质一般采用洁净的自来水进行，环境温度在 5℃以上。

（2）管道系统冲洗。

管道系统水压试验合格后，要进行水冲洗工作。冲洗前，要将系统内的仪表加以保护，并将孔板、滤网、流量计、马达、控制阀、节流阀及止回阀阀芯等拆下，并妥善保管，采用短管代替这些阀件。待冲洗合格后再恢复，不需冲洗的设备，应与冲洗系统隔离。冲洗时需利用循环水泵房的循环水泵和沉淀池进行。冲洗采用洁净水，水冲洗应以管内可能达到的最大注量或不小于 1.5 m/s 的流速进行。水冲洗连续进行，以排出口水色和透明度与入口水色和透明度目测一致为合格。

5．管路的保温

为了使管路内介质在输送过程中不受外界温度的影响而改变其状态，不冷却、不升温，需要对管路进行保温处理。管路保温一般的方法是采用导热性差的材料作保温材料包裹管外壁，常用的保温材料有毛毡、石棉、玻璃棉、矿渣棉、珠光砂及其他石棉水泥制品等。管路保温层的厚度要根据管路介质热损失的允许值和蒸汽管道每米热损失允许范围来确定，如表 10-2 所示，保温材料的导热性能通过计算来确定（如表 10-3 和表 10-4 所示）。

表 10-2　蒸汽管道每米热损失允许范围

公 称 直 径	管内介质与周围介质之温度差/K				
	45	75	125	175	225
D_g25	0.570	0.488	0.473	0.465	0.459
D_g32	0.671	0.558	0.521	0.505	0.497
D_g40	0.750	0.621	0.568	0.544	0.528
D_g50	0.775	0.698	0.605	0.565	0.543
D_g70	0.916	0.775	0.651	0.633	0.594
D_g100	1.163	0.930	0.791	0.733	0.698
D_g125	1.291	1.008	0.861	0.798	0.750
D_g150	1.419	1.163	0.930	0.864	0.827

表 10-3　部分保温材料的热导率

名　　称	热导率/[J/（m·s·K）]	名　　称	热导率/[J/（m·s·K）]
聚氯乙烯	0.163	软木	0.041～0.064
低压聚乙烯	0.291	石棉板	0.116
高压聚乙烯	0.254	石棉水泥	0.349
聚苯乙烯	0.081	锅炉煤渣	0.186～0.302
松木	0.070～0.105		

表 10-4　管道保温厚度的选择

保温材料的热导率/[J/（m·s·K）]	蒸汽温度/K	管道直径 D_g			
		50	70～100	125～200	250～300
0.087	373	40	50	60	70
0.093	473	50	60	70	80
0.105	573	60	70	80	90

　　经压力试验合格后的管道除铁锈后，可在涂刷两遍红丹防锈漆后，进行管道保温处理。在保温层的施工中，必须使保温材料充满被保温的管路周围，且填充均匀，使保温层完整、牢固。可用石棉硅藻土或泡沫混凝土制品进行保温，保温层外用 16 号铁丝网包扎，然后用水泥涂层，再刷油漆。冷冻水或冷冻盐水可用软木或聚苯乙烯制品保温，连接处用沥青黏合，再用 16 号铁丝网包扎，外涂水泥保护层。在进行保温时，尤其是冷冻盐水管上阀门也需进行适当的保温措施。在要求较高的管路中，为避免保温层受雨水侵蚀而影响保温效果，在保温层外面还需缠绕玻璃布或加铁皮外壳。

　　6. 工艺管道颜色标识

　　工艺管道颜色标识必须符合 GB7231—2003《工业管道的基本识别色、识别符号和安全标识》和 FF/GCAB-01-16-2010《工业管道颜色及标识规范》。在工业企业中，厂房内及厂区经常需要安装大量的输送各类气体和液体的管道，从便于识别管内流体的种类和状态以及有利于管道进行管理、维修、确保安全等方面考虑。通常采取以下 3 种方法进行管道的涂色与标志。

（1）一般在不同流体的管道表面或管道绝热层外表面，涂覆不同颜色的涂料，有时也可涂刷指向箭头，标出介质的流向作为标识。

（2）如果输送流体的温度或成分不同，需加以区别时，可以在已涂色的管道表面上，选择一种温度或成分涂刷色作为标识。

（3）如果以上两种方法仍然不能确定管内流体的性质或参数，可采取在管道外表面涂刷流体的名称或化学符号，也可标出流体的温度和压力作为标识。

①对于采暖装置一律涂刷银漆，不注字。②通风管道（塑料管除外）一律涂灰色。③对于不锈钢管、有色金属管、玻璃管、塑料管以及保温外用铝皮薄护照时，均不涂色。④对于室外地沟的管道不涂色，但在阴井内接头处应按介质进行涂色。⑤对于保温涂沥青的防腐管道，均不涂色。

由于生物工程和生物制药的管道大多数采用不锈钢管、塑料管、硅胶管，且管道内流体流动的介质种类较多，所以管道的涂色和标识应根据具体工程情况进行使用，以易于操作、方便管理及维修为原则。因此，在实际工程中各系统采用色环标识的较多，色环标识的基本要求如表 10-5 所示，啤酒车间管道标识如图 10-23 所示。

表 10-5 色环宽度及间距

单位：mm

管道或管道保温层外径	色 环 宽 度	色 环 间 距
<150	50	5~20
150~300	70	10~20
>300	100	20~40

图 10-23 啤酒车间管道标识

工业管道的识别符号由物质名称、流向和主要工艺参数等组成，工业管道内物质的流向用箭头表示，如果管道内物质的流向是双向的，则以双向箭头表示。工程中设计有规定时应按设计规定涂色，设计无规定时，可按表 10-6 所列使用，该表所列为工业管道涂颜色和注字规定。

表 10-6 工业管道涂颜色和注字规定表

序号	介 质 名 称	涂色	管 道 注 字	注字颜色	序号	介 质 名 称	涂色	管 道 注 字	注字颜色
1	自来水	绿	上水	白	2	井水	绿	井水	白

续表

序号	介质名称	涂色	管道注字	注字颜色	序号	介质名称	涂色	管道注字	注字颜色
3	生活水	绿	生活水	白	25	氧气	天蓝	氧气	黑
4	过滤水	绿	过滤水	白	26	氢气	深绿	氢气	红
5	循环上水	绿	循环上水	白	27	氮（低压气）	黄	低压氮	黑
6	循环下水	绿	循环回水	白	28	氮（高压气）	黄	高压氮	黑
7	软化水	绿	软化水	白	29	仪表用氮	黄	仪表用氮	黑
8	清静下水	绿	净化水	白	30	二氧化氮	黑	二氧化氮	黄
9	热循环回水（上）	暗红	热水（上）	白	31	真空	白	真空	天蓝
10	热循环回水	暗红	热水（回）	白	32	氨气	黄	氨	黑
11	消防水	绿	消防水	红	33	液氨	黄	液氨	黑
12	消防泡沫	红	消防泡沫	白	34	氨水	黄	氨水	绿
13	冷冻水（上）	淡绿	冷冻水	红	35	氯气	草绿	氯气	白
14	冷冻回水	淡绿	冷冻回水	红	36	液氯	草绿	纯氯	白
15	冷冻盐水（上）	淡绿	冷冻盐水(上)	红	37	纯碱	粉红	纯碱	白
16	冷冻盐水（回）	淡绿	冷冻盐水(回)	红	38	烧碱	深蓝	烧碱	白
17	低压蒸汽	红	低压蒸汽	白	39	盐酸	灰	盐酸	黄
18	中压蒸汽	红	中压蒸汽	白	40	硫酸	红	硫酸	白
19	高压蒸汽	红	高压蒸汽	白	41	硝酸	管本色	硝酸	蓝
20	过热蒸汽	暗红	过热蒸汽	白	42	醋酸	管本色	醋酸	绿
21	蒸汽回水冷凝液	暗红	蒸汽冷凝液（回）	绿	43	煤气等可燃气体	紫	煤气（可燃气体）	白
22	废气的蒸汽冷凝液	暗红	蒸汽冷凝液（废）	黑	44	可燃液体	银白	油类（可燃液体）	黑
23	压缩空气	深蓝	压缩空气	白	45	物料管道	红	按管道介质注字	黄
24	仪表用空气	深蓝	仪表空气	白					

第四节　电气施工安装

在进行工厂电气工程施工过程中，任何一个施工环节出现偏差，都会严重影响电气工程施工质量，甚至会造成大面积停电、人员伤亡等危险事故。因此，在进行工厂电气工程施工过程中，必须明确各个施工要点，规范施工行为，保障工程建设的顺利进行。现就施工中的主要要点叙述如下。

一、管线预埋

电气施工中的管线预埋是电气工程的基础工作，由于涉及与土建专业配合，交叉作业，因此在设计院来进行技术交底时，要与土建人员进行图纸会审。配管电工应与土建施工人员密切配合，在土建进行梁、柱结构施工时，电气管线就应开始埋设过梁套管或者将管线预埋其中；否则土建施工完成后再去凿沟，一方面破坏了建筑物的结构，另一方面也给电气施工造成了困难。

预埋电气管线的施工工艺要保证质量，尽量避免因工艺处理不当返工的情况。

1. 电缆保护管施工工艺

①敷设的暗管主要采用钢管、镀锌管和塑料管。②管口应无毛刺和尖锐棱角，管口做成喇叭形。保证穿管时导线绝缘层完好、凡镀锌层破坏处应刷防锈漆。③电缆管在弯制后，不应有裂缝和显著凹凸现象，变扁程度不大于管子外径的 10%，电缆管的弯曲半径不应小于所穿入电缆的最小允许弯曲半径。④钢管之间的连接，严禁采用对焊，一般可用套管连接，连接管的对口处应在套管的中心，焊口应焊接牢固、严密；薄壁钢管的连接必须用丝扣连接（严禁熔焊），管端套丝长度不应小于管接头长度的一半。⑤利用电缆的保护钢管作接地线时，应先焊好接地线，有螺纹连接的管接头处，应用跳线焊接，且保护钢管应用圆钢或扁钢就近与建筑接地板或钢筋接地极相连，再敷设电缆。⑥钢管在穿墙或楼板时应预埋套管，楼板套管的管口应高出楼板上平面 60~100 mm，以防止楼面的水漏至楼下。⑦采用塑料套管连接时两管口对严并用黏合剂粘牢，否则可能进水影响电线的绝缘和使用寿命。⑧明配线管应排列整齐，固定点间距应均匀，钢管管卡间的最大距离应符合规范的要求，管卡与终端、弯头中点、电气器具或盒（箱）边缘的距离宜为 150~500 mm。⑨预埋塑料管出地坪 70~80 cm，用钢筋保护，钢筋比管子高 10~20 cm，管子齐地坪处就不易折断。⑩常用导线穿线管如表 10-7 所示。

表 10-7 常用导线穿线管选择表

BVV 线芯截面/mm²	焊接钢管/G（管内导线根数）						
	2	3	4	5	6	7	8
1.0	15	15	15	15	20	20	20
1.5	15	15	20	20	20	25	25
2.5	15	20	25	25	25	32	32
4.0	20	25	25	25	32	32	40

室外埋地管线上方或附近，往往有车辆行驶，有时还有路面开挖的情况。在施工工艺方面，室外直埋电缆埋设深度足够，沿线设置标志，竣工图中注明电缆的确切位置，避免日后开挖路面时损伤电缆，发生安全事故。室外直埋电缆在引入引出建筑物处要加保护管。

2. 管内穿线

①在土建结构、隔墙及粗装修基本完成后，方可进行穿线工作。②在穿线前核对导线的规格型号，应与图纸相符，导线表面绝缘层应光滑，芯线与绝缘层附着良好，不得有破

损，线芯满足国家规范及设计要求。穿线后应用 500 V 摇表检测其绝缘电阻，应大于 0.5 MΩ。③穿线应采用专用穿线器，穿线时应用力平稳，忌硬拉硬拽，如有涩感，可加少量滑石粉，重新穿线。④导线在管中禁止有接头。且接线盒处导线应预留 250 mm，以方便接线。⑤穿线时导线色标应统一，A、B、C 相线为黄、绿、红三色，淡蓝色作零线，黄绿双色线作接地线。

二、电缆桥架安装

电缆桥架安装应注意以下几点。①电缆桥架必须根据图纸走向及现场建筑物特性设计弯头、长度等。②电缆桥架安装必须考虑其机械强度，吊架、支架、支持点间距按设计及产品载荷技术要求敷设。桥架水平敷设时，桥架之间的接头应尽量设置在跨距的 1/4 左右；水平走向的电缆桥架每隔 1.2～1.5 m 设一吊架支持点。③电缆桥架的标高尺寸，施工前与相关专业施工图严格复核，综合会审后施工，防止与风管、风口、冷冻管道碰阻，且要符合施工规范、设计要求。④电缆桥架连接板的螺栓应紧固，螺母应位于电缆桥架的外侧，桥架接口应平直，盖板齐全、平整、无翘角。⑤电缆桥架必须至少将两端加接地保护，在桥架内加设一条平行镀锌扁钢 40 mm×4 mm 作为接地体。⑥由电缆桥架引出的配管应使用钢管，当托盘式桥架需要开孔时，应用开孔器开孔，开孔应切口整齐，管孔径吻合，严禁用气、电焊割孔。钢管与桥架连接时，应使用管接头固定。⑦桥架应离开顶棚或墙面 100 mm 以上，以保证内敷电缆的散热空间。⑧电缆桥架与各种管道的最小净距为一般工艺管道平行净距 400 mm、交叉净距 300 mm。

三、电线电缆的连接

电线电缆的连接必须满足 GB 50168—2018《电气装置安装工程 电缆线路施工及验收标准》，并重点注意以下几点。

（1）电缆在室内敷设应采用电缆沟、桥架等方式，电缆穿墙、穿楼板时应套保护管或采取其他保护措施。电缆穿管，管内径应不小于电缆外径 1.5 倍，且应在土建工程结束后进行，在穿管前应将管内积水和杂物清除干净。

（2）压线帽是将导线连接管（镀银紫铜管）和绝缘包缠复合为一体的接线器件，外壳用尼龙注塑而成，施工简便易行，如填不实，容易脱开或接触不良引起发热；可将线芯剥出后折插入压线帽内，使用专用阻尼式手握压力钳压实。

（3）包缠绝缘带必须掌握正确方法。当用黏性塑料胶布时应半缠半包不少于两层；当用黑胶布包扎时要衔接好，应把起始端压在里面，把终端回缠 2～3 回，防止松散。

（4）电缆连接后一定要检测绝缘，导线间和导线对地间绝缘电阻必须大于 0.5 Ω。但是，对于高压绝缘头包缠要求更高，高压电缆现场高压实验必须过关，包缠时一定严格按规范一层包缠一层，中间不得耽误时间，要一气呵成，来不得半点马虎，否则影响绝缘质量。包好后用摇表测绝缘电阻，如果不合要求，通常需要锯掉电缆头，重新包缠，这样就造成人力和物力的浪费。

四、配电柜安装

1．机柜安装

（1）固定底座的底板一般由土建预埋，电工安装时，先将扁钢与底座槽钢焊接好，再将底座槽钢与底板焊接好。

（2）成排配电柜要以精确校正好的第一个柜为标准依次校准其他各柜，使柜面整齐一致，然后将柜与基础槽钢焊接固定，柜体与柜体、柜体与两侧挡板用螺栓联接、柜体与基础槽钢最好也用螺栓联接，柜两端电缆沟应用金属保护网封闭以防鼠。

（3）低压配电柜的底座和骨架均应接地，装有电器的应配备可开启的柜门，且应以软导线与接地的金属构架可靠连接。母线连接应紧密，接触良好。二次接线应排列整齐，避免交叉并固定牢固，不使所接的端子板受到机械应力；回路编号应清晰，标志齐全且不易褪色。

2．柜内电器及电缆连接

①配电箱内的交直流或不同电压等级的电源，应具有明显的标志。②配电箱应安装牢固，其垂直偏差不应大于 3 mm。③配电箱底边距地面高度宜为 1.5 m，或根据设计要求进行安排。④照明配电箱内应分别设置零线和保护地线（PZ 线）汇流排，零线和保护线应在汇流排上连接，不得绞接，并应有编号。⑤动力、照明配电箱上应标明用电回路名称。⑥电气设备安装位置参照设计平面图，并结合使用场地，具体情况作合理布置。⑦配电柜不能与基础型钢焊死，应用 M12 镀锌螺栓拧紧。⑧洁净室的配电盘、配电柜等内部不得有尘埃，门应关闭严密。⑨要达到药厂的洁净要求，则洁净区内的配电箱应全部做成暗装的形式固定于彩钢板上，其进出线的电线管则暗藏于彩钢板夹层内。⑩由于洁净区内的洁净要求很高，因此从彩钢板天花下引至设备电机段的穿线管须采用外抛光的不锈钢管和外表光滑的可挠性金属软管（如表 10-8 所示）。

表 10-8　穿线管与工艺管道间距

管 道 类 别		平行净距/m	交叉交距/m
一般工艺管道		0.4	0.3
具有腐蚀性液体（或气体）管道		0.5	0.5
热力管道	有保温层	0.5	0.5
	无保温层	1.0	1.0

如果是在导流设备上连接螺栓与螺母，那么除了要注意机械效应的影响，还要注意电热效应的出现，倘若螺母的挤压力过小时，设备的接触电阻就会变大，导致电阻在通电之后发热情况较严重，甚至会使得连接处被熔断引发接地短路等事故。在机电设备与母线中，如果连接线的接线、设备线夹、T 型线夹以及并沟线夹等相等，那么也会引发安全事故。

现场调试人员应当提前介入施工作业，要对系统与图纸有详细的了解与分析，及时发现图纸中的错误并与相关单位进行沟通，提出修改意见，办理施工变更。随后向二次接线人员进行必要的技术交底，再开始全面施工作业。现场正式开始二次接线时，相关调试人员应当与接线人员配合进行，一旦发现接线中的错误应当立即指出并进行改正，提升二次接线质量，避免出现返工等情况。对于屏柜中的二次接线要按原理图进行检查，对于每根电缆在柜内上端子前要进行校线，并单独标记线号。电缆要单根固定，电缆牌的悬挂高度保持一致，电缆号牌清晰、整齐，对于控制电缆芯线接入端子排，如果是单芯线在剥削适当长度绝缘层（一般在 10 mm）后即可进行接线，多芯软线则要压接接线端子（一般常用 VE 系列管型接线端子）后进行接线。备用线芯要进行整理固定，并设置相关标识，保证二次接线美观、符合工艺要求。

五、电气装置的接地安装

接地装置在电气系统中起保护设备及人身安全的重要作用，因此，它的施工质量好坏，直接影响着电气系统的安全运行。必须以 GB 50169—2016《电气装置安装工程 接地装置施工及验收规范》为行为准则。

（1）接地干线一般采用 40 mm×4 mm 的镀锌扁钢。

（2）接地体用镀锌钢管或角钢。钢管直径为 50 mm，管壁厚不小于 3.5 mm，长度为 2～3 m。角钢以 50 mm×50 mm×5 mm 为宜。

（3）接地体顶面埋设深度不应小于 0.6 m，以避开冻土层；钢管或角钢的根数视接地体周围土壤的电阻率而定，一般不少于两根，每根的间距为 3～5 m。

（4）接地体与建筑物的距离不宜小于 1.5 m，与独立的避雷针接地体的距离大于 3 m。

（5）接地干线与接地体的联接应使用搭接焊。

接地电阻是接地装置技术中最基本、最重要的技术指标。部分接地设备接地电阻的要求如表 10-9 所示。

表 10-9　部分接地设备接地电阻的要求

设 备 名 称	要求/Ω	设 备 名 称	要求/Ω
大接地短路电流系统	$\leqslant 0.5$	配电变压器 100 VA 以上	$\leqslant 4$
小接地短路电流系统	$\leqslant 10$	配电变压器 100 VA 以下	$\leqslant 10$
高压设备单独接地时	$\leqslant 10$	带电作业临时接地装置	$\leqslant 10$
低压保护接地	$\leqslant 4$		

接地电阻达不到要求时的技术措施如下。

（1）最基本的方法是增加接地体的根数，或适当增加接地体的长度。

（2）在土壤电阻率较高的地层，可在每一根接地体周围填埋化学填料，以改善接地体的散流条件。工程上常见的土壤电阻率如表 10-10 所示。

表 10-10　工程上常见的土壤电阻率

土 壤 名 称	近似电阻率/Ω m	土 壤 名 称	近似电阻率/Ω m
陶黏土	10	砂质黏土、可耕地	100
泥炭、泥灰岩、沼泽地	20	黄土	200
捣碎的木炭	40	含砂黏土、砂土	300

土 壤 名 称	近似电阻率/Ωm	土 壤 名 称	近似电阻率/Ωm
黑土、田园土、陶土	50	多石土壤	400
黏土	60	砂、砂砾	1000

　　（3）在土壤电阻率很高的沙石层，可采用土壤置换法，即将较好导电性能的土壤或工业废料，例如，电石渣等替换接地体周围的土壤。

　　（4）采用长效降阻剂。

六、电气安装工程后期的系统调试与验收

　　当电气系统安装完毕后，必须对整个系统进行调试，以确保其使用的安全性、稳定性。首先，电气设备系统调试前应检查外部条件和环境是否满足调试要求，在条件成熟后按系统功能和负荷大小分批次进行。其次，采用经计量检定的检测仪器对电气工程进行检测，严格按照使用条件及规范操作。第三，电气设备系统调试应严格遵守调试程序，以确保电气设备及操作人员安全。最后，严格按照质量验收标准对已完工程进行验收。

第五节　新建厂的试车

　　试车工作是每个新建或改、扩建厂在安装完毕后所必须进行的环节。它实质上是对整个设计和安装质量进行的一次全面鉴定。试车一般由单机到总机，由空载到负载分步骤进行。在试车中应详细记录发现的问题和情况，以便进一步调整和研究解决的方法。

　　在试运行阶段，项目试运行管理主要是检验项目施工质量是否达到设计和用户需求。试运行管理内容一般包括试运行准备、试运行计划、人员培训、试运行过程指导和服务等。项目经理应负责组织试运行与项目设计、采购、施工等阶段的相互配合及协调工作。

　　试运行计划应在项目初始阶段编制，应经业主确认或批准后实施。其主要内容应包括试运行总的说明、组织及人员、试运行进度计划、培训计划、试运行方案、试运行费用计划、业主及相关方的责任分工等内容，应对施工目标、进度和生产准备工作提出要求，并保持协调一致，应考虑建设项目的特点，合理安排试运行程序和周期，并充分注意辅助配套设施试运行的协调。

　　在试运行计划中，应检查试运行前的准备工作，确保车间所有项目已按设计文件及相关标准实施，检查影响合同的考核指标，尚存在的关键问题及其解决措施是否落实等，完成项目范围内的生产系统、配套系统和辅助系统的施工安装及调试工作，并达到竣工验收标准。

一、安装工程完毕前的三查四定工作

　　安装工程完毕前安装公司要与业主进行工程交接。这是指单项工程或部分装置按设计

文件规定的范围全部完成，并经管道系统和设备的内部处理，电气和仪表调试及单机试车合格后，施工单位和建设单位所做的交接工作。这种交接实质上是施工单位对建设单位的固定资产交接，以后的工程交接仅是软件资料的交接。所以中间交接后，建设单位就进入了对工厂固定资产的管理和使用的阶段，即从生产准备阶段进入了生产实施阶段，是建设方的一个工作转折点。由此可见，中间交接前的各项工作对建设方在中间交接后能顺利地投入使用是至关重要的。

三查四定是建设单位或总包单位组织设计、生产、施工等单位在施工单位自检合格后的基础上进行的中间交接前的检查。三查四定检查的内容如下：查设计漏项和缺陷、查工程质量和隐患、查未完工项；在三查的基础上对所查出的问题，定人员、定任务、定措施、定时间限期按标准完成。

当前的建设施工大都采用总承包制，三查四定检查是由总承包方组织。根据笔者参加的几次原始试车情况，有的总承包方忽略了这项工作。从三查四定检查的内容看，这项检查非常有利于建设单位在中间交接后的工作。所以，建设单位应主动督促总承包方进行这项工作的检查，积极选派有关人员参加，并主动对三查四定后的工作落实情况进行检查，并将检查情况反馈给总承包方。必要时应在三查四定检查所提问题整改完成后再进行一次检查。

二、试车必须具备的条件

生物工程和生物制药工程项目安装工程完毕后，就要进入试运行准备、试运行计划、人员培训、试运行过程指导和服务工作。首先是试运行准备工作。

1. 试车准备

试车准备包括技术准备和组织准备两个方面。

技术准备内容如下。

（1）装置安装竣工必须达到以下标准。①配管工程全部完成（包括保温伴管），管道的吹扫、化学清洗工作结束，设备及管道经过水压试验及系统气密性合格。②仪表一次调试全部完成；电器设备绝缘试验完成，并具备供电条件。③凡需充填的触媒、填料、干燥剂、助剂的设备，其装填工作均已完成。④凡有条件进行单机试运转的设备，已经试车合格。⑤保温和油漆工作大部分完成。⑥分析化验室已经交付生产使用。⑦界区内上下水道、道路竖向整平、照明和通信工程已经完成，现场达到工完料净场地清。⑧施工记录资料齐全准确。⑨工程质量符合要求，不合格的工程已经返修合格。

（2）单机试车应具备下列条件。①单机传动设备（包括辅助设备）经过详细检查，润滑、密封油系统已完工，油循环达到合格要求；施工记录等技术资料符合要求；经"三查四定"检查已确认，存在的问题已消除。②单机试车有关配管已全部完成。③试车有关管道吹扫、清洗、试压合格。④试车设备供电条件已具备，电器绝缘试验已完成。⑤试车设备周围现场达到工完料净场地清。⑥试车方案和有关操作规程已审批和公布。⑦试车小组已经成立，试车专职技术人员和操作人员已经确定。⑧试车记录表格已准备齐全。⑨有条件进行的水试车、假物料试车、实物试车已顺利通过，暴露的问题已解决。⑩设备、管线的保温和防腐工作已经完成并要对设备、管道、阀门、电气、仪表等均用汉字或代号将位号、名称、介质、流向标记完毕。

（3）全系统联动试车应具备下列条件。①已建立岗位责任制。②专职技术人员和操作人员已经确定，经培训并考试合格。③公用工程系统已稳定运行，能满足全系统联动试车条件。④试车方案和有关操作规程已经公布。⑤各项工艺指标已经生产管理部门批准公布，操作人员人手一册。⑥生产记录报表已准备齐全，并印发到岗位。⑦仪表联锁、报警的整定值已经批准公布，操作人员人手一册。⑧生产指挥系统的通信，装置内部的通信设施已能供正常使用。

（4）投料试车应具备下列条件。①所有装置及配套工程、单机试车和系统联动试车均合格，可供正常运转。②施工记录资料齐全准确，单机试车和系统联动试车记录资料完备。③在投料前进行的酸洗、钝化、脱脂、煮炉、预干燥等工作均已完成。④工业锅炉的烘炉工作已经结束。⑤公用工程的水、电、汽、仪表空气、无菌空气等已能按设计值保证供应。⑥所有化验分析设施、标准液制备等已备妥待用。⑦原料、辅料、燃料、润滑油脂等已备齐，质量符合设计要求，且已运至指定地点。⑧全厂所有的安全消防设施，包括安全网、安全罩、盲板、防爆板、避雷及静电设施、防毒、防尘、事故急救设施、消火栓、有毒气体检测仪、可燃气体监测仪、火灾报警系统等都已安装完毕，经检查均合格，并有专人负责。各类人员都已经过安全教育，考试合格。⑨工艺规程、安全规程、分析检验规程、设备维修规程、岗位操作规程及试车方案等技术资料已经齐备，并批准颁发。机械、电气、仪表设施如出现故障，已组成强有力的检修队伍。易损易耗的备品配件，专用工器具准备齐全。以岗位责任制为中心的各项制度已经建立，各种挂图、挂表齐全。⑩原始记录和试车专用表格、考核用记录等均已准备齐全。对排放的三废都有处理办法或已合理解决。经过专业及综合性的投料前大检查，确认各生产装置间已具备衔接条件，各种生产准备工作已经结束。

厂区内道路、场地竖向平整也已完成。各车间的生活、卫生设施已能正常使用。

现在大多数安装工程都是由安装公司总承包，建设单位的最佳选择是积极参加并要求总承包单位拿出试压、试车及调试方案，并组织技术人员和参加这项工作的员工对方案进行审查讨论学习。对未按国家标准制定的方案应督促其重新制定。建设单位在积极派选人员参加这项工作的同时，应建立自己的管道、设备试压、转动设备单机试车、电气、仪表调试的档案。任何方案只有付于实施才能发挥其作用，参加试压、试车、调试工作的建设方技术人员和员工，应本着高度负责的工作态度，严格执行试压、试车和调试的工作程序，认真记录各技术参数和过程中发生的问题，对一些不负责的做法应坚决制止，直至其改正。试压、试车、调试工作的质量直接影响到工厂的经济效益。

试车前的组织准备也是非常重要的，组织准备就是成立必要的组织，确定领导人员和组织分工，研究试车的方法和具体步骤，明确任务和要求。试车时应配备安全员和记录员。

2．组织机构与人员培训

由于基建时期的特殊性，建设单位生产系统的组织机构不可能过早地设置。笔者认为，建设单位生产系统组织机构的设置，应在中间交接前的三查四定工作进行前建立。过早，由于人员在外地培训而不具备条件；过晚，将会影响试生产的准备工作，同时也会由于人员到位晚而影响试生产的顺利进行。新建工厂都非常重视员工的培训工作，员工的培训率也比较高，在选择培训厂家时着重厂家的管理水平和工艺水平。这样的选择对于培养培训人员的思想素质和工作作风是非常有益的。但是，由于这些厂家的工艺管理十分严格，且员工的工资与工艺操作挂钩，所以厂家的操作人员一般不轻易让培训人员动手操作，一些关键岗位更是如此。培训人员在培训期间所学到的仅是本岗位的一些基本操作概念，若培训队带队人员无组织培训的经验，其培训效果还要更差一些，员工的实际操作技能只能在试生产中磨炼。所以，让员工尽早地接触本厂的实际工作，也是能否顺利地进行试生产的重要因素。熟悉本岗位的设备结构和了解设备的基本性能，是一个合格的操作人员的基本条件，对所属设备了解得越多，其操作水平提高的越快。中间交接前的三查四定阶段，是了解和熟悉设备及工艺的最佳时期。外培人员在此阶段返厂，可立即进入实际工作，参加设备、管线的试压及单机试车工作，并在实践中得到锻炼。

对于管理人员和工程技术人员，尽可能安排其参加本工序的三查四定工作，这样做可以使其了解本工序的工艺情况及设备状态，做到心中有数，还可锻炼他们的组织能力，提高管理水平，建设单位全方位地参加三查四定以后的工作，还可以起到发现问题监督施工的作用。从三查四定开始的工作是对施工单位施工质量的全面考核，试压、试车、调试工作的质量，决定了试生产的质量，建设单位全方位地参加进去对今后的工作是十分有利的，切不可认为这是总承包和施工单位的工作，只等拿钥匙就可以了。

外培的机、电、仪等维修人员应在工厂开始安装设备时返厂，参加到施工单位的设备安装及调试等工作中（仅做配合工作），这是最佳的培训方式，建设单位不应错过这个时机。

3. 试车技术方案优化的方法

试车技术方案分两个阶段优化，包括编制过程中的优化和实施过程中的优化。

（1）编制过程中的优化。

编制前首先要阅读建设项目的设计、设备、施工和生产准备等方面的文件和资料，熟悉它们的意图和要求；要深入了解施工和生产准备工作进展，掌握真实的工作状况和质量水平；要细致检验进厂的原材料等试车用物资的质量，必要时要做一些分析或小型试验；还要认真逐项落实试车的外部条件，特别是公用工程、运输、通信，明确公用工程的技术条件和保证条件，以及可能出现的意外情况和兄弟厂的先进经验。

一般都应该提出两个或两个以上的试车技术方案，进行多方案综合比较，才能优选出比较接近最佳的方案。综合比较的方法如下。①定量分析。比较容易用数字表明的因素和效果可以直接以数字比较，能用公式计算或模型模拟计算的数字，可以计算后比较。这是比较直观、准确的方法。②综合评价。不能用数字表明的，只能进行综合评价优选。也可以将各个有关因素在方案中所处地位，赋予比重值，然后比较各方案中的相同因素给以评分，最后统计总分数进行比较。采取这种做法时，工作人员要具有丰富经验，才能确定各因素的比重值。③员工讨论。将那些特别是有丰富实践生产经验的老职工的意见，全部记录下来进行分析筛选，对方案进行优化。④专家诊断。组织有较高造诣的学者、专家进行会诊，对方案给予评估，对他们提出的意见进行归纳总结，供优化方案时参考。⑤计算机模拟法。这是一个有待进一步开发的领域，应注意积累各种试车技术方案和大量的经验总结资料，运用现代化的科学管理方法进行深入分析，分门别类提取若干典型方案输入计算机内，以备相同类型项目选取。将来进一步分析出影响试车的各种因素，根据它们在总体方案中的影响程度，分清主次，确定所占比重，选用数理方法找出它们之间的关系，再输入计算机，以便根据因素的条件在计算机中进行优化。⑥标准化法。各单元单体设备、单项系统、各步骤的试车技术方案，可以找出若干典型，根据过去积累的经验和方案资料，由总承包单位组织制订各种标准的试车技术方案备用，在使用这类标准时，一定要结合本项目的具体实际条件进行选择和优化组合；在试车结束后应提出对标准的修改补充意见。这样可以将逐步积累的智慧和经验，凝聚于标准中，而为以后的试车工作提供有利条件。

（2）实施过程中的优化。

着重做好投料前的各项准备工作，特别应反复检查，找出所有影响试车的问题，并在投料之前消除。建设项目一经投料试车，必须保证不中断，不出事故。在试车过程中，要做出详尽、可靠、准确的记录，尤其对出现的问题和不正常现象及解决经过和结果进行详细而准确地记录。全部试车工作结束后，应组织参加试车人员，根据试车的各种记录，认真进行总结，并与原方案作对比，给予评价。某生物制药项目制定并实施的试车方案流程如图 10-24 所示。

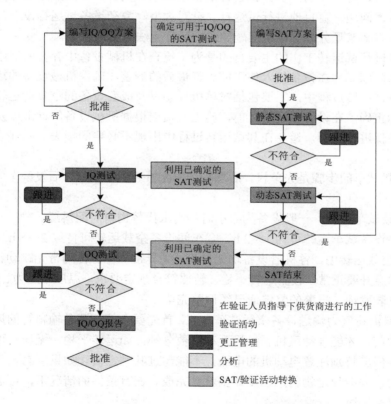

图 10-24 某生物制药项目试车流程示意图

项目组将试车工作分为工艺设备、洁净公用工程水系统、空调净化系统和自动控制系统四大部分，分别由有相当经验的专业工程师在 WHO 专家的指导下工作，从试车准备、试车执行和报告等各个方面，均按照 WHO 预认证要求和质量验证计划有条不紊地完成。

完备的试车技术方案和科学周密的组织机构与人员培训是试车成功的保障。

三、空载试车

设备试运行是针对之前安装的工序进行调试，确定在正式运行中能够顺利进行。机械设备试运行包括 3 个程序：单机空负荷试运转、成套设备空负荷运转和负荷试运转。负荷试运营受各种条件的限制，安装单位没有条件进行试运行工作，因为工艺、材料、动力等因素的制约，负荷试运行的工作由生产单位进行。针对需要试运行的设备像水泵、空压机等，按照相关的规定进行。在安装工程及验收阶段，国家有相应的规定，机械设备安装中，由于条件、范围等各方条件的制约，各种系统如液化糖化系统、发酵系统等需要进行调试，机械和各个系统要有联动的要求，工程安装单位与建设单位要做好协商工作。试运行工作进行之前，需要检查好各项设备和工序是否符合工程建设的要求，要防止施工过程中发生一些不当行为，该类事件概括起来包括如下几项。安装工程尚未完成，未经检查实施试运营工作，造成人、财、物的浪费。试运行准备工作不够完善，导致后续工作无法进行。操作人员因为技术问题，盲目地进行试运行。针对大型、复杂设备试运行没有专门的程序和方案，试运行方案意见分歧等环境问题导致试运行无法照常进行等。

机械设备进行试运转工作的主要目的是为了检查在机械设备中存在的缺陷，及时发现设备中存在的问题，并在设备投入使用前进行最后的调整，确保机械设备的运行符合生产需要。设备调试运转过程中，主要包括对单机设备以及成套设备的空负荷运转以及负荷运转中各项指标正确。在设备试运转之前，施工人员应根据机械设备的标准以及规范来对其运转所需的条件进行判断，避免在其试运转过程中出现不必要的损失，确保设备能够正常投入使用。

（1）空载试车的步骤是先单机，后总机。先淀粉液化糖车间，后发酵车间，最后是提取车间。

（2）空载试车运转，一般设备为半小时；用水代替物料对配料罐、输送泵、糖化罐和发酵罐等主要设备试车运转可为 1～2 h。全车间设备空载运转可持续 2～8 h。

（3）在空载运转中，各机器设备均无异声，无异常振动。传动带无跳动、打滑和跑偏现象。轴承的温升要正常。设备运转平稳，转速符合规定要求。温度、压力、液位、流量、等控制参数仪表联锁、报警的整定值已经调整完毕。

（4）原料淀粉气力输送设备空载试车之前，首先要全部打开各输料管的风门和关上高压风机的总风门，才能开动风机。风机开动后数分钟，如运转平稳，无异常现象，可逐渐开大总风门，但应特别注意电动机的电流，不能超过其额定值。如果所有输料管都调至具有一定的风力，并能吸走物料，初步调整就算完成。在有条件的情况下，可通过仪器测定来调整各输料管风速。

四、负载试车

设备的调试和试运行还应该对设备的额定负载以及使用过程里的实际负荷给予关注，并且对生产工艺和对于设备功能上的需求进行具体的了解。这些可以说都是工程进行试运行的主要内容，自动控制技术与装备使生产设备的使用更加的具备科学性。设备在进行试运行阶段主要是为了对生产设备自身的功能和性能加以掌握，使得设备自身的使用效率获得保证，并防止在日后的工作里产生操作风险。

　　负载试车可分段进行，先淀粉液化糖后发酵。在进行生产试验之前，应先用水清洗所有与物料接触的设备，清洁机器之后再用正式原料进行生产试验。

　　负载试车应先轻载逐步加大到满载，即开始时应将产量放低，如生产基本正常，才逐步提高产量。负载试车一般要进行 8～38 h。试车时除了进一步检查设备运转情况外，应着重检查设备的工艺效果，前后各工序生产能力的平稳情况和是否能达到设计提出的各项技术经济指标。

五、试车中的调整工作

　　一般新建厂的试车过程需要反复进行调试，才能达到设计规定的要求。所以，调整工作是一项技术性较强的工作。试车调整可从以下几方面着手。

　　（1）全面检查各设备的工艺效果，对于达不到要求的要查出原因，通过调试，设法达到要求。

　　（2）检查设备的输送量是否已达到设计要求。对于气力输送设备，特别要清除漏风、掉料和输送物料碰撞受阻的问题。要将风网调整到最佳工作点上。

　　（3）检查和调整传动系统，保证传动可行和平稳，动力分配和使用合理。

　　（4）根据工艺设计要求，使喷射液器、糖化罐、发酵罐等各道设备的操作指标调整到规定范围。

　　新建厂试车成功，各项技术经济指标能达到设计要求时，按工程验收规定，正式移交生产部门使用。

思　考　题

　　1. 什么是施工配合？

　　2. 预留螺栓的方法有几种？各有何特点？

　　3. 简述设备安装顺序。

　　4. 设备安装主要是找正哪些内容？

　　5. 叙述安装发酵罐应注意哪些内容。

　　6. 简述新建厂的试车顺序。

　　7. 简述发酵罐的试车步骤。

　　8. 负载试车主要检查哪几项工作？

第十一章 清洁生产审核与制药工程验证

随着《中华人民共和国清洁生产促进法》（2012 年修订）以及《清洁生产审核办法》（2016 年修订）的修订及实施，特别是"十三五"期间又提出了创新、协调、绿色、开放、共享的发展理念，清洁生产已成为我国发展循环经济、实现可持续发展的核心内容，正引导着产业结构、产品结构、能源结构向环境友好方面发展，促进生态文明建设取得新成果。为了从工程设计源头重视清洁生产，有必要对清洁生产的法律法规及企业清洁生产的审核方法进行介绍。对于制药企业而言，不只是清洁生产，持续的工程验证是药品生产的根本保障。

第一节 清洁生产的审核

一、清洁生产审核依据

1. 国家法律法规
（1）《中华人民共和国环境保护法》。

《中华人民共和国环境保护法》（2015 年 1 月 1 日施行）第四十条规定：国家促进清洁生产和资源循环利用。国务院有关部门和地方各级人民政府应当采取措施，推广清洁能源的生产和使用。企业应当优先使用清洁能源，采用资源利用率高、污染物排放量少的工艺、设备以及废弃物综合利用技术和污染物无害化处理技术，减少污染物的产生。

（2）《中华人民共和国清洁生产促进法》。

《中华人民共和国清洁生产促进法》（2012 年 7 月 1 日施行）对清洁生产的定义、推行、实施、鼓励措施等做了说明。《清洁生产促进法》的出台，旨在通过明确工作职责、奖惩措施、法律责任等强化社会责任的履行，进而推动全社会从源头削减控制污染，提高资源利用效率，减少或者避免生产、服务和产品使用过程中污染物的产生。通过推广应用先进生产技术，推进产品升级和产业结构优化，从而推动实现节能减排目标、转变经济发展方式，是实施可持续发展必不可少的重要手段。

（3）《清洁生产审核办法》。

《清洁生产审核办法》（2016 年 7 月 1 日施行）对清洁生产审核的定义、范围、实施、组织和管理、鼓励和处罚等做了说明。清洁生产审核是实施清洁生产的前提和基础，也是评价各项环保措施实施效果的工具。《清洁生产审核办法》的出台，进一步规范了清洁生产审核程序，这将更好地指导地方和企业开展清洁生产审核，降低企业的能耗、物耗，提高资源利用效率。

（4）《中华人民共和国大气污染防治法》。

《中华人民共和国大气污染防治法》（2016 年 1 月 1 日起施行）第四十一条规定：燃煤电厂和其他燃煤单位应当采用清洁生产工艺，配套建设除尘、脱硫、脱硝等装置，或者采取技术改造等其他控制大气污染物排放的措施。国家鼓励燃煤单位采用先进的除尘、脱硫、脱硝、脱汞等大气污染物协同控制的技术和装置，减少大气污染物的排放。

（5）《中华人民共和国固体废物污染环境防治法》。

《中华人民共和国固体废物污染环境防治法》（2005 年 4 月 1 日起施行，2016 年 11 月第四次修订）第三条规定：国家对固体废物污染环境的防治，实行减少固体废物的产生量和危害性、充分合理利用固体废物和无害化处置固体废物的原则，促进清洁生产和循环经济发展。第十八条规定：产品和包装物的设计、制造，应当遵守国家有关清洁生产的规定。

（6）《中华人民共和国循环经济促进法》。

《中华人民共和国循环经济促进法》（2009 年 1 月 1 日起施行）第四十四条规定：企业使用或者生产列入国家清洁生产、资源综合利用等鼓励名录的技术、工艺、设备或者产品的，按照国家有关规定享受税收优惠。

（7）《关于印发重点企业清洁生产审核程序的规定的通知》。

《关于印发重点企业清洁生产审核程序的规定的通知》（环发[2005]151 号）公布了重点企业清洁生产审核的程序，其中重点企业是指污染物超标排放或者污染物排放总量超过规定限额的污染严重企业（简称"第一类重点企业"）和生产中使用或排放有毒有害物质的企业（简称"第二类重点企业"）。

（8）《关于进一步加强重点企业清洁生产审核工作的通知》。

《关于进一步加强重点企业清洁生产审核工作的通知》（环发[2008] 60 号）对明确环保部门在重点企业清洁生产审核工作中的职责和作用，抓好重点企业清洁生产审核、评估和验收，加强清洁生产审核与现有环境管理制度的结合，规范管理清洁生产审核咨询机构，提高审核质量，重点企业清洁生产审核的奖惩措施等工作做了要求和说明，同时公布《重点企业清洁生产审核评估、验收实施指南》（2008 年 7 月 1 日起施行）。

（9）《关于深入推进重点企业清洁生产的通知》。

《关于深入推进重点企业清洁生产的通知》（环发[2010] 54 号）对依法公布应实施清洁生产审核的重点企业名单、积极指导督促重点企业开展清洁生产审核，强化对重点企业清洁生产审核的评估验收，及时发布重点企业清洁生产公告，制订清洁生产推行年度计划，完善促进重点企业实施清洁生产的政策措施，充分发挥国家环境保护模范城市和国家生态工业园区的带头示范作用，加强对重点企业实施清洁生产的监督检查等工作做了要求和说明，同时公布了重点企业清洁生产行业分类管理名录，其中包括第 13 大类制药和第 14 大类轻工，即轻工类中的传统酿造行业（酒精、白酒、啤酒、黄酒、葡萄酒、果酒等）、发酵行业（淀粉、淀粉糖、柠檬酸、葡萄糖酸、衣康酸、乳酸、丁二酸、味精、赖氨酸、苏氨酸、色氨酸等）。

2．清洁生产评价指标体系

为贯彻和落实《中华人民共和国清洁生产促进法》，评价企业清洁生产水平，指导和推动企业依法实施清洁生产，根据《国务院办公厅转发发展改革委等部门关于加快推进清洁生产意见的通知》（国发办〔2008〕100号）、《工业清洁生产评价指标体系编制通则》（GB/T20106-2006）和《清洁生产评价指标体系编制通则（试行稿）》（发展改革委公告2013年33号），国家发展改革委已组织编制了30多个重点行业的清洁生产评价指标体系，目前已颁布了30多个。由中国生物发酵产业协会组织笔者参与制定的《有机酸行业绿色工厂评价要求》《绿色设计产品评价技术规范 有机酸》《氨基酸行业绿色工厂评价规范》《氨基酸行业绿色产品评价规范》即将颁布，同时《淀粉糖行业绿色工厂评价规范》《山梨醇行业绿色工厂评价规范》《酵母行业绿色工厂评价规范》《酵母行业绿色产品评价规范》《山梨醇行业绿色产品评价规范》《淀粉糖行业绿色产品评价规范》也以公示。

（1）清洁生产指标体系框架。

清洁生产评价指标体系是指由相互联系、相对独立、互相补充的系列清洁生产评价指标所组成的，用于衡量清洁生产状态的指标集合。行业清洁生产评价指标体系由一级指标和二级指标组成，一级指标包括生产工艺及装备指标、资源能源消耗指标、资源综合利用指标、污染物产生指标、产品特征指标和清洁生产管理指标等六类指标，每类指标又由若干个二级指标组成。

①生产工艺及装备指标包括装备要求、生产规模、工艺方案、主要设备参数、自动化控制水平等，因行业性质不同根据具体情况可做适当调整。

②资源能源消耗指标包括单位产品综合能耗、单位产品取水量、单位产品原/辅料消耗、一次能源消耗比例等指标，因行业性质不同根据具体情况可做适当调整。

③资源综合利用指标包括余热余压利用率、工业用水重复利用率、工业固体废物综合利用率等，因行业性质不同根据具体情况可做适当调整。

④污染物产生指标包括单位产品废水产生量、单位产品化学需氧量产生量、单位产品二氧化硫产生量、单位产品氨氮产生量、单位产品氮氧化物产生量和单位产品粉尘产生量，以及行业特征污染物等，因行业性质不同根据具体情况可做适当调整。

⑤产品特征指标包括有毒有害物质限量、易于回收和拆解的产品设计、产品合格率等，因行业性质不同根据具体情况可做适当调整。

⑥清洁生产管理指标包括清洁生产审核制度执行、清洁生产部门设置和人员配备、清洁生产管理制度、强制性清洁生产审核政策执行情况、环境管理体系认证、建设项目环保"三同时"执行情况、合同能源管理、能源管理体系实施等，因行业性质不同根据具体情况可做适当调整。

⑦限定性指标选取（带"*"号的指标）。限定性指标是对节能减排有重大影响的指标，或者法律法规明确规定严格执行的指标。原则上，限定性指标主要包括但不限于单位产品能耗限额、单位产品取水定额、有毒有害物质限量，行业特征污染物，行业准入性指标，以及二氧化硫、氮氧化物、化学需氧量、氨氮、放射性、噪声等污染物的产生量，因行业性质不同根据具体情况可做适当调整。

（2）清洁生产评价指标权重及基准值。

一级指标的权重之和为1或100，每个一级指标下的二级指标权重之和为1或100。根据当前各行业清洁生产技术、装备和管理水平，将二级指标的基准值分为3个等级：Ⅰ级为国际清洁生产领先水平，Ⅱ级为国内清洁生产先进水平，Ⅲ级为国内清洁生产一般水平。

（3）清洁生产水平评价。

采用限定性指标评价和指标分级加权评价相结合的方法。在限定性指标达到Ⅲ级水平的基础上，采用指标分级加权评价方法，计算行业清洁生产综合评价指数。根据综合评价指数，确定清洁生产水平等级。

①Ⅰ级清洁生产水平（国际清洁生产领先水平）应同时满足以下条件。

——$Y_I \geqslant 85$

——限定性指标全部满足Ⅰ级基准值要求

②Ⅱ级清洁生产水平（国内清洁生产先进水平）应同时满足以下条件。

——$Y_{II} \geqslant 85$

——限定性指标全部满足Ⅱ级基准值要求及以上

③Ⅲ级清洁生产水平（国内清洁生产一般水平）应满足以下条件。

——$Y_{III} \geqslant 100$

3．清洁生产标准

为贯彻《中华人民共和国环境保护法》和《中华人民共和国清洁生产促进法》，提高企业清洁生产水平，提供清洁生产技术改进方向，根据《清洁生产标准制订技术导则》（HJ425-2008），环境保护部已组织编制了 58 个重点行业的清洁生产标准，目前已颁布了 58 个，其中包括酒精制造业（HJ581—2010）、葡萄酒制造业（HJ452—2008）、淀粉工业（HJ445—2008）、味精工业（HJ444—2008）、白酒制造业（HJ/T402—2007）、啤酒制造业（HJ/T183—2006）。

目前颁布的清洁生产标准还不能涵盖所有行业，所以在对未出台清洁生产标准的行业进行清洁生产审核时，缺少审核依据，存在一定的审核障碍。此外，我国所颁布的清洁生产标准中只给出了清洁生产参考限值或要求，并没有给出如何实现这些标准或要求的具体技术途径。由于清洁生产在行业方面具有特殊性和专业性，单纯依靠清洁生产审核方法学依据规程进行审核，已满足不了我国进一步推进和深化清洁生产审核的需求。最佳可行技术参考文件是我国清洁生产审核实践的技术支撑，不仅可以保证清洁生产审核人员快速掌握不同行业的概况，了解每个行业不同生产工艺的清洁生产技术清单，在清洁生产审核后期产生有针对性的成熟的清洁生产方案，还可以从技术上进一步推动清洁生产审核工作的开展，确保清洁生产审核质量稳步提高，切实以经济有效的方式解决企业的环境问题。所以开发出类似欧盟的最佳可行技术参考文件将是我国清洁生产标准领域迫在眉睫的工作。

为加快推进制造强国建设，实施绿色制造工程，积极构建绿色制造体系，由工业和信息化部节能与综合利用司提出，中国电子技术标准化研究院联合钢铁、石化、建材、机械、汽车等重点行业协会、研究机构和重点企业等共同编制了《GBT36132—2018 绿色工厂评价通则》国家标准正式发布。这是我国首次制定发布绿色工厂相关标准。中国生物发酵产业协会按照"厂房集约化、原料无害化、生产洁净化、废物资源化、能源低碳化"的原则，建立了绿色发酵工厂系统评价指标体系，制定了部分发酵产品清洁生产标准，如表 11-1～表 11-4 所示。

表 11-1　柠檬酸清洁生产标准

一级指标	二级指标	单　位	基　准　值	判　定　依　据	所属阶段
资源属性	原材料①使用	t/t	1.65	符合 GB1353 要求，依据 A.1 计算，并提供相关证明材料	原料获取
	发酵糖酸转化率	%	99	依据 A.2 计算，并提供相关证明材料	产品生产
	取水量	t/t	15	GB/T18916.23，依据 A.3 计算，并提供相关证明材料	产品生产
能源属性	综合能耗	tce/t	0.484	GB2589、QB/T4615—2013，依据 A.4 计算，并提供相关证明材料	产品生产
环境属性	噪声	db	符合国家、行业和地方污染物排放标准要求	依据 GB12348 检测并提供相关证明材料	产品生产
	大气污染物	mg/m³		提供相关证明材料	产品生产
	固体废弃物	kg/t		依据 GB18599、GB18597，提供相关证明材料	产品生产
	水体污染物	kg/t		提供相关证明材料	产品生产
	单位产品综合废水产生量	m³/t	15	依据 A.8 计算，并提供相关证明材料	产品生产
	单位产品 CODcr 产生量	kg/t	180	依据 A.9 计算，并提供相关证明材料	产品生产
	冷却水重复利用率	%	90	依据 A.10 计算，并提供相关证明材料	产品生产
	固废综合利用率	%	95	依据 A.11 计算，并提供相关证明材料	产品生产
品质属性	产品质量及安全指标	/	符合 GB1886.235 要求	提供相关证明材料	产品生产

注：①玉米

表 11-2　葡萄糖酸清洁生产标准

一级指标	二级指标	单　位	基　准　值	判　定　依　据	所属阶段
资源属性	原材料②使用	t/t	0.875	符合 GB1353 要求，依据 A.1 计算，并提供相关证明材料	原料获取
	发酵糖酸转化率	%	110	依据 A.2 计算，并提供相关证明材料	产品生产
	取水量	t/t	13	GB/T18916.23，依据 A.3 计算，并提供相关证明材料	产品生产
能源属性	综合能耗	tce/t	0.285	GB2589、QB/T4615—2013，依据 A.4 计算，并提供相关证明材料	产品生产

续表

一级指标	二级指标	单 位	基 准 值	判 定 依 据	所属阶段
环境属性	噪声	db	符合国家、行业和地方污染物排放标准要求	依据 GB12348 检测并提供相关证明材料	产品生产
	大气污染物	mg/m³		提供相关证明材料	产品生产
	固体废弃物	kg/t		依据 GB18599、GB18597，提供相关证明材料	产品生产
	水体污染物	kg/t		提供相关证明材料	产品生产
	单位产品综合废水产生量	m³/t	13	依据 A.8 计算，并提供相关证明材料	产品生产
	单位产品 CODcr 产生量	kg/t	13	依据 A.9 计算，并提供相关证明材料	产品生产
	冷却水重复利用率	%	90	依据 A.10 计算，并提供相关证明材料	产品生产
	固废综合利用率	%	95	依据 A.11 计算，并提供相关证明材料	产品生产
品质属性	产品质量及安全指标	/	葡萄糖酸钠符合 QB/T 4484 优级品要求，葡萄糖酸符合 T/CBFIA 03001	提供相关证明材料	产品生产

注：②玉米淀粉

表 11-3 衣康酸清洁生产标准

一级指标	二级指标	单 位	基 准 值	判 定 依 据	所属阶段
资源属性	原材料①使用	t/t	2.65	符合 GB1353 要求，依据 A.1 计算，并提供相关证明材料	原料获取
	发酵糖酸转化率	%	68	依据 A.2 计算，并提供相关证明材料	产品生产
	取水量	t/t	12	GB/T18916.23，依据 A.3 计算，并提供相关证明材料	产品生产
能源属性	综合能耗	tce/t	1.05	GB2589、QB/T4615—2013，依据 A.4 计算，并提供相关证明材料	产品生产
环境属性	噪声	db	符合国家、行业和地方污染物排放标准要求	依据 GB12348 检测并提供相关证明材料	产品生产
	大气污染物	mg/m³		提供相关证明材料	产品生产
	固体废弃物	kg/t		依据 GB18599、GB18597，提供相关证明材料	产品生产
	水体污染物	kg/t		提供相关证明材料	产品生产

续表

一级指标	二级指标	单 位	基 准 值	判 定 依 据	所属阶段
环境属性	单位产品综合废水产生量	m³/t	11	依据 A.8 计算，并提供相关证明材料	产品生产
	单位产品 CODcr 产生量	kg/t	120	依据 A.9 计算，并提供相关证明材料	产品生产
	冷却水重复利用率	%	90	依据 A.10 计算，并提供相关证明材料	产品生产
	固废综合利用率	%	95	依据 A.11 计算，并提供相关证明材料	产品生产
品质属性	产品质量及安全指标	/	符合 QB/T2592 中优级品要求	提供相关证明材料	产品生产

注：①玉米

表 11-4　乳酸清洁生产标准

一级指标	二级指标	单 位	基 准 值	判 定 依 据	所属阶段
资源属性	原材料①使用	t/t	1.48	符合 GB1353 要求，依据 A.1 计算，并提供相关证明材料	原料获取
	发酵糖酸转化率	%	95.2	依据 A.2 计算，并提供相关证明材料	产品生产
	取水量	t/t	16.5	GB/T18916.23，依据 A.3 计算，并提供相关证明材料	产品生产
能源属性	综合能耗	tce/t	2.85	GB2589、QB/T4615—2013，依据 A.4 计算，并提供相关证明材料	产品生产
环境属性	噪声	db	符合国家、行业和地方污染物排放标准要求	依据 GB12348 检测并提供相关证明材料	产品生产
	大气污染物	mg/m³		提供相关证明材料	产品生产
	固体废弃物	kg/t		依据 GB18599、GB18597，提供相关证明材料	产品生产
	水体污染物	kg/t		提供相关证明材料	产品生产
	单位产品综合废水产生量	m³/t	16	依据 A.8 计算，并提供相关证明材料	产品生产
	单位产品 CODcr 产生量	kg/t	120	依据 A.9 计算，并提供相关证明材料	产品生产
	冷却水重复利用率	%	90	依据 A.10 计算，并提供相关证明材料	产品生产
	固废综合利用率	%	95	依据 A.11 计算，并提供相关证明材料	产品生产

续表

一级 指标	二级指标	单　　位	基　准　值	判　定　依　据	所属 阶段
品质属性	产品质量及安全 指标	/	符合 GB1886.173 要求	提供相关证明材料	产品生产

注：①玉米

二、清洁生产审核基本方法

2016 年 5 月 16 日环境保护部 38 号令,为落实《中华人民共和国清洁生产促进法》(2012年),进一步规范清洁生产审核程序,更好地指导地方和企业开展清洁生产审核,我们对《清洁生产审核暂行办法》进行了修订。现将修订后的《清洁生产审核办法》予以发布,并于 2016 年 7 月 1 日起正式实施,2004 年 8 月 16 日颁布的《清洁生产审核暂行办法》(国家发展和改革委员会、原国家环境保护总局第 16 号令)同时废止。

第一章　总则

第一条　为促进清洁生产,规范清洁生产审核行为,根据《中华人民共和国清洁生产促进法》,制定本办法。

第二条　本办法所称清洁生产审核,是指按照一定程序,对生产和服务过程进行调查和诊断,找出能耗高、物耗高、污染重的原因,提出降低能耗、物耗、废物产生以及减少有毒有害物料的使用、产生和废弃物资源化利用的方案,进而选定并实施技术经济及环境可行的清洁生产方案的过程。

第三条　本办法适用于中华人民共和国领域内所有从事生产和服务活动的单位以及从事相关管理活动的部门。

第四条　国家发展和改革委员会会同环境保护部负责全国清洁生产审核的组织、协调、指导和监督工作。县级以上地方人民政府确定的清洁生产综合协调部门会同环境保护主管部门、管理节能工作的部门(以下简称"节能主管部门")和其他有关部门,根据本地区实际情况,组织开展清洁生产审核。

第五条　清洁生产审核应当以企业为主体,遵循企业自愿审核与国家强制审核相结合、企业自主审核与外部协助审核相结合的原则,因地制宜、有序开展、注重实效。

第二章　清洁生产审核范围

第六条　清洁生产审核分为自愿性审核和强制性审核。

第七条　国家鼓励企业自愿开展清洁生产审核。

第八条　规定以外的企业,可以自愿组织实施清洁生产审核。第八条有下列情形之一的企业,应当实施强制性清洁生产审核。

(一)污染物排放超过国家或者地方规定的排放标准,或者虽未超过国家或者地方规定的排放标准,但超过重点污染物排放总量控制指标的。

(二)超过单位产品能源消耗限额标准构成高耗能的。

(三)使用有毒有害原料进行生产或者在生产中排放有毒有害物质的。

其中有毒有害原料或物质包括以下几类。

第一类，危险废物。包括列入《国家危险废物名录》的危险废物，以及根据国家规定的危险废物鉴别标准和鉴别方法认定的具有危险特性的废物。

第二类，剧毒化学品、列入《重点环境管理危险化学品目录》的化学品，以及含有上述化学品的物质。

第三类，含有铅、汞、镉、铬等重金属和类金属砷的物质。

第四类，《关于持久性有机污染物的斯德哥尔摩公约》附件所列物质。

第五类，其他具有毒性、可能污染环境的物质。

第三章　清洁生产审核的实施

第九条　本办法第八条第（一）款、第（三）款规定实施强制性清洁生产审核的企业名单，由所在地县级以上环境保护主管部门按照管理权限提出，逐级报省级环境保护主管部门核定后确定，根据属地原则书面通知企业，并抄送同级清洁生产综合协调部门和行业管理部门。

本办法第八条第（二）款规定实施强制性清洁生产审核的企业名单，由所在地县级以上节能主管部门按照管理权限提出，逐级报省级节能主管部门核定后确定，根据属地原则书面通知企业，并抄送同级清洁生产综合协调部门和行业管理部门。

第十条　各省级环境保护主管部门、节能主管部门应当按照各自职责，分别汇总提出应当实施强制性清洁生产审核的企业单位名单，由清洁生产综合协调部门会同环境保护主管部门或节能主管部门，在官方网站或采取其他便于公众知晓的方式分期分批发布。

第十一条　实施强制性清洁生产审核的企业，应当在名单公布后一个月内，在当地主要媒体、企业官方网站或采取其他便于公众知晓的方式公布企业相关信息。

（一）本办法第八条第（一）款规定实施强制性清洁生产审核的企业，公布的主要信息包括：企业名称、法人代表、企业所在地址、排放污染物名称、排放方式、排放浓度和总量、超标及超总量情况。

（二）本办法第八条第（二）款规定实施强制性清洁生产审核的企业，公布的主要信息包括：企业名称、法人代表、企业所在地址、主要能源品种及消耗量、单位产值能耗、单位产品能耗、超过单位产品能耗限额标准情况。

（三）本办法第八条第（三）款规定实施强制性清洁生产审核的企业，公布的主要信息包括：企业名称、法人代表、企业所在地址、使用有毒有害原料的名称、数量、用途，排放有毒有害物质的名称、浓度和数量，危险废物的产生和处置情况，依法落实环境风险防控措施情况等。

（四）符合本办法第八条两款以上情况的企业，应当参照上述要求同时公布相关信息。企业应对其公布信息的真实性负责。

第十二条　列入实施强制性清洁生产审核名单的企业应当在名单公布后两个月内开展清洁生产审核。

本办法第八条第（三）款规定实施强制性清洁生产审核的企业，两次清洁生产审核的间隔时间不得超过五年。

第十三条　自愿实施清洁生产审核的企业可参照强制性清洁生产审核的程序开展审核。

第十四条　清洁生产审核程序原则上包括审核准备、预审核、审核、方案的产生和筛选、方案的确定、方案的实施、持续清洁生产等。

第四章　清洁生产审核的组织和管理

第十五条　清洁生产审核以企业自行组织开展为主。实施强制性清洁生产审核的企业，如果自行独立组织开展清洁生产审核，应具备本办法第十六条第（二）款、第（三）款的条件。

不具备独立开展清洁生产审核能力的企业，可以聘请外部专家或委托具备相应能力的咨询服务机构协助开展清洁生产审核。

第十六条　协助企业组织开展清洁生产审核工作的咨询服务机构，应当具备下列条件。

（一）具有独立法人资格，具备为企业清洁生产审核提供公平、公正和高效率服务的质量保证体系和管理制度。

（二）具备开展清洁生产审核物料平衡测试、能量和水平衡测试的基本检测分析器具、设备或手段。

（三）拥有熟悉相关行业生产工艺、技术规程和节能、节水、污染防治管理要求的技术人员。

（四）拥有掌握清洁生产审核方法并具有清洁生产审核咨询经验的技术人员。

第十七条　列入本办法第八条第（一）款和第（三）款规定实施强制性清洁生产审核的企业，应当在名单公布之日起一年内，完成本轮清洁生产审核并将清洁生产审核报告报当地县级以上环境保护主管部门和清洁生产综合协调部门。

列入第八条第（二）款规定实施强制性清洁生产审核的企业，应当在名单公布之日起一年内，完成本轮清洁生产审核并将清洁生产审核报告报当地县级以上节能主管部门和清洁生产综合协调部门。

第十八条　县级以上清洁生产综合协调部门应当会同环境保护主管部门、节能主管部门，对企业实施强制性清洁生产审核的情况进行监督，督促企业按进度开展清洁生产审核。

第十九条　有关部门以及咨询服务机构应当为实施清洁生产审核的企业保守技术和商业秘密。

第二十条　县级以上环境保护主管部门或节能主管部门，应当在各自的职责范围内组织清洁生产专家或委托相关单位，对以下企业实施清洁生产审核的效果进行评估验收。

（一）国家考核的规划、行动计划中明确指出需要开展强制性清洁生产审核工作的企业。

（二）申请各级清洁生产、节能减排等财政资金的企业。

上述涉及本办法第八条第（一）款、第（三）款规定实施强制性清洁生产审核企业的评估验收工作由县级以上环境保护主管部门牵头，涉及本办法第八条第（二）款规定实施强制性清洁生产审核企业的评估验收工作由县级以上节能主管部门牵头。

第二十一条　对企业实施清洁生产审核评估的重点是对企业清洁生产审核过程的真实性、清洁生产审核报告的规范性、清洁生产方案的合理性和有效性进行评估。

第二十二条　对企业实施清洁生产审核的效果进行验收，应当包括以下主要内容。

（一）企业实施完成清洁生产方案后，污染减排、能源资源利用效率、工艺装备控制、产品和服务等改进效果，环境、经济效益是否达到预期目标。

（二）按照清洁生产评价指标体系，对企业清洁生产水平进行评定。

第二十三条　对本办法第二十条中企业实施清洁生产审核效果的评估验收，所需费用由组织评估验收的部门报请地方政府纳入预算。承担评估验收工作的部门或者单位不得向被评估验收企业收取费用。

第二十四条　自愿实施清洁生产审核的企业如需评估验收，可参照强制性清洁生产审核的相关条款执行。

第二十五条　清洁生产审核评估验收的结果可作为落后产能界定等工作的参考依据。

第二十六条　县级以上清洁生产综合协调部门会同环境保护主管部门、节能主管部门，应当每年定期向上一级清洁生产综合协调部门和环境保护主管部门、节能主管部门报送辖区内企业开展清洁生产的审核情况、评估验收的工作情况。

第二十七条　国家发展和改革委员会、环境保护部会同相关部门建立国家级清洁生产专家库，发布行业清洁生产评价指标体系、重点行业清洁生产审核指南，组织开展清洁生产培训，为企业开展清洁生产审核提供信息和技术支持。

各级清洁生产综合协调部门会同环境保护主管部门、节能主管部门可以根据本地实际情况，组织开展清洁生产培训，建立地方清洁生产专家库。

第五章　奖励和处罚

第二十八条　对自愿实施清洁生产审核，以及清洁生产方案实施后成效显著的企业，由省级清洁生产综合协调部门和环境保护主管部门、节能主管部门对其进行表彰，并在当地主要媒体上公布。

第二十九条　各级清洁生产综合协调部门及其他有关部门在制订实施国家重点投资计划和地方投资计划时，应当将企业清洁生产实施方案中的提高能源资源利用效率、预防污染、综合利用等清洁生产项目列为重点领域，加大投资支持力度。

第三十条　排污费资金可以用于支持企业实施清洁生产。对符合《排污费征收使用管理条例》规定的清洁生产项目，各级财政部门、环境保护部门在排污费使用上优先给予安排。

第三十一条　企业开展清洁生产审核和培训的费用，允许列入企业经营成本或者相关费用科目。

第三十二条　企业可以根据实际情况建立企业内部清洁生产表彰奖励制度，对清洁生产审核工作中成效显著的人员给予奖励。

第三十三条　对本办法第八条规定实施强制性清洁生产审核的企业，违反本办法第十一条规定的，按照《中华人民共和国清洁生产促进法》第三十六条规定处罚。

第三十四条　违反本办法第八条、第十七条规定，不实施强制性清洁生产审核或在审核中弄虚作假的，或者实施强制性清洁生产审核的企业不报告或者不如实报告审核结果的，按照《中华人民共和国清洁生产促进法》第三十九条规定处罚。

第三十五条　企业委托的咨询服务机构不按照规定内容、程序进行清洁生产审核，弄虚作假、提供虚假审核报告的，由省、自治区、直辖市、计划单列市及新疆生产建设兵团清洁生产综合协调部门会同环境保护主管部门或节能主管部门责令其改正，并公布其名单。造成严重后果的，追究其法律责任。

第三十六条　对违反本办法相关规定受到处罚的企业或咨询服务机构，由省级清洁生产综合协调部门和环境保护主管部门、节能主管部门建立信用记录，归集至全国信用信息共享平台，会同其他有关部门和单位实行联合惩戒。

第三十七条　有关部门的工作人员玩忽职守，泄露企业技术和商业秘密，造成企业经济损失的，按照国家相应法律法规予以处罚。

第六章　附则

第三十八条　本办法由国家发展和改革委员会和环境保护部负责解释。

第三十九条　各省、自治区、直辖市、计划单列市及新疆生产建设兵团可以依照本办法制定实施细则。

第四十条　本办法自 2016 年 7 月 1 日起施行。原《清洁生产审核暂行办法》（国家发展和改革委员会、国家环境保护总局令第 16 号）同时废止。

三、清洁生产审核重点分析

下面以××制药有限公司清洁生产审核为例，就进行清洁生产审核过程中的审核重点分析如下。

1. 做好宣传贯标培训工作

该公司于 2012 年 2 月在公司大会议室召开清洁生产启动会，公司全部中高层领导、车间班组长共 48 人参加了大会。此外，审核工作小组人员还多次深入车间，与每位员工面对面进行清洁生产及其审核的内容、作用和要求等进行宣传，清洁生产工作深入人心，达到了企业全体员工人人皆知、共同参与的目的和效果。做好清洁生产审核宣贯培训大会，笔者认为要注意以下几点。

（1）清洁生产审核宣贯培训大会时间不宜太长，一般以 1~2 h 为佳；时间太长，影响企业的正常生产，有时也可以分批次逐步对企业进行培训。

（2）清洁生产审核宣贯培训大会的重点是给企业员工宣传企业进行清洁生产的必要性，了解国内外进行清洁生产审核的成功案例，介绍清洁生产的内容、方法，让员工了解到自己在企业清洁生产中所起的作用，需要面对的困难和解决的问题。

（3）在进行宣贯培训时，最好能结合需要做清洁生产审核的本企业的具体实际情况举例说明。因此，在进行宣贯培训前需要做一些必要的准备工作。第一，查阅该企业的一些相关信息，包括企业的简介、生产技术和环境信息披露等。第二，查阅该企业的同行的一些相关信息，以便找出该企业与同行之间的问题和差距。第三，查阅该企业所属行业的国家相关产业政策，如准入条件、鼓励限制淘汰技术与设备、清洁生产标准或清洁生产指标体系等。第四，宣贯培训前，进行企业的现场初步考察，对企业整体情况有一定了解。

2. 收集相关资料

资料收集包括有关的统计报表、资料、运行记录、事故记录、排污记录等技术材料以及销售情况、市场情况等。这一步主要包括内容如下。

（1）生产工艺资料。其包括主要产品资料、流程说明等。

（2）原辅材料的资料。其包括水、能源等使用方面的资料等。

（3）环境保护状况。生产工艺过程污染物产生部位及产生原因、数量、组成，污染物产生部位应绘图示意，数量及组成要列表表示，产生原因应有文字说明；资源综合利用情况应以流程图示意，包括利用方法、效果、效益及存在的问题等；废物处理、处置情况包括处理方法、投资概况、运输情况、运行成本、存在的问题等；环保监测月、年分析报表；国家、地方和企业的污染物排放标准和总量规定；上缴排污费和排污罚款情况。

（4）类比企业资料收集。对比其他类似企业的清洁生产考核指标，看本厂的清洁生产工作处于哪个水平位置，并参考其他同行业、同类产品好的做法和经验。

（5）其他资料。有关的财务资料，例如，车间成本分析等；人员培训情况；企业长期发展规划，产品发展战略。

如表 11-5 所示为××制药有限公司清洁生产审核时的现场资料收集清单一览表，仅供参考。

表 11-5　××制药有限公司现场资料收集清单一览表

序　号	内　　容	可否获得（是或否）	来源部门	备　注
1	可研报告			
2	环评报告			
3	竣工报告			
4	竣工环境监测报告			
5	近三年产品相关信息（含产品名称、产量等）			
6	工艺流程图（详细）产排污节点图（详细）			
7	平面布置图			
8	企业组织机构图			
9	企业基本情况介绍			
10	地理位置图			
11	近三年水、燃料、电力消耗			
12	近三年原辅材料消耗			
13	设备资料			
14	生产质量控制资料			
15	环境应急预案			
16	调查当年生产计划			
17	近三年主要技术经济指标			
18	最近一年水、物料、气（SO_2 等）、能源平衡图			
19	节能、减排、技改资料			
20	环保治理设施资料			
21	污染物产、排情况			
22	污染物排放标准和总量规定			
23	上缴排污费			
24	排污许可证副本			
25	调查当年大修（维修）计划资料			

3．现场调查

现场调查的目的是核对和补充企业现状的有关数据和资料；及时发现企业生产、经营和管理存在的问题；为确定审核重点和制定清洁生产方案提供依据。

（1）现场考察的重点。能耗、物耗、水耗较大的生产部位；污染物产生量较多，毒性较大及处理、处置较难的部位；原料储存、投入和产品产出的部位；生产设备陈旧和工艺落后的部位；操作控制难度大，容易引起生产波动的部位；设备容易出现故障和事故多发部位。

（2）现场考察的主要内容。企业、车间及生产线周围的环境状况，岗位操作规程的执行情况，操作程序对污染物产生的影响，操作过程中污染物产生情况，设备管理、运行、危险情况及存在的问题（例如，"跑、冒、滴、漏"现象等），废物收集、回收和循环利用情况，环保设备运行情况。

（3）现场考察的方法。现场调查最好沿产品生产线进行。对应核对物料的投入产出、温度、压力、管线布局等参数和信息，并记录有关的变化；查阅并核对有关的岗位记录；与车间主任、技术员和实际操作工人座谈，了解生产运行的实际情况；向行业专家咨询，了解国内外同行业生产情况，分析对比企业生产中存在的问题和差距。现场考察必须取得工人的积极配合，全面仔细地调查，并注意了解异常情况发生的原因。

如表 11-6 所示为××制药有限公司清洁生产审核时的现场调查中经常使用的调查表，用于收集现场合理化建议，仅供参考。

表 11-6　清洁生产审核现场合理化建议

调查地点：　　　　　　　　填写人：　　　　　　联系电话：

尊敬的车间领导：

您好！感谢您在百忙中参与清洁生产审核工作，我们希望通过现场调查，查找您车间存在的问题，找到解决问题的方法并付诸实施，实现清洁生产的目的，做到"节能、减排、降耗、增效"。存在的问题您可以对照以下几个方面（原辅材料、技术工艺、设备维护、过程控制、废弃物、加强管理、员工素养）结合车间实际情况来填写：原辅材料的质量问题，管道"跑、冒、滴、漏"问题，设备老化、损坏问题，产品质量问题（例如，次品率高），员工工作积极性问题，能耗高、物耗高问题，污染物排放量问题（例如，水、气、渣的无组织排放、泄漏排放、超标排放），水回用率低、噪声严重的问题，管理松散问题等。还有请您列出车间计划进行的技术改造、设备更换、修理维护、节能减排等项目的内容。

以上项目您在填写时请具体到某一工序或者设备，感谢您的配合。如表格不够可写在背面。谢谢！

序　　号	工　　序	存在的问题	解 决 思 路	效　　果	预投资/万元

4．建立评价指标体系

环保部已经制定并颁布了 58 个行业的清洁生产标准、30 多个行业的清洁生产指标体系，但这些标准和体系还没完全覆盖我国所有工业行业。因此，对于没有清洁生产标准或指标体系的企业进行审核时，有时需要审核小组人员自己建立科学的清洁生产评价指标体系。这一评价体系将有助于评价企业开展清洁生产的状况，同时，也便于指导企业（组织）正确选择符合可持续发展要求的清洁生产技术。考虑到清洁生产涉及面广、指标多，建议在选取评价指标时遵循如下原则。

（1）从产品生命周期全过程考虑。生命周期分析方法是清洁生产指标选取的一个最重要原则，它是从一个产品的整个寿命周期全过程地考察其对环境的影响。例如，从原材料的采掘，到产品的生产过程，再到产品销售，直至产品报废后的处置。生命周期评价是对一个产品系统的生命周期中输入、输出及其潜在环境影响的汇总和评价。

（2）体现污染预防思想。清洁生产指标的范围不需要涵盖所有的环境、社会、经济等指标，主要反映出项目实施过程中所使用的资源量及产生的废物量，包括使用能源、水或其他资源的情况，通过对这些指标的评价，反映出项目的资源利用情况和节约的可能性，达到保护自然资源的目的。

（3）容易量化。清洁生产指标涉及面比较广，有些指标难以量化。为了使所确定的清洁生产指标既能够反映项目的主要情况，又简便易行，在设计时要充分考虑到指标体系的可操作性。因此，应尽量选择容易量化的指标项，这样可以给清洁生产指标的评价提供有力的依据。

（4）数据易得。清洁生产指标体系是为评价一个活动是否符合清洁生产战略而制定的，是一套非常实用的体系；所以在设计时，既要考虑到指标体系构架的整体性，又要考虑到体系在使用时，容易获得较全面的数据支持。

根据上述原则，清洁生产评价指标应能覆盖原材料、生产过程和产品的各个主要环节；尤其对生产过程，既要考虑对资源的使用，又要考虑污染物的产生。这里给出了一个按照四大类（即原材料指标、产品指标、资源指标和污染物产生指标）建立指标的例子。

（1）原材料指标。原材料指标应能体现原材料的获取、加工、使用等各方面对环境的综合影响，因而可从毒性、生态影响、可再生性、能源强度以及可回收利用性这五个方面建立指标。

（2）产品指标。对产品的要求是清洁生产的一项重要内容，因为产品的销售、使用过程以及报废后的处理处置均会对环境产生影响，有些影响是长期的，甚至是难以恢复的。此外，应考虑产品的寿命优化，因为这也影响到产品的利用效率。

（3）资源指标。在正常的操作情况下，生产单位产品对资源的消耗程度可以部分地反映一个企业的技术工艺和管理水平，即反映生产过程的状况。从清洁生产的角度看，资源指标的高低同时也反映企业的生产过程在宏观上对生态系统的影响程度，因为在同等条件下，资源消耗量越高，则对环境的影响越大。资源指标可以由单位产品的新鲜水耗量、单位产品的能耗和单位产品的物耗来表达。

（4）污染物产生指标。除资源（消耗）指标外，另一类能反映生产过程状况的指标便是污染物产生指标，污染物产生指标较高，说明工艺相应地比较落后或管理水平较低。通常情况下，污染物产生指标分 3 类，即废水产生指标、废气产生指标和固体废物产生指标。

以××制药有限公司清洁生产审核为例。目前国家没有针对生物制药生产企业的清洁生产标准和清洁生产评价指标体系，审核小组根据预审核阶段收集到的相关数据及本行业的情况，结合相关法律法规及技术标准的要求，咨询了本行业有关专家后，拟定了公司清洁生产评价指标体系。根据清洁生产的原则要求和评价指标的可度量性，公司清洁生产评价指标分为定性指标和定量指标两部分,定性和定量评价指标均分为一级指标和二级指标。一级指标为普遍性、概括性的指标,二级指标为反映本行业清洁生产各方面具有代表性的、容易评价考核的指标。

5. 设置清洁生产目标

企业的清洁生产目标可以是降低原材料消耗、节能、提高产品收率、削减废水排放量、节水减污、减少废物产生量等多方面内容(所提出的目标应该用百分数或数量指标表示)。目标可以是一、两项重点,也可以是多项的综合。

(1)设置清洁生产目标考虑的主要因素。环境保护的法规标准、区域的总量控制和外部的环境管理要求(例如,现行治理、达标排放、总量的分配等)、与国内外同行的差距、企业/生产工艺水平现状、企业的综合能力(筹资能力、技术能力等)、企业发展的规划和外部条件等。

(2)设置清洁生产目标的原则。直观、易理解;易量度;有明显的效益;符合企业的总目标;减轻环境危害;减少处理费用;富有挑战性。

6. 确定审核重点

备选清洁生产审核重点确定的基本原则:污染物产生量大、能源消耗大的部位(单元设备、工段、车间);污染物毒性大或污染物难于处理、处置的部位(单元设备、工段、车间);生产效率低,构成企业生产"瓶颈"的部位(单元设备、工段、车间);对工人身体健康危害较大,公众反映强烈的部位(单元设备、工段、车间);生产工艺落后、设备陈旧的部位(单元设备、工段、车间);事故多发和设备维修较多的部位(单元设备、工段、车间)等。根据企业现状分析及确定备选审核重点的基本原则,经由企业清洁生产审核小组讨论,选出几个单元设备、工段或车间作为备选审核重点,备选审核重点一般可选3~5个。

确定清洁生产审核重点的方法:简单对比法和权重总和计分排序法。以××制药有限公司清洁生产审核为例。

(1)确立备选审核重点。

审核小组根据清洁生产审核的方法学理论,结合该公司审核的实际情况、环保部门的环境监测报告数据和国家产业政策要求,确定了公司主要生产过程中的生产一车间、二车间、冻干粉针车间作为备选审核重点。其中生产一车间为小容量注射剂生产的水针车间,生产二车间为原料药生产车间,冻干粉针车间主要生产成品药粉针剂。

(2)确立审核重点。

根据公司总体规划,按照污染物产生量及排放量的多少、环境代价的大小及清洁生产潜力的大小,部门关心配合程度等多方面的综合考虑,审核工作组与专业人员、企业领导小组一同采用权重总和计分排序法对备选清洁生产审核重点进行排序,以最终确定清洁生产审核重点。

(3)权重因子及其分值确定的依据。

权重因子选择为原料和能源的消耗、废物产生量、员工的合作、清洁生产的潜力4个方面。将这4个指标作为确定审核重点的权重因子的原因。

①原料和能源的消耗。生产需要消耗大量的原、辅材料和能源，原料和能源消耗占公司生产成本的比例很大，因此确定该因子的权重（W）值为10。

②废物产生量。考虑到原料药工业生产工艺的特点，生产过程中废气、废水中的产生量较大，环境影响较为突出，因此确定该因子的权重（W）值为9。

③清洁生产的潜力。其主要是针对各分厂在节能降耗和设备工艺的改进、管理的改进方面的潜力，确定该因子的权重（W）值为7。

④员工的合作。其主要是指备选分厂的负责人和员工素质，环境保护意识以及参与清洁生产的积极性方面，确定该因子的权重（W）值为3。

权重因素的确定如表11-7所示。

表11-7　权重因素的确定

权重因素	权重系数（W）	权重因素的表征	分值(R)			
			9～10	6～8	3～5	1～2
原料、能源的消耗	10	主要考虑原料用量、能源消耗量	高	中	低	较小
废物产生量	9	根据公司实际情况，主要考虑废气、废水产生、排放量	种类多，量大而综合利用少	种类多，量大而综合利用一般	种类少，量大而综合利用高	种类少，量少而综合利用高
清洁生产潜力	7	主要考虑公司目前的水平与行业国内外技术水平的差距，差距越大，其清洁生产潜力越大	很大	大	一般	较小
员工的合作	3	参考各个备选审核重点员工对清洁生产工作的认识和配合程度等情况	积极配合	配合	参与	不主动

（4）权重总和计分排序确定审核重点。

审核小组根据各备选审核重点的情况，按照权重因素的因子进行打分。各备选审核重点得分情况如表11-8所示。

表11-8　权重法确定审核重点打分表

因素	权重（W）1～10	备选审核重点得分					
		水针车间		原料药生产车间		冻干粉针车间	
		R	R×W	R	R×W	R	R×W
原料、能源消耗	10	9	90	9	90	7	70
废物产生量	9	7	63	8	72	7	63
清洁生产潜力	7	8	56	9	63	7	49
员工合作	3	8	24	8	24	7	21
总分		233		249		203	
排序		2		1		3	

　　水针车间、原料药生产车间均是该企业的主要生产车间，虽然其原料、能源消耗相差不大；但是，两个车间的管理水平、员工的素养存在一些差异，导致废物产生量、物料的损耗方面，原料药生产车间比水针车间高，设备的维护原料药生产车间比水针车间略差，因此通过权重总和计分排序法的分析，将原料药生产车间和水针车间确定为本轮清洁生产的审核重点。

　　7. 产生清洁生产方案

　　清洁生产方案的产生可由环保、管理、生产部门牵头，相关部门配合，通过座谈、咨询、现场察看、发放清洁生产建议表等方式，广泛发动员工针对各自的工作岗位提出。具体可围绕以下方面进行：原辅材料和能源方面、技术工艺方面、设备方面、过程控制方面、产品方面、产生废弃物方面、管理状况、员工素质方面。清洁生产方案在预审核阶段产生，审核阶段继续产生，而且在提出清洁生产审核实施方案时应该尽量考虑无/低费方案。

　　8. 编制审核报告

　　审核阶段是整个清洁生产审核过程的核心内容，主要包括以下几个步骤。

　　（1）编制审核重点的工艺流程图。

　　（2）确定物料的输入、输出。按照技术资料、报表或者实测取得物料的输入、输出数据。对产品生产相对稳定的企业，可以采取以月报表，经核实取其平均值的方法，如果数据不完全应进行实测。实测要在生产周期内生产正常的情况下进行，数据要有代表性。物料的输入、输出数据都可以用图表的方式一目了然地展示出来；例如，重点原材料、能源、用水输入情况表，重点物料（产品、副产品、中间产品）输出表，废气、废水、废渣排放情况表等。

　　（3）建立物料平衡。这是审核的核心内容，包括能源平衡、主要原材料平衡、水量平衡、主要污染因子的平衡、能量平衡等，并分别绘制和建立平衡图。做物料平衡时常见的问题：工艺流程图绘制不规范、实测准备不足、实测误差过大。

　　（4）废物产生原因分析。从以下八个方面进行分析：原、辅材料和能源的输入、生产工艺、设备、生产过程控制、产品、废弃物、管理、员工。

　　（5）继续提出和实施无/低费方案。

　　以××制药有限公司清洁生产审核为例。审核阶段的工作重点是实测输入、输出物流，建立物料平衡、能量平衡，分析废弃物产生的原因，并提出清洁生产方案。

　　根据审核重点分析，本次清洁生产审核的重点是水针车间和原料药生产车间，因此，下面针对这两个车间进行物料平衡分析。

　　（1）审核重点—水针车间。

　　水针车间主要生产小容量注射剂，其主要产品有硫酸软骨素注射液、肝炎灵注射液、葛根素注射液、更昔洛韦注射液、乙酰谷酰胺注射液等。水针车间主要以原料药通过灭菌、浓配、过滤、稀配后灌装，经检验合格后包装。

　　①水针车间物料平衡。

　　以硫酸软骨素注射液为例，进行物料平衡计算。此次以审核重点水针车间一批次的硫酸软骨素注射液进行物料平衡。物料平衡表及平衡图如图 11-1 所示。

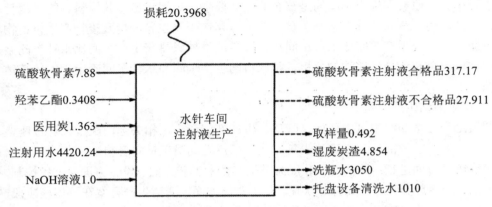

图 11-1　水针车间的物料平衡图（单位：kg/批次）

②水针车间纯化水制备物料平衡。

目前水针车间采用反渗透法制备纯化水。原料为自来水，经过多介质过滤器和活性炭吸附进入二级反渗透系统，产生的纯化水送入纯化水储存罐。纯化水制备工艺流程如图 11-2 所示，纯化水制备物料平衡如图 11-3 所示。

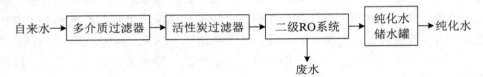

图 11-2　水针车间纯化水制备工艺流程图

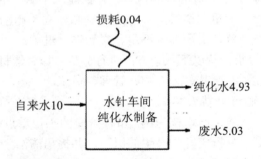

图 11-3　水针车间纯化水制备的物料平衡图（单位：t/d）

③水针车间"两高一重"原因分析。

注射剂生产物料平衡偏差为 0.46%，物料流失 20.3968 kg。纯化水制备物料平衡偏差为 0.33%，物料流失 0.04 t。通过对水针车间注射液生产和纯化水制备物料平衡及项目组现场踏勘的情况分析得出。

A. 纯化水制备自来水用量多，废水产生量大，水回用率较低。水针车间纯化水制备过程中二级反渗透系统未采取反冲洗操作，反渗透系统膜老化，而且长时间未对多介质过滤器和活性炭过滤器进行过维护，造成多介质过滤器中过滤介质流失严重，活性炭过滤器中的活性炭饱和，导致原水中絮凝物及其他杂质影响到纯化水水质，目前纯化水水质不稳定，而且产率仅约为50%。纯化水储水罐的液位控制装置年久失控，造成车间纯化水严重流失。上述原因造成公司纯化水制备系统自来水消耗大，且使用后废水直接排放，未回收利用，不仅造成水资源的巨大浪费，而且增加了产品成本。通过平衡图核算，纯化水制备环节具有较大的清洁生产潜力。

B.洗瓶水未回收利用。由平衡可以看出每批次生产产生的洗瓶水为3050 kg，此类废水的水质相对洁净，含污染物较少，可作为除尘、绿化及厂区地面冲洗等处用水，但公司暂时未建立对其重复利用的工艺体系。

C.注射液不合格产品较多。注射液不合格产品主要是通过灯检检出的装量不合格、漏气、瘪头、泡头、弯头、尖头、焦头、有纤维、有可见异物等。在一批次产品中合格率为91%，不合格产品率占9%，主要是由灌封环节安瓿灌装封口机设备存在一定缺陷，过程控制不严格造成。只有科学而严格地进行过程控制，每个环节层层把关，才能确保产品的优质率和出品率。

D.空调机组电耗高，能源浪费严重。洁净组合式空调机组设备风箱漏风、过滤器过滤效果不理想、空调机组未采用变频技术，一年四季在工频状态下全速运行，电耗高。

E.员工清洁生产意识薄弱，加强清洁生产的宣传教育，提高认识。

（2）审核重点二原料药生产车间。

原料车间主要生产阿魏酸哌嗪、硫酸软骨素、硝普钠、新鱼腥草素钠等原料药，部分原料药直接外售，部分原料药运至固体车间进行胶囊或片剂的生产。以阿魏酸哌嗪为例，进行物料平衡计算，本车间的物料输入、输出如图11-4所示。

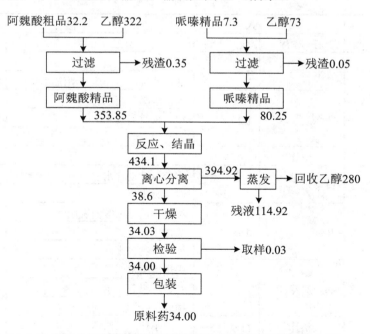

图 11-4　原料车间物料流程图（单位：kg/批次）

从物料平衡数据分析，阿魏酸哌嗪生产物料平衡物料流失 5.47 kg[物料流失：32.2+7.3-34.03=5.47（kg）]。平衡的结论表明，数据均在误差允许的范围内，可以作为进一步分析的依据。通过对原料车间物料平衡及项目组现场踏勘的情况分析得出。

①乙醇回收率低，工艺存在缺陷。由物料平衡得出乙醇回收率为 70.9%，目前原料车间采用的乙醇回收工艺为高温蒸发，乙醇回收率较低，造成辅料的巨大浪费，增加了生产成本，而且乙醇为易燃易爆危险物品，高温环境存在较大的安全隐患，具有较大的清洁生产机会。

②结晶、乙醇回收用冷却水及冷冻机组冷却水直接排放，未进行回收循环利用，造成了水资源的无谓浪费。

③乙醇回收环节 114.92 kg 的残液残留于蒸发罐内，与下批次的离心分离出的液体混合循环蒸发，蒸发罐内较浓的残渣，公司定期清理，运送到锅炉房焚烧。

④阿魏酸哌嗪理论成品量为 39.1 kg，实际为 34.00 kg，收率为 87.0%，达到较高的收率，过程控制较好。

⑤车间设备闲置率较高，造成资源的浪费。

（3）审核重点三全厂水平衡。

①全厂水平衡。

根据公司新水使用及循环水使用情况，水耗较大的主要是生活用水、绿化用水，其车间生产用水量相对较少。公司的水平衡如表 11-9 所示。

表 11-9　水平衡表　　　　　　　　　　　　　　　单位：t/d

部　　门	输　　入		输　　出	
	工　　序	数　　量	工　　序	数　　量
固体车间	自来水	4.8	药品含水	1.1
			地面冲洗、洁净服等清洗废水	1.8
	井水	1.2	纯化水制备废水	2.3
			空调机组蒸发水	0.6
			损耗	0.2
	小计	6.0	小计	6.0
水针车间	自来水	10	小容量针剂含水	0.34
			洗瓶废水	3.05
	井水	0.7	洗盘、洁净服等清洗废水	1.41
			蒸馏冷却水	0.5
			纯化水制备废水	5.03
	锅炉房蒸汽	1.2	锅炉冷凝水	1.05
			空调机组蒸发水	0.3
			损耗	0.22
	小计	11.9	小计	11.9

续表

部　门	输　入		输　出	
	工　序	数　量	工　序	数　量
原料车间	自来水	9.2	设备、厂房等清洁废水	4.5
			纯化水制备废水	4.4
	井水	8	冷却水	7.0
			锅炉冷凝水	3.25
	锅炉房蒸汽	3.6	空调机组蒸发水	0.4
			损耗	1.25
	小计	20.8	小计	20.8
冻干粉针车间	自来水	8	冻干蒸发水	0.3
			洗瓶废水	4
	井水	1.6	卫生、清洗废水	1.2
			纯化水制备废水	2.4
			冷却水	1
	锅炉房蒸汽	2.8	锅炉冷凝水	2.5
			空调机组蒸发水	0.5
			损耗	0.5
	小计	12.4	小计	12.4
锅炉房	自来水	8	除尘废水	1
	井水	2	蒸汽	7.6
			损耗	1.4
	小计	10	小计	10
办公、宿舍、地面冲洗等生活用水	井水	31.5	废水	28.12
			损耗	3.38
绿化用水	井水	83.8	损耗	83.8

通过对该公司水输入、输出情况进行衡算，得出了相应的水平衡表，这些平衡的结论表明，数据均在误差允许的范围内，可以作为进一步分析的依据。通过水平衡及项目组现场踏勘的情况，得出如下结论。

A. 洁净水回用率低。公司各类相对洁净的冷却水、冷凝水、洗瓶水回用率低。此部分废水主要包括水针车间、冻干粉针车间的洗瓶水，原料车间的冷冻机组冷却水、乙醇回收冷却水，结晶冷却水，水针车间、原料车间和冻干粉针车间的蒸汽冷凝水。此类废水的水质相对洁净，含污染物较少，可作为除尘、绿化及厂区地面冲洗等处用水，但公司暂时未建立对其重复利用的工艺体系。

B. 纯化水制备产率低，产生废水量大。公司 4 个车间均有一套纯化水制备系统，其工艺和设备均相同，其生产能力为冻干粉针车间 4 t/h、水针车间 4 t/h、原料车间 1 t/h、固体车间 1 t/h。目前冻干粉针车间未正式投入生产，其纯化水制备废水较少。纯化水制备废水主要来自水针车间，由于多年未对多介质过滤器和反渗透系统进行过维护，造成多介质过滤器中过滤介质流失严重，反渗透膜老化，导致原水中絮凝物及其他杂质影响到纯化水水质，目前纯化水水质不稳定，而且产率仅为 50%，公司纯化水制备系统自来水消耗大，产生废水量大，且使用后废水直接排放，未回收利用，不仅加重了污水处理站负荷，也造成了水资源的无谓浪费，而且增加了产品成本。

②全厂能源消耗分析。

2009 年能源总消耗基本情况如表 11-10 所示。

表 11-10　2009 年能源总消耗一览表

序　号	种类名称	单　位	数　量	折算为标准煤
1	原煤	t	336	240
2	电	$10^4 kW \cdot h$	139.9	171.937
3	水	t	42218	3.618
	总量，折标煤/t			415.555

根据该公司历年来能源消耗情况及项目组现场踏勘的情况分析得出。

A．部分生产设备落后老化，能耗高。例如，固体车间封膜机设备落后，造成薄膜浪费；水针车间空调机组未采用变频技术，能耗高。

B．部分工艺存在缺陷，能耗高。例如，乙醇回收工艺为高温蒸汽加热蒸馏法，能耗高，可改为真空浓缩法。

C．过程控制不到位，锅炉房存在跑、冒、滴、漏情况，导致能源损失。

D．燃料煤、煤渣等均露天堆放，雨天被水淋湿，增大了预热干燥过程所需的能耗。

E．水循环利用率较低，造成水资源的消耗。

因此，如果在工艺、设备和管理上加强和改进，定能降低能源消耗，达到能源节约的清洁生产的目标。

（4）审核阶段清洁生产方案。

审核阶段清洁生产方案如表 11-11 所示。

表 11-11　审核阶段清洁生产方案一览表

方案编号	问　题	具体改进措施	效　果	预投资/万元
F6-1	纯化水制备环节产率低，废水排放量大，未回收利用	更换填料及反渗透膜；配备液位电子自动控制器；将纯化水制备产生废水收集，实现废水的循环利用	提高纯化水产率，降低废水排放	13.4
F6-2	水针车间空调机组电耗高，风箱漏风，过滤效果差	添加变频启动控制柜、密封风箱、更换过滤器	降低电耗	16.7
F6-3	原料车间乙醇回收率低	采用真空浓缩工艺回收乙醇	提高乙醇回收率，降低原料消耗	18.6
F6-4	燃煤露天堆放，流失严重，且使原料含水率高，增加了后续干燥处理的能耗	在原燃煤堆放坪兴建一个钢结构的雨棚	减少原料的流失，降低能耗	12.7

续表

方案编号	问　　题	具体改进措施	效　　果	预投资/万元
F6-5	冻干粉针车间的冻干机制系统温度控制不平衡，制冷效果不稳定	维修螺杆空压机，更换制冷剂和冷冻油，更换干燥过滤器滤芯以及配套设施	保证稳定的制冷效果，提高产品质量，减少废品的产生	7.5
小计	68.9万元			

四、清洁生产审核评估与验收

1. 清洁生产审核评估与验收的概念

2012 年 2 月 29 日，第十一届全国人民代表大会常务委员会第二十五次会议通过了关于修改《中华人民共和国清洁生产促进法》的决定，并自 2012 年 7 月 1 日起施行。企业清洁生产审核评估验收制度首次被明确写进了法律条款中，使重点企业清洁生产审核评估验收制度具有了法律依据。

为了鼓励和指导企业有效开展清洁生产，规范清洁生产审核行为，确保取得节能减排的实效，环境保护部于 2008 年 7 月 1 日出台了《关于进一步加强重点企业清洁生产审核工作的通知》（环发[2008] 60 号，以下简称《60 号文》）、《重点企业清洁生产审核评估、验收实施指南》和《需重点审核的有毒有害物质名录》（第二批）作为该通知的附件同时颁布实施。文件明确提出了要开展重点企业清洁生产审核评估验收工作，标志着重点企业清洁生产审核评估验收制度的建立，并成为环境保护部推进重点企业清洁生产审核工作的新切入点，有效地促进了重点企业清洁生产审核工作。

清洁生产审核评估与验收主要依据《关于进一步加强重点企业清洁生产审核工作的通知》和《重点企业清洁生产审核评估、验收实施指南》进行的，由省级环保部门组织验收工作。

清洁生产审核评估是指按照一定程序对企业清洁生产审核过程的规范性，审核报告的真实性，以及清洁生产方案的科学性、合理性、有效性等进行的评估。

清洁生产审核验收是指企业通过清洁生产审核评估后，对清洁生产中/高费方案实施情况和效果进行验证，并做出结论性意见。

2. 清洁生产审核评估与验收的过程

1）清洁生产审核评估

（1）申请清洁生产审核评估的企业需具备的条件。

申请清洁生产审核评估的企业必须满足 4 个条件。①完成清洁生产审核过程，编制了《清洁生产审核报告》。②基本完成清洁生产无/低费方案。③技术装备符合国家产业结构调整和行业政策要求。④清洁生产审核期间，未发生重大及特别重大污染事故。

（2）申请清洁生产审核评估企业需要提交的材料。

申请清洁生产审核评估的企业需要提交的材料包括以下 4 个。①企业申请清洁生产审核评估的报告。②《清洁生产审核报告》。③有相应资质的环境监测站出具的清洁生产审核后的环境监测报告。④协助企业开展清洁生产审核工作的咨询服务机构资质证明及参加审核人员的技术资质证明材料复印件。

申请评估企业向当地环保部门提出评估申请（企业需在上交清洁生产审核报告后一个月内提交评估申请），当地环保部门对申请企业的条件、提交的材料进行初审，初审合格后，将材料逐级上报。省级环保部门组织专家或委托相关机构对初审合格的企业进行材料审查、现场评估，并形成书面意见，定期在当地主要媒体上公布通过清洁生产审核评估的企业名单。

（3）企业清洁生产审核评估过程。

企业清洁生产审核评估一般包括 5 个步骤。①阅审企业清洁生产审核报告等有关文字资料。②召开评估会议，企业主管领导介绍企业基本情况、清洁生产审核初步成果、无/低费方案实施情况、中/高费方案实施情况及计划等；企业清洁生产审核主要人员介绍清洁生产审核过程、清洁生产审核报告书主要内容等。③资料查询及现场考察，主要内容为无/低费和已实施中/高费方案实施情况，现场问询，查看工艺流程、企业资源能源消耗、污染物排放记录、环境监测报告、清洁生产培训记录等。④专家质询，针对清洁生产审核报告及现场考察过程中发现的问题进行质询。⑤根据现场考察结果以及报告书质量，对企业清洁生产审核工作进行评定，并形成评估意见。

（4）企业清洁生产审核评估标准和内容。

在进行企业清洁生产审核评估时，遵循以下 7 个标准。①领导重视、机构健全、全员参与，进行了系统的清洁生产培训。②根据源头削减、全过程控制原则进行了规范、完整的清洁生产审核，审核过程规范、真实、有效，方法合理。③审核重点的选择反映了企业的主要问题，不存在审核重点设置错误，清洁生产目标的制定科学、合理，具有时限性、前瞻性。④提交了完整、翔实、质量合格的清洁生产审核报告，审核报告如实反映了企业的基本情况，对企业能源资源消耗，产排污现状，各主要产品生产工艺和设备运行状况，以及末端治理和环境管理现状进行了全面的分析，不存在物料平衡、水平衡、能源平衡、污染因子平衡和数据等方面的错误。⑤企业在清洁生产审核过程中按照边审核、边实施、边见效的要求，及时落实了清洁生产无/低费方案。⑥清洁生产中/高费方案科学、合理、有效，通过实施清洁生产中/高费方案，预期效果能使企业在规定的期限内达到国家或地方的污染物排放标准、核定的主要污染物总量控制指标、污染物减排指标；对于已经发布清洁生产标准的行业，企业能够达到相关行业清洁生产标准的三级或三级以上指标的要求。⑦企业按国家规定淘汰明令禁止的生产技术、工艺、设备以及产品。

（5）评估不通过的原因。

评估结果分为"通过"和"不通过"两种。对满足第九条全部要求的企业，其评估结果为"通过"。有下列情况之一的，评估不通过。①不满足《企业清洁生产审核评估标准和内容》中的任何一条。②清洁生产审核报告质量上存在重大问题，主要是指：审核重点设置错误或清洁生产目标设置不合理；没有对本次审核范围做全面的清洁生产潜力分析；数据存在重大错误，包括相关数据与环境统计数据偏差较大的情况。③企业没有按国家规定淘汰明令禁止的生产技术、工艺、设备以及产品。④在清洁生产审核过程中弄虚作假。

2）清洁生产审核验收

（1）申请清洁生产审核验收的企业应具备的条件。

企业申请清洁生产审核验收时，需要具备以下 3 个条件。

①通过清洁生产审核评估后按照评估意见所规定的验收时间，综合考虑当地政府、环保部门时限要求提出验收申请（一般不超过两年）。

②通过清洁生产审核评估之后，继续实施清洁生产中/高费方案，建设项目竣工环保验收合格 3 个月后，稳定达到国家或地方的污染物排放标准、核定的主要污染物总量控制指标、污染物减排指标。

③申请验收企业需填报《清洁生产审核验收申请表》，连同清洁生产审核报告、环境监测报告、清洁生产审核评估意见、清洁生产审核验收工作报告报送各省环保部门，各省环保部门组织验收。

（2）企业清洁生产审核验收过程。

企业清洁生产审核验收按照以下步骤进行。①审阅第十二条所列有关文件资料。②资料查询及现场考察，查验、对比企业相关历史统计报表（企业台账、物料使用、能源消耗等基本生产信息）等，对清洁生产方案的实施效果进行评估并验证，提出最终验收意见。

（3）企业清洁生产审核验收标准和内容。

企业清洁生产审核验收的标准如下。

①清洁生产审核验收工作报告如实反映了企业清洁生产审核评估之后的清洁生产工作。企业持续实施了清洁生产无/低费方案，并认真、及时地组织实施了清洁生产中/高费方案，达到了"节能、降耗、减污、增效"的目的。

②根据源头削减、全过程控制原则实施了清洁生产方案，并对各清洁生产方案的经济和环境绩效进行了翔实的统计和测算，其结果证明企业通过清洁生产审核达到了预期的清洁生产目标。

③有资质的环境监测站出具的监测报告，证明从清洁生产中/高费方案实施后，企业稳定达到国家或地方的污染物排放标准、核定的主要污染物总量控制指标、污染物减排指标。对于已经发布清洁生产标准的行业，企业达到相关行业清洁生产标准的三级或三级以上指标的要求。

④企业生产现场不存在明显的"跑、冒、滴、漏"等现象。

⑤报告中体现的已实施的清洁生产方案纳入了企业正常的生产过程。

（4）验收不通过的原因。

验收结果分为"通过"和"不通过"两种。对满足第十四条全部要求的企业，其验收结果为"通过"。有下列情况之一的，验收不通过。①不满足重点企业清洁生产审核验收标准中的任何一条。②企业在方案实施过程中弄虚作假，虚报环境和经济效益的，包括相关数据与环境统计数据偏差较大的情况。

（5）审核验收的重点领域。

清洁生产审核验收的重点领域是火电、钢铁、有色、电镀、造纸、建材、石化、化工、制药、食品、酿造、印染等重污染行业和"三河三湖"等重点流域。验收的重点企业是"双超双有"企业。即污染物排放超过国家和地方规定的排放标准或者超过经有关地方人民政府核定的污染物排放总量控制指标的企业（通称"双超"企业），使用有毒、有害原料进行生产或者生产中排放有毒、有害物质的企业（通称"双有"企业）。

3．清洁生产审核评估与验收的指标体系

新修订的《清洁生产促进法》首次规定了企业清洁生产审核评估验收制度。

第二十七条规定："企业应当对生产和服务过程中的资源消耗以及废物的产生情况进行监测，并根据需要对生产和服务实施清洁生产审核。县级以上地方人民政府有关部门应当对企业实施强制性清洁生产审核的情况进行监督，必要时可以组织对企业实施清洁生产的效果进行评估验收，所需费用纳入同级政府预算。承担评估验收工作的部门或者单位不得向被评估验收企业收取费用。"

第三十九条规定："违反本法第二十七条第五款规定，承担评估验收工作的部门或者单位及其工作人员向被评估验收企业收取费用的，不如实评估验收或者在评估验收中弄虚作假的，或者利用职务上的便利谋取利益的，对直接负责的主管人员和其他直接责任人员依法给予处分；构成犯罪的，依法追究刑事责任。"

可以看出，该法明确规定了重点企业清洁生产审核评估验收所需工作经费纳入同级政府预算，这是对环保系统长期以来推进重点企业清洁生产工作制度创新的肯定，改变了长期以来重点企业清洁生产审核评估验收制度无法可依的局面，从法律责任层面确定了清洁生产审核评估、验收制度的法律地位，建立了评估验收工作经费来源渠道。各级环境保护部门可以更充分地利用清洁生产这个抓手，为重点行业企业的污染防治服务。如何建立重点企业清洁生产审核评估验收指标体系，规范全国重点企业评估验收工作，充分发挥清洁生产在工业污染防治中的作用，就显得更为迫切。清洁生产审核评估是指按照一定程序对企业清洁生产审核过程的规范性，审核报告的真实性，以及清洁生产方案的科学性、合理性、有效性等进行的技术审查，是建立在企业完成一轮清洁生产审核基础上开展的评估，在指标设计上首先要考虑企业进行正常生产必须满足的产业政策、行业监管以及开展清洁生产审核活动最基本的要求。

1）重点企业清洁生产审核评估验收指标体系的设计

（1）基本条件。

建议包括如下几点。①完成清洁生产审核过程，编制《清洁生产审核报告》，报告规范、完整。②基本完成清洁生产无/低费方案、中/高费方案，已完成部分或已安排切实可行的实施计划。③产业规模和工艺水平符合国家产业结构调整和行业政策要求。④没有生产国家明令淘汰的落后产品。⑤国家明令限期淘汰的生产工艺、装备情况明晰，并已列入整改计划。⑥清洁生产审核期间，未发生重大及特别重大污染事故。

（2）指标体系。

重点企业强制性清洁生产审核首先是一个发现问题、分析问题、解决问题的审核过程，这个审核过程最终是要通过清洁生产方案实施获得环境绩效，实现清洁生产目标。因此，清洁生产审核过程、清洁生产中/高费方案、清洁生产绩效是评估的关键指标。清洁生产审核报告是对整个审核过程及成果的说明性文件，也是开展评估的重要文件。清洁生产是一个持续改进的活动，是否建立了持续清洁生产推进机制直接影响到企业清洁生产的改进。综上所述，强制性清洁生产审核评估指标体系建议包括清洁生产审核报告、清洁生产审核过程、清洁生产中/高费方案、清洁生产绩效及持续清洁生产推进机制 5 个一级指标和 17 个二级指标（如图 11-5 所示），具体指标设置如下。

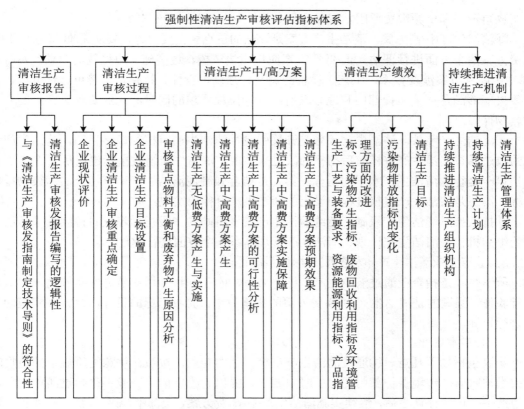

图 11-5 重点企业清洁生产审核评估指标

①清洁生产审核报告。对清洁生产审核报告主要体系进行评估，建议提出两项要求，清洁生产审核报告内容的基本要求应符合《清洁生产审核指南制定技术导则》中附录 E 的规定；清洁生产审核报告编写要充分体现清洁生产审核发现问题、分析问题、解决问题的思路和逻辑性。

②清洁生产审核过程。依据清洁生产审核程序，建议选定现状评定、审核重点确定、清洁生产目标设置和审核重点物料平衡和废弃物产生原因分析 4 项二级评估指标。企业现状评定是对企业现有的生产设备、产品、技术工艺、环境管理、清洁生产水平的综合性评价，是开展清洁生产审核、分析清洁生产潜力的切入点；审核重点确定要求"双超"类型企业选择浓度上超标或者总量上超过国家、地方环境保护行政主管部门要求的环境指标，确定审核重点，"双有"类型企业结合自身原材料使用、生产过程物质排放情况，确定审核重点；清洁生产目标设置是要体现强制性清洁生产审核特点，即"双超"企业符合污染物排放标准和总量控制要求，"双有"企业体现有毒有害物质使用和排放的减量、替代，目标设置定量化并与审核重点一致；针对审核重点的物料平衡和废弃物产生原因分析核心是对审核重点全部的输入输出物流进行实测，监测项目、监测点的设置、监测时间与频次符合要求。根据实测数据建立审核重点的相关平衡，输入、输出数据偏差符合清洁生产审核技术程序的要求。绘制包含相关平衡因子的完整平衡图。对相关平衡进行深层次的分析并找到造成问题的根源。通过各方面的分析，找出审核重点物料流失或资源浪费的环节，

辨明物料流失和资源浪费原因，发现问题并提出解决方案。

③清洁生产中/高方案。清洁生产方案是评估的重点和主要内容，要从无/低费方案和中/高费方案两个方面进行评估。无/低费方案应按照边审核、边实施、边见效的要求，及时落实。中/高费方案涉及技术、工艺、设备的调整，强调可行性、特别是环境可行性分析，预期效果能够满足环境保护部门和地方政府污染物排放要求的同时，企业要提供充足的人、财、物保障。

④清洁生产绩效。清洁生产绩效是开展强制性清洁生产审核的最终目的，清洁生产绩效的改进通过清洁生产审核前后指标的改进来体现。清洁生产绩效指标建议从 3 个方面评估，第一是行业清洁生产水平的指标。第二是结合强制性清洁生产审核特点的污染物排放指标。第三是清洁生产审核过程中设定的清洁生产目标的实现。

⑤持续推进清洁生产机制。持续清洁生产推进机制的二级指标建议对持续推进清洁生产的组织机构、清洁生产计划、清洁生产管理体系 3 个方面进行评估。

2）重点企业清洁生产审核验收指标体系的设计

所谓验收是指企业通过清洁生产审核评估后，对清洁生产中/高费方案实施情况和效果进行验证，强调的是清洁生产中/高费方案的实施效果，验收指标的设计围绕方案实施的效果进行设计。

（1）基本条件。

建议包括如下几点。①通过清洁生产审核评估的企业，按照评估意见所规定的验收时间或当地政府、环境保护部门提出的时限要求，提出验收申请，一般不得超过两年。②通过清洁生产审核评估之后，继续实施清洁生产中/高费方案，全部中/高费方案实施并正常运行 3 个月。③企业通过全部中/高费清洁生产方案的实施，能稳定达到国家或地方的污染物排放标准、核定的主要污染物总量控制指标和减排指标，落实有毒有害物质减量、减排指标，实现清洁生产审核预期目标并通过竣工（环保）验收。

（2）指标体系。

建议包括关键指标和一般指标如表 11-12 所示。

表 11-12　重点企业清洁生产审核验收指标及要求

指　　标	验收指标要求
关键指标	"双超"企业在规定的期限内达到了国家或地方的污染物排放标准、核定的主要污染物总量控制指标、污染物减排指标
	"双有"企业减少了单位产品有毒有害物质的使用量、排放量或降低了毒性
	企业达到相关行业清洁生产标准的三级或三级以上指标
	不存在国家规定淘汰明令禁止的生产技术、工艺装备、设备以及产品
一般指标	现场考察和材料证明通过评估的清洁生产中/高费方案得到了有效实施
	对清洁生产方案实施前后的经济和环境绩效进行翔实的对比、测算、验证
	清洁生产中/高费方案已经纳入企业正常的生产过程和管理过程
	企业生产现场不存在明显的跑冒滴漏现象
	清洁生产中/高费方案绩效统计依据资料及中/高费方案实施前、后的环境监测报告或生产计量统计、检测报告齐全、有效

4. 清洁生产审核评估与验收的强化

第一轮清洁生产审核结束，要通过验收检验其有效性、创新性和规范性，对于不足之处通过总结经验，加以完善、改进，以便将清洁生产持续开展下去。因此，验收工作成为承上启下的重要一环，验收质量的高低，将直接影响到对清洁生产成效的认定和进一步推行清洁生产的信心。清洁生产审核验收应当做到以下几点。

（1）中/高费用方案的实施。

中/高费用方案的实施应积极采用"四新"方法，即新技术、新工艺、新材料、新设备。企业开展清洁生产过程中，要通过无费用、低费用、中费用和高费用方案的实施，获得经济效益和环境效益。要通过相当比例的中/高费用方案的实施，至少解决当前压力最大的"双超""双有"问题。

（2）促进企业管理的全面提高。

必须考核通过开展清洁生产后企业生产经营水平是否全面提高，包括全体员工的环境意识和技术素养的提高。根据清洁生产审核成果，企业是否修订和完善了各项各类管理制度、工艺规程、岗位责任制等，以巩固清洁生产的成果。

（3）促进企业技术进步。

对于清洁生产中/高费用方案的验收应当有相关工艺、设备或过程控制等方面的专家参加，从技术层面确认其成果，指明需进一步改进和完善之处，以期望能真正取得实效。

（4）验收支撑材料。

一个有成效的清洁生产审核过程，必然留下相当多的过程记录，这些资料被称为验收支撑材料，是一轮清洁生产审核有效性的重要依据。因此，验收时除了审查审核报告外，应逐一检查这些支撑材料。支撑材料要包括下列几类。

①有关清洁生产宣传培训资料、记录。通过宣传、培训，提高所有员工的环境素质，达到全员参与，是企业清洁生产工作与末端控制的不同点之一。

②完整的清洁生产审核工作计划。清洁生产审核工作计划包括公司总体规划、分解计划（分解到审核重点的班组）等。

③各类平衡的原始数据。其包括各类物料平衡、水平衡或能量平衡的测试计划，原始数据及汇总分析材料等。对于第二类重点企业的审核中，有毒有害物质应当给出单独的元素或物质平衡。

④完整的中/高费用方案及成效数据。其主要是中/高费用方案的技术、环境和经济可行性论证材料、实施前后的技术经济数据等，必须通过检查、核对各类原始记录、台账和报表来验证。其中，有关污染物排放数据应由有资质的机构提供。

⑤完善的管理制度和技术规程。在审核过程中，技术进步和管理缺陷的改进必然伴随着修订、完善相关管理制度及工艺规程、岗位责任制、操作手册等，重点企业应当提供这些材料的新旧文本。

（5）对咨询机构进行考核。

在清洁生产审核过程中，对咨询机构的考验不仅仅是能够编制完成一份规范的审核报告，关键是能否帮助企业发现清洁生产潜力与机会；帮助或者独立为企业提出有成效的清洁生产方案并促使其实施；帮助企业发现管理缺陷并改进完善；帮助企业建立持续清洁生产机制等。总之，咨询机构要不仅仅给企业清洁生产"输血"还要增强其"造血"能力。

（6）清洁生产审核成果应固定于环境管理。

清洁生产审核成果得以巩固的最好方式就是将清洁生产审核的成果通过环境管理固定下来，达到污染物减排的目的。

第一类重点企业审核结束后，环境管理部门应重新核定其排污量并下达新的考核指标；第二类重点企业审核结束后，环境管理部门应重新核定其排放有毒有害物质的种类和排放量并下达新的考核指标。通过对审核成果的法律巩固，实现区域的"源削减"减排。

清洁生产具有"源削减"的功能，与主要是末端控制方式的"工程减排"比较，清洁生产是属于"源削减"的减排方式。建议环境管理部门在充分试点的基础上，下达年度强制清洁生产计划的同时下达减排指标，以期望达到对重点企业清洁生产审核实现定量化的目标。

第二节　药物工程验证

药品生产工艺验证最早源于美国 CCMP CFR21 文件的要求。美国 FDA 现行的《药品生产质量管理规范》中虽然没有对工艺验证进行具体的讨论，但是验证这个概念体现在整个文件中。

美国、欧盟、世界卫生组织（WHO）、其他国家 GMP 以及 GxP 中都对验证做出了相应的要求。我国早在 1992 年颁布的 GMP 中就对验证有了部分要求；1998 年修订版 GMP 在 1992 年版的基础上，加强了对验证的要求；2010 年修订版 GMP 中，其验证要求基本上已与欧美等发达国家对验证的要求相一致。

随着 GMP 的不断发展以及人们对药品质量控制及监管的不断重视，工艺验证得到了全球越来越多制药企业的认可。工艺验证不仅能满足药政要求，还能保证始终生产出符合预先设定质量的标准产品。

一、验证的起源与发展

验证是正确、有效地实施 GMP 的基础，是保证产品质量的关键因素。可以说，没有经过验证的工艺，是不可能始终如一地保证药品质量的。验证是一个证实或确认设计的过程，是一个确立文件的过程，是一个提前发现问题的过程。在验证时，可以安排最差条件试验、极限试验和挑战性试验。药品工艺验证是一个全面的概念，它包含了影响药品质量的各种因素。通过详细的设计和生产工艺的验证，可以保证连续批量生产的产品均能达到质量标准。

1. 起源

20 世纪 70 年代，美国集中出现了一系列败血症病例，仅 1973 年从市场撤回输液产品的事件就高达 225 起。触目惊心的药害事件引起了美国 FDA 的高度重视，当局组建了特别调查小组对美国的注射剂生产商进行了全面调查。整个调查历时几年，调查表明，引起败血症的原因并不是美国的注射剂生产商无菌检查存在问题，也不是其违反了药事法规将不合格品投放到市场中，而是由以下几点问题引起的。无菌检查的局限性、设备或系统设计与制造的缺陷、生产过程中的各种偏差及问题。经过调查发现，输液产品污染与许多因素有关。例如，厂房设施、采暖系统、通风和空气系统、水系统、生产设备、生产工艺等。其中，生产工艺尤为重要。

美国 FDA 对这次药害事件的调查结果让人们深刻认识到产品是需要检验的，而仅仅检验并不能保证产品的质量。从"质量管理是一项系统工程"的观念出发，FDA 认为有必要制定一个新的文件，通过验证确立控制生产过程的运行标准，通过对已验证过程状态的监控，控制整个工艺过程。这次药害事件的调查直接导致了验证这一重要的过程控制措施的诞生。

2. 发展

自 20 世纪 70 年代初，从大容量注射剂生产开始，验证的应用迅速普及到其他灭菌过程，并参与到其他的制药工艺中。在无菌产品的生产工艺中，验证的应用很少受到阻碍。但是，在非无菌产品及其相关生产工艺中，验证的应用则存在困难。20 世纪 80 年代末，生物技术第一次被引入，对药品生产的重要工艺进行验证。与此同时，计算机系统首次应用于 cGMP，并成为验证要求的一部分。

3. 工艺验证的定义

我国《药品生产质量管理规范》（GMP）对验证的定义是："证明任何程序、生产过程、设备、物料、活动或系统确实能达到预期结果的有文件证明的一系列活动。"验证是 GMP 管理的理论基础，它贯穿于药品开发研究、厂房设施建设、设备安装、仪器测试、生产工艺以及上述过程和方法的变更等活动中。所谓工艺验证（Process validation）是用于证实某一工艺过程能始终如一地生产出符合预定规格及质量标准的产品，并根据验证的结果制定、修订工艺规程与检验工艺的合理性。

生物制品主要包括人用疫苗、重组 DNA 技术来源的蛋白、重组单克隆抗体、血液制品和组织提取物、基因治疗产品等。与小分子化学药物相比，生物制品来源基质为细胞、微生物、血液、组织和体液等，其生产制备工艺较复杂，且按照目前分析手段，其分子结构尚不能完全表征。因此，为保证生物制品的质量一致性，生产工艺的设计、确认与验证就显得尤为重要。

4. 工艺验证的概念发展与相关要求

1987 年，美国 FDA 率先颁布了《工艺验证指南》，最早提出了工艺验证的概念与实施方法。此后，随着行业技术的发展，风险控制以及 QbD（Quality by Design，QbD）等先进理念的应用，2011 年美国 FDA 更新了《工艺验证指南》，引入了"产品生命周期"概念，强调工艺验证的科学性、系统性以及可持续性并将工艺验证划分为 3 个阶段：工艺设计（Process Design）、工艺确认（Process Qualification）和工艺的持续保证（Continued Process Verification）。此后，2012 年，欧盟监管机构欧洲药品管理局（European Medicines Agency，EMA）颁布了《工艺验证指南》，指出工艺验证的方法可采取传统工艺验证、持续的工艺核实或两者混合的办法等实施。2016 年，EMA 又针对生物制品上市和工艺变更的注册要求，提出了生物制品原料药工艺验证的内容及具体要求，其中对上游工艺、下游工艺、多厂地生产、返工等涉及的工艺验证提出了具体要求。

我国 2010 版《药品生产质量管理规范》中关于工艺验证的相关要求集中体现在第七章（确证与验证）中，其中明确工艺验证应包括首次验证、影响产品质量的重大变更后的验证、必要的再验证以及在产品生命周期中的持续工艺确认，以确保工艺始终处于验证状态。具体条文如："工艺验证应当证明一个生产工艺按照规定的工艺参数能够持续生产出符合预定用途和注册要求的产品""采用新的生产处方或生产工艺前，应当验证其常规生产的适用性""确认和验证不是一次性的行为。首次确认或验证后，应当根据产品质量回顾分析情况进行再确认或再验证。关键的生产工艺和操作规程应当定期进行再验证，确保其能够达到预期结果"等。

此外，根据现行《药品注册管理办法》，对于首次注册生产的药品，申报时需递交连续 3 批试产批次的质检记录；在通过技术审评后，还应对拟商业规模的生产过程进行现场检查，同时抽取样品进行检验，以确认生产工艺的可行性。药审中心将结合技术审评意见、样品生产现场检查报告和样品检验结果综合评价。因此，进行拟商业化生产规模的工艺验证也是决定药品能否上市的必要条件之一。

二、工艺验证的实施与方法

工艺验证的实施应围绕生产工艺和产品的认识进行展开。按照 FDA 最新颁布的《工艺验证指南》，可按照工艺设计、工艺确认和持续的工艺核实等分阶段实施。工艺设计阶段应基于开发和中试生产中获得的知识，建立生产工艺设计空间和控制策略。工艺确认是对工艺设计进行评估，以确定工艺是否具有稳定的商业化生产的能力。持续工艺确认是为了确保商业化生产持续处于可控状态，在产品上市后通过收集和评价关于工艺性能的信息和数据，评估工艺变化情况。

工艺设计阶段为了考察工艺参数（输入）与产品质量（输出）之间的关系，为建立设计空间和生产控制策略提供科学依据，一般可利用小型设备采用 DOE（design of experiments）实验设计进行考察。例如，培养工艺开发中采用摇瓶、转罐（spintube）或小型发酵罐同时对多种发酵工艺参数（培养基、温度、pH 值及溶氧等）进行优化；纯化工艺开发过程中采用 96 孔板（Pre Dictor plate96）高通量筛选色谱介质或用自动配制缓冲液的仪器进行缓冲液配制。

工艺确认阶段是对拟商业化工艺在 cGMP 条件下进行确认，证明产品上市后可稳定重现的生产出具有质量一致性的产品。商业化生产工艺确认应包括两个要素，分别为厂房设计、设备与设施的确认以及工艺性能确认（process performance qualification，PPQ）；PPQ 是采用已完成确认的厂房、设备和设施，由经过培训的人员按照商业化生产工艺、控制程序等进行商业化产品的生产过程。因此，生物制品注册临床试验时，连续 3 批临床样品的中试生产尚不能成为严格意义上的工艺确认。工艺确认是指生物制品报产前，要求在 cGMP 条件下进行连续 3 批拟上市规模的生产。通过此阶段的工艺参数、中控指标和产品质量可最终确认商业化工艺的稳健性（robust）。

工艺的持续验证是指产品上市后，为了确保生产工艺始终处于可控状态所进行的持续监控。生物制品注册生产后，应继续收集并分析多批次商业化生产数据，这样既可保证上市产品的质量可控性，又可为后续发生工艺变更、提高产品质量提供"可比性"研究数据支持。

三、生物制品工艺验证的特殊考虑

与传统小分子化药相比，生物制品的生产工艺具备如下特点。①产品来源于活的细胞基质或生物源性的物质。②生产工艺涉及复杂的多工序步骤。③产品分子结构复杂，结构确证具有一定的不完全性，同时强调生物活性的重要性。例如，治疗性重组单抗一般采用哺乳动物细胞表达，经动物细胞培养，多步层析纯化制成冻干或液体制剂。IgG 型抗体理论上存在的变体形式至少有 108 种；而预防性疫苗情况更为复杂，一般为完整的病原体或病原体组分，加之与佐剂配伍及相互作用，目前多数的预防性疫苗尚不能进行完整的结构确证。

因此，生物制品的工艺验证应结合生物制品的工艺复杂性和产品变异性进行特殊考虑；例如，对于生产工艺涉及具有病毒安全性风险的细胞基质、体液、组织或血液，工艺验证应考虑细胞基质的病毒灭活。对于采用连续传代工程细胞表达的重组蛋白，工艺验证应考虑工程细胞株的传代稳定性。对于传统疫苗，同时应进行疫苗代次的病毒/细菌传代稳定性研究。对于纯化工艺采用多步骤工序的生物制品，下游工艺验证应考虑对产品相关杂质和工艺相关杂质的残留或去除。对于终端产品含有多种形式变体的生物制品，工艺验证应采用先进的表征手段尽可能地提供结构确证信息等。

1. 关于生产细胞基质/菌毒种的验证

多数预防或治疗类的生物制品，产品来源于活的细胞基质。例如，疫苗的生产基质主要采用原代细胞（地鼠肾细胞、猴肾细胞、鸡胚细胞等）、二倍体细胞和传代细胞（Vero）、治疗用重组蛋白一般采用哺乳动物细胞（CHO、SP2/0、NS0 等）异源分泌表达，治疗用细胞产品则来源于患者的自体细胞。因此，为保证产品的安全性和质量一致性，应对生物制品工艺涉及的细胞基质进行充分验证。

按照《中国药典》三部（2015 版）要求，生产细胞应严格按照多级种子库（主细胞库、工作细胞库）管理，且应对主细胞库、工作细胞库、生产终末期细胞（end of production cell，EPC）进行全面的检定（鉴别、纯度、内/外源因子、成瘤性/致瘤型、细胞核型等）。一般主细胞库应进行全面检定；工作细胞库的外源因子检测，应重点考虑从主细胞库到工作细胞库传代过程中可能引入的病毒。例如，细胞库传代或建库过程中使用了动物源性原料（猪胰酶或牛血清），细胞库还应检测猪/牛源型病毒。对于已证明具有成瘤性的传代细胞（CHO、NS0、HEK293、BHK21 等）用于生产治疗性生物制品时，可不再进行细胞致瘤性检查；对于用于预防性疫苗生产的细胞基质，均需进行超高代次细胞的致瘤性检定。国内申报临床试验阶段一般要求提供 EPC 或模拟传代终末细胞的检定；例如，临床试验阶段发生培养工艺变更，需重新进行 EPC 细胞检定。

此外，为保证终端产品质量的一致性，工程细胞在生产中应实行有限代次传代，其传代次数应经过遗传稳定性实验验证。即遗传稳定性研究所覆盖的代次应大于商业化规模生产中最大的传代次数。一般工作细胞在模拟真实生产工艺下，采用小型生物反应器进行连续传代培养。稳定性考察的指标也应包括生产细胞的基因型（目的基因序列、基因拷贝数、整合位点等）和表型（活率、代谢、目的产物滴度等）。

对于传统疫苗，工艺验证还包括菌/毒种种子批的建立、全面研究和检定；例如，鉴别、培养特性、外源因子污染、免疫原性、毒力因子等项目的检定。需进行菌毒种传代稳定性研究，包括菌/毒种生产传代过程基因型、表型、滴度、免疫原性和毒力回复等项目的连续传代研究，根据研究结果严格限定生产传代代次。

2. 关于发酵与纯化工艺的验证

生物制品原液生产工艺一般分为以细胞发酵为主的上游工艺和以多步纯化工序为主的下游工艺。对于原液的工艺表征研究，应说明各工序操作参数的合理性，并建立必要的中控验收标准。上游培养工艺的研究与验证应关注操作条件对细胞/菌体/病毒生长特性、代谢水平和目的产物的影响；并应根据最大传代代次、微生物污染或产品质量建立发酵液废弃指标；例如，无菌、支原体、特异性病毒、目的产物产量/病毒滴度等。

下游纯化工艺的研究与验证应关注关键工序对于产品相关杂质（生物技术产品包括聚体、降解产物、电荷异构体、疏水变体等，疫苗包括无活性的病毒颗粒、非目的范围的多糖、包装不完整的病毒样颗粒等）、工艺相关杂质（宿主细胞蛋白、宿主细胞 DNA、脱落配基、内毒素、抗生素等）可有效去除或残留水平。对于化学偶联修饰的制品（化学偶联抗体药物、化学修饰多肽类药物等），工艺验证还应重点关注对游离修饰基团、非偶联蛋白比例等的过程控制。对于预防性疫苗下游工艺中，应重点对有效抗原的提取和杂质去除进行验证。

3. 关于病毒安全性的工艺验证

对于生物技术产品，细胞基质以及部分生产原材料（胰酶、血清）等均存在病毒污染的风险。而且，由于 CHO、SP2/0 等细胞基因组中含有逆转录病毒颗粒。因此，生物制品的病毒安全性工艺验证既要关注细胞基质来源、原材料，还需重点考察纯化工艺中对于病毒的去除/灭活能力。国内目前一般要求生物制品进入临床试验前完成关键工序的病毒清除与灭活验证，申报生产阶段则要结合层析介质的使用寿命完成对整个工艺的病毒灭活及去除验证。

病毒灭活/去除工艺验证主要采取规模缩小模型模拟实际工艺条件，对主要工序（低 pH 值孵育、S/D 处理、纳滤等）的灭活/去除效能进行验证。验证过程采用的病毒应具有代表性，例如，低 pH 值孵育可采用囊膜病毒（MuLV、VSV 或 PRV）作为指示病毒，膜过滤可采用细小病毒（PPV 或 MMV）作为指示病毒。病毒灭活的一般要求是至少包括两个步骤，对病毒去除/灭活的效果达 4 log 以上。

值得关注的是对于病毒灭活的工艺验证，既要保证对于模式病毒的灭活效率，也要关注产品质量的变化。目前已发现 IgG4 型抗体（例如，Nivolumab）对于酸孵育过程中 pH 值较为敏感，因此，其工艺验证还应考察病毒灭活对产品质量（抗体的纯度与活性或疫苗的抗原含量和效价等）的影响。

对于灭活疫苗等传统疫苗，由于产品本身即为病毒，病毒负荷远高于生物技术产品的潜在理论值，因此其病毒灭活验证除进行灭活终点的常规灭活效果放行检定外，还需在灭活过程中取样进行病毒灭活动力学曲线的研究；同时灭活以不损伤抗原为宜，需通过工艺验证证实灭活后的抗原仍具备充分的免疫原性。

4．关于层析介质、一次性反应器适用性的验证

层析工序（亲和、疏水、离子交换等）作为生物制品去除相关杂质和病毒灭活的主要工序，其处理能力和纯化效果依赖于层析介质的使用寿命。因此，一般生物制品在注册生产前，应采用规模缩小模型模拟实际工艺条件，根据工艺性能（蛋白载量、回收率）和产品质量（纯度、工艺杂质残留）确认其使用寿命（最大使用循环数）。

近年来，由于一次性反应器可避免清洁、灭菌工艺等验证成本，在细胞大规模培养中得到广泛应用。例如，利用一次性生物反应器流加培养动物细胞生产重组抗体，利用一次性反应器灌装培养 CHO-C28 细胞生产 HBsAg。但考虑到一次性生物反应器材质的适用性及潜在风险，工艺验证应开展浸出物（extractable）和溶出物（leachable）等研究。EMEA 的相关工艺验证文件也指出，工艺开发阶段应充分考虑一次性耗材对于溶出物和浸出物风险评估，采取供应商文件（溶出物数据）或采用模拟条件进行研究。工艺确认阶段，应说明一次性耗材对于生产性能（例如，细胞活率）、产品质量的影响。

5．中间产品、原液与制剂保存与运输验证

由于生物大分子蛋白的不稳定性，一般生物制品原液采用冷冻、制剂采用冷藏等方式进行保存与运输。按照最新颁布的《生物制品稳定性研究指导原则》的要求，原液和制剂包装选择、贮存条件、有效期、运输条件均需通过稳定性研究（影响因素、强制降解、加速和长期等）进行验证。此外，某些生物制品的生产工艺受场地、工艺条件所限，部分中间体会在工艺的某个阶段短暂保存（holding time）。例如，抗体生产过程中亲和层析收集液可短时间冻存或冷藏后再进行下一步处理，胰岛素生产过程中包含体收获后进行异地加工等，此时就需要对中间品的保存条件、有效期和运输条件进行验证。

四、药品注册管理中存在的相关共性问题

在生物制品的药学评价中，工艺验证资料是说明生产工艺的科学性、合理性和可重复性最为直接的证据。目前我国药品生产企业在注册资料申报过程中，缺乏工艺验证数据是较为常见的药学研究缺陷。注册资料中经常出现"有工艺研发无工艺验证""有工艺验证无工艺研发"的现象，甚至还出现"既无工艺研发，也无工艺验证"等问题。上述情况均造成无法通过工艺验证数据说明工艺的稳健性和产品的一致性。目前国内药品注册管理中出现的工艺验证相关问题及内在原因如下。

1．工艺研究不充分，验证批次/规模不具有代表性

由于工艺验证研究需药品生产企业从原辅料、人员、设备设施等多方面予以保证，整个工艺验证过程的资金投入、时间成本较高。为了将研发成果转化生产，申请人往往会尽可能减少工艺验证批次，压缩工艺验证时间，造成工艺研究不充分、验证批次/规模不具代表性。此外，由于长期以来我国生物制品的研发以跟踪国外原研产品进行仿制为主，其生产工艺路线借鉴原研品种或采用平台化制备工艺，这也容易造成申请人对工艺研究和工艺确认缺乏足够的重视。

工艺研究阶段对生产工艺进行全面、深入的研究，有助于认识工艺参数对产品质量的影响，进而为工艺参数的调整预留足够的设计空间。前期工艺研究越充分，产品批准上市后变更工艺的可能性也就越小。反之，就会造成未来产品上市后不能按照制造规程进行生产或出现重大工艺变更。

工艺确认阶段的工艺验证应采用符合 cGMP 规范进行研究，并尽可能考察工艺最差条件，以确认拟上市工艺的稳健性。目前，国内生产申报品种上市批次验证缺少良好全面的设计，除常规的放行检验及过程控制检验数据外，未充分考虑以下因素：生产工艺参数的代表性及挑战性试验的考虑、层析柱等设备的使用寿命研究、生产规模下终末代细胞或/和毒株的测序研究等。

2．缺乏对于产品"持续性"的工艺验证

目前国内外关于工艺验证的要求均指出，确认和验证不是一过性的行为，首次确认或验证后，应根据产品质量回顾分析情况进行再确认或再验证。但部分药品生产企业对工艺验证的理解为申报时间"点"的验证，即仅以注册临床或注册生产的连续 3 批生产满足拟定的质量标准为准，缺少工艺验证全生命周期的考虑以及各阶段工艺及产品质量的可比性研究，尤其是上市产品与临床样品的可比性研究。

对于临床研究阶段或产品上市后发生的工艺变更，此时的工艺验证概念应结合或扩展为可比性研究。即通过对变更前后多批次产品的批次放行检验、结构确证和稳定性（尤其是加速或强制降解）研究，证实工艺变更前后产品质量具有一致性。若存在质量差异或仅药学专业不能说明产品质量可比性，还应继续开展非临床、临床等可比性研究。

3．工艺验证观念滞后，相关指导原则缺位

工艺验证的批次根据工艺复杂程度、工艺的变异水平以及对于工艺的认识程度而定。对于生物制品的工艺验证，应鼓励在不同阶段使用多批次数据。部分申请人对于将工艺验证狭隘地理解为注册临床阶段的 3 批中试生产和注册生产阶段的 3 批拟上市规模试生产，其实是源于对 20 世纪 80 年代工艺验证概念的片面理解，已与目前所倡导的"基于药品生命周期"的工艺验证理念相悖。甚至在药品注册管理实践中，还出现上市申请阶段仍递交中试生产工艺研究资料，尚未完成商业化规模的验证等问题。这更暴露了药品研发者对于工艺验证概念缺乏必要的知识和认识。

在我国，目前关于生物制品工艺验证的相关要求分散于《药品生产质量管理规范》、《中国药典》总论、相关产品质量控制的指导原则（重组 DNA 制品、人用单克隆抗体、结合疫苗、多肽疫苗、疫苗产地工艺变更、血液制品病毒灭活）等文件，尚无专门的指导原则系统地对生物制品的工艺验证进行要求，这也是造成工业界对于生物制品工艺验证缺乏完整、深入认识的重要原因。在此方面，欧盟 2016 年出台的《关于生物技术来源产品工艺验证与申报资料的要求》，内容涵盖了生物制品上游工艺、下游工艺、多产地加工、返工等验证要求，对于国内生物制品工艺验证具有一定的现实指导意义。

五、无菌制剂工艺验证实施的案例介绍

以无菌冻干制剂产品关键工艺步骤为例，介绍其工艺过程及验证特点。对于特定工艺拟定正常生产的工艺参数，对于需要研究的工艺参数，批生产时将考虑采用最差条件执行工艺验证。

1．工艺过程及验证特点

（1）配料。

在一定的洁净环境下，按照生产指令称重复核所需物料，做好明确、清晰的标识，防止任何可能出现的混淆。配料所用工具容器需经注射用水清洗并晾干，在 48 h 内有效，否则需重新清洗。

（2）溶液的配制和除菌过滤。

根据无菌制剂产品药液的特性确定其相应的洁净级别。若称量粉末物料，要注意设置除尘装置，保护人员和环境免受污染。配制的溶液应进行如密度、温度、pH 值等项目的检测。

配制好的溶液通过预过滤加入到贮液罐中。对溶液预过滤管路进行在线灭菌，灭菌后的过滤管路有效期为 24 h，否则需重新进行灭菌。使用后对所用的过滤器进行完整性测试，应符合要求。由于除菌过滤不能去除内毒素，所以必须控制过滤前的微生物负荷，以减少内毒素的形成。

验证过程中按照计划取样，考察预定的配料工艺是否能配制出合格的产品溶液；考察配料溶液在规定的放置时间内是否稳定（包括化学指标和微生物指标），为今后的溶液保持时限规定提供依据。

（3）容器具的清洗和灭菌。

清洗目的在于去除容器具表面的微粒和微生物，另外还要去除上批次产品的残留，防止交叉污染。清洗后需要进行灭菌或除热原操作，灭菌或除热原的程序、参数应该经过确认和验证，并遵照执行。已灭菌的设备按照我国 GMP 要求进行贮存和转移。

（4）胶塞的准备。

免洗胶塞用两层呼吸袋包装，经灭菌柜灭菌干燥，冷却后传送至使用点。

（5）无菌灌装和压塞。

灌装区域是整个洁净环境的核心，称为关键区域。灌装管路经在线灭菌后，将已灭菌的灌装组件（包括二级除菌过滤器）通过无菌操作安装好。产品溶液经在线除菌过滤后，输送到无菌过滤缓冲罐；灌装或分装后应在最短的时间内压塞，减少产品暴露时间。

另外，必须采取措施减少操作人员对关键区域的干扰。某些产品在灌装后还会进行充氮保护。

（6）冻干。

每批产品生产前，应对冻干箱进行 CIP 处理，对冻干箱及其空气滤芯进行 SIP 处理。并在 24 h 内使用，否则应重新灭菌。不同产品或相同产品在不同的冻干机上，其工艺参数有所不同，应进行冻干工艺的开发研究，以确定其工艺参数的运行范围。

验证过程中，考察产品溶液经设定的程序冻干后，产品的外观、可见异物、不溶性微粒、澄清度、水分、含量是否符合要求。

（7）轧盖。

在冻干机内完成全压塞的产品出箱后，送入轧盖机完成轧盖操作。铝塑盖封口应圆整光滑，不松动。生产过程中随时检查轧盖质量，包括破瓶、缺塞、缺顶、轧坏等情况。

（8）无菌产品的最终处理。

轧盖后的无菌产品应进行必要的密封性检查。

（9）外包装。

外包装工序包括贴标、装盒、电子监管码赋码、裹包和装箱等。由于是在产品完全密封后进行的，所以可以不在洁净环境下进行。但外包装工序通常涉及产品的各种识别码，例如，批号、电子监管码等。凡是涉及识别码的工序应被认为是关键工序，并进行必要的确认和验证。

2．无菌制剂工艺的风险评估

随着现代制药行业中质量风险管理的发展，风险评估被广泛应用在制药行业的各个领域和各个阶段。从工艺设计到性能确认、持续的维护改进，从原料药生产到无菌制剂，到处都可以看到风险评估的应用。风险评估的方法和工具有许多，比较适用于工艺风险评估的方法是失效模式影响分析（FMEA）和危害分析与关键控制点（HACP）这两种。

如图 11-6 所示是一个典型的无菌冻干产品生产工艺流程图。针对每一个工艺步骤，使用 FMEA 方法进行风险评估，并采取措施降低较高等级的风险，风险评估结果及风险控制措施如表 11-13 所示。

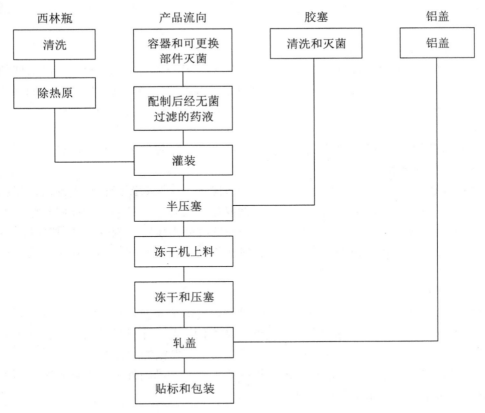

图 11-6　无菌冻干产品生产工艺流程

表 11-13　风险评估结果及风险控制措施

序号	工序	用途说明	失效事件	最差影响	严重性	可能性	可检测性	风险优先性	控制措施
1	西林瓶清洗	去除微粒和化学污染	WFI水压不足，清洗不彻底	微粒和化学污染物清洗不彻底	高	中	高	中	加强员工培训，严格按照SOP规定运行设备，报警确认，包括水压低报警
2	西林瓶除热原	西林瓶经过高温加热烘干，去除热原	隧道内温度分布不均，部分西林瓶除热原失败	西林瓶有内毒素，严重影响产品质量	高	中	低	高	进行热分布测试，确认隧道的"冷点"符合要求；进行除热原测试，确认隧道的性能符合要求
			高效过滤器泄漏，西林瓶被污染	西林瓶可能含有微粒等污染物，影响产品的纯度	高	低	低	高	制定高效过滤器检漏的SOP，定期进行DOP测试
3	胶塞清洗和灭菌	用于胶塞的清洗、灭菌和干燥	胶塞灭菌失败	含菌胶塞将直接污染产品	高	中	低	高	定期进行胶塞灭菌效果验证
4	容器和可更换部件灭菌	用于容器和设备部件灭菌	灭菌失败	含菌容器和设备部件将直接污染产品	高	中	低	高	定期进行容器和设备部件的灭菌效果验证
5	无菌过滤	用于药液的除菌过滤	过滤器与药液反应或脱落杂质	污染产品，影响产品纯度和效力	高	中	低	高	购买过滤器时确认其材质符合要求，要求过滤器生产厂家出具材质兼容性报告
6	灌装	用于药液灌装	灌装精度不足，有滴液或气泡现象	装量不符合要求，影响产品质量	高	高	中	高	制定含有异常情况处理的SOP，并严格遵照执行
			灌装机碎瓶	碎玻璃进入产品	高	高	高	中	制定含有异常情况处理的SOP，并严格遵照执行

无菌工艺的风险评估是一个反复迭代的过程。采取控制措施进行风险控制后，应再次进行风险评估，以确定风险确实消除或降低到了可以接受的水平。

3. 无菌制剂工艺验证的思考

（1）无菌制剂工艺验证的必要性。

药品质量管理是保证医疗质量的前提。要保证药品质量，预防与控制远比事后处理更加重要。在药品生产前，对药品的生产工艺进行系统规范的验证，可以从根本上保证药品的稳定性及有效性等。

药品生产工艺的验证不是一个简单的检验过程，而是根据 GMP 原则进行的一系列活动，用以证明任何程序、生产过程、设备、物料、活动或系统确实能达到预期结果。工艺验证环节要进行严格的规划与实施，并对验证结果进行评估，生产工艺验证的主要目的是确保产品质量的稳定性。验证主要项目包括生产材料的质量和投入比例、生产的工艺限度、操作的技术参数以及最基本的生产条件和环境情况。在工艺验证的每一个步骤都要收集足够的数据和证据，利用收集到的数据来证明生产的可靠性，以此来保证产品质量。

做好验证工作是制药企业达到国家标准的基础，也是有效实施 GMP 的重要保证。可以通过验证检查出药品生产环节可能存在的任何缺陷以及其中对生产存在影响的问题，及时采取措施加以改正，使其符合生产规范要求。

全面完整的验证体系能够为公司带来许多积极的影响，例如，保证质量、优化工艺、降低成本和保障安全等。制药企业对生产工艺验证的合理投入越多，对工艺的了解越多，产品质量的稳定性保障就越多。对于工艺验证的合理投入就像一个企业的投资，其回报是长远的、丰厚的。

（2）无菌制剂工艺验证环节存在的问题及对策。

验证是证明任何程序、生产过程、设备、物料等能否达到预期结果的一系列活动。验证需要经过较长的周期、较多的环节以及投入较大的精力，在大多数制药企业的 GMP 实施过程中还较为薄弱。

①工艺验证的操作者对新的工艺认识不深，缺乏实际操作经验。

对于许多制药企业而言，新的工艺规程，大多是自主研发或直接从其他公司购买，而针对验证此项工艺的技术人员来说，其工艺基本都是初识，只能从相应的文件中获得所需知识，一般对于药品生产工艺的研究较为片面。在具体操作中，对于各环节和技术参数，就会存在很多疑问。例如，温度的变化会对工艺产生什么影响，如何检测，有什么理论依据，为什么这项要进行 pH 值检测，如何具体调节等。

针对这些问题，验证人员往往比较困惑，这也给验证的实施带来一定的阻碍。当然，针对验证系统比较完善的公司来说，这些问题基本都能克服，并且能够很好地保证产品质量的稳定性，但是却很难提出工艺优化的方法。

鉴于此，笔者认为需要安排验证人员与工艺技术人员做好交接工作以及相应的学习工作，让验证人员在验证之前能够全面了解工艺的各环节和各技术参数，了解生产工艺中的风险点和可以优化的环节，这样才能更好地保证产品验证的有效性和稳定性，并且最大限度地发挥验证的作用。

②验证环节较多，周期长。

无菌制剂工艺验证是一项复杂的系统工程。全面的工艺验证既包括厂房设施、公用工程和工艺设备等"硬件"的确认，又包括人员培训、时限控制、无菌检测等"软件"的确认。其内部各系统之间有着科学、合理的逻辑联系。

要进行验证工作，就必须按照验证生命周期设计出一套完整的验证计划。验证活动中的很多因素都在不断发展变化，也必须不断地适应调整。如果出现问题，要进行相应的偏差调查和分析，对于不存在风险的则放行。反之，则要建立纠正预防措施，并做好验证。

正常生产情况下，若未发生任何变更，可每五年进行一次再验证。

思 考 题

1. 简述清洁生产审核评估与验收的基本概念。
2. 简述清洁生产审核评估与验收的主要依据。
3. 简述申请清洁生产审核评估的企业具备的条件。
4. 简述企业清洁生产审核评估过程。
5. 简述申请清洁生产审核验收的企业应具备的条件和验收过程。
6. 简述验收不通过的原因。
7. 简述重点企业清洁生产审核评估指标体系。
8. 简述重点企业清洁生产审核验收指标及要求。
9. 简述验收支撑材料的主要内容。
10. 简述验证的含义及其意义。
11. 简述生物制品工艺验证的特点。
12. 简述 QbD、PPQ、FMEA、HACP 的中文定义。

参 考 文 献

[1] GB/T 14689—2008，技术制图 图纸幅面和格式[S]. 北京：中国标准出版社，2008.

[2] GB/T50001—2017，房屋建筑制图统一标准[S]. 北京：中国建筑工业出版社，2017.

[3] GB/T50006—2010，厂房建筑模数协调标准[S]. 北京：中国计划出版社，2011.

[4] GB 51245—2017，工业建筑节能设计统一标准[S]. 北京：中国计划出版社，2017.

[5] GB50352—2019，民用建筑设计统一标准[S]. 北京：中国建筑工业出版社，2019.

[6] 李浪，周平，杜平定. 淀粉科学与技术[M]. 郑州：河南科学技术出版社，1994：123-127.

[7] 李浪. 卫辉通达变性淀粉有限公司车间设计图[Z]. 郑州良源分析仪器有限公司工程部，2001.

[8] 李浪. 河南新乡华星药厂刘庄玉米淀粉车间设计图[Z]. 郑州良源分析仪器有限公司工程部，2004.

[9] 刘四磷. 粮食工程设计手册[M]. 郑州：郑州大学出版社，2002：1994-1234.

[10] 郭桢祥. 粮食加工与综合利用工艺学[M]. 郑州：河南科学技术出版社，2016：50-71.

[11] 李浪，日处理 600 吨小麦面粉车间设计图[Z]. 郑州良源分析仪器有限公司工程部，2007.

[12] 李浪，日处理 350 吨面粉的小麦淀粉谷朊粉车间设计图[Z]. 郑州良源分析仪器有限公司工程部，2012.

[13] GB15577—2018，粉尘防爆安全规程[S]. 北京：中国标准出版社，2018.

[14] 李浪. 年产 2 万吨口服结晶葡萄糖生产车间设计图[Z]. 郑州良源分析仪器有限公司工程部，2001.

[15] 唐艳艳，易弋，伍时华，等. 木薯粉浓醪酒精同步糖化发酵工艺研究[J]. 安徽农业科学，2010，38（23）：12690-12692.

[16] 易弋，容元平，程谦伟，等. 木薯粉浓醪酒精同步糖化发酵 5L-100L 放大试验[J]. 中国酿造，2011，30（3）：85-87.

[17] 张超，王静，唐波，等. 同步糖化发酵菊芋生产酒精[J]. 生物加工过程，2016，14（2）：12-16.

[18] 王涵. 生料玉米淀粉同步糖化发酵乙醇动力学的研究[D]. 哈尔滨：哈尔滨工程大学，2013.

[19] 岳军，徐友海，王继艳，等. 木薯酒精渣的预处理及补料同步糖化发酵制取乙醇[J]. 化工进展，2018，37（1）：276-282.

[20] 王兵，王蔚新. 玉米粉醪液同步糖化发酵工艺研究[J]. 园艺与种苗，2012（4）：

62-63.

[21] 刘振，王金鹏，张立峰，等. 木薯干原料同步糖化发酵生产乙醇[J]. 过程工程学报，2005，5（3）：353-356.

[22] 阮义清. 年产 30 万吨无水乙醇自动系统开发[D]. 郑州：河南工业大学生物工程学院，2008.

[23] 李浪. 年产 8 万吨高纯乳酸发酵种子车间设计图[Z]. 河南轻工业设计院有限公司，2017.

[24] 王慧锋. 年产 5 万吨 L-乳酸工厂设计[D]. 郑州：河南工业大学生物工程学院，2008.

[25] Gang L，Jiaoe S，Jian Z，et al. High titer l-lactic acid production from corn stover with minimum wastewater generation and techno-economic evaluation based on Aspen plus modeling[J]. Bioresource Technology，2015，198：803-810.

[26] 刘刚. Aspen Plus 平台上干法生物炼制技术的流程模拟与过程推演[D]. 上海：华东理工大学，2017.

[27] 辛颖，王天成，金书含，等. 聚乳酸市场现状及合成技术进展[J]. 现代化工，2020，40（S1）：71-74.

[28] Bapat S S，Aichele C P，High K A . Development of a sustainable process for the production of polymer grade lactic acid[J]. Sustainable Chemical Processes，2014，2（1）：1-8.

[29] Fomin V A，Korovin L P，Beloded L N，et al. Investigating the process of producing polylactic acid as the base polymer of biodegradable plastics[J]. International Polymer ence and Technology，2011，38（3）：19-25.

[30] 耿直，刘开辉，赵赞鑫，等. 一株产紫杉醇中国红豆杉内生真菌的分离和鉴定[J]. 微生物学通报，2010，37（2）：199-203.

[31] 靳瑞，康冀川，文庭池，等. 一株产紫杉醇内生真菌液体发酵工艺的优化[J]. 菌物学报，2011，30（2）：235-241.

[32] 程首先，王荣华，陈杰鹏，等. 紫杉醇高产菌发酵产物的分离、纯化和鉴定 [J]. 中国药科大学学报，2011，42（6）：570-572.

[33] 牛学良，南杰，于溪，等. 产紫杉醇真菌发酵液脱色处理方法[J]. 南开大学学报，2014，47（3）：22-28.

[34] Pandi M，Rajapriya P，Suresh G，et al. A fungal taxol from Botryodiplodia theobromae Pat.，attenuates 7，12 dimethyl benz（a）anthracene（DMBA）-induced biochemical changes during mammary gland carcinogenesis[J].Biomed Prev Nutr，2011，1（2）：95-102.

[35] 刘辉. 微生物发酵法产紫杉醇的分离提取[D]. 哈尔滨：黑龙江大学，2011.

[36] 郭立佳. 紫杉醇分离纯化工艺的研究[D]. 无锡：江南大学，2006.

[37] 赵德志. 利用基因组工程技术改造汉逊酵母生产甘油和紫杉醇[D]. 西安：陕西科技大学，2015.

[38] 施丽蓓，张丽春，牛海滨，等. 多西他赛的生产工艺研究及其产业化[J]. 上海医药，2012（7）：41-43.

[39] Galsky M D，Dritselis A，Kirkpatrick P，et al. Cabazitaxel [J]. Nature reviews Drub，

discovery，2010，9（9）：677.

[40] YARED J A，TKACZUK K H. Update on taxane development: new analogs and new formulations [J]. Drug Des Devel Ther，2012，6：371-384.

[41] 户延峰，勾丽莉，闫世良. 维生素 C 的生产工艺发展[J]. 低碳世界，2018，179（5）：375-376.

[42] 邹旸. 维生素 C 二步发酵两菌关系的研究进展[J]. 轻工科技，2015（7）：12-13.

[43] 王锦愉，朱浩. 维生素 C 发酵工艺的思考[J]. 科技与企业，2013（20）：361.

[44] 兰小林. 年产 3 万吨 VC 工厂三维设计[D]. 郑州：河南工业大学生物工程学院，2016.

[45] 刘逸寒，孙岩，杜连祥，等. 一种产纳豆激酶枯草芽孢杆菌及该菌种发酵生产纳豆激酶的方法[P]. CN102220258A，2011.

[46] 秦国宏. 枯草芽孢杆菌联产纳豆激酶和 γ-聚谷氨酸的研究[D]. 北京：中国科学院过程工程研究所，2007.

[47] 韩宇星，孟凡强，周立邦，等. 通过敲除 γ-PGA 合成基因提高纳豆杆菌纳豆激酶的生产效率[J]. 食品与发酵工业，2021（20）：361.

[48] Chang-Su W，Xiao-Tong S，Jian J，et al. Nattokinase with manifold strains by solid-state fermentation[J]. Journal of Wuhan Polytechnic University，2013.

[49] 房俊楠，雷娟，许力山，等. 微生物发酵生产 γ-聚谷氨酸研究进展[J]. 应用与环境生物学报，2018，24（5）：1041-1049.

[50] 赵兰坤，徐恒山，楼良旺. 发酵产 γ-聚谷氨酸的提取工艺研究现状[J]. 发酵科技通讯，2014，43（2）：27-28.

[51] 李浪，李潮舟，周平，等. 全自动控制多功能固态发酵罐[P]. CN106701563B，2019.

[52] Ali H K Q，Zulkali M M D. Design Aspects of Bioreactors for Solid-state Fermentation: A Review[J]. Chemical & Biochemical Engineering Quarterly，2011，25（2）：255-266.

[53] Thomas L，Larroche C，Pandey A. Recent process developments in solid-state fermentation[J]. PROCESS BIOCHEMISTRY，2013，27(Complete)：109-117.

[54] Arora S，Rani R，Ghosh S. Bioreactors in solid state fermentation technology: Design，applications and engineering aspects[J]. Journal of Biotechnology，2018，269：16-34.

[55] Ge X，Vasco-Correa J，Li Y. Solid-State Fermentation Bioreactors and Fundamentals[J]. Current Developments in Biotechnology and Bioengineering，2017：381-402.

[56] Abdul Manan，Musaalbakri. Design Aspects of Solid State Fermentation[D]. University of Manchester，2014.

[57] Ruiz-Sanchez J，Flores-Bustamante Z R，Dendooven L，et al. A comparative study of Taxol production in liquid and solid-state fermentation with Nigrospora sp. a fungus isolated from Taxus globosa[J]. Journal of Applied Microbiology, 2010, 109（6）：2144-2150.

[58] Ghosh P，Ghosh U. Bioconversion of Agro-waste to Value-Added Product Through Solid-State Fermentation by a Potent Fungal Strain Aspergillus flavus PUF5[J]. Utilization and

Management of Bioresources，2018：291-299.

[59] Jicheng L，Huangkun LI，Xiu LI，et al. Process Study on Mixed Multi-strain Solid State Fermentation of Peanut Straw to Produce Protein Feed[J]. Journal of Domestic Animal Ecology，2019（4）：42-47.

[60] Hardin M T，Mitchell D A，Howes T . Approach to designing rotating drum bioreactors for solid-state fermentation on the basis of dimensionless design factors[J]. Biotechnology & Bioengineering，2015，67（3）：274-282.

[61] Qiang G，Haifei G . Advances in enzyme preparation via solid state fermentation[J]. Biotechnology & Business，2018（3）：24-30.

[62] EI-Bakry M，Abraham J，Cerda A，et al. From Wastes to High Value Added Products：Novel Aspects of SSF in the Production of Enzymes[J]. Critical Reviews in Environmental Science & Technology，2015，45（18）：1999-2042.

[63] 谢华玲，陈芳，Cynthia，等. 全球生物制药领域研发态势分析[J]. 中国生物工程杂志，2019（5）：1-10.

[64] 温莉娟. 新版 GMP 实施对药品生产企业厂房设计的影响[J]. 机电信息，2013（17）：11-15.

[65] 康恺，梁毅. 浅谈新版 GMP 对建设洁净室（区）厂房的环境要求[J]. 机电信息，2013（23）：21-24.

[66] 魏莹，张哲文，陆亚敏，等. 长效重组蛋白药物发展动态[J]. 生物工程学报，2018，34（3）：360-368.

[67] 陆娇，陈大明，江洪波. 重组蛋白药物研发及专利分析[J]. 生物产业技术，2015（1）：78-83.

[68] 时秀英，刘凤武. 一种表达于大肠杆菌体内的重组蛋白质药物下游纯化过程的研究[J]. 煤炭与化工，2010，33（6）：13-15.

[69] Zhao A Q，Hu X Q，Li Y，et al. Extracellular expression of glutamate decarboxylase B in *Escherichia coli* to improve gamma-aminobutyric acid production. AMB Express，2016，6（1）：55.

[70] Frenzel A，Hust M，Schirrmann T. Expression of recombinant antibodies. Front Immunol，2013，4：217.

[71] 姜和，龚梦嘉. 长效多肽药物化学修饰的研究进展[J]. 重庆理工大学学报（自然科学）.2012，26（4）：33-39.

[72] 李家冬，王弘. 重组蛋白正确折叠与修饰的提高策略[J]. 生物工程学报，2017，33（4）：591-600.

[73] 张林忠. 轧盖工艺选择对多品种重组蛋白质药物无菌车间布局的影响[D]. 北京：北京大学，2013.

[74] 王皓，寇庚，张大鹏，等. 一种节能的重组蛋白药物生产厂房净化空调系统[P] . CN201621223682.3.

[75] 聂子皓. 年产 3.8 吨胰岛素冻干粉针剂工厂设计[D]. 郑州：河南工业大学生物工

程学院，2020.

[76] 杨勇，张垚，暴学奇. 疫苗中试车间工艺设计分析[J]. 化学与医药工程，2017，38（1）：29-32.

[77] 张颖. 疫苗新产品项目精益生产流程研究[D]. 北京：中国科学院大学，2014.

[78] 伍雅欣. 常用计划免疫疫苗工艺布置设计要点分析[J]. 化工与医药工程，2012，33（6）：22-25.

[79] 张媛媛. 浅谈脊髓灰质炎减毒活疫苗生产车间的工艺布置设计[J]. 机电信息，2015（14）：53-56.

[80] 夏志武，施金荣，赵巍，等. 人用 H5N1 禽流感病毒疫苗生产工艺的优化[J]. 国际生物制品学杂志，2020，43（2）：62-65.

[81] 李光谱，张艳，张飞齐，等. 不同基质流感疫苗的生产工艺及质量控制[J]. 中国生物制品学杂志，2019，32（3）：361-364.

[82] 孙世红. 流感病毒裂解疫苗（四价）生产工艺的初步研究[D]. 长春：吉林大学，2018.

[83] Sanders Niek N. Low-dose single-shot COVID-19 mRNA vaccines lie ahead[J]. Molecular Therapy，2021，29（6）：1944-1945.

[84] Chen Yamin，Cheng Luying，Lian Rongna，et al. COVID-19 vaccine research focusses on safety，efficacy，immunoinformatics，and vaccine production and delivery：a bibliometric analysis based on VOSviewer [J]. Bioscience trends，2021，15（2）：64-73.

[85] 孟子延，马丹婧，高雪，等. mRNA 疫苗及其作用机制的研究进展[J]. 中国生物制品学杂志，2021，34（6）：740-744.

[86] 国家卫健委、科技部、工信部、国家市场监管总局、国家药监局联合印发《疫苗生产车间生物安全通用要求》2020，6.

[87] 宋弘. 单克隆抗体药物生产车间（抛弃型设备）工程设计探讨[J]. 化工与医药工程，2016，37（2）：9-14.

[88] 宋杨. 单克隆抗体药物生产单元与工程设计分析[J]. 化工与医药工程，2018，39（2）：27-30.

[89] 韩飞. 单克隆抗体原液生产车间布置分析[J]. 化工与医药工程，2018，39（6）：16-20.

[90] 葛建平，高朋杰，邢建锋. 符合 EU GMP 冻干粉针制剂车间工艺平面设计初探[J]. 河北化工，2013，36（2）：24-26.

[91] 周鸿立，郭思楠，张庆宇，等. 一种多肽冻干粉针剂厂房的设计方案[P]. CN102828631A，2012.

[92] 张秀兰，王嘉，杨裕栋，等. 静脉滴注用无菌冻干粉针车间工艺设计[J]. 中国药事，2012，26（12）：1402-1405.

[93] 宋竹田，胡大文. 关于冻干车间的设计心得[J]. 化工与医药工程，2011，32（3）：9-11.

[94] 张俊翠. 集成320意大利马可西尼最新研发设计的自动化泡罩包装生产线/张俊翠[J].

中国包装工业，2014（13）：14-15.

[95] 孙怀远，杨丽英，孙波，等. 泡罩包装设备的主要工作机构分析[J]. 机电信息，2015（23）：1-8.

[96] 谢佳. 固体制剂车间的工艺布置设计探讨[J]. 广东科技，2014（8）：189-190.

[97] 郁朝阳. 垂直流程在固体制剂生产设施中的应用[J]. 机电信息，2016（5）：49-54.

[98] 薛丹枫，陈建国. 浅谈固体制剂车间的工艺布置设计[J]. 医药工程设计，2010，31（2）：18-22.

[99] 陈康. 探析紫杉醇药物制剂的研究进展[J]. 黑龙江医药，2019，32（6）：1390-1392.

[100] Ezequiel B，Maximiliano C，Eduardo L. Paclitaxel: What has been done and the challenges remain ahead [J]. International Journal of Pharmaceutics，2017，526：474-495.

[101] 郭倩倩. 紫杉醇纳米脂质体的研究进展 [J]. 中国药科大学报，2014，45（5）：599-606.

[102] 海冰峰. 紫杉醇酯质体自动化生产探索[J]. 机电信息，2016（14）：17-20.

[103] Naik S，Patel D，Surti N，et al. Preparation of PEGylated liposomes of docetaxel using supercritical fluid technology[J]. Journal of Supercritical Fluids，2010，54（1）：110-119.

[104] 李爽，王海君. 超临界二氧化碳法制备紫杉醇酯质体 [J]. 中国药业，2011，20（15）：35-36.

[105] 乔广军，张保奎，杨荣，等. 紫杉醇酯质体制备方法优化比较[J]. 生物技术通报，2014（9）：45-50.

[106] 孙慧萍，张国喜，程光，等. 脂质体药物的制备方法及临床应用[J]. 中国医药工业杂志，2019，50（10）：1160-1171.

[107] 胡立红. 体外诊断试剂盒装配生产线设计及装备开发[D]. 天津：天津大学，2014.

[108] 朱溧. 基于 DFSS 的体外诊断试剂设计转移研究[J]. 企业技术开发，2014，33（19）：119-121.

[109] Abuhav I. ISO 13485：2016：A Complete Guide to Quality Management in the Medical Device Industry，Second Edition[M]. 2018：391-470，625-680.

[110] 邓哲琪. 机械制图三维虚拟模型库的研究与开发[J]. 中国设备工程，2017（3）：87-88.

[111] 张小广. 基于 SP3D 软件自控专业三维模型的建库[J]. 自动化与仪器仪表，2017（S1）：11-14.

[112] 田小壮，赵丰刚，刘海影，等. 基于点云数据的变电站三维仿真模型的实现及展望[J]. 四川电力技术，2018，41（4）：36-40.

[113] 王矗，阎光伟. 一种电力设备仓库三维可视化系统[J]. 中国科技信息，2018（1）：73-74.

[114] 何丽，孙文磊，王宏伟，等. 基于异构 CAD 平台的可参数化 Web 三维模型库构建[J]. 机床与液压，2016（23）：149-152.

[115] 周洪军. 运用三维技术进行车间设备布置设计[J]. 粮食与饲料工业，1997（11）：19-20.

[116] 张秀兰，杨艺虹，张珩，等. 制药工程专业实验三维课程体系的构建与实践[J]. 中国科教创新导刊，2013（17）：167-168.

[117] 朱秋享，李振辉. 三维工厂设计软件在医药工程设计中的应用[J]. 机电信息，2014（5）：54-56.

[118] 侯伟亮. 发酵车间的虚拟建模及发酵工厂的三维设计[D]. 郑州：河南工业大学生物工程学院，2013.

[119] 刘欣炜. 车间设施布置方案分析与优化设计[J]. 山东工业技术，2017（20）：282-282.

[120] 兰小林、王晨阳、贾震，等. 地下智能化生物工厂的三维虚拟设计，参加了第十二届"挑战杯"省赛获三等奖.

[121] 龚小焦. PDMS 碰撞检查在台山核电站设计中的应用[J]. 工程建设与设计，2012（7）：121-123.

[122] JBT 9018-2011，自动化立体仓库设计规范[S]. 北京：机械工业出版社，2012.

[123] GB19489-2008，实验室生物安全通用要求[S]. 北京：中国标准出版社，2009.

[124] GB50346-2011，生物安全实验室建筑技术规范[S]. 北京：中国建筑工业出版社，2011.

[125] 袁胜鸿，肖晶. P3 生物安全实验室安全防护技术设计分析[J]. 城市建筑，2019，16（27）：126-129.

[126] GB50447—2008，实验动物设施建筑技术规范[S]. 北京：中国建筑工业出版社，2008.

[127] GB14925—2010，实验动物 环境及设施[S]. 北京：中国标准出版社，2010.

[128] GB/T8163—2008，输送流体用无缝钢管[S]. 北京：人民出版社，2009.

[129] GB/T 12459—2005，钢制对焊无缝管件[S]. 北京：中国标准出版社，2005.

[130] GB/T14976—2012，流体输送用不锈钢无缝钢管[S]. 北京：中国质检出版社，2014.

[131] GB/T 12220—2015，工业阀门 标志[S]. 北京：中国质检出版社，2015.

[132] GB/T 12224—2015，钢制阀门 一般要求[S]. 北京：中国质检出版社，2015.

[133] GB/T 32808—2016，阀门 型号编制方法[S]. 北京：中国标准出版社，2017.

[134] GB/T 35740—2017，工业阀门用镍和镍基合金铸件技术条件[S]. 北京：中国标准出版社，2018.

[135] GB/T 35741—2017，工业阀门用不锈钢锻件技术条件[S]. 北京：中国标准出版社，2018.

[136] GB/T 12226—2005，通用阀门 灰铸铁件技术条件[S]. 北京：中国标准出版社，2005.

[137] GB/T 24919—2010，工业阀门 安装使用维护 一般要求[S]. 北京：中国质检出版社，2014.

[138] GB/T 12239—2008，工业阀门 金属隔膜阀[S]. 北京：中国标准出版社，2008.

[139] GB/T 24922—2010，隔爆型阀门 电动装置技术条件[S]. 北京：中国标准出版社，

2010.

[140] GB/T 24923—2010,普通型阀门 电动装置技术条件[S]. 北京：中国标准出版社，2010.

[141] GB/T 24925—2019,低温阀门 技术条件[S]. 北京：中国标准出版社，2020.

[142] GB/T 12227—2005,通用阀门 球墨铸铁件技术条件[S]. 北京：中国质检出版社，2005.

[143] GB/T 12229—2005,通用阀门 碳素钢铸件技术条件[S]. 北京：中国质检出版社，2005.

[144] GB/T 12230—2005,通用阀门 不锈钢铸件技术条件[S]. 北京：中国质检出版社，2014.

[145] GB 5135.6—2018,自动喷水灭火系统 第6部分：通用阀门[S]. 北京：中国标准出版社，2018.

[146] GB26640—2011,阀门壳体最小壁厚尺寸要求规范[S]. 北京：中国标准出版社，2011.

[147] GB/T 9112—2010,钢制管法兰 类型与参数[S]. 北京：中国标准出版社，2011.

[148] GB/T 9113—2010,整体钢制管法兰[S]. 北京：中国标准出版社，2011.

[149] GB/T 9114—2010,带颈螺纹钢制管法兰[S]. 北京：中国标准出版社，2011.

[150] GB/T 9115—2010,对焊钢制管法兰[S]. 北京：中国标准出版社，2011.

[151] GB/T 9116—2010,带颈平焊钢制管法兰[S]. 北京：中国标准出版社，2011.

[152] GB/T 9117—2010,带颈承插焊钢制管法兰[S]. 北京：中国标准出版社，2011.

[153] GB/T 9118—2010,对焊环带颈松套钢制管法兰[S]. 北京：中国标准出版社，2011.

[154] GB/T 9119—2010,板式平焊钢制管法兰[S]. 北京：中国标准出版社，2011.

[155] GB/T 9120—2010,对焊环板式松套钢制管法兰[S]. 北京：中国标准出版社，2011.

[156] GB/T 9121—2010,平焊环板式松套钢制管法兰[S]. 北京：中国标准出版社，2011.

[157] GB/T 9122—2010,翻边环板式松套钢制管法兰[S]. 北京：中国标准出版社，2011.

[158] GB/T 9123—2010,钢制管法兰盖[S]. 北京：中国标准出版社，2011.

[159] GB/T 9124—2010,钢制管法兰 技术条件[S]. 北京：中国标准出版社，2011.

[160] GB/T 9124.1—2019,钢制管法兰 第1部分：PN 系列[S]. 北京：中国质检出版社，2019.

[161] GB50316—2020,工业金属管道设计规范[S]. 北京：经济管理出版社，2020.

[162] GB50264—2013,工业设备及管道绝热工程设计规范[S]. 北京：中国计划出版社，2013.

[163] GB 50029—2014,压缩空气站设计规范[S]. 北京：中国计划出版社，2014.

[164] TSG 07—2019,特种设备生产和充装单位许可规则[S]. 北京：新华出版社，2019.

[165] HG/T 20519—2009,化工工艺设计施工图内容和深度统一规定[S]. 北京：中国计划出版社，2010.

[166] GB/T 6567.1—2008,管路系统的图形符号—基本原则[S]. 北京：人民出版社，2009.

[167] GB/T 6567.2—2008，管路系统的图形符号—管路[S]. 北京：人民出版社，2009.

[168] GB/T 6567.3—2008，管路系统的图形符号—管件[S]. 北京：人民出版社，2009.

[169] GB/T 6567.4—2008，管路系统的图形符号—阀门和控制元件[S]. 北京：人民出版社，2010.

[170] GB/T 6567.5—2008，管路系统的图形符号—管路、管件和阀门等图形符号的轴侧图画法[S]. 北京：人民出版社，2009.

[171] 李浪. 洛阳灵山制药有限公司葡萄糖车间设计图[Z]. 郑州良源分析仪器有限公司工程部，2004.

[172] 徐茹. 一次仪表在化工工艺管道和设备上的布置设计[J]. 化工自动化及仪表，2014（8）：874-876.

[173] 周元星. Auto cad Plant 3D 在制浆造纸工厂设计中的应用[J]. 湖南造纸，2015，167（4）：9-11.

[174] 管晓玉. 抽提蒸馏塔与再沸器的平面布置及管道设计[J]. 山东化工，2018（7）.

[175] 李浪. 河南新瑞生化有限公司酒精车间设计图[Z]. 郑州良源分析仪器有限公司工程部，2004.

[176] 许小球. 提取车间工艺管道布置设计与 GMP[J]. 安徽医药，2003（1）：64-65.

[177] GB50457—2008，医药工业洁净厂房设计规范[S]. 北京：中国计划出版社，2009.

[178] 罗军，舒蓉. BIM 在某高层建筑机电管线综合设计中的应用[J]. 工程质量，2017（35）：82-85.

[179] GB50084—2017，自动喷水灭火系统设计规范[S]. 北京：中国计划出版社，2018.

[180] GB 50015—2019，建筑给水排水设计标准[S]. 北京：中国计划出版社，2019.

[181] GB50016—2014（2018 年版），建筑设计防火规范[S]. 北京：中国计划出版社，2020.

[182] GB50974—2014，消防给水及消火栓系统技术规范[S]. 北京：中国计划出版社，2014.

[183] GB50555—2010，民用建筑节水设计标准[S]. 北京：中国建筑工业出版社，2010.

[184] GB50981—2014，建筑机电工程抗震设计规范[S]. 北京：中国建筑工业出版社，2015.

[185] GB50052—2009，供配电系统设计规范[S]. 北京：中国计划出版社，2010.

[186] GB50053—2013，20 kV 及以下变电所设计规范[S]. 北京：中国计划出版社，2014.

[187] GB50054—2011，低压配电设计规范[S]. 北京：中国计划出版社，2012.

[188] GB50055—2011，通用用电设备配电设计规范[S]. 北京：中国计划出版社，2012.

[189] GB50034—2013，建筑照明设计标准[S]. 北京：中国建筑工业出版社，2015.

[190] GB 50116—2013，火灾自动报警系统设计规范[S]. 北京：中国计划出版社，2013.

[191] GB51309—2018，消防应急照明和疏散指示系统技术标准[S]. 北京：中国计划出版社，2019.

[192] GB 50057—2010，建筑物防雷设计规范[S]. 北京：中国计划出版社，2011.

[193] GB51348—2019，民用建筑电气设计标准[S]. 北京：中国建筑工业出版社，2020.

[194] 叶成全，马海力. 重庆正川医药包装有限公司新厂区给排水设计[J]. 科技视界，2016（14）：296-297.

[195] 金伟燕，陈战. 聚酯薄膜厂主车间电气照明系统设计的几个特点[J]. 科技信息，2011（29）：797，812.

[196] 丁敬保. 基于 WAGO 照明管理方案的仓储照明设计[J]. 现代建筑电气，2017（11）：36-38.

[197] 刘建明. 关于热电联产的燃气蒸汽联合循环机组装机方案选择的技术探讨[J]. 2013 年中国电机工程学会年会，2013.

[198] 李书境，隋树和. 中国沼气发电技术发展现状与前景展望[J]. 吉林农业，2008（6）：9-10.

[199] 黎原小溪. 热电联产烟气余热回收技术的应用[J]. 工业炉，2017，39（2）：58-60.

[200] GB50019—2015，工业建筑供暖通风与空气调节设计规范[S].北京：中国计划出版社，2015.

[201] 吴思方. 生物工程工厂设计概论[M]. 北京：中国轻工业出版社，2011：222-227.

[202] 刘柱. 大型制冷车间及冷库控制系统设计与实现[D]. 大连：大连理工大学，2014.

[203] 王晓峰. 论 PLC DCS FCS 三大控制系统[J]. 电子世界，2014，00（10）：82-83.

[204] 孙洪程，李大宇.过程控制工程设计（第二版）[M]. 北京：化学工业出版社，2009：87-100.

[205] 何克伦，董敏，华雁芬，等. 生物工程用可消毒溶解氧电极的研制[J]. 化学传感器，2008，28（4）：54-57.

[206] 贡献. 工业过程浊度测量的新进展[J]. 化工自动化及仪表，1999，26（6）：1-7.

[207] 丁晓炯. 在线黏度计实际选型和使用中需要注意的问题[J]. 广东化工，2016，43（17）：125-127.

[208] 李潮舟，李浪，周平. 发酵罐在线分析仪[P]. CN106769978B，2019.

[209] 王家军. 麦芽糖醇生产工艺自动控制系统的设计[D]. 济南：山东轻工业学院，2013.

[210] GB 21903—2008，发酵类制药工业水污染物排放标准[S]. 北京：中国环境科学出版社，2008.

[211] GB21905—2008，提取类制药工业水污染物排放标准[S]. 北京：中国环境科学出版社，2008.

[212] GB 21907—2008，生物工程类制药工业水污染物排放标准[S]. 北京：中国环境科学出版社，2008.

[213] GB 21908—2008，混装制剂类制药工业水污染物排放标准[S]. 北京：中国环境科学出版社，2008.

[214] DB32/ 3560—2019，生物制药行业水和大气污染物排放限值（江苏省地方标准）[S].北京：中国标准出版社，2019.

[215] DB 33/923—2014，生物制药工业污染物排放标准（浙江省地方标准）[S]. 北京：中国标准出版社，2019.

[216] DB 31/373—2010，生物制药工业污染物排放标准（上海市地方标准）[S]. 北京：中国标准出版社，2019.

[217] GB18599—2001，一般工业固体废物贮存、处置场污染控制标准[S]. 北京：中国环境科学出版社，2002.

[218] 中华人民共和国水污染防治法（2017 年修订）[S]. 北京：中国法制出版社，2017.

[219] 中华人民共和国固体废物污染环境防治法（2020 年修订）[S]. 北京：中国法制出版社，2020.

[220] 中华人民共和国大气污染防治法（2018 年最新修订）[S]. 北京：中国法制出版社，2018.

[221] GB 37823-2019，制药工业大气污染物排放标准[S]. 北京：中国环境科学出版社，2019.

[222] GB14554-93，恶臭污染物排放标准[S]. 北京：中国标准出版社，1994.

[223] DB31/Q 387—2018，锅炉大气污染物排放标准[S]. 北京：中国标准出版社，2018.

[224] GB 13271—2014，锅炉大气污染物排放标准[S]. 北京：中国质检出版社，2015.

[225] GB12348—2008，工业企业厂界环境噪声排放标准[S]. 北京：中国标准出版社，2008.

[226] GB18484—2001，危险废物焚烧污染控制标准[S]. 北京：中国环境科学出版社，2002.

[227] 曹健，李浪. 食品发酵工业三废处理与工程实例[M]. 北京：化学化工出版社，2007：310-323.

[228] 吴桂顺. 机械设备安装工程的施工技术[J]. 现代制造技术与装备，2017（11）：37.

[229] 陈铁牛，郝国荣. 发酵罐吊装[C]. 2007 年施工机械化新技术交流会. 2007.

[230] 张传士，张国富. 大型啤酒罐群机械化吊装[J]. 建筑机械化，1997（6）：34-36.

[231] 李浪. 商丘豫宁食品小麦淀粉及酒精项目工程安装指南[Z]. 郑州良源分析仪器有限公司工程部，2013.

[232] 李浪. 南阳天冠谷朊粉车间改造设计资料[Z]. 郑州良源分析仪器有限公司工程部，2018.

[233] 孟越. 制冷机安装及试车[J]. 百科论坛电子杂志，2018（2）：284.

[234] 张建华，潘红霞. 药厂净化车间的建筑装饰施工及管理[J]. 建筑施工，2015（9）：92-94.

[235] 徐惠倩. 洁净厂房设备安装设计的几点体会[J]. 医药设计，1983（5）：36-38.

[236] 李守红. 制药工艺管道安装的研究[J]. 中国高新技术企业，2013（30）：22-26.

[237] 江培. 浅析制药工艺工程项目施工质量控制[J]. 机电信息，2012（5）：27-29.

[238] GB50231—2009，机械设备安装工程施工及验收通用规范[S]. 北京：中国计划出版社，2009.

[239] GB50236—2011，现场设备、工业管道焊接工程施工及验收规范[S]. 北京：中国计划出版社，2012.

[240] GB 50235—2010，工业金属管道工程施工规范[S]. 北京：中国计划出版社，2011.

[241] GB 50184—2011，工业金属管道工程施工质量验收规范[S]. 北京：中国计划出版社，2011.

[242] GB50268—2008，给水排水管道工程施工及验收规范[S]. 北京：中国建筑工业出版社，2009.

[243] 武思进，池志超. 工业管道安装工厂化预制技术的应用[J]. 安装，2014（9）：36-38.

[244] FF/GCAB-01-16-2010，工业管道颜色及标识规范[S]. https://wenku.baidu.com/view/7985ff49842458fb770bf78a6529647d27283409.html.

[245] GB7231—2003，工业管道的基本识别色、识别符号和安全标识[S]. 北京：中国标准出版社，2003.

[246] GB 50168—2018，电气装置安装工程 电缆线路施工及验收标准[S]. 北京：中国计划出版社，2018.

[247] GB 50169—2016，电气装置安装工程 接地装置施工及验收规范[S]. 北京：中国计划出版社，2016.

[248] 张玉义. 谈新建工厂的试生产工作[J]. 内蒙古石油化工，2001（2）：170-172.

[249] 高秦生，汤珍丽. 化工建设项目试车技术方案的优化[J]. 河南化工，1997（7）：40-41.

[250] 廖占权，徐福生. 油脂工厂的调试与试生产[J]. 中国油脂，2011（5）：81-84.

[251] 江国强. 新建啤酒厂项目管理浅析[J]. 啤酒科技，2007（11）：9-11，13.

[252] T/CBFIA 04004—2021，有机酸行业绿色工厂评价要求[S]. 北京：中国标准出版社，2021.

[253] T/CNIC 0007—2019 T/CBFIA 04002—2020，绿色设计产品评价技术规范 有机酸[S]. 北京：中国质检出版社，2021.

[254] T/CBFIA 04003—2019，氨基酸行业绿色工厂评价要求[S]. 北京：中国标准出版社，2019.

[255] T/CNIC 0006—2019 T/CBFIA 04002—2019，绿色设计产品评价技术规范 氨基酸[S]. 北京：中国质检出版社，2020.

[256] 朱邦辉，钟琼，谢武. 清洁生产审核[M]. 北京：化学工业出版社，2017：109-112，150-151.

[257] 刘刚，陈玉成. 清洁生产审核过程中的物料平衡技术与方法探讨[J]. 环境影响评价，2011，33（2）：38-42.

[258] 叶新，李汉平. 清洁生产审核中的物料平衡操作规范[J]. 化工环保，2010，30（4）：340-343.

[259] 艾丽娜，于宏兵，彭新红，等. 关于开展第二轮清洁生产审核的一些建议[J]. 环境污染与防治，2014，36（4）：92-95.

[260] 王玉，吴锐，董富春. 我国清洁生产审核现状分析[J]. 环境与可持续发展，2014，39（3）：92-93.

[261] 李帅,刘世豪. 清洁生产审核报告的形式化问题和对策[J]. 化工设计通讯,2018(5):223-224.

[262] 李守田,吕尚新,王艳萍. 清洁生产审核七步走[J]. 环境经济,2018,228(12):66-67.

[263] 冯志诚,吴学信. 企业清洁生产审核技术要点研究[J]. 资源节约与环保,2018(2):31-31.

[264] 李雪. 实行清洁生产审核推进行业节能降耗[J]. 资源节约与环保,2018,200(7):17.

[265] 张钊. 如何进行再次清洁生产审核的实践与思考[J]. 石化技术,2017,24(5):200-200.

[266] 宋晓薇,赵侣璇,张立宏,等. 清洁生产审核在甘蔗制糖企业的应用[J]. 环保科技,2017,23(5):35-38.

[267] 李敏,郭秀侠,刘伯宁. 关于生物制品工艺验证的审评实践与思考[J]. 中国生物制品学杂志,2017,30(6):664-668.

[268] 黄燕斌. 无菌制剂生产工艺验证研究[J]. 机电信息,2018,566(32):7-15.

[269] 丁锡申. 生物工程下游处理的工艺验证[J]. 药物生物技术,1995(2):58-60.

[270] Wiendahl H P,Reichardt J,Nyhuis P. Handbook Factory Planning and Design[M]. Springer Berlin Heidelberg,2015:13-52,119-149.

[271] 汤继亮. 从 GAMP 的理念谈制药行业自动化工程建设与验证的有关问题[J]. 化工与医药工程,2015(1):54-62.

[272] 庄目德. 生物制品清洁验证的实施要点[C]. 中国药学会第二届药物检测质量管理学术研讨会,2015.

[273] 钱立立. 药品生产工艺验证的研究[J]. 饮食保健,2016,3(11):254-255.

[274] 胡婧扬. 药品生产工艺验证的应用[J]. 黑龙江科学,2016,7(16):54-55.

[275] 李慧,杨忠华. 药品生产工艺验证的应用思考[J]. 才智,2011(22):356.

[276] 黄雪,梁毅. 风险管理在药品生产工艺验证中的应用[J]. 机电信息,2016(11):10-13.

[277] 赵源慧,张爽. 药品生产工艺验证的研究[J]. 中国保健营养,2016,26(14):527-528.

[278] 梁毅,贺聪. 无菌原料药生产工艺验证过程的研究[C]. 中国药学会药事管理专业委员会年会暨"十二五"医药科学发展学术研讨会. 2012.

[279] 于泳,胡来凤. 基于 LEC 的 PHA 对冻干原料药无菌工艺验证中风险排序的应用研究[C]. 2015 年中国药学会药事管理专业委员会年会暨"推进法治建设,依法管理药品"学术研讨会.

[280] 陆春宁. 浅谈药品生产工艺验证的特点[J]. 科技资讯,2015,13(32):88-89.